방식 및 표면처리

박준규 지음

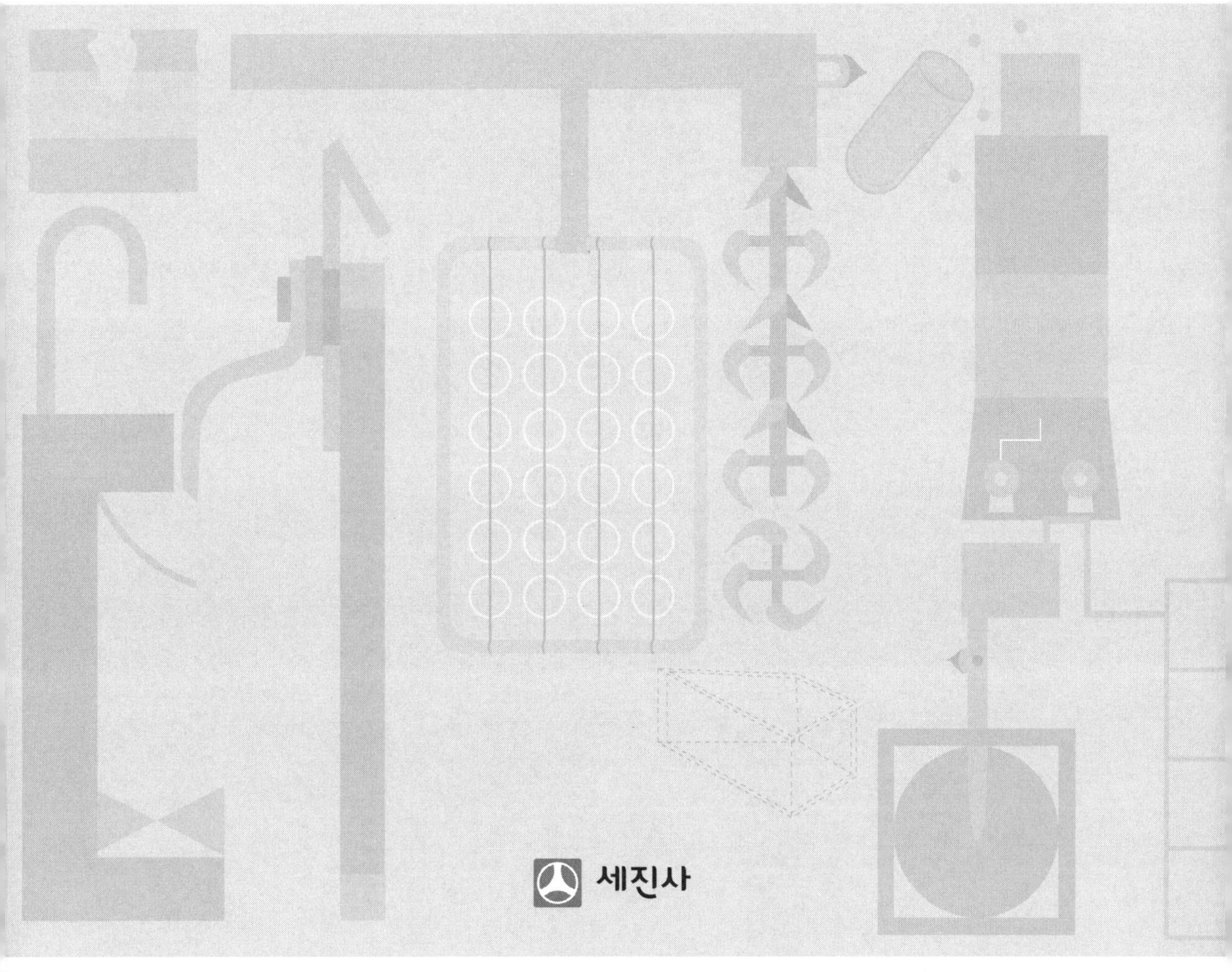

세진사

머리말

방식 및 표면처리 분야는 우리나라 뿌리 산업의 한 분야로서 1980년대 이후 지속적인 발전을 하였으나 개발도상국가의 발전에 따라 최근에는 그 위치가 매우 불리한 상태로 이어지고 있는 것이 현실이라고 할 수 있으며, 이 책을 개정·증보함에 따라 표면처리 분야에 조금이나마 기여하기를 바랍니다.

이 책은 1987년 발간된 이후 25년 동안 표면처리산업 분야에 종사하는 많은 독자들의 따뜻한 충고와 격려 속에서 꾸준히 읽혀지고 있음을 감사하게 생각합니다.

이 책의 특징은 현장에서 종사하는 기술자, 학생 및 일반인에 이르기까지 우리 실정에 맞는 기초 및 전문지식을 이론 및 실기와 현장실무에 적합하도록 알기 쉽고 이해가 잘 되도록 구성하였습니다.

이 책을 읽는 중에 느끼신 점이나 부족한 부분, 보충할 점은 추후 여러 선후배님들과 애독자 여러분의 지도를 받아 수정·보완하도록 하겠습니다.

끝으로 이 책의 출판에 도움을 주신 직원 여러분과 도서출판 세진사 문형진 사장님의 노고에 감사드립니다.

2016년 10월

저자 박 준 규

차 례

App. 부 록 611

CHAPTER 01 부 식

1.1 부식의 정의

부식(corrosion)은 소재 금속이 전기화학적 반응에 의해서 기계적 성질, 특히 내마모성, 경도 및 강도 등이 저하되거나 부피가 균열, 팽창, 수축되어 금속표면이 산화되어 녹이 발생됨으로써 원래 소재 금속의 특성을 감소시키거나 변화되는 현상이다. 전기화학적 반응은 다음과 같다.

- 전지의 형성은 양극과 음극 사이에 이루어진다.
- 전지가 형성되면 전류가 흘러야 한다.
- 수용성 물질은 전기적 작용을 나타내야 한다(예: 전해액).

예를 들어, 도금액의 경우 양극에서 산화반응이 일어나면서 양극판의 금속이온(양이온)이 석출되어 도금액으로 흘러 들어간다. 반대로 음극에서는 환원반응이 일어나면서 수소 가스가 발생된다. 도금된 금속은 수용액에서 전기화학적 반응에 의해서 금속표면이 도금되었으므로 수용액에서도 부식이 일어날 수 있다. 부식 현상은 모든 제품에서 발생될 수 있으며 이러한 부식을 방지하는 것을 방식이라 한다. 방식을 충분히 한다면 경제적 손실 및 부식 속도도 감소시킬 수 있다. 일반적인 부식 진단법은 다음과 같다.

- 육안검사: 녹 발생, 백화현상, 균열, 박리 등
- 전위측정: 금속의 고유에너지 준위를 측정
- 피복 두께 측정: 전기저항법, 와전류법, 초음파탐상법 등
- 비파괴검사: 초음파탐상법, X-Ray 검사, 자기탐상법, 와류탐상법, 방사선투과법, 침투탐상법 등
- 기계적 시험: 응력부식시험, 부식피로시험, 강도시험 등

1.2 부식에 대한 전기화학

(1) 전극(electrode)

전극이란 전해질 수용액이나 용융염에서 이온의 전도체나 반도체 중에서 전류를 통하게 할 수 있는 도체를 의미한다. 전극의 재료로서 사용되는 것이 대부분 금속이지만 때로는 흑연판, 백금판, 스테인리스판 등이 사용된다.

전류는 전극을 통해서 흐르는데 전류가 들어가는 입구 쪽을 양극(anode), 전류가 나오는 쪽을 음극(cathode)이라고 한다. 전해의 경우에는 애노드(anode)를 양극, 캐소드(cathode)를 음극이라고 하지만 전지의 경우에는 애노드(anode)에 마주보는 것을 음극(−), 캐소드(cathode)에 마주보는 것을 양극(+)이라고 하며 부식반응에서는 금속이 용해되는 쪽이 양극이 된다. 금속 아연을 염산에 침적시킨 전기화학적 부식 반응은 다음과 같다.

$$Zn + 2HCl \rightarrow ZnCl_2 + H_2\uparrow$$

상기의 화학반응을 이온으로 표시하면 다음과 같다.

$$Zn + 2H^+ + 2Cl \rightarrow Zn^{2+} + 2Cl^- + H_2$$

$$Zn + 2H^+ \rightarrow Zn^{2+} + H_2 \cdots\cdots\cdots\cdots \text{(1) 반응}$$

(1) 반응은 다음과 같이 될 수 있다.

$$Zn \longrightarrow Zn^{2+} + 2e^- \cdots\cdots\cdots\cdots \text{(3) 양극반응}$$

(산화반응): 원자가 증가

$$2H^+ + 2e^- \longrightarrow H_2 \cdots\cdots\cdots\cdots \text{(4) 음극반응}$$

(환원반응): 원자가 감소

(3) 양극에서의 반응은 아연의 원자가가 제로(0)가 우측 Zn의 +2로 원자가가 증가하여 전자를 방출하기 때문에 산화반응(oxidation reaction)이라고 할 수 있다. (4) 음극에서의 반응은 수소의 원자가가 +1로부터 우측의 H_2 원자가가 0으로 감소되므로 환원반응(reduction reaction)이라고 할 수 있다.

대부분 수용액에서 발생되는 부식은 전기화학적 반응에 의해서 발생된다고 할 수 있다. 이와 같은 현상은 대부분의 부식 현상이 수용액 또는 기체 중에서 발생되는데 수용액 중의 H_2O 및 공기 중의 H_2O로 인하여 부식이 진행된다. 이러한 경우를 습부식(wet corrosion)

이라고 한다. 그러나 공기가 존재하지 않은 곳에서도 부식이 발생되는데 고상(solid phase)의 경우 전해질 내부에서도 전하 이동이 있어 부식이 진행된다. 이와 같은 경우를 건부식(dry corrosion)이라고 한다.

(2) 전극반응

전극반응이란 전극의 표면에서 일어나는 반응을 말하지만 구체적으로 말한다면 전극을 구성하는 2개의 상(phase)의 성분(component)이 상의 경계면에서 반응을 하는 것이다. 즉 반응이 일어나면 한쪽 상으로부터 다른 쪽 상의 내부로 전하의 이동이 생기게 된다. 이러한 전극반응은 전극과 수용액의 계면에서 전자를 주고 받음에 의해서 일어나는 전기화학적 반응이다.

양극에서의 반응	음극에서의 반응
① 산소발생 ② 음이온의 방전 ③ 이온의 산화 ④ 전극물질의 용해 ⑤ 산화물의 반응	① 수소발생 ② 금속이온의 방전 및 전착 ③ 양이온의 환원 ④ 전극물질의 환원

전극에서 한 종류의 전극 반응만 일어나는 것을 단순전극 또는 단일전극(simple electrode)이라 하며 2종류 이상의 전극 반응이 일어나는 전극을 다중전극, 복합전극 또는 혼성전극(multiple electrode)이라고 한다.

(3) 표준수소전극(standard hydrogen electrode)

기준 전극으로 사용되는 전극을 표준수소전극이라고 하는데 이러한 표준수소전극은 1기압의 수소 가스에 백금을 넣으면 백금을 통해서 나타나는 전위를 말한다. 이때의 전위를 기호로 단극 Pt, H_2(1 atm)/H^+($a = 1$)로 표시하며 이때의 전위는 0으로 관습적으로 표기하고 있다.

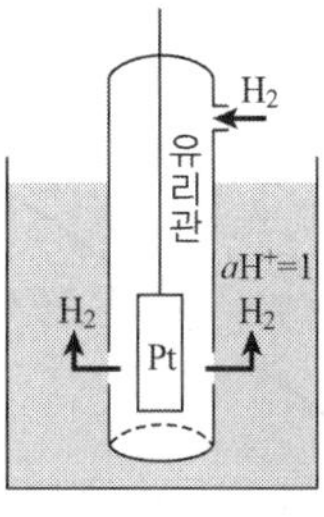

그림 1-1 표준수소전극

수소 기체로부터 전극을 만든다는 것은 불가능함으로 불활성전극(inert electrode)이 사용된다. 불활성전극으로서 백금이 주로 사용되는 이유는 백금이 불활성이면서 전자 이동이 쉽게 때문이다. 백금 이외의 불활성전극(inert electrode)으로서는 백금도금된 판, 탄소(흑연판), 이리듐판 등이 사용되기도 한다.

(4) 부동태(passivity)

부동태란 어떤 금속이나 합금이 부식을 일으킬 수 있는 조건(예: 용액)에서는 부식이 발생된다. 이러한 부식을 발생시키는 것은 산화성 분위기에서 부식이 발생되며 금속표면에 불용성 산화피막(대부분 산화물 또는 수산화물)이 형성되는 것을 말한다. 이러한 부동태는 절연성이 있으며 부동태된 금속을 부동태 금속이라고 한다. 부동태에 대한 정의는 다음과 같다.

① 기전력계열에서 활성 금속이나 합금의 전기화학적 활동은 귀한금속(noble metal)의 전기화학적 활동에 접근될 때 부동태가 된다. 여기에 속하는 것은 대부분 전이금속이며 이러한 전이금속은 부동태로 되기 쉽다.

- Fe, Cr, Mo, Ni, Zr, Ti, Al(비전이금속) 스테인리스강, 인코넬, 모넬금속 등

② 어떤 환경 조건에서 금속 또는 합금이 부식에 대한 부식 환경이 크더라도 실제로 부식 속도가 느리면 부동태 상태로 되기 쉽다.

그림 1-2는 산화력과 부식 속도와의 관계를 나타낸 것으로 부동태 현상을 나타내지 않는 일반 금속의 경우이다. 용액의 산화력이 증가할수록 부식 속도는 빨라진다. 부동태 지역을 나타내는 금속의 상황을 나타내면 다음과 같다. 활성화지역(active region), 부동태 지역(passive region), 부동태 통과지역(trans passive region)으로 구분된다.

그림 1-3에서 어떤 금속 또는 합금이 A지점에서 부식이 처음 진행되어 부식 속도가 점점 빨라지면 용액의 산화력에 의해서 B지점까지 부식이 심하게 진행된다. 이 지역이 활성화지역이다.

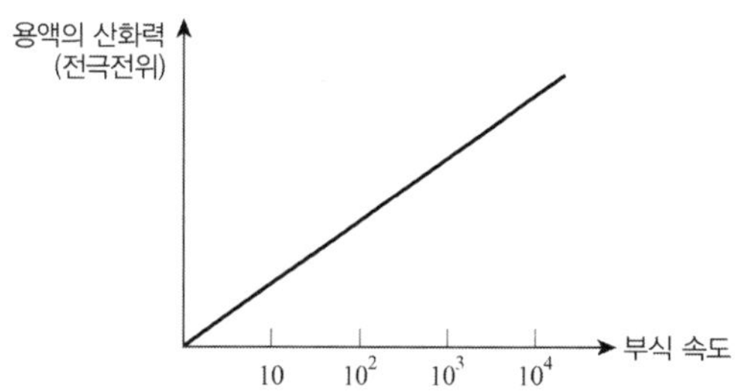

그림 1-2 부식 속도

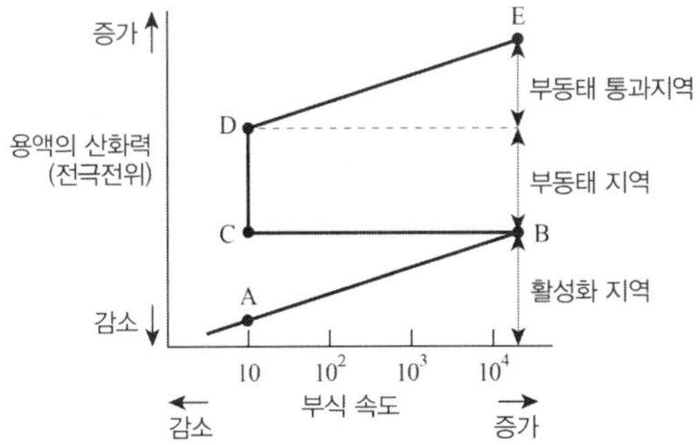

그림 1-3 부동태 현상

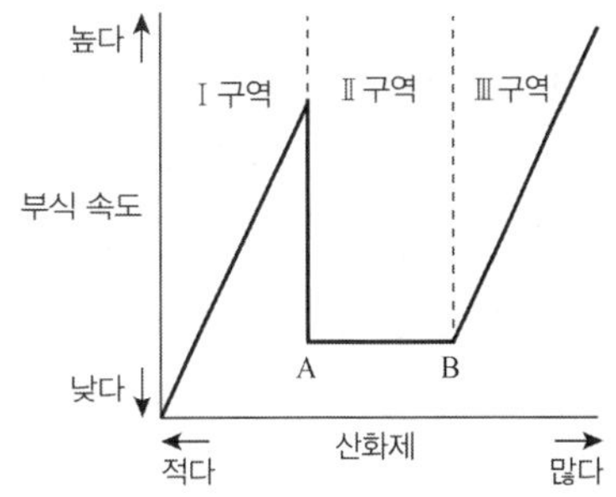

그림 1-4 부식 속도-산화제

용액의 산화력이 조금만 증가하여도 부식 속도는 급속히 증가한다(AB). 그러나 산화제를 더 첨가하면 용액의 산화력은 증가하다가 부식 속도가 감소되는 특별한 현상이 나타난다(BC). 이 지역 범위가 부동태 지역이다. 이후 산화제를 더 첨가하여 용액의 산화력을 증가시켜도 부식 속도는 거의 변화가 없게 된다(CD). 그러나 어느 정도 이상의 산화제가 더 첨가되면 부식 속도가 다시 증가하여 금속의 부식은 활성화 상태로 되어 부식이 빨리 진행된다(DE). 이 지역 범위가 부동태 통과 지역이다.

부동태가 이루어진 금속이나 합금은 부식 속도가 대단히 느리다. 부동태 상태에서는 산화피막이 형성되고 전기화학적으로 불안정하여 어떤 조건에서는 쉽게 파괴될 수 있다. 이와 같은 부동태는 일시적으로는 이용되지만 공업적으로 또는 근본적인 부식 대책은 아니다. 부동태 상태가 만약 파괴된다면 틈부식, 공식, 응력 부식균열 등이 발생된다.

그림 1-4는 부식 속도에 미치는 산화제의 영향을 나타낸 것이다.

- 구역 I: 일반 금속에 해당하며 활성화 상태의 지역에서는 산화제가 첨가됨으로서 부식 속도가 점점 빨라진다.
- 구역 II: 어느 정도까지는 산화제의 첨가량이 많아지면 부식 속도가 갑자기 감소되거나 정지되는 상태이다. 산화제의 첨가는 A부터 B까지 첨가해도 부식 속도가 증가하지 않아 부동태가 유지된다.
- 구역 III: B 이상의 산화제를 첨가하면 부동태 상태가 파괴되면서 부식 속도가 빠르게 증가한다.

일반적으로 부동태 상태를 유지하기 위해서는 금속 및 합금의 재질, 산화제의 종류, 산화제의 첨가량, 침적 시간, 온도 등을 충분히 고려해야 한다. 온도가 상승하면 부식 속도가 증가하고 침적시간이 길면 부동태가 파괴된다.

(5) 분극(polarization)

평형상태에서는 전류가 흐르지 않는다. 이때의 전위와 용액에서 전류가 흐를 때와의 전위 차이를 분극이라 한다($E_i - E_o$이다). 음극에서는 음극분극(cathode polarization, η_c), 양극에서는 양극분극(anodic polarization, η_a)이 생긴다. 금속 구리를 황산구리 용액에, 금속 아연을 황산아연 용액에 침적시켜 전류가 통과하지 않을 때의 두 금속의 전위차는 1.1 V이다. 만약 전류를 공급시켜 준다면 두 금속의 전위차는 1.1 V보다 작아진다. 이와 같이 전류를 통과시켜 주지 않을 때와 통과시킬 때의 전위가 서로 차이가 생기는 것은 두 전극이 분극 현상을 나타내기 때문이다. 다시 말해서 전류가 계속 증가되면 전위차는 계속 적어진다. 분극의 원인이 되는 종류는 3가지가 있다.

1) 농도분극(concentration polarization)

농도분극은 전해액의 내부농도와 전극 표면과의 전기화학적 확산 반응에 의해서 발생되는 분극이다. 부식 속도가 큰 경우 음극 환원 반응에 의해 금속표면 주위의 용해이온들이 점점 감소된다. 여기서 부식 속도가 큰 경우란 환원속도가 빠른 경우이다. 만일 환원속도가 더욱 빠르게 증가되면 한계속도(limiting rate)에 도달하게 되는데 이것은 전극 표면에서 발생되는 수소 이온의 확산속도에 의해서 결정된다. 이러한 한계속도에 의해서 발생되는 전류밀도를 한계확산전류밀도(limiting diffusate current density)라고 한다.

2) 활성화분극(activation polarization)

활성화분극을 과전압(overvoltage)이라고도 하는데 양극에서 발생되는 양극과 전압, 음극에서 발생되는 음극과 전압으로 구분된다. 활성화분극은 금속과 전해액 사이에서 전기화학적 반응에 의해서 활성화 에너지가 필요한 단계에서 발생되는 분극을 말한다. 활성화 에너지가 필요한 단계는 다음과 같다.

- 제1과정: 금속표면에 이온이 흡착되어야 한다.
- 제2과정: 전자가 따라와서 흡착된 이온을 환원시켜야 한다.
- 제3과정: 2개의 수소 원자가 결합하여 수소 분자를 만들어야 한다.
- 제4과정: 수소 분자는 수소 가스의 기체를 발생시켜야 한다.

3) 수소과전압(hydrogen overvoltage)

음극에서 발생되는 전기화학적반응 전부를 환원반응이라고 생각하면 무난하며 이때 발생된 분극을 수소과전압이라고 한다. 음극에서 수소 가스가 발생되는 반응은 다음과 같다.

$$2H^{+} + 2e \rightarrow H_2$$

여기서 수소이온의 활동도를 a_{H^+}로 쓸 수 있다.

수소과전압은 산소가 용해되어 있지 않는 산(acid)에서 금속의 부식 속도를 결정하는 중요한 요소가 수소과전압이다. 수소보다 활성이 큰 아연, 카드뮴, 주석, 납 등의 금속이 산에서 천천히 용해되며 귀한 금속일지라도 수소과전압이 높은 경우에는 부분적으로 음극작용이 발생되지 않는다. 수소과전압의 일반적 특징은 다음과 같다.

① 사용되는 전극 재질에 따라 수소과전압의 값은 다르다(실험조건, 재질의 순도, 화학적, 물리적 성질 등).

- 수소과전압의 순서는 다음과 같다.

← 작다 　　　　　　　　　　　　　　　　　　　　　　　　크다 →

Pt-Pt, Rh, Au, W, Pt(평활), Ni, Mo, Fe, Ag, Al, Cu, C(흑연), Pb, Sn, Hg, Cd

② 전극의 표면상태, 전처리, 수소압력, 용매의 성질, 용액 중의 전해질 및 미세한 촉매에 의해서도 영향을 받는다.

③ 온도가 증가하면 수소과전압은 감소하고 금속의 부식 속도는 빨라진다.

④ 전류밀도가 낮을수록 수소과전압은 적어진다.

1.3 부식의 종류

(1) 균일부식(uniform corrosion)

금속표면 전체에 균일하게 산화되면서 녹이 발생되는 것을 균일부식 또는 일반부식(general corrosion)이라고 한다. 균일부식이 발생되기 위해서는 금속표면에 부식이 발생될 수 있는 조건이 되어야 한다. 균일부식이 발생되면 금속은 점점 두께가 감소하게 되고 경우에 따라서는 심한 균열이 부분적으로 생기게 된다. 균일부식에 비해서 국부부식(local corrosion)은 예측이 불가능하고 결과는 위험하고 심각하게 된다.

그 결과 이러한 국부부식은 기계설비, 공장의 기계, 기구, 조선 등의 분야에서 예기 할 수 없는 문제를 일으킬 수 있는 경우가 많다. 다음을 균일부식의 방지를 조금이나마 감소시킬 수 있는 방법이다.

① 금속재료의 선택은 목적과 기능 등에 따라 알맞게 선정

② 부식억제제를 사용

③ 음극방식 또는 금속표면처리

④ 금속표면을 피복 또는 코팅처리 등을 하는 방법

(2) 갈바닉부식(galvanic corrosion)

서로 다른 두 종류의 금속(이종금속, dissimilar metal)을 용액 중에 침적시키면 전자의 이동이 발생된다. 그리하여 높은 전위(귀전위, noble potential)를 가진 금속의 부식 속도는 감소되고 활성화 전위(active potential)를 가진 금속의 부식 속도는 점차 증가한다.

따라서 높은 전위의 금속은 음극이 되고 활성화 전위의 금속은 양극이 된다. 이와 같은 원리에 의해서 금속의 부식이 전행되는 것을 갈바닉부식이라고 한다. 서로 다른 이종금속 사이의 가역전위차이(reversible potential difference)는 갈바닉부식의 기전력이 되며 부식 경향을 예측하는 기준이 되기도 한다. 여러 금속들의 이온농도가 단위 활동도인

표 1-1 기전력계열

	금속이온 평형 (단위활동도)	수소전극에 대한 전극전위 (25°C, Volts)
↑ 귀방향 (음극적)	Au^{3+}	+1.498
	Pt^{2+}	+1.2
	Pd^{2+}	+0.987
	Ag^{+1}	+0.799
	Hg_2^{2+}	+0.788
	Cu^{2+}	+0.337
	H^{+}	0.000
	Pb^{2+}	−0.126
	Sn^{2+}	−0.136
	Ni^{2+}	−0.250
	Co^{2+}	−0.277
	Cd^{2+}	−0.403
	Fe^{2+}	−0.440
	Cr^{3+}	−0.744
	Zn^{2+}	−0.763
	Al^{3+}	−1.662
	Mg^{2+}	−2.363
	Na^{+}	−2.714
활성방향 (양극적) ↓	K^{+}	−2.925

표 1-2 갈바닉계열(해수)

↑	백금
	금
귀방향 (음극적)	흑연
	티타늄
	은
	크로미트 3(62 Ni, 18 Cr, 18 Mo)
	하스텔로이 C(62 Ni, 17 Cr, 15 Mo)
	18-8Mo 스테인리스강(부동태)
	크롬스테인리스강 11~30% Cr(부동태)
	인코넬(부동태) (80 Ni, 13 Cr, 7 Fe)
	니켈(부동태)
	은 용접
	모넬합금(70 Ni, 30 Cu)
	쿠프로니켈(60-90 Cu, 40-10 Ni)
	청동(Cu-Sn)
	구리
	황동(Cu-Zn)
	클로리밋트 2(66 Ni, 32 Mo, 1 Fe)
	하스텔로이 B(60 Ni, 30 Mo, 6 Fe, 1 Mn)
	인코넬(활성화)
	니켈(활성화)
	주석
	납
	납-주석 용점용
	18-8 Mo 스테인리스강(활성화)
	18-8 스테인리스강(활성화)
	주철
	철과 강
활성방향 (양극적)	2024 알루미늄(4.5 Cu, 1.5 Mg, 0.6 Mn)
	카드뮴
	아연
↓	Mg 및 그 합금

용액에서의 금속의 가역전위를 측정한 결과의 값을 표 1-1의 기전력계열(EMF series)에 나타냈다. 2개 이상의 합금원소에 대한 가역전위는 측정할 수 없으며 해수에서의 합금에 대한 갈바닉 전위는 상대적위치만 나타낸 것이다(표 1-2 참조).

해수갈바닉 계열은 실제로 측정된 전위에 따라 금속과 합금을 순서대로 배열한 것이다. 해수갈바닉 계열에서의 합금과 금속의 위치는 기전력계열(표 1-1)에서의 위치와 비슷하게 나타난다. 부동태 상태의 스테인리스강은 활성화 상태의 스테인리스강에 비해 훨씬 귀한 위치에 있다. 부식 활동은 갈바닉 계열에서의 위치뿐만 아니라 금속 끼리들의 면적, 분극정도, 주위환경, 조건 등에 따라서 많은 영향을 나타낸다.

입계부식, 공식, 응력부식균열, 틈부식과 같은 국부부식도 갈바닉부식과 관계가 있다고 할 수 있다. 따라서 갈바닉부식은 가장 일반적인 형태의 부식이라고 할 수 있으며 갈바닉계열의 금속 및 합금은 갈바닉부식의 위험 정도만을 나타낸다. 갈바닉부식에 영향을 미치는 가장 큰 요소는 양극과 음극의 면적 비율이다. 가장 위험한 조건은 적은 양극－큰 음극(small anode-large cathode)이다. 양극 면적에서 전류밀도가 너무 높으면 부식 속도는 커진다. 큰 양극－적은 음극의 조건은 부식 속도가 감소된다. 결론적으로 서로 다른 종류의 금속중의 하나가 표면처리가 된다면 귀한 전위 값을 갖는 금속이 표면 처리되어야 한다. 다음은 갈바닉부식을 방지 또는 감소시키기 위한 방법이다.

① 서로 다른 두 종류의 금속을 함께 사용할 경우에는 가능한 갈바닉계열에서 가까이 위치하고 있는 금속 또는 합금을 선택한다.
② 적은 양극－큰 음극은 부식의 위험을 증가시킨다.
③ 가능하면 서로 다른 금속끼리는 완전히 절연시켜야 한다.
④ 귀한전위를 가진 금속을 표면처리를 하여야 한다.
⑤ 부식억제제를 첨가하기도 한다.
⑥ 갈바닉계열에서 멀리 떨어진 금속끼리의 나사 접합은 피하는 것이 좋다.
⑦ 양극부분은 넓게 하지 못하면 두껍게라도해 주어야 한다.
⑧ 활성화전위를 가진 제3의 금속을 희생양극으로 사용할 수도 있다.

(3) 틈부식(crevice corrosion)

금속 또는 합금이 다른 물질과 접촉되어 노출된 금속표면에 어떤 틈(crevice) 또는 부분적으로 부식이 발생되는 것을 틈부식이라 한다. 금속과 비금속사이의 틈에서 발생되는 부식을 침전부식(deposit corrosion)또는 가스킷 부식(gasket corrosion)이라고도 한다. 틈부식은 염소이온을 포함한 용액에서는 부식정도가 매우 심하다. 부동태 산화피막으로 인해서 내식성을 갖게 되는 금속이나 합금은 틈부식에 대해 취약한 편이다(예: 스테인리스강, Al, Ti 등). 그 이유는 부동태 피막은 염소이온이나 수소이온에 의해서 쉽게 파괴되어 용해속도가 급격히 증가하기 때문이다. 틈부식을 방지하기 위한 방법은 다음과 같다.

① 접합되는 부분은 리벳 또는 볼트를 사용하지 말고 가능하면 용접을 한다.
② 물의 접촉을 최대로 차단한다. 물은 수소이온의 발생 원인이다.
③ 테프론과 같은 비흡수성 물질을 사용하는 것이 좋다.
④ 염소이온(Cl^-)을 용액 중에서 제거 하거나 감소시킬 수 있어야 한다.
⑤ 금속표면을 균일한 두께로 표면처리를 한다.

(4) 공식(pitting)

금속표면의 한 부분(국부)에만 부식이 발생되어 부식 속도가 대단히 빨라 금속내부로 깊이 뚫고 들어가는 현상을 공식이라고 한다. 공식은 내식성을 구비한 스테인리스강, Al, Ti 등과 같은 금속에서 가장 많이 발생된다. 특히 공식이 심하게 발생되는 부분은 핏트(pit)가 발생된 부분에서만 나타나고 핏트가 발생되지 않은 부분은 전혀 부식이 발생되지 않는다. 실제로 공식을 나타내는 그룹들은 틈부식에도 매우 민감하다(예: 해수에서 스테인리스강). 공식은 틈부식과 일반적으로는 매우 비슷하지만 엄연히 그 원인은 서로 다르다. 즉, 공식은 자신이 틈(crevice)을 만들어가는 현상이다. 이와 같은 것을 자기개시형태(self-intiating form)라고 한다. 공식에 영향을 미치는 요소들은 다음과 같다.

1) 환경적인 요소

- 공식을 촉진시키는 음이온: 공식은 할로겐이온 및 할로겐을 포함하는 음이온에 의해서 발생되고 촉진된다. 염소이온은 자연 상태에서 존재하며 대부분의 공식이 염소이온에 의해서 발생한다.
- 공식을 억제시키는 음이온: 공식을 억제하는 음이온은 NO_3^-, SO_4^{2-}, ClO_4^-, OH^- 등이다.
- 유속: 물의 흐름속도는 공식에 영향을 준다.
  정지 상태에서는 쉽게 부식이 발생된다.
- 산화제: 할로겐 이온이 공식을 일으키지만 산화제가 없다면 공식이 발생할 확률이 적어진다. 가장 중요한 산화제는 용해되어 있는 산소, 즉 용존 산소를 들 수 있다. 예를 들어 용존산소가 없는 염화나트륨 용액에서는 스테인리스강, 알루미늄 등은 공식을 일으키지 않는다.

2) 합금

공식이 가장 쉽게 발생되는 것은 스테인리스강 알루미늄합금이다. 스테인리스강은 크롬, 니켈의 첨가는 공식에 대한 저항이 크다. 공기와 접촉하고 있는 상온의 염용액에서는 공식이 발생되지 않는다. 그러나 염용액의 온도가 증가 하면 공식이 발생된다. 따라서 질소와 몰리브덴, 유황과 규소는 공식에 대한 저항이 증가된다. 순수한 알루미늄은 공식에 대한 저항이 크지만 Fe, Si, Cu, Cr, Ni과 같은 불순물이 많게 되면 공식에 대한 저항이 감소된다. 그러나 Mg, Mn, Zn의 첨가는 공식을 감소시킨다.

3) 금속의 표면상태 및 열처리

금속표면이 균일할수록 공식의 발생은 적어진다. 강의 내부 편석현상은 공식이 발생되는 원인이 된다. 따라서 고용 온도에서 가열과 급냉을 하면 공식에 대한 저항을 증가시킬 수 있다.

(5) 입계부식(intergranular corrosion)

금속의 결정입계에서는 불순물이 집합하게 된다. 이 원인은 주조과정에서 냉각상태로 응고될 때 발생된다. 따라서 결정입계 부근에서는 부식되기 쉽다. 이와 같은 것을 입계부식(IGC)이라고 한다. 대표적인 입계부식은 오스테나이트형 스테인리스강에서 주로 발생된다. 그 원인은 결정입계에서 크롬이 탄소와 반응하고 불순물이 결정입계에 집합하기 때문이다. 입계부식은 특히 용접에 의해서 발생된다. 이와 같은 부식을 용접부식(weld corrosion)이라고 한다. 입계부식을 방지하기 위해서는

① 용체화 열처리를 한다: 스테인리스강을 담금질온도 범위, 즉 1050~1150℃까지 가열한 후 급냉한다. 만약 서냉하면 탄화물이 다시 석출한다. 이온도 범위에서는 크롬탄화물은 분해되고 합금입자는 균일화 하게 된다.

② 안정화제(stabilizer)의 첨가: Ti, Ta, Nb 등 강한 탄화물을 형성하는 원소들을 첨가한다. 이들 원소는 탄소와 결합하려는 경향이 크롬보다 훨씬 크다. 결론적으로 크롬탄화물이 형성되지 않는다면 입계부식을 훨씬 감소시킬 수 있다고 할 수 있다.

③ 탄소 함유량 저하: 고탄소 함유량인 경우 탄화물이 많이 형성될 수 있다. 탄소 함유량이 0.3% 이하 정도인 것을 ELC(Extra-Low-Carbon) 스테인리스강이라고 한다(예: 304L, 316L 등). 스테인리스강 304는 입계부식이 발생되지만 304L은 입계부식이 발생되지 않는다.

(6) 침식부식(erosion corrosion)

금속표면과 부식 용액 사이에서 부식 속도가 촉진되거나 증가되어 부식이 생기므로 결국에는 기계적인 마멸이 발생된다고 할 수 있다. 이러한 침식부식을 마모부식이라고도 한다. 용액의 상태는 부식상태를 좌우하며 정체된 상태에서 발생되는 국부부식은 용액의 움직임으로 인하여 부식이 크게 감소된다. 침식부식은 그 형태가 홈, 구멍, 골짜기, 파도와 같은 방향성을 나타낸다. 대부분의 금속은 침식부식에 민감하고 유체에 접촉된 모든 금속제품은 침식부식을 일으킨다. 침식부식에 영향을 미치는 요소는 다음과 같다.

① 금속표면 피막: 금속표면에 생성된 보호 피막이 침식부식에 영향을 많이 나타낸다.

보호피막의 성질, 조성, 조건 등이 금속표면의 피막을 좌우한다. 침식에 대한 저항성은 용액에 따라 달라질 수 있다. 침식부식을 방지하기 위해서 부식억제제를 첨가하면 금속표면에 보호 피막이 생성된다.

② 유속의 영향: 유속의 증가는 부식의 발생 상태에 따라 부식 속도를 증가할 수 있고 감소할 수도 있다. 유속의 증가가 부식 속도를 증가시키는 경우 금속표면으로 산소, 이산화탄소, 황화수소와 같은 것들이 빠르게 공급되어 표면에 부식의 확산속도가 빨라진다. 유속의 증가가 부식 속도를 감소시키는 경우 부식억제제를 첨가하면 금속보호피막을 만들어 준다. 유속이 증가함으로서 먼지, 때, 고형부유물들의 침전이 방지됨으로서 틈부식의 발생을 감소시킬 수 있다. 더 큰 유속이 증가하면 고형 부유물의 유속이 기존 유속보다 증가하여 보호피막을 파괴하게 된다.

③ 충돌의 영향: 금속표면에 용액이 충돌(impingement)되면서 시간이 경과하면 보호피막이 손상을 일으켜 부식이 심하게 발생된다. 특히 곡관, 증기콘덴서인 경우의 이음매에서 부식이 심하게 발생된다. 물의 흐름에 있어(유속) 충돌되는 지점은 부식 속도가 증가함으로서 침식이 빠르게 진행된다(그림 1-5).

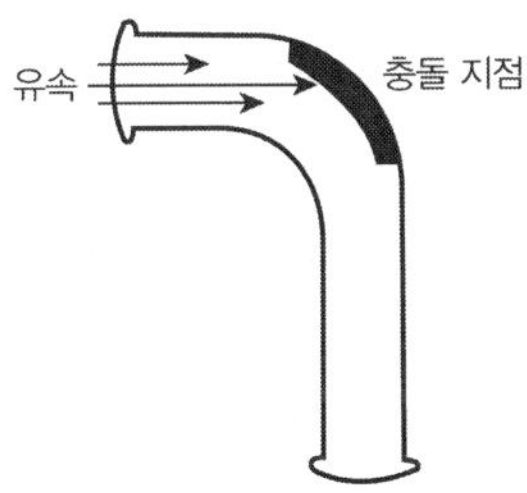

그림 1-5 곡관의 경우

④ 갈바닉 영향: 서로 다른 금속이 용액에서 사용되면 갈바닉 현상에 의해서 침식부식을 일으킨다. 정지된 상태의 용액에서는 갈바닉 영향이 없다가 용액이 움직이면(유속이 증가) 부식을 일으키게 된다.

침식부식을 방지하기 위해서는

① 저항력이 큰 금속재료를 목적, 용도 등에 따라 선정한다.

② 재료의 수명을 연장할 수 있도록 연구해야 한다.

- 곡관부의 유속충돌 지점을 완만하게 한다. 파이프의 직경을 넓힌다. 등

③ 부식억제제는 언젠가는 그 효능을 감소시킨다. 따라서 고체 부유물을 최대한 여과하든가 용액의 온도를 낮추든가, 유속을 감소시킨다든가 등을 고려하여야 한다.

④ 피복(coating): 용접을 하거나 여러 종류 중 한 가지를 선택하여 피복한다.

⑤ 음극방식(cathode protection): 금속의 부식 속도를 감소하게 하기 위해서 이용된다. 희생양극을 사용하며 양극용해에 의해서 소모되므로 주기적으로 교환해야 한다.

(7) 응력부식(stress corrosion)

금속 또는 합금이 부식 분위기에서 아주 적은 응력을 받더라도 부식이 생기는 것을 응력부식이라 하고 이때 부식되어 취성(brittle)을 일으켜 균열이 생기는 것을 응력부식균열(stress corrosion cracking)이라 한다. 응력부식균열의 형태는 황동(brass)에서 발생되는 시효균열(season cracking)과 강의 가성취성(caustic brittlement)이 해당된다. 시효균열이란 세월이 지남으로서 눈에 띄지 않을 정도로 균열이 생기는데 그 원인은 암모늄이라는 것이 밝혀졌다. 가성취성은 강은 수산화나트륨(NaOH, 日本語로 가성소다)의 존재 하에서 취성균열이 생기는 것을 말한다.

응력부식을 일으키는 원인은 부식 환경, 인장응력 및 취약한 합금 등과 관계가 있으며, 순금속에서는 응력부식균열이 발생되지 않는다. 금속 또는 합금을 열처리 하면 조직변화를 일으킨다. 이러한 조직 변화는 응력부식균열에 대해 영향을 미친다. 응력부식균열은 입내균열과 입계균열로 구분된다. 결정조직에서 발생된 입내균열은 결정입계의 내부를 통해서 발생되고 입계균열은 결정경계선(crystal boundary)을 통해서 균열이 발생된다. 때에 따라서는 동시에 발생할 수도 있다(예: 고 Ni 합금, Fe-Cr 강, 황동). 수소 원인 균열은 수소 원자가 물 또는 수소이온이 환원됨으로써 생긴다.

$$H_2O + e^- \rightarrow H + OH^- \text{(중성용액)}$$

$$H^+ + e- \rightarrow H\text{(산성용액)}$$

산성과 중성용액에서 발생되는 수소(H)는 금속결정 내부에 침투해 수소원인균열(hydrogen induced cracking)을 일으킨다.

특히 음극보호 및 전기도금에서는 수소의 발생이 더욱 증가 하여 금속 또는 합금 중에 함유된다.

응력부식을 방지하기 위해서는

① 응력을 감소시킨다.

② 유해성분을 감소 또는 제거한다(표 1-3).

③ 합금성분을 변화시킨다.

④ 희생양극을 사용함으로서 음극방식을 선택한다.

⑤ 부식억제제를 첨가한다.

표 1-3 응력부식균열을 발생시키는 조건

금속	조건
연강	NO_3^-, OH^-
고항장력강	H_2O
오스테나이트형 스테인리스강	Cl^-, OH^-, Br^-
황동	NH_3, 아민
티타늄 합금	Cl^-, Br^-, I^-
알루미늄합금	H_2O, NaCl 용액

(8) 탈아연부식(dezincification corrosion)

아연은 구리에 비해서 훨씬 활성화하기 때문에 나중에는 다공성이 형성된 구리만 남게 된다. 이와 같은 탈아연은 주로 침전물 밑에서 전기화학적으로 화학반응이 진행되기 때문에 예측하기 힘든 상태가 된다(예: 황동인 경우). 부식촉진 성분을 감소시키거나(예: 산소) 음극방식을 할 수도 있지만 실용적이지는 못하다. 양호한 방법은 탈아연부식을 방지하기 위해서 1% 주석과 소량의 As, Sb, P 등을 첨가하는 방법이다(예: admiralty bass).

(9) 흑연화부식(graphitization corrosion)

회주철인 경우 철과 강이 부식되면서 다공성(porosity)의 흑연만 남게 된다. 흑연화부식은 주로 땅 밑에서 발생(예: 주철파이프) 되며 주위의 흙이나 지하수를 오염시킬 수 있다. 흑연은 강에 비해서 귀한 전위를 가지고 있으며 갈바닉 전지를 형성할 때 음극으로 작용한다. 철과 강은 용해되면서 흑연, 기공, 녹을 남기게 되고 그 결과 금속의 기계적 성질(강도, 경도 등) 및 조직변화를 변화시켜 부식을 촉진시킨다. 흑연화현상은 회주철에서만 발생되며 백주철, 가단주철에서는 흑연화현상이 나타나지 않는다.

1.4 환경에 의한 부식

(1) 해수부식(marine corrosion)

바닷물은 여러 종류의 유기 및 무기물질의 염의 수용액으로서 3.5% NaCl, pH 8 정도의 약알칼리성이다. 해수 중에 용해되어 있는 물질의 99.9% 정도를 차지하는 11개 성분을 표 1-4에 나타냈다. 주요 성분 대부분은 나트륨 및 염소염이 약 85% 정도이며 나머지는 황산염, 중탄산염, 바륨산염 등이다. 이들 원소 중 금속의 부식에 가장 영향을 미치는 것은 염소(Cl^-)이온이다. 이러한 염소이온은 Fe, Cr, Ni, Co, 스테인리스강 등의 부동태를 파괴시키는 주범이라고 할 수 있다.

표 1-4 해수의 주요성분

성분	이온	중량비
나트륨(Sodium)	Na^+	30.6
마그네슘(Magnesium)	Mg^{2+}	3.68
칼슘(Calcium)	Ca^{2+}	1.18
칼륨(Pltassium)	K^+	1.10
스트론튬(Strontium)	Sr^{2+}	0.02
염소(Chloride)	Cl^-	55
황산염(Sulfate)	SO_4^{2-}	7.72
중탄산염(Bicarbonate)	HCO_3^-	0.40
브롬(Bromide)	Br^-	0.19
바륨산(Borate)	$H_2BO_3^-$	0.01
불소(fluoride)	F^-	0.01
		≑100.00

염소이온은 해수 중에 존재하는 용존 산소 및 OH^-와 결합하여 금속표면에 흡착되어 금속이온의 수화를 촉진하여 부동태를 파괴한다. 염소이온에 의한 부동태 파괴는 금속표면 전체에서 발생되는 것이 아니라 부분적으로 발생된다. 해수의 유속이 증가하면 금속표면의 부식 속도는 더욱 증가한다. 따라서 유속이 증가하면 균일부식에서 침식부식으로 변화한다. 해수에서 가장 양호한 내식성을 구비한 금속은 구리 및 구리합금이다. 구리와 5% Al 합금 및 5086Al 합금이 내해수성이 가장 양호하다.

암모니아는 산 중화제로서 사용될 때 철과 강에는 영향을 미치지 않지만 구리합금에는 큰 영향을 나타낸다. 암모니아는 구리와 착화합물을 형성하여 균일부식 또는 응력부식을 발생한다.

경수(hard water)는 Ca 및 Mg의 양이온을 포함하고 있어 탄산염피막이 금속표면에 생성되기 때문에 부식성이 별로 크지 않다. 물에 용해되어 있는 CO_2는 다음과 같이 반응한다.

$$CO_2 + H_2O \rightarrow H_2CO_3 \rightarrow H^+ + HCO_3^-$$

중탄산염이온은 알칼리용액에서 다음과 같이 불용성의 탄산칼슘이 금속표면의 보호피막을 만든다($CaCO_3$).

$$Ca^{2+} + 2HCO_3 \rightarrow Ca(HCO_3)_2 \rightarrow CaCO_3 + CO_2 + H_2O$$

이산화탄소는 pH를 감소시킴으로서 강의 부식을 증가시킨다.

$$CO_2 + H_2O \rightarrow H_2CO_3 \rightarrow H^+ + HCO_3^+$$

여러 종류의 아민은 증기 및 응축수에 첨가하면 CO_2에 의해서 산성화된 물을 중화시킨다. 화학적 반응식은 다음과 같다.

$$R-NH_2 + H_2O \rightarrow R-NH_3^+ + OH^-$$

가수 분해되어 염기성 물질을 생성시키는 염은 강의 부식억제제로 사용된다.

제3인산나트륨, 제4붕산나트륨, 규산나트륨, 탄산나트륨이 여기에 속한다.

(2) 대기부식(atmospheric corrosion)

금속 또는 합금이 대기 중에 존재하면 온도와 환경조건에 따라 부식이 발생되는 것을 말한다. 대기부식은 대부분 균일부식의 형태이며 금속표면에 습기(물분자)가 있기 때문에 생기는 것이다. 대기중 이산화황(SO_2)이 금속표면에 용해되면 황산이 되어 대기부식을 촉진한다. 온도는 대기부식에 여러 가지 영향을 미친다. 상온 상태의 대기에서는 부식속도가 느리지만 금속표면에서 수막이 형성되는 경우에는 오히려 부식이 촉진될 수 있다. 햇빛에 노출되면 온도는 상승되어 부식 속도가 반드시 촉진되는 것은 아니다. 온도 상승으로 인해서 오히려 금속표면이 건조해져서 부식 속도가 감소할 수도 있다. 대기부식은 습도, 온도, 오염물질, 공기 중에 포함된 각종물질, 유해가스 등에 따라서 달라지며 열대 및 아열대 해안지방에서는 부식 속도가 빨리 진행된다. 대기부식에 있어 구리의 첨가는 저항성이 증가한다(예: HSLA 강). 공업지대에 많이 포함된 황산은 금속구조물의 수명을 크게 단축시킨다. Zn, Cd, Ni, Fe은 황산에 대해서 저항성이 대단히 약하고 납, 알루미늄, 스테인리스강은 황산에 대해서 어느 정도 견딘다.

구리는 황산구리[$CuSO_4 \cdot 3Cu(OH)_2$]의 보호피막을 만들며 이때의 색은 녹색으로서 일종의 구리의 녹이라고 할 수 있으며 이것을 녹청(patina)이라고 한다. 부동태를 나타내는 것(예: 스테인리스강, Al)의 경우에는 자연수 또는 흙속에서 존재할 때보다 대기 중에서 존재할 때가 부식 속도가 훨씬 감소되어 공식 발생도 적어진다. 니켈은 해양 대기에서의 내식성이 크며 황산니켈의 보호피막이 형성된다. 대기 중의 극소량인 H_2S는 Ag 및 Cu를 변색시킨다. 변색된 피막은 AgS 및 $Cu_2S + CuS^+ + Cu_2O$의 혼합물이다. 알루미늄 합금도 물이 정체되면 시간에 따라 pH가 변화되어 녹과 부식이 생긴다. 대기 부식을 방지하기 위한 방법은 다음과 같다.

① 코팅한다(유기, 무기 또는 금속 코팅).

② 상대습도를 50% 이하로 낮춘다.

③ 기상(vapor phase)의 부식억제제를 사용

④ 합금을 사용(Fe에 Cu, P, Ni, Cr 등을 첨가)

- 대표적인 것은 내후성강(weathering steel)
- 내후성강의 성분은 0.09% C, 0.4% Mn, 0.4% Cu, 0.8% Cr, 0.3% Ni, 0.09% P
- 스테인리스강, Al합금강들도 공업지역에서 내식성이 양호하다. 하스텔로이강은 해양 환경의 대기상태에서 우수한 내식성을 구비하고 있다.

(3) 고온산화(high temperature oxidation)

금속이 상온 또는 고온에서 산소, 유황, 할로겐 등과 같은 산화 기체와 접촉하게 되면 전해물질이 없어도 부식이 발생된다. 이것을 건부식(dry corrosion)이라고 하며 물과 접촉이 된 경우의 부식을 습부식(wet corrosion)이라고 한다. 금속의 산화물 피막의 화학적, 물리적 성질은 고온 산화 환경에서 산화속도와 재질 사용 수명을 결정하는 중요한 역할을 한다.

산화에 대한 이론은 Pilling과 Bedworth에 의해서 확립되었다.

1) 필링 – 베드워스비(Pilling-Bedworth ratio)

필링과 베드워스에는 산화이론정립, 내산화성 판단기준으로서 PBR을 제시하였다. PBR이란 산화과정에서 소비된 금속부피에 대한 산화물 부피 비율이다. 공식은 다음과 같다.

$$\text{PBR} = \frac{\text{형성된 산화물 부피}}{\text{소비된 금속부피}} = \frac{Md}{amD}$$

여기서, M : 산화물의 분자량, D : 산화물의 밀도, a: 산화물 1개 분자당 금속의 원자 수, m: 금속의 원자량, d : 금속의 밀도

PBR이 1보다 적은 경우에는 다공성으로서 비보호적이다. 알칼리금속 또는 알칼리토금속(Na, K, Mg 등)이 해당된다. 산화피막은 고온에서 소성(plasticity)을 가지게 되어 변형될 수 있기 때문에 기공(porosity)이 없어질 수 있다. 따라서 균열이나 틈 등이 기공 소멸에 의해서 채워질 수 있다. 스팔링(spalling)현상은 PBR이 1보다 훨씬 높으면 압축응력이 발생될 경우 산화물이 제거되는 현상이다. 표 1-5의 금속의 PBR은 참조할 뿐 확실히 일치하는 것은 아니다. Fe, Cu, Ni 등의 금속은 PBR이 1보다 크므로 산화물피막이 치밀

표 1-5 금속의 PBR

보호적인 산화물 금속		비보호적인 산화물 금속	
금속	PBR	금속	PBR
Be	1.59	Li	0.57
Cu	1.68	Na	0.57
Al	1.28	K	0.45
Si	2.27	Cd	1.21
Cr	1.99	Ti	1.95
Mn	1.79	Mo	3.40
Fe	1.77	Cb	2.61
Co	1.99	Sb	2.35
Ni	1.52	W	3.40
Pd	1.60	Ta	2.33
Pb	1.40	U	3.05
Ce	1.6	V	3.18

하고 다공성을 나타내지 않는다. 산화물 피막의 PBR 계수가 1보다 커야 하지만 다음과 같은 것도 참조되어야 한다.

- 팽창계수는 소재 금속과 거의 비슷해야 한다.
- 소재 금속에 대해서 흡착성이 양호해야 한다.
- 용융점이 높은 금속이어야 한다.
- 증기압이 낮아야 한다.
- 전기전도도가 낮아야 하며 금속이온 및 산소에 대한 확산계수가 낮아야 한다.

금속에 대한 내산화성은 여러 가지 요소들이 복합되어 나타나며 PBR 계수는 단지 여러 요소 중의 하나에 해당될 뿐이다.

2) 산화피막의 성장속도

산화가 진행됨에 따라 산화피막 층의 두께는 증가하고 금속의 두께는 감소된다. 다음은 산화피막 층의 시간과 성장속도와의 관계 법칙을 나타낸 것이다.

① 직선법칙(linear law)

$$\frac{dx}{dt} = A, \quad x = At + B$$

여기서 x: 산화피막 두께, A, B: 상수

직선산화는 산화 반응이 진행속도보다 이온의 공급 속도가 빠른 경우이다. 다시 말해서 산화물의 층이 보호적이지 못하다. 소재 금속과 산소가 직접 접촉되는 경우이다. Na, K

등은 이 직선법칙에 따라 산화되며 PBR이 1보다 적다.

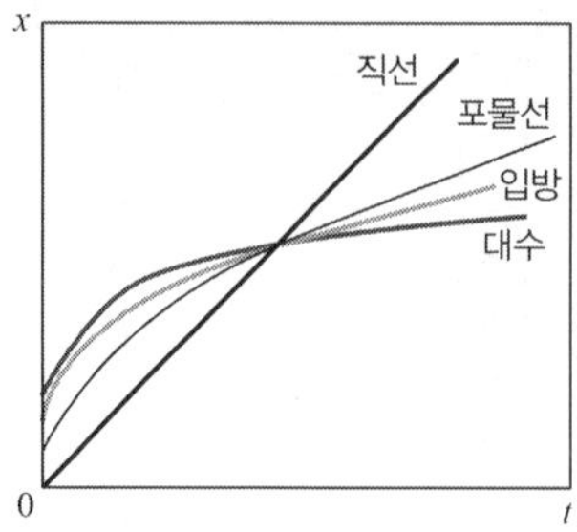

그림 1-6 산화속도 법칙

② 포물선 법칙(parabolic law)

$$\frac{dx}{dt}=\frac{A}{x},\quad x^2=Bt+C$$

여기서 A, B, C: 상수

포물선 법칙에 따라 산화되는 금속의 경우 산화피막의 두께 x의 제곱을 시간 t에 대해서 그리면 된다. 대부분의 금속들이 여기에 해당된다. Nb, Ta, Mo, W 등과 같은 금속에 해당된다. 포물선 법칙은 비정상상태 확산지배 반응을 나타내는 형태이며 두께가 성장할수록 산화속도가 커진다.

③ 대수법칙(logarithmic law)

$$x^2=A\ \log(Bt+C)$$

낮은 온도에서 얇은 산화피막층을 나타내는 경우이다. Al, Cu, Fe 등이 상온 또는 약간 높은 온도에서 산화될 경우이다. 특히 Al의 경우 상온의 대기 중에서 산화할 때 며칠이 지나면 산화피막의 두께는 정지된다. 이것이 Al이 우수한 내식성을 구비한 원인이다. 대수법칙에 따라 산화하는 금속은 산화피막의 두께가 일정한 시간이 경과한 후에는 정지된다(예: Al).

④ 입방법칙(cubic law)

$$x^3=At+B$$

이 법칙은 산화피막의 두께가 시간에 따라 직선적으로 증가한다.

Zr이 산화되는 경우 확산이 어려운 피막이 생성된다.

100~250℃에서의 구리의 산화도 입방법칙에 따른다(Campell 보고서).

CHAPTER 02

방식 및 피복

2.1 전기화학적 방식

금속의 부식은 국부전지 반응에 의해 발생되는데 국부전지의 음극과 양극 중 어느 한 쪽 또는 양쪽의 과전압을 크게 하여 반응속도를 감소 또는 방지하는 것이다. 즉 방식하고자 하는 금속에 외부로부터 직류 전류를 보내면 금속의 양극용해를 방지할 수 있다. 이러한 방식을 전기방식이라 한다.

- 전기방식
  - 음극방식(활성화상태)
    - 갈바닉음극방식
    - 전해음극방식
  - 양극방식(부동태상태)
    - 갈바닉양극방식
    - 전해양극방식

2.1.1 음극방식(cathode protection)

음극방식은 음극에 전류를 흘려주는 방식으로서 주로 강의 해수 부식에 대해 적용된다. 해수환경에 따른 선박, 항만시설, 해양 구조물 및 해수 열교환기 등, 지하 매설관, 지하 강 구조물에 이용된다.

(1) 갈바닉음극방식(galvanic cathode protection)

전위가 낮은 금속(예: Mg, Zn, Al)을 양극으로 사용하고 부식되는 금속을 음극으로 사용한다.

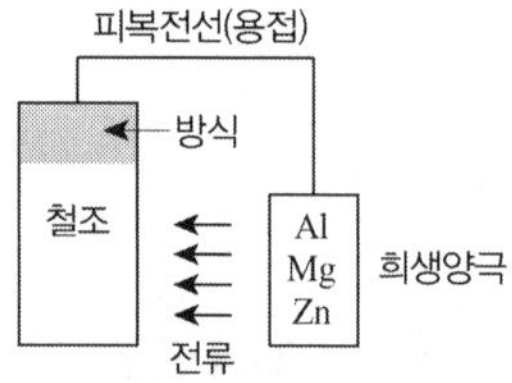

그림 2-1 갈바닉음극방식

이러한 금속들은 희생양극으로 사용되어 금속의 부식을 방지한다. 희생양극은 소모되기 때문에 정기적으로 교체하여야 하며 전류가 넓게 분산되도록 전도성 물질로 감싸 주어야 한다. 희생양극이 되기 위해서는

① 충분한 활성화 상태인 금속이어야 한다.
② 전해액의 저항이 클수록 부식전위는 활성화가 된다.
③ 부동태 합금들은 양극으로 사용하지 않는다.
④ 희생양극으로 사용되는 금속은 가격이 저렴해야 한다.

다음의 화학반응식은 갈바닉음극방식에 의한 아연의 희생양극에 따른 화학반응식이다.

$$Zn \rightarrow Zn^{2+} + 2e^{-}$$

$$Zn + 2H_2O \rightarrow \underbrace{Zn(OH)_2}_{\text{불용성 염이 생성}} + H_2$$

희생양극을 사용할 때의 특성은

① 외부 전원이 필요 없고 간단히 설치할 수 있다.
② 양극의 수명이 짧아서 정기적으로 교체하여야 한다.
③ 관리, 보수 비용이 적게 들며 거리가 짧을수록 유리하다.
④ 작은 구조물에 대해서는 설치 비용이 저렴하다.
⑤ 인접한 구조물에 대해서 해가 없다.

(2) 전해음극방식(electrolytic cathode protection)

부식되는 금속을 음극에 연결하고 양극으로는 백금, 백금도금된 티타늄, 산화철, 탄소, 납, 니켈 등을 사용한다.

양극으로 구비하여야 할 조건은

① 내식성이 커야 한다.
② 기계적 강도가 있어야 한다.
③ 과전압이 적어야 한다.

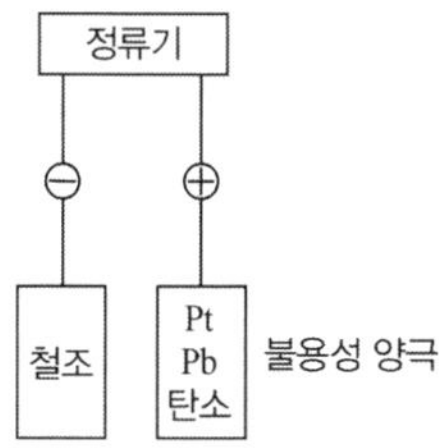

그림 2-2 전해음극방식

2.1.2 양극방식(anodic protection)

음극방식과는 반대 즉 양극에 전류를 흘려주면 부식으로부터 보호하여야할 금속이 양극으로 된다. 설치 비용이 많이 든다. 정류기는 정전압을 사용, 불용성 양극의 비용도 고가이다. 그러나 관리 비용이 적게 들고 전기화학적 측정이 정확하다. 적용되는 용액은 부식성이 약한 알칼리성 용액으로부터 부식성이 강한 모든 용액을 사용할 수 있다. 중성 및 알칼리 부식용액은 철, 산성용액에서는 스테인리스강, 티타늄과 같이 부동태화 하기 쉬운 금속에 이용된다.

(1) 갈바닉양극방식(galvanic anodic protection)

부식되기 쉬운 금속을 부식되지 않도록 하기 위해서는 더 높은 전위(noble potential)를 가진 금속을 사용하는 방식이다. 이때 부식되기 쉬운 금속이 부동태화 하면 되는 것이다. 스테인리스강을 황산 용액에 침적시킬 경우 0.1% Pd, Cu 1%, Ag을 첨가하여 갈바닉양극방식을 이용하면 부식상태가 감소되면서 금속표면은 부동태화 된다.

(2) 전해양극방식(electrolytic anode protection)

부식되기 쉬운 금속에 외부의 양극전류(정전압 정류기)를 흘려서 금속의 표면을 부동태화시키는 방식이다.

2.1.3 부식억제제(corrosion inhibitor)

전극과 수용액의 계면에서 발생되는 2중층의 흡착현상은 전류가 흐를 때에도 전극에서 일어나는 반응과정에 영향을 미친다. 이러한 2중층은 일반적으로 용매분자. 양이온, 음이온으로 되어 있다고 생각되는데 부동태인 경우에는 흡착되거나 화합되고 있는 산소가 계면을 통해서 금속이온의 이동을 방해한다. 그러나 2중층에서는 흡착물질에 의해서만 금속의 이동을 방해하는 현상이 발생된다. 이러한 현상을 억제제(inhibitor)라고 한다.

양극 반응에 대해서 이러한 작용을 하는 것을 양극억제제(anode inhibitor), 음극방식에 대한 것은 음극억제제(cathode inhibitor), 양극과 음극에 대해 모두 작용하는 것을 혼성 또는 차폐억제제(mix-mixed inhibitor)라고 한다.

(1) 억제제의 효과

① 전극의 분극을 증가시켜 석출물의 상태를 변화시킨다.

② 양극용해의 경우에는 수용액에 대한 금속의 저항을 증가시킨다.

답 소량의 단백질(0.1% 정도의 젤라틴)을 첨가하여도 상당히 큰 분극이 발생되는 데 이러한 첨가량은 활성이 큰 표면에 우선적으로 흡착하여 분극을 증가시킨다.

(2) 부식억제제의 역할

① 활성상태의 부식에 관계되는 전류밀도를 적게 하여 부식 속도를 지연시킨다.

② 금속을 부동태화 하여 부식 속도를 감소시킨다.

(3) 부식억제제의 종류

① 양극억제제: 양극반응을 억제 또는 산화피막을 형성하거나 부동태화시킨다. 크롬산염, 아질산염, 정인산염, 안식향산염 등이 있다. 양극억제제는 효과가 크지만 억제제의 양이 부족하면 오히려 부식을 촉진할 수 있다.

② 음극억제제: 음극으로 이동하여 금속의 표면에서 발생되는 전기화학적의 음극표면의 반응을 억제 또는 산화피막을 형성하거나 부동태화 시킨다.

답 산용액에서 Fe에 대한 부식억제제는 As^{3+}, Sb^{3+} 첨가
$CaCO_3$, $Zn(OH)_2$, 다인산염 등

③ 혼합억제제: 일반적인 산화제(정인산염, 규산염, 아질산염, 크롬산염 등)와 비산화제를 혼합하여 사용한다.

답 다인산염과 크롬산염

2.2 피복

2.2.1 금속피복

금속의 표면산화 및 탈탄을 방지하기 위하여 표면에 도포제로 코팅하는 방법이다.

도포제의 특징은 다음과 같다.

① 도포하기 쉽다.
② 도포한 후 가열시 박리와 균일이 생기지 않는다.
③ 산화 및 탈탄 방지 효과가 양호하다.
④ 금속표면의 부식이 방지된다.
⑤ 금속을 열처리한 후에는 도포제의 제거가 쉽다.
⑥ 필요한 부분에만 도포가 가능하다.

(1) 종래의 도포제

① 점토+물유리(붕사 포함)
② 타르(tar)+흑연분말(Al 포함)
③ 붕사(30%)+$BaCl_2$(30%)+흑연분말(100%)을 물에 혼합하여 2 mm 두께로 도포한다.

(2) 최근의 도포제

1) 스케일(scale) 방지제

주로 강재의 스케일을 방지한다.

① 실리콘유(silicon oil)

실리콘 기름의 점도는 20~60,000 kg/m·sec이며 붓이나 롤러(roller)로 강재의 표면을 도포해 준다. 실리콘기름은 열처리를 하는 중에 분해되면서 증기상태로 되면서 분해된다. 도포된 피막의 박리는 물 100 m*l*, 15~30% 질산, 1.5~8.0% 불산을 사용한다. 17-7형 스테인리스강에 도포했을 때 스케일이 생긴 하부층의 스케일피막은 0.4~0.6 mil(1 mil은 1,000분 1인치)이며 이 정도의 스케일 피막을 제거하기 위해서는 5분 정도의 시간이 걸린다. 그러나 강재의 표면에 도포하지 않았을 경우에는 스케일 피막이 0.5~1.5 mil로서 스케일 피막을 제거하는 데에는 15분 정도 걸린다. 즉 강재에 도포를 하면 스케일 피막을 도포하지 않은 것보다 덜 생기는 것이다. 그러나 스테인리스강 중에 Ti나 Mo가 함유된 것은 스케일 방지제를 사용해도 그 효과가 거의 없다.

② 점토부유 피막제(clay suspension coating)

스프레이 도포를 하면 스케일 피막의 두께가 0.2~0.5 mil을 얻을 수 있으며 강재 표면은 깨끗하며 특수강, Ni, Co의 합금강에 적용된다.

③ 금속피막제(metallic coating)

Ni-Cr-B, Ai-Cr 합금의 강종에 적용되며 열탕침적(hot dipping)을 하거나 붓으로 강재표면을 도포하여 가열시키면 H-43C 강종일 경우에는 스케일의 피막두께가 3～5 mil, H-16C 강종일 경우에는 13～15 mil이 된다. 도포를 한 후에는 950～1,000℃의 열처리 노에 넣고 1,050℃까지 온도를 상승시킨 후 5분 정도 유지한 후 강재를 열처리 노에서 꺼내어 공기 중에서 냉각시킨 후 연마한 후 사용한다.

④ 세라믹 피막제(ceramic coating)

Al 피막제를 이용한 도포의 두께는 5～9 mil이다. 연강위에 도포하고 550℃에서 4시간 10～15분 정도 반복한다. Al 페인트를 강재에 도포하면 5～10 mil의 스케일 피막을 얻을 수 있으며 200℃에서 건조한 후 사용한다.

2.2.2 금속침투

(1) 아연침투법

철과 아연을 가열하면 서로의 친화력으로 말미암아 확산되어 합금화된다. 이것이 철강 표면에 밀착되어 내식성이 좋은 표면층을 얻을 수 있다.

1) 세라다이징

철강부품과 아연분말을 회전드럼 속에 2/3 정도 넣고 회전 반복시킨다. 아연과 철강부품의 접촉이 있을 때 아연가스가 발생된다. 이 방법은 처리시간이 길고 형상이 복잡한 부품에는 아연의 침투가 적어도 고르지 못한 제품이 생기기 쉽다. 가열은 가스, 석유, 전기 등을 사용한다. 아연분말은 #30 이하의 미세한 것을 사용하며 98% Zn, 0.01% Cu, 0.87% Pb, 0.14% Fe, 0.03% Cd의 성분을 함유하고 있어야 한다.

2) 증기세라다이징법

이 방법은 세라다이징의 단점 즉 처리시간이 길고 제품이 균일하지 못한 것을 방지하기 위해서 개발되었다. 7～25%의 아연분말과 75% 정도의 내화분말 속에 처리부품을 묻고 밀폐한 용기 속에서 500～700℃로 가열한다. 내화분말은 아연 농도의 조절과 용해한 아연의 응결을 방지하는 작용을 한다. 분말은 #150 정도로 될수록 불순물이 섞이지 않도록 주의해야 한다. 처리온도가 높으므로 세라다이징이 3～12시간이나 필요한 것에 비해서 30분～1시간 정도로 침투작용이 완료된다. 또 300℃의 온도에서 열처리하면 아연은 비등되어 기화된다. 이것을 별도의 열처리 노(furnace)에 집어넣어 강부품의 표면에 피복하는 증기 갈바나이징법도 있으나 별로 이용되지 않는다.

3) 캘로라이징

내산화성이 요구되는 부품은 Fe-Al층을 형성시키는 캘로라이징법에 의해서 철강표면을 피복한다. 철강 표면에 Al을 확산 침투시키기 위해서는 Al이 용융점 이상이 되어야 하며 이 속에서 철이 용융 확산되어 $FeAl_3$층을 형성하고 이 위에 $FeAl_2$, Fe_2Al_5층이 생성하는 등 복잡한 합금층이 형성된다. 확산제로서는 알루미늄과 알루미나분말과 염화암모늄, 염화나트륨, MgF, NHF, HF 등을 소량 첨가한 것을 사용하고 800~1,100℃ 정도에서 철강부품에 적용한다. 구리나 황동인 경우에는 700~800℃에서 처리한다. 캘로라이징의 효과는 내열 및 내산화성에 있으며 일반적인 것보다 4배 이상의 수명이 길다고 하며 이밖에도 방청, 내해수성, 내식성도 향상된다.

4) 크로마이징

저탄소강의 표면에 크롬을 침투시키면 강의 내부는 인성이 있으며 강의 표면은 경도가 높아서 고크롬강과 같이 된다. 그 방법은 다음과 같다.

표 2-1 철강에 대해 확산 침투하는 주요 금속

피복금속	확산피복법	성질
아연 (sheradizing)	• 용융 도금의 가열 • 아연 분말 중에서 가열(세라다이징) • (ZnO+환원제) 중에서 가열 • 아연 용사층의 가열	대기 중의 부식 방지에 적합하다.
알루미늄 (calorizing)	• Al 또는 Fe-Al 분말과 용제를 혼합하여 가열(칼로라이징) • 용융 도금법 • Al 용사층의 가열 • Al 합판의 가열	고온 산화방지에 적합하고 유황의 고온분위기에 대해 저항력이 크다.
크롬 (chromizing)	• 크롬 또는 Fe-Cr 분말 중에서 가열 • 염화크롬법 • 크롬 용사층의 가열 • 용융염법	내식성이 우수, 경질이다.
규소 (siliconizing)	• 규소, 페로실리콘, 탄화규소와 용제와의 혼합물 중에서 가열 • 염화규소법	질산, 염산, 묽은 황산에 대한 내식성이 우수하다.
붕소 (boronizing)	붕소 또는 Fe-B 분말 중에서 700℃ 이상으로 가열	경질 피복, 모든 농도의 염산에 대한 내식성이 크다.
베릴륨	베릴륨 또는 Fe-Mo 분말 중에서 1300℃ 이상으로 가열	고경도, 방청성이 크다.
몰리브덴	Mo 또는 Fe-Mo 분말 중에서 1300℃ 이상으로 가열	극히 높은 경도, 내식성이 크다.
텅스텐	W나 Fe-W 또는 WC 분말 중에서 800℃ 이상으로 가열	고경도, 내황산성이 크다.
바나듐	Fe-V 분말 중에서 900℃ 이상으로 가열	고경도, 내질산성이 크다.

① 분말법: 크롬분말 속에 강재를 묻고 환원성 또는 중성분위기 속에서 가열하여 크롬을 확산 침투시킨다. 금속크롬 이외에 산화크롬, 알루미나, 크롬의 염화물, 염화암모늄 등을 첨가하고 있다. 온도는 약 1,000℃ 이상이며 수소로(水素爐)를 필요로 하는 설비가 있어야 한다.

② 기체법: 할로겐화 크롬증기를 사용하면 철강표면에 크롬이 유리(遊離)되어 침투한다.

③ 용융염법: 염화크롬을 함유한 용융염 속에 침적하여서 침투시키는 방법이며 조작이 간단하다.

5) 실리코나이징

규소 및 페로실리콘은 산에 강한 성질을 지니고 있으므로 철강의 표면에 규소를 침투시켜 내식성을 향상시키는 방법이다(탄소 0.25% 이하, 유황 0.04% 이하의 탄소강에 적용).

① 고체법: 규소 분말에 1~5%의 염화암모늄을 첨가하고 탄화규소 또는 페로실리콘 분말을 사용한다. 온도는 900~1,000℃에서 실시한다.

② 기체법: 4염화규소가스와 수소의 혼합기체를 사용하는 방법이며 처리시간이 짧고 온도가 낮아도 충분하지만 규소가 침투하는 것이 아니라 철과 규소의 치환반응이 주체이므로 합금피막이 벗겨지는 일이 많아서 실용화하기 힘들다. 실리코나이징은 13-Cr 스테인리스강에 필적하는 내식성을 지니며 경도 및 내마모성도 양호하다. 이 외에 침투법에 의해서 경화되는 것은 Be, Mo, W, V, Ti, Ta와 같은 금속이 있으며 철강 표면에 합금층을 형성시키는 방법이 실용화 되고 있다.

2.2.3 비금속 피복

비금속은 금속보다 부식이 적고 내식성을 구비하고 있다. 비금속 재료를 금속에 피복시키는 방법은 소재 금속과 전혀 다른 물질을 피복시키는 방법(유기 및 무기재료)과 금속표면을 부식시키는 방법(화성피막)이 있다.

(1) 유기재료

유기재료는 일반적으로 산 및 염의 종류에 대하여 내식성이 있어야 한다. 내식재료로서는 유리섬유, 탄소섬유 및 이것들을 복합시킨 섬유강화 플라스틱(FRP) 등이 있다. 수지는 온도를 상승시켜 연화시킨 열가소성 수지와 온도에 따라 반응을 촉진하여 경화시킨 열경화성 수지가 있다.

1) 열가소성수지

폴리에틸렌, 폴리프로필렌, 염화비닐, PTFE, 등

2) 열경화성 수지

에폭시수지, 불포화폴리에스텔수지, 비닐에스텔수지, 페놀수지, 불소수지, 실리콘수지 등

3) 탄성체

① 천연고무

② 합성고무: 크로로푸렌고무(CR), 니트롤고무(NBR), 푸틸고무(IIR), 에티렌플로필렌고무(EPDM), 불소고무(불소수지의 일종, 강산에 대해 내성이 있음) 등

4) 도료

① 염화고무계 도료: 염화고무와 염소화수지, 알키드수지를 배합시킨 도료로서 내수성, 내약품성이 있으나 내후성이 약한 편이다.

② 페놀수지계 도료: 일명 석탄산 수지라고도 한다. 페놀류와 포름알데히드를 축합시켜 만든다. 알콜 가용성 및 기름에 용해되는 것이 있다. 기름에 용해되는 도료는 내산성, 내알칼리성이 있다. 화학공장의 건축물 및 장치에 도장한다.

③ 에폭시수지계 도료: 비스페놀-A에 에피클로로히드린을 사용하여 60~120℃에서 가열 축합한 것이다. 금속에 대한 부착성이 양호・기름에 대한 내성이 강하고 내수성 내약품성이 우수하다. 온도를 올려서 사용하는 것과 상온 경화형이 있다. 강 구조물의 방식도장에는 상온 경화형이 사용되고 직접 햇빛에 노출되는 상태 즉 내광성은 약하다.

④ 폴리우레탄 수지: 분자 구조에 우레탄(—NCO) 결합을 함유한 수지, 금속에 대해 부착성이 양호하고 내마모성 및 내후성이 있다. 강 구조물의 방식 도장의 중간 도료로서 이용된다.

⑤ 불소수지 도료: 메라민 수지를 함께 사용하는 것과 상온 경화형이 있다. 내열성, 내유성(기름에 대한 내성)이 있다. 폴리우레탄 수지와 함께 사용하여 강 구조물의 방식 도료로서 광범위하게 이용된다.

⑥ 실리콘수지 도료: 내열성, 내수성, 내후성이 있으며 전기 절연성이 있는 것에 사용된다.

5) 도료의 분류

① 유성 페인트: 합성수지 조합 페인트, 유성계 하지 도료, 유성계 녹방지 도료

② 수계도료: 수용성수지 도료, 합성수지 에멀젼 도료

③ 섬유소 도료: 질산 섬유소 도료, 빙초산 섬유소 도료

④ 합성수지 도료: 알키드수지 도료(에나멜, 왁스), 염화비닐 수지 도료(에나멜, 왁스, 폴

리머), 염화고무계 도료, 페놀수지 도료, 에폭시수지 도료, 폴리우레탄수지 도료, 불소수지 도료, 메라민계수지 도료, 불포화에스텔수지 도료, 실리콘수지 도료.

(2) 무기재료

화학장치에 사용되는 무기재료는 시멘트, 유리, 도자기, 세라믹, 내화물, 탄소재료 등이다. 시멘트는 몰탈과 함께 저수조 및 배수처리조의 대형 탱크 종류에 광범위하게 이용된다. 몰탈은 다공성 및 알칼리로서 내산성이 없으며 중성 이상에서는 공기 중의 탄산가스를 흡수하여 중성화하여 노화된다. 수지를 혼합하여 사용하기도 한다.

알칼리 규산염으로 이루어진 유리는 화학적으로 안정하고 내식성이 있다. 알칼리성 영역에서는 규산의 가수분해에 따라 부식이 발생된다. B_2O_3을 첨가하여 Na_2O 및 K_2O를 안정화시켜 알칼리의 용출을 억제하는 파이렌스가 있다.

- 중성유리: Al_2O_3, B_2O_3, BaO를 첨가하여 알칼리 용출량을 낮춘 것이다.
- 석영유리: SiO_2로 이루어진 알칼리성분을 제거함으로서 내열성이 양호하다.
- 내알칼리성유리: ZrO_2을 다량 첨가하여 내알칼리성을 향상시킨 것이다.

탄소재료는 흑연이 사용된다. 흑연은 열전도율이 적고 기계가공성이 양호하나 내마모성은 낮고 윤활성은 양호하다. 내식성이 있어 열교환기 재료로서 이용된다. 최근에는 유리 형태의 탄소, 탄소섬유, 열분해 탄소 종류 등이 개발되고 있다.

(3) 화성피막(clinical conversion coating)

금속표면에 화학반응에 의해서 물에 용해되지 않는(불용성) 물질의 화합물이 금속표면을 피복하는 방법이다.

1) 인산염 피막(phosphate coating)

금속표면에 인산에 의해서 불용성 피막을 만드는 방법은 파커라이징(parkerizing) 또는 본데라이징(bonderizing)이라고 한다. 아연, 망간의 인산염 용액에 침적 또는 분사시키는 방법이다. 또한 Cu^{2+}, ClO_3^-, NO_3^-와 같은 것을 첨가하여 인산염의 촉진반응을 일으킨다.

2) 산화물피막(oxide coating)

대표적인 Al의 양극산화 피막을 형성하게 하는 방법이다. 전해액으로서는 황산, 수산, 크롬산을 사용한다. 강의 산화물 피막을 알칼리 용액에 침적한 후 약 400℃ 정도로 가열하는 블루잉코팅법(blueing coating)과 알칼리용액에 침적만 하는 흑염법(black oxidation coating)이 있다.

CHAPTER 03

도금 기초지식

3.1 기초지식

3.1.1 도금에 관한 단위

도금에 사용되는 단위에는 여러 가지가 있으므로 반드시 알아두어야 한다.

(1) 두께에 관한 단어

- 미크론(micron): 1 mm를 1,000등분한 한 개의 눈금을 1 μ이라고 하고 기호는 μ를 사용한다. 즉, $1\mu = \frac{1}{1,000}$ mm이다.
- 밀(mil): 미국, 영국에서 주로 사용하며 1인치(inch)를 1,000등분 한 눈금을 1 mil이라고 한다.

$$1\ \text{mil} = 10^{-6}\ \text{in} = 10^{-3}\mu\text{in} = 0.0254\ \mu$$

$$1\mu\text{in} = 10^{-3}\ \text{in} = 25.4\ \mu$$

(2) 도금 물체의 표면적

- 평방데시미터(dm^2): $1\ dm^2 = 10\ cm \times 10\ cm = 100\ cm^2$

$$1\ ft^2 = 10\ dm^2$$

(3) 기계의 회전수

- R. P. M(rpm): 버프(buff)연마기, 바렐연마기, 바렐도금기, 그라인더(grinder), 각종 모타(motar)등의 1분간의 회전수를 말한다. 즉, 버프연마기의 R. P. M이 2,800이라 함

은 1분간에 2,800회전한다는 뜻이다.

(4) 도금액의 용적 및 중량

- 리터(L), 씨씨(cc), 갈론(gal): 1 L = 1,000 cc, 또는 1,000 m*l*, 1 cc는 1 m*l*라고도 함. 1 cc = 1 cm^2, 1 gallon = 3,7853 L(미국 갈론에 대해), 1 fl. oz = 29.573 cc
- 그람(g), 킬로그람(kg), 밀리그람(mg): 1 kg = 1,000 g, 1 g = 1,000 mg
- 파운드(lb), 온스(oz): 1 lb = 453 g, 1 kg = 2.2 lb
  1 oz(avioirdupois) = 28.3495 g, 1 oz/gal = 7.5 g/L

3.1.2 농도

액체의 농도를 표시할 때 비중을 사용하는 경우가 많다. 예를 들면 일정한 조성의 도금액을 만들고 그 비중을 측정해 둔다. 도금 작업을 한 후 그 비중을 측정한다. 이때 도금하기 전보다 비중이 적어졌다면 처음 도금액을 만들었을 때보다 농도가 묽어졌음을 알 수 있다. 즉 비중을 가지고 농도를 안다는 것은 이 정도에 지나지 않지만 농도가 짙다. 또는 묽다는 것을 최소한도 알 수 있다. 다만, 크롬도금액과 같이 용해되어 있는 약품중의 어느 한 종류가 다량이고 다른 한 종류가 극히 적은 양 밖에 들어있지 않을 때는 대단히 정확하게 그 농도를 알 수 있다. 도금의 경우 비중을 알 기 위해서 보메(Bé) 비중계를 사용한다.

- 물보다 가벼운 액체의 비중을 측정: 경(輕) 보메
- 물보다 무거운 액체의 비중을 측정: 중(重) 보메

비중과 보메 사이에는 다음과 같은 관계식이 성립한다.

$$d = \frac{144.3}{144.3 - B} \quad \begin{cases} d\text{: 비중} \\ B\text{: 보메 비중} \end{cases}$$

그러나 현장에서 도금액 농도 측정은 중보메 비중계를 사용하면 즉시 알 수 있도록 눈금이 표시되어 있으므로 위와 같은 계산에 의해서 보메 농도를 측정할 필요는 없다.

3.1.3 수소이온 농도

물은 다음과 같이 전리된다.

$$H_2O = H^+ + OH^-$$

물의 전리평형 상태에서는 다음과 같은 평형상태식이 이루어진다.

$$K = \frac{[H^+][OH^-]}{[H_2O]}$$

여기서 물의 농도는 일정하다고 볼 수 없으므로 다음과 같은 관계식이 성립된다.

$$K_w = [H^+][OH^-]$$

여기서, K_w를 물의 이온곱(ionic product) 또는 이온적(積)이라고도 한다. 실험 결과로서 이 이온적의 값이 25℃에서 10^{-14}임을 알게 되었다.

즉, $[H^+][OH^-] = 10^{-14}(\text{g이온/L})^2$ …… 25℃에서,

만약 수소이온이 많은 산성용액일 때는 수산이온이 적어지고 알칼리 용액일 때는 수소이온이 적은 대신에 수산이온이 많아진다. 따라서 수소이온의 값만을 알면 산과 알칼리의 세기를 알 수 있다. 즉 물에 산, 알칼리 등이 용해되어 있어도 K_w의 값은 일정하므로 수용액 중의 산성 및 중성, 알칼리성을 알 수 있다.

이때 수소이온의 농도는 다음과 같이 정의하는 수소 이온지수 pH를 사용하여 나타낸다.

$$pH = \log\frac{1}{[H^+]} = -\log[H^+]$$

중성인 순수한 물에서는 25℃에서 $[H^+] = 10^{-7}(\text{g이온/L})$이므로

$$pH = -\log 10^{-7} = -(-7) = 7$$

이와 같은 관계로 산성 용액에서의 pH는 7보다 적으며 알칼리성 용액에서의 pH는 7보다 크다.

용액의 액성과 수소이온 농도는 다음과 같다.

산성 $[H^+] > [OH^-]$

중성 $[H^+] = [OH^-]$

알칼리성 $[H^+] < [OH^-]$

그리고 pH의 값에서 1의 차이가 있다는 것은 실제로 수소이온의 농도(H^+)에 있어서 10배의 차이가 있다는 뜻이며 pH의 값이 그만큼 달라졌다는 것은 수소이온의 농도가 100배만큼 변화하였다는 것을 나타낸다.

3.1.4 완충용액(buffer solution)

완충용액은 그 조성에 따라 일정한 $[H^+]$, 즉 일정한 pH가 있으므로 이것을 이용하여 일정한 $[H^+]$를 가진 용액을 반들 수 있다. 이와 같은 용액은 수소이온의 농도측정에 있어서 표준용액(standard solution)이 필요한 것이다.

일반적으로 약산인 HA와 강전해질인 NaA의 혼합용액의 수소이온의 농도를 살펴보면 HA는 약한산이므로 $HA \rightleftharpoons H^+ + A^-$와 같이 전리평형이 이루어진다. 또 약산과 강전해질의 혼합용액에 수소이온을 넣어주면 다음과 같은 반응에 의하여 수소이온이 제거된다.

$$H^+ + A^- \rightleftharpoons HA$$

또 알칼리를 넣어주면 다음과 같은 반응에 의하여 수산이온이 제거된다.

$$OH^- + HA \rightleftharpoons A^- + H_2O$$

그러므로 이 용액은 산이나 알칼리를 넣어주었을 때 별로 큰 pH의 변화를 일으키는 일이 없다. 이와 같은 작용을 완충작용이라 한다. 또 완충작용(buffer action)을 하는 용액을 완충용액이라고 한다. 도금작업에서 예를 들면 니켈도금액에서의 완충제 역할을 하는 것은 붕산이다. 이러한 붕산을 첨가하면 도금액의 pH가 큰 변동이 없이 장기간 도금할 수 있는 이점이 있다.

표 3-1 완충용액 및 pH 범위

완충용액의 조성	pH 범위
프탈산 + 프탈산칼륨	2.2~3.8
빙초산 + 빙초산나트륨	3.7~5.6
인산일수소나트륨 + 인산이수소나트륨	5.8~8.0
붕산 + 붕사	6.8~9.2
붕사 + 수산화나트륨	9.2~11.0

3.1.5 용액의 농도분류

용액의 농도를 표시하는 데는 다음과 같은 방법이 있다.

(1) %농도(percent concentration)

① 중량백분율(%)농도: 용액 100 g 중에 용해되어 있는 용질의 g 수로 나타낸다.

② 부피백분율(%) 농도: 용액 100 ml 중에 포함되어 있는 용질의 ml로 나타낸다.

$$\text{백분율(\%) 농도} = \frac{\text{용질의 무게}}{\text{용액의 무게}} \times 100 = \frac{W_2}{W_1 + W_2} \times 100$$

W_1: 용매, W_2: 용질

답 ㉮ 소금물 100 g 속에 순수한 소금이 35 g이 녹아 있으면 %농도는 다음과 같다.

$$\text{\%농도} = \frac{35}{100} \times 100 = 35$$

㉯ 물 100 g에 순수한 소금 20 g을 녹인다면 이 용액의 중량%는 다음과 같다.

$$\text{\%농도} = \frac{20}{100+20} \times 100 = \frac{20}{120} \times 100 \fallingdotseq 16.6\%$$

(2) 몰농도(Molar concentration)

용액 1 L 속에 포함된 용질의 몰(mol) 수로 표시한 농도를 몰농도라고 하며 M로 표시한다.

답 용액 1 L중에 NaOH 40 g(1 g 분자량)이 용해되어 있는 용액을 1M용액이라 한다. 또 용액 1 L중에 NaOH 4 g이 용해되어 있는 용액을 0.1M용액이라 한다.

(3) 규정농도(Noramality concentration)

용액 1 L 속에 포함된 용액의 g당량수로 표시한 농도를 규정농도라고 하며 N으로 표시한다.

답 용액 1 L 중에 NaOH 40 g을 가진 용액은 1노르말 용액이며 H_2SO_4, 98 g을 갖는 용액은 2N(1M)용액이고 H_2SO_4 49 g을 가진 용액이 1N용액이다.

즉, 노르말 농도는 다음과 같이 구한다.

$$N = \frac{\text{용액 1L 중의 용질 g수}}{\text{용질 1g 당량}}$$

용액의 몰농도와 노르말 농도의 사이에는 다음과 같은 관계식이 성립된다.

$$N = \text{몰농도} \times \text{염기도(산도)}$$

따라서 1염기산인 HCl의 1M농도 = 1N농도이고 2염기산인 H_2SO_4의 1M 농도=2N농도이다.

3.1.6 용액(Solution)

2가지 이상의 물질이 균일하게 혼합되어 있는 혼합물을 용체(溶体)라 하고 소금물과 같은 용체의 혼합물을 용액, 고체의 혼합물을 고용체(固溶体)라고 한다. 소금물 용액은 물과 소금이 혼합된 것으로 실제로 물이 소금을 녹인 상태와 소금이 용해되어 있는 상태이다. 이때 소금을 용해시킨 물질을 용매, 소금과 같이 물에 용해된 물질을 용질이라고 한다. 물은 여러 가지 용질을 녹일 수 있는 용매이며 특히 물을 용매로 사용한 용액을 수용액이라고 한다. 액체와 액체가 혼합되어 있는 용액일 경우에는 그중 양이 많은 쪽을 용매라고 한다. 일정한 온도와 압력하에서 용매에 용질이 최대한도로 용해되어 있는 상태를 포화용액(saturated solution)이라고 한다.

이 포화용액에 있어서 용매의 일정한 양에 용해되어 있는 용질의 양을 해당되는 온도와 압력에서 용해도(solubility)라 하며 일반적으로 용매 100 g 중에 용해되어 있는 용질의 g(그램)수로 나타낸다. 만약 용해도 이상으로 과잉으로 용해되는 상태가 있는 용액을 과포화용액(super saturated solution)이라고 한다.

이와 같은 용액은 준안정상태로 되지만 교반해 주거나 작은 결정을 넣어주면 용질은 결정으로 석출되고 안정한 포화용액으로 된다. 일반적으로 수용액을 용액 이라고 호칭하는 경우가 대부분이다. 용질이 용해되는 영향은 용액의 구성 성분에 대한 성질, 온도 및 압력과 관계가 있다고 할 수 있다.

3.1.7 결정(crystallization)

(1) 재결정(recrystallization)

온도 상승에 따라 용해도가 커지는 고체를 높은 온도에서 용해시켜서 포화용액을 만든 후 이것을 냉각하면 용해되어 있는 용질의 일부가 용해되어 있지 않고 고체로 되어 용액으로부터 분리된다.

물 100 m*l*에 질산나트륨을 용해하여 70℃에서 포화용액을 만들면 약 138 g이 용해되지만 이것을 냉각시켜 20℃로 하면 31.5 g 밖에 용해되지 않고 용해되지 않는 나머지의 것이 결정으로서 석출한다.

70℃에서의 질산나트륨의 용해량 138 g ……… (a)
20℃에서의 질산나트륨의 용해량 31.5 g ……… (b)

(a)−(b)를 계산하면 106.5 g의 결정이 석출한다.

질산나트륨에 함유된 불순물을 용해시켜 위와 같이 분리 결정시키면 고체 속에 함유된 불순물은 용액 중에 남고 결정은 불순물이 없는 순수한 것이 되어 순도가 높은 고체가 된다. 이와 같은 용해도의 차이를 이용하여 순수한 결정을 만드는 방법을 재결정법이라고 한다.

(2) 결정수

황산구리의 청색 고체결정을 시험관에 넣고 가열하면 수분을 방출시키면서 백색분말로 변화한다. 이후 시험관을 냉각시킨 후 시험관에 다시 소량의 물을 첨가하면 백색분말은 다시 청색으로 변한다. 이것을 그대로 방치하면 원래의 황산구리인 청색 고체 결정으로 된다. 이와 같이 결정이 만들어질 때 여기에 함유되는 물을 결정수(結晶水)라고 하며 이 결정수를 가진 결정을 함수결정(含水結晶) 또는 수화물(水化物)이라고 한다. 또 결정수를 잃은 상태의 것을 무수물(無水物)이라고 한다. 결정수를 함유한 도금약품은 다음과 같이 나타낸다.

황산구리: $CuSO_4 \cdot 5H_2O$

황산니켈: $NiSO_4 \cdot 6H_2O$

염화니켈: $NiCl_2 \cdot 6H_2O$

탄산나트륨: $Na_2CO_3 \cdot 10H_2O$

(3) 풍해와 조해

1) 풍해

수산화물 중에는 결정이 공기 중에서 자연히 결정수의 일부 또는 전부를 잃어버리는 성질을 가진 것이 있는데 이러한 현상을 풍해라고 한다. 예를 들면 황산나트륨의 결정을 공기 중에 방치하면 다음과 같이 분해하여 풍해된다.

$$Na_2SO_4 \cdot 10H_2O \rightarrow Na_2SO_4 + 10H_2O$$

2) 조해

고체를 공기 중에 방치해두면 공기 중의 수분을 흡수하여 용해되는 성질이 있다. 이러한 성질을 조해라고 한다. 예, NaOH는 공기 중에서 용해되는 것이 빠르다. 보관시 반드시 뚜껑을 덮어 놓아야 한다.

3.1.8 표면장력

물은 어떠한 그릇에 담아도 형태가 각각 다르다. 즉 물은 크기는 있으나 형태는 없다

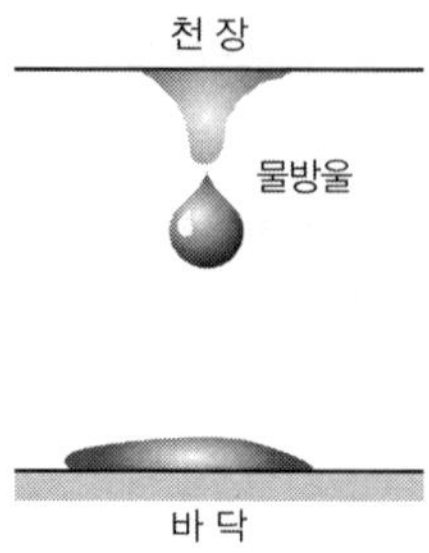

그림 3-1 표면장력

고 할 수 있다. 예를 들어 물이 천장에서 떨어질 때 물이 일단 고인 후 점점 둥글게 원형(원형)으로 된 다음 물이 무거워지면 바닥으로 떨어지며 이때 바닥위에는 약간 구형(구형)의 형태를 이룬다(그림 3-1 참조).

특히 바닥위에 먼지가 많을 경우 물방울은 구형(球形)으로 된다. 이와 같이 액체의 표면은 그의 면적을 제일 적게 하려는 힘이 있으며 같은 크기에 있어서 구(球)가 제일 적은 표면적을 가지고 있으므로 구상(球狀)으로 되려고 한다. 이와 같은 성질을 표면장력이라고 한다. 표면장력의 크기를 나타내는 데에는 다인(dyne/cm)이라는 단위를 사용한다. 표면장력의 크기는 액체의 종류에 따라서 다르며 수은이 가장 크고 물, 석유, 알콜의 순서로 적어진다.

답 수은 476 dyne/cm, 물 72.75 dyne/cm, 알콜 22.3 dyne/cm.

표면장력이 큰 것은 공기 중에서 둥글게 오므라들지만 표면장력이 적은 것은 넓어지려는 성질이 있고 액체 중에서는 표면장력이 적은 것이 가스이 방출도 쉽고 기포의 크기도 적어진다. 또 표면장력이 큰 도금액은 구멍이나 홈에 탈지액 및 도금액이 잘 들어가지 않으므로 탈지나 도금이 잘되지 않고 도금액이 묻어나오기 쉽다.

이와 반대로 표면장력이 적은 도금액은 홈이나 구멍에 탈지액 및 도금액이 잘 들어가므로 탈지 및 도금이 양호하게 되고 도금액이 묻어나오는 양도 적다. 도금액의 표면장력을 저하시켜주는 약품을 계면활성제(표면활성제)라고 하며 시판되는 탈지제에는 적합한 양이 함유되어 있으므로 도금용 유기광택제 또는 핏트 방지제는 표면장력을 저하시켜주는 역할을 한다.

3.2 | 도금 회로

3.2.1 전력과 전력량

전류는 부하(負荷)가 걸려있는 곳을 통과할 때는 여러 가지의 일을 한다는 것은 이미 잘 알고 있다. 그래서 전기가 흘러서 어느 정도만큼의 일을 하는가를 나타내는데 “왓츠(W: watt)”라는 단위를 사용한다.

전력은 사용하는 전기의 전압과 사용하고 있는 전기 기구류에 전류가 어느 정도만큼 흐르고 있는가를 알면 다음 식으로 구할 수 있다.

전력(W) = 전압(V) × 전류(I)

위 식의 사용은 전기가 흐르는 모양, 즉 직류와 교류 중에서 직류를 사용할 때와 교류의 경우에도 전등, 전열기를 사용할 때만 적용한다. 모터의 경우에는 식이 더 복잡하게 된다. 따라서 도금작업에서는 위식을 적용할 수 있다. 또 전류계가 없더라도 전압을 알고 있으면 사용하는 기구에는 모두 반드시 몇 와트라고 하는 표식이 되어 있기 때문에 전류가 얼마나 흐르는지를 바로 알 수 있다.

답 200 V, 1.5 kW의 히터에 흐르는 전류는 얼마나 될까?
1,500 W = 200 V × x [A], 그러므로 x =7.5 A가 된다.

모터 등에 있어서는 몇 와트라고 하는 단위도 사용하지만 몇 마력(馬力, HP: Horse Power)이라는 단위도 사용한다.

1마력 = 746와트 ≒ 0.75킬로와트

옴(Ohm)의 법칙과 전력계산식을 합성하여 다음 식을 만들 수 있다. 즉

$$① \ I=\frac{V}{R}, \ ② \ V=I\times R, \ ③ \ R=\frac{V}{I}, \ ④ \ W=V\times I$$

위의 식 ④에 식 ①을 대입하면

$$W=V\times\frac{V}{R}=\frac{V^2}{R}$$

$$W=I\times I\times R=I^2R \text{ (흔히 사용됨)}$$

앞에서 말한 전력이란 것은 전기가 일을 하는 크기를 나타내는 것(와트의 값이 큰 것이 큰 일을 한다)으로 예컨대, 100 W 전구를 소켓에 낀 것만으로는 전력은 0이다. 스위치를 돌림으로서 비로소 100 W의 밝기를 나타낸다. 이때 스위치를 넣게 되면 이제부터

는 전력량이라는 것이 문제가 된다.

전기가 어느 정도의 작용을 할 수 있느냐가 와트(電力)이고 전기가 어느 정도의 일을 했느냐(시간)가 전력량(電力量, 와트×시간)이다.

즉, 전력량(와트 · 시, Wh) = $V \times I \times T$(시간)= $W \times T$가 된다.

답 2 kW짜리 도금 히터 1개를 24시간 사용하면 하루에 어느 정도의 전기를 사용하게 될까?

윗 식 Wh = $V \times I \times T$에 의하여 2,000 W × 24 = 48,000왓츠 · 시 = 48 kW · h가 된다.

3.2.2 회로

회로란 그림 3-2와 같은 것을 말하며 전원의 ⊕에서 전선을 통하여 부하(負荷)가 걸려 있는 곳의 ⊕측으로부터 들어가서 ⊖으로 나와 다시 전선을 통하여 전원의 ⊖로 되돌아 간다. 이 전류의 통로를 "회로"라고 한다.

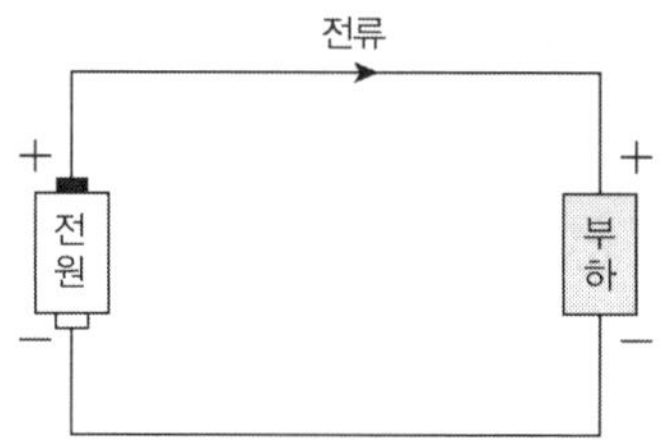

그림 3-2

그림에서도 알 수 있듯이 회로에는 최저 2가닥의 전선이 필요하며 회로의 모든 부분에 저항(抵抗)이 있어서 전기의 흐름을 방해하고 있다. 부하는 회로 중에서는 저항이 가장 크며 이에 비하여 전선의 저항은 매우 적다. 또 회로를 그림으로 나타낼 때는 그림 3-3의 기호들을 이용한다. 즉, 앞 그림의 회로를 기호로 나타내면 그림 3-4와 같다.

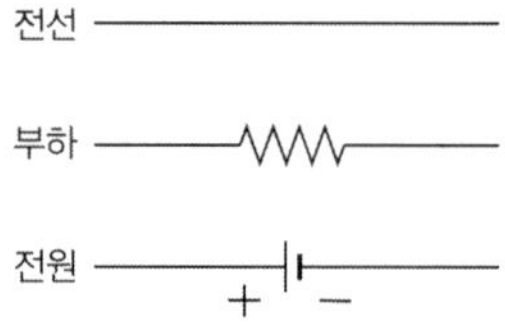

그림 3-3

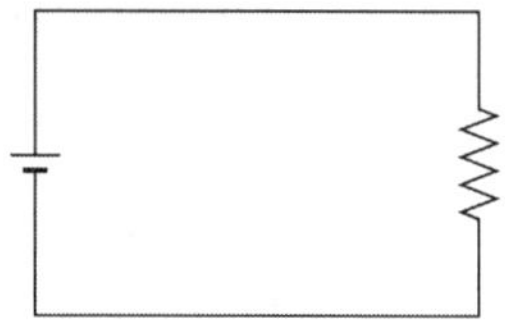

그림 3-4

3.2.3 도금 회로

우리가 흔히 취급하고 있는 도금 회로는 그림 3-5와 같다.

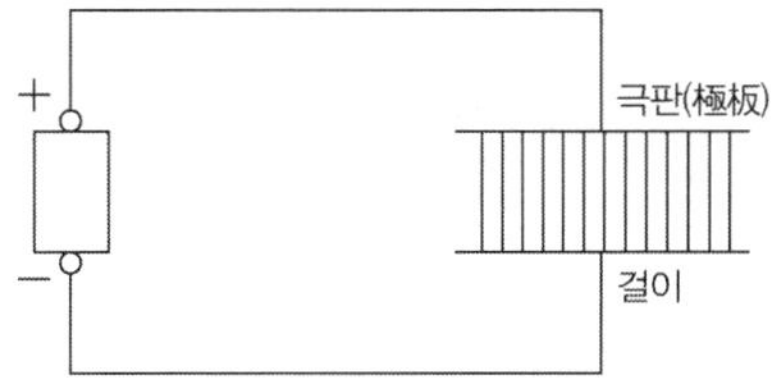

그림 3-5

도금회로에서는 그림 3-5의 어느 극판, 어느 걸이의 어떠한 곳에서도 동일한 전압이 걸려있으며 전류도 그에 따라 흐르고 있다. 만일 모든 걸이와 극판이 똑같이 접촉되어 있지 않으면 어떤 것은 전류가 많이 흐르고 어떤 것은 적게 흐르게 되어 결국 전류가 균일하게 흐르지 않게 된다. 이 도금회로가 일반회로와 다른 점은,

① 전압이 대단히 낮다: 2~10 V(볼트)
② 전류가 대단히 세다: 100~1,000 A(암페어)
③ 전압에 주의를 기울이며 특히 부하전압을 중시한다.
④ 접속부분(고정 또는 움직이는 것)이 많다.
⑤ 도금액을 제외한 다른 접속부분은 모두 금속이기 때문에 언제나 금속표면이 노출되어 있으므로 도금작업장은 습기가 많고 또 약품이 산, 알칼리류의 부식성이 강한 것이기 때문에 녹슬고 썩기 쉽다. 그렇기 때문에 처음에는 접촉이 좋으나 시간이 흐를수록 나빠진다.

도금회로에서 전원으로부터 나와서 도금조를 통과하여 다시 통고하는 접촉 부분을 살펴보면

① 전원의 단자(端子)와 도금조까지의 리드선의 접촉부분(고정되어 있다)
② 리드선과 도금조의 부스바와의 접속부문(고정되어 있다)
③ 양극 걸이(Hanger)와 부스바와의 접속부분(움직이는 접속)
④ 걸이와 양극의 접속부분(액 중에 있는 경우는 문제가 없다)
⑤ 음극과 걸이의 접속부분(움직이는 접속)
⑥ 걸이의 지선(地線)과 도금물체(움직이는 접속)
⑦ 지선과 걸이의 간선 대, 판이 대부분이다. 이것은 고정되어 있다.

이러한 접속부분은 볼트로 고정되어 있는 것도 있으나 고정되어 있지 않은 움직이는 부분이 더 많다. 특히 고정되어 있지 않은 경우는 접촉부분의 금속표면이 항상 변질되어 있다고 봐야 한다. 특히 ③~⑦까지 접촉부분에 있어서는 1~2개소의 전류가 흐르지 않는 접촉 불량 부분이 있어도 전류계에 나타나지 않는 경우가 많다. 따라서 접속부분의 금속표면이 항상 노출되어 있으므로 녹이나 때 같은 것을 제거하여 접촉이 완전하게 되도록 해야 한다.

(1) 절연저항

전선이나 전기기기(電氣機器)에는 전류가 흐르고 있는 상태에 있기 때문에 여기에 손이 닿으면 감전(感電)되며 물건에 닿으면 화재 등의 사고원인이 된다. 그래서 위험이 없도록 닿는 부분은 절연물(부도체, 不導体)로 피복한다. 부도체란 전혀 전기가 흐르지 않는 것이 아니고 조금은 흐르되 그 양이 지극히 적다. 이 절연물질이 가지고 있는 저항을 "절연저항"이라 하고 절연물질을 통하여 흐르는 전류를 "누설전류(漏泄電流)" 또는 누세전류라고도 한다.

절연저항은 MΩ(메가 옴)으로 표시하며 0.1 MΩ, 100 MΩ 등으로 표기한다.

$$1\ \mathrm{M\Omega} = 1{,}000{,}000\ \Omega\text{(백만 옴)}$$

누설전류는 mA(밀리암페어)로 표시하며

$$1\ \mathrm{mA} = 0.001\ \mathrm{A},\quad 1\ \mathrm{mA} = \frac{1}{1{,}000}\mathrm{A}$$

누설전류는 절연저항과 전압을 알고 있으면 다음 식으로 계산할 수 있다.

$$\text{누설전류(mA)} = \frac{\text{전압(V)}}{\text{절연저항(M}\Omega) \times 1{,}000}$$

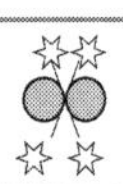	전열되지 않는 전선끼리 접촉하면 쇼트(short, 단절)된다.
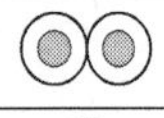	절연된 전선은 서로 닿아도 쇼트되지 않는다.
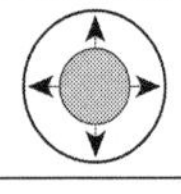	전류가 절연물에도 흐르긴 하나 그 양이 무시할 정도이다.
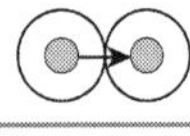	누설전류

(2) 절연저항의 성질

① 온도가 올라가면 절연저항은 감소한다. 즉, 전선에 전류를 과도하게 흐르게 하면 온도가 올라가서 절연물을 손상시켜 절연이 나빠지고 위험해 진다.

② 습기(수분)가 많으면 절연저항은 감소한다. 즉, 전선 중에는 물에 담가도 절연이 변함없는 것(고무, 비닐)도 있으나 플러그와 같이 금속부분이 노출되어 있는 것은 물기가 있으면 절연이 나빠서 위험하다.

(3) 전기기기는 습기를 피할 것

도금과 관련한 전기기기(주로 전원관계)는 산, 알칼리 및 습기 때문에 절연불량, 부식 등을 일으키기 쉬우므로 될 수 있는 대로 별도의 방을 모아 놓고 원격조각(遠隔操作)하는 것이 바람직하다.

(4) 어스(Earth)

전기기기에는 반드시 어스가 없다. 이것은 기기 속에 있는 전선(전기가 흐르고 있는 곳 전부)이 바깥쪽의 케이스와 접촉할 위험성이 있으며 접촉했을 때 케이스에 손이 닿으면 전선에 닿는 것과 마찬가지로 되어 감전되므로 그 위험성을 최소로 줄이기 위한 것이다.

일반적으로 우리가 알고 있듯이 대지(垈地)는 전위(電位)가 0이기 때문에 전류를 아무리 많이 흘려도 ⊕로도 ⊖로도 되지 않으며 만약 전기기기의 케이스와 대지를 전선으로 연결해 두면 대지와 접속된 케이스도 대지의 일부분처럼 되어 전위가 0로 되어 감전의 염려가 없어진다.

그러나 어디까지나 위험이 적어졌다는 것이지 절대 안전이라는 것은 아니다. 이것은 안전상의 문제로서 전선의 굵기, 그 사용방법 등을 규정해 놓고 있다. 또 어스를 해 두었다 하더라도 젖은 손으로 만진다든지 발판이 젖은 곳에서 작업하는 것은 매우 위험한 일이다. 대지에 전기가 흐를 수 있는 것은 비록 대지의 전위가 0 V일지라도 전선 쪽에는 전압이 있으므로 전선과 접촉된 전기기기의 케이스에도 전압이 걸려있기 때문이다. 어스가 불완전하면 손에 닿았을 때 인체를 통하여 일부의 전기가 흐르게 된다.

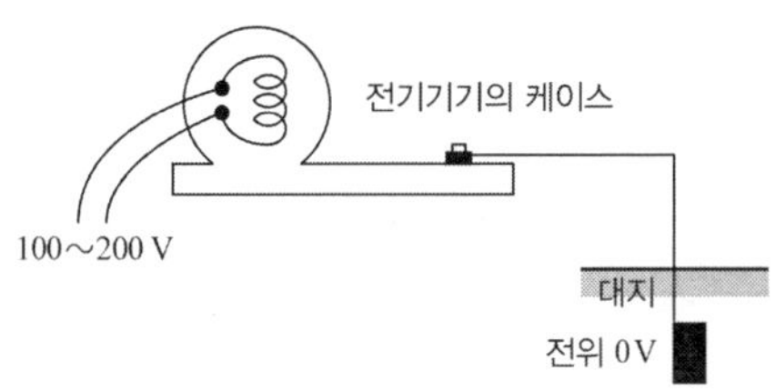

그림 3-6

(5) 부스바

도금조의 (+), (−)극봉(極捧)을 부스바(busbar)라고 한다. 이것의 크기가 알맞아야만 전압의 강하, 발열이 방지된다. 표 3-2, 3-3은 구리의 부스바의 안전전류를 나타낸 것이다. 부스바와 정류기의 회로 선은 서로 접촉이 잘되도록 볼트나 납땜을 완전히 해야 한다. 도금작업 중 전기회로의 접촉이 불량하야 도금이 잘되지 않는 경우도 많이 생기므로 주의해야 한다. 또, 접촉이 나쁘면 전압이 강하되거나 부스바가 발열되기도 하므로 항상 도금이 잘되지 않으면 이러한 점에 유의해야 한다.

표 3-2 구리 환봉의 안전전류

전류(A)	환봉의 직경(mm)
200	12.5
300	15.6
450	19.05
600	22.22
800	25.4
1250	31.75
1800	37.50

표 3-3 구리판의 안전전류

전류(A)	구리판의 크기(mm)
250	25.4 × 6.35
300	31.75 × 6.35
400	38.1 × 6.35
450	44.5 × 6.35
500	50.8 × 6.35
550	57.15 × 6.35
600	63.5 × 6.35
750	76.2 × 6.35
1000	76.2 × 7.9
1500	101.6 × 9.5

(6) 누설전류(leakage current)

도금조를 라이닝할 경우 경질고무나 염화비닐 등으로 전기의 부도체로서 사용하고 있으나 철조, 납으로 라이닝을 한 도금조에는 누설전류라고 해서 도금에 사용되는 전류의 일부분이 도금조를 통해서 또 다른 전기회로를 형성하고 있다. 이러한 경우 도금조가 더욱 빨리 부식된다. 대책으로서는 절연재료로 완전히 절연시켜야 되는데 절연(絶緣)되지 않을 경우 전원-도금조-대지-전원 사이에 전기회로가 형성되어 전류가 손실된다. 이와 같이 절연물질을 통하여 흐르는 전류를 누설전류라고 한다. 누설전류가 심하면 감전의 위험성이 있다.

(7) 걸이(rack)

걸이에서 문제가 되는 것은 전류용량과 접촉저항이다. 철선 및 티타늄선은 구리선보다 저항이 훨씬 크므로 충분히 굵은 것을 사용해야 한다.

표 3-4 걸이에 흐를 수 있는 전류(A)

직경 (mm)	환봉의 경우 (A)					4각의 경우 (A)					크기 (mm)
	구리선	철선	Al선	황동선	티타늄선	동선	철선	Al선	황동선	티타늄선	
1.0	1.2	0.2	0.7	0.3	0.29	31	4	19	6	8	3×6
1.2	1.6	0.3	1.0	0.4	0.41	62	8	38	12	16	3×12.5
1.6	3.0	0.5	1.9	0.6	0.79	125	15	76	25	31	3×25
2.0	5.0	0.8	3.0	1.0	1.2	250	31	153	50	63	3×50
2.6	9.0	1.5	4.8	1.6	2.0	500	62	305	100	125	6×50
3.2	12.0	2.0	7.5	2.5	3.1	750	93	457	150	187	6×75

특히 크롬도금과 같은 경우는 접촉이 좋지 않으면 전류가 잘 흐르지 않는 때가 많다. 걸이의 접촉방법은 다음과 같다.

① 자중접촉법(自重接觸法): 자체의 무게로서 접촉이 되는 법
② 가압접촉법(加壓接觸法): 스프링 또는 나사로서 접촉이 되는 법
③ 자력접착법(磁力接着法): 자력에 의해서 접촉이 되는 법

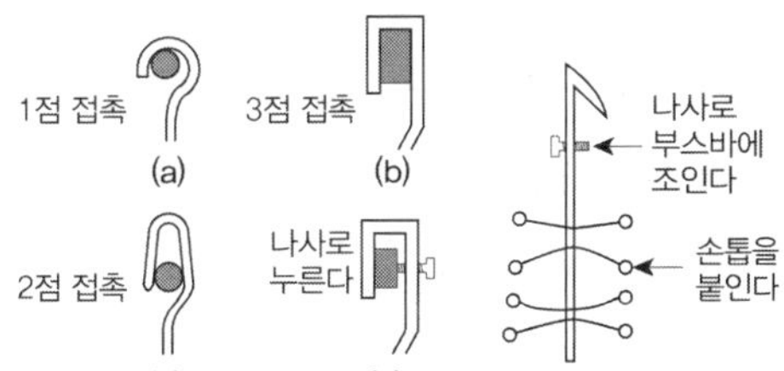

그림 3-7 걸이의 접촉법

(8) 전원

도금공장에서 사용되는 직류전원으로서는 직류 전동발전기(금속정류기, 변압정류기)가 주로 사용된다. 일반적으로 도금공장에서는 금속정류기를 사용하는데 이것이 종류에는 셀렌(Se), 게르마늄(Ge), 실리콘(Si) 및 IGBT 정류기로서 정류 원리는 약간씩 방식이 다르다.

3.2.4 패러데이의 법칙(Farady's law)

전해질용액에 전류를 통하면 용액 중의 이온은 전극으로 이동하여 전기를 방출하므로 하전(charge)하게 된다. 이와 같은 현상을 전기분해라고 한다. 방전(discharge)한 이온은

전극에 석출되거나 기체가 되거나 다른 이온의 하전을 빼앗아서 다시 이온으로 되돌아가기도 한다. 전기분해에 있어서 패러데이는 다음과 같은 법칙을 제안하였다.

- 제1법칙: 전해질 수용액 중에서 전극에 석출되는 물질의 양은 통과한 전기량 (전류×시간)에 비례한다.
- 제2법칙: 일전한 전기량에서는 전해질 수용액에서 전극에 석출하는 물질의 양은 이 물질의 화학당량(원자량/원자가)에 비례한다.

1화학당량(원자량/원자가)을 석출시키는 데, 필요한 전기량은 1 F(Faraday)이다. 1 F = 96,540쿨롱(Coulomb)(26.8 Ah)이다. 1쿨롱이란 1 A의 전류를 1초 동안 통과시킨 전기량을 말한다. 은(Ag)은 1쿨롱의 전기량에 의해서 $\frac{107.88(\text{은의 분자량})}{96.540(\text{1F의 전기량})} = 0.001118$ mg을 석출한다. 도금에서는 1쿨롱에 의해서 석출되는 석출양이 너무 적으므로 1 Ah를 사용하는 것이 편리하다.

* 전류밀도(Current Density: C.D)

단위면적에 흐르는 전류의 세기를 전류밀도라고 한다. 도금작업에서는 1 dm^2의 면적에 대한 전류세기를 나타내며, A/dm^2으로 표시한다. 예를 들어 5 A/dm^2이라 하면 1 dm^2당 5A의 전류가 흐른다는 것을 말한다. 따라서 전류밀도가 크면 똑같은 시간 동안에도 두꺼운 도금이 된다. 또 양극과 음극의 면적이 다른 경우에도 전류밀도는 각각 다르다. 이때 양극전류밀도를 D_A, 음극전류밀도를 D_K로 표시한다. 일반적으로 도금에서 흔히 말하는 전류밀도라 함은 음극전류밀도(D_K 또는 D_C)를 말한다.

3.2.5 전류효율과 에너지효율

이온(ion)값이 n인 1 g의 이온을 방전시키는 데에는 패러데이 법칙에 따라 n F의 이론상 전기량이 필요하게 된다. 그러나 실제로는 전류가 저항에 의하여 열로 손실되거나 부반응(負反應) 등으로 손실된다. 이때 Q만큼의 전기량이 필요할 때의 전류효율은 다음과 같다.

$$\text{전류효율}(\%) = \frac{nF}{Q} \times 100 = \frac{\text{실제 생산량}}{\text{이론 생성량}} \times 100$$

전류효율은 도금에 사용된 전류의 몇 %가 실제로 도금에 소비되었는가를 나타내는 것으로 양극전류효율을 Effa라고 하고 음극전류효율을 Effc라고 한다.

(1) 양극전류효율

양극으로부터 양극판이 용해되는 금속량이 통과한 전기량 중에서 이론 용해량의 몇 % 인가를 나타내는 것을 말한다.

$$\frac{\text{양극의 용해량}}{\text{이론용해량}} \times 100 = \text{Effa}(\%)$$

(2) 음극전류효율

음극에 석출된 도금량은 전기가 통과한 이론적 석출량의 몇 %인가를 나타내는 것을 말한다.

$$\frac{\text{도금량}}{\text{이론석출량}} \times 100 = \text{Effa}$$

양극전류효율과 음극전류효율 사이에는 다음과 같은 관계가 있다.

- Effa = Effc : 도금을 장기간 하여도 도금액의 농도가 변화하지 않는다.
- Effa > Effc : 음극에 석출(도금)된 양(量)이 양극 용해보다 적으므로 도금액의 금속 성분이 진하게 된다(예: 아연도금).
- Effa < Effc : 양극에서 용해되는 것보다 도금되는 양이 많으므로 도금액의 금속성분이 점점 희박해진다(예: 니켈도금).

전기분해에 있어서 전압은 이론상 필요한 전압 E_r보다 실제로는 더 높은 전압 E'을 가하여 주어야 전기분해가 일정하게 그리고 순조롭게 이루어지는데 이때 E_r과 E'의 비율은 백분율(%)로 나타낼 것을 전압효율(voltage efficient)이라고 한다. 즉

$$\text{전압효율} = \frac{\text{이론상 필요한 전압}}{\text{실제의 전압}} \times 100 = \frac{E_r}{E'} \times 100$$

전압효율과 전류효율을 곱한 값을 백분율로 나타낸 것을 에너지효율(energy efficient)이라 한다.

$$\text{에너지효율}(\%) = \frac{nF}{Q'} \times \frac{E_r}{E'} \times 100$$

에너지효율은 전류 및 전압효율이 어느 정도 되는지를 알 수 있는 기준이 되는 것이다.

3.2.6 분해전압

상온에서 묽은 황산에 2개의 백금판을 넣은 다음 직류전원을 연결하고 전압을 0 V

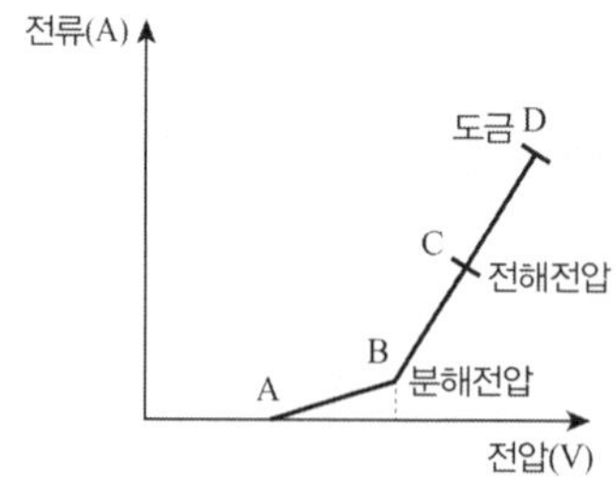

그림 3-8 전압-전류곡선

에서부터 약간씩 높여주면 처음에는 전류가 조금밖에 흐르지 않다가(A지점) B점에 이르면 전극에 거품이 몇 방울 생기면서 전류가 급격히 흐른다. 여기서 전압을 조금 더 높이면 전류가 C점을 거쳐서 D점에서와 같이 잘 흐르게 되어 본격적인 전기분해가 일어나서 두 전극으로부터 각각 기체가 발생한다.

분해전압은 전기분해할 때 양극 및 음극사이의 전압을 전해전압이라 한다. 전해전압이 높아지면 음극에서 철판을 사용할 경우 녹이 생겨 전기전도성이 나빠지거나 전해액을 오래 사용하면 여러 가지 불순물이 존재하여 저항이 커진다. 이러한 경우에는 음극의 철판을 묽은 염산으로 씻어주면 녹이 제거된다. 또 음극판을 양극에 걸고 전해시키면 녹이 제거되고 불순물이 많은 도금액은 활성탄으로 여과처리한 후에 약전해하여 사용하면 된다. 모든 회로에서 전선의 연결 또는 적극판과 전선을 연결할 접촉부분이 불량하면 전력이 손실되는데 주의해야 한다. 따라서 전해전압을 되도록 낮추기 위해서는 도금조나 전해조건을 알맞도록 해야 한다.

전해전압에 도달하여 실제로 전기분해가 될 때에는 상당한 양의 기체가 발생하여야 하므로 분해전압보다는 좀 더 전압을 충분히 높여 주어야 한다. 전해전압은 전기분해가 진행되는데 있어서 몇 가지 장해가 되는 요소를 이겨내는 충분한 전압이어야 한다. 여기서 몇 가지 장해란 다음과 같다.

① 양이온과 음이온이 도금액 중에 분산되어 존재하다가 전압이 가해지면 양이온은 음극으로 음이온은 양극으로 이동되는데 이때 이동될 때의 이온 추진력은 도금액 속의 저항을 이겨내야 한다. 실제로 이러한 저항 때문에 전압은 내려가고 그 대신 열이 발생한다.

② 양극의 주의에는 음이온이, 음극의 주위에는 양이온이 둘러싸여 있어서 전극(양극과 음극을 말한다)과 용액과의 사이에 하나의 전지가 형성되어 전위차(電位差)가 생긴다. 이러한 전위차를 이겨낼 만큼의 전압을 평형전압이라 한다.

③ 이상에서와 같은 장해를 이겨내기에 충분한 전압만을 가하여 준다면 이온이 방전

을 하여 원자상태로만 될 뿐이고 분자를 형성하여 완전한 기체가 되어 도금액 밖으로 나가지 못한다.

이렇게 되면 원자상태의 물질은 다시 도금액 속으로 녹아 들어가서 이온으로 될 염려가 있다. 그러기 때문에 거품이 발생하기까지의 충분한 전압을 가하여 주어야 하는데 이 전압을 과전압(over voltage)이라 하고 거품이 간신히 전극에 붙어서 생길 때까지의 과전압을 최소과전압이라고 한다. 따라서 위에서 설명한 모든 것을 종합해보면 전해전압은 다음과 같다.

$$전해전압 = 용액의\ 저항을\ 이기는\ 전압 + 평형전압 + 과전압$$

과전압은 발생하는 기체의 종류에 따라서도 다르지만 기체와 접촉되는 전극의 금속에 따라서도 다르다. 수소와 산소의 과전압은 표 3-5에 나타난 바와 같다. 이 표에서 보면 수소에 대한 과전압은 백금이 가장 적어 거의 없는 상태로 되어 있고 철에 대해서도 매우 적은 쪽에 속하므로 백금 및 철은 음극재료로서 적합하다. 또 산소에 대한 과전압은 니켈이 가장 적으므로 니켈은 양극 재료로서 대단히 적합하다. 전기분해에 있어서 과전압이 적은 전극을 선택하여야 하지만 과전압이 적더라도 값이 비싼 백금을 전극 재료로 사용할 수 없으므로 물의 전기분해에 있어서는 철판을 음극으로 사용하고 양극은 니켈판을 사용한다. 그러나 전기분해에 의한 산화나 환원을 하는 경우에는 이와 반대로 과전압이 큰 재료를 전극판으로 사용한다.

표 3-5 수소와 산소의 과전압

금속	수소과전압	산소과전압
백금	0.0000	0.43
금	0.017	0.53
철	0.08	0.25
은	0.15	0.41
니켈	0.21	0.06
구리	0.23	-
주석	0.54	-
납	0.64	0.3
아연	0.70	-
수은	0.78	-
흑연	0.36	-

3.2.7 격막

물의 전기분해에서는 두 전극으로부터 발생한 가스가 혼합되면 H_2-O_2의 폭명기를 만들게 되어 위험할뿐더러 이때 얻는 가스의 순도가 나빠지므로 두 전극사이에 여과포로 만든 천으로 격막을 만들어 사용한다. 격막의 역할은 전해액속의 이온은 통과시키고 기체의 기포는 통과시키지 않는 일을 한다. 한 예로서 도금공장에서 시안화구리 도금액이나 전해탈지 용액에서 도금작업을 할 때, 뻥뻥 터지는 소리가 나는데 이것의 원인은 폭명기를 만들기 때문이다. 제거방법은 도금액을 깨끗이 여과하여 사용하면 관계없다.

폭명기의 원인은 전해액을 장기간 사용하여 불순물이 많이 포함되었거나 작업시 가스가 충분히 제거되지 못하기 때문이다. 가스가 충분히 제거되기 위해서는 전해액이 맑고 투명해야 한다(여과기 부착).

3.2.8 분극 및 국부전지

묽은 황산에 아연판과 구리판을 담은 다음 양쪽 전극 사이를 구리선으로 접속하고 그 사이에 작은 전구를 달아주면 약한 불이 켜진다. 이것으로서 전류가 흐른다는 사실을 알 수 있다. 아연 대신 이온화 경향이 적은 철을 황산 용액에 담그면 전극의 불은 더욱 약해진다. 아연을 전극으로 사용했을 경우에도 한참 있으면 전구의 불이 꺼진다. 구리 전극을 잘 관찰하면 작은 물방울(bubble)이 표면에 많이 붙어 있는 것을 볼 수 있는데 이 거품을 없애주면 전구에는 다시 불이 켜진다.

이때 구리판의 전극과 황산용액의 경계면에서 생긴 수소이온이 도선을 통하여 온 전자를 받아 중화되어 있기 때문에 전류가 통하기 어렵게 된다. 반대로 수소는 전자를 버리고 수소이온이 되어 반대방향의 기전력(起電力)을 가지려고 하기 때문에 전류가 점점 약해진다. 이와 같은 현상을 분극(polarization)현상이라고 한다. 그리고 이와 같은 분극현상을 일으키는 수소를 산소와 화합시킴으로서 분극현상을 없애주는 것을 감극(depolarization)현상이라고 한다. 만약 아연전극에 철분이 붙어 있으면 그림 3-9에서와 같이

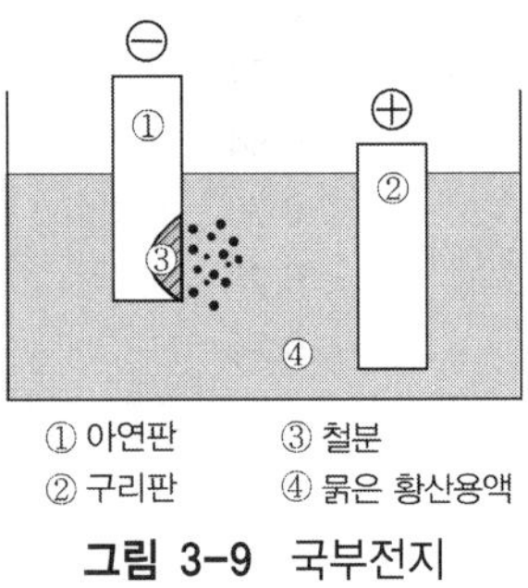

① 아연판　③ 철분
② 구리판　④ 묽은 황산용액

그림 3-9 국부전지

묽은 황산 용액 중에서 아연이 (−)극, 철이 (+)극으로 되어 전지가 이루어지는데 아연과 철은 서로 접촉되어 전류가 통하면서 철의 표면에서는 수소가 발생한다.

이와 같이 부분적으로 생기는 전지를 국부전지(local cell)라 하고 여기서 생기는 전류를 국부전류라고 한다. 이 국부전류는 전지의 기전력에는 조금도 도움을 주지 않고 쓸데없이 아연을 용해시키고 금속을 부식 시키는 원인이 된다. 쓸데없는 자체 방전은 전지의 기전력을 약하게 만들므로 전극으로 사용하는 아연은 불순물이 혼합되지 않은 순수한 것이어야 한다. 묽은황산 중에 구리 이온, 니켈 이온 등의 불순물이 섞여 있을 때에도 이들 이온이 아연의 표면에 석출되어 국부전지를 형성하기 때문에 해로운 결과를 가져온다.

3.2.9 단극전위

전기화학 반응의 반응계는 (+)극과 (−)극이 조합된 계(系)이므로 이것을 구체적으로 취급할 때는 (+)극과 (−)극으로 다시 나누어 다루어야 한다. 일반적으로 단극에 전류가 흐르지 않을 때의 전위를 단극(또는 전극)의 평형전위라고 한다. 평형전위란 단극을 이루는 두 상(相) 사이의 계면(界面)의 전위가 평형전위의 값을 가지고 있는 동안에는 아무런 변화도 일어나지 않을뿐더러 가역적(可逆的)임을 뜻한다.

금속과 전해질 용액을 조합한 계에서도 금속이온과 용액속의 금속이온과의 화학전위(chemical potential)의 차이에 의하여 단극전위가 생긴다. 다시 말해서 금속 M을 그 금속이온(M^{+})이 함유되어 있는 용액 속에 담그면 화학전위의 차이에 의하여 금속과 용액의 계면에는 전기 이중층을 생성한다. 이러한 이중층의 전위차에 의하여 금속이온의 이동은 제한을 받는다. 단극전위의 값을 구할 때의 척도는 약속에 의하여 표준수소전극을 온도에 관계없이 0 V로 규정하고 이것보다 이온화 경향이 큰 금속에 대한 전위 값에는 (−)를 붙이고 작은 것에 대해서는 (+)를 붙인다.

3.2.10 부동태(수동태)

도금을 하는 과정 중에 분해전압에 도달하게 되면 양극에 산소가 발생되어 양극 표면에 안정된 산화물층이 생기게 되며 양극은 불용성(不溶性)으로 된다. 이러한 불용성 상태를 부동태(不動態 passivity)라고 한다. 부동태 상태에서 도금을 하게 되면 양극판이 전류에 의해서 이온화되지는 않고 도금액에 의한 침식 용해만 이루어지므로 양극용해의 전류효율은 대단히 나쁘고 도금액 중의 금속성분만이 소모될 뿐이다. 따라서 도금할 때는 양극의 부동태에 주의를 해야 한다(예: 황동도금, 황산구리도금).

3.3 도금면의 상태

3.3.1 부풀음

소재 금속과 도금층 사이에 밀착이 나빠서 도금피막이 부풀어 오르거나 벗겨진다. 원인은 다음과 같다.

① 전처리가 불량하다. 특히 탈지가 잘 되지 않은 경우이다.

② 소재 금속이 불량하다. 예를 들면 Pb-황동에 니켈도금을 하거나 주철에 시안화아연도금을 한 경우 부풀음이 생기기 쉽다.

3.3.2 거칠은 면

도금면이 깨끗하지 못하고 거칠게 된 상태를 말한다. 원인은 다음과 같다.

① 도금액 중의 고형불순물 및 금속산화물 등이 도금 피막에 붙어 꺼칠꺼칠하게 나타난다.

② 양극판의 순도가 낮아서 금속 불순물이 많이 생겨 도금면이 거칠어진다.

③ 도금 자체의 석출이 나쁘다.

3.3.3 핏트(pit)

도금액 중의 수소가스가 완전히 방출되지 못하며 도금면에 미세한 凹凸부분이 발생되는 것을 말한다. 특히 니켈도금에서 많이 볼 수 있는 현상이며 주 원인은 도금액 중의 유기불순물의 함유, pH의 불균일, 콜로이드 상태의 물질이 존재하는 것 등이다. 핏트가 발생하면 미세한 凹이 생기기도 하는데 이와 같은 것을 핀홀(pin hole)이라고 하는데 도금층의 부식발생 원인이 된다. 도금층에 핏트가 조금 발생할 경우에는 핏트 방지제를 첨가하여 사용하기도 한다.

3.3.4 구름 낀 도금

도금면에 구름 낀 것과 같이 색깔이 밝지 않고 뿌옇게 나타나는 상태를 말한다. 원인은 광택제의 부족 및 과잉, pH가 너무 높거나 낮음, 유기·무기 불순물이 존재, 온도가 적당하지 않은 경우에 많이 발생한다. 특히 도금액 중의 광택제 관계로 많이 발생하는데 1차 광택제와 2차 광택제 비율이 적당하지 않을 경유에도 많이 발생한다(특히 니켈도금).

3.3.5 도금이 탄다

도금면에 너무 많은 전류가 흘러(한계전류밀도 이상) 시커멓게 도금이 타게 되면 그 부분은 취약하고 경(硬)하다. 때로는 크롬도금에서 순간적으로 전류가 흘렀다 다시 흘러 도금이 되면 도금의 색이 밝지 않고 회백색(灰白色)으로 나타나는 경우가 있다. 도금 물체의 전부가 타지 않는 경우는 돌출 부분(凸)이나 복잡한 형상의 끝부분이 잘 타는 현상(이때의 타는 부분은 부스러지기 쉽다)이 나타나는데 이러한 경우 도금시간이 좀 느리지만 전류를 약하게 흘려 도금을 하는 것이 좋다.

3.3.6 평활화(平滑化)작용

도금을 한 후의 표면이 마치 파도와 같이(∽∽∽) 나타나는데 전처리에 의한 버프연마가 잘못되더라도 현재 시판되는 광택제는 도금표면을 평평하게 만든다. 이와 같은 도금상태의 凸凹면을 없애고 평탄하게 하는 작용을 평활화(leveling)작용이라고 한다. 원인은 소재 금속 자체가 잘못된 것을 제외하고는 도금액의 상하(上下) 온도차이가 불균일하든가 pH가 서로 다를 때 나타난다. 방지 대책은 도금액을 충분히 교반하여 온도와 pH가 균일하게 하도록 해야 한다.

3.3.7 수소취성

도금의 전처리 과정에서 산세(酸洗) 및 도금액 중의 수소가 방출되지 않고 도금면에 부착되어 도금 상태를 약하게 만드는 경우이다. 이러한 수소 가스가 접촉된 도금부분은 취약하기도 하지만 공기 중에서 산소와 결합되어 부식이 발생되는 원인이 되기도 한다.

산세(염산, 황산 등)할 경우 산세를 하고난 후 깨끗한 물로 양호하게 세척하여 주며 도금액을 충분히 교반시켜 수소 가스를 방출시켜야 한다. 산세 시킬 때 산세액 중에 산화제 예를 들면 질산, 무수크롬산, 중크로산 등을 약 1～2% 정도 첨가하면 좋다.

또 전해탈지 또는 전해산세 할 경우 음극에서 탈지나 산세를 한 후에 반대로 양극에서 5～10초 정도 탈지 또는 산세 처리하면 수소가스가 없어진다. 그러나 이와 같이 하면 전해탈지 및 전해산세의 시간이 약간 걸리는 문제도 있다. 수소취성을 방지하기 위해서는 도금을 한 후 열처리를 한다. 미국재료시험규격(ASTM)에는 150～260℃에서 1～5시간 가열할 것으로 규정하고 있다. 다음은 일반적인 수소취성 방지법이다.

① 도금을 하기 전에 가능하면 산처리를 피해야 한다. 만약 산처리를 해야 할 경우는 녹이 생긴 것을 제거하기 위할 때만 하는 것이 좋다. 산처리는 화학적인 방법으로

서 많은 물건을 짧은 시간에 작업할 수 있는 장점이 있다.

② 녹제거의 기계적 방법으로서는 샌드브라스트(sand blast), 액체호닝 등의 방법을 사용하는 것도 좋다.

③ 전해산세, 전해탈지 등의 경우는 물품을 양극에 놓고 처리한다.

일반적으로 소재의 전가공(前加工) 여하에 불구하고 경도(硬度)가 높게 되면 수소취성도 증가한다. 소재 강도가 높은 것은 도금을 한 후 균열의 원인이 되기 쉬우므로 도금을 하기 전에 자기탐상법이나 형광탐상법에 의해서 소재 표면의 균열(cracking)여부를 검사하는 것이 좋다. 특히 뜨임을 한 스프링 강이나 붕소강은 산세를 해서는 안 된다.

3.3.8 균일전착성(throwing power)

금속 석출물의 두께가 균일하게 전착되는 상태를 말한다. 균일전착성은 도금액의 종류, pH온도, 전류밀도 및 전압, 물건의 크기와 형상에 따라 달라진다. 또 균일피복성(covering power)이란 도금제품 표면에 금속 석출물이 피복(被覆)되는 상태를 말한다.

균일한 석출을 양호하게 하기 위해서는 다음과 같은 사항에 유의해야 한다.

① 양극(陽極)과 물건의 거리를 멀게 한다.

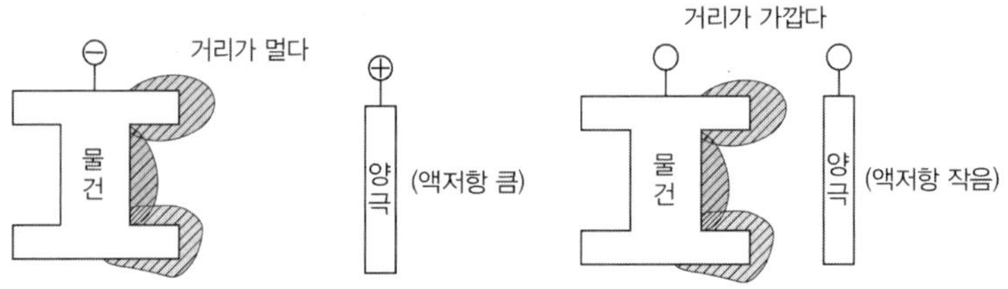

② 양극과 물건과의 각 부분의 거리를 같게 한다.

③ 보조양극 및 보조음극을 사용한다.

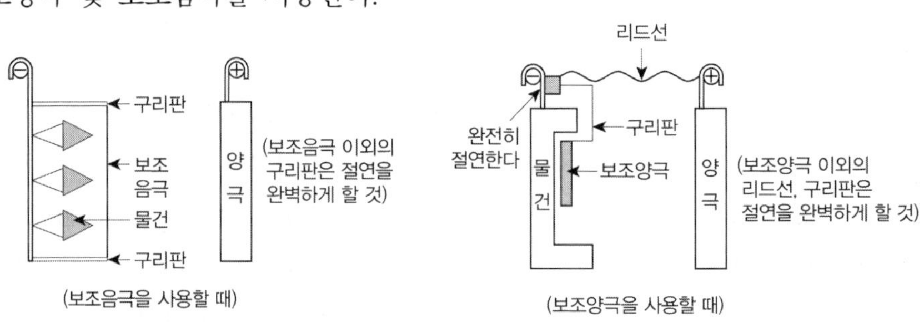

④ 도금액의 조성 및 조건을 잘 검토하여 작업을 한다.

3.4 도금액의 작업조건 및 조성

3.4.1 도금약품의 역할

도금액을 만들 때 한 종류의 약품만을 첨가하여 용해하는 것은 아니다. 2가지 이상의 약품이 용해되어 각각의 역할을 할 수 있도록 되어 있으며 주성분과 보조성분으로 구분한다. 주성분 약품은 도금액 중에서 금속이온을 공급해주고 음극에서는 금속이 석출되고 양극에서는 금속이온을 공급하여 준다.

(1) 주약품의 역할

① 가격이 저렴해야 하고 금속분이 많이 함유되어야 한다.

② 용해도가 높아야 한다(용해도가 낮으면 농도가 약하게 되며 또한 금속이온의 함유량이 적게 되므로 도금 속도가 느리게 된다).

③ 공기 중 또는 수용액에서 장기간 변화되지 않아야 한다.

(2) 보조약품의 역할

보통 사용되고 있는 보조약품과 역할을 도금의 종류별로 구분하면 표 3-6과 같다.

표 3-6 보조약품의 역할

보조약품의 역할	시안화 도금액	광택 니켈도금액	시안화아연 도금액
① 도금액의 pH를 조정한다.	수산화칼륨	황산	수산화나트륨
② 도금액의 pH를 유지한다.		붕산	
③ 전도도를 높인다.	수산화칼륨, 탄산나트륨	황산, 염화니켈	수산화나트륨
④ 양극의 용해를 양호하게 한다.	시안화나트륨, 주석산칼륨, 주석산칼륨나트륨	염화니켈	시안화나트륨, 수산화나트륨
⑤ 밀착을 좋게 한다.	활성제	활성제	활성제
⑥ 도금액의 불순물을 제거한다.	활성탄	활성탄 (불순금속제거제)	활성탄, 황산나트륨
⑦ 도금액 중의 약품을 산화 또는 환원한다.	(티오황산나트륨)	과산화수소	아연분말, 티오황산나트륨
⑧ 핏트(pit)를 적게 한다.	계면활성제	계면활성제	계면활성제
⑨ 광택을 양호하게 한다.	티오시안산염, 아연염	DNS, 구마린 사칼린, 슬폰산염	황화나트륨, 젤라틴, 덱스트린

3.4.2 도금액의 농도, pH 및 온도

(1) 도금액의 농도

도금액의 농도를 높이면 도금액 중에 금속분이 많아지며 도금 속도가 빠르다. 현장에서는 도금액의 농도를 높여서 사용한다. 다음은 도금액의 농도를 높였을 때의 장점이다.

① 도금액의 저항이 적어서 전류가 잘 흐른다. 따라서 도금시간이 단축된다.

② 도금의 색깔이 균일하다.

③ 도금액 조성의 변동이 적다. 오랜 시간 사용할 수 있다.

그러나 도금액 중의 금속분이 너무 많을 때에는 묻어 나오는 금속분이 많아 손실이 크다.

(2) pH(페하)

pH는 수소이온 농도를 나타내는 지수(指數)로서 1 L 용액 중에 용해되어 있는 수소이온의 수를 역대수(逆代數)로 나타낸 것이다. 따라서 수소이온수가 많아지면 pH의 값은 적어지고 수소이온수가 적어지면 pH의 값은 많아진다. pH값은 묽은 산 및 알칼리의 미소농도를 구별하는 수치로서 산성에 있어서는 황산 및 염산의 1 N 농도를 0으로 하고 알칼리성에 있어서는 수산화나트륨 및 수산화칼륨의 1N농도를 14로 정하고 그 사이를 14등분한 것이다. 도금작업에 있어서는 각 도금액 조성에 의한 pH값에 따라 작업을 하지 않으면 좋은 도금이 되지 않는다.

일반적으로 산성 도금액에 있어서는 pH값이 낮을 때에는 전류의 흐름이 좋고 광택이 좋은 도금이 얻어지지만 전류가 많이 흐르는 곳에 그을음이 생기기 쉽고 밀착도 좋지 않아서 핏트가 발생하기 쉬운 단점이 있다. pH값이 높을 때에는 전류의 흐름이 나쁘고 극판의 용해도 나쁘다. 또 도금면이 뿌여지기 쉽고 금속염이 정출(晶出)하는 경우도 있다. 시안화도금에 있어서는 pH값이 높을 때 전류의 흐름이 양호하고 양극의 용해도 좋아서 양호한 도금 결과를 얻을 수 있다. 시안화도금의 pH값이 낮을 때는 전류의 흐름이 나빠지고 양극의 용해도 나빠져서 광택이 좋지 않은 도금이 된다. 반드시 도금액 조성에 알맞는 pH 범위로 작업해야 한다.

(3) 온도(temperature)

도금액은 온도를 높이면 도금액의 저항이 적어져서 같은 전압에서도 전류가 잘 흐르게 되어 고속도 도금이 가능하며 광택도금에서는 평활성이 증가한다. 그러나 온도가 너무 높으면 도금액의 증발이 빠르고 도금액의 농도 변화가 빨라 도금액의 손실이 많아진다.

도금액을 교반하지 않거나 여과하지 않는 경우에는 온도가 높으면 고전류밀도 도금이 되므로 도금액 중에 부유하고 있는 불순물이나 수소가스에 의해서 광택이 없고 핏트가 생기고 거친 도금이 되기 쉽다. 이와 반대로 온도가 너무 낮은 경우에는 도금액의 저항이 증가하여 전류가 흐르기 힘들고 양극의 용해도 좋지 않고 광택 범위도 좁아진다. 또한 같은 전류밀도에 있어서 고온일 때보다도 높은 전압을 사용해야 하므로 전력소모도 커지게 된다.

3.4.3 여과

도금액 여과의 목적은 도금액 중에 혼입되어 있는 고형물과 불순물을 제거하여 깨끗한 도금액으로 만들어 양호한 도금을 석출시키는데 있다. 여과를 목적으로 다음의 방법들을 사용하고 있다.

(1) **고형물 제거**(공기 중으로부터의 먼지, 양극으로부터의 불용해물, 유기물 등)

- 여과장치: 여과기, 양극포, 격막 등.

(2) **불순금속 및 분해유기물의 제거**

① 여과장치: 여과기

＊ 여과기: 여과기는 알칼리성액, 산성액에 따라 각각 다른 재질로서 제작하며 사용시에는 구별해서 사용해야 한다. 여과방법으로서 상시여과법, 정기여과법, 정기치환여과법 등 3가지 방법이 있다.

② 상시여과법(常侍濾過法): 도금작업 중 연속해서 여과하는 방법

답 광택시안화구리도금액, 광택 니켈도금액

③ 정기여과법: 월 2～3회, 정기적으로 일정시간 여과하는 방법

예: 스트라이크 구리도금액, 니켈도금액, 시안화 아연 또는 산성 아연도금액

④ 정기치환(置換)여과법: 도금액의 종류에 따라 기간은 다르지만 정기적으로 예비도금조에 도금액을 옮겨서 불순물을 제거하는 여과 방법.

답 모든 도금액

여과기는 여과에 관계하는 여재(濾材), 여포(濾布), 및 조제(助劑) 등으로 구분된다.

여과포
알칼리성액, 산성액에 따라 여과포의 재질이 달라진다.

여과 조제

적당한 여과 조제를 사용함으로서 여과포의 눈 막힘을 방지하여 여과 속도를 증가하고 불순물을 제거한다. 도금액으로 사용되고 있는 여과 조제로서는 규조토(珪藻土), 활성탄, 석면(石綿), 식물섬유 등이 있으며 규조토를 주체로 한 혼합조제와 활성탄이 일반적으로 널리 사용되고 있다.

치환여과의 경우는 각 도금액 전부 0.5～5 g/L의 활성탄을 넣고 교반시킨 여과액을 사용한다. 광택 니켈액에 있어서 불순금속분의 제거에는 불순금속 제거제(많은 종류가 시판되고 있다.)를 첨가한 후 활성탄으로 여과한다. 또 광택 니켈 중의 철분을 제거하기위해서는 H_2O_2(과산화수소)를 사용하여 수산화철을 침전시키고 난 다음 활성탄을 넣고 산화제를 분해시켜 여과한다. 도금할 때 산화제에 의하여 소모된 광택제의 양을 보급할 것도 잊어서는 안 된다. 크롬도금액 중의 철, 구리 등은 소소원통 속에 200 g/L 전후의 무수크롬산을 넣고 납(3% 주석 포함)판을 소소원통과 함께 음극에 매달아서 전해(電解), 제거한다.

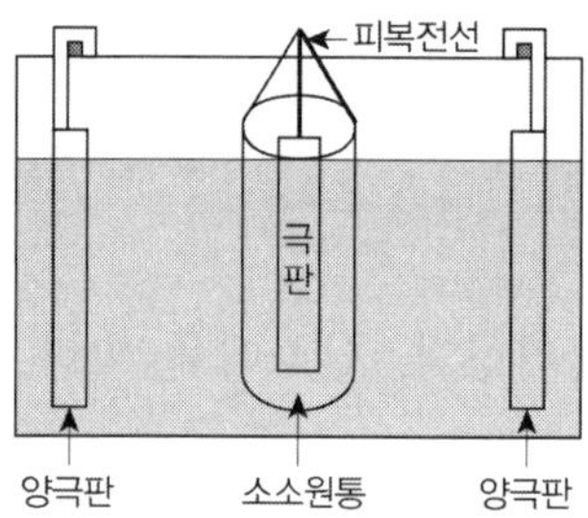

여과에 의해서 제거되는 것은 다음과 같다.

① 불용성(不溶性)의 고형입자(固形粒子)
② 도금액 중의 부유물질(浮遊物質)
③ 도금액 중의 산화물(酸化物)

이러한 여과를 충실히 하지 않으면 다음과 같은 도금의 불량이 발생된다.

① 조악(粗惡)한 도금면
② 광택불량
③ 핏트가 발생
④ 밀착이 불량한 도금이 된다.

도금액 중의 불순물이 혼입되는 원인은 다음과 같다.

① 공기 중의 먼지
② 도금 물체에 부착된 먼지 또는 연마제
③ 양극에서 발생된 불용성물질
④ 보충 약품중의 불순물 및 불용성 물질
⑤ 수세수중의 불순물
⑥ 걸이의 피복제에서 생긴 안료, 걸이의 납땜성분 등.
⑦ 탈지제나 산세액의 수세 부족 등에 원인이 있다.

(3) 약전해에 의한 불순 금속 제거

약전해에 의한 불순 금속의 제거는 약한 전기분해 즉 도금하려는 금속의 석출 전압보다 낮은 전압으로 석출하여 불순 금속만을 석출되게 하는 것이다. 방법은 파형(波形) 음극판을 사용하여 0.5 A/dm^{2}의 전류밀도로 약전해시키면 니켈도금액 등과 같이 비교적 낮은 석출 전압을 가진 도금액에서는 니켈보다 고전압으로 석출되는 금속분도 凸부분에 석출되게 하는 동시에 니켈도 적은 양이나마 석출하게 된다. 니켈과 같이 중간 석출전압을 가진 것은 파형의 중간부분에서만 니켈이 주로 석출되며 구리, 납(저석출 전위금속)은 파형의 凹부분에 주로 석출된다.

만약 이와 같은 금속 불순물이 석출되었다면 凹부분은 흑색으로 되지만 구리성분만 석출되었을 때는 회백색, 니켈만 석출되었을 때는 백색으로 나타난다. 또 철만이 석출되었을 때는 적갈색, 아연 만이 석출되었을 때는 회백색으로 나타난다. 그러나 도금액 중에는 이와 같은 불순물이 혼합되어 나타나므로 스테인리스망 또는 파형의 스테인리스판에 나타나는 색은 보통 검게 나타나며 파형의 스테인리스판 표면에 핏트가 많이 발생된다.

아연 도금액 에서와 같이 비교적 높은 석출전압을 가진 도금액에서는 금속 아연의 석출을 방지하고 이것보다 낮은 전압의 금속만 석출하게 하기 위해서 동일한 파형의 음극판에서 니켈보다 낮은 0.2 A/dm^{2}의 전류밀도로 약전해시킨다. 스테인리스망 또는 스테인리스판은 약전해시키기 전에 묽은 염산에 의해서 세척해 주고 수세한 후 음극에 걸고 하룻밤 동안 약전해시키면 도금액 중의 금속 불순물을 제거할 수 있다. 이러한 방법은 비용도 들지 않으므로 매일 약전해시키면 도금액의 수명도 장기적일 뿐만 아니라 도금 상태도 대단히 양호해진다.

광택 니켈도금액을 예로 들면 불순금속분으로서는 구리, 아연 등이 혼입되기 쉬운 금속이므로 이것을 제거하기 위하여 정기적으로 약전해 할 필요가 있다. 구리성분의 제거는 0.03 A/dm^2 전후, 아연성분은 0.3 A/dm^2 전후의 약전해에 의하여 제거된다.

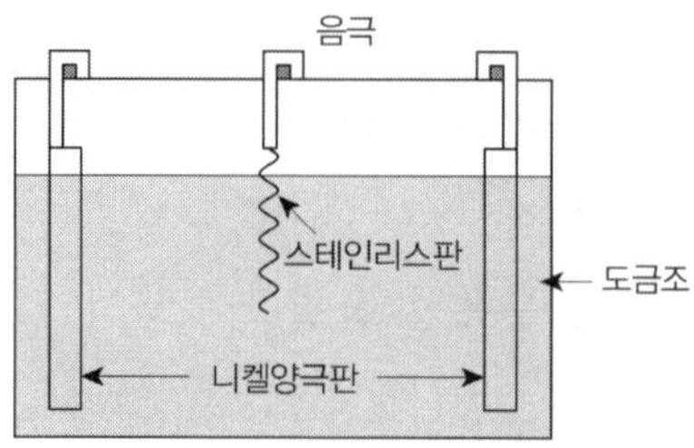

그림 3-10 약전해에 의한 불순금속분 제거방법

(4) 양극주머니

양극주머니를 말하며 양극으로부터 용출한 불순물이 도금액 속으로 유입되는 것을 방지하기 위하여 주머니로 에워싼 것이다. 특히 광택도금에서는 매우 중요한 역할을 한다. 일반적으로 도금액에 침식되지 않는 포(布)로서 만든 것이 시판되고 있다. 티타늄바스켓 사용시 양극주머니를 사용하면 불순금속들이 도금에 혼입되는 것을 방지할 수 있다.

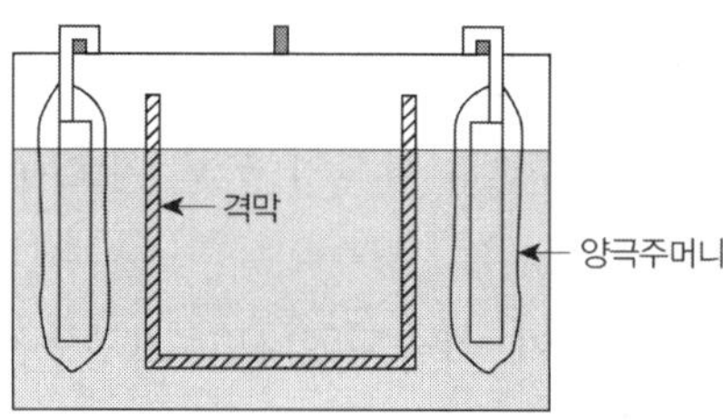

(5) 격막

양극으로부터 용출하는 불순물 또는 약품 중에 함유된 불순물을 도금액에 들어가지 않도록 격리시킨 막을 말하며 격막 바깥의 도금액을 여과기로 여과하여 안쪽으로 보내고 안쪽으로부터는 격막 바깥쪽으로 이동시킨다. 도금액은 항상 순환하는 것이며 격막, 양극주머니, 여과포 등의 눈이 막히면 충분한 순환이 되지 않기 때문에 정기적으로 교환한다. 불순물이 잘 제거되지 않을 때에는 묽은 염산에 여과포를 빨아준 후 여과포에 염산이 함유되지 않도록 깨끗한 물로 완전히 수세해 주기도 한다.

3.4.4 교반(agitation)

도금액의 교반은 음극 부근에 집합되어 있는 가스의 피막을 제거해서 핏트의 발생을 적게 하고 금속이온의 활동이 활발하여지도록 함으로서 고전류밀도로서의 작업이 가능하도록 한다. 교반을 하면 물건 주변의 노화액을 분산시키고 처리시간을 단축하여 준다(예: 황산구리 도금).

일반적으로 도금작업에 이용되는 교반방법은 다음과 같다.

- 음극교반
- 공기교반
- 초음파교반

(1) 음극교반

바렐 속의 리드선(음극선)을 넣고 바렐을 회전시키면서 도금하는 방법(바렐도금), 부스바를 원운동 시키면서 도금하는 방법(도너츠형 반자동도금), 부스바(陰極帶板)를 상하 또는 좌우로 적당한 속도로 왕복 운동시켜 도금하는 방법 등이 있다. 음극 이동장치의 사용에 있어서 주의해야 할 일은 이동속도를 적당한 일정한 속도로 정하는 것이다. 정지도금에 있어서는 속도를 증가시킴으로서 부스바와 걸이, 걸이와 물품과의 접촉 부분이 불완전하게 되고 물품과 물품이 서로 부딪쳐서 흠이 생기는 등 좋지 못한 영향을 미친다. 대책으로서는 부스바와 걸이를 볼트로 조이고 걸이와 물품과의 접촉점 또는 접촉면적을 증가시키는 것이 매우 효과적인 방법이다.

(2) 공기교반

압축공기를 도금조의 밑바닥으로부터 불어 넣어 그 기포(氣泡)에 의하여 도금액을 교반하는 방법이다. 압축공기 발생장치로서는 컴프레셔와 블로어가 있으나 일반적으로 블로어(blower)를 많이 사용한다. 공기교반에 의한 도금액의 오염을 방지하기 위해서는 공기정화장치를 설치하여 유지분(油脂分), 탄산분(炭酸分), 먼지 등을 제거하여 깨끗한 공기를 도금액에 불어넣어야 한다. 도금조의 밑바닥에 설치한 공기발생 파이프는 물품의 크기, 형상, 부스바의 수 등에 의하여 1개 또는 2개로 하며 공기구멍의 직경은 1 mm, 구멍과 구멍 사이의 간격은 5～10 cm 전후로 하는 것이 좋다.

(3) 초음파(超音波)교반

초음파란 16,000회/초 이상의 진동음(振動音)을 말한다. 도금공장에서는 초음파 교반장치를 하고 있다. 초음파 교반장치를 이용함으로서 물품에 부착된 여러 가지 종류의 기름이나 찌꺼기, 먼지 등을 솔질하지 않고 세척액을 진동시켜 깨끗이 닦아 낼 수 있다. 특히 구멍이 깊숙이 패인 부분 또는 나사류의 오염을 완전히 제거할 수 있어서 매우 편리하다. 최근에는 전기도금에 초음파 교반장치를 이용하여 다음과 같은 장점을 갖고 있다.

① 농도분극(濃度分極)이 순간적으로 해소된다.

② 전류효율이 좋다.

③ 양극면(陽極面)에 초음파가 작용하여 양극면이 오염되지 않는다.

④ 도금면에 핀홀이 생기지 않는다.

⑤ 도금면이 비교적 평활하게 된다.

⑥ 도금면이 치밀하게 된다.

CHAPTER 04 도금의 전처리

4.1 연마

금속제품을 도금하기 위해서는 연마를 한 후 도금을 하는 경우가 제일 많다. 연마함으로서 표면의 凹凸부분을 평활한 상태로 할 수 있기 때문이다. 연마방법에는 버프(buff)연마, 벨트(belt)연마, 바렐(barrel)연마, 그라인더(grinder)연마, 액체 호닝(honing), 샌드블라스트(sand blast), 쇼트블라스트(shot blast: shot peening이라고도 한다)등과 같은 기계적 연마방법과 전해연마, 화학연마 등의 화학약품에 의한 화학적 연마방법이 있다.

4.1.1 버프연마

도금기술이 2차 세계대전 이후 크게 발전하였음에도 불구하고 버프연마 기술은 연마공의 기능에 크게 의존하고 있기 때문에 그 진보가 늦어졌다. 그러나 노동력의 부족 특히 연마기능공의 부족은 연마의 능률화, 인력절감, 기계화의 촉진, 생산력의 증가를 촉진하여 버프 자체에 있어서는 바이어스(bias)면 버프, 바이어스사이잘(sisal) 버프, 유니트면(綿) 버프, 오픈사이잘 버프, 유니트사이잘 버프 등이 개발되었고 연마제에 있어서는 액상버프 연마제가 개발되었으며 이로서 현재에는 반자동 버프연마기 전자동 버프연마기가 사용되고 있다. 버프연마를 연마의 정도에 따라 분류하면 다음과 같이 거친연마(租研磨), 중연마(中研磨), 완성연마(完成研磨)로 구분할 수 있다.

- 조연마: 에머리(emery)를 마모성 시멘트(合成接着劑)나 아교를 접착제로 사용하고 버프에 접착시킨 에머리 버프를 사용하여 연마하는 방법으로서 에머리의 절삭(切削) 작용을 이용하여 소재 금속표면의 흠이나 긁힌 자국 등을 제거하여 표면의 평활도

표 4-1 버프연마의 종류

- 버프가공
  - 조연마
    - 벨트연마, 프램프휠연마, 에머리버프연마 — 고정연마제 사용
    - 사이잘버프연마 — 유리연마제 사용
  - 중연마, 완성연마, 광택소멸연마 — 반고정 또는 유리연마제 사용

를 균일하게 하기 위함이다. 그러나 이러한 목적에는 버프연마를 이용하기보다는 벨트연마나 바렐연마를 이용하는 경우가 더 많지만 결국 연마하여야 할 물품의 종류에 따라서 연마방법을 선택하여야 한다.

- 중연마: 유지성(油脂性) 연마제를 버프에 부착시켜 미소절삭(微小切削)과 광택을 향상시키기 위한 것이다.
- 완성연마(광택연마): 부드러운 버프와 유지성 연마제를 사용하여 주로 광택의 향상을 목적으로 한다. 유지성 연마제는 버프에 반고정 또는 떨어진 상태로(遊離) 부착되어 있고 에머리는 버프에 접착제로서 고정되어 있는 점이 차이가 있다.

(1) 버프연마제

연마제의 입도(粒度)는 메쉬(mesh)로 나타내며 320#보다 굵은 것은 체로 이것보다 가는 것은 현미경에 의해서 굵기를 판별한다. 연마제는 입도가 균일해야 하며 서로 균일한 입도가 아닌 경우에는 물품 표면의 연마가 균일하지 못하게 된다. 연마에 사용되는 에머리(emery, 金鋼砂)는 천연산과 인조의 것이 있다. 천연금강사는 코란담 결정으로서 자철광 결정이 균일하게 분산되어 있다. 이것의 입자는 凹凸이 많으며 인조 금강사에 비해서 연삭력(研削力)은 적지만 완성(광택)연마 효과는 크다. 인조 금강사는 용융 알루미나 질(質)이며 천연 금강사에 비해 사용시 큰 문제는 없다.

1) 유지성 고형 버프연마제

봉상(棒狀) 연마제라고도 하며 가장 오랫동안 사용되어 온 것으로서 올레인산, 스테아린산, 경화유, 파라핀, 송지(松脂)등의 유지류를 적당히 배합하여 사용한다. 이러한 것들은 상온에서는 고형(固型)이지만 사용하는 중에는 연마제 입자를 버프에 부착시키고 물건과 버프와의 윤활제의 역할을 하여 버프를 보호한다.

표 4-2 버프연마제의 분류

- 버프연마제
  - 고형버프연마제
    - 유지성
    - 비유지성
  - 액상버프연마제
    - 에멀전형
    - 액상유지형
    - 비유지성

이러한 유성연마제는 일반적으로 상온 또는 43~60℃ 정도의 융점을 가진 유지와 연마제로 융합해서 봉상으로 만들어 사용한다. 유지성 고형 버프연마제는 다음과 같은 것이 있다.

① 사이잘 컴파운드: 알루미나 가루를 유지와 혼합시켜 탄소강, 스테인리스강 등의 조연마에 사용한다. 에머리 버프 320#보다 평활한 광택면이 얻어진다.

② 트리폴리(tripoli): 중연마에 사용되며 성분은 50% 이상이 무수(無水)규산으로서 규석분(硅石粉)을 주로 사용한다. 비철금속의 연마에는 유지가 적은 것이 사용된다.

③ 크로커스(crocus): 산화철(Fe_2O_3)의 미세한 분말과 유지를 혼합시킨 것으로서 구리도금, 황동, 아연다이캐스팅 등의 중연마, 광택 연마용으로 이용된다.

④ 백봉(lime): 미분 알루미나 또는 산화철을 혼합하여 만든 것이다.

⑤ 청봉(green rouge): 산화크롬의 미세한 분말과 유지 혼합하여 만든 것이다. 광택연마로서는 최고의 수준을 나타낸다. 강, 스테인리스, 비철합금 등에 널리 사용된다.

⑥ 적봉(couge): 정제한 산화철의 미세한 분말과 유지를 혼합하여 만든 것이다. 금, 은 등의 광택연마 또는 금도금을 하기 전의 황동연마에 이용된다.

2) 비유지성 고형 버프연마제

광택제거 연마제라고 부르는 것으로서 스테인리스, 구리도금, 황동, 아연다이캐스팅 등의 표면 광택 제거용으로 사용된다. 용융 알루미나, 탄화규소 등을 입자로 만들어 이것을 수용성 접착제 및 첨가제와 함께 가열, 혼합하여 만든 것이다. 스테인리스의 광택 제거에는 탄화규소 또는 용융 알루미나를 사용하고 비철금속의 광택제거에는 용융 알루미나를 사용한다. 버프의 주속(周速)은 유지성 고형 버프연마제를 사용하는 경우보다 저속으로 한다.

(2) 액상버프 연마제

액상버프 연마제를 담은 압력탱크에 압축공기를 넣어 그 압력을 이용하며 연마제를 탱크 밑에서부터 스프레이건(spray gun)으로 보내고 또 다른 파이프로부터 보내오는 더 고압의 압축공기를 버프에 분사하여 연마하는 방법을 액상버프라고 한다. 압력탱크의 용량은 10 L 정도이며 압력은 액상버프의 연마제 종류와 탱크에서 스프레이건까지의 거리에 의하여 차이가 있으나 대체로 1～4 kg/cm^{2}이다. 액상버프 연마제를 스프레이건으로부터 분사하기 위한 공기압은 3～6 kg/cm^{2}이 필요하며 이때의 공기량은 구경 1.5 mm 스프레이건의 경우에는 125 L/min, 2.5 mm의 경우에는 250 L/min가 필요하다. 이 공기는 건조된 공기(dry air)이어야 하며 먼지가 포함되면 안 된다. 먼지가 있을 경우에는 에어클리너(air cleaner)로서 제거해야 한다.

4.1.2 바렐연마

바렐연마는 소형부품을 대량으로 연마할 때 주로 사용한다. 균일한 연마제품을 얻을 수 있고 시간과 인건비의 절약이 이루어지지만 버프연마보다는 마무리 면이 나쁘고 물품의 모양과 크기에 따라서 제한을 받는다. 바렐연마는 바렐연마기, 연마제, 컴파운드(compound)의 3가지가 가장 중요한 요소이다.

(1) 바렐연마기

연마할 물건의 형상, 재질, 중량, 연마 정도에 다라서 선택한다. 바렐연마기는 덤블링 기계로부터 발전된 것이다.

표 4-3 바렐연마기의 종류

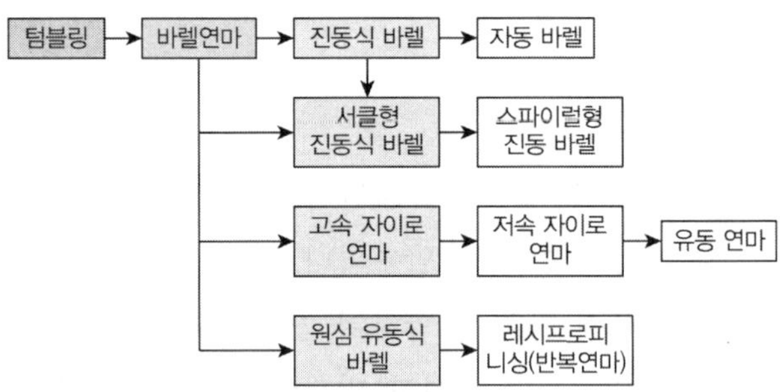

(2) 연마제(media)

바렐연마에 있어서 연마제는 금속형, 규석, 모래, 화강암, 자갈 등이 이용된다. 연마제의 크기는 연삭, 연마, 광택 완성 등의 연마의 목적에 적당한 크기가 사용되며 물건의 종류와 형상에 따라서 적당한 것으로 선택하여야 한다. 동일한 조건의 바렐 마무리에서는 형태가 큰 연마제는 작은 연마제보다 접촉되는 점이 적고 하중 및 절삭력이 커진다. 따라

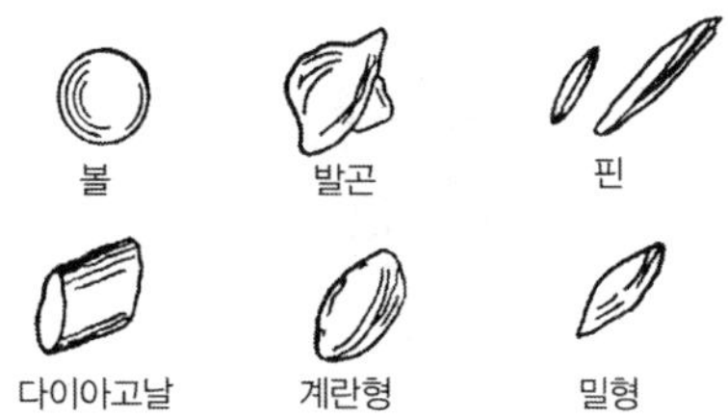

그림 4-1 각종 형태의 철제 연마제

서 너무 큰 연마제를 사용하면 다듬질 되는 정도가 나빠지며 작은 연마제로는 절삭력은 적지만 구석구석 부분까지 균일하게 다듬질이 된다. 그러나 때로는 절삭력이 부족할 뿐만 아니라 물품끼리 서로 접촉이 심하게 일어나서 불량한 물품이 되기 쉽다. 예를 들어 은(Ag)과 같은 연마 금속일 때는 될 수 있는 한 작은 연마제를 사용해야 한다. 커다란 연마제를 사용하면 다시 물품의 표면 및 치수를 고칠 수 없는 상태로 되기 때문에 주의를 해야 한다.

(3) 컴파운드(compound)

컴파운드는 바렐연마의 효과를 향상시키기 위해서 물에 첨가하는 첨가제이다. 첨가제를 첨가하면 다음과 같은 효과를 기대할 수 있다.

① 연마하는 물건과 연마제 사이 윤활성이 양호하여 물품의 광택과 평활도가 향상된다.
② 물건과 연마제를 항상 깨끗이 유지하면 절삭능력을 향상시킨다.
③ 광택연마가 더욱 증가한다.
④ 바렐 속에 방청효과가 있는 약품을 첨가하면 물품이 바렐 속에 있든가 끄집어내어 놔두어도 녹이 잘 슬지 않는다.

컴파운드는 라우린산나트륨, 스테아린산나트륨, 올레인산나트륨, 탄산나트륨, 인산나트륨계통(제2~3인산나트륨), 수산화나트륨, 규산나트륨, 팔미탄산나트륨, 아질산나트륨 등이 있다. 또 윤활유, 스핀들유, 터빈유와 스핀들유와 2황화몰리브덴의 화합물, 터빈유와 몰리브덴의 화합물 등이 사용된다. 바렐연마 방법에는 회전바렐연마, 진동바렐연마, 원심유동바렐연마, 스핀들피니싱 바렐연마(스핀피니싱이라고도 함)가 있다.

4.1.3 회전바렐연마

(1) 회전바렐에서 유의할 점

회전바렐연마가 잘 이루어지기 위해서는 다음과 같은 점에 유의해야 한다.

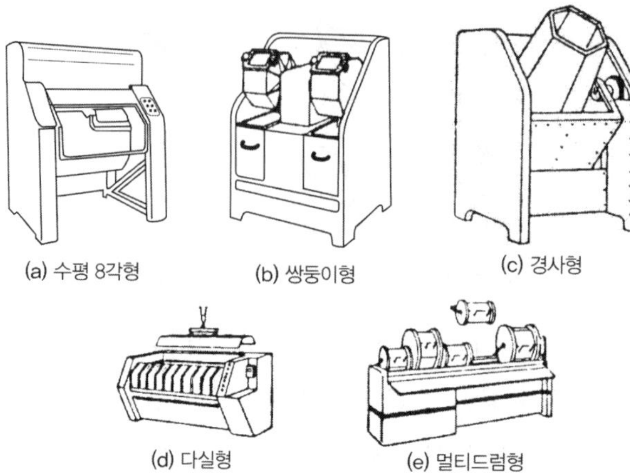

그림 4-2 회전바렐의 형식

① 물건의 형상, 치수, 연마 정도에 따라 연마제의 크기를 선택하여야 한다. 만약 연마제가 너무 크면 지나치게 연마작용을 하게 되고 연마제가 너무 작으면 연삭 부족이 된다. 연마제를 큰 것과 작은 것을 혼합할 때는 큰 것과 작은 것의 비율을 1 : 3 정도로 하면 알맞다. 그러나 물건의 형상과 치수 등에 따라 적당한 비율로 해야 한다.

② 사용한 연마제는 여러 번 체로 쳐서 치수를 알맞게 하여 사용해야 한다.

③ 연마할 물건에는 그리스나 유지가 부착되어 있으므로 바렐연마를 하기 전에 반드시 탈지를 해야 한다.

④ 연마할 물건과 연마제와의 바렐 내부의 총 장입량은 회전바렐 용적의 약 50～60% 정도로 한다.

⑤ 물의 양은 일반적으로 물건과 연마제를 장입한 면 또는 조금 더 올라오게 넣는다. 보통 조연마의 경우에는 컴파운드를 적게 하고 정밀연마의 경우에는 컴파운드와 물을 많게 한다. 컴파운드의 효력은 대체로 몇 시간 정도 지속되기 때문에 광택연마의 경우에는 작업을 하던 도중에 광택효과가 저하되면 교체할 필요가 있다.

⑥ 바렐의 회전수는 적당한 유동층을 만들어야 한다.

⑦ 무거운 물건이나 형상이 복잡한 것은 특별한 걸이에 걸어서 바렐에 장입한다.

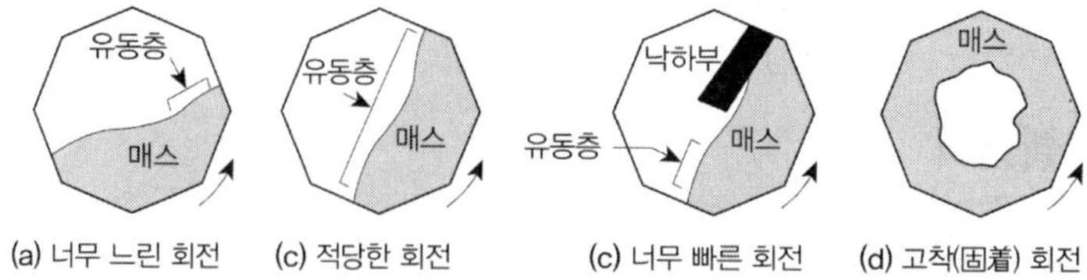

그림 4-3 수평 8각형 회전 바렐의 회전수와 유동층 형성 상황
(매스는 바렐에 장입한 물건과 미디어의 합계용적을 말한다.)

⑧ 구멍, 홈, 움푹 팬 곳 등이 있는 물건은 고무 또는 왁스, 나무 등의 마개를 끼워서 바렐에 장입한다.

바렐연마에 사용되는 물을 검사하여 너무 더러우면 연마 효과가 불량해질 염려가 있으므로 그 오염상태를 파악해야 한다. 회전바렐 내부에서 물건과 연마제와 물(컴파운드를 용해함)이 상대적으로 운동하고 있는 상태를 나타낸 것으로서 연마는 주로 유동층에서 이루어진다.

(2) 회전바렐의 연마제

최근 진동바렐연마용 연마제로서 플라스틱을 이용하기도 한다. 종래의 연마제 예를 들면 알루미늄, 아란담, 탄화규소 등을 결합제로 혼합하여 각종 형상으로 한 것을 사용하면 연마 표면이 조잡하고 표면이 연마제의 가루가 묻어서 표면경화 현상을 일으킨다. 그러나 플라스틱을 결합제로 하여 만든 연마제는 이러한 단점이 없어진다. 다음은 플라스틱 연마제의 특징이다.

① 연마면의 평활도가 크며 아연다이캐스팅, 알루미늄다이캐스팅 제품일 경우 연마면의 거칠기는 0.3～0.5μ으로서 버프 광택연마를 생략하고 바로 도금 할 수 있다.
② 결합제인 플라스틱은 연질이기 때문에 진동바렐로서 연마를 하여도 상대 제품에 피닝(peening)효과를 주지 않아 연마면이 표면경화되지 않는다.
③ 가공물에 긁힌 자국이 남지 않으며 연마 입자도 미세한 분말이기 때문에 연마표면이 깨끗하다.
④ 플라스틱은 산이나 알칼리에 용해되지 않으므로 컴파운드에 의하여 손상되는 일이 없다.
⑤ 플라스틱 연마제는 종래의 연마제에 비해서 소음 발생이 적다.

4.1.4 전해연마

도금을 하기 전의 연마방법으로서는 일반적으로 바렐연마나 버프연마가 많이 이용되지만 일부에서는 전해연마나 화학연마를 하는 경우도 있다. 전해연마란 전기화학적으로 물체의 저전류부분과 고전류부분을 가진 표면을 광택이 있는 평활한 면(面)을 만드는 것이다. 그러나 전해연마만으로는 완전히 평활하게 되기 힘들고 광택이 있는 표면만 얻을 수 있다. 따라서 정밀도와 평활도를 필요로 하는 부품에 대해서는 미리 버프연마 또는 바렐연마를 하는 것이 좋다.

전해연마란 표면은 협작물이 제거되며 광택면 그 자체는 기계적으로 광택연마한 것보다도 내식성이 대단히 좋다. 다음은 전해연마에 대한 중요한 현상을 설명하기로 하겠다.

(1) 전해연마곡선

그림 4-4에서와 같이 CD 구간에서 평활한 광택면인 전해연마가 이루어지며 도금조의 전압을 상승시켜도 전류의 상승은 없다. 이 이상 더 전압을 상승시켜주면 양극에서 산소가 발생하며 전해연마는 되지 않는다.

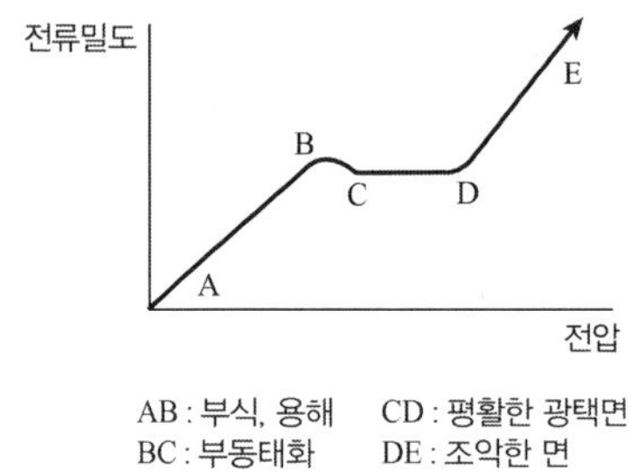

그림 4-4 전해연마에 있어서 전압 전류곡선

(2) 농도분극효과

전해되는 도금조에 전류를 통하면 양극에서 용해한 금속이온은 양극 부근에 모이며 일정한 양의 금속이온이 축적되면 양극층을 형성하고 전류는 양극층의 금속이온 농도의 대소(大小)에 따라 저전류부분은 고전류부분에 비해서 이온의 이동이나 확산되는 정도가 적어서 금속이온의 농도가 커져서 이 농도에 비례하여 농도분극이 생기게 된다. 이러한 농도분극이 생기는 결과로 인하여 농도분극 전압이 생기기 때문에 凹부분에 전류가 적게 흐르며 凸부분은 전류가 집중적으로 흐르게 되어 우선적으로 용해되기 때문에 표면은 연마되고 평활한 광택 표면을 얻을 수 있다. 따라서 점도가 높은 황산, 크롬산, 질산, 과염소산 등이 좋은 효과를 나타낸다.

(3) 용해도

전해연마액의 점성 또는 양극액층의 점성이 큰 용액이 사용되어야 한다. 인산계통은 이러한 점에 좋지만 인산 중에서도 올소인산(H_3PO_3)은 좋으나 메타인산(HPO_3)은 전류가 잘 통하지 않고 연마가 좋지 않다. 예를 들면 철, 니켈, 구리 등에는 황산, 인산 등의 산성용액이 사용되고 양성금속인 알루미늄, 아연 등에는 인산 및 황산 외에 수산화나트륨 등의 알칼리 계통이 사용된다. 특히 합금인 경우 예를 들면 순수한 알루미늄은 알칼리성 용액 만으로도 전해연마가 충분히 이루어지지만 듀랄루민 등과 같은 초경질 합금 등은 연마가 힘들기 때문에 불산을 사용하여 전해연마를 해야 한다.

고속도강과 같은 경우에는 텅스텐가 함유되어 있기 때문에 텅스텐는 일반적으로 수산화나트륨의 알칼리성 용액에 연마되고 인산에는 전해연마가 되지 않는다. 따라서 철과 텅스텐가 합금으로 된 고소도강과 같은 경우에는 산성액이나 알칼리성액으로 만으로도 전해연마가 곤란하므로 질산-불산 계통의 전해연마액을 사용해야 한다.

(4) 양극신화

전해연마를 할 때는 다소나마 양극이 산화를 하게 된다. 또한 산화제를 첨가하면 더욱 강력하게 양극이 산화되면서 산화피막이 형성된다. 전해연마가 이루어지면서 평활화 작용이 이루어지는데 이때 핏트가 발생하는 것은 양극에 생긴 산소 기포가 양극 부동태화 피막이 생길 때 이러한 피막을 파괴하고 가스로서 생성되어 나오지 못하는 것이다. 그 이유는 전해연마액의 점성 때문에 양극 표면으로부터 떨어져 나오지 못하고 그대로 양극에 부착되기 때문이다. 그러므로 산소가 부착된 곳에는 전류가 집중되면서 핏트가 발생하게 된다. 만약 양극의 전류밀도 또는 도금조의 전압을 상승시키면 산소기포의 발생이 증기되어 핏트의 크기도 증가하게 된다.

(5) 전해연마의 실제

1) 소재

소재의 재질에 따라서 전해조건이 다르게 된다. 소재는 대체로 기계적인 연마에 의해서 어느 정도 평활하게 되지만 전해연마를 하기 위한 것은 금강사 #200 이상이 좋다.

2) 전원

직류를 사용하며 도금조의 크기, 도금액의 전도도, 물건의 크기, 금속의 종류, 전류밀도 등에 따라 차이가 있다. 철강, 알루미늄은 교류를 병용 또는 교류 자체를 사용하기도 한다.

3) 전처리

탈지를 하기 위한 전처리는 일반적으로 생략하는 수도 있으나 스케일이 심하거나 기름과 같은 종류가 붙어 있을 때에는 이것들을 제거하는 것이 좋다.

4) 걸이(rack)

걸이는 전기도금과 같은 주의가 필요하다. 특히 전류가 잘 통하는 구리봉이나 구리판이 좋으며 여기에 절연 PVC로서 도포하여 사용하면 된다. 걸이는 소재의 전류분포가 균일하게 하도록 설계해야 한다.

5) 음극

음극은 전해연마액에 녹지 않아야 한다. 납, 스테인리스, 탄소 등을 사용하지만 일반적으로 구리를 사용한다. 최근에는 스테인리스 전해조 자체를 음극으로 사용하기도 하지만 문제가 생길수도 있다.

6) 후처리

전해연마가 끝난 후에는 빨리 수세를 하지 않으면 전해액에 의해서 연마면에 산화피막이 형성되어 밀착력이 나빠진다. 전해연마를 한 후의 후처리 공정은 다음과 같다.

탈지 → 충분한 수세 → 전해연마 → 수세(20～30℃) → 수세 → 산 또는 알칼리침적 → 수세 → 도금

(6) 여러 종류의 금속 전해연마

1) 철강 전해연마

철강은 조성, 열처리, 가공정도, 조직상태 등에 따라서 전해연마액의 조성이 다르다. 동일한 조성의 철강이라도 담금질을 한 강에 대해서는 우수한 전해연마 상태를 나타낸다. 철강용의 전해연마액을 크게 나누면 과염소산계통, 황산계통, 인산계통, 황산-인산계통으로 구분된다. 또 황산계통, 인산계통, 황산-인산계통은 첨가제로서 유기물을 사용하는 액과 무수크롬 산화제를 첨가하는 액으로 분류할 수 있다. 최근 공업적으로 많이 이용되고 있는 전해연마액은 인산-황산-크롬산계통이다. 인산계통액으로 철강을 전해연마를 할 경우에는 인산 단독액일 경우 인산이 양극의 철과 반응하여 불용성의 인산철염을 생성된다.

황산계용액에 있어서 황산을 단독으로 사용할 경우에는 양극이 황산에 의하여 침식된다. 또 인산이나 황산 단독으로는 전해연마가 충분하지 못하다. 이러한 액에 대하여 유기첨가제를 첨가함으로서 인산계 액에 있어서는 불용성 인산염의 생성을 억제하고 또 황산액에 있어서는 황산에 의한 침식도 억제하므로 전해연마의 효과를 높인다.

예를 들면 인산에 대하여 수산을 첨가한 액에 있어서 양극반응은 다음과 같다.

$$3Fe + 2H_3PO_4 + 3O \rightarrow Fe_3(PO_4)_2 + 3H_2O$$

$$Fe_3(PO_4)_2 + 3(COOH)_2 \rightarrow 3Fe(COO)_2 + 2H_2PO_4$$

인산-무수크롬산액을 암코철(Armco), 탄소강, 합금강 등에 사용할 수 있다.

표 4-4 철강 전해연마액의 조성

기본액	비중 농도	첨가량 (ml)	첨가제	첨가량 (ml)	온도	전류밀도 (A/dm^2)	전압 (V)	시간
과염소산	1.61	178	무수질산 물	50 50	<30℃	10	50	1분
과염소산	1.61	–	알코올 에스텔	–	<30℃	–	–	–
인산		1.2~1.8	황산 크롬산	1.2~1.8 소량	150℃	30~1000	–	–
황산		400	물 글리세린	300 400	50℃	50	–	5분
황산	1.4	50	수산화제2철 황산제1철 중크롬산칼륨	5g 2g 0.5g	60~ 110℃	30~500	–	10초
황산		50%	불산 물	7% 39%	상온	0.5~2	–	–
인산		100	물	25	상온	1~12	12~25	2~4분
구연산		30~70	황산	10~30	80~90℃	0.5~23	7.5	4~7분
인산		42%	물 글리세린	11% 47%	>100℃	0.1 A/in^2	–	5분
불산-황산		5~20	인산 무수크롬산	60~90 27	20~70℃	120~1200 A/ft^2	–	15분
불산-황산		5~10	H_2PO_3	나머지	〃	140~1000	–	5분
황산		15~55%	크롬산 바나듐산 메타바나듐산 망간산 과망간산 } 중의 하나	2~20%	70℃	15A/in^2	–	–
인산	1.78	100	중크롬산칼륨	포화	50℃	150	20	60초
인산	1.78	40	황산	60mℓ	50℃	180	250	2분

액의 조제는 인산에 무수크롬산을 첨가한 후 80~100℃에서 2~3시간 가열하여 완전히 크롬산을 용해한 후 사용한다. 만일 양극면을 상당히 많이 용출(溶出)시킬 필요가 있을 경우에는 인산-크롬산액에 황산을 첨가하여 수분(水分)의 함유량을 많게 한다. 황산 및 수분의 함유량이 많아짐에 따라서 균일한 용해성은 감소한다. 평판재료에 대해서는 인산-크롬산액이 용해성이 균일하고 평활한 광택면이 나타난다. 또 인산-크롬산액에 있어서는 양극의 분극효과가 대단히 크기 때문에 복잡한 형상의 재료에 대해서는 양호한

효과가 얻어지지 않는다.

인산-황산-크롬산액은 인산-크롬산액에 비하여 양극의 용출량(溶出量)이 많기 때문에 균일용해성은 좋지 않고 부식작용을 받기 쉽다. 양극 금속의 용출량은 인산과 황산의 비율이 인산 함유량이 0.67%로 감소될 때까지는 증가하지만 그 이상 황산 함유량이 증가하면 다시 감소한다. 또 황산이 인산에 대한 비율은 전해연마액의 수명에도 관계가 된다.

철강을 전해연마 한 후에는 수세를 한 후 10% 수산화나트륨(60~80℃)에 10~15분 동안 침적시켜 주면 철강표면이 부동태화하여 녹이 생기는 것과 광택이 감소되는 것을 방지할 수 있다. 또 전기도금을 하려고 할 때는 5% 황산용액에서 10~20초 동안 침적시킨 후 수세한 후 도금해야 한다. 전해연마 시간이 너무 오래 경과되었을 때에는 탈지와 수세를 충분히 해야 한다.

2) 구리 및 구리합금의 전해연마

현재까지는 인산액이 가장 우수한 전해연마액으로 사용되고 있다. 농도가 클수록 전류밀도는 적어지고 시간은 길어진다. 이러한 단독 전해연마액에서는 전류밀도 범위가 대단히 좁으므로 세밀한 전압 및 전류밀도의 조절이 있어야 한다. 전압이 높으면 산소가 많이 발생되어 핏트가 많이 생기지만 광택은 증가하게 된다. 전해연마를 한 후 내식성을 증가시키기 위해서는 10% 중크롬산칼륨에 1분 정도 침적시키기도 한다.

인산액이 구리 및 구리합금에 대해서 우수한 전해연마 효과를 나타내는 것은 연마과정에 있어서 양극 부근에 생성되는 $Cu_3(PO_4)_2$가 가용성(可溶性)과 점성이 있는 양극 용액층을 만들어 농도분극 효과가 크기 때문이며 불순물을 함유하는 것이나 또는 합금에 대해서는 반드시 그렇지 만은 않다. 황동에 대해서는 어떤 조건에 있어서는 탈아연(脫亞鉛)현상이 나타나고 청동(青銅)에 있어서는 이 합금 중에 함유된 주석이 인산에 의하여 불용성염을 형성하여 평활한 광택면이 생기지 않는다. 또 동일한 조성의 합금에 대해서도 열처리 상태에 따라 동일한 연마조건일 때에는 연마가 잘되지 않는 경우도 있다.

표 4-5는 구리 및 구리합금의 전해연마액의 조성이다. 구리 및 구리합금에 대해서는 옛날부터 키린스 처리라고 하는 광택산세방법이 널리 보급되어 도금의 하지처리(下地處理)로서 이용되고 있기 때문에 구리 및 구리합금의 전해연마법은 공업적으로 널리 이용되지는 못한다. 인산액은 순동(純銅) 및 7 : 3 황동과 같은 단상(單相) 합금에 대해서는 연마효과가 뛰어나지만 2상(相)을 형성하는 6 : 4 황동 및 주석을 함유하는 주석-청동에 대해서는 우수하지 못하다. 그 이유는 6 : 4 황동과 같이 알파, 베타상 등 2상을 형성하는 것은 양극에서 상의 차이에 의한 선택 용해를 유발하기 때문이다. 그래서 구리합금에 대하여 완전한 광택면을 얻기 위해서는 상의 차이에 의한 선택 용해성과 합금을 구성하는

표 4-5 구리 및 구리합금의 전해연마액 조성

기본액	비중농도	첨가량 (ml)	첨가제	비중농도 (%)	첨가량	온도 (℃)	전류밀도 (A/dm^2)	전압 (V)	시간 (s)
수산화나트륨	3N	200	주석산	–	6 g	10∼15	40	3∼3.2	30
인산	1.75	100	수산기 칼복실기 아세틸기 슬폰기	–	소량		5∼500	1.5	수십 초
인산	1.67	50	젤라틴 수산		2 g 2 g	상온	30∼200	–	5∼10
인산	1.67	50	황산 물 젤라틴	1.80	30 ml 20 ml 2 g	상온	50∼200	10∼25	10∼20
황산		15∼55	크롬산 바나듐산 메타바나듐산 망간산 과망간산		2∼20 g	20∼100	1.5∼15	–	수초
불산-황산	96%	5∼10	인산	1.61	90	20∼70	140∼220	–	3∼15분
인산	1.61	100	수산		포화	50∼60	200∼250	20	30
황산	1.80	50	염산		30	–	50∼100	–	–
황산	1.80	–	인산 질산	–	–	–	–	–	–
시안화칼륨		30∼100 g	물	–	–	–	0.2∼2.0	–	–
수산화나트륨	–	–	중크롬산	–	–	–	–	–	–
수산화칼륨	–	–	시안화칼륨	–	–	–	–	–	–
탄산칼륨	–	–	글리세린	–	–	–	–	–	–
인산	1.80	100	황산 중크롬산칼륨 또는 암모늄		10 15	50∼60	100∼150	12∼20	30
정인산	1.80	100	오산화인		20g	60	100∼200	10∼20	

조성의 차이에 의한 선택 용해성 및 첨가 원소와 액과의 화학반응에 의한 불용성염(不溶性鹽)의 생성이 일어나지 않도록 전해연마액의 조성을 잘 선택하여야 한다.

인산 단독의 이러한 단점을 개선하기 위해서 인산에 크롬산을 첨가한 인산-크롬산액이 사용되고 있다. 이 액의 연마조건은 인산 단독액과는 상당한 차이가 있다. 인산 단독액의 연마 조건 범위는 액전압-양극전류밀도 특성 곡선상에 있어서 수평 부분인데 대하여 크롬산을 첨가한 액에 있어서는 수평부분 이상의 액전압-양극전류밀도의 범위에서 양극으로부터 산소 가스가 발생하는 조건에서 양호한 연마 효과가 얻어진다. 인산-크롬산액에 있어서는 인산액에 비하여 연마 조건 범위가 넓어서 복잡한 형상의 물품이나 넓은 표면적을 가진 물품에 대해서 좋은 연마 효과를 얻을 수 있다. 주석-청동과 같이 주석을 함유한 구리합금에 대해서는 인산 주석의 불용성염 생성을 방지하기 위해서 여기에 황산을 첨가하는 것이 좋다.

인산-크롬산액으로 평활한 광택면을 얻을 수 있는 조건은 인산 단독일 때에 비하여 양극으로부터 산소 가스가 발생하는 고액 전압-고전류밀도에서 처리할 필요가 있다. 이것은 연마기구가 안산액과 인산-크로만액이 서로 다르기 때문인 것으로 알려지고 있다. 안산액에 있어서는 점성이 있는 $Cu_3(PO_4)$의 양극액층 생성에 의한 농도분극 효과가 주체인데 비하여 인산-크롬산액에 있어서는 양극에서 발생하는 발생기 산소와 크롬산의 산화작용에 의하여 양극의 금속표면을 산화피막으로 포위하다가 다시 양극표면을 용해하여 평활한 광택면이 얻어진다.

3) 알루미늄 및 알루미늄합금의 전해연마

알루미늄 및 알루미늄합금은 가볍고 연성이며 열전도도 및 양극산화의 표면처리가 쉽게 되는 성질을 이용하여 각종 정밀계기, 기계부품, 광학재료, 건축재료 등에 이르기까지 다양한 목적으로 이용되고 있다. 이와 같이 알루미늄과 같이 그 합금은 연성인 금속에 속하는 것이기 때문에 그 표면이 외관을 전혀 손상시키지 않고 기계연마에 의하여 거울과 같이 연마 한다는 것은 숙련된 기능을 필요로 하며 많은 공정을 거치지 않으면 안 된다. 알루미늄 합금은 양극처리를 하면 강인한 산화피막이 생성되어 방식효과가 큰 표면이 얻어진다.

이러한 연성(延性)합금에 대하여 전해연마법을 적용하면 양호한 연마효과를 기대 할 수 있으며 광택이 양호하고 지속성도 나타낸다. 그러기 때문에 알루미늄 합금의 연마에는 기계연마법보다 전해연마나 화학연마법이 더욱 많이 이용된다. 알루미늄에 사용되는 전해연마액의 조성은 표 4-6과 같으며 철강 또는 구리합금과 다른 점은 알루미늄이 양성 금속이기 때문에 산성 또는 알칼리성액을 모두 사용할 수 있다는 점이다. 산성 전해액으로서는 할로겐화수소산 이외의 대부분의 산은 산성 연마액으로 사용할 수 있으며 특히 산화성을 가지는 산은 우수한 연마효과를 나타낸다.

염기성액으로서는 수산화나트륨, 수산화칼륨, 탄산나트륨, 인산나트륨 등이 사용된다. 이 연마액은 사용 목적에 따라 2가지로 분류한다.

첫째 인산액, 알칼리액 및 붕불화수소산액이다. 이 액들은 양극재료에 대한 용해량이 적기 때문에 기계적으로 연마한 것 외에 더욱 우수한 광택면이 필요할 때 사용된다.

표 4-6 알루미늄 및 알루미늄 합금의 전해연마액

기본액	비중 농도	첨가제 (ml)	첨가제	비중 농도	첨가량 (ml)	온도	전류밀도 (A/dm^2)	전압	시간
수산화나트륨	(3N)	200	주석산		6 g	10～15℃	40	3.3.2	30초
인산	1.75	100	수산기 카복실기 아세틸기 슬폰기		소량	–	5～50	1.5	9초
황산	1.78 –	100 –	중크롬산칼륨 –		–	– 70℃	10～20 4～30	15 2～10	10～14초 1～5분
인산	–	–	크롬산		–	–	–	–	–
수산화나트륨	–	–	중크롬산칼륨		–	–	–	–	–
인산	93%	90	황산	90%	10 ml	100～110℃	50～100		30초
질산	–	–	–	–	–	상온	–	–	–
인산	1.78	100	중크롬산칼륨 황산	– 90%	10 g 10 ml	50℃	50～110	4～10	30초
인산	1.78	100	중크롬산칼륨		20g	상온	30～80	4～6	30초

그러나 알칼리액 및 붕불화액에 있어서는 고순도(高純度)의 알루미늄을 제외한 다른 알루미늄 합금에 대해서는 우수한 연마 효과를 얻을 수 없다.

둘째, 인산-크롬산액 및 인산-황산-크롬산이 있으며 이것들은 첫째 액에 비해서 양극재료의 용해량도 많고 평활화 작용도 나타내지만 광택도와 반사율이 나쁘다. 이 액은 순수한 알루미늄뿐만 아니라 다른 알루미늄 합금에 대해서도 연마효과가 좋다. 이외에 과염소산-질산액도 있으나 이것은 폭발성의 위험성을 갖고 있으므로 널리 사용되지 못한다. 알루미늄에 관계되는 전해연마액은 다음과 같다.

① 붕불화 수소산액

알루미늄의 순도가 98% 이상이어야만 우수한 연마면을 얻을 수 있다. 이 전해연마액은 붕산과 불산이 60 g : 130 ml(50% 불산)로 혼합해서 만드는데 이때 주의해야 할 것은 불산에 붕산을 용해시키되 조금씩 교반하면서 용해시켜야 한다. 또 반드시 후드장치 내부에서 해야 한다. 이와 같이 해서 얻은 진한 붕불산(HBF_4)을 증류수로 희석시켜 사용하며 이때 농도는 1.25%가 적합하다. 농도가 5% 이상이면 알루미늄이 침식되면서 반사율이 감소된다. 전해연마 조건은 30℃(27℃ 이하 또는 35℃ 이상이면 반사율이 감소된다)이며 전류밀도는 1.5～3 A/dm^2에서 10～20분 동안 전해시킨다. 가장 좋은 반사율은 1.5～2 A/dm^2에서 10～15분 동안 전해연마한다.

② 인산액

인산액에 있어서도 연마효과는 알루미늄의 순도에 영향을 받는다. 99.8% 이상의 고순도 알루미늄에 대해서도 기계적연마의 반사율이 75%인데 비해서 인산액을 사용하여 전해연마를 한 것은 80~97% 높은 반사율을 나타낸다.

③ 알칼리성액

이 액을 연마액으로 사용할 경우 유리(遊離) 알칼리의 농도가 문제가 된다. 탄산나트륨액, 인산나트륨액과 같이 직접 수산화나트륨을 첨가하지 않더라도 액 중에서 가수분해 등에 의하여 유리 수산화나트륨를 첨가하지 않더라도 액 중에서 가수분해 등에 의하여 유리 수산화나트륨을 생성한다. 인산나트륨액 중의 유리알칼리 농도는 15~18 g/L가 제일 적당하며 이것보다 진하거나 묽으면 반사율은 저하된다. 알칼리액의 단점은 액의 변동이 심하여 자주 액을 보정(補正)해야 하는 불편과 유리알칼리 때문에 연마 표면이 부식된다는 점이다.

④ 인산-황산-크롬산액

이 액의 특징은 알칼리액, 붕불화액과는 달리 전해연마를 한 후 표면에 산화피막이 형성되어 알칼리액, 붕불화 액으로 연마한 것보다 양극처리를 하지 않고도 내식성이 더욱 우수하다. 액 조성은 36~82% 인산, 15~46% 황산, 4~12% 크롬산 범위에서 선택할 수 있다. 이 액은 알루미늄의 순도에 대해서 상기의 액에 비해 많은 영향을 미치는 것은 아니다. 즉 99.6% 알루미늄은 반사율이 75~90%이며 99.16%, 알루미늄은 68.5~80%의 반사율을 나타낸다.

인산-황산-크롬산액에 있어서 황산의 첨가는 전기 전도도를 양호하게 하며 고전류밀도로 작업할 수 있고 양극면의 부식을 억제하며 액의 수명도 길다. 크롬산은 철강의 전해연마에 있어서 크롬산 함유량이 CrO_3로서 3가 크롬 함유량의 8~10배 존재할 때 알루미늄의 연마효과가 최고가 된다. 따라서 액 중의 3가 크롬 함유량이 증가하면 제거해 주어야 한다. 전해연마 도중에는 액 중의 알루미늄 농도가 증가하며 알루미늄의 존재는 연마효과에 영향을 주므로 알루미늄의 액 중 허용농도는 30~35 g/L로 제한한다.

크롬산의 환원, 알루미늄 이온의 축적 등은 전해연마액의 성분이 변화하기 쉬운 원인이 되므로 정기적으로 액을 분석하여 보정해야 하며 비중을 매일 측정하여 액의 성분을 교정해야 한다. 액의 비중은 1.67~1.7이 가장 적당하고 분석에 있어서는 CrO_3, Cr_2O_3, Al, 유리인산, 황산의 양을 측정해야 한다.

4) 니켈 및 니켈합금의 전해연마

① 과염소산(60%): 210 ml/L

전류밀도: 30 A/dm^2 이하 빙초산: 790 ml/L

시간: 2분 온도: 상온~40℃

이 용액은 부동태와 상태가 없어진 후 심한 전류 증가가 나타나며 산소가 격렬하게 발생하는 상태에서 광택면이 얻어진다.

② 인산: 100 ml/L

온도: 50~60℃ 중크롬산 또는 무수크롬산 25 g/L

전류밀도: 200~250 A/dm^2 시간: 수분

이 용액은 알루미늄, 스테인리스강에도 적용할 수 있다.

③ 황산(Bé 55°)

전류밀도: 35~60 A/dm^2 온도: 40℃

시간: 수분 전압: 10 V 이하

④ 황산(비중 1.64): 60

전류밀도: 150~300 A/dm^2 물: 40

시간: 1~3분 온도: 30℃

이 용액은 도금한 후의 마무리 처리에 사용된다. 글리세린, 계면활성제 등을 첨가하면 광택범위가 넓어져서 표면상태가 우수하게 된다.

⑤ 황산: 60~70%

전류밀도: 10 A/dm^2 글리세린: 10~15%

시간: 5~15분 온도: 40~50℃

5) 주석 및 주석합금의 전해연마

전해연마액으로서 과염소산계가 많이 사용되고 있다.

① 과염소산(비중 1.61): 19.4%

전압: 9~15 A/dm^2 질산(98%): 80.6%

시간: 수분 온도: 20℃

연마조건으로서는 10 A/dm^{2}이 제일 적당하다. 연마를 한 후에는 빨리 물품을 꺼내어 수세해야 한다. 그렇지 않으면 표면에 백색 반점이 생긴다. 주석의 염류는 가수분해 하기 쉽기 때문에 수세를 신속히 함으로서 이러한 결함을 제거할 수 있다.

② 과염소산(비중 1.61): 50 m*l*

전류밀도: 3~6 A/dm^2 빙초산: 130 m*l*

시간: 100~200초

이 액은 ①액보다 간단하고 인화 폭발이 위험이 없다.

③ 황산(d=1.2): 100 m*l*

온도: 상온 계면활성제: 0.02 m*l*

전류밀도: 30~500 A/dm^2

④ 에틸알콜: 140 m*l*

온도: 상온 염화알루미늄: 10 g

전류밀도: 10 A/dm^2 염화아연: 45 g

전압: 20~24 V 물: 32 m*l*

시간: 수분 정도 부틸알콜: 16 m*l*

이 용액은 알루미늄의 연마에도 이용할 수 있다. 처음에 전류를 통하면 피막이 생성되나 몇 초 뒤에는 피막이 탈락되고 거울면이 된다. 이때 끄집어내어 수세를 신속히 해야 한다.

6) 금 및 금합금의 전해연마

이 계통의 연마액은 과염소산계, 인산계, 황산계, 질산계의 것이 주로 사용되며 알칼리계로서 시안화칼륨, 시안화나트륨 등도 연마효과를 나타낸다. 다만, 금은 불활성의 금속으로서 알루미늄 또는 알루미늄합금처럼 특이한 양극현상은 나타내지 않으며 교류를 사용하면 용해가 촉진된다. 그러나 전류밀도의 선택에는 충분한 주의를 하지 않으면 결정조직으로 되기 쉽다. 금의 전해연마액 조성은 다음과 같다.

① 황산: 50 m*l*

전류밀도: 1.8~6.5 A/dm^2 주석산: 10 g/L

온도: 82℃ 티오뇨소: 50 g/L

시간: 수분

이 용액은 용해성을 증가하기 위하여 안티피린을 첨가할 경우가 있다.

② 인산: 15

무수크롬산: 0.2 황산: 75

물: 9.8 전류밀도: 18 A/dm^2

온도: 60～80℃

③ 인산: 5

무수크롬산: 0.2 황산: 80～85

물: 12.8 전류밀도: 2～8 A/dm^2

온도: 60～80℃ 시간: 수분

이 용액에서 금회수를 위하여 사용하는 약품은 매우 순도가 높아야 한다. 실제로 염화금은 첨가하지 않아도 큰 지장은 없으나 경면과 같은 광택을 내는 데는 효과가 있다. 다만, 음극판에서 계속 금이 석출(析出)되기 때문에 음극주머니(cathode bag)를 사용하여 낙하되는 금을 매일 연속적으로 회수 할 수 있다.

연마한 다음에는 2차에 걸쳐 수세한 후 마지막으로 증류수로 씻는다. 이와 같이 수세한 후에는 빨리 건조해야 하며, 이때 변색되는 것에 주의해야 한다. 금의 색깔은 같은 성분이라도 그 표면 상태에 따라 달라진다. 금합금의 대표적인 것으로는 금-구리계, 금-은계, 금-니켈계 등이 있다. 금 합금의 연마액에는 산성과 알칼리성이 있으나 특히 금합금에 대해서는 알칼리계보다 산성계가 좋다.

용액 조성은 다음과 같다.

인산: 100 m*l*/L 온도: 40～50℃

황산: 25 m*l*/L 시간: 수분

전류밀도: 20～30 A/dm^2

이 용액 이외에는 금합금계에 대해서는 더욱 좋은 전해연마액이 없다.

7) 은 및 은합금의 전해연마

① 시안화칼륨: 2～50 g/L

전류밀도: 85～540 A/dm^2 염화암모늄: 5～100 g/L

온도: 40℃ 수산화나트륨: 5～100 g/L

시간: 수분

② 시안화칼륨: 6 g/L 탄산칼륨: 6 g/L

온도: 40℃ 시간: 수분

③ 인산: 5

황산: 5

무수크롬산, 수산, 주석산, 구연산 중 1종 또는 2종 첨가(선택)

전류밀도: 10～100 A/dm^2 전압: 5～20 V

온도: 상온 시간: 수분

알칼리성액과 산성액을 비교하면 알칼리성액이 조금 약간 양호한 연마가 되려면 알칼리성액은 변색을 나타낸다. 산성액은 이러한 염려는 없지만 광택이 약간 떨어진다. 또 은의 회수에 있어서는 알칼리성액이 더 쉽다.

8) 크롬 및 크롬합금의 전해연마

① 과염소산: 50 m*l*

온도: 20℃ 빙초산: 1,000 m*l*

전압: 35 V 전류밀도: 15 A/dm^2

시간: 수분

② 인산: 1,000 m*l*

전류밀도: 100～250 A/dm^2 황산: 100 m*l*

온도: 40～50℃ 무수크롬산: 25 g

시간: 수분

이 액은 처음 조제했을 때는 흑갈색이지만 사용함에 따라서 녹색으로 변한다. 이유는 무수크롬산이 발생기 수소에 의하여 환원되기 때문이며 연마효과는 다소 감소된다. 그렇다고 해서 무수크롬산을 과잉으로 첨가할 필요는 없다. 또 온도 때문에 점차 액 중의 수분이 결핍되어 전류밀도가 상승되지 않는다. 이때는 20% 이하의 물을 첨가하면 회복된다.

9) 일반적인 전해액과 조건

여러 종류의 금속을 전해 연마할 수 있는 만능 전해연마액은 다음과 같다.

인산: 328 g/L 불산: 33 g/L

크롬산: 372 g/L 구연산: 12 g/L

황산: 25 g/L 무수프탈산: 4.3 g/L

붕산: 8.3 g/L 온도: 94℃

양극전류밀도와 시간은 각 금속에 따라 다르다.

표 4-7 전해연마액의 조성

재 질	전해액 조성		온도(℃)	전류밀도 (A/dm^2)	비 교
알루미늄	탄산나트륨	15%	75~88	6~7	고순도 알루미늄에 적합하다.
	제3인산나트륨	5%			교류 교반도 가능
알루미늄	인산	75%	60~80	15~30	물건을 흔들어준다. 크롬산의 첨가는 용해속도를 늦게 하고 황산은 빠르게 한다.
	황산	4.7%			
	크롬산	6.5%			
스테인리스강	인산	7용적	50~130	10~200	크롬산10%
탄소강	황산	2용적			글리세린 50%
니켈	물	약간			폴리에틸렌글리콜 10%를 첨가하는 것이 좋다.
구리합금	인산	비중 1.4~1.7	15~25	6~8	크롬산을 첨가해도 좋다.
텅스텐	수산화나트륨	10~30%	15~25	10~30	

철강: 17~40 A/dm^2, 2~4분
비철금속: 10~15 A/dm^2, 3~4분
경합금: 12~39 A/dm^2, 2~3분
황동: 18~24 A/dm^2, 2~3분
구리: 5~13 A/dm^2, 1~2분
납: 29~70 A/dm^2, 6분
아연: 20~24 A/dm^2, 2~3분
주석: 7~9 A/dm^2, 1.5~3분

음극은 구리 또는 스테인리스를 사용한다.

4.1.5 화학연마

화학연마의 설비는 전해연마와 거의 같으며 전기를 통하는 장치만 없다. 화학연마의 예비처리로서는 산화물 제거, 탈지 등을 한 후 화학연마를 한다. 일반적으로 예열을 하면 연마 상태가 빨리 이루어지지만 피연마체의 재질에 따라 그렇지 않은 경우도 있다.

침적 시간은 피연마체의 재질, 표면의 평활도, 온도, 화학연마액의 농도 등에 따라 다르다.

(1) 철강의 화학연마

일반적으로 황산, 염산이 많이 사용되며 인산계통으로서는 올소인산, 피로인산, 메타인산의 3가지 종류가 있다. 이 가운데에서 피로인산이 용해 능력이 제일 좋다. 올소인산은 용액 중의 수분이 너무 많고 메타인산은 수분이 적으므로 연마효과가 적다.

인산을 사용할 때의 온도는 120℃ 정도이며 단점은 물건을 꺼내서 수세할 때 또는 수세를 한 후 변색되거나 산화녹이 생기게 된다. 대책으로서는 수세를 한 후 즉시 중화시키거나 방청제를 사용하기도 한다. 또 다른 단점은 수소를 흡수하는 경우이다. 특히 피아노선은 수소를 흡수하여 수소취성을 일으킨다. 이것을 방지하기 위해서는 45% 수산화나트륨 용액(140~160℃)에 침적시키면 수소취성을 어느 정도 방지할 수 있다. 일반적으로 사용되는 것은 황산(비중 1.76)은 10% 이하, 질산은 3% 이하가 많이 사용된다.

일반적인 철강의 화학연마액은 다음과 같다.

① 인산: 400 m*l* 황산: 200~600 m*l*
질산: 100~200 m*l* 염화철: 50 g/L
온도: 80℃ 침적시간: 1분

② 수산: 25 g/L 과산화수소: 13 g/L
황산: 0.1 g/L 온도: 상온
침적시간: 1~2분

③ 인산: 100 m*l* 황산: 30 m*l*
주석산, 구연산, 석산, 수산 중 선택 5 g/L
온도: 160℃ 침적시간: 2분

④ 수산: 25 g/L
과산화수소: 13 g/L 황산: 0.07~0.1 g/L
온도: 상온

⑤ 피로인산: 50 m*l* 질산: 20 m*l*
황산: 5 m*l* 온도: 200℃
침적시간: 2분

(2) 스테인리스강의 화학연마

① 인산: 100 m*l* 황산: 10 m*l*
염화제일주석: 5 g(황산제일철이면 10 g)
질산망간: 5 g 온도: 120℃
시간: 15초

② 인산: 100 m*l* 질산: 3 m*l*
염산: 15 m*l* 온도: 150℃
시간: 30초

상기 ①, ②액에 의해서 불용성 피막이 생길 때에는 다음과 같이 처리한다.

불산: 15 ml　　질산: 40 ml

물: 45 ml　　온도: 상온

(3) 알루미늄 및 알루미늄합금의 화학연마

알루미늄은 양성금속으로서 알칼리용액이나 산성용액 어느 것에도 화학연마가 가능하다. 화학연마액으로서는 다음과 같다.

① 인산: 50～85%　　질산: 5～15%

석산: 0～20%　　온도: 60～70℃

시간: 5분

② 인산: 80 ml　　질산: 5～25 ml

빙초산: 0～10 ml　　온도: 70～120℃

시간: 수초～1분

③ 인산: 60 ml　　질산: 5～25 ml

황산: 20～40 ml　　물: 0～10 ml

④ 인산: 70%　　황산: 25%

질산: 5%　　황산니켈(질산구리): 2 g/L

온도: 95～115℃

시간: 6분

⑤ Alupol(독일)　　인산: 53%

황산: 41.6%　　질산: 4.5%

붕산: 0.4%　　질산구리: 0.5%

온도: 108℃ 전후　　시간: 1～4분

용해속도: 4μ/분

(4) 구리 및 구리합금의 화학연마

① 황산: 9%　　구연산: 1.5 g

온도: 60℃　　시간: 2분

② 황산: 9%　　주석산: 170g

물: 1 L　　온도: 50℃

시간: 2분

③ 황산: 500 ml　　질산: 500 ml
염산: 1～5 ml　　온도: 상온

④ 황산: 700 ml　　질산: 300 ml
염산: 10～50 ml　　온도: 상온
질산: 200 ml　　물: 60 ml

⑤ 황산: 800 ml　　염산: 20～50 ml
온도: 상온

때때로 탈아연현상이 일어날 때는 무수크롬산 10～15% 용액에 침적시키거나 10% 시안화나트륨용액 중에서 적동색(赤銅色)을 없애고 크롬산액에 넣으면 광택이 유지된다. 청동, 모넬(monel)합금, 알루미늄청동 등에는 10～15% 질산, 10～90% 인산, 10～90% 주석산의 혼합용액에서 연마하든가 염산이나 계면활성제를 소량 첨가하기도 한다.

(5) 아연 및 아연합금의 화학연마

① 크롬산: 250 g/L　　황산: 8～40 g/L
질산: 1～3 g/L　　빙초산: 20～40 g/L
온도: 20～45℃　　시간: 20～40초

② 크롬산: 100～400 g　　염산: 5～15 ml
물: 1 L　　온도: 상온
시간: 20～40초

표 4-8 금속 또는 합금의 종류와 전해, 화학염마의 가부

금속 또는 합금	전해연마	화학연마	금속 또는 합금	전해연마	화학연마
스테인리스강	○	△	아연	○	○
알루미늄	○	○	카드뮴	○	○
고탄소강	○	△	텅스텐	○	
저탄소강	○	○	니켈	○	○
주철	△	△	백금	○	
동	○	○	주석	○	
황동(7 : 3)	○	○	은	○	○

○표는 가, △표는 불충분

4.2 산처리에 의한 녹 제거

금속표면의 산화물, 수산화물, 염류를 제거하기 위해서는 산처리를 하거나 탈청을 한다. 철에 발생하는 붉은 녹(Fe_2O_3), 구리 및 황동 위에 발생하는 청녹을 일반적으로 녹이라고 부르며 보통 저온에서 발생한다.

(1) 스케일(scale)

철강이 570℃ 이상의 고온에서 산화될 때 생기는 검은색의 FeO이다.

(2) 베일비층(Beilby layer)

버프연마 작업시 금속표면의 결정이 딱딱하게 뒤틀어지면서 굳어버린 층이 생기게 된다. 베일비층의 두께는 50～100Å(옹스트롱) 정도가 된다.

(3) 오버피크링(over pickling)

열처리나 금속가공을 하였을 때 금속표면에 두껍게 생긴 산화피막을 말한다. 이러한 스케일을 제거하기 위해서 산 또는 알칼리처리를 너무 오래하면 금속 소재가 침식되는 현상이 나타나는데 이와 같은 것을 오버피클링이라고 한다.

(4) 에칭(etching)

냉간가공등에 의하여 생성된 금속재료 표면 내부에 가공 변질층을 제거하여 응력이 없는 결정면을 노출시키기 위해서 산침적을 한다. 특히 공업용 크롬도금(경질크롬도금)을 하기전에 도금의 밀착성을 양호하게 하기 위해서 에칭을 한다.

① 도금액을 이용하는 방법

크롬도금액 중에 양극처리를 하면 도금액 속에서 소재 금속이 용해된다.

온도: 50～60℃　　전류밀도: 10～40 A/dm^2

시간: 10초～1분　　전압: 4～6 V

② 크롬산용액에 의한 양극부식(etching)

크롬산: 120～450 g/L　　온도: 50～60℃

전류밀도와 시간은 소재에 따라 다르다.

③ 황산용액에 의한 양극부식(etching)

황산(비중 1.53～1.71)　　온도: 25℃ 이하

전류밀도: 10～40 A/dm^2　　　　　　시간: 30～40초

전압: 4～6 V

＊주의: 처리를 한 후 충분히 수세를 하지 않으면 황산에 의해서 소재가 거칠어지거나 침식당하며 크롬산 : 황산의 비율을 변화시키면 부식 상태가 달라진다.

④ 산침적에 의한 에칭

10～50% 염산(용적) 또는 5～15% 황산(용적): 온도는 상온에서 적당한 시간(보통 5분～15분 정도) 동안 침적시킨다.

(5) 스머트(smut)

탄소강과 같은 소재의 산화물은 산화물을 산세 또는 알칼리 처리를 하면 소재 금속표면에 흑색 피막이 생겨서 손으로 비벼도 제거되기 어렵다. 이것을 스머트라고 하며 특히 탄소가 많은 경우인 고탄소강의 산세 때 많이 볼 수 있다.

스머트가 그대로 존재하는 상태에서 도금을 하게 되면 도금의 밀착력이 나쁘게 되며 도금할 때 수소가 도금 물체에 부착되어 수소취성의 원인이 되기도 한다. 특히 고탄소강의 산처리에는 황산을 사용하는 것보다 염산을 사용하는 것이 좋다. 그 이유는 염산을 사용하면 황산을 사용할 때보다 스머트 발생이 적기 때문이다. 만약 염산으로 산처리를 한 후 스머트 현상이 일어났다면 알칼리처리를 하는 것이 좋다.

① 시안화나트륨(NaCN): 45 g/L　　　　　　전류밀도: 1.5～2.0 A/dm^2

온도: 상온　　　　　　시간: 30초～1분

방법: 양극처리

② 가벼운 스머트 현상은 다음과 같이 하기도 한다.

시안화나트륨 20～25 g/L에 침적시킨 후 수세한다.

③ 전해 세정 및 스머트를 제거하는 겸용방법은 다음과 같다.

시안화나트륨: 20～25 g/L　　　　　　전류밀도: 3 A/dm^2 이상

온도: 40℃ 이상　　　　　　시간: 15～30초

방법: 침적처리

4.2.1 화학적 산세(Chemical pickling)

철과 황산에 의한 스케일의 용해과정을 보면 다음과 같다.

$$FeO + H_2SO_4 \rightarrow FeSO_4 + H_2O$$

$$Fe_2O_3 + 3H_2SO_4 \rightarrow Fe_2(SO_4)_3 + 3H_2O$$

$$Fe + H_2SO_4 \rightarrow FeSO_4 + H_2$$

$$Fe_2O_4 + 4H_2SO_4 \rightarrow FeSO_4 + Fe_2(SO_4)_3 + 4H_2O$$

$$Fe_2(SO_4)_3 + Fe \rightarrow 3FeSO_4$$

산세의 속도는 온도를 높이거나 농도를 크게 하면 커진다. 산화철의 용해속도는 산화물에 따라 다르며 10% 이상의 농도인 경우 Fe_3O_4의 용해속도는 염산이 황산보다 몇 배 크다. 진한 황산은 철이 부동태가 되어 산세가 잘 되지 않는다. 염산을 사용할 경우 가열하게 되면 증발이 대단히 심하고 독한 가스가 생성되어 인체에 대단히 해롭다. 그러므로 염산은 가열하지 않고 사용하며 화학적 산세일 때는 15~20%의 묽은 염산으로 만들어서 상온에서 그대로 사용한다. 황산을 사용하는 경우에는 10~20%의 묽은 황산을 40~50℃로 가열해서 사용하는 것이 산세 용해 속도가 커지게 된다.

질산은 산화 능력이 황산이나 염산에 비해서 제일 크지만 스케일의 제거능력이 적고 철강의 산화 침식이 대단히 크므로 별로 사용하지 않는다. 인산은 철강의 산세 처리에 있어서 다른 무기산보다 소재를 침식하지 않는 장점이 있으나 상온에서는 산세 능력은 대단히 적기 때문에 70℃ 이상 온도로 가열해서 사용하면 산세능력이 향상된다. 인산을 산세로 사용할 경우에는 산세처리를 한 후 인산염 피복에 의한 방청(防錆)효과가 있으며 도장의 하지처리로서는 양호하다.

주물 표면에 부착된 모래나 실리콘을 제거하기 위해서는 불산(弗酸)을 사용하거나 여기에 3~5% 정도의 황산을 혼합해서 사용하기도 한다. 산세에 있어서 산액으로 사용되는 것은 일반적으로 염산 또는 황산이다. 그러나 실용적으로는 황산이 더 값싸기 때문에 많이 사용되고 있다. 녹 제거에 대한 염산과 황산의 성능을 비교하면 다음과 같다.

① 녹 제거의 기구는 그 주체가 스케일(scale)과 철 소재 사이에 형성되는 전지작용에 의한 것이며 염산은 황산에 비하여 그 산화물 또는 불순물로서 함유되어 있는 각종 원소들에 대한 용해능력이 크다. 반면에 황산은 스케일의 용해 능력이 적으므로 녹 제거의 속도에 있어서는 염산이 더 우수하다고 볼 수 있다.

② 염산과 황산의 농도에 관해서는 염산의 농도가 짙어지면 염산은 발연(發煙)하며 또 소재의 철을 용해하는 능력이 크기 때문에 산세 과다가 된다. 황산은 농도가 짙어지면 마찬가지로 산세 과다를 나타내는 경향이 있으나 더욱 농도가 짙어지면 산으로 작용하기보다는 산화제로서의 작용을 나타내며 스케일을 제거시키는 작용은 없어진다. 그러나 농도가 아주 묽을 때에는 염산이나 황산의 경우 모두 다 녹 제거의 속도가 느리기 때문에 일반적으로 둘 다 10% 정도의 용액이 많이 사용된다.

③ 처리온도에 관해서는 어느 것이든 온도가 높아짐에 따라서 녹 제거의 속도 및 철 소재와 산화물의 용해속도가 빨라지며 그 효과는 염산보다 황산이 더 크다. 염산은 휘발성이 강한 액체이기 때문에 염산의 증기가 발생하여 산도(酸度)가 점점 저하함과 동시에 증기는 인접한 부품에 나쁜 영향을 준다. 그렇기 때문에 염산액을 너무 높은 온도에서 사용하는 것은 좋지 않다. 한편 황산은 비휘발성산이며 온도 효과가 크기 때문에 고온에서의 사용이 유리하다. 따라서 일반적으로 염산은 상온에서 황산은 50~80℃에서 사용한다.

④ 산액의 사용에 의하여 산액 중에는 철분이 점점 축적된다. 이러한 철분의 축적은 그 양에 따라서 녹 제거 능력에 크게 영향을 미치게 된다. 황산은 철분의 축적량이 증가함에 따라서 녹 제거 속도가 저하된다. 한편 염산은 이 정도의 철분을 함유할 때가 녹 제거 속도가 가장 크다. 즉 염산은 철분 함유량이 16% 정도일 때 철 용해 능력이 최대로 된다. 따라서 염산은 이 정도의 철분을 함유할 때가 녹 제거 속도가 가장 크다. 황산은 철분이 과도하게 축적되어 녹 제거 속도가 저하했을 경우에는 새로운 액으로 교환해 주어야 한다.

염산은 새로운 액을 첨가하고 철분 농도를 희석하여 16% 정도로만 유지하면 오랫동안 액 전체를 교환하지 않고도 사용할 수 있다. 그러나 새로운 황산 및 16% 정도의 철분을 함유하고 있는 염산은 모두 철 용해 능력이 크기 때문에 산세 과다를 초래하기 쉽다. 따라서 철소재의 용해를 억제하고 산세 과다를 방지하기 위해서는 철분 함유량이 많은 황산액을 쓰는 것이 유리하다. 또 염화제2철의 염산 산성액은 철 등의 금속 또는 합금류의 부식액으로서 널리 사용되고 있다. 왜냐하면 산성액 중에서는 제2철이온은 불안정하며 제1철이온으로 환원되기 쉬운 경향이 커서 이때, 전자의 수용체(受溶体)로서 작용하여 금속을 용해시키게 된다. 또 산세액 중에 축적된 철 이온이 모두 제1철이온으로 존재하는 것도 이때문인 것으로 보고 있다.

570℃ 이하에서 생성된 산화 피막은 일반적으로 밀착성이 대단히 좋고 균열이나 작은 구멍 같은 것은 거의 없으며 내식성이 우수하다. 또 이 산화피막은 처리온도에 따라서 황색으로부터 청흑색까지 여러 가지로 변화한다. 이 색을 템퍼컬러(temper color)라고 하며 방식 목적으로 이용되기도 한다. 그러기 때문에 이것을 제거한다는 것은 곤란하며 만약 피막에 흠집이 있어서 그것을 없애기 위해서 산세액에 침적하면 산화 피막은 제거되지 않고 그 흠집 부분이 침식된다. 따라서 이것을 제거하기 위해서는 기계적 방법을 사용하든가 또는 화학적으로 환원 제거해야 한다. 철강의 산세 즉 피클링(pickling)의 큰 단점은 산세과다(over pickling)와 수소취성(hydrogen brittleness)이다.

산세과다란 산액에 장시간 침적시킴으로서 소재가 용해하여 그 표면이 거칠게됨과 동시에 재료 중에 함유되어 있는 산에 용해하기 어려운 성분이 미분말상으로 되어 소재표면에 잔류되어 부착한다. 이것을 스머트(smut: 검정)라고 한다.

스케일 제거가 완료되면 바로 산액으로부터 꺼내어야 한다. 꺼내는 시간의 판정은 수소기포의 발생 상태를 관찰 할 수도 있다. 스케일이 부착되어 있는 경우에는 발생 수소기포의 양이 대단히 많다. 그러나 스케일이 모두 제거되고 나면 소재의 부식을 동반한 수소발생이 되기 때문에 그 양이 적어진다. 그래서 이 수소발생의 상태 변화를 관찰하여 끄집어내는 시간으로 판정할 수 있다. 그런데 부분적으로 딱딱하게 부착된 스케일이 존재할 경우 이 스케일을 완전히 제거하기 위해서는 오랜 시간의 산침적이 필요하며 그 부분으로부터의 수소 발생량이 많아서 수소 발생량의 변화에 의하여 침적 시간을 판정하기가 어렵다.

이와 같이 견고하게 부착되어 있는 스케일을 제거하기 위한 장시간의 산액 침적은 다른 부분의 스케일이 제거된 노출되어 철소재를 과용해 하는 산세 과다현상을 일으킨다. 이러한 현상을 방지하기 위해서는 스케일이 제거되어 철소재가 나타난 부분의 철의 용해를 될 수 있는 한 억제할 필요가 있다. 이러한 목적에 자주 이용되는 것이 부식억제제(inhibitor)이다. 스케일이 제거된 철소재가 산액에 노출되어 이 부분이 전지의 양극으로 되었을 경우 그 양극 부분에 억제제를 흡착시켜 부식전류를 억제함으로서 산세과다를 억제하는 것이다. 시판되고 있는 대부분의 피클링액에는 이러한 부식 억제를 목적으로 한 억제제가 첨가되어 있다. 그러나 억제제는 앞에서 설명한 바와 같이 철소재에 흡착되기 때문에 산세를 한 후 바로 도금을 하면 도금의 밀착성이 불량하게 되고 박리나 부풀음이 생기게 된다. 따라서 도금을 하기전 이것을 제거하여 표면을 활성화 시켜야 한다. 부식억제제로서는 유황, 질소 등을 함유하는 유기화합물 또는 불포화 화합물 등이 사용되고 있다.

산세과다에 의하여 생긴 스머트는 그것을 제거하기도 비교적 어렵고 또 그것이 존재한 채 도금을 하게 되면 양호한 밀착성과 광택이 있는 도금이 되기 어렵다. 이러한 스머트 제거법으로서는 브러싱(brushing)을 하든가 킬레이트제(chelate, 錯化劑)를 함유한 알칼리액에서 양극처리를 한다. 그러므로 산세과다를 억제하며 스머트를 생성하지 않게 하는 것이 가장 중요한 일이다. 산세를 할 때 생기는 또 하나의 문제는 수소취성이다. 철강표면에 석출한 원자상태의 수소는 결정내부로 확산 침투하여 분자상태의 수소 또는 수소화물(水素化物)을 만든다. 특히 고탄소강에 있어서는 탄화수소 같은 것이 되어 체적이 팽창한다. 이 때문에 철의 결정격자에 응력이 발생되어 취성 및 부식의 원인이 된다. 이러한 현상을 수소취성이라고 한다. 산세뿐만 아니라 철강제품에 수소취성은 정도 여하를 막론하고 거의 발생된다고 볼 수 있다. 부식억제제 등의 사용으로도 이러한 수소취성을 억제하기는 곤란하다. 지금까지 알려진 방법으로는 끓는 물속에 침적 또는 가열하여 흡수되어 있는 수소를 제거하는 방법이 있을 뿐이다.

4.2.2 전해산세(electrolytic pickling)

철강의 산세 특히 피클링(pickling)의 기구는 스케일을 용해한다기보다는 발생하는 수소가스 기포에 의하여 기계적으로 박리하는 것이기 때문에 스케일 제거의 속도를 빠르게 하기 위해서는 발생되는 수소 가스량을 많게 할 필요가 있다. 그러나 단순히 산액에 침적하는 것만으로는 그것이 전지작용(電池作用)에 의해 수소가 발생하기 때문에 소재의 철을 전혀 용해시키지 않고 수소를 발생시킨다는 것은 불가능하다. 또 발생량에도 한도가 있다. 이것을 개선한 방법이 전해산세법(電解酸洗法)이다. 묽은 황산수소용액에 외부 전원으로부터 직류를 통하면 물의 전기분해가 일어나서 음극으로부터는 수소, 양극으로부터는 산소가 발생한다. 그 발생량은 통과한 전류량에 비례하며 큰 전류를 통과시키면 다량의 기체를 발생시킬 수 있다. 이 다량의 발생된 가스를 이용하여 철강 등의 표면에 생성된 스케일을 짧은 시간 내에 제거하는 방법이 전해산세이다. 이미 설명한 바와 같이 발생하는 기체는 음극과 양극에 생기기 때문에 전해산세는 피처리재를 음극에 설치할 수도 있고 양극에 설치할 수도 있다. 음극으로 했을 경우를 음극산세(陰極酸洗), 양극으로 했을 경우를 양극산세(陽極酸洗)라고 한다.

화학적 산세처리에서는 철강 표면이 침식당하기 쉽고 산세속도가 늦으며 산세 중 발생

표 4-9 합금강의 전해산세법

성분	조성(g/L)				
	1	2	3	4	5
황산	35 ~ 40	50	80~100	-	-
염산	-	-	-	250~300	-
질산	25~30	-	-	-	-
수산화나트륨	-	-	-	-	500
전류조건	A. C	양극처리	양극처리	음극처리	음극처리
전류밀도(A/dm^2)	5~10	20~30	20~30	5~10	10
온도(℃)	15~20	60~70	40~50	40~50	150
시간(sec)	5~10	10~15	5~10	10~15	10

한 수소 가스로 인하여 산의 농도가 저하되기도 한다. 이러한 것을 제거하기 위해서 전해 산세를 하는 경우도 많다. 전해산세의 장점은 산세속도가 빠르고 산의 농도나 산세액 중의 철염(鐵鹽)에 대한 영향이 적고 철강의 합금 성분에 관계없이 산세가 이루어지게 된다.

전해산세를 할 경우 양극처리가 좋은지 음극처리가 좋은지의 여부는 수소취성에 따라 선택하게 된다. 일반적으로 수소취성만 고려하지 않는다면 음극처리가 철강소재를 손상시키지 않고 가스 발생량도 많아 효과적이다.

양극처리는 0.5N-$FeSO_4$와 0.1%-H_2SO_4 용액에서 처리하며 온도 및 농도를 증가시키면 산세 속도가 커지게 된다. 또한 전류밀도의 증가하면 산세 속도도 커지게 된다. 그러나 전류밀도나 황산의 농도가 너무 높으면 철이 부동태가 되어 철의 침식을 방지해준다. 그러므로 두꺼운 스케일을 제거하기 위해서는 10~20%의 황산을 사용하는 것이 좋다. 음극처리를 하기 위해서는 양극처리와 같은 용액을 사용하며 수소흡수를 감소시키기 위해서 포르말린과 같은 유기억제제(inhibitor)를 사용하기도 한다. 예를 들면 0.3~1 A/dm^{2}의 전류밀도에서 억제제 0.02~0.05%가 첨가된 10% 황산이 사용된다.

(1) 음극산세

음극에서는 양극에서 발생하는 산소 가스량의 2배 정도 수소 가스가 발생하기 때문에 기계적으로 스케일을 박리 제거하는 능력이 크다. 단순히 산에 침적하는 경우와는 달리 수소의 발생량이 외부 전원으로부터 공급되는 전류에 의하여 제어되는 것이기 때문에 스케일 제거 속도도 제어할 수가 있다. 뿐만 아니라 음극처리를 하기 때문에 소재 금속은 전혀 침식되지 않으며 산세과다를 완전히 억제할 수 있다. 또 두껍게 생성된 스케일뿐만 아니라 저온에서 생성된 사삼산화철(Fe_3O_4)의 보통 산세로서는 제거하기 어려운 산화피막도 환원제거 된다. 이와 같이 음극산세는 여러 가지 장점을 가지고 있으나 반면 음극에서 있어서 다량의 수소가 철강표면에 석출하기 때문에 수소취성을 피할 수 없으며 액중에 포함되어 있는 불순 금속이온이 음극면에 석출된다. 이 석출물은 일반적으로 분말상으로서 밀착성이 없으므로 도금을 하여도 밀착성이 좋은 도금을 얻을 수 없다.

표 4-10 탄소강의 음극 산세법

용액조성	H_2SO_4 (g/L)	NaOH, KOH (g/L)	HCl (g/L)	NaCN (g/L)	전류밀도 (A/dm^2)	온도 (℃)	시간 (min)
1	100~150	-	-	-	3~10	40~50	10~15
2	-	용융 수산화칼륨	-	-	10~12	45~50	0.5~2
3	50	-	30	20	8~10	60~70	10~15

(2) 양극산세

설명한 바와 같이 음극산세는 스케일 제거 속도가 빠르다는 이점도 있으나 단점도 가지고 있다. 양극산세는 이러한 음극산세의 단점을 없앤 것이다. 즉 피처리 재료를 양극으로 하기 때문에 수소 발생이 없어서 수소취성(水素脆性)은 염려 할 필요가 없다. 또 양이온인 불순금속 이온도 양극표면상에 석출되는 일이 없다. 양극산세법에는

- 양극의 부동태화 이하의 낮은 전위, 즉 저전류밀도(低電流密度)에서 하는 경우
- 부동태화 전위 이상의 높은 전위, 즉 고전류밀도(高電流密度)에서 하는 경우

등 2가지 방법이 있으며 각각 스케일 제거의 기구가 다르다. 저전류밀도에서 전해산세하는 경우에는 스케일 하지의 철이 양극용해하여 스케일과 소재와의 밀착성이 없어져서 스케일이 박리 제거되는 것이다. 고전류밀도에서 처리하는 경우는 양극은 부동태화 되어 용해하지 않으면서 양극으로부터 발생하는 산소 기포(氣泡)에 의하여 기계적으로 스케일을 박리 제거할 수 있다. 즉 저전류밀도에서의 전해산세에 있어서는 철소재의 용해 때문에 산세과다 현상이 나타나는 경향이 있고 고전류밀도에서 처리하면 양극이 부동태 피막으로 피복되는 단점도 있을 수 있다.

이상과 같이 음극산세와 양극산세에 있어서는 상반되는 장점과 단점을 가지고 있기 때문에 이 두 가지를 교대로 하는 것이 좋다. 예컨대 5~10%의 황산 수용액 중에서 먼저

표 4-11 탄소강의 양극 산세법

용액의 종류 / 성분 및 조건	용액의 조성(g/L)								
	1	2	3	4	5	6	7	8	9
황산	200~250	150~200	–	150	10~20	–	–	100	–
황산철	–	–	–	50	200~300	–	–	–	–
염화나트륨	–	30~50	–	–	30~50	–	50	–	–
염화철(II)	–	–	30~50	–	–	–	100	–	–
염산	–	–	30~50	–	–	–	10	–	350
염화철(III)	–	–	–	–	–	75	–	–	–
염화칼슘	–	–	–	–	–	50	–	–	–
불산	–	–	–	–	–	–	–	–	0.2
전류밀도(A/dm^2)	5~10	2~5	5~10	100~200	5~10	20~10	5~10	100	5~10
온도(℃)	40~60	20~30	40~50	60~80	상온	25~35	20~50	30	30~40
산세시간(sec)	10~20	10~20	0.5	0.1	15~30	10~30	10~15	0.5	1~8

음극처리를 한 다음에 양극처리를 한다. 이렇게 하면 음극처리만의 경우에 비하여 수소 취성이 감소한다.

이 후 부동태화한 피막을 제거하기 위하여 묽은 염산에 침적한 후 활성화시키면 된다. 전해산세에 있어서는 산침적보다 훨씬 많은 기체가 발생하며 이 기체의 기포에 부착하여 흩어지는 산 가스는 주위에 있는 기계장치류를 부식시키는 원인으로 될뿐만 아니라 위생상 매우 나쁘다. 이 때문에 산 가스방지를 위하여 계면 활성제를 첨가한다.

4.2.3 알칼리전해에 의한 녹 제거

전해산세를 포함한 산세에 의한 스케일 제거의 기구는 발생하는 기체에 의하여 스케일을 박리제거하는 것이다. 이와 같이 기체의 발생에 의하여 스케일을 제거하는 것이라면 산액을 사용하지 않더라도 다른 액으로라도 기체만 발생시킬 수 있다면 스케일 제거는 가능할 것이다. 이런 생각에 의하여 개발된 것이 알칼리성 수용액에 의한 전해스케일 제거법이다. 즉 알칼리성액을 전해하여도 전해산세의 경우와 마찬가지로 양극에서는 산소, 음극에서는 수소가 발생하는 물의 전기분해가 일어난다. 이때 발생한 기체에 의하여 스케일이 제거되는 것이다. 또 이 알칼리전해법은 전해산세에 비하여 여러 가지 이점이 있다. 알칼리성액이기 때문에 녹제거뿐만 아니라 탈지도 가능하고 철강 상의 스머트(smut)도 제거할 수 있다. 산세 때 발생하는 산 가스의 해도 생기지 않으며 또 최종표면은 비교적 광택면을 얻을 수 있다.

알칼리전해액 성분의 한 예를 들면, 수산화나트륨(100~200 g/L), 시안화나트륨(50~100 g/L), EDTA-4 Na(30~50 g/L) 등의 착화제(錯化劑, chelate)이다. 이들 액성분의 작용은 수산화나트륨은 액의 알칼리성을 유지하고 전기전도도를 높여주어 많은 양의 전류가 흐를 수 있게 하고 다량의 기체가 발생되면서 스케일제거의 속도가 빠르게 된다. 탈지 능력 즉 비누화작용도 크게 된다. 시안화나트륨은 고알칼리성액 중에서 철의 산화물을 페로시안 또는 페로시안화 착(錯)이온으로 용해시키는 능력을 가지고 있다. EDTA-4Na 등의 착화제는 알칼리성 용액 중에서 철 이온의 봉쇄 은폐능력이 커서 철이온의 침전을 방지하고 소재를 양극용해로부터 방지하는 능력을 가지고 있다.

전해조건으로서는 직류뿐만이 아니고 교류를 직류와 함께 사용하는 맥류를 이용하는 것이 더 좋다. 또 전류밀도는 15 A/dm^2 이상에서는 녹의 제거속도가 거의 일정하다. 온도는 높을수록 녹제거 능력이 커지기 때문에 일반적으로 50~60℃에서 처리한다. 철강제품을 산처리하면 수소취성이 생기기 쉽고 스머트 현상이 나타나기 쉬우므로 산처리 대신 다음과 같은 알칼리처리를 하여도 좋다.

① EDTA-4Na: 30～50 g/L
NaOH: 100～150
NaCN: 50～75
계면활성제: 0.1～2

② 글루콘산나트륨: 50 g/L
NaOH: 150
NaCN: 75
계면활성제: 0.2～7

용액의 온도는 50～70℃, 전류밀도 5～15 A/dm^{2}으로 PR법, 70～90℃에서 가열한 후 침적하면 녹이 제거된다.

① 알루미늄 위의 녹 제거
5～10% 수산화나트륨 용액, 50～70℃
15～60초 동안 침적

② 구리(Cu) 위의 녹 제거
5～20% 시안화나트륨용액, 상온, 5～15초 동안 침적.

③ 금 및 금합금 위의 녹 제거
시안화나트륨 50 g/L와 롯셀염 30 g/L을 혼합시킨 용액을 70～90℃로 가열시킨 후 12 V로서 양극전해 처리한다.

④ 은 및 은합금 위의 녹 제거
명반 50 g/L, 시안화나트륨 30 g/L 및 탄산나트륨 10 g/L의 혼합용액을 80～90℃로 가열, 침적한다.

금속 스케일의 제거는 초음파탈지를 하면 양호한 탈지 및 탈청효과를 얻을 수 있다.

4.2.4 용융염에 의한 녹제거

용융염을 사용하여 녹을 제거하는 방법은 다음과 같다.

① 용융알칼리액 중에서 피처리재인 철강을 음극으로 하고 철제 용융조를 양극으로 하여 전해하는 방법으로서 이 경우에는 음극표면에 금속알칼리가 석출된다. 이것을 물속에 집어넣으면 석출된 알칼리가 물과 반응하며 다량의 수소를 발생하여 스케일이 제거된다.
② 환원제를 첨가한 용융 수산화나트륨액 중에 피처리재를 침적하여 스케일을 환원시켜 제거하는 방법이다.

용융염법의 장점은 산화물을 완전히 제거할 수 있고 소재 금속을 전혀 침식하지 않은 깨끗한 표면을 얻을 수 있고 수소취성도 일어나지 않으며 처리시간이 짧다는 점이다. 이와 같은 용융염법은 산세에 의한 녹 제거 방법에서 생기는 여러 가지 단점을 제거할 수 있지만 액성분의 가격이 비싸고 조작이 손쉽지 않기 때문에 일반 재료에는 잘 사용되지 않는다. 그러나 스테인리스강, 특수강 및 연속조작에 적합한 선재나 대강 등에 대해서는 유리하게 이용될 수 있다. 또 용융염법 중 수소화나트륨을 환원제로 사용하는 수산화나트륨법에 대하여 간단히 설명하고자 한다. 알칼리액은 환원제인 수산화나트륨을 2% 정도 첨가하고 350~370℃로 가열한다. 수산화나트륨은 그림 4-5에서와 같이 용융수산화나트륨액면에 띄운 금속나트륨에 암모늄분해가스를 통과시킴으로서 생성되며 이것은 자연히 용융수산화나트륨액 용액 중으로 연속적으로 확산하여 약 2% 정도의 농도를 유지하게 된다.

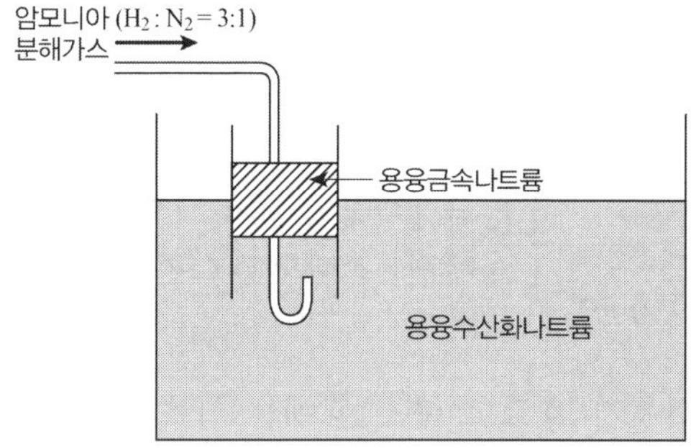

그림 4-5 용융염에 의한 녹제거

이 용융수산화나트륨에 스케일이 부착된 피처리재를 2~20분간 침적하면 다음 식과 같은 환원반응에 의하여 산화물은 환원되어 금속분말로 되어 소재 금속상에 부착된다.

$$4NaH + Fe_3O_4 \rightarrow 3Fe + 4NaOH$$

$$NaH + CuO \rightarrow Cu + NaOH$$

금속분말이 부착된 피처리재를 찬물에 침적시키면 이미 350℃ 정도로 가열된 상태에 있기 때문에 피처리재의 표면으로부터 다량의 수증기가 발생하여 분말상의 금속으로 환원된 스케일이 제거된다. 이 후 묽은 염산용액에 약 1분간 침적하면 광택면을 얻을 수 있다.

4.2.5 도금하기 전의 산처리(활성화 처리)

산세처리 과정에서 철소재의 용해를 방지하기 위해서 억제제(Inhibitor)를 산처리 용액에 첨가한다. 이때 넣는 억제제의 종류는 금속, 무기염, 유기물 등을 약 1% 이하 소량 첨가함으로서 산세작용에 거의 영향을 주지 않고 철표면의 철용해를 억제할 수 있다.

금속 첨가물로는 As_2O_3, Sb_2O_3가 있으며 철과 치환해서 표면에 석출한 As, Sb는 수소과전압이 크므로 철의 용해를 억제한다. 이러한 무기물은 대부분 수소가스의 흡수량이 커서 수소취성이 일어나기 쉬우므로 일반적으로 사용되는 억제제는 대부분 유기물(예: 티오뇨소, 피리진, 젤라틴 등)이다.

탈지 및 알칼리탈지나 전해탈지를 한 경우 금속표면에는 미세하나마 얇은 산화피막 및 부동태 피막이 남아 있어 도금의 밀착성을 나쁘게 한다. 특히 니켈 및 니켈합금이나 스테인리스강은 도금을 하기 전에 활성화처리를 하여야만 도금이 벗겨지지 않는다.

이러한 경우 화학적처리 및 전해산세는 30초~1분 정도 산 또는 알칼리 용액에서 처리하면 되고 산세를 한 후에는 즉시 수세한 후 도금을 해야 한다. 수세 중 또는 공기 중에 오래 방치하면 산화피막이 생생되므로 도금의 밀착력이 나쁘게 되는 원인이 된다.

(1) 탄소강의 활성화처리

① 황산: 700~800 g/L
② 황산: 700~800 g/L
중크롬산칼륨: 20~30 g/L

(①, ② 공통) 양극전류밀도: 10~15 A/dm^2
음극판: 스테인리스판(철판) 또는 납판

①, ② 두 용액은 큰 전류가 흐르고 수초 후에는 급속히 전류가 저하됨과 동시에 전압이 10~12 V로 상승되며 양극에서 가스가 심하게 발생된다. 이러한 가스의 발생은 산세처리가 끝났음을 나타내는 것이다.

(2) 구리의 활성화처리

시안화칼륨: 30~40 g/L
탄산칼륨: 20~30 g/L
전류밀도: 3~5 A/dm^2
시간: 1분
처리방법: 양극

(3) 활자납판 및 스테레오판

니켈도금을 하기 전에 5~10% 질산납 용액을 사용한다. 전류밀도는 5~10 A/dm^2이며 양극처리를 한다.

(4) 스테인리스강의 활성화처리

① 1.0% 황산, 0.1% 염산의 용액을 사용하며 상온에서 침적한다.

② 5~50% 황산 또는 염산용액을 사용하며 상온에서 1~5분 동안 침적한다. 전류밀도

는 0.5~2.5 A/dm^{2}으로 하여 음극전해 시킨다.

③ 염화니켈 240 g/L과 염산 120 g/L의 니켈 스트라이크 용액을 사용한다. 침적시간은 0.5~5분이며 양극은 니켈판을 사용한다. 전류밀도는 5~20 A/dm^{2}로서 상온에서 음극전해시킨다. 이 방법은 활성화처리와 니켈스트라이크 도금을 겸용한 방법이다.

(5) 기타 활성화처리

구리합금 및 니켈합금 등의 금속표면 활성화처리로서는 5% 붕불산 용액에서 6 V로 양극처리를 하기도 한다.

4.3 산처리의 실체

4.3.1 구리 및 구리합금의 산세

구리 및 구리합금 위에 생긴 스케일은 산화제1구리(Cu_2O) + 산화제2구리(CuO)이며 이 스케일을 제거하기 위해서 중크롬산염과 황산을 첨가하기도 한다. 그러나 광택연마를 한 재료의 디핑(dipping)에 있어서는 5~20% 정도의 황산에 침적한다. 광휘처리액으로서는 황산 435 m*l*/L, 질산 72 m*l*/L, 염산 2 m*l*/L, 물 491 m*l*/L가 기준이며 합금의 종류, 광택의 정도에 따라 약간 변동되기도 한다. 이 계통의 액은 반응성이 풍부하여 처리시간이나 온도에 의하여 영향을 받기 쉬우며 아질산가스 등의 유해 기체가 발생한다. 또 질산과 같은 산화제가 함유되어 있기 때문에 처리한 후 묽은 염산 또는 시안화나트륨액 등에서 활성화 시키는 것이 좋다.

또 다른 금속 및 합금의 산세에 있어서는 앞에서 설명한 것 같이 철강 산세와 구리 및 구리합금 산세에 사용하는 산처리액은 서로 다르며 피처리재의 조성과 목적에 따라 산세액을 선정해야 한다. 아연다이캐스팅 합금에 있어서는 화학적으로 대단히 침식되기 쉬우므로 매우 약한 산액을 사용해야 하며 또 스테인리스강 등의 스케일 제거에 있어서는 강산과 불화수소산과 같은 혼산으로 처리해야 한다. 알루미늄과 같은 산화 피막만의 제거는 알칼리액을 사용한다. 특히 구리합금을 산세할 때는 합금성분에 대해서 주의해야 한다. 예를 들어 인청동 소재를 혼산처리할 경우 황동소재를 산 처리할 때보다 질산을 첨가하기 전에 반드시 구리스트라이크를 해야 한다. 만약 구리스트라이크를 하지 않고 니켈도금만 했을 경우에는 별 문제가 없으나 크롬도금을 했을 때에는 밀착력이 대단히 나쁘게 된다. 구리 및 구리합금의 산세에는 10% 황산 또는 염산용액 중에 침적시키든가 산화물의 부착이 심할 때는 5～10%의 질산을 사용해도 좋다. 침적온도는 상온～80℃ 정도이다. 광택침적의 경우는 다음과 같다.

① 황산(Bé 66): 66～75% 용량　질산(Bé 42): 20～35% 용량
　염산(Bé 20): 3.7 g/L　물: 5～10% 용량
　방법: 침적

② 인산: 55% 용량　질산: 20% 용량
　빙초산: 25% 용량　온도: 50～60℃
　시간: 10～30초　방법: 침적

③ 진한 황산: 2 L　진한 질산: 1 L
　물: 300 m*l* 정도

③의 방법에서 물의 양이 적을 때는 산세처리 작용이 둔해지고 물의 양이 너무 많으면 광택효과가 없어지고 산에 대한 침식작용이 커진다. 침적을 계속하면 온도가 상승되기 때문에 냉각시켜서 사용한다. 산세처리 작용이 둔해지면 염산을 첨가한다. 광택침적 작용은 수 초~수십 초 사이의 빠른 시간 내에 해야 하며 미리 탈지를 하고 녹은 염산 또는 황산으로 일단 제거해서 작업을 하면 균일한 광택면을 얻기 쉽다. 작업을 한 후에는 빨리 수세하고 난후 약 10% 시안화나트륨 용액에서 중화 수세하고 건조한다. 또한 크롬산용액에 침적해서 변색을 방지할 수도 있다. 다음과 같은 광택 침적처리방법도 사용되고 있다.

황산: 3　질산: 1
염산: 1/20　크롬산: 60 g/L
온도: 상온 이하

4.3.2 아연 및 아연합금의 산세

아연, 알루미늄은 양성금속이라고 해서 산성, 알칼리 양쪽 어느 것에도 침식되기 쉬우므로 도금하기전 철이나 구리합금과 같이 취급해서는 안 된다. 특히 알루미늄은 표면의 산화피막을 제거하여도 금방 다시 산화되어 도금의 밀착력을 나쁘게 하므로 양극산화 방법을 이용해야 한다. 아연다이캐스팅 제품은 소재의 성질보다도 주조기술에 따라 가공이 어렵거나 도금하기 곤란하다. 이러한 상태는 물건의 전체 형상에 따라서 산처리를 아주 약하게 해야 한다. 즉 강산 또는 강알칼리는 피해야 한다.

한 예를 들면 다음과 같다.

0.1～0.2% H_2SO_4, 2～3% 염산 또는 불산을 이용한다.

4.3.4 알루미늄 및 알루미늄합금의 산세

순수한 알루미늄 및 구리 함유량이 높은 것은 50% 질산 또는 1～3% 불산+10～30% 질산+63～89%에 10～20초 동안 침적한 후 수세한다. 마그네슘의 성분이 많은 것은 15% 황산, 온도 80～90℃, 2～3분 동안 침적시킨 후 다시 50% 질산에 5～10초 동안 침적한다. 규소 및 마그네슘이 많은 합금은 질산 : 불산=3 : 1의 혼산용액 중에서 15～60초 동안 상온에서 침적시킨다. 일반적인 알루미늄에 대해서는 10% H_2SO_4를 70～80℃에서 침적하기도 한다.

4.3.4 스테인리스강의 산세

① 황산: 10% 염산: 10%
물: 80% 온도: 40～60℃
시간: 10～60분

② 질산: 10% 불산: 10%
물: 80% 온도: 상온
시간: 10～30분

①의 단계를 거친 후 다시 ②의 단계로 처리하는 것이 좋다.

4.3.5 납 및 납합금의 산세

4～10% 붕불산(Bé 42) 또는 3～7% 불산 중에서 10～20초 동안 침적한다.

4.3.6 니켈 및 니켈합금의 산세

일반적으로 10～20% 황산 또는 염산, 상온～50℃에서 처리하거나 염산 100 ml/L+황산철 100 g/L 용액에서 1분 동안 침적한다.

4.3.7 마그네슘 및 마그네슘합금의 산세

① 질산: 10용량　　황산: 3용량
온도: 상온　　침적시간: 10～30초

② 인산: 180 g/L　　불화칼륨(불화나트륨): 120 g/L
온도: 30～40℃　　침적시간: 15～30초

4.3.8 은 및 은합금의 산세

10～30% 황산용액에서 15～30초 동안 상온 침적한다.

4.3.9 금 및 금합금의 산세

12～15% 황산용액을 50～70℃에서 15～30초 동안 침적한다.

4.4 탈지(degreasing)

금속표면에 부착되어 있는 산화물, 수산화물, 금속염 및 유지류 등의 오염물을 제거하는 과정을 탈지라고 하며 탈지가 불충분한 경우에는 다음과 같은 도금 결함이 생긴다.

① 도금층의 밀착불량
② 광택도금에 있어서 광택불량
③ 도금면의 흠, 부풀음 등의 발생
④ 도금의 취성(brittle) 및 부식 발생

금속 제품의 오염물은 재질, 형상, 제조공정, 제조환경에 따라 달라지며 이것을 완전히 제거한다는 것은 매우 어려운 일이다. 금속표면의 탈지는 단지 탈지효과를 얻기 위한 것뿐만 아니라 비누화작용, 유리화작용(乳化作用), 침투작용(浸透作用), 분산작용(分散作用) 및 기계적 박리작용(剝離作用)을 한다.

(1) 비누화작용

유지류를 비누화작용으로 제거시키는 것으로서 수산화나트륨, 탄산나트륨 등 알칼리성이 강한 약품은 비누화작용이 크다. 비누화작용에 의해서 제거되는 것은 동식물 기름,

지방, 수지류(樹脂類)이다. 비누화작용에 의해서 제거되는 기름 종류는 알칼리 수용액 중에서 끓이든가 가열시키면 비누와 글리세린으로 분리되며 이것들은 물에 용해되어 금속표면으로부터 분리된다. 이와 같은 현상은 알칼리탈지의 주체가 된다. 비누화작용을 하지 않는 유지류는 광물성 기름, 그리스(탄화수소기름)가 해당된다. 이것들은 알칼리수용액과 반응하지 않으므로 유기용제로 용해하든가 유화제를 첨가하여 유화시켜 탈지액 중에서 미립자로 분산시킨다. 유지와 무기성, 유지와 유기성의 혼합물은 숫돌가루가 섞여 있는 형태의 것이 많다. 즉 무기성 계통은 숫돌가루이며 유기성 계통은 유성연마제가 섞인 것이다.

(2) 유화작용(乳化作用)

유지를 미립화하여 분산시키는 작용을 말한다. 각종 비누 및 표면활성제는 우수한 유화작용을 나타낸다. 비누화작용에 의해서 제거되지 않는 기름(광물성 기름, 그리스, 기계유)종류는 대부분 유화작용에 의해서 제거된다.

(3) 침투작용

습윤작용이라고도 한다. 비누화작용, 유화작용은 금속표면으로부터 유지를 제거시키지만 침투작용은 유지속에 침투되어 기름의 분자를 파괴하는 작용을 한다.

(4) 분산작용

금속표면의 탈지 및 제거된 유지를 수용액 중에서 분산시키는 작용으로서 표면활성제 이외에 각종 나트륨 계통(인산나트륨, 탄산나트륨 등)도 분산 능력을 갖고 있다.

(5) 기계적 박리작용

기계적인 힘에 의해서 유지를 금속표면으로부터 떼어내는 작용을 한다. 탈지액을 공기교반 또는 스프레이(spray) 하는 것도 역시 기계적 박리작용을 이용한 것이다. 또 초음파 세정이나 물체를 탈지액 속에서 교반시키는 것도 기계적 박리작용에 속한다고 볼 수 있다. 다음은 탈지를 하는데 있어서 주의해야 할 사항이다.

① 소재 금속에 따라 알칼리액에 대한 강도가 알맞아야 한다. 실제 작업에 있어서 비철금속은 강알칼리성에 대해서 너무 강하면 안 되고 용액의 온도가 높으면 안 된다. 또 처리시간이 너무 길거나 전압이 높으면 수소취성이 생기기 쉽다.

표 4-12 비철금속과 침식이 생기는 pH 범위

금　속	침식이 생기는 pH 범위
아연	10
알루미늄	10
주석	11
황동	11.5
규소철	13

② 탈지의 종류와 부착정도에 따라 같은 소재라도 탈지공정을 변화시켜 작업을 해야 한다. 동식물성 기름 제거라면 알칼리탈지액에 의해서 쉽게 제거되지만 다량의 기계 종류의 기름이 붙어 있는 상태라면 에멀견(emulsion)세정을 충분히 하면 완전히 기름이 제거된다.

③ 소재의 형태에 따라 유지류를 제거하기 어려운 부분은 충분히 탈지가 되지 않는다.

④ 소재의 연마가 불충분한 것은 반드시 걸이(rack)에 걸 때 발견해야 한다. 그렇지 않고 소재의 연마가 불충분한 것을 그대로 탈지하여 도금한다는 것은 경제적 및 시간, 작업공정의 손실을 초래하는 일이다.

탈지방법에는 다음 5가지가 있다.

① 알칼리탈지
② 용제탈지
③ 에멀젼탈지
④ 전해탈지
⑤ 기계적탈지

탈지작업은 어느 단일한 방법에 의해서 끝나는 일은 거의 없으며 이중 몇 가지를 조합하여 탈지작업을 하면 그 효과를 더욱 상승시킬 수 있다. 또 많은 양의 이물질을 미리 제거하는 방법을 예비탈지라고 한다.

4.4.1 알칼리탈지

알칼리 수용액에 의한 탈지는 동식물성 유지를 가열하여 알칼리 수용액과 반응하여 수용성 비누를 만드는 비누작용이 주체가 된다. 비누화성 유지는 지방산 글리세린에스텔이므로 이것이 알칼리 수용액과 반응하여 지방산 나트륨인 비누와 글리세린으로 나누어

진다. 많이 사용되는 알칼리 중에서 수산화나트륨은 알칼리중 강염기성이며 철강 이외의 금속에는 침식작용이 심해서 많이 사용되지 않는다. 탄산나트륨, 중탄산나트륨은 탈지작용이 수산화나트륨보다는 약간 뒤떨어지지만 겔(gel)상태의 유지에 대해서는 침윤성이 크며 금속에 대한 부식력도 수산화나트륨보다 약하므로 아연합금 및 구리합금의 탈지에 사용된다. 특히 중탄산나트륨은 약염기성 물질이므로 아연합금과 같은 알칼리에 침식되기 쉬운 소재에 사용된다.

규산나트륨은 정규산나트륨과 메타규산나트륨의 2가지 종류가 있으며 전자는 $2Na_2O \cdot SiO_2$, 후자는 $Na_2O \cdot SiO_2$의 분자식을 갖는다. 특히 정규산나트륨(일명 올소규산나트륨)는 매우 효과 있는 탈지제로서 비누화 작용 이외에도 유화작용과 침투작용이 충분하며 금속에 대한 부식력도 약하다. 규산나트륨을 사용할 때의 주의할 점은 수세를 충분히 해야 한다. 만약 수세가 불충분 할 때는 다음 공정의 산침적 과정에서 산과 반응하여 규산겔이 생기며 금속표면에 존재하여 거친 상태 및 밀착불량의 원인이 된다. 일반적으로 규산나트륨은 철강 및 비철금속 등 모든 금속의 탈지에 사용된다.

인산나트륨에는 여러 가지 형태가 있다. 인산염 계통은 경수연화성(硬水軟化性)에 좋으며 금속에 대한 부식력도 약하므로 아연, 알루미늄 및 이들 합금의 탈지에 사용된다. 정인산나트륨염에는 제1인산나트륨(NaH_2PO_4), 제2인산나트륨(Na_2HPO_4), 제3인산나트륨(Na_3HPO_4)의 3가지가 있다. 이 가운데에서 탈지제로서 작용이 가장 양호한 것은 제3인산나트륨이다. 제3인산나트륨은 약알칼리성으로서 탈지작용이 완만하며 유화 및 분산작용은 적지만 수세성이 양호하기 때문에 비철금속 소재에 많이 사용된다.

피로인산나트륨, 메타인산나트륨 등의 폴리인산염은 분산능력이 크고 용수(用水)중의 경수(硬水)성분인 Mg^{2+}, Ca^{2+}에 대해서 가용성 착화합물(錯化合物)을 만들어 이온을 봉쇄하는 역할을 한다. 시안화나트륨은 맹독성으로서 극약이지만 철강 및 구리합금 소재의 최종 표면 탈지, 철강제품의 스머트(smut) 제거용 전해탈지액으로도 많이 사용되고 있다. 알칼리탈지액의 첨가제로서는 표면활성제(또는 계면활성제)가 있다. 이것은 용액과 용액, 고체와 용액 사이의 표면장력(表面張力)에 변화를 주는 물질을 말한다.

화학 구조적으로는 기름에 용해하는 성질을 가진 친유성(親油性)의 기(基: 原子團)와 물에 용해하는 성질을 가진 친수성(親水性)의 기(基)가 하나의 분자 안에 들어 있는 비교적 고분자(高分子)의 유기화합물이다. 계면활성을 나타내는 주체가 양이온인 것을 양이온활성제, 음이온인 것을 음이온활성제라 하고 이것을 총칭하여 이온 활성제라고 하며 활성부분이 이온이 아닌 것을 비(非)이온활성제라고 한다. 이러한 표면활성제는 유화, 분산, 탈지, 습윤, 윤활, 발포(發泡), 소포(消泡), 대전방지(帶電防止) 등의 작용을 한다.

알칼리 수용액은 비누화 작용은 있으나 유화 및 분산작용은 전혀 없거나 아주 약하다. 앞에서 설명한 바와 같이 표면 오염물 중에서 비누화되지 않는 것은 유화 및 분산시켜 제거해야 하므로 알칼리탈지액에는 언제나 표면활성제를 첨가해야 한다. 음이온활성제와 비이온활성제가 특히 이러한 작용이 강하기 때문에 많이 사용된다.

탈지액에 첨가하는 표면활성제는 알칼리액 중에서 염(salt)으로 석출되지 않고 유화와 분산력이 강하며 거품이 너무 많이 일어나지 않는 것이 좋다. 알칼리 수용액이 유지를 비누화시키면 비누가 생성되는데 이때 나트륨 비누는 물에 용해하지만 칼슘이나 마그네슘의 비누는 물에 용해하지 않아서 제품 표면에 부착된다. 그리하여 탈지액에 사용되는 물이 경수(硬水)일 때에는 이러한 피해를 제거하기 위해서 적당한 경수 연화제를 첨가한다. 경수 연화제로서는 폴리인산염이나 EDTA를 사용한다.

EDTA 금속이온과 착화합물을 만들어 금속이온으로 하여금 이온으로서의 기능을 잃게 하는 것을 이온 봉쇄제(封鎖劑)라고도 한다. 특히 칼슘과는 잘 결합하여 경수를 연화시킨다. 알칼리탈지인 경우 pH는 8.3 이상이 되어야 효과가 있다. pH 8.3 이상의 알칼리를 활성알칼리라고 하며 페놀프탈레인을 지시약으로 사용하여 산적정에 의하여 측정하거나 가장 손쉬운 방법으로서 pH 시험지에 의해서 측정하기도 한다. 메틸오렌지를 지시약으로 하여 적정한 알칼리양을 전(全)알칼리라고 하며 전알칼리로부터 활성알칼리양을 뺀 것이 불활성(不活性)알칼리이다.

알칼리탈지액은 pH값이 클수록 알칼리의 탈지 작용은 강해지지만 소재에 따라서는 알칼리에 침식당하기 때문에 pH의 한계가 있다. 철강소재에 대해서는 pH가 13 이상이더라도 큰 문제가 없으나 구리 및 구리합금에는 pH가 10～12, 아연 및 아연금에 대해서는 pH 10 이하로 하는 것이 좋다. 일반적으로 비철금속에 대해서는 온도 및 pH가 낮고 시간도 짧은 것이 좋다. 다음은 여러 종류의 소재에 대한 알칼리탈지액이다.

(1) 철강용

① 수산화나트륨 30 g/L　　탄산나트륨 30～50 g/L
계면활성제 1～3 g/L　　온도 90～100℃

② 규산나트륨 30 g/L　　계면활성제 1～3 g/L
온도 50～70℃

(2) 구리 및 구리합금

① 규산나트륨 20～30 g/L　　탄산나트륨 10～20 g/L
계면활성제 1～3 g/L　　온도 60～70℃

② 탄산나트륨 40 g/L　　제3인산나트륨 15~30 g/L
수산화나트륨 5 g/L　　계면활성제 1~3 g/L
온도 70~80℃

③ 아연, 알루미늄 및 그 합금　　탄산나트륨 20~25 g/L
계면활성제 1~3 g/L　　제3인산나트륨 20~25 g/L
온도 60~80℃

4.4.2 용제탈지(solvent degreasing)

금속 제품의 표면에 부착되어 있는 유지류를 유기용제로서 용해하여 제거하는 방법을 말한다. 많은 양의 유지가 부착되어 있는 경우 특히 유지류 가운데 그리스나 기계 가공유를 제거할 때 좋다. 소재가 아연 합금처럼 알칼리 수용액에 대하여 부식되기 쉬운 경우에도 적합하다. 유지류의 용제탈지는 완전한 탈지방법이라고는 볼 수 없는 일종의 예비탈지법에 속한다.

다음은 용제로서의 구비 조건이다.

① 유성에 대한 용해능력이 커야 한다.
② 소재가 침식되거나 부식되어서는 안 된다.
③ 화재의 위험이 없어야 한다.
④ 독성이 적고 자극성 있는 냄새가 없어야 한다.
⑤ 쉽게 분해되고 변질되지 않아야 한다.
⑥ 비열이 적고 점도가 낮아야 한다.
⑦ 회수 및 반복 사용이 가능해야 한다.
⑧ 값이 저렴하고 유지비가 적게 들어야 한다.
⑨ 전반적으로 관리하기 쉬워야 한다.

유기용제로서는 등유(케로신), 가솔린, 솔벤트나프타, 아세톤, 4염화탄소, 벤젠, 알콜, 에텔, 메틸에틸케톤, 트리크롤에틸렌(삼염화에틸렌), 퍼크롤에틸렌등이 있으나 용제로서의 구비조건은 전부 만족할 수 있는 것은 없다. 석유계 용제(등유, 가솔린, 휘발유 등)는 유지류의 제거에 대해서는 효력이 적고 인화성이 있기 때문에 별로 용제 탈지제로서는 이용되지 못한다. 염소화탄수소계의 용제는 수분의 혼입, 자외선에 의하여 서서히 분해되어 염산을 생성하여 소재 금속을 부식시킨다.

탈지에 의해서 용제가 분해되어 염산 때문에 소재 금속을 부식 또는 침식되는 것을 방지하기 위해서는 억제제(抑制劑)를 사용하기도 한다. 용제의 탈지방법으로서는 증기세정법, 침적법, 분사법등 이 있으나 트리크롤에틸렌, 퍼크롤에틸렌인 경우는 증기세정법, 침적법 등을 병용하기도 한다. 증기세정법(또는 증기탈지법)은 용제를 끓는 점 이상으로 가열하여 증기 상태로 된 분위기 속에 유지가 부착된 제품을 집어넣으면 그 제품의 표면에서 증기가 응축되어 액상으로 되어 부착된 유지를 용해시킴과 동시에 자신은 다시 증류과정을 거쳐 깨끗한 증기로 되어 증발하는 순서로 된다.

증기세정법에서는 불연성이면서 증기의 비중이 공기보다 무거운 것이 좋다. 따라서 트리크롤에틸렌과 퍼크롤에틸렌이 가장 적합하다. 증기탈지 장치는 1처리조, 3처리조, 분사식 등이 있으나 3처리조식이 많이 사용된다. 1처리조는 윗부분에 냉각용 관을 설치한 것으로서 그 바닥 쪽에 용제를 넣고 가열 기화시킨다. 용제는 쉽게 기화되지만 공기보다 무겁기 때문에 냉각관 부분에서 체류하게 된다. 따라서 증기가 처리조 밖으로 날아가지는 않는다. 이러한 증기 중에 제품을 넣으면 제품 표면에서 용제 증기가 액화하여 유지를 용해한다. 밑 부분이 가열되어 있는 용제는 유지의 농도가 짙어지지만 증발 기화하는 용제는 순수하기 때문에 언제나 새로운 용제로서 탈지 작업을 할 수 있다. 탈지하여야 할 제품의 온도가 용제의 비점(沸點, 끓는 점) 부근에 있으면 액화하기 어려우므로 오랜 시간 작업을 하더라도 의미가 없게 된다. 3처리조에서는 제1처리조에서 40∼50℃의 온도에 침적시켜 가능한 한 많은 양의 유지를 용해시키고 제2처리조의 냉각수에서 냉각시키면서 절반 정도 마무리를 하고 제3처리조에서 증기처리하여 완전탈지를 한다. 분사식은 샤워식으로 분사하여 탈지하는 방법으로서 증기탈지와 함께하는 경우가 많으며 탈지시간이 단축되는 장점이 있으나 용제가 다량으로 필요할뿐만 아니라 탈지장치의 설계를 잘하지 않으면 증기가 처리조 밖으로 나올 염려가 있다. 일반적으로 용제탈지에 사용되는 여러가지 탈지제는 대부분 독성이 있거나 마취성이 강해서 처리조 밖으로 용제증기가 나올 때는 인체에 해롭기 때문에 주의해야 한다.

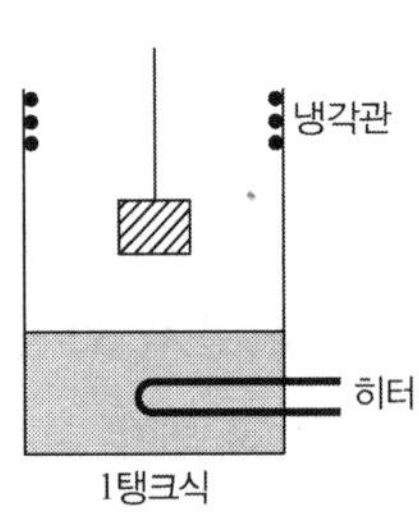

그림 4-6 히터로서 증발된 증기는 냉각관 부근에 체류한다.

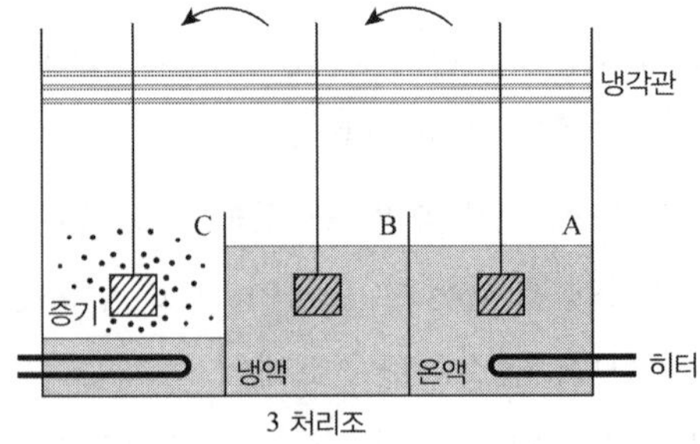

그림 4-7 처리물은 A(온액조)→B(냉액조)→C(증기상)의 순으로 통과한다.

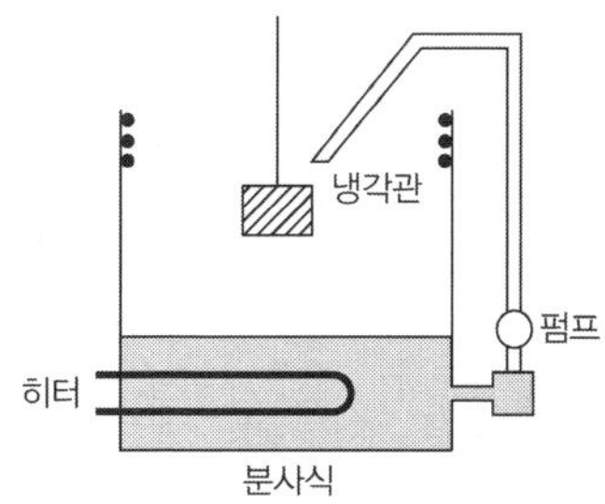

그림 4-8 액을 가열하여 펌프에 의하여 노즐로부터 처리 면에 분사된다.

4.4.3 에멀전탈지(emulsion degreasing)

에멀젼탈지(유화탈지)는 유화력이 우수한 비이온 표면활성제와 트리크롤에틸렌, 케로신 등의 용제와 물을 에멀젼(乳化)시킨 용액에 침적 또는 그 용액을 분사하여 탈지하든가 또는 계면활성제를 첨가한 용제로서 우선 기름성분 대부분을 제거하고 수세할 때 용제 및 기름을 에멀젼상태로 하여 세정 제거하는 방법이다. 예비탈지로서 에멀젼탈지가 많이 사용된다. 에멀젼탈지제를 분류하면 다음과 같다.

① 유화성용제(emulsitiable solvent cleaner)
② 유제(emulsion cleaner)
③ 2상성탈지제(二相性脫脂劑, diphase cleaner)

(1) 유화성 용제

버프(buff) 약, 그리스 등 비교적 유지성이 많은 것에 적합하며 케로신과 트리크롤에틸렌 등의 용제에 알킬아릴설폰산계 또는 알콜류 및 올레핀산염 등을 첨가한 것을 사용한다. 제품표면에 낀 유지를 용제에 침적하든가 용제를 분사하여 탈지를 한 후 수세하면 용제 및 유지가 유화 제거된다. 계면활성제의 첨가량은 0.2～2%가 적당하다.

(2) 유제

케로신이나 경유와 같은 석유계 용제에 유화성이 강한 활성제를 유화성 용제에서 사용되는 계면활성제의 경우보다(3～10%) 많이 첨가하여 에멀젼을 안정화한 것이다. 비교적 오염상태가 심하지 않은 기계 및 식물성 기름, 지문, 먼지 등을 제거할 경우에 이용하는 탈지제이다. 에멀젼의 탈지효과를 높이기 위하여 인산염, 규산염 등의 경수 연화성이 있는 알칼리 및 탄산나트륨을 20～30 g/L 정도 첨가하는 것도 좋다. 유화성 용제의 경우와 마찬가지로 침적하거나 분사에 의하여 탈지하며 탈지온도는 50～70℃ 정도이다.

(3) 2상성 탈지제

케로신(등유)과 같은 석유계 용제에 제4급 암모늄 또는 그 염, 모노에타놀아민, 트리에타놀아민, 올레인산, 올레인산칼륨을 첨가하고 그 기(基)에 다시 앞에서 설명한 것과 같은 비이온형의 계면활성제를 2~10% 첨가하여 5~6배의 물에 분산시켜 불안전한 에멀젼을 만든 것이다. 이 탈지액에 제품을 넣고 교반하여 탈지한다. 오염물질 중에서 기름, 그리스 등의 기름 종류는 용제층에, 수용성 연마제나 찌꺼기 기타 수용성 염류는 물에 용해되어 제거된다.

유제법보다 효과가 크며 침적 또는 분사법을 사용한다. 이 외에도 예비탈지법으로서 산성에멀젼탈지법이 있다. 이것은 석유계 용제(경우, 케로신 등)에 비이온형 계면활성제와 물을 첨가하여 유화시킨 것을 원액으로 하며 원액을 물로서 4~5배로 희석하고 다시 황산 또는 염산을 전량의 5~30%로 첨가하여 조절한 것이다. 탈지작용과 녹 제거 효과까지 겸한 것으로 예비탈지로서는 가장 좋은 방법이다.

4.4.4 전해탈지(electrolytic degreasing)

전해탈지는 제품을 음극 또는 양극에 걸어 전해하는 방법으로서 전해액은 보통 알칼리수용액을 사용한다. 전해에 의해서 발생되는 가스가 표면에 부착되는 것을 교반하거나 음극환원 및 양극산화가 탈지작용을 한다. 이 방법은 유지류를 제거하는데 매우 빠르고 확실하기 때문에 주로 최종 탈지 과정에 이용된다. 음극탈지는 전해탈지 방법 중에서 가장 많이 이용되는 방법으로서 금속표면에서 발생하는 수소가스에 의해서 부착된 유지를 제거하는 것이다. 대단히 효과적인 탈지를 할 수 있고 금속표면을 활성 상태로 유지하며 표면에 부착된 약간의 산화물 피막도 제거할 수 있다.

이 방법의 단점은 액 중에 불순물로서 존재하는 금속이온이 전착(電着)하든지 부유물질이 달라붙어서 금속표면은 거칠게 되든지 수소취성(특히 철강 제품일 때는 심하다)을 일으킨다. 전자의 경우 활성탄을 넣어(보통 0.5~1 g/L) 여과시키면 되고 수소취성의 방지는 전압을 너무 높이면 안 되고 너무 오래 전해를 하면 안 된다.

수소취성은 철강 중 특히 고탄소강일 경우 응력을 발생하며 재료가 취약해지거나 수소가스의 부착으로 인하여 부식이 발생된다. 수소취성을 일으킨 재료는 240℃ 정도의 온도에서 1~2시간 동안 가열시키든가 끓는 물속에서 수분정도 끓이면 취성을 어느 정도 방지할 수 있다. 양극탈지는 양극에서 발생되는 산소에 의해서 금속표면의 유지를 전해산화(電解酸化)하여 분해시키는 이점이 있으나 부동태막(不動態膜)을 만드는 단점도 있으므로 양극처리를 한 후에는 반드시 산세처리를 하여 표면을 활성화시켜야 한다. 만약

표 4-13 전해탈지액의 조성

성분(g/L)	철강용		구리·구리합금		아연 및 아연합금	알루미늄 합금용
	1	2	1	2		
수산화나트륨	100~150	10~20	-	-	-	-
시안화나트륨	50~75	-	-	20~30	-	-
탄산나트륨	-	-	20~30	-	-	-
중탄산나트륨	-	-	-	-	5~10	-
정규산나트륨	-	50	-	30~50	30~50	-
제3인산나트륨	-	-	5~10	-	-	20~30
계면활성제	-	0.1~0.5	0.1~0.5	0.1~0.5	0.1~0.5	0.1~0.5
온도(℃)	50	50	50~60	50	40~50	40~50
전류	양극 또는 PR	양극 또는 PR	음극	음극	음극 또는 양극	음극

활성화처리가 제대로 되지 않으면 도금할 때 밀착불량이 생긴다. 양극처리에서는 불순물 이온이 석출한다든가 부유물질이 부착되는 일은 거의 없고 스머트의 발생도 없어서 점점 많이 이용하고 있으나 양극에서 발생하는 산소 가스는 음극에서 발생하는 수소 가스 양의 1/2 정도에 불과하기 때문에 가스에 의한 표면의 탈지작용은 수소가스에 비해서 강력하다고 볼 수는 없다.

보통 음극탈지의 전류밀도는 5~10 A/dm^2, 양극탈지는 2~5 A/dm^{2}이 좋다. 이상에서 설명한 바와 같이 양극, 음극처리의 단점을 보완한 방법으로서는 P.R전해법이라는 것이 있다. P.R전해탈지법은 탈지력도 강하고 녹을 제거하는 역할도 있고 취성이 생기지 않는 장점이 있으나 양극처리 시간이 길 때는 비철금속에 대해서는 침식작용이 크게 되고 전해탈지액의 노화현상이 빨리 일어난다.

P.R전해탈지액은 알칼리탈지액에 비해서 값은 비싸지만 효과가 크다. 사용하는 액은 알칼리탈지액으로서 계면활성제의 첨가에 유의해야 한다. 철강이나 구리합금의 최종 마무리 공정에 전해탈지를 겸한 구리스트라이크 도금을 하였으나 최근에는 전해탈지와 구리스트라이크 도금을 별도로 하는 것이 일반적이다. 보통 P.R 전해탈지에서 철강인 경우 전류밀도는 5~15 A/dm^2, 전해탈지 시간은 15~15초 정도이다.

4.4.5 기계적탈지

(1) 손작업

옛날부터 흔히 사용하는 방법은 브러시, 동물의 털, 헝겊, 스폰지, 칫솔 등에 가는 모래, 재, 숫돌가루, 용제, 알칼리탈지액 계면활성제의 수용액을 묻혀서 금속제품의 표면을 문질러서 탈지를 하는 방법이다. 이 방법은 반드시 손으로 탈지를 해야 할 경우에만 하게 된다. 많은 양의 물건을 탈지할 때는 시간이 걸리고 인건비가 드는 단점이 있으며 최근에는 거의 사용하지 않는 방법이다.

(2) 초음파 탈지

인건비의 생략, 시간 단축, 품질향상 및 균일화, 대량 제품의 처리 등을 하기 위한 목적으로서 손질만으로는 탈지하기 어려운 형상의 물건, 움푹 패인 부분이 많은 제품의 내부탈지, 미소한 부품, 정밀측정 부품, 목걸이 등의 탈지에 주로 이용되고 있으며 최근에는 반도체, 전자기기 및 각종 금속의 녹, 스머트제거, 기계가공을 한 후에 생기는 버어(Burr: 주조나 기계가공한 후 모서리 등에 꺼끌꺼끌하게 붙은 유기 및 무기물질)의 제거에도 이용되고 있다. 초음파란 보통 16 kHz 이상의 주파수로서 인간의 청각으로서 느낄 수 없는 높은 주파수의 음파를 말하며 금속표면의 탈지에 이용되는 주파수는 16～20 kHz 이상이다.

초음파에 의한 탈지작용은 전기에너지를 진동자에 의하여 음향에너지로 변환시켜 이때 발생한 소밀파(疏密波)인 음파는 액체 중에서 장력 및 압축력(수천기압)을 받아 팽창 및 진동을 되풀이 하면서 진공현상(cavitation)과 계면교란현상(界面攪亂現象: 기계적 교반요소를 포함하고 있다)을 일으켜 금속제품의 표면으로부터 기름 및 기타 오염물질을 제거하는 방법이다. 초음파는 공기 중에서는 금방 없어지지만 액체 중에서는 큰 충격파로 되어 전파된다. 액체 중에서는 직진성(直進性)이 있으며 물체의 표면에 닿으면 음파의 전달이 급히 정지되고 심한 반사현상이 일어난다. 이러한 충격파와 교란 현상에 의한 액체의 격심한 진동을 이용하여 탈지하는 방법이 초음파 탈지 방법이다. 이러한 초음파 탈지에 사용되는 액체는 트리크롤에틸렌, 알칼리수용액, 에멀전액, 계면활성제 수용액 등이다.

초음파 탈지 장치는 고주파 전류를 공급하는 발진기, 고주파의 전기에너지를 기계에너지와 음향에너지로 변환시키기는 진동자, 물건과 용제를 넣는 탈지조, 액의 청정장치 등의 부속품들로 구성되어 있다. 초음파 탈지에 있어서 음파의 조사법(照射法)은 그 용도에 따라서 여러 가지가 있다(그림 4-9). 초음파에 의한 탈지효과는 용제의 종류, 탈지온도,

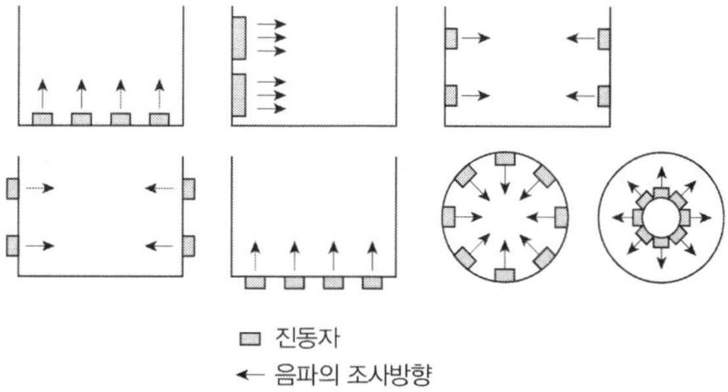

그림 4-9 초음파탈지의 음파조사법

탈지액의 양, 진동자의 면적, 진동자에 대한 동력의 압력 등에 의하여 크게 좌우된다. 이들 조건 중 어느 하나라도 부적당하면 탈지효과가 극도로 저하한다는 것이 다른 탈지방법과 달리 초음파 탈지법의 단점이다.

충분한 탈지력을 얻기 위해서는 물건과 진동자의 면적을 동일한 정도로 하는 것이 좋다. 탈지조의 액량은 체적비로서 물건의 2배 정도가 적당하며 너무 많아도 탈지작용이 나빠진다. 진동자의 압력은 페라이트 진동자 6 W/cm^2, 니켈 진동자 10 W/cm^2, 티타늄산바륨 진동자 3 W/cm^{2}가 표준압력이다. 진동자에 의하여 선택되는 주파수는 탈지효과에 크게 영향을 미치며 특히 진공현상을 일으키는 중요한 요인이 된다.

보통 30 kHz 이하는 자외형(磁歪形: 페라이트, 니켈 등), 100 kHz 이상은 전외형(電歪形: 티타늄산 바륨 등), 40~60 kHz는 두 가지의 것을 병용한다. 진공현상은 주파수가 적을수록 적은 압력으로 탈지효과가 커지나 주파수가 저하하면 가향음(可響音: 사람의 귀에 들림) 으로 되어 소음이 심하여 사용할 수가 없다. 또 주파수가 100 kHz 이상으로 되면 필요한 압력이 급격히 증가하여 유지비가 높아진다.

표 4-14 주파수에 따른 특성

주파수에 의한 경향	높은 주파수	낮은 주파수
케비데이션 발생에 필요한 입력	크다. (케비테이션 발생에 대용량의 전기가 필요)	작다. (작은 힘으로 케비테이션이 발생)
진 폭	작다. (비교적 약한 오염에 적합)	크다. (딱딱하게 부착된 오염도 제거)
지향성(指向性)	크다. (작은 물건의 집중탈지에 적합하며, 큰 물건은 그림자 부분이 생김)	작다. (큰 물건에도 적용할 수 있음)
용제 분자의 가속도	크다.	작다
감 쇄	많다.	적다.

(3) 바렐탈지

작은 물건들을 대량으로 탈지하는 경우에는 바렐에 제품을 넣고 회전시키면서 탈지한다. 바렐의 형식에는 횡형과 경사형이 있으며 회전수는 횡형이 30~50 rpm, 경사형이 30 rpm 이하이다. 바렐탈지에서 사용하는 탈지액은 알칼리수용액, 표면활성제 수용액 등이며 여기에 톱밥이나 모래 등의 조제를 혼합하여 첨가하기도 한다. 바렐탈지에서는 제품 표면에 긁힌 자국들이 생기지 않도록 주의해야 한다.

(4) 산성 클리너(cleaner)

산의 수용액 중에 계면활성제를 첨가하여 산세와 탈지를 동시에 하는 것이다. 또 에멀젼탈지액 중에 산을 첨가한 산성 에멀젼탈지법도 이용되고 있다. 이러한 방법은 알칼리성 아연도금의 전처리로서 사용되는 경우가 많다.

(5) 물과 수세

도금 공정에서 물은 대단히 중요한 역할을 한다. 탈지공정을 한 후에는 반드시 수세를 해야 한다. 수질이 나쁘면 수세한 후에 여러 가지 나쁜 영향이 나타나기 때문에 수질을 검토할 필요가 있다. 지하수를 사용하는 경우에는 각종 금속이온, 음이온, 유기물 등이 존재하지 않아야 하며 이러한 것들을 함유하고 있는 물을 사용할 때는 불순물을 제거한 후 사용해야 한다. 금속이온 중에서도 가장 많이 존재하는 철분은 수중(水中)으로 공기를 불어 넣으면 산화되며 석회를 넣어 침전 여과 제거시킨다. 유기물은 활성탄을 넣어 여과하여 제거한다. 또 칼슘, 마그네슘 등 경수성분(硬水成分)이 많이 함유되어 있을 때는 폴리인산염 또는 EDTA와 같은 이온 봉쇄제(封鎖劑)를 첨가하여 그 작용을 억제한다.

순수(純水)는 물을 증류시켜 만들지만 이온교환수를 많이 이용한다. 수질을 판정할 때는 물의 전기저항을 측정하여 판정한다. 시판하는 이온교환수지에 의한 순수 제조장치에 수질계(水質計)가 달려 있다. 특히 귀금속 도금액 및 수세에는 반드시 순수를 사용해야

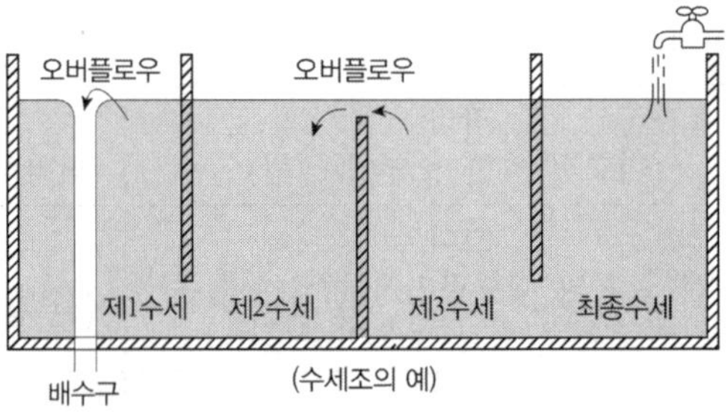

그림 4-10 처리물은 1→2→3→4의 순서로 침적하며 물은 그 반대 방향으로 4→3→2→1의 순서로 흐른다.

한다. 수세는 풍부하게 사용해야 하지만 그렇다고 무작정 많이 사용하는 것은 비용상 옳지 못하다. 물을 유효 적절하게 사용하기 위해서는 3단 또는 4단의 수세조를 사용하는 것이 좋다. 수세는 표면 물질과 물을 교환하는 것이므로 계면을 교반하면 더욱 효과가 있다. 교반 방법으로서는 물건을 움직이든가 공기교반 또는 음극진동 등의 방법이 있다. 최근에는 초음파 진동방법이 이용되기도 한다.

4.4.6 여러 종류 소재의 탈지 공정

다음은 금속을 가공한 후 도금하기 전까지의 전처리 공정을 예를 들어 설명한 것이다.

(1) 탄소강

① 예비탈지: 용제, 에멀젼 또는 알칼리탈지를 한다.

② 양극탈지: 알칼리액 중에서 90~100℃, 5~10 A/dm^2, 1~2분간 처리

답 탄산나트륨 30~50 g/L, 수산화나트륨 30 g/L의 것을 사용한다.

③ 냉수세: 10~15초

④ 산세

⑤ 냉수세

⑥ 양극탈지

⑦ 산세

⑧ 냉수세: 고탄소강에 있어서 산세한 후 스머트가 많을 때에는 시안화나트륨 25~45 g/L액 중에서 전류밀도 1.5~2.0 A/dm^{2}로 0.5~1분간 전해처리 한다. 이액에 글루콘산나트륨, 수산화나트륨, EDTA-4Na 등을 첨가해도 좋다.

(2) 구리합금

버프연마한 것은

① 증기 또는 용제, 에멀젼 또는 알칼리로서 예비탈지를 한다.

② 알칼리 전해탈지(예)

탄산나트륨: 40~50%	전체를 100%
수산화나트륨: 10~25%	
제3인산나트륨: 25~40%	
계면활성제: 1%	

온도: 60~70℃, 전류밀도 2~5 A/dm^2, 시간: 음극 1~3분, 양극 5~10초

③ 수세
④ 산세
⑤ 수세

알칼리성액으로 도금할 때에는 ④의 산세 대신 15~45 g/L의 시안화나트륨 용액을 상온에서 침적하여 수세 또는 스트라이크 시안화 구리도금을 한 후 수세하고 알칼리성 도금을 한다.

(3) 아연다이캐스팅 합금

버프연마한 것은

① 에비 탈지: 용제 또는 에멀젼탈지한다.
② 수세
③ 알칼리 전해탈지: 아연은 알칼리에 용해하기 때문에 약알칼리를 사용한다.

답
- 탄산나트륨: 20~25 g/L
- 제3인산나트륨: 20~25 g/L
- 중탄산나트륨: 20~25 g/L
- 온도: 80℃, 양극처리: 수초

④ 수세: 온수세한 후 냉수세하는 것이 좋다.
⑤ 산세
⑥ 수세
⑦ 구리 스트라이크 도금

4.5 여러 종류 소재의 전처리

4.5.1 저탄소강(低炭素鋼)의 전처리

탄소 함유량이 0.35% 이하인 탄소강의 녹, 스케일 기름 오염물을 제거할 경우에는 다음과 같은 전처리를 한다.

① 예비탈지 및 알칼리탈지
에멀젼클리너, 알칼리클리너, 산성에멀젼클리너에 의한 침적 또는 스프레이탈지, 용제(트리클로로에틸렌, 퍼크롤에틸렌)에 의한 증기 또는 침적 탈지 등

② 양극전해탈지 또는 음극전해탈지

연마찌꺼기 등 고착된 기름 종류의 오염물인 경우에는 음극탈지 그 이외의 경우에는 양극탈지를 한다. 또 양극-음극법 또는 PR법 등에 의하여 효과를 더욱 높일 수 있다.

- 양극탈지의 예: 알칼리클리너 60～120 g/L, 전류밀도 5～10 A/dm^2, 전압 5～10 V, 온도 80～100℃, 시간 1～2분.
- 음극탈지의 예: 알칼리클리너 30～60 g/L, 전류밀도 2～6 A/dm^2, 전압 5～10 V, 온도 85℃, 시간 30초～2분.
- PR법의 예: 수산화나트륨 30～100 g/L, 착화제 20～50 g/L, 시안화나트륨 5～50 g/L, 온도 30～70℃, 30초～2분, 전류밀도 5～10 A/dm^2

③ 수세(스프레이 방법이 좋다)

④ 산세: 10～20% 용량의 염산에 침적하여 녹, 산화물, 스케일 등을 제거한다. 심한 스케일이나 용접 스머트 등을 제거할 때는 5～10%의 황산(70～80℃)에 침적한다. 산농도(酸濃度)가 높은 경우 또는 침적 시간이 오랜 경우에는 적당한 억제제를 사용하고 표면적이 큰 제품이나 스머트가 견고하게 부착되어 있는 경우에는 솔질을 한다.

⑤ 수세

⑥ 양극전해탈지: 알칼리클리너 60～120 g/L, 전류밀도 5～10 A/dm^2, 전압 5～10 V, 온도 80～100℃, 시간 1～2분.

⑦ 수세

⑧ 산침적(활성화): 4～10% 용량의 황산 또는 5～15%의 염산을 사용, 상온에서 5～15초간 침적하든가, 규산염이 존재하는 경우에는 황산에 1～5%의 불화물(弗化物)을 첨가하는 것이 좋다. 전해탈지를 한 후의 산침적은 보통 약 5～10% 용량의 황산 또는 염산에 30～40초간 침적한다.

⑨ 수세

⑩ 도금

※ 다만, 녹, 스케일이 없는 저탄소강의 경우에는 ④～⑦을 생략한다.

4.5.2 고탄소강(高炭素鋼)의 전처리

탄소 함유량이 0.35% 이상인 탄소강 또는 침탄경화(浸炭硬化)한 강은 저탄소강에 비하여 수소 흡수에 의한 취성을 일으키기 쉽기 때문에 전처리도 수소취성을 고려하여 최단 시간 내에 처리할 수 있도록 해야 한다. 그러기 위해서는 모든 가공 공정에 있어서 산화피막, 스케일, 스머트 등의 생성을 가능한 억제하고 심한 산화피막이나 스케일, 스머트 등이 존재하는 경우에는 될 수 있는 대로 기계적 방법으로 제거하는 것이 좋다. 또 담금질한 강부품은 응력이나 자성을 가지고 있는 경우가 많기 때문에 저온 열처리를 하는 것이 바람직하다.

열처리는 기름 또는 적당한 매체 중에서 약 200℃, 30분 이상 실시한다. 열처리는 도금 후의 열처리로서도 유효하며 온도가 균일한 열처리 노(爐) 중에서 150~210℃, 1~5시간 처리한다. 그러나 아연 및 카드뮴도금과 같이 변색되기 쉬운 도금의 경우에는 이 온도보다 낮은 온도에서 열처리를 해야 한다.

① 예비탈지 및 알칼리탈지: 용제 증기탈지, 스프레이 에멀젼탈지, 유화성 용제탈지 등의 예비탈지를 한 후 알칼리탈지를 한다.

② 양극전해탈지: 알칼리클리너 50~120 g/L, 온도 70℃ 이상, 전류밀도 5 A/dm^{2}에서 2분 이내 전해한다.

③ 온수세

④ 수세

⑤ 산침적: 1~10% 용량의 염산에 상온 침적을 한다. 황산은 일반적으로 염산보다 수소취성을 일으키기 쉽고 스머트의 생성도 많다.

⑥ 수세

⑦ 스머트 제거처리: 아주 약한 스머트는 20~30 g/L의 시안화나트륨 용액에 침적한다. 스머트가 심하게 부착되었을 때는 40~50 g/L의 시안화나트륨 용액에 1.5~5 A/dm^{2}의 전류밀도, 30초~1분간 양극처리한다.

⑧ 수세

⑨ 양극부식 또는 산침적: 양극부식(etching)은 황산나트륨 100~150 g/L를 함유하는 30℃ 이하의 250~1,000 g/L의 고농도 황산용액에서 10~40A/dm^{2}의 고전류밀도(高電流密度)로서 1분 이내에 양극처리를 한다.

⑩ 수세

⑪ 도금: 도금은 음극효율이 높은 액을 이용한다. 예컨대 시안화구리 도금액에 있어서는 유리(遊離)시안화나트륨의 농도가 낮은 액, 아연도금액은 M비(전 NaCN/Zn)가 적은 용액을 사용한다.

4.5.3 주철(鑄鐵)의 전처리

주철은 수소취성을 일으키기 쉬우며 전처리도 고탄소강과 비슷하다.

① 예비탈지(유기용제, 알칼리 열탕침적, 증기탈지, 에멀전 클리너 등)

② 알칼리탈지

③ 온수세

④ 수세

⑤ 양극전해탈지(고탄소강과 동일)

⑥ 온수세

⑦ 수세

⑧ 산침적: 20% 염산 또는 5～10%의 황산, 상온에서 15초 이내 침적처리한다. 주물사를 제거하는 경우에는 20～25%의 황산, 침적, 황산 125 m*l*/L + 불산 125 m*l*/L의 용액에 침적.

⑨ 수세

⑩ 양극 전해탈지: 시안화나트륨 30～45 g/L, 수산화나트륨 30～45 g/L, 6～10 A/dm^{2}로서 1～2분간 상온에서 양극 처리한다.

⑪ 수세

⑫ 활성화: 5～10% 용량의 황산 중에 5～15초 동안 침적하든가 5～20% 용량의 황산 용액에 1～5%의 불산 또는 그 염을 첨가한 산으로 처리한다. 알칼리액으로 도금하는 경우 양극탈지를 한 후 제품의 표면이 산화되어 있으면 활성화 처리를 한다.

⑬ 수세

⑭ 도금

a. 시안화구리도금(스트라이크) → 광택 황산구리도금

b. 니켈도금: 광택 니켈도금액으로 도금한다.

c. 아연도금: 시안화카드뮴 또는 시안화스트라이크 구리도금을 한 후에 시안화아연 도금액으로 도금한다.

d. 경질크롬도금: 주철에 직접 경질(硬質) 크롬도금을 하는 경우에는 양극탈지를 한 후 크롬산액 중에서 3～5초간 양극처리하고 난 다음 크롬도금액에서 처음에는 100～150 A/dm^{2}의 고전류밀도로서 역전처리(10 A/dm^2)를 한 후 다시 정전(正電)(75 A/dm^{2}로 5분간 도금한 후 정상 전류밀도로 내린다)으로 되돌려 도금한다.

4.5.4 스테인리스강의 전처리

스테인리스강의 표면은 엷고 강인한 산화피막이 존재하기 때문에 보통의 산처리 및 활성화처리만으로서는 밀착이 양호한 도금이 되지 않는다. 또 이 산화피막을 제거한 후 바로 도금해야 한다. 활성화방법의 예를 들면 다음과 같다.

① 산침적: 10~20% 용량의 황산(70~90℃) 중에서 가스가 균일하게 발생할 때까지 재료를 침적한다.

② 음극처리: 5~50% 용량의 황산 또는 염산 중에서 2~5 A/dm^{2}로서 1~5분간 음극처리한다. 또 10~30% 용량의 염산에 침적한 후 5~50% 용량의 황산 중에서 음극처리를 하기도 한다.

③ 활성화와 도금을 동시에 한다: 스테인리스강의 도금에 사용되는 스트라이크 도금은 활성화작용을 가지고 있으나 보통 ① 또는 ②와 같은 방법으로 처리한 후 스트라이크 도금을 한다.

스트라이크 니켈도금액의 조성은 다음과 같다.

염화니켈: 240 g/L, 염산: 80~120 g/L

상온에서 5~20 A/dm^2, 2~4분간 도금한다. 스트라이크 니켈도금액으로 2 A/dm^{2}에서 2분간 양극처리한 후 똑같은 전류밀도에서 4분간 음극처리를 하는 경우도 있다. 크롬도금 이외에는 산침적 또는 음극처리에 의한 활성화 처리를 한 후 염화니켈-염산액으로 스트라이크 도금을 하는 것이 직접 도금하는 것보다 밀착성이 좋다. 그러나 스테인리스강의 경우 중간에 스트라이크 도금이 되어 있으면 크롬 또는 금 등의 내식성을 저하시키는 경우가 있다. 스케일이 심한 스테인리스강에 도금하는 경우에는 다음과 같이 스케일을 제거한 후에 이미 설명한 순서에 따라 도금한다.

① 기계적 제거: 페라이트계 및 말텐사이트계의 스테인리스강은 산세가 곤란하므로 샌드블라스트를 사용한다. 샌드블라스트에 사용하는 연마제로서는 될 수 있는 한 철분을 함유하지 않는 것을 사용한다.

② 산세: 8~10% 용량의 황산 또는 10~15% 용량의 염산으로 50~70℃, 10~90분간 침적처리(염산은 다소 낮은 온도에서 처리시간을 길게 한다)한 후 6~10% 용량의 질산 +1.5% 용량의 불산 용액, 상온에서 10~30분간 침적처리를 한다. 오스테나이트계의 스테인리스강은 60~70℃에서 짧은 시간 침적처리를 한다.

4.5.5 아연다이캐스팅 제품의 전처리

아연다이캐스팅 위의 도금불량은 주조 불량으로서 기공 및 수축공 등의 소재 자체의 결함에 의한 경우가 대부분을 차지한다고는 하지만 소재연마나 전처리 공정에 의해서도 불량이 발생한다. 특히 알칼리탈지, 구리스트라이크 도금액 등의 수세수(알칼리)에 오랫동안 담근 후 도금을 하면 다음 도금공정에서 부풀음이 발생하기 쉬우므로 주의해야 한다. 일반적인 공정의 예는 다음과 같다.

① 에머리연마 및 버프연마: 아연다이캐스팅의 연마는 저속형(低速形)의 연마기를 사용하며 에머리연마의 경우는 주속(周速) 1,000～1,200 m/분, 버프연마의 경우는 1,000～1,500 m/분이 적당하며 사용하는 에머리는 최저 180～220메시이며 보통 240～320메시의 것을 사용한다. 버프연마에 사용하는 유성(油性)연마제는 탈지 도중에 쉽게 유화(乳化)하여 비누화되는 결합제(結合劑)를 사용하여 만든 것이 좋다.

② 예비탈지 및 알칼리탈지: 트리크롤에틸렌, 퍼크롤에틸렌 등의 용제탈지, 에멀젼탈지, 알칼리스프레이 및 침적탈지 등이 이용되고 있다. 알칼리탈지제는 탈지성과 수세성이 좋은 것을 선택하고 침적시간은 될 수 있는 대로 짧게 한다. 제3인산나트륨, 정규산나트륨, 중탄산나트륨 또는 소량의 탄산나트륨 등의 용액에 적당한 양의 계면활성제를 첨가한 것을 사용한다.

답 제3인산나트륨: 20 g/L, 계면활성제: 적당량, 온도: 70℃, 침적시간: 30초

③ 온수세

④ 수세

⑤ 전해탈지(양극 또는 음극처리): 제3인산나트륨 또는 규산나트륨 30～50 g/L의 전해액을 사용한다(양극전류밀도 2～5 A/dm^2, 음극전류밀도 5～10 A/dm^2). 50～70℃에서 20～60초간 처리한다. 양극전해탈지하는 것은 도금을 한 후 부풀음의 발생이 적다. 탈지액이 유기물 때문에 더러워지면 도금에 반점이 생기므로 활성탄으로 여과 또는 도금액을 교체하는 것이 좋다.

⑥ 온수세

⑦ 수세

⑧ 산침적(활성화): 0.2～2% 용량의 황산, 염산, 불산 혹은 그 염, 또는 이것들의 혼산(混酸)으로서 균일하게 가스가 발생할 때까지(대체로 5～30초간) 침적처리한다.

⑨ 수세

⑩ 시안화구리 스트라이크도금

답 대표적인 액조성과 전해조건

시안화구리: 20 g/L	시안화나트륨: 25~30 g/L
수산화나트륨: 5~10 g/L	롯셀염: 5~10 g/L
pH: 11~12	온도: 40~50℃
도금시간: 30초~1분	전류밀도: 2~4 A/dm^2

스트라이크 구리도금은 특히 유리시안화나트륨의 관리가 필요하다. 시안화구리가 20 g/L일 때 유리시안화나트륨이 3 g/L 이하 또는 10 g/L 이상이면 부풀음이 생기기 쉬우므로 3일 1회 정도는 분석을 하여 적당한 농도를 유지해야 한다.

⑪ 도금: 모든 아연다이캐스팅 제품상의 도금은 구리도금을 먼저 한 후 그 위에 실시하며 이때 구리도금의 두께는 최저 5미크론, 보통 7~8미크론 이상으로 하는 것이 바람직하다.

4.5.6 알루미늄 및 알루미늄합금의 전처리

알루미늄 및 그 합금은 표면의 보호피막(산화막)과 알루미늄 자체가 양성금속이기 때문에 특수한 전처리를 하지 않으면 밀착이 좋은 도금을 얻기 어렵다. 알루미늄 및 그 합금의 전처리법으로서는 아연치환법(亞鉛置換法: 징케이트법), 아연+니켈치환법(본달법), 양극산화법, 아연도금 또는 황동도금법, 화학니켈도금법 등이 있다.

일반적인 도금공정은

① 예비탈지(용제 또는 증기탈지) ② 수세 ③ 알칼리 침적탈지(2~10 g/L의 수산화나트륨 용액 상온에서 3~15초간 침적 또는 탄산나트륨 30 g/L+인산나트륨 30 g/L의 용액, 60~70℃에서 1~3분간 침적한다) ④ 수세(온수세 → 냉수세) ⑤ 산침적(활성화, 50% 질산에 상온침적) ⑥ 수세 ⑦ 징케이트처리 ⑧ 수세 ⑨ 스트라이크 시안화구리도금 ⑩ 수세 ⑪ 도금

다음은 Al을 함유한 합금의 전처리 종류이다.

① Al-Mg 합금, 저규소합금, 구리합금

50% 용량의 질산에 상온 침적 또는 15% 용량의 황산 80℃에 2~5분간 침적한 후 50% 용량의 질산 용액에서 5~10초 동안 상온 침적한다.

② 규소와 마그네슘이 많은 합금

질산 : 불산 = 3 : 1 용량비의 혼산(混酸)의 용액 중에서 수초동안 상온 침적한다.

③ 니켈을 함유하는 알루미늄합금

질산 50% 용량 또는 2~10%의 황산을 함유하는 질산 50% 용량의 용액에 수초간 침적처리한다. 니켈합금의 경우 불산 처리는 불용성의 불화니켈을 생성하기 때문에 좋지 않다.

아연치환처리(징케이트처리)

징케이트법에 의하여 처리한 경우는 스트라이크 구리도금 또는 화학니켈도금을 한다. 또 징케이트처리를 할 때 앞에서 설명한 산침적-수세-징케이트처리 공정을 2회 반복하면 피막이 균일하게 생성되어 도금 상태가 양호해진다.

표 4-15 아연치환처리액

성분 \ 종류	1액(g/L)	2액(g/L)	3액(g/L)
수산화나트륨	525	50	120
롯셀염	10	50	50
산화 아연	100	5	20
염화제2철	1.0	2	2
질산나트륨	-	1	1

〈예: 스트라이크 시안화구리도금〉

시안화구리: 20 g/L
시안화나트륨: 25~30 g/L
수산화나트륨: 5~7 g/L
유리시안화나트륨: 5~10 g/L
롯셀염: 5~10 g/L
pH: 11~12

온도 40~50℃에서 전류밀도 2~3 A/dm^{2}로 2분간 도금한 후 전류밀도를 2~4 A/dm^{2}로 내려서 1~2분간 도금한다.

4.5.7 구리 및 구리합금의 전처리

주조, 풀림 처리한 구리 및 구리합금의 스케일은 에머리연마, 샌드블라스트 등의 기계적 처리 및 산세, 침적 등의 화학적 방법에 의하여 제거한다. 산세 및 광택침적의 액조성과 조건은 다음과 같다.

① 벨륨을 포함하지 않는 구리합금: 10~40% 황산 중에 80℃에서 10분 이상 침적한다.

② Be-Cu: 60~70 황산 중에서 45℃, 3~10분간 침적한다.

③ 광택 침적

㉠ 황산 2 L, 질산 1 L, 염산 10~20 ml/L, 물 1.5 L

㉡ 황산 60~75% 용량, 질산 70~30% 용량, 염산 2~3 ml/L, 물 5~10%

㉠, ㉡ 모두 상온에서 5~30초 동안 처리한다. 이 액 중에 인산, 빙초산을 첨가하는 경우도 있다.

④ 스케일이 많은 경우의 산세: 보통 ③의 광택침적을 하지만 황산 15~60% 용량 + 질산 1~30%의 용액에 침적처리하기도 한다.

산 처리한 후의 도금 공정은 다음과 같다.

① 알칼리 스프레이탈지 또는 알칼리침적

② 온수세

③ 수세

④ 전해탈지: 수산화나트륨: 5~15 g/L, 규산나트륨: 5~10 g/L, 탄산나트륨: 20~40 g/L, 계면활성제: 적당량, 온도 80℃, 전류밀도 5~10 A/dm^{2}에서 30~60초간 처리한다.

⑤ 수세

⑥ 시안화나트륨 용액에 침적(10~20%)

⑦ 수세

⑧ 산침적(활성화): 5~10% 황산 또는 10~20% 염산에 3~15초간 침적한다.

⑨ 수세

⑩ 도금: 버프연마한 제품은 용제 침적탈지, 용제 증기탈지 또는 알칼리 에멀젼탈지를 한 후에 전해탈지 한다. 일반적으로 니켈도금이나 구리도금을 하기 전에 스트라이크 시안화 구리도금을 하면 양호한 밀착성이 나타난다.

4.5.8 납 및 납합금의 전처리

납은 화학적으로 활성을 띠며 인장강도가 낮아 연마 중에 표면 변형을 일으키며 유리 불화물이 존재하지 않을 때는 산세에 사용하는 모든 산과 불용성(不溶性)의 염을 형성한다. 또 비철금속 중에 확산하여 도금과의 밀착성을 나쁘게 하는 성질이 있다. 따라서 아연다이캐스팅 제품의 경우와 마찬가지로 연마, 탈지, 산침적, 스트라이크 도금 등의 공정에 특히 주의해야 한다.

① 버프연마: 아연다이캐스팅 제품의 경우와 마찬가지로 주속(周速) 900~1,500 m/min의 저속형 연마기를 사용한다.

② 예비탈지: 용제 또는 에멀젼, pH 12 이하의 알칼리에 침적탈지.

③ 수세

④ 전해탈지: 음극 또는 양극탈지 또는 음극탈지 후 양극탈지를 단시간 실시한다. 전해액의 조성 및 전해조건은 다음과 같다.

탄산나트륨: 20～30 g/L

3인산나트륨: 20～30 g/L

60～80℃, 6～8V에서 30～60초간 처리.

⑤ 온수세

⑥ 수세

⑦ 산침적(활성화)

㉠ 2～6% 불산(48%) 또는 12～25% 규불산(42%) 용액 중에 상온에서 5～15초간 침적한다. 이때 사용하는 용기는 유리로 만든 것을 사용한다.

㉡ 5%의 황산 중에 20～30 g/L의 불화나트륨 또는 불화칼륨을 첨가한 액에 침적처리한다.

⑧ 수세

⑨ 스트라이크 도금: 활성화-수세 후 물건이 건조하지 않은 상태에서 스트라이크 도금을 한다.

㉠ 시안화구리 도금: 시안화구리 30～35 g/L. 수산화나트륨 10～15 g/L, 시안화나트륨 40～45 g/L, 유리시안화나트륨 10～15 g/L, pH 11.0～12.0, 40～50℃, 1～2 A/dm^2로 1～3분간 도금한다. 최초에는 가스의 발생을 피하기 위하여 전류밀도를 낮게 한다.

㉡ 스트라이크 니켈도금: 황산니켈 120 g/L, 염화니켈 15 g/L, 붕산 15 g/L, pH 5.2～5.4, 40～50℃, 0.5～2 A/dm^2에서 도금한다.

⑩ 수세

⑪ 도금

4.5.9 니켈도금상의 전처리

니켈도금 후 건조한 상태, 버프연마한 상태, 크롬도금을 박리하기 위하여 알칼리액으로 역전 처리한 상태 등에서 도금할 경우에는 얼룩이 발생하기 쉽기 때문에 산침적, 전해 에칭에 의한 활성화처리 및 활성화-스트라이크 니켈도금을 하고서 도금하는 것이 좋다. 또 기름 오염물이 부착되어 있는 경우에는 보통 용제탈지 또는 에멀젼탈지를 하며 알칼리탈지액으로 음극전해 탈지를 미리 할 필요가 있다. 여러 가지 활성화 방법은 다음과 같다.

① 도금 직후 또는 산화피막이 그다지 심하게 피복되지 않았을 경우에는 5～10% 용량의 황산 또는 10～20% 염산에 침적한다.

② 도금 후 표면이 건조했을 경우는 음극전해 탈지를 한 후 ①과 마찬가지로 묽은 황산에 침적하든가 10～25% 황산 중에서 2～3 A/dm^2, 15～60초 동안 양극처리한 후 2～3초간 음극처리를 한다.

③ 스트라이크 니켈도금: 스테인리스강의 경우와 마찬가지로 염화니켈-염산액에서 상온, 2～6 A/dm^{2}에서 1～6분간 도금한다. 이 방법은 최초 2～3 A/dm^{2}에서 양극처리를 2분 정도하는 것이 효과적이다.

4.5.10 마그네슘 및 마그네슘 합금의 전처리

마그네슘 및 그 합금은 알루미늄의 경우와 마찬가지 방법으로 도금할 수가 있다. 일반적으로 이용되고 있는 방법으로서는 아연치환처리를 하고 스트라이크 구리도금(pH가 9.6～10.4인 시안화액)을 하는 방법과 크롬산-질산 용액에서 부식을 하고 화학니켈 또는 염기성 탄산니켈-불산-구연산을 주성분으로 하는 액으로 스트라이크 니켈도금을 하는 방법이 있다.

① 아연치환처리: 인산-불산액으로 활성화처리를 한 후 다음과 같은 치환액으로서 70℃, 2～5분간 침적한다.

황산아연: 30 g/L
피로인산나트륨: 120 g/L
불화나트륨: 5 g/L
탄산나트륨: 5 g/L
pH: 10.3

② 스트라이크 니켈도금: 크롬산(120 g/L)-질산(110 g/L)의 부식액으로 상온에서 20초～2분간 침적한 후 다음과 같은 액으로 50～60℃, 3.0～10 A/dm^{2}에서 도금한다.

불산(100%로 하여): 43 ml/L

탄산니켈: 120 g/L

구연산: 30 g/L

계면활성제(라우릴슬폰산): 1 g/L

pH: 1.0~3.0(교반)

또 마그네슘 및 그 합금의 전처리는 용제탈지, 에멀젼클리너 또는 묽은 수산화나트륨 용액에 침적한다. 전해탈지는 약알칼리탈지액에 의한 음극처리가 바람직하다.

4.6 도금의 후처리

도금한 물건은 다음과 같은 공정을 거쳐 완성품이 된다.

① 수세, 건조하여 완성한다.

② 수세, 건조한 후 광택연마를 하여 완성한다.

③ 아연도금 또는 카드뮴도금을 한 후 크로메이트 처리를 하여 완성한다.

④ 수소취성을 제거하여야 할 물건은 베이킹(baking) 처리를 하여 완성한다.

⑤ 도금에 결함이 생긴 경우에는 도금을 박리한 후 재도금한다.

⑥ 은도금, 구리도금과 같이 변색되기 쉬운 것은 변색방지 처리를 한다.

4.6.1 도금액의 회수

(1) 회수

마지막 도금조로부터 끄집어 낸 물건을 수세조에 담근다. 수세조의 수는 1개 수세조의 경우와 다음 그림 4-11에서와 같이 여러 개의 수세조를 나란히 두고 순차적으로 수세함으로서 수세를 완벽하게 하는 경우도 있다. 이렇게 하면 수세조에는 점차 도금액이 혼입되며 혼입된 양은 제1수세조가 제일 많다.

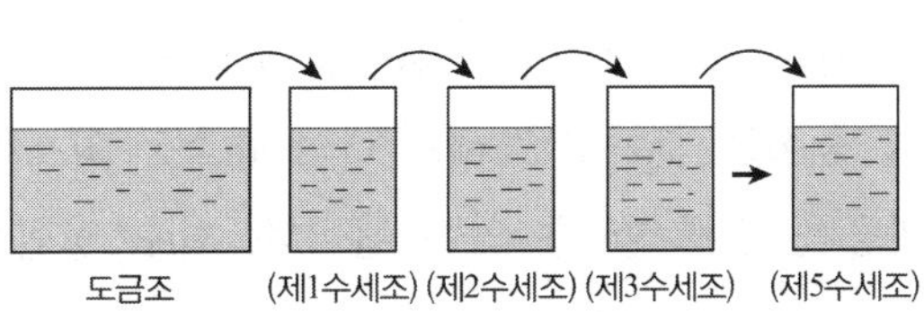

그림 4-11 도금액 회수를 위한 수세 순서

다음은 크롬도금에서 실험한 것이다. 그림 4-12와 같이 표면적이 1.2 dm^2이기 때문에 침적과 수세를 20회 반복하면 24 dm^2이 수세되는 셈이다. 그 결과 제1수세조에는(수량 1 L) 228 mg/L(ppm과 동일)의 크롬산이 혼입된다. 그러나 제2수세조(수량 1 L)에는 50 mg/L, 제5수세조(수량 1 L)에는 0.04 mg/L밖에 혼입되지 않는다.

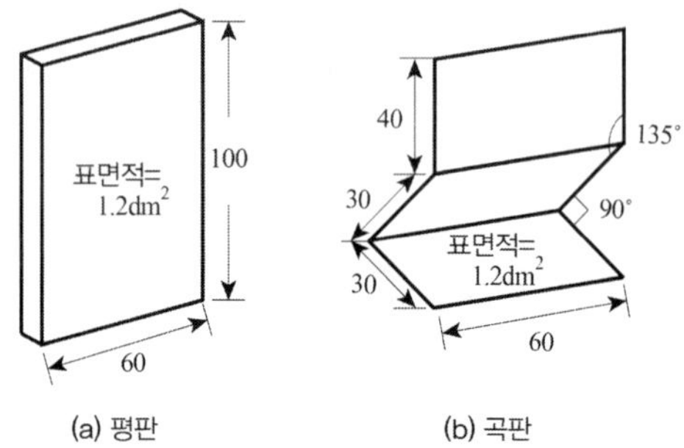

그림 4-12 평판과 곡판의 도금액 급출량(drag-out)비교(평판은 16 ml/m^2, 곡판은 46 ml/m^2)

표 4-16 크롬도금액(크롬산 250 g/L) 중에 곡판을 침적한 후 수세했을 경우의 크롬산 농도 변화

수세회수	수세면적 (dm^2)	제1수세조 (mg/L)	제2수세조 (mg/L)	제3수세조 (mg/L)	제4수세조 (mg/L)	제5수세조 (mg/L)
20	24	228	50	2.0	0.05	0.04
40	48	252	78	3.2	0.25	0.14
60	72	7450	150	6.4	0.54	0.24
80	96	10500	230	13.2	1.10	0.42
100	120	19200	365	1.0	1.68	0.71
240	312	65000	5250	350.0	29.60	(5.98)
345	414	75500	7400	795.0	78.00	(5.40)
395	474	86000	8550	1140.0	105.00	(5.60)
430	516	90600	9000	1600.0	133.00	(3.80)

주: 수세조는 1 L 비커이며 수량은 1 L, 비커에서 곡판을 3~5초간 진동시킨 후 약 10초간 상온에 방치한 후 다음 수세조에 옮겼다(수세수 온도는 상온).

도금액을 회수하면 2가지 장점이 있다. 첫째는 묻어 나온 도금액을 다시 도금조에 회수 사용하여 액의 소모를 줄이는 것이고 둘째는 액의 유출을 최소한도로 감소시킴으로서 폐수처리에 소요되는 비용을 적게 할 수 있는 점이다. 회수 방법에는 3가지가 있다.

① 그림 4-11에서와 같이 제1수세조의 액을 때때로 도금조에 채우는 방법으로서 도금조의 증발 감량이나 묻어나와 없어지는 감량(drag out)을 보충하는 것이다.

② 제1수세조의 액을 이온 교환기를 사용하여 회수하는 방법.

③ 제1수세조의 액을 가열 농축시켜 다시 사용하는 방법(현실성이 거의 없음).

(2) 수세조의 물을 도금조에 혼합하는 방법

제1수세조의 액을 때때로 도금조에 보충하는 수단으로서의 혼합된 량은 도금액이 증발하거나 묻어 나와서 감소된 양 만큼으로 한다. 제1수세조의 감소된 물의 양은 제2수세조로부터 보충하고 제2수세조의 수량 보충은 제3수세조의 것으로 하는 방법을 선택하면 회수율은 더욱 향상된다. 그 이유는 장식 크롬도금은 시간이 짧고(보통 1분간 이하)도금에서 사용되는 크롬산의 약 7배 정도의 크롬산이 묻어 나오기 때문이다.

표 4-17은 3가지 종류의 물품에 크롬도금을 하는 경우 도금에 사용된 크롬산과 물품에 묻어 나온 크롬산의 양을 실지로 측정한 결과로서 도금 시간을 2분간으로 하였을 때 도금에 사용된 것의 약 7배의 크롬산이 묻어 나왔으며 회수의 필요성을 강조하고 있다.

표 4-17 크롬도금에 필요한 크롬산의 약 7배의 크롬산이 물품에 묻어 나오는 사례

시험한 물품	시험의 결과
자전차의 기어 100개, 크랭크 400개, 핸들 60개에 0.5μ 두께의 크롬도금(도금시간 약2분)한 후, 이들 물건에 부착된 크롬산을 정량하였다. 크롬도금액의 조성은 크롬산 250 g/L, 황산 2.5 g/L	① 기어의 표면적은 3.7 dm^2, 크랭크는 0.64 dm^2, 핸들은 10.6 dm^2이다. 이것을 가지고 계산하면 크롬산 부착량은 1 m^2당 46.3 g(a) ② 1 m^2에 0.5μ의 크롬도금을 하는데 필요한 크롬산은 6.8 g(b)이다. ③ a/b≒6.8

이러한 예로 본다면 매월 100 kg의 크롬산을 사용하고 있는 공장은 그 중의 12.75 kg만 도금에 사용되고 나머지 87.25 kg은 묻어 나간다는 계산이 나온다. 이렇게 묻어나가는 도금액의 양을 줄임과 동시에 그것을 회수하는데 노력해야 하다.

(3) 가열 농축하여 회수하는 방법

제1수세조의 물을 진공증발장치에 넣고 도금액을 농축시켜 다시 사용하는 방법이다. 그림 4-13의 방법은 중소기업 규모의 도금공장에서는 사용하지 않고 주로 대기업 규모 도금공장에서 많이 사용한다. 제1수세조에는 제2수세조로부터 보충하고 제2에서는 제3으로부터, 제3은 제4로부터, 제4에는 수돗물을 보충한다. 주로 크롬도금에 많이 이용한다.

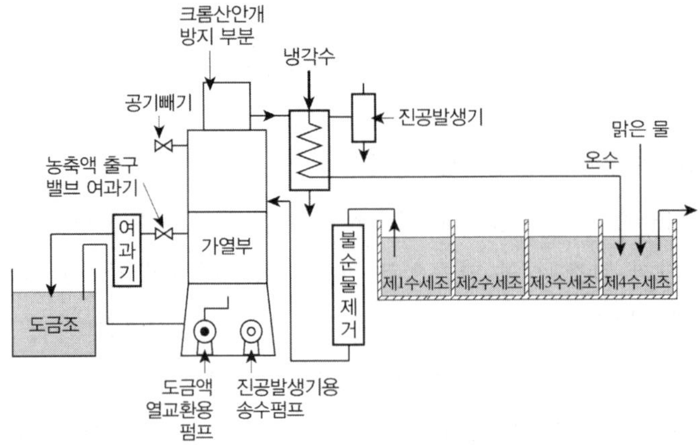

그림 4-13 수세조의 물을 가열 농축하여 도금조에 되돌려 재사용하는 크롬산 회수법

(4) 이온교환법에 의한 회수

제1수세조의 액을 전부 이온교환장치로 보내서 크롬산을 음이온교환수지에 흡착시킨다. 수지의 교환능력이 없어지면 수산화나트륨으로서 재생시키면 크롬산은 크롬산나트륨으로서 재생액 중에 용해한다. 이 액을 다시 양이온교환수지에 통과시키면 크롬산나트륨은 크롬산으로 되어 이것을 증발, 농축시켜 크롬도금조에 되돌려 보낸다. 이 과정은 그림 4-14와 같다. 이 방법을 사용하면 수세조는 제1수세조만으로 충분하다. 크롬산은 완전히 회수되며 수지를 재생하는 시간 동안은 회수할 수 없기 때문에 이러한 장치를 2기(基) 설비하여 교대로 사용하는 것이 좋다. 수지는 반복 사용하면 점점 교환능력이 저하 하므로 새로운 수지를 수시로 보충해 주어야 한다. 이 방법은 아직 많이 이용되고 있지 않으나 크롬산을 재활용할 가치가 있다.

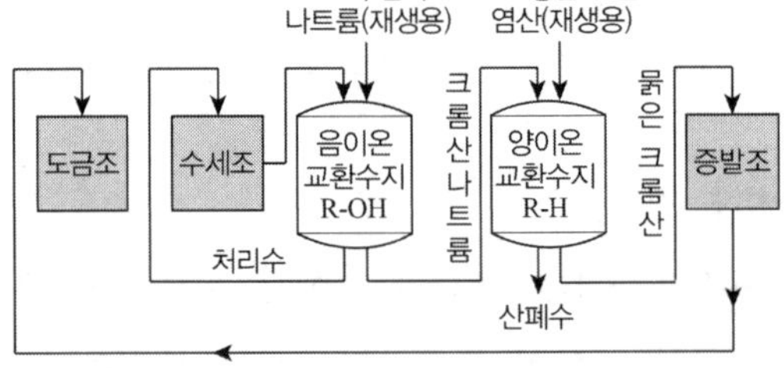

그림 4-14 이온교환법에 의한 크롬도금 배출액 중의 크롬산 회수방법
(크로메이트 배출액 중의 크롬산 회수에도 이용된다.)

4.6.2 수세

(1) 수세

도금 시작부터 끝날 때까지 여러 차례의 수세 공정을 거친다(그림 4-15 참조).

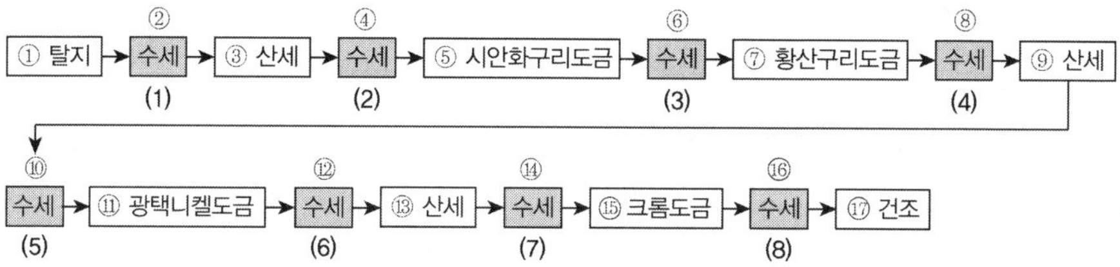

그림 4-15 도금에 필요한 수세공정

이 공정은 얼핏 보아 간단하게 여겨질지 모르나 결코 가볍게 생각해서는 안 된다. 예를 들어 니켈도금을 한 후 수세를 충분히 하지 않은 채 크롬도금 공정으로 들어가면 물품에 부착된 니켈도금액이 혼입되어 크롬도금의 부착력을 약화시킨다. 니켈도금액 중의 염화니켈이 크롬도금액 중에서 그 양이 증가하면 크롬도금의 도금 전착이 급격히 저하되기 때문이다. 묻어나오는 양을 줄일 수 있는 방안을 수립하지 않고서 수세만을 완벽하게 할 수는 없다. 묻어나오는 양을 적게 하기 위해서는

① 물품을 니켈도금조에서 끄집어 낼 때 옆으로 눕히지 않고 길이로 세운다.
② 구멍이나 움푹 패인 곳이 많은 물건은 밑으로 놓이게 걸이에 걸어야 한다.
③ 액으로부터 랙크의 물품을 들어 올리는 속도를 되도록 느리게 한다.
④ 들어 올린 물품은 액의 표면 위에서 1~2분간 정지시켜 둠으로서 액이 충분히 떨어지는 시간적 여유를 준다.

또 수동으로 도금하는 것보다 자동장치에 의하여 도금하는 경우가 묻어 나오는 양이 훨씬 적은 것은 자동도금장치는 액으로부터 물품을 끌어 올리는 속도가 늦고 끌어 올린 후에도 액상에서 서서히 이동하여 액이 충분히 떨어지기 때문이다.

수세를 충분히 하기 위해서는 어느 정도의 수량이 필요하며 수세를 몇 회 되풀이 하는 것이 좋으며 정수와 교반수는 수세효과에 어느 정도의 차이가 있으며 물을 위에서 흘러내리는 것과 밑에서 뿜어 올리는 것과는 어떤 것이 효과가 크며 어떤 액이 수세하기 쉽고 어떤 액이 수세하기 어려우며 수세수는 연수만을 사용해야 하는지 또는 경수를 사용해도 좋은지 수세수에 계면활성제를 첨가하며 수세효과는 향상되는지 등의 문제들에 대해서 검토할 필요가 있다. 이러한 문제를 검토한 결과에 의하면

① 수세수로는 맑은 연수를 사용한다.

② 1회의 수세에 사용하는 수량은 많을수록 수세 효과가 좋다.

③ 수세 횟수는 많을수록 좋다.

④ 수세 수량이 적을 경우에는 수세 횟수를 많게 해야 한다.

⑤ 물은 수세조의 밑바닥으로부터 가능한 여러 가지의 구멍을 통하여 불어 올려 위에서 넘쳐흐르게 하는 것이 좋다.

⑥ 물은 교반하면서 수세하는 것이 좋으며 공기취입, 초음파 수세는 효과가 매우 크다.

⑦ 수세에는 어느 정도 시간이 걸리는 것이 좋다. 수세 시간이 너무 짧은 것은 좋지 않으며 물은 냉수보다 온수가 좋다.

⑧ 수세수에 계면활성제를 첨가하면 수세 효과는 증가하지만 수세 후에 계면활성제가 물품에 잔류하기 쉽다.

(2) 수세조

물은 밑바닥에서 들어가며 들어간 물은 수세조의 바닥과 평행하게 깔아 둔 판에 뚫린 여러 개의 구멍을 통하여 위로 분출된다. 이렇게 하면 수세조의 밑으로부터 위쪽으로 향하여 넓은 범위에 걸쳐 새로운 물이 유동하게 된다. 만일 구멍 뚫린 밑판이 없다면 새로운 물이 상승하는 범위가 대단히 좁아져서 사실상 수세 효과는 줄어진다. 수세를 끝낸 물은 상단에 있는 홈통으로 넘쳐 밖으로 흘러나오게 되어 있다(그림 4-16 참조).

그림 4-17은 수세를 3단에 걸쳐서 하는 경우를 나타낸 것이다. 이와 같이 하면 물이 진행하는 방향과 물품이 진행하는 방향이 서로 엇갈리게 된다. 따라서 제일 먼저 더러워진 물로서 수세하고 맨 나중에 가장 깨끗한 물로서 수세하게 된다.

같은 3단 수세조라도 그림 4-18과 같이 하면 수세 효과는 크게 감소된다. 새로운 물은 수세조의 위층만을 흘러 배출되고 아래에 위치한 물은 거의 움직이지 않고 찌꺼기만 점차 증가된다.

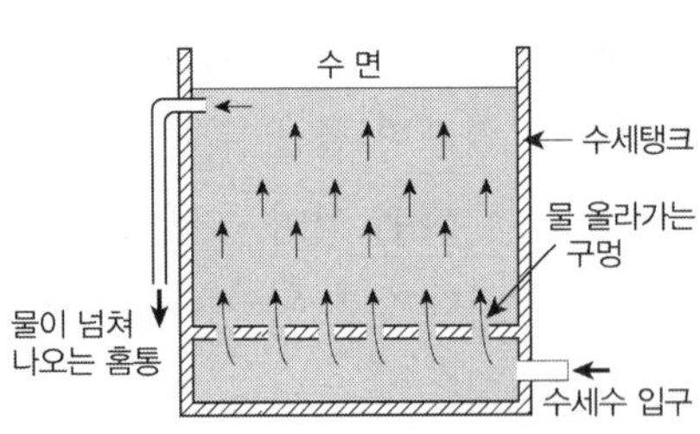

그림 4-16 수세조의 구조

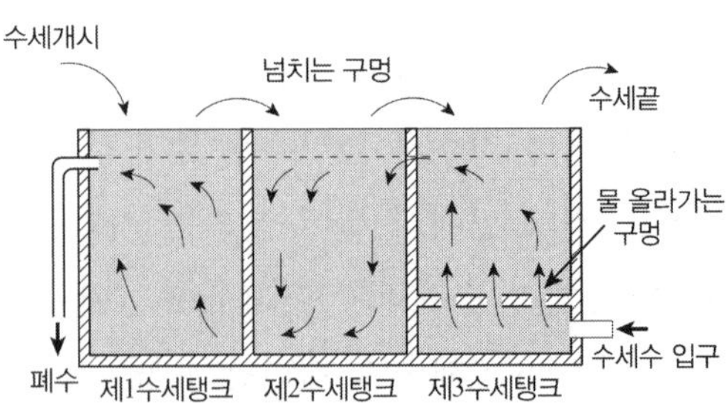

그림 4-17 3단형 수세조에 있어서 물 흐르는 방향과 물품의 진행 방향

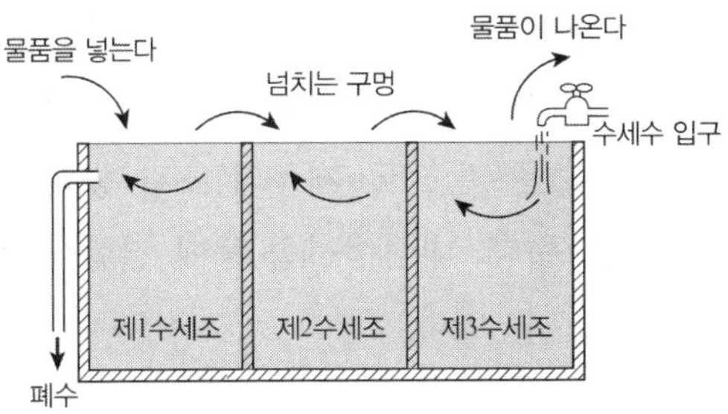

그림 4-18 비효과적인 3단 연속식 수세조

4.7 도금의 박리(剝離)

마지막 공정의 도금에 있어서 마무리가 잘되고 못되는 것이 그 제품의 상품가치를 좌우한다든 것은 지극히 당연한 일이며 만일 도금 불량이 발생하는 경우에는 생산성의 저하를 가져올 뿐만 아니라 작업자는 물론 회사의 신용문제까지 이르게 된다. 일반적으로 기계공작과는 달리 도금 불량의 경우는 물리, 화학, 전기화학적 결함 요소가 관련되어 발생된다.

장식도금은 두께와 내식성 이외에 외관의 좋고 나쁨이 중요시되고 있으며 그 판정에는 보통 눈으로 보아 검사하는 방법을 이용하므로 그 확실성 특히 광택이나 색깔에 있어서는 검사자에 따라 견해 차이가 매우 크다. 어떠한 결함과 원인에 이유가 있다고 하더라도 일단 반품이 생긴 도금제품은 다시 도금을 해야 하며 이때 도금층을 제거하여 원래 소재 자체로 손상됨이 없도록 해야 한다.

4.7.1 도금박리의 요점

(1) 재도금의 경우

일반적으로 도금의 외관이나 내식성은 사용되는 환경 조건에 영향을 받지만 광택, 색상 등의 열화 및 발청(녹이 생기기 시작함)은 시간의 경과와 함께 발생하여 그 품질이 떨어진다. 특수부품 재료에 있어서는 아직도 그 금속재료의 본질, 원형 등의 면에서 이용가치가 있는 경우 또는 대체품이 없는 경우 등 소위 재활용 가치가 있다고 여겨지는 경우에는 재도금을 한다.

(2) 일반적인 도금불량인 경우

도금공정 중의 전처리, 도금, 후처리의 결함에 의하여 도금 직후에 생긴 광택 색상의 불균일, 긁힌 자국, 부딪친 자국, 밀착불량 등 외에 도금한 후 일정기간 경과한 뒤에 생기는 변색, 부풀음 등이 대상으로 된다. 취급불량, 운반 중의 부딪친 자국, 긁힌 자국, 보관상의 결함에 의한 변색, 녹슬음 및 도금 제품의 조립 중의 기계가공 등에 의한 밀착불량도 생긴다. 그 외에도 외관, 두께, 내식성시험 등에 결함이 있는 경우도 포함되며 매우 광범위한 결함 요소를 생각할 수 있다.

(3) 소재에 결함이 있는 경우

주로 황동주물, 아연다이캐스팅제품, 알루미늄합금 소재에 해당되며 도금 작업중의 결함인지 소재불량에 의한 불량인지의 여부 구별은 쉽지가 않다. 소재불량에 의하여 생기는 도금불량은 도금 기술만으로는 해결되기 어렵고 즉 주조기술의 결함, 가공상의 문제, 금속학적인 결함에 문제가 있을 수 있다.

4.7.2 도금을 박리할 때의 주의사항

(1) 도금층의 완전박리

재도금을 하기 위해서 먼저 도금한 도금층을 하지금속으로부터 균일하고 완전하게 박리하는 것이 이상적이며 단층도금은 다층(多層)도금보다 비교적 쉽게 박리된다. 도금층은 凸부분이나 이 주변 부분보다 凹부분이나 중심부분은 도금층이 엷으며 두께가 균일하지 않기 때문에 박리를 한 후에도 부분적으로 먼저의 도금층이 남아 있는 경우에는 재도금에 있어서 2중 도금이 되어 밀착성이 완전치 못하고 부풀음 등이 생기는 경우가 많다.

(2) 도금을 박리시킨 후의 활성화처리

하지 도금층이 부분적으로 남아 있는 경우 또는 완전히 박리되었을 경우에도 하지표면이 부동태화 된 상태에서는 특히 표면의 활성화처리가 중요하다. 활성화된 상태의 표면에 대해서는 바로 재도금을 하는 것이 바람직하며 산성액에서는 알칼리로서 중화시킨다. 활성화처리에는 다음과 같은 방법이 있다.

① 화학적 처리법
　혼산(광산+불소산) 불화염류, 슬퍼민산.

② 전해적 처리법
　산 또는 시안화나트륨에 의한 정전(正電) 또는 역전(逆電)처리

③ 스트라이크도금
　구리, 니켈의 스트라이크처리

도금층의 박리에 있어서는 될 수 있는 대로 소재 금속면이 긁히지 않게 박리하는 것이 좋으며 균일성을 잃은 도금에서는 오버폴리싱(over polishing, 과다연마), 오버에칭(over etching, 과다부식)등을 일으키기 쉬우므로 표면상태의 균일성에 특히 주의해야 한다. 일반적으로 재도금한 것의 마무리 상태는 외관상으로는 다소 보기 좋지 않겠지만 박리법의 선택으로 어느 정도 커버(cover)할 수 있으며 작업자의 기능에도 좌우된다.

이러한 점에 유의하여 도금층, 하지, 소재 금속의 종류 등을 확인한 후 형상도 검토하고 재도금 한 후의 평활성, 원형 그대로의 치수 등을 고려하여 박리하여야 한다. 특히 아연, 알루미늄합금과 같은 양성 금속소재, 황동다이캐스팅 부품상의 도금층의 박리에 주의해야 한다.

4.7.3 도금층의 박리방법

도금층의 박리법을 분류하면 기계적 박리, 화학적 박리, 전해적 박리법 등으로 구분할 수 있으며 이들 방법을 적당히 혼합하여 박리하는 것이 가장 효과적이다.

(1) 기계적 박리법

일반적으로 에머리버프(emery buff), 샌드페이퍼(sand paper), 줄, 와이어 브러쉬(wire brush), 그라인더(grinder), 샌드블라스트(send blast), 액체호닝(liguid honing), 버프연마 등으로서 도금층을 절삭 제거하는 것이며 도금층이 비교적 두꺼운 것일 때에 효과적이다. 그러나 절삭효과가 너무 커서 원형치수에 유의해야 한다.

에머리버프에 의한 경우는 입도(粒度) #180에서부터 #220까지의 것을 사용하며 최초로 입도가 큰 것으로부터 순서적으로 입도가 미세한 것을 사용한다. 이것은 버프연마에서 최종 표면이 평활하게 되기 쉽도록 하기 위함이며 블라스트머신(blast machine)에 의한 경우에도 이러한 순서로 하는 것이 좋다.

(2) 화학적 박리법

처리약품을 일정한 온도에서 침적시켜 발생된 화학반응에 의하여 도금층을 용해 또는 하지 도금층을 용해시킨다. 양성(兩性)금속 소재는 용액 중에 도금의 핀홀 또는 엷은 부분이 침식되기 쉬우므로 주의해야 한다. 억제 작용을 하는 고분자 계면활성제의 첨가는 박리중 증기방지를 하는 효과가 있다.

일반적으로 온도를 증가시키면 반응속도가 빨라지지만 소재의 침식을 방지한다는 점에서 볼 때는 바람직하지 못한 경우도 있다. 현재 시중에는 소재 금속이나 도금의 종류에 따라 여러 가지 박리제가 시판되고 있다.

(3) 전해적 박리법

처리약품의 용액 중에서 도금된 부분을 양극으로 하여 전기화학적으로 용해 박리하는 방법이다. 도금할 때 두께의 불균일성과 마찬가지로 凸부분 및 주변 부분에서는 빨리 박리되기 때문에 형상에 특히 주의하며 보조 전극의 사용 등도 고려하여야 할 것이다. 엷은 도금에서는 두께가 비교적 균일하지만 부분적으로 산화되어 부동태화하면 용해성의 저하를 초래하여 핏트가 발생되므로 소재가 거칠어진다.

일반적으로 두꺼운 도금은 2~4 V 정도로서 비교적 시간이 걸린다.

4.7.4 도금 박리법의 선택

앞에서 설명한 3가지 방법 중에서 어떠한 박리법을 선택하여야 할 것인가는 소재, 하지, 금속의 종류, 두께, 형상 등을 확인 검토한 후 가장 능률적이고 합리적인 박리법으로 결정하여야 한다. 어떠한 박리법을 선택하더라도 재도금을 하지 않도록 평활성, 원형상태로 되는 점 등을 고려하여 알맞은 방법으로 선택하여야 한다.

효과적인 박리를 하기 위해서는 박리 용액의 농도, 온도, 교반, 전압 등의 조건을 알맞게 선정하여야 한다.

4.7.5 소재 금속의 확인

도금층을 박리하는데 있어서 소재 금속을 확인하지 않고 처리하는 것은 소재 표면을 거칠게 만드는 결과를 초래한다. 따라서 다른 회사에서 도금한 것을 재도금할 경우에는 소재면의 일부를 절삭에 의하여 노출시켜 보든가 자석, 산, 알칼리에 대한 반응성과 치환반응 등을 응용하며 확인해 보아야 한다.

도금층의 종류를 확인하지 않으면 최선의 박리법을 선택하기 어렵다. 유색(有色)도금 예를 들면 황동, 금합금 도금, 흑니켈, 아연과 구리합금의 흑염(黑染), 유색크로메이트의 아연, 카드뮴도금 등에 투명 도료로 도장한 것은 경우에 따라서는 판별하기가 어렵다.

이러한 경우에는 용제탈지를 하여 도장된 막(膜)을 제거해야 한다. 이외에 금속광택을 그대로 가지고 있는 백금족 등은 질산과 염산에 대한 내성(耐性)을 가지고 있다. 크롬, 니켈, 광택크로메이트처리를 한 아연도금은 경험적으로 판별할 수가 있다. 다만 화이트골드(white gold), 니켈, 주석 등의 합금도금은 습식법으로 정성분석을 하여 금속이온의 반응에 의하여 확인할 수 있다.

(1) 도금금속의 확인법(비파괴적 방법)

1) 알루미늄

① 시험지(試驗紙) 만드는 법: 2% 탄산나트륨에 키나리살린을 0.1% 첨가한 용액에 여과지를 적셨다가 건조한다(어두운 붉은색).

② 사용법: 시험지를 물에 적혀 도금면에 붙인다. 약 5분 후에 다시 떼어내어 건조되지 않은 상태에서 10% 빙초산에 담근다. 알루미늄에 닿았던 부분은 적혈색이 되고 다른 부분은 황색이 된다.

표 4-18 도금 금속과 산·알칼리의 반응

금속명 \ 약품명	묽은 황산	염산	진한 질산	왕수(王水)	수산화나트륨
Al	±	+	−	+	+
Pb	−	−	+	+	+
Cr	−	+	−	+	−
Fe	+	+	+	+	−
Au	−	−	−	+	−
Cd	+	+	+	+	−
Cu	±	±	+	+	−
Ni	−	±	+	+	−
Rh	−	−	−	+	−
Ag	−	−	+	−	−
Zn	+	+	+	+	+
Sn	±	+	−	+	+

※ (+): 반응한다. (−): 반응하지 않는다. (±): 다소 반응한다.

표 4-19 도금 금속의 확인법(파괴적 방법)

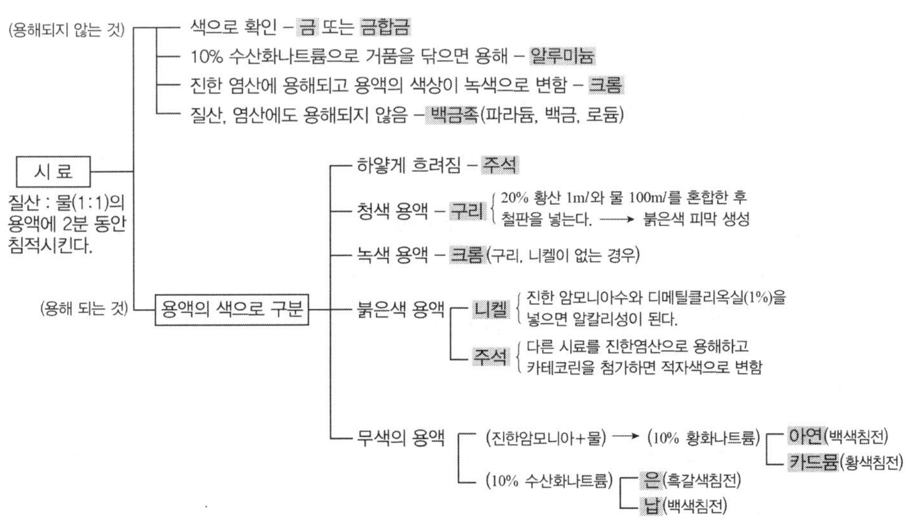

③ 주의: 그대로 10~20분간 방치하면 빙초산 처리를 하지 않더라도 적색으로 된다. Zn, Cd, Ni, Mg, Ag, Cu, Fe 등은 적색으로 되지 않고 황색이 된다.

2) 구리

① 시험지 만드는 법: 디에틸티오칼바민산나트륨 1% 수용액에 여과지를 전신 후 건조한다(흑색).

② 사용법: 물에 시험지를 적시고 수분을 될 수 있는 대로 적게 한 다음 그것을 시크로헥사논에 적셔 도금면에 붙인다. 이때 도금층이 구리인 경우 황갈색으로 변한다.

③ 주의: 황동, 양은과 같은 구리합금 중의 구리의 확인에도 이 방법을 이용할 수 있다.

3) 니켈

① 시험지 만드는 법: 1% 디메틸글리옥실용액에 여과지를 적신 후 건조한다(무색).

② 사용법: 시험지를 물에 적신 후 도금면에 붙인다. 이때 도금층이 니켈이면 연한 적색으로 변한다. 3 g/L의 계면활성제를 첨가한 암모니아수에 적셔서 도금면에 발라도 같은 결과가 나온다.

③ 주의: 니켈도금에 아연이 소량 함유되어 있으면 특히 반응이 쉽게 일어나서 양은중의 니켈 확인에도 이용할 수 있다.

4) 은(銀)

① 시험지 만드는 법

(A액): 메틸알콜에 0.3g의 파라디메틸 벤지리덴로다닌을 용해시킨다.

(B액): 황혈염 67 g/L + 적혈염 1.3 g/L의 수용액 이상의 A액에 여과지를 적셨다가 1차 건조시킨 다음 B액에 적셔 건조시킨다.(오렌지색)

② 사용법: 시험지의 절반을 3 g/L의 활성제를 첨가한 5% 암모니아수에 적셨다가 도금면에 바른다. 수분 후에는 적색이 나타난다. 시험지가 마르면 색깔이 연하게 되나 물에 담그면 다시 선명해진다.

5) 카드뮴

① 시험지 만드는 법: 0.1g의 디티존을 4염화탄소 10 ml에 녹여 여과지를 담근다(녹색~회색).

② 사용법: 시험지를 시크로헥사논에 적셔 도금면에 바르면 약 5분 이내에 오렌지색이 나타난다.

③ 주의: 반응이 민감하기 때문에 도금면 시험지에 직접 손이 닿아서는 안 된다. 크로메이트 처리한 것에도 이용할 수 있다.

6) 아연

① 시험지 만드는 법: 카드뮴과 동일하다.

② 사용법: 시험지를 시크로헥사논에 적셔 도금면에 바르면 약 5분 이내에 앵두빛 적색으로 변한다.

4.7.6 도금의 박리방법

(1) 구리도금의 박리

1) 소재 금속이 비철금속일 경우

- 조성: 황화나트륨: 210 g/L, 유황: 0.5 g/L
- 조건: 상온 침적한다.

2) 소재 금속이 철 또는 강일 경우

- 조성: ① 황화나트륨 120 g/L
  ② 크롬산 200~270 g/L, 황산 2~2.7 g/L
  ③ 수산화나트륨 100 g/L, 유황 150 g/L
- 조건: ①의 경우는 2 V 양극전해, ②의 경우는 7~10 A/dm^2, 6~12 V, 유황을 첨가하고 30분간 끓여서 용해한다. 필름이 있으면 시안화나트륨으로서 짧은 시간 내에 세척한다. 이것을 'Methers and Martin법'이라고 한다.

3) 소재 금속이 아연일 경우

- 조성: 황화나트륨 210 g/L, 유황 15 g/L
- 조건: 상온 침적
- 황화나트륨 용액 중에서 유황을 끓여서 용해한다. 5분간 침적한 후 유황화합물로서 브러싱한 후 10% 시안화나트륨용액에 침적한다. 필름이 남아 있으면 다시 되풀이한다.
- 유황을 첨가하고 끓여서 용해한다. 5분마다 표면을 브러싱하고 10% 시안화나트륨용액에 침적한다.

4) 소재 금속이 아연합금일 경우

- 조성: 수산화나트륨 100 g/L, 유황 150 g/L
- 조건: 침적(85～95℃)
- 철, 강과 같은 조작을 한다.

5) 소재 금속이 알루미늄일 경우

- 조성: 진한 질산
- 알루미늄상의 아연, 은 등의 도금에도 적용할 수 있다.

(2) 황동도금

1) 소재 금속이 철, 강일 경우

- 조성: ① 다황화(多黃化) 암모늄 75 g/L, 암모니아수 375 m*l*/L
  ② 암모니아수 625 m*l*/L, 과산화수소 375 m*l*/L
  ③ 시안화나트륨 30 g/L, 과산화수소 38.5 m*l*/L
  ④ 시안화나트륨 50 g/L

(3) 카드뮴도금

1) 주철, 강, 동, 황동 소재

- 조성: ① 염산(진한 염산) 4.5 L, 3산화안티몬 57 g, 물 236 m*l*
  ② 질산암모늄 120 g/L
- 조건: ①, ② 모두 상온 침적
- 금속안티몬의 검은 스커트를 소재에 부착한다. 소재에 안티몬 피막이 생기면 소재에 따라서는 수소취성을 일으키는 일이 있다. 이 안티몬의 스머트는 탈지액 중에서 양극전해하면 제거된다.

2) 소재가 철강인 경우

- 강염산 또는 4배로 희석시킨 염산에 침적하여 녹인다. 이 방법은 소재 표면을 거칠게 하는 수가 많기 때문에 그다지 좋은 방법은 아니다.
- 질산암모늄 100 g/L 수용액에 침적하여 용해한다. 질산암모늄은 취급여하에 따라서는 폭발할 위험이 있기 때문에 주의해야 한다.
- 다음 액에 상온 침적하기도 한다.
  암모니아수(비중 0.880): 120 m*l*/L

과황산암모늄: 227 g/L

- 다음의 액 중에서 6 V 전압으로 양극전해한다.
  시안화나트륨: 75 g/L(상온)
  수산화나트륨: 13 g/L(상온)

3) 소재가 특히 스프링강일 경우

- 조성: 과황산암모늄 66 g/L, 암모니아수 50%
- 상기액을 교반하여 용해 속도를 증가시키고 암모니아의 농도는 최저 20%로 유지한다. 박리 후에는 수소취성을 없애기 위하여 가열처리를 한다.

(4) 크롬도금

1) 소재가 알루미늄일 경우

- 처리액 조성: 65% 염산(비중=1.56)에 글리세린 5%를 첨가한 용액
- 조건: 전류밀도 1～2 A/dm^{2}에서 양극전해한다.
- 크롬도금이 박리되어 소재인 알루미늄 표면이 나타나면 전압이 상승한다. 이것은 알루마이트 피막이 생성되기 때문이다.

2) 소재가 구리, 황동, 니켈인 경우

진한 염산 또는 1 : 1로 희석한 염산을 상온에서 침적하든가 또는 10%의 염산 60～80℃의 온도에서 침적한다.

3) 소재가 주철, 니켈, 철강일 경우

- 조성: 수산화나트륨 50 g/L, 탄산나트륨 62 g/L
- 조건: 양극전해한다.
- 온도가 35℃ 이상으로 올라가면 냉각 코일을 삽입하여 냉각시킨다. 전류밀도는 처음 7.5 A/dm^{2}을 사용하고 시간이 흐름에 따라서 차츰 저하시킨다. 또 적당한 탈지액 중에서 80～90℃, 6～12 V 전압으로 양극전해하는 것도 좋다.

4) 소재가 니켈, 니켈-코발트 합금, 철강일 경우

다음의 액 중에 침적한다.

염산 92%(비중=1.16)
산화안티몬 2%를 첨가.

상온, 침적한다. 또 187 g/L의 수산화나트륨 용액 중에서 양극전해하기도 한다. 이때 음극은 철판을 사용한다.

5) 소재가 철강

탄산나트륨 50 g/L의 수용액 중에서 상온에서 5 A/dm^{2}의 양극전류밀도로서 전기분해한다. 음극은 철판이나 스테인리스판을 사용하며, 소재를 될 수 있는 대로 부식되지 않게 하기 위해서는 65℃의 온도에서 2 A/dm^{2}의 전류밀도를 사용하는 것이 좋다. 크롬이 용해되어서 생기는 크롬산 이온은 될 수 있는 대로 낮은 농도를 유지시켜야 하며 황산이온 및 염소이온은 없도록 해야 한다. 이것들이 존재하면 소재 금속이 핏트상으로 된다. 이러한 경우에는 전해액 중에 수산화나트륨을 첨가하면 염소이온이나 황산이온 등의 나쁜 작용을 해소시킬 수 있다.

6) 소재 금속이 아연합금일 경우

78%의 황산액(비중=1.70) 중에서 6~12 V로 전해한다. 음극에는 철판 또는 스테인리스판을 사용.

(5) 시안화물에 용해하는 도금층

- 철, 강 소재일 경우의 조성: 시안화나트륨 90 g/L, 수산화나트륨 15 g/L
- 조건: 상온, 6 V, 양극은 철판, 음극에서 전해
- 황동, 청동, 카드뮴, 금, 은 등의 도금에 적용할 수 있다.

(6) 금도금

① 소재 금속이 알루미늄일 경우는 황산과 물을 용량비로 6 : 1로 혼합한 수용액 중에서 6 V의 전압으로 양극전해 한다. 음극으로는 구리판을 사용한다.

② 소재 금속이 구리, 황동일 경우에는 다음의 액에 침적한다. 액은 황산 6 용량과 질산 1/10 용량을 혼합한다.

③ 소재가 구리, 황동, 니켈, 철강일 경우는 다음 액 중에서 침적한다.

시안화나트륨 120 g	과산화수소(35%) 3~12 g
물 1 L	

과산화수소가 너무 많이 들어가면 기포가 심하게 생긴다. 또 사용 중에 용액의 색이 청색으로 변하면 시안화나트륨을 더 첨가한다.

④ 소재 금속이 니켈, 양은일 경우는 다음 방법에 의한다.

- 과황산암모늄의 수용액에 침적하여 용해시킨다.
- 다음의 액 중에서 1 V 전압으로 양극전해한다.

시안화나트륨 12～25 g　　탄산나트륨 60～100 g
물 1 L

※ 탄산나트륨을 첨가하는 것은 용해를 균일하게 하기 위해서이다.

⑤ 소재가 철강일 경우에는 다음의 액 중에서 6 V 전압으로(상온) 양극전해한다. 음극으로는 철판 또는 스테인리스판을 사용한다.

시안화나트륨 75～94 g　　수산화나트륨 12～16 g
물 1 L

(7) 납도금

① 소재 금속이 알루미늄일 경우에는 50%의 질산에 침적한다.

② 소재 금속이 구리, 황동, 니켈, 양은, 철강 등일 경우에는 수산화나트륨 100 g/L의 용액 중에서 1 V의 전압으로 양극전해 한다(80～85℃ 유지).

③ 소재 금속이 철강일 경우에는 다음의 액에 침적한다.

- 수산화나트륨(20～30%) 중에 크롬산칼륨을 포화시킨 액으로서 상온에서 사용한다.
- 빙초산(10%)에 과산화수소를 약간 첨가한 액 중에 상온에서 침적한다. 최고 용해속도는 과산화수소가 20～30%(용적)일 때이다. 그 이상이 되면 기포가 심하게 발생한다.

④ 소재 금속이 철강, 스테인리스강일 경우에는 20%질산 65℃에서 침적한다.

(8) 니켈도금

① 소재 금속이 알루미늄, 구리, 황동, 청동, 철, 강, 아연 등인 경우는 78% 황산(비중=1.70) 중에서 양극전해 한다. 황산의 농도는 67%(비중=1.58)이하로 저하시켜서는 안 된다. 글리세린을 1%이하 첨가하면 소재 금속이 더렵혀지는 것을 방지할 수 있다. 전압은 6～12 V로서 5～10 A/dm^{2}의 전류밀도를 사용하고 상온(연속 사용할 때는 냉각코일을 사용하여 냉각 시킨다.)에서 처리한다. 60～70%의 황산에 글리세린을 첨가하고 전압 6 V 이하에서 2 A/dm^{2}의 전류밀도로 양극전해 하기도 한다. 온도가 너무 높다든가 도금액이 너무 묽다든가 하면 소재 금속에 핏트(pit)가 생기기 쉽다. 소재가 알루미늄과 아연합금일 경우에는 물건에 전류를 통하면서 액에 침적한다.

② 소재 금속이 브리타니아합금(주석, 동, 안티몬합금), 납땜합금 및 주석일 경우는 다음의 액 중에서 양극전해 한다. 액은 염산(비중=1.19) 1용적과 물 19용적을 혼합해서 만든다. 전압은 6 V를 사용한다.

③ 소재 금속이 구리, 황동일 경우에는 염산 12 g/L의 용액 중에서 6~12 V의 전압 하에서 양극전해 한다. 음극은 흑연 전극을 사용한다. 염산은 황산의 경우보다도 3배 정도 용해속도가 빠르다. 또 다음의 액 중에서 양극전해를 하기도 한다.

시안산나트륨(NaSCN) 100 g/L
아황산수소나트륨($NaHSO_3$) 100 g/L

상기 액 중에서 3 V 이하의 전압으로 2 A/dm^2의 전류밀도를 사용하여 양극전해 한다. 니켈도금이 박리되면 바로 물건을 액으로부터 끄집어낸다.

④ 소재 금속이 구리, 구리-니켈합금, 양은일 경우는 다음 액에 침적한다. 액은 황산(비중=1.84)을 1용적, 질산(비중=1.42)을 1용적 혼합하여 만든다. 온도는 85℃로 한다. 여기에 염산을 1% 정도 첨가하면 용해속도가 빨라진다.

⑤ 소재 금속이 철강일 경우에는 질산에 침적한다. 이 경우에는 물을 첨가하는 것이 좋다. 물을 첨가하면 소재에 핏트가 나타난다. 이 액에 침적한 후 수세하는 사이에 부식이 일어날 염려가 있기 때문에 수세하기 전에 크롬산 수용액에 침적한다. 또 다음과 같은 방법도 있다. 진한 질산을 1용적, 진한 황산 2용적, 물 1용적을 혼합하여 만든다. 전해박리의 경우는 다음의 액 중에서 전해한다. 액은 질산나트륨 400 g/L, pH 7.6~8.2로서 6 V 전압에서 20 A/dm^2의 전류밀도를 사용한다. 고탄소강에는 적합하지 않다. 또 시안화나트륨 156 g/L 용액 중에서 양극전해하고, 온도는 15~25℃로 한다. 액 중의 니켈 이온 농도가 12 g/L 이상으로 되면 버리는 것이 좋다.

(9) 은도금

① 소재 금속이 알루미늄이나 아연일 경우에는 50%(용량)의 질산 중에서 용해시킨다.

② 소재 금속이 철, 니켈, 강, 주석 등일 경우에는 다음 액 중에서 음극은 철판 또는 스테인리스판을 사용하여 1~2 A/dm^2의 전류밀도로 양극전해 한다.

시안화나트륨: 25~37 g　　탄산나트륨: 60~100 g
물: 1 L

③ 소재 금속이 구리, 황동, 구리-니켈합금, 철, 양은 등 일 경우에는 다음 액 중에 침적한다. 용해속도는 0.025 mm/8분이다.

황산(비중=1.84) 19용적　　　　　　질산(비중=1.42) 1용적

이 액은 물이 섞여 들어가지 않도록 주의해야 한다. 액의 온도는 80~82℃로 하는 것이 좋다. 질산은 용해속도를 증가시키기 위해서 첨가하는 것이다. 만약 처리 소재 금속이 검은색 피막으로 되는 경우가 생기면 일반적인 산 처리를 하면 된다.

④ 소재 금속이 스테인리스강일 경우에는 질산 50%(용량)의 것을 사용하여 상온에서 침적한다. 용해된 은(銀)은 염산을 첨가하면 침전되면 회수할 수 있다.

(10) 주석도금

① 소재 금속이 구리 또는 황동일 경우에는 다음 액에 침적하여 용해시킨다.

황산구리: 112~131 g/L　　　　　　염화제2철: 62~87 g/L

빙초산(56%): 260~390 ml/L

② 소재 금속이 구리, 황동, 코발트, 니켈, 철강 등일 경우에는 다음 방법을 이용한다.

- 다음의 액에 침적한다.

진한 염산: 4.5 ml/L　　　　　　산화안티몬: 57 g

물: 나머지

- 강알칼리성 탈지액 중에서 양극 전해하여 용해시킨다. 6~12 V의 전압으로서 80~90℃의 온도를 유지한다.

③ 소재 금속이 철강인 경우에는 다음 액 중에서 용해하며 액은 비등상태에서 사용한다. 빙초산납은 80 g을 물 500 ml에 용해하고 별도로 수산화나트륨 135 g을 물 500 ml에 용해한 후 두 가지 용액을 함께 섞어서 처리액으로 사용한다.

(11) 산화, 인산염 피막도금

① 소재 금속이 알루미늄인 경우에는 다음 액 중에서 80~100℃에서 약 10분간 양극 산화 처리한다.

- 인산: 480 ml, 크롬산: 450 g
- 질산: 3용적, 불산: 1용적

② 소재 금속이 철강인 경우(산화피막)에서 50% 염산에 상온 침적한다.

③ 소재 금속이 철이나, 강인 경우(인산염피막)에서 다음과 같이 처리한다.

- 다음 용액 중에서 상온 침적(아연염피막)하든가 또는 70℃, 6 V 전압상태에서

음극전해(망간염피막)한다.

수산화나트륨: 180 g/L
시안화나트륨: 90 g/L
EDTA-4Na: 90g/l

- 74℃의 5~20% 크롬산액에 침적(파카라이징, 본데라이징)한다.

(12) 크로메이트 피막

소재 금속이 아연, 카드뮴인 경우에는 210 g/L의 크롬산액 중에서 90~100℃의 온도에서 침적처리한다.

(13) 로듐도금

소재 금속이 니켈도금한 황동인 경우,

- 황산(Bé 55~56)액 중에서 7 V, 32~38℃에서 양극전해 한다.
- 5%염산, 상온에서 교반하면서 6V 전압에서 양극전해 한다.

(14) 백금도금

소재 금속이 철, 강, 니켈인 경우에는 1용적의 염산과 2용적의 질산을 혼합한 용액에 침적한다. 액의 노화가 빠르며 도금층이 엷을 때에는 하지가 침식될 수 있다.

(15) 파라듐도금

소재 금속이 구리, 황동, 은일 경우에는

- 염화나트륨: 110 g/L, 염산: 4 g/L
  상온에서 양극전해 한다.
- 염화나트륨: 53 g/L, 질산나트륨: 22.5 g/L
  52℃, pH 4~5, 0.4~0.6 A/dm^2 양극전해 하며 pH는 염산으로 조절한다.

CHAPTER

05 구리도금

구리는 공기 중에서 변색하기 쉽지만 열 및 전기전도도가 양호하고 연하고 연마하기 쉬운 장점이 있다.

철강상에 구리합금, 아연다이캐스팅, 알루미늄, 플라스틱 및 기타 소재 금속 위의 하지 도금과 장식용 하지도금, 전주용(하지도금), 기계부품, 침탄방지용, 착색용 등에 널리 이용된다. 구리도금은 산성 도금액과 알칼리성 도금액이 있으며 그 종류는 많지만 산성 도금액의 대표적인 것은 황산구리 도금액과 붕불화구리 도금액이 있으며 알칼리성 도금액에는 피로인산구리 도금액이 많이 사용된다. 구리도금은 1가, 2가 어느 것이나 석출되며 1가 이온은 주로 시안화구리 도금액으로부터 석출된다. 2가 이온은 황산구리, 붕불화구리, 피로인산구리, 슬파민산구리 등의 도금으로부터 석출된다. 산성 구리도금은 균일전착성이 적고 철강 위에 직접 도금이 곤란하므로 시안화구리도금 → 황산구리도금 → 니켈도금 → 크롬도금의 공정으로 하고 직접 황산구리도금은 전주에만 한다.

아연다이캐스팅, 알루미늄합금 및 주철 등에는 스트라이크 시안화 구리도금 → 황산구리(때로는 피로인산구리)도금 → 니켈도금 → 크롬도금의 공정을 거치면 완전 광택면이 있는 도금을 얻을 수 있다.

표 5-1 여러 종류의 구리도금액의 특징

종류 / 구분	산성 도금액		알칼리성 도금액	
	황산구리 도금액	붕불화 도금액	시안화구리 도금액	피로인산구리 도금액
석출 구리이온 원자가	2가	2가	1가	2가
도금 속도	시안화구리도금액보다는 느리지만 조건에 따라 빠르다.	빠르다.	빠르다.	황산구리 도금액과 거의 비슷하다.
음극전류 효율	95~100%	95~100%	저농도액 :30~80% 중농도액: 70~100% 고농도액: 85~100% 롯셀염액: 30~70% 칼륨 액 : 95~100% 도금액의 농도에 따라서 전류효율에 차이가 있다.	95~100%
전착상태	그다지 양호하지 않다.	보통이다.	양호하다.	양호(황산구리도금과 시안화구리 도금의 중간)하다.
석출상태	광택제가 들어가지 않으면 시안화구리도금보다 결정이 거칠다.	평활하고 비교적 연성이다.	평활하고 도금이 비교적 미세하다	도금의 결정입이 미세하고 반광택, 유공도가 적다.
소재 금속	철, 아연소재에 직접 도금이 불가능하여 시안화구리 또는 니켈 스트라이크를 한다.	황산구리도금과 동일하다.	어느 소재에도 도금이 가능하다.	철, 아연소재에 대해서는 구리 또는 니켈 스트라이크 도금을 한다.
도금액 관리	황산의 양과 광택제의 첨가에 주의를 해야 한다.	쉽다.	쉽다.	P비(比), pH에 주의해야 한다.
양극 : 음극 면적의 비	2 : 1	1 : 1	2 : 1	1 : 1~2 : 1
독성	약간 있다.	있다.	대단히 유독하다.	적은 편이다.
부식성	대단히 크다.	대단히 크다.	적다.	적은 편이다.
용 도	금속의 하지도금 착색용 하지도금 전주 및 일반도금	전주용	금속의 하지도금 착색용 하지도금 스트라이크용 도금 침탄방지용 도금 질화방지용 도금	침탄 및 질화방지용, 전주 및 일반 도금

5.1 산성 구리도금

5.1.1 황산구리 도금

황산구리 도금은 가격 면에서 비용이 적게 들고 평활성이 좋다. 철강 및 아연다이캐스팅의 소재에는 밀착력이 나쁘기 때문에 직접 도금은 곤란하다. 최근에는 우수한 광택제가 시판되고 있어 거의 모든 공장에서 철강 위에, 아연소재에, 황동 등에도 버프 흠을 없애고 고광택 도금을 얻기 위해서 광택 황산구리 도금을 하고 있다.

(1) 도금액 조성과 조건

황산구리 도금액은 황산구리와 황산을 혼합한 후 광택제와 계면활성제를 첨가하고 각 성분의 농도 범위와 조건에 따라서 관리를 한다. 일반적인 황산구리 도금액 조성과 조건은 표 5-2와 같다.

표 5-2 황산구리 도금액

성분과 조건		비 고
황산구리($CuSO_4 \cdot 5H_2O$)(g/L)	150~250	보통 200~250 g/L
황산(H_2SO_4)(g/L)	40~100	보통 60~80 ml/L
광택제(ml/L)	3~5	제조회사마다 다르지만 보통 10 ml/L 전후
온도(℃)	15~25	보통 18~23℃
음극전류밀도(A/dm^2)	1~10	물품을 회전시키거나 강한 교반을 할 때는 10 A/dm^2 이상의 전류가 흐른다.
양극전류밀도(A/dm^2)	0.5~5	양극 면적은 물품 표면적의 2배 이상은 되어야 한다.
전압(V)	1~10	보통 1~4 V이다.
음극전류효율(%)	95~100	
양극	함인구리판	광택 황산구리 도금액에는 반드시 함인구리판을 사용해야 한다.
여과		상시여과
교반	공기교반	여과기에 의해서 도금액을 교반

반광택도금액: 황산구리 250 g/L, 황산 11 g/L, 티오뇨소 0.001 g/L, 계면활성제 0.2 g/L
광택도금액: 황산구리 210 g/L, 황산 60 g/L, 티오뇨소 0.01 g/L, 당밀 0.8 g/L
광택도금액: 황산구리 200 g/L, 황산 30 g/L
전주도금액: 황산구리 240 g/L, 황산 60~75 g/L

1) 석출원리

황산구리 도금액의 기본 조성은 황산구리와 황산을 물에 용해시켜 만든다. 도금액 중에서 황산구리는 다음과 같이 해리(解離)하여 2가의 Cu 이온이 석출된다.

$$CuSO_4 \rightleftharpoons Cu^{2+} + SO_4^{2-}$$

또한 H_2SO_4는 다음과 같이 해리한다.

$$H_2SO_4 \rightleftharpoons 2H^+ + SO_4^{2-}$$

음극에서는 2가의 Cu 이온이 2개의 전자를 얻어 환원되어 음극에서 석출되고 수소 이온도 음극에서 수소가스로 되어 발생한다. 음극전류효율은 거의 100%이고 실제로 수소가스는 거의 발생하지 않는다.

$$Cu \rightarrow Cu^{2+} + 2e(\text{전자}) \rightarrow Cu(\text{음극})$$
$$2H_2 + 2e(\text{전자}) \rightarrow H_2(\text{수소 가스 발생})(\text{음극})$$

양극에서는 금속구리가 전자를 잃어버려(산화) 2가의 Cu 이온 Cu^{2+}가 생기고 H_2O는 전기분해하여 수소 이온과 산소 가스가 생성된다.

$$Cu \rightarrow Cu^{2+} + 2e(\text{양극})$$
$$H_2O \rightarrow 2H^+ + 1/2\ O_2 + 2e(\text{산소가스 발생})(\text{양극})$$

(2) 도금액의 조제와 각 성분의 역할

1) 도금액의 조제

① 도금조의 용량을 계산한 후 도금조에 약 2/3 정도의 물을 넣고 필요한 양의 황산구리를 넣어 용해시킨다.
② 물에 황산구리가 완전히 용해되었으면 필요한 양의 황산을 소량씩 넣고 교반을 한다. 주의가 부족하면 황산이 쏟아져서 화상을 입을 염려가 있으므로 주의해야 한다.
③ 위와 같은 조작이 완료된 후에는 활성탄을 첨가하여 유기 불순물을 제거한다. 이때 온도는 40~50℃ 정도 가열한 후 활성탄을 약 1~2 g/L 정도 첨가한 후 4~5시간

정도 여과기에 의해서 여과한다. 이때 공기교반을 하면서 여과를 하면 더욱 여과 효과가 좋다. 활성탄이 도금액 중에 존재하면 핏트, 부풀음 등이 물체 표면에 생기게 된다. 그러므로 도금액 중의 활성탄은 완전히 제거해야 한다.

④ 위와 같은 과정이 완료되면 도금액의 색이 상당히 깨끗하므로 광택제를 첨가해야 한다. 광택제의 첨가량은 제조회사마다 다르지만 보통 3～10 m*l*/L 정도이다.

⑤ 마지막으로 도금액을 분석하여 각 성분의 농도를 구하여 보정하고 약전해를 한 후 작업을 한다.

2) 황산구리($CuSO_4 \cdot 5H_2O$), 분자량: 249.72

구리이온의 공급원이며 황산의 농도에 따라서 황산구리의 용해도가 변화한다. 황산과 황산구리와의 관계는 표 5-3과 같다. 표에서 보면 황산이 증가할수록 황산구리의 용해도가 낮아지고 황산구리의 결정이 생기게 된다. 이러한 사실은 도금에 영향을 미친다. 즉 황산이 증가하면 황산구리의 용해도가 감소한다. 황산구리의 농도가 60 g/L 이하일 때는 음극전류효율이 낮아진다. 황산구리는 물에 용해하여 구리이온 특유의 청색을 나타내고 물 100 g에 대하여 20℃에서는 20.9 g, 60℃에서는 39.1 g이 용해된다. 황산구리를 물에 용해시킬 때 발생되는 냄새는 발열, 두통, 구토의 원인이 되기도 한다.

표 5-3 황산농도에 따른 황산구리의 용해도 변화(25℃)

황산(g/L)	황산구리(g/L)
0	352
24.5	326
49.0	304
73.5	285
98.1	267
122.6	250
147.1	230
171.6	212

3) 황산(H_2SO_4), 분자량: 98.08

황산의 작용은 황산구리 도금에서 다음과 같은 작용을 한다.

① 전기전도도를 증가시키고 전류를 잘 통하게 한다.

② 황산이 많으면 구리이온 농도가 감소하고(용해도와의 관계에 따라) 석출될 때 구리의 결정이 생긴다.

③ 양극의 용해를 양호하게 한다.
④ 수산화제일구리 및 수산화제이구리의 침전을 방지한다.

황산의 양이 많으면 양극 용해는 좋지만 음극전류효율이 낮아진다. 그러나 황산의 양이 너무 많으면 양극은 불용성피막이 생성되므로 주의해야 한다. 진한 황산의 비중은 1.834이며 피부에 접촉되면 화상을 입게 되고 물에 넣으면 열이 발생되므로 도금액을 조제할 때는 충분한 주의가 필요하다.

4) 광택제

황산구리 도금액에서는 광택제를 사용하지 않을 경우에는 수지상 도금이 되기 쉽다.

① 도금면의 광택이 양호하다.
② 결정이 미세하고 수지상 석출이 방지된다.
③ 도금면이 평활해진다.
④ 도금층이 경화된다.
⑤ 전류밀도가 증가한다.

그러나 위와 같은 장점이 있는 반면 도금액의 관리를 철저히 해야 한다. 시판되는 모든 광택제는 고성능으로서 여러 가지 종류가 있으며 작업조건, 제품상태 등에 따라 알맞은 광택제를 선택해야 한다.

5) 젤라틴, 카제인

도금입자의 결정을 미세화시키고 수 mg/L 정도를 첨가하고 너무 많이 첨가하면 석출물의 유공도가 크게 된다.

6) 페놀, 페놀슬폰산

전주(電鑄), 인쇄용(印刷用) 전기판 등에 널리 이용된다. 도금면을 평활하게 하며 석출물을 단단하게 하며 보통 1 g/L 전후 첨가한다.

7) 당밀(糖密) 및 당류(糖類)

포도당, 덱스트린, 당밀 등은 젤라틴, 페놀슬폰산에 비교하면 그 효과가 적다. 티오뇨소는 반광택제의 성분으로서 도금층의 연성을 나타낸다. 보통 0.01~0.04 g/L 정도 첨가한다. 슬폰산페놀염은 전류밀도를 광범위하게 하는 성질이 있으며 나프타린, 슬폰산나트륨(보통 0.5 g/L 첨가)을 첨가하기도 한다. 광택제의 역할을 보면 도금층의 평활성 및 결정을 미세화시키는 작용을 한다. 예를 들어 젤라틴은 구리와 착이온을 만들어 콜로이드

상태로 되어 음극에 집합한다. 이때 젤라틴 0.14~0.42 mg/L, 산화비소 0.0065~0.13 mg/L를 첨가하면 도금입자의 결정이 미세화 하고 도금층은 평활해진다.

8) 염소 이온

광택 구리도금일 때는 일반적으로 염소 이온이 보통 10~100 ml/L 정도 함유되어야 한다. 가장 적당한 염소 이온 농도는 사용하는 광택제의 종류, 도금 조건에 따라서 차이가 있다. 예를 들어 어떤 종류는 20 mg/L나 80~120 mg/L의 것을 필요로 하는 때도 있다. 염소 이온은 광택제의 평활화작용, 광택작용에 영향을 미친다. 염소 이온이 과잉일 때는 물품의 고전류 부분에 뿌옇게 도금이 나타나고 염소 이온이 부족할 때는 물품의 저전류 부분에 광택이 불량해 진다. 또 어떤 경우에는 염소 이온이 많고 온도가 낮을 때는 줄무늬 도금이 된다. 염소 이온의 보충에는 염산 또는 염화나트륨을 사용하지만 도금액을 조제할 때 수도 물속에 염소 이온이 존재하므로 구태여 첨가할 필요가 없다. 하지만 우물물과 같은 것을 도금액이나 수세물로 사용한다면 염소 이온이 많기 때문에 도금에 지장을 나타낸다.

(3) 도금액의 관리

1) 도금액 성분과 비중

황산구리의 농도와 황산 농도는 서로 관계가 있다는 것은 이미 앞에서 설명한 바와 같다. 예를 들어 황산의 농도가 높으면 황산구리의 용해도가 감소한다. 그러므로 도금 작업을 할 때 정기적으로 황산구리와 황산의 농도를 분석하여 표준조성을 유지해야만 양호한 도금이 된다. 현장에서는 경험을 바탕으로 하여 도금액의 비중을 측정하여 황산 농도를 어느 정도 파악할 수 있다. 도금액의 변화는 작업에 따라 급격히 변화하는 일은 거의 없으며 서서히 변화한다. 황산의 양이 적은 도금은 전기저항이 증가하며 온도가 상승한다. 비중 측정과 화학분석은 보통 1주에 1회 정도는 정기적으로 검사하여 도금액의 상태를 기록하여 그 상태를 참고로 하여 작업공정 및 생산에 차질이 없도록 해야 한다.

황산의 농도가 경도와 관계가 있으므로 황산의 양이 적으면 유연한 도금이 된다. 황산구리의 농도는 석출된 구리의 결정입자에는 영향을 미치지 않으나 황산의 농도가 증가하면 결정은 미세화 하는 경향이 있다. 광택 황산구리 도금액 중에 황산 농도가 증가하면 구리이온 농도는 감소하게 된다. 따라서 양극 용해가 불충분하게 된다. 이러한 원인은 ① 양극 표면적이 부족 ② 양극전류밀도가 크게 되며 광택제 중의 유기물이 양극표면에 피막을 형성하기 때문이다.

대책으로서는 양극의 수를 늘리고 양극전류밀도를 내려야 하며 양극표면에 생긴 피막을 제거해 주어야 한다. 양극 표면의 피막을 제거하는 방법으로서는 묽은 염산으로 닦아 주면 된다. 이와 같이 함으로서 광택 황산구리 도금액 중의 황산 농도가 증가되는 것을 방지할 수 있다.

예제 **구리도금중의 산의 중화**

광택 황산구리 도금액에 황산을 너무 많이 넣었다. 산의 농도를 50 g/L까지 내리도록 하려면 어떻게 하면 될까?

풀이 과잉의 산은 염기성 탄산구리를 가하면 된다. 여기에 따라 상당량의 황산구리가 생성되지만 작업에는 별 지장이 없으며 정확히 산의 농도 측정은 분석을 해야 되지만 일반적으로 비중 측정을 해도 알 수 있다.

---

2) 온도

일반적으로 20~40℃의 범위에서 하고 있으나 광택 황산구리 도금일 경우 가장 알맞은 온도가 18~23℃이다. 온도가 낮으면 도금이 취약하게 되며 10℃ 이하에서는 밀착 불량이 일어난다. 특히 겨울에는 온도가 10℃ 정도이면 회색과 같은 희끄무레한 도금이 되기 쉽고 밀착 불량이 생긴다. 온도가 높으면 도금은 유연하게 되지만 도금표면이 거칠게 되기 쉬우며 광택제의 분해도 촉진되어 광택제 소비량도 많게 된다. 그러므로 온도 관리에 주의해야만 양호한 품질을 유지할 수 있다. 일반적인 스테인리스 히터나 철강제인 히터는 황산구리 도금액이 강산이므로 여기에 침식되어 버리기 때문에 좋지 못하다.

또한 가열은 직접가열보다 간접가열이 좋다. 직접가열은 도금액이 쉽게 증발되며 특히 광택제는 고온에서 분해가 빠르기 때문에 경제적인 손실이 많다. 간접가열은 직접가열에 비해서 도금조의 설비 비용뿐만 아니라 이중 순환 가열수가 되도록 만들어 운영해야 하기 때문에 전체적인 경비는 많이 들게 된다. 겨울에는 온도가 낮으면 도금조의 내벽이나 구리판에 황산구리의 결정이 생기는 것을 불 수 있다. 이와 같은 것은 온도가 낮기 때문이다. 도금액에 흐르는 최고의 전류는 도금액의 양에 따라 대체로 결정된다. 황산구리 도금액에서는 0.3~0.4 A/L의 전류가 적당하다.

예를 들면 물건의 표면적 10 dm^2의 것을 음극전류밀도 4 A/dm^2으로 10개를 도금한다면 도금조에 흐르는 전류는 다음과 같다.

$$10\ dm^2 \times 10개 \times 4\ A/dm^2 = 400\ A$$

400/0.3~400/0.4의 비율에 의해서 도금조 액의 용량은 1,100~1,000 L 정도가 필요하게 된다.

3) 전류밀도

① 음극전류밀도

음극전류밀도가 증가하면 어느 정도까지는 석출되는 구리의 결정이 미세하여 지지만 음극전류밀도가 크게 되면 염기성 구리화합물이 석출물 중에 포함되어 밀착성이 나쁜 암적색 도금이 되고 핏트, 부풀음 등이 발생하게 된다. 음극전류밀도는 보통 10 A/dm^2 이하이다. 다음은 정확한 도금액의 조건에 따른 것을 한 예로 나타낸 것이다.

- 상온 정지 도금: 0.5 ~ 1.5 A/dm^2
- 가온, 교반, 음극진동: 2 ~ 6 A/dm^2
- 광택제를 함유하거나 황산이 많거나 음극진동인 경우: 6 ~ 10 A/dm^2

음극전류효율은 일반적으로 95 ~ 100%로서 거의 100%에 가깝다.

② 양극전류밀도

양극전류밀도가 적당하면 양극의 구리 표면은 피막이 덜 생기면서 핑크색을 나타낸다. 양극전류밀도가 크면 양극 표면에 적갈색의 산화 피막이 생성되어 양극의 용해가 나쁘고 전류의 흐름이 대단히 낮아진다. 그러므로 일정한 전류를 흐르게 하기 위해서는 전압을 상승시켜야 한다. 일반적으로 양극전류밀도는 음극전류밀도의 1/2 정도이며 양극의 표면적은 물품 표면적의 2배가 되어야 한다. 양극전류효율은 100%이며 양극의 화학적 용해는 100% 이상이 된다.

4) 양극

양극은 종래에는 전기동 또는 전기동판을 사용하였으나 구리 및 산화구리의 미세한 입자가 슬럿지(sludge)로 많이 발생되어 도금 불량의 원인이 된다. 최근에는 광택 도금이 보편화되었기 때문에 인(P)을 함유한(보통 0.01 ~ 0.05%) 함인동을 사용한다. 양극에서 생기는 부유물인 슬럿지는 도금액의 불순물로서 도금에 대단히 나쁜 영향을 미치므로 양극주머니를 만들어 구리판을 싸주면 도금액을 슬럿지로부터 보호할 수 있으며 여과도 쉽게 할 수 있다. 양극주머니는 치밀한 여과포를 사용하는 것이 효과적이다. 현장에서는 작업이 끝난 후에는 양극주머니를 묽은 황산(1 : 10)이나 묽은 염산(1 : 10)으로 수세하고 도금작업을 하지 않는 경우에는 양극판을 도금액에서 꺼내어 둔다.

5) 교반

일반적으로 양호한 품질의 석출물을 얻기 위해서는 도금액을 교반해야 한다. 황산구리

도금액에서 교반을 하지 않으면 도금조의 상부와 하부의 도금액 농도에 차이가 생기므로 이것을 방지하기 위해서 교반을 하여 액의 순환이 잘 되도록 해야 한다. 교반의 방법으로는 콤프레셔(compressor)를 이용하여 공기를 도금액으로 흡입 시키는 방법과 여과기를 이용하여 도금액을 강력하게 순환이동 시키는 방법 및 도금하려는 물품 전체를 이동 시키는 음극 이동 방법 등이 있다.

6) 여과

양극 슬럿지, 외부에서 혼입되는 먼지, 걸이에 석출된 금속구리, 유기 및 무기불순물에 따른 도금불량(밀착불량, 부풀음, 도금피막의 벗겨짐 등)이 발생되므로 이와 같은 것을 방지하기 위해서 여과를 해야 한다. 황산구리 도금액, 니켈도금액에서는 수시로 여과를 해주어야 하지만 시안화구리 도금액, 아연도금액, 금도금액, 온도금액과 같은 경우에서는 불순물이 많은 경우에만 여과를 해 준다.

산성 도금액에 사용되는 여과기의 재질은 18-8스테인리스 또는 프락스틱제 등의 내식, 내산성 재질이어야 한다. 도금액을 여과할 때는 활성탄으로서 하는데 여과를 끝낸 후 도금액 중에 활성탄이 존재하면 도금의 불량(예를 들어 핏트, 부풀음, 전착불량, 도금색의 불균일 등)을 나타내므로 활성탄을 완전히 제거해야 한다.

7) 광택제

광택제를 첨가하면 석출물의 결정이 미세화하고 평활한 도금이 되는 동시에 높은 전류밀도를 얻을 수 있는 장점이 있다. 반면 석출물의 경도는 높아지므로 도금은 취약하게 된다. 광택제를 너무 많이 첨가하면 내부응력이 발생하여 균열이 생기기 쉽고 취약해지며 구름 낀 도금이 되기 쉽다.

광택제를 적게 첨가하면 광택효과가 감소한다. 광택제의 첨가는 일시적으로 첨가하는 것보다 소량을 계속적으로 첨가하는 것이 광택을 균일하게 유지하게 할 수 있으며 광택제로 인한 도금액의 고장도 방지할 수 있다. 도금액 중에 첨가된 광택제의 좋고 나쁜 상태를 분석하는 것은 헐셀시험에 의한 것이 간단하고 시간도 절약된다. 도금액 중의 광택제는 활성탄처리를 하면 없어지므로 도금액의 불순물을 여과 할 때는 반드시 활성탄으로 여과한 후에 광택제를 보충하여야 한다.

8) 염소이온

광택 황산구리 도금에서는 소량의 염소 이온이 필요하지만 염소이온이 과잉일 때는 도금면의 색상이 제대로 나타나지 않고 밀착불량이 생기게 된다. 일반적으로 수돗물에는 염소이온이 함유되어 있으나 도금액으로서는 별 지장이 없으나 순수한 물로서 도금액을 만들 때는 염화나트륨(NaCl)을 사용하여 염소이온을 적정범위로 해야 한다. 염화나트륨을 첨가할 때는 순수한 물 1 L에 1 m*l*를 첨가하면 염소이온은 10 mg/L가 함유된 것을 알 수 있다. 즉 이것은 NaCl의 분자량이 58.454, 염소의 분자량은 35.457이며 NaCl 16.5 g/L의 용액 1 m*l* 중의 염소이온은

$$\frac{35.457}{58.454} \times 16.5 \frac{1}{1,000} = 0.01\ \text{g} = 10\ \text{mg}$$

이다. 도금액 중에 염소이온이 과잉으로 첨가된 경우에는 황산은(Ag_2SO_4) 또는 아연말을 첨가하여 제거한다. 아연말은 1~3 g/L를 도금액 중에 첨가 시킨 후 온도를 40~50℃로 가열하고 교반시킨 후 여과하면 과잉의 염소 이온이 제거된다.

9) 황산은법

황산은을 도금액 중에 첨가하면 염소이온이 염화은(AgCl)으로서 침전된 후 여과 제거하는 방법으로서 화학반응은 다음과 같다.

$$2NaCl + Ag_2SO_4 = \frac{2AgCl}{\text{백색침전}} + Na_2SO_4$$

염소이온 $2 \times 35.457 \rightarrow$ 황산은 분자량 311.826

염소이온 10 mg $\rightarrow \dfrac{311.826}{2 \times 35.457} \times 10\ \text{mg} = 43.97\ \text{mg}$

염소이온 10 mg을 제거하기 위해서는 황산은 43.97 mg(약 44 mg)을 첨가해야 한다.

10) 불순물

황산구리 도금에서 적은 양의 불순물은 도금에 별 영향을 미치지 않으나 많은 양이 축적 되면 도금 불량의 원인이 된다.

다음은 도금액 중의 각 원소의 영향이다.

철(Fe): 도금액 중에 니켈과 철이 들어가면 도금액의 전기전도도가 낮아지고 그 양이 많으면 도금면이 깨끗하지 못하고 이러한 불순물이 도금 표면에 부착되어 꺼끌꺼끌하게 된다. 철 소재상에 시안화구리 도금을 하지 않으면 철이 황산구리 도금액 중에 용해되기 때문에 주의를 해야 한다. 화학적 방법에 의해서 철을 제거하는 방법은 공기를 집어넣어 산화시킨 후 수산화나트륨(NaOH)으로서 황산을 중화시켜 pH를 4.7로 하여 수산화제2철로서 침전시킨다. 그리고서 침전된 것을 여과하고 황산을 가하여 pH를 내린다. 도금액 중에 제일 많이 들어가며 도금액을 활성탄으로 처리하면 된다.

안티몬(Sb), 비소(Bi): 안티몬은 0.02～0.1 g/L, 비소는 0.1～0.3 g/L의 허용범위이며 이 이상이 되면 도금면이 불량해진다. 일반적으로 도금액 중에 이와 같은 불순물은 별로 들어가지 않는다.

알칼리금속, 알칼리토류금속, 주석: 도금액 중에 소량이면 별 영향이 없으며 불순물로서 도금액 중에 들어가는 경우는 적다. 너무 많이 존재하면 도금면이 불량해진다.

은: 은(Ag)은 도금액 중에 소량 함유되면 구리와 공석하지만 도금액 중의 염화물과도 침전이 되므로 연속여과를 해야만 지장이 없다. 예를 들면 은땜을 한 경우에는 조금씩 도금액 중에 들어가는 경우가 있다. 만약 은이 다량 함유되면 도금색은 흑회색과 같은 것으로 변색되는데 이것을 제거하기 위해서는 염산을 첨가하면 염화은으로 침전되므로 여과 제거하면 된다. 그 반응식은 다음과 같다.

$$2Ag + 2HCl \rightarrow \underset{\text{(백색침전)}}{\underline{2AgCl}} + H_2\uparrow$$

납: 납은 도금액 중에서는 전부 황산납($PbSO_4$)으로 침전되므로 여과하면 제거된다. 납이 많이 함유되면 도금색은 흑색으로 변화한다.

질산염: 질산염은 음극에서 환원되어 암모니아로 된다.

규산염 및 부유고형물: 규산염 및 부유고형물은 물품에 부착되어 꺼끌꺼끌한 도금이 된다. 활성탄을 첨가한 후 여과를 하여 제거한다.

유기불순물: 광택제 및 계면활성제가 분해된 생성물이나 도금조의 라이닝, 양극주머니용 재료 등에서 생기는 유기불순물이다. 이러한 유기불순물을 제거하기 위해서는 활성탄을 첨가한 후 여과하면 된다.

11) 도금설비

도금액은 황산을 함유하게 되므로 부식성이 대단히 크다. 도금조는 프라스틱, FRP제 등을 사용하고 공기교반 파이프 등은 프라스틱 제품으로 한다.

(4) 도금액의 불량과 대책

도금작업을 할 때는 우연한 사고와 정기적인 사고가 생기는 일이 많다. 우연한 사고는 항상 일정하게 작업을 하다가 작업자의 부주의로 인한 것이 많으나 정기적인 사고는 작업 공정 및 관리를 근본적으로 해결해야만 한다.

표 5-4는 황산구리 도금액의 불량과 대책을 나타낸 것이다.

표 5-4 황산구리 도금액의 불량과 대책

결 함	원 인	대 책
도금이 약하거나 벗겨진다.	① 도금액의 온도가 높다. ② 황산이 부족하다. ③ 전류밀도가 높다.	① 온도를 측정, 여름에 많이 발생한다. ② 황산을 분석하여 부족한 양을 보충. ③ 전류밀도를 내린다.
도금이 딱딱하고 부스러지기 쉽다.	① 온도가 너무 낮다. ② 황산이 너무 많다. ③ 황산구리의 농도가 낮다. ④ 철과 같은 무기 불순물이 많다. ⑤ 전류밀도가 낮다.	① 온도를 측정하여 규정범위대로 한다. 특히 겨울에 많이 발생한다. ② 황산을 분석하여 탄산구리, 수산화바륨을 첨가하여 제거한다. ③ 분석하여 황산구리를 규정양 만큼 첨가한다. ④ 활성탄으로 처리한 후 여과 제거한다. ⑤ 전류밀도를 높인다.
양극(구리판)에 불용성 피막이 형성된다.	① 양극전류밀도가 너무 높다. ② 염화물이 너무 많다. ③ 황산의 양이 적다. ④ 질산은이 혼입되었다.	① 양극판의 수를 증가시키거나 양극전류밀도를 내린다. ② 도금액 중의 염소이온을 분석하여 과잉이면 아연말을 첨가하여 규정 범위로 한다. 염화물이 많으면 도금이 벗겨지거나 여러 가지 수지상 무늬 도금이 생기게 된다. ③ 황산의 양을 분석한 후 규정양의 범위로 첨가한다. ④ 드문 경우 이지만 염산을 가하여 염화은을 침전시킨다. 염소이온이 과잉인 경우에는 아연말을 첨가하여 제거한다.
도금표면이 꺼끌꺼끌하다.	① 도금액 중에 불순물이 많다. ② 전류밀도가 너무 높다. ③ 염화물이 많다.	① 활성탄처리로 도금액을 깨끗하게 한다. 전처리 및 수세에 이상이 없는가를 살펴본다. ② 전류밀도를 내린다. ③ 분석하여 염소이온을 적정치로 한다.
도금의 색이 암적색 또는 밀착력이 약한 거칠은 도금이 된다.	① 전류밀도가 높다. ② 황산 또는 황산구리의 양이 적다. ③ 온도가 너무 낮거나 높다.	① 전류밀도를 낮춘다 ② 도금액을 분석하여 보충한다. ③ 온도를 18~23℃로 한다.
도금표면에 핏트 및 거칠은 석출이 된다.	① 도금액에 불순물이 많다. ② 양극에서 생기는 구리의 분말이 도금액에 존재한다. ③ 전류밀도가 너무 높다. ④ 전처리가 불충분하다.	① 도금액을 활성탄에 의해서 여과한다. ② 함인동판을 사용하고 양극주머니를 사용한다. ③ 전류밀도를 낮게 한다. ④ 수세를 충분히 한다.
흑색 또는 갈색 도금이 된다.	① 불순물의 축적 특히 유기물질이 많다. ② 전처리가 불충분하다.	① 활성탄 처리로 여과하여 도금액을 깨끗이 한다. ② 수세가 불충분하거나 수세물에 유기물이 오염되었다. 수세물을 깨끗이 바꾸어 주어야 한다.
수지상 석출 및 줄무늬의 도금이 된다.	① 염소이온이 많다. ② 전처리가 불량하다.	① 도금액을 아연말처리에 의해서 여과한다. ② 수세를 충분히 해야 한다.
도금이 탄다.	전류밀도가 너무 높다.	전류밀도를 내린다.
도금이 안 된다.	① 전류가 통하지 않는다. ② 온도가 너무 낮다.	① 도금액이 정상인데도 도금이 안 된다는 것은 전류가 통하지 않는다는 사실이다. 그러므로 부스바 또는 걸이의 접합부분을 점검해야 한다. 특히 걸이 1개에 여러 개의 물건을 걸었을 때 이중에서 몇개만 전류가 통하지 않은 것은 걸이의 접촉부분에 전류가 통하지 않는 것이다. ② 특히 겨울에 많이 나타난다. 온도를 높여야 한다.
도금면의광택이 부족하다.	① 광택제가 너무 많거나 적다. ② 유기불순물이 많다. ③ 온도가 너무 높다. ④ 교반을 하지 않았다.	① 광택제의 양을 알맞게 해야 한다. ② 도금액을 활성탄에 의해서 여과한다. ② 온도가 너무 높으면(특히 여름) 광택이 뿌여진다. ④ 교반을 하면 도금면의 광택이 향상되고 도금 작업 속도가 빨라진다.

예제 **니켈도금이 벗겨짐**

구리위에 시안화구리 스트라이트 도금→광택 황산구리 도금→광택 니켈도금의 공정으로서 도금하였다. 니켈도금이 벗겨진다. 원인과 대책은?

풀이 원인으로서는 다음과 같은 것을 들 수 있다.

① 황산구리 도금을 한 후의 수세수가 오염되었다.
② 황산구리 도금에서 니켈도금으로 들어갈 때까지의 시간이 너무 오래 걸린다.
③ 광택 황산구리 도금 표면에 광택제의 얇은 피막이 생겼다.

구리 표면이 깨끗하지 못하면 니켈도금을 하기 전에 알칼리탈지를 하고 묽은 황산용액에 침적한 후 도금을 하면 밀착불량이 개선되며 위의 3가지 상태를 조절하면 니켈도금이 벗겨지지 않는다.

(5) 석출물의 성질

황산구리 도금에서는 인장강도와 유연성이 요구되는데 특히 구리 전주도금에서는 이러한 성질이 요구된다. 황산구리 도금액에서 석출되는 구리의 물리적 성질의 한 예를 표 5-5에 나타냈다.

표 5-5 황산구리 도금액일 때 석출물의 물리적 성질

도금액의 종류	비커즈경도(Hv)	인장강도(psi×10^3)	연신율(%, 5 cm 기준)
황산구리 도금액	40~85	33~68	15~40
황산구리 도금액+첨가제	80~180	69~90	1~20

일반적으로 황산구리의 농도가 변화하면 경도 및 유연성에 매우 큰 영향이 나타나고 첨가제에 따른 영향도 대난히 크다.

또 황산구리 도금에서는 시안화구리 도금액 및 니켈도금액에서 얻을 수 있는 석출물보다 응력은 적어서(1.0 kg/mm^{2}이다) 젤라틴, 아라비아고무, 덱스트린 등의 기타 첨가제를 첨가하면 응력은 증가한다. 황산구리 도금액의 조성이 석출물에 미치는 물리적 성질은 다음과 같다.

- 경도(hardness)
  ① 황산구리의 농도는 경도에 별 영향을 주지 않는다.
  ② 황산의 농도가 증가하면 경도가 조금 높아진다.
  ③ 온도가 높으면 경도가 감소한다.
  ④ 음극전류밀도의 변화는 경도에 큰 영향을 주지 않는다.

- 인장강도(tensile strength)

  ① 황산구리의 농도는 인장강도에 큰 영향을 주지 않는다.

  ② 황산의 농도가 변화하여도 인장강도에는 큰 영향을 주지 않는다.

  ③ 온도가 상승하면 인장강도는 약간 낮아진다.

  ④ 음극전류밀도가 상승하면 인장강도는 커진다.

- 연신율(elongation)

  ① 특히 황산구리의 농도가 낮아지고 황산 농도가 높을 때는 연신율은 조금씩 저하한다.

  ② 온도가 상승하면 연신율은 감소한다.

  ③ 음극전류밀도가 상승하면 연신율은 조금씩 감소한다.

- 내부응력(internal stress)

  ① 황산구리의 농도와 내부응력과는 서로 관계가 없다.

  ② 황산 농도가 상승하면 내부응력은 조금씩 감소한다.

  ③ 온도가 상승하면 내부응력도 커진다.

  ④ 음극전류밀도가 높아지면 내부응력은 커진다.

이상과 같이 유연성 있는 구리도금을 하기 위해서는 황산 농도는 낮아야 하고 온도는 약간 높아야 하고 첨가제의 양은 적어야 한다. 한편 도금 조건은 서로 간에 화학적인 미묘한 관계가 있으므로 작업을 하기 전 미리 실험을 해보는 것이 좋다.

예제 유연성이 있는 두꺼운 구리도금

황산구리 도금에서 유연성이 있는 두꺼운 도금을 하기 위해서는 어떻게 하는가?

풀이 광택제를 첨가하면 경도가 있는 도금이 되므로 광택제를 첨가하지 않아야 한다. 도금액 중에 불순물이 함유되어도 유연성은 낮기 때문에 활성탄을 도금액 중에 넣고 여과한 후 약전해처리를 하면 유기 및 무기 불순물이 제거된다. 도금액 중의 황산은 약간 낮추고 음극전류밀도와 온도는 약간 높아야 한다.

예제 경도가 있는 두꺼운 구리 도금

황산구리 도금액에서 약간 경도가 높으며 일정한 두께의 구리 도금을 하기 위해서는 어떻게 해야 하는가?

풀이 경도를 약간 높게 하기 위해서는 광택제를 첨가해야 한다. 광택제의 종류, 첨가량, 도금 조건에 따라 차이가 있으므로 적절한 광택제를 선택하여 실험해야 한다. 작업 과정 중에 광택제는 서서히 분해되어 경도가 변화 하는데 주의를 해야 한다.

5.1.2 붕불화구리 도금

붕불화구리 도금액은 높은 전류밀도를 필요로 하며 부식성은 대단히 크기 때문에 전주, 인쇄용롤(roll), 활자의 자모등과 같은 고속도 도금인 경우에만 해당된다. 이 도금액의 장점과 단점은 다음과 같다.

- 장점
  ① 높은 음극전류밀도를 필요로 하기 때문에 도금 속도가 빠르고 두꺼운 도금에 적합하다.
  ② 음극과 양극효율은 100%이다.
  ③ 평활한 도금을 얻을 수 있다.
  ④ 도금은 비교적 연하고 버프연마작업이 쉽다.
  ⑤ 도금 조건에 따라 경도가 있는 도금을 할 수 있다.
  ⑥ 도금액은 쉽게 변동하지 않으므로 온도, 농도, 전류밀도, pH 등의 작업관리 조건이 넓고 관리하기 쉽다.

- 단점
  ① 강한 부식성 도금액이다.
  ② 약품 비용이 다른 구리도금에 비해서 비싸다.

(1) 도금액 조성

붕불화구리 도금액은 붕불화구리가 주성분이며 이 용액의 pH를 조절하기 위해서는 붕불화산을 첨가한다. 도금액의 조성은 표 5-6에 나타냈다. 석출원리는 붕불화구리[$Cu(BF_4)_2$]가 수용액 중에서 해리되어 2가의 구리이온으로 존재하고 이것이 황산구리 도금액일 때와 같은 원리에 따라 음극에 금속구리가 석출된다.

표 5-6 봉불화구리 도금액의 조성

도금액성분	저농도 도금액(정지상태)	고농도 도금액	회전도금액(바렐도금)
붕불화구리(g/L)	225	450	350
구리(Cu)(g/L)	(60)	(120)	(90)
붕불산(g/L)	아래의 pH로 되는 정도까지에는 약 15 g/L이 필요하다.	아래의 pH로 되는 정도까지에는 약 30 g/L가 필요하다.	아래의 pH가 될 때까지 측정하면서 첨가한다.
첨가제	필요에 따라 첨가	필요에 따라 첨가	필요에 따라 첨가
pH	0.8~1.4	0.3(최고)	0.5~0.7

표 5-6 (계속)

도금액성분	저농도 도금액(정지상태)	고농도 도금액	회전도금액(바렐도금)
온도(℃)	25~50	25~50	25~50
비중	21~22	13~40	29~31
전류밀도(A/dm^2)	8~13	13~40	-
전압(V)	3.5	4~14	4~12
교반	약간한다.	약간 강하게 한다.	필요 없다.
양극	전기구리판 또는 압연구리판(구리의 함유율은 99.9% 이상)		
양극 : 음극 면적비	1 : 1		
음극전류효율(%)	95~100		

(2) 도금액의 조제와 성분의 역할

1) 도금액의 조제

붕불화구리(보통 48%)를 물에 용해시키면 표 5-6에 나타난 바와 같이 되며 붕불산(HBF_4)으로 pH를 조절한다. 불산(HF)에 붕산(H_3BO_4)을 가하면 붕불산(HBF_4)이 되며 여기에 염기성 탄산구리를 가하면 붕불화구리가 만들어진다.

① 붕불화구리[$Cu(BF_4)_2$], 분자량: 237.21

구리이온의 공급원이며 보통 48%의 수용액으로서 시판되며 진한청색을 나타내며 비중은 1.54(20℃)이다.

② 붕불산[HBF_4], 분자량: 87.63

도금액의 pH를 조절하는데 사용한다. 보통 약 40~48%의 무색 액체로서 유리를 침식시킨다.

③ 첨가제

석출물은 유연성이 있으며 평활한 결정은 미세하며 첨가제는 첨가하지 않지만 도금의 경도를 높이고 평활한 성질을 나타나게 하기 위해서 첨가한다. 당밀을 조금 첨가하면 경도가 증가하고 물품에 수지상 석출물이 나타나는 것을 감소시킨다.

(3) 도금액의 관리

1) 붕불화구리[$Cu(BF_4)_2$]

도금액 중에 붕불화구리의 농도는 크게 변화하지 않으므로 관리는 간단하며 도금액 중의 구리 함유량을 분석하고 비중계에 의해서 보메 농도를 측정하면 된다.

예제 불용성 양극

붕불화구리 도금액 중의 구리가 25g/L로 되면 이것의 반 정도를 추출하여 희망하는 15g/L가 될 때까지 구리를 석출시키려면 어떻게 해야 하는가?

풀이 도금액 중의 금속 함유량이 희망하는 농도에 도달할 때까지 구리 양극을 흑연 양극으로 대체한다. 그러나 흑연판은 서서히 용해되어 불용성 입자가 되므로 양극주머니에 흑연판을 반드시 넣어야 한다. 또한 구리 양극과 함께 부분적으로 불용성 양극을 사용하면 도금액의 농도가 상승되는 것을 방지할 수 있다.

---

2) pH

pH도 구리 농도와 같이 변화가 적으므로 pH 시험지를 사용해서 측정한다. pH가 높을 때는 붕불산용액으로, pH가 낮을 때에는 탄산구리를 첨가하여 조절한다. 양극과 음극의 전류효율은 약 100%이지만 약간 양극 쪽이 높기 때문에(101~102%) 일반적으로 도금액의 pH는 조금씩 상승하는 경향이 있다.

3) 전류밀도

고농도 도금액 중의 붕불화구리 농도가 450 g/L 정도 되는 것으로부터 알 수 있듯이 황산구리 도금액보다도 구리이온 농도가 높기 때문에 고전류밀도로 도금하게 된다.

하지만 고전류밀도로 도금할 때는 도금액의 교반을 충분히 해야 하고 이때의 전기저항은 황산구리 도금액보다 높기 때문에 전압은 높여주어야 한다. 음극전류밀도가 너무 높아지면 거친 도금이 되기 쉬우므로 이때는 첨가제를 넣어 준다.

4) 불순물

붕불화구리 도금액 중의 금속 불순물로서는 납이 있다. 납이 존재하면 유연성이 있는 도금이 되기 어렵고 납을 제거하기 위해서는 황산을 첨가하면 황산납($PbSO_4$)으로 침전되므로 여과시켜 제거하면 된다. 한편 유기 불순물이 도금액 중에 축적이 되면 변색되기 쉬운 도금이 된다. 이때 도금액이 청색에서 녹색으로 변하기 때문에 쉽게 알 수 있으며 이때 활성탄 처리를 하여 여과하면 된다.

5) 여과

양극의 용해는 대단히 좋고 슬럿지의 생성도 황산구리 도금액에 비해서 대단히 적으며 두껍고 평활한 도금을 하기 위해서는 양극주머니를 사용하여 도금액 중에 양극 슬럿지가 혼입되는 것을 방지해야 한다. 황산구리 도금에서는 음극의 2배 정도의 양극 면적이 필요하지만 붕불화구리 도금의 양극 면적은 피도금 물체의 전체 크기가 같아도 상관없다.

6) 도금설비

붕불화구리 도금액은 부식성 및 침식성이 대단히 강하므로 내산성 재질로 도금조를 만들어야 한다. 납과 고규소철은 침식되기 쉬우므로 여과기 및 기타의 설비도 내식 및 내산성 재질로 하는 것이 좋다.

7) 철강 및 아연다이캐스팅 소재상의 도금

철강소재, 아연다이캐스팅 소재상에 직접 구리도금을 하면 황산구리 도금일 때와 같이 밀착이 나쁘게 되므로 미리 스트라이크 시안화 구리도금 또는 니켈도금을 한 후 붕불화구리 도금을 해야 한다.

(4) 석출물의 성질

붕불화구리 도금액으로부터 석출된 구리 성질은 표 5-7과 같다. 이표에서 나타난 바와 같이 붕불화구리 도금액으로부터 얻어진 석출물의 경도는 황산구리 도금액에서 얻어진 석출물보다는 성질이 약간 낮지만 그렇게 큰 차이는 없다.

표 5-7 붕불화구리 도금액에서의 석출물의 물리적 성질

도금액의 종류	비커즈경도 (Hv)	인장강도 (kg/mm²)	연신율 (5 cm를 기준%)
저농도 도금액(첨가제를 첨가하지 않은 상태 49℃)	41～42	12.0	7.3
저농도 도금액(당밀을 첨가제로 첨가한 상태)	62～71	20.8	11.0
고농도 도금액(첨가제를 첨가하지 않은 상태 49℃)	55～61	20.8	14.5
고농도 도금액(첨가제를 첨가하지 않은 상태 39℃)	-	26.5	18.5
고농도 도금액(당밀을 첨가제로 첨가한 상태)	-	19.6	6.5

첨가제를 도금액 중에 넣지 않으면 도금의 결정 구조도 황산구리 도금액에서 얻은 것과 거의 비슷하다. 붕불화구리 도금액의 조성, 도금조건이 석출물의 물리적 성질에 미치는 영향은 다음과 같다.

- 경도(hardness)
  ① 붕불화구리의 농도가 높아지면 경도는 증가한다.
  ② 붕불산의 양에는 비교적 영향을 받지 않는다.
  ③ 온도가 높아질수록 경도는 낮아진다.

④ 음극전류밀도가 높아질수록 경도가 상승한다.

- 인장강도(tensile strength)
  ① 붕불화구리 농도가 높아질수록 인장강도는 증가한다.
  ② 붕불화산의 농도에는 비교적 영향을 받지 않는다.
  ③ 온도가 높아짐에 따라 인장강도는 감소한다.
  ④ 음극전류밀도가 높아짐에 따라 인장강도가 커진다.

- 연신율(elongation)
  ① 붕불화구리의 농도가 높아짐에 따라 연신율은 증가한다.
  ② 붕불산의 농도에는 비교적 영향을 받지 않는다.
  ③ 온도가 높아지면 연신율은 증가한다.
  ④ 음극전류밀도가 증가하면 연신율은 감소한다.

5.2 | 알칼리성 구리도금

5.2.1 시안화구리 도금

시안화구리 도금액은 처음에는 저농도 도금액이 사용되었지만 제2차 세계대전 이후에는 중농도 도금액, 롯셀염을 함유한 것이 개발되었으며 이후 고농도 도금액, 광택도금액 등이 개발되어 실용화 되었으며 여기에 P. R법 등이 실용화 되었다. 시안화구리 도금은 철강 소재상에 구리-니켈-크롬도금, 니켈-구리-니켈의 각종 금속재료의 내식성 향상을 위하여 하지용 및 침탄방지용 도금액으로서 이용되고 있다.

다음은 시안화구리 도금의 장·단점을 나타낸 것이다.

- 장점
  ① 철강 소재상에 직접 도금 할 수 있다.
  ② 도금되는 상태는 황산구리 도금보다 더욱 양호하다.
  ③ 석출되는 구리의 결정이 매우 작다.
  ④ 도금 속도가 대단히 빠르다(이론적으로는 황산구리, 붕불화구리 도금액의 2배이다).
  ⑤ 광택제를 사용한 도금액은 P·R법을 이용할 때보다 더 좋은 광택이 얻어진다.
  ⑥ 거의 모든 소재 금속에 도금이 가능하다.
  ⑦ 도금액은 철강 및 여과기의 설비 재질에도 부식성이 적다.

• 단점

① 청화물(CN)을 함유했기 때문에 독성이 매우 크다. 따라서 인체에 유독하며 폐수 처리와 환기에 특별한 주의가 필요하다.

② 시안화구리는 반드시 청화물에 용해시켜야 한다.

(1) 도금액 조성

시안화구리 도금액은 시안화제1구리와 시안화나트륨과 수산화칼륨(또는 수산화나트륨)이 주성분이다. 도금액은 시안화구리 함유량에 따라서 저농도 도금액, 중농도 도금액, 고농도 도금액의 3가지로 나누며 이외에 롯셀염 도금액, 바렐도금액 등이 있다. 시안화구리도금액의 기본조성을 표 5-8에 나타냈다.

여기서 저농도 도금액은 주로 스트라이크 도금을 하는데 사용하고 고농도 도금액은 고속도 도금에 이용하지만 도금액의 손실은 크기 때문에 대부분 중농도 도금액을 많이 사용한다.

표 5-8 시안화구리 도금액의 조성

성분(g/L)	저농도 도금액	중농도 도금액	고농도 도금액	바렐도금액
시안화구리(CuCN)	15～30	60～80	90～120	45～60
시안화나트륨(NaCN)	30～45	70～90	105～135	55～70
유리시안화나트륨	10～15	5～10	5～10	15～25
수산화칼륨(KOH)	0～4	20～35	25～35	상온
온도(℃)	40	40～60		
pH	11.4～12.0	12.0～12.6	12.2～13.0	
음극전류밀도(A/dm^2)	0.3～2(스트라이크일 때는 4～8)	1～4	2～6	
비중(보-메)	6～10	12～16	18～25	
음극전류효율(%)	30～80	70～100	85～100	
양극	전기동판	전기동판	전기동판	
양극 : 음극 면적의 비	약 2 : 1			

1) 석출원리

시안화제1구리는 물에 용해하지 않으나 시안화나트륨과 같은 시안화알칼리를 첨가하면 이것과 반응을 해서 시안화구리 착이온으로 되어 용해한다. 시안화알칼리로서는 NaCN, KCN의 어느 쪽을 사용해도 좋지만 시안화칼륨 쪽이 용해도가 크기 때문에 도금에 미치는 영향이 좋다(그림 5-1 참조).

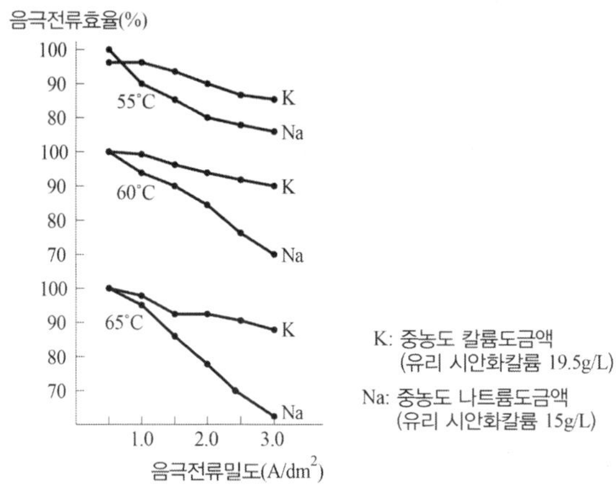

그림 5-1 칼륨과 나트륨도금액의 음극전류효율의 비교

그러나 KCN은 NaCN에 비해서 비싸기 때문에 NaCN을 주로 사용하며 여기에 소량의 KOH를 가하여 도금의 성능을 높인다.

시안화나트륨을 사용할 때는 NaCN의 농도에 따라서 서서히 반응이 일어난다. 즉

$$CuCN + NaCN = NaCu(CN)_2$$

$$\rightarrow NaCu(CN)_2 + NaCN = \underset{\text{시안화구리나트륨}}{\underline{Na_2Cu(CN)_3}}$$

$$\rightarrow Na_2Cu(CN)_3 = 2Na^+ + Cu(CN)_3$$

가 된다(이 반응이 1차 해리반응이다).

그렇지만 시안화구리 도금액 중에서도 대부분이 $Cu(CN)_3^{-2}$의 형태로 시안화구리 착이온이 된다. 따라서 NaCN이 많으면 $Na_2Cu(CN)_3$에 더욱 NaCN이 함유되어 $Na_3Cu(CN)_4$의 형태로 배위수(配位數)가 많은 착이온으로 된다.

$$Na_2Cu(CN)_3 + NaCN \rightarrow Na_3Cu(CN)_4$$

반대로 NaCN이 적거나 온도가 높을 때에는

$$Na_2Cu(CN)_3 \rightarrow NaCu(CN)_2 + NaCN$$

과 같이 해리되어 NaCN이 유리(遊離)된다.

이 $Cu(CN)_3^{2-}$는 도금액 중에서 더욱 해리되어(2차해리) 1가의 Cu이온, 즉 Cu^+로서 존재하여 $Cu(CN)_3^{2-} \rightleftharpoons Cu^+ + 3CN^-$가 된다(이 반응이 2차 해리반응이다).

도금이 개시되면 Cu^+는 음극에서 구리(Cu)가 석출된다.

$$Cu^+ + e(\text{전자}) = Cu$$

(2) 도금액의 조제와 성분의 역할

1) 도금액의 조제

① 도금조에 2/3 정도의 물을 채운다.

② 규정량의 시안화나트륨을 가하여 뜨거운 물에 용해시킨다.

③ 시안화나트륨을 완전히 용해한 것에 시안화구리를 조금씩 넣고 교반하면서 계속 용해시킨다.

④ 위와 같은 조작이 끝난 후에는 수산화칼륨 및 기타 필요한 첨가제가 있으면 첨가한다.

⑤ 용액의 온도를 50～60℃로 하고 활성탄 2～3 g/L을 첨가하여 충분히 교반(약 4～5시간)한 후 여과기로 여과하여 불순물을 제거시킨다(가능하면 하룻밤 동안 놔두고 여과기에 의해서 여과하면 더욱 좋다).

⑥ 물을 가하여 규정 용량대로 한다.

⑦ 파형의 스테인리스판을 음극에 걸고 약전해(음극전류밀도 0.2～0.5 A/dm^2)시킨다.

⑧ 구리(Cu), 유리NaCN의 성분을 분석하여 부족한 것을 첨가하고 광택제나 계면활성제를 첨가한다. 이후 도금을 한다.

2) 시안화구리[CuCN], 분자량: 89.56

약간 검은 백색 분말로서 구리이온의 공급원이 된다. 앞에서 설명한바와 같이 물에 용해하지 않으므로 시안화나트륨을 용해한 용액 속에 넣어 용해시키면 $Cu(CN)_3^-$의 형태로 시안화구리 착이온으로 되고 다시 2차 해리(解離)하여서 Cu^+로서 존재한다.

시안화구리를 용해시킬 때 시안화구리 순도가 나쁘면 시안화제2구리가 혼입되어 있고 도금액을 만들면 침전이 생성된다. 이것은 불용성 착이온으로 되기 때문이다. 시안화물은 맹독성 가스이기 때문에 용해할 때 반드시 환기를 철저히 해야 한다.

3) 시안화나트륨[NaCN] 분자량: 49.01, 시안화칼륨[KCN] 분자량: 65.12

백색의 조해성 고체로서 산과 반응하면 독성이 매우 큰 시안화수소(HCN) 가스를 발생하므로 환기를 철저히 해야 한다. 시안화구리와 반응하여 착염을 만들고 양극을 용해시키는 작용 이외에도 전류효율에 큰 영향을 미친다. 특히 유리NaCN(KCN)의 농도는 도금의 양부를 결정한다. 유리시안화나트륨이 과잉일 때는 양극의 용해는 대단히 좋지만 음극에서는 수소가스가 많이 발생하면서 음극전류효율이 저하되어 도금 두께가 일정한 시간 내에 원하는 두께로 되지 않는다. 또 유리시안화나트륨이 너무 적을 때는 시안화구리 도금액의 색이 푸른색으로 되며 이때 양극의 용해가 나빠져 도금이 잘되지 않는다. 이럴 때에는 시안화나트륨을 보충하면 도금액의 색은 원래대로 되면서 도금도 잘 된다.

도금액 중에 유리시안화나트륨 양이 너무 많으면 도금이 되지 않을 때가 있다. 그 이유는 너무 강알칼리가 되기 때문이다. 이때는 물을 넣어 유리시안화나트륨의 양을 희석시키면 도금이 된다. 유리시안화나트륨(시안화칼륨)은 NaCN(KCN)이 구리와 착염을 만들고 난 후 여분의 NaCN(KCN)을 말하는 것이며 NaCN(KCN) 형태대로 도금액 중에 존재하고 있는 성분인 것이다. CuCN과 NaCN과는 1 : 1의 비율로 반응함을 알 수 있다.

$$CuCN + 2NaCN = Na_2Cu(CN)_3$$

분자량	89.6	2×49=98	187.6
비율	1	1,095	

결국 CuCN의 양의 1.1배 정도 존재하고 있는 NaCN의 양이 유리 NaCN의 양이다. 따라서 도금액의 조성은 다음과 같다. CuCN 50 g/L, NaCN 60 g/L일 때는 다음과 같이 계산한다.

$$60-50 \times 1.1=10.1 \text{ g/L}$$

이다. 그러므로 2NaCN이므로 10.1/2=5.05 g/L이다. 그러므로 약 5 g/L가 유리시안화나트륨이다. 또,

$$CuCN + 2KCN = K_2Cu(CN)_3$$

분자량	89.6	2×65.1	219.8
비율	1	1,453	

이 비율은 사용 약품의 순도가 100%일 때이고 실제로 도금액을 조제할 때는 공기 중의 CO_2와 시안화나트륨이 반응해서 소량의 탄산나트륨을 만들고 배위수가 다른 구리착염도 생성하기 때문에 이론대로는 되지 않고 도금액을 조제한 후에는 화학분석을 하여 유리시안화물의 양을 보충해 주어야 한다.

4) 수산화칼륨[KOH] 분자량: 56.11

수산화칼륨은 도금액의 pH를 상승시키는 작용을 하며 도금액의 전기전도도를 양호하게 하고 평활한 도금과 양극의 용해도 순조롭게 한다. 수산화나트륨보다 수산화칼륨 쪽이 음극효율적인 점에서도 칼륨 도금액 쪽이 나트륨 도금액보다 양호하다. 이와 같은 점으로 보아 일반적으로 수산화칼륨이 사용되며 특히 고능률 광택시안화구리도금에서는 수산화칼륨 첨가가 필수적이다.

5) 탄산나트륨[Na_2CO_3] 분자량: 105.99

도금액을 조제할 때 실제로 5~10 g/L 첨가하는 일도 있으나 주로 도금 작업을 하는 과정 중에서 NaOH(KOH), NaCN(KCN)이 공기 중의 탄산가스와 반응하기도 하며 혹은 시안화물이 가수분해와 산화를 일으켜 탄산염이 생성되므로 조금 적게 첨가해도 관계없다. 즉, 반응은 다음과 같다.

$$2NaOH + CO_2 \rightarrow Na_2CO_3 + H_2O$$

$$2NaCN + CO_2 + H_2O \rightarrow Na_2CO_3 + 2HCN$$

$$2NaCN + 2NaOH + O_2 + 2H_2O \rightarrow 2Na_2CO_3 + 2NH_3$$

탄산염이 도금액의 전기전도도를 증가시키는 것은 어느 범위까지 이며 30 g/L 이상의 도금액에서는 전기전도도가 오히려 낮아져서 음극과 양극효율이 나빠지고 광택범위도 좁아진다.

6) 롯셀염(주석산나트륨칼륨)[$KNaC_4H_4O_6$ $4H_2O$], 분자량: 282.229

시안화구리 도금입자의 미세화 평활화작용 또는 전류효율의 증가에 도움이 되고 광택효과가 좋아진다. 구리와 특별한 착염을 형성하여 양호한 석출 작용을 한다. 이외에 양극전류밀도가 과대해 지기도하고 유리시안화물이 적은 경우에는 구리양극의 표면에 산화제2구리의 흑색피막이 생성되어 전류의 흐름이 나빠지는 일도 있으나 롯셀염을 첨가하면 산화제2구리는 제2구리착이온으로 되어 용해하고 그 후에 제1구리이온이 되기 때문에 양극의 용해는 좋아져서 도금이 순조롭게 진행한다. 따라서 고전류밀도, 고능률의 도금을 할 수 있고 도금 두께도 두껍게 된다. 이와 같은 작용이 있기 때문에 광택 시안화구리 도금의 첨가제에는 롯셀염을 넣는 일도 있다. 또한 롯셀염 대신 주석산, 주석산칼륨 혹은 이것들과 똑같은 안식향산을 소량 넣기도 한다.

7) 광택제

시안화구리 도금액은 중농도 도금액, 고농도 도금액을 기본으로 하여 여기에 광택제를 첨가하고 때에 따라서는 전류 변화를 병행하여 사용한다. 광택제는 광택 작용을 하지만 어느 종류의 것은 불순물에 대한 영향을 억제하기도 한다. 광택제는 크게 나누어 무기 광택제와 유기 광택제가 있으며, 무기 광택제로는 티오시안산칼륨(로당칼륨), 티오황산나트륨의 유황화합물, 아셀린산나트륨, 아연산나트륨, 비스무스(Bi), 탄타륨(Ta), 리튬(Li), 코발트(Co), 몰리브덴(Mo), 니켈(Ni), 아연(Zn), 카드뮴(Cd), 안티몬(Sb)의 금속화합물 등이 있다. 또 유기 광택제로는 안식향산, 사카린, 나프탈린, 슬폰산염, 티오뇨소, 구연산염 등이 있다.

유황 화합물을 광택제로 사용할 때의 예를 들면 티오시안산칼륨에서는 티오시안기(基) CNS 중의 유황이온과 약간 해리하여 광택작용을 나타낸다. 티오황산나트륨의 경우 다음과 같이 환원반응이 일어나 로당염이 생성되고 곧이어 유황이온이 조금 해리되어 광택작용이 나타난다고 생각된다. 그 반응은 다음과 같다.

$$CN^- + S_2O_3 \rightarrow CNS^- + SO_3$$

8) 계면활성제

시안화구리 도금액에서는 광택제 이외에 계면활성제가 첨가되는 일이 많다. 계면활성제는 도금액의 표면장력을 저하시켜 핏트의 발생을 방지하고 도금표면의 꺼끌꺼끌함을 방지한다. 계면활성제로서는 도금액의 나쁜 영향을 주지 않고 거품이 적고 도금액 중에서 분해가 되지 않는 것이 좋다.

(3) 스트라이크 구리도금(저농도 도금)

스트라이크(strike) 구리도금액은 구리 농도가 적으며 고전류밀도로서 단시간에 도금을 하고 소재 금속의 밀착을 좋게 하기 위한 목적이 있다. 전류효율이 아주 나쁘고 시안화수소가스의 발생이 심한 대신 전해탈지, 금속표면의 정화작용도 양호하고 깊은 흠이나 기포 등에도 밀착이 잘된다. 산성구리도금 및 니켈도금을 하기 전에는 반드시 해야 하며 중, 고농도 시안화구리 도금액, 광택 시안화구리 도금액에 들어가기 전에 반드시 하면 도금이 더욱 양호해진다.

또 아연다이캐스팅 소재에는 반드시 스트라이크 시안화구리 도금을 한다. 온도는 일반적으로 40～50℃의 범위에서 하는 것이 효과적이며 도금시간은 30초～1분 정도이다. 도금은 소재 금속의 표면이 완전히 덮힐 때까지 하여야 하며 너무 오래 도금을 하면 오히려 거칠고 취약해진다. 보통 두께는 1~2μm 이내이다. 전압은 4~6 V이며 유리시안화나트륨은 좀 많은 편이 좋다. 스트라이크 시간이 짧을 때에는 시안화구리금액의 농도를 높게 하고 스트라이크 시간이 비교적 길 때에는 시안화구리도금액의 농도를 낮게 하는 것이 좋다. 스트라이크 도금액은 유리시안화나트륨이 감소되고 구리이온 농도가 증가하는 경향이 있기 때문에 유리시안화나트륨의 관리에 특별한 주의를 해야 한다.

또 양극의 일부는 스테인리스판을 사용함으로써 구리 농도가 증가되는 것을 방지 하는 것도 하나의 방법이다. 스트라이크 시안화구리 도금액의 관리가 불충분하면 도금표면이 꺼칠꺼칠하고, 핏트, 밀착불량을 일으키며 도금액 중에 유기 불순물이 있으면 이것이 도금표면에 그대로 전착 되어 다음 도금에서도 꺼끌꺼끌하게 나타난다. 이 경우에는 활성탄 처리를 한 후 여과하고 도금을 해야 한다. 시안화구리 도금액은 일정하게 여과를 하고 정기적으로 도금액을 분석하면 다음 도금 공정상태가 대단히 양호해진다.

아연다이캐스팅 소재 상에 직접 중, 고농도 도금액 중에서 도금하면 화학적 치환에 따라 밀착이 나쁜 구리가 석출되기 때문에 반드시 스트라이크 시안화 구리도금을 하여야 하며 이때 pH가 낮은 스트라이크 도금액이라야 한다. 시안화구리 도금액에 롯셀염을 15~30 g/L 첨가하면 석출된 구리가 평활하게 전착되고 탄산염의 생성이 늦어지는 효과도 있기 때문에 어느 정도 롯셀염을 첨가하는 것도 좋다. 또한 알루미늄 소재에 대해서는 pH가 낮은 것이 좋기 때문에 수산화 알칼리를 첨가하지 않는 도금액을 사용해야 한다.

예제 시안화구리 스트라이크도금에서 도금이 벗겨짐
구리합금 소재상에 시안화구리 스트라이크도금을 했으나 도금 표면이 벗겨진다. 그 원인과 대책은?

|풀이| 한마디로 탈지가 불완전하다. 예를 들면 탈지가 지나치면 도금이 벗겨지거나 부분적으로 도금 표면에 마치 좁쌀알과 같은 적은 것이 많이 생긴다. 이 원인은 전해탈지액에서 너무 오랫동안 탈지했기 때문이다. 대책으로서는 구리합금용의 탈지액을 사용하고 다음에 시안화나트륨 20~30 g/L의 수용액에 잠시 침적한 후 수세하지 않고 바로 스트라이크 시안화 구리도금을 하면 된다.

(4) 중·고농도 시안화구리

시안화구리 도금의 중, 고농도액은 광택액, 고능률액의 기본 용액으로서 중요하며 음극전류효율, 양극전류효율을 양호하게 하기 위해서 금속 농도를 높이고 유리시안화나트륨을 약간 적게 하여 고온에서 하는 것이 특징이다. 고농도 도금액은 물품에 부착되어 소모되는 도금액이 많기 때문에 대부분 중농도액이 많이 사용된다. 도금액은 유기물 및 기타 불순물에 민감하기 때문에 항상 여과를 하여 도금액을 깨끗이 하여 작업을 해야 한다. 온도는 너무 낮게 하면 전류효율이 낮아지고 표면상태도 거칠게 되므로 온도를 낮게 하지 않도록 해야 한다.

(5) 시안화 바렐도금

회전도금액에서 사용되는 바렐은 바렐 내부의 물품과 양극 면적과는 충분히 접촉되지 못하기 때문에 음극전류밀도가 어느 정도 커도 양극전류밀도는 크게 되므로 양극 용해가 나쁘게 된다. 그러므로 유리시안화나트륨을 보통보다는 많게 해야 하고(이때 시안화나트륨만 보충해주면 유리 시안화나트륨은 저절로 보충된다) 롯셀염을 첨가시켜 양극의 용해를 촉진시키기도 한다. 도금액 조성과 조건은 표 5-9에 나타냈으며 농도에 따라서 저, 중, 고 농도의 3가지 종류가 있으나 사용에 따라 엄밀히 구분하는 것은 아니다. 그러나 일반적으로 도금 두께를 얇게 하기 위한 것은 저농도 도금액을 사용하지만 대부분 중농도 도금액으로서 도금을 한다.

표 5-9 바렐도금액의 조성과 조건

성분	저농도 도금액	중농도 도금액	고농도 도금액
시안화구리(g/L)	45	60	90~100
시안화나트륨(g/L)	70	85	120~140
유리시안화나트륨(g/L)	18~20	18~20	20~30
롯셀염(g/L)	45~75	45~75	45~75
수산화칼륨(g/L)	8~15	8~15	8~15
온도(℃)	50~65	50~65	50~65
전압(V)	6~10	6~10	8~14

롯셀염이 첨가되면 양극의 용해가 좋고 탄산염을 감소시키는 역할을 하기도 한다. 보통 45~75 g/L가 표준이지만 20 g/L 정도 첨가해도 효과가 대단히 좋다. 양극의 용해를 좋게 하기 위해서는 보조 양극을 만들어 부착하고 양극 면적은 될 수 있는 대로 크게 하고 양극전류밀도를 낮게 하면 좋다. 바렐도금에서는 음극전류밀도보다 오히려 전류의 세기(도금액 1 L당의 암페아수)를 고려하는 것이 좋다. 바렐의 구멍, 구멍 크기, 구멍의 수(數), 바렐 내부에 들어가는 물품의 모양과 종류에 따라서 전류의 흐름이 다르기 때문에 바렐의 구조에도 충분히 유의하여 도금해야 한다. 아연다이캐스팅 같은 것은 유리시안화물이 많은 도금액 중에서 미리 바렐도금을 하고 저농도 도금액에서 도금하는 것이 좋다. 바렐은 일반적으로 수평식을 사용하는데 전류를 될 수 있는 대로 많이 흐르게 하는 것이

유리하기 때문에 바렐 내부의 도금액과 바렐 외부의 도금액이 잘 혼합되도록 설계되어야 한다. 이때 바렐 구멍의 크기, 개수 등이 알맞아야 한다. 또한 물품의 형사이나 크기, 바렐의 재질은 강도가 있어야 하고 물품은 바렐 내부에 밀착되어 전류가 잘 흐르도록 되어야 하므로 보통 물품은 바렐 크기의 40% 정도 넣어서 도금을 한다.

물품을 너무 적게 넣으면 물품끼리 전류가 차단되기 쉬워 도금이 잘 되지 않고 또 물품을 너무 많이 넣으면 물품끼리 서로 밀착된 부분은 도금이 잘되지 않고 광택력도 부족하게 된다. 일반적으로 바렐에 넣는 물품은 모양이 단순하고 대량 생산일 때 바렐도금을 많이 한다. 예를 들면 볼트, 낫트, 못 등은 전부 바렐도금을 한다.

(6) 도금액의 관리

1) 시안화구리

시안화구리 도금액의 불순물은 주로 납, 철 이며 이와 같은 금속 불순물을 적게 함유한 순도가 높은 약품을 사용하는 것이 좋다. 구리이온은 양극 면적 및 유리시안화나트륨의 알칼리 농도가 적으면 감소된다. 이럴 때에는 양극 면적을 증가시키거나 시안화구리를 더 첨가하지만 큰 변동이 있을 때에는 화학분석을 하여야 한다.

2) 유리시안화나트륨

시안화구리 농도와 밀접한 관계가 있는 유리 시안화나트륨의 양은 도금에 제일 중요한 성분으로서 모든 종류의 시안화구리 도금액에 대해서 유의해야 한다. 그림 5-2에 나타난 바와 같이 유리 시안화나트륨이 감소하면 음극효율은 상승되지만 양극의 용해가 나쁘며 꺼끌꺼끌하고 밀착력이 나쁜 취약한 도금이 되거나 도금 표면에 부풀음이 생긴다. 수소가스는 별로 발생하지는 않으나 전압은 높게 해야 한다. 유리시안화나트륨이 지나치게 많으면 pH의 최대 적정 범위도 벗어날 뿐 아니라 도금이 되지 않는다. 이때는 도금액이 너무 강알칼리성이기 때문에 물을 첨가하여 희석시켜 pH를 적정 범위로 낮춘다.

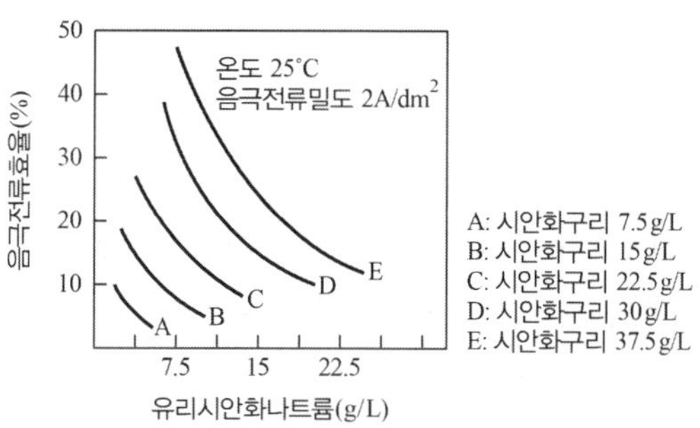

그림 5-2 저농도 시안화구리 도금액의 음극효율

3) 탄산나트륨

도금액의 교반이 너무 심하거나 전류밀도가 크게 되고 온도가 너무 높으면 수산화나트륨 및 시안화나트륨의 분해가 촉진되어 탄산염이 생성된다. 도금액 중에 탄산나트륨을 너무 많이 넣으면 탄산염의 축적이 더욱 빨리 생겨 도금조 바닥에 축적하게 된다. 일반적으로 20～30 g/L 이상이 되면 양극의 용해 및 광택 범위가 저하하기 때문에 냉각법 또는 석회법에 따라 지나치게 축적된 탄산염을 제거해야 한다.

① 냉각법

이 방법은 온도를 낮추어 탄산나트륨의 용해도를 감소시키고 탄산나트륨이 결정 $Na_2CO_3 \cdot 10H_2O$로 되어 도금조 밑면에 석출되는 것을 이용하는 방법인데 특히 추운 겨울에 작업을 중지할 때 실시하는 것이 좋다. 도금액을 예비 도금조에 넣고 온도가 5℃ 이하로 되면 결정화 된다. 이 후 상등액을 사용하며 이렇게 계속하면 탄산나트륨의 축적된 양을 반 정도는 제거할 수 있다.

② 석회법

$Ca(OH)_2$를 도금액에 첨가하면 탄산칼슘이 되어 이것이 침전되면 여과하여 제거하는 방법이다.

$$Na_2CO_3 + Ca(OH)_2 = CaCO_3 + 2NaOH$$

분자량: 106.0 74.10 100.09 2×40.0

위의 반응식과 분자량을 보면 Na_2CO_3 106 g을 제거하는데 $Ca(OH)_2$ 74 g이 필요하다는 것을 알 수 있다. 우선 도금액 중에 소석회 또는 생석회를 조금씩 첨가한다. 다음에 도금액의 온도를 약 50℃ 정도로 하고 3～4시간 충분히 교반한 후 4～5시간 가만히 놔두면 백색 침전이 생긴다. 이 침전을 여과기에 의해서 여과 제거하며 여기서 나온 용액은 Na_2CO_3가 제거되었기 때문에 사용하면 된다. 또 $Ca(OH)_2$ 대신에 $Ba(OH)_2$를 사용하기도 한다. 그 반응은 다음과 같다.

$$Na_2CO_3 + Ba(OH)_2 = BaCO_3 + 2NaOH$$

이 반응식에서 $BaCO_3$는 백색 분말로 침전되며 Na_2CO_3의 제거방법은 $Ca(OH)_2$와 같다. 그러나 $Ba(OH)_2$는 $Ca(OH)_2$보다 약품비가 비싸기 때문에 $Ca(OH)_2$를 사용하는 것이 좋다. 현장에서는 그렇게 많이 Na_2CO_3의 축적이 일어나는 일은 별로 없다. 그러므로 Na_2CO_3를 완전히 제거할 필요는 없다. 이 처리에 의해서 NaOH가 생성되고 pH가 상승된다는 점에 주의해야 한다. 또 냉각법이나 석회법은 침전이 생성되어 흡착작용을 일으키므로 도금액 중의 성분 농도가 조금 감소된다. 그러므로 이러한 처리를 한 후에는 반드시 화학분석을 하는 것이 좋다.

4) pH와 수산화칼륨

도금액의 pH와 KOH는 구리도금의 색상과 관계가 있다. 특히 광택시안화구리 도금에서는 광택범위에 영향을 미치기 때문에 반드시 pH를 알맞게 해야 한다. pH는 12~13이 가장 좋고 13 이상에서는 도금의 색깔이 검게 된다. 아연다이캐스팅과 같은 경우에는 pH를 10.5~11.0으로 한다. pH를 올리기 위해서는 수산화칼륨, 수산화나트륨을 첨가하고, pH를 내리기 위해서는 주석산 또는 빙초산을 첨가한다.

5) 온도

저농도 도금액은 보통 스트라이크 도금액으로 사용할 때 효과가 좋다. 온도가 높으면 구리이온의 이동, 도금액의 전기전도도, 음극전류효율이 양호하고 광택 도금액에서는 광택범위가 넓게 되는 장점이 있으나 너무 고온에서 작업을 하면 경제적 문제와 시안화물 및 수산화 알칼리가 분해하여 탄산나트륨(또는 탄산칼륨)으로 되는 속도가 빠르게 되기 때문에 적당한 온도 범위를 선택하여야 한다.

6) 전류밀도

음극전류밀도가 크면 밀착력은 좋지만 조잡한 도금과 부풀음이 발생한다. 또 수소가스가 발생하여 음극효율이 낮아진다. 한편 전류밀도가 낮으면 밀착력이 나쁘고 도금 속도가 느려서 생산성 향상에 도움을 주지 못한다. 전류밀도는 도금되는 물품의 단위표면적당의 전류에 따르지만 물건의 형상에 따라 달라 凹凸이 있는 등 표면적인 실제 측정이 어렵고 실제적으로 전류밀도는 전체의 평균치이기 때문에 물품의 각 부분에 높은 전류가 흘러 피도금 물체에 타는 현상이 나타난다. 그래서 이러한 것을 개선하기 위해서는 걸이의 설계와 전류의 흐름 및 분포 상태를 충분히 고려하여야 한다.

도금액의 종류, 온도 이외에 도금 조건에 따라 음극전류밀도의 차이가 생기게 된다. 저농도 도금액에서는 0.3~2 A/dm^2, 중농도 도금액에서는 1~4 A/dm^2, 고농도 도금액은 2~6 A/dm^{2}이고 도금액 중의 성분 및 도금액의 농도 상승에 따라서 전류밀도도 높게 된다. 같은 전류밀도에서도 유리시안화나트륨의 양, 온도에 따라서 음극전류효율이 크게 변화하기 때문에 유리시안화나트륨, 온도, 교반의 유무, 음극전류효율, 도금 속도, 광택 도금액에서는 광택 범위를 고려하여 음극전류밀도를 결정해야 한다. 시안화구리 도금액의 음극전류효율은 도금 조건에 따라서 변동되지만 대체로 다음과 같다.

저농도 도금액 30～80%, 롯셀염 도금액 30～70%

중농도 도금액 70～80%, 칼륨 도금액 95～100%

고농도 도금액 85～100%

양극전류밀도는 일반적으로 음극전류밀도의 1/2로 하는 것이 좋기 때문에 표면적인 물품의 2배 이상이 된다. 저농도 도금액에서는 0.15～1 A/dm^2, 중농도 도금액은 0.5～2 A/dm^2, 고농도 도금액에서는 1～3 A/dm^2 이하로 하지만 될 수 있는 대로 양극의 수를 증가시켜 양극의 전류밀도를 저하 시키고 양극의 용해가 양호 하도록 해야 한다. 양극전류밀도가 높게 되면 양극 표면에는 산화제일구리(Cu_2O), 산화제이구리(CuO)의 흑갈색 피막이 생성되어 전기저항이 생겨 양극이 불용성 피막으로 되어 양극의 용해가 나빠진다.

7) 교반

도금액을 교반하면 구리이온이 확산되어 이동이 빠르고 구리이온의 농도가 균일하게 되어 높은 전류밀도를 얻을 수 있다. 또 음극 및 양극효율도 향상되어 고속도 도금이 가능하다. 물품 표면에서 발생하는 수소가스가 즉시 교반에 의해서 확산, 제거되므로 수소가스에 따른 핏트를 방지하며 광택도금에서는 광택 범위도 균일하게 된다. 교반은 대부분 공기교반을 하며 도금조 밑바닥에 2～3 mm 정도의 구멍이 뚫린 PVC 파이프를 설치하여 공기가 들어가도록 한다. 도금액 중에 들어가는 공기 중에는 기름이나 먼지 등이 들어가지 않도록 주의해야 한다. 공기교반 방식은 효과는 크지만 탄산염의 생성을 촉진하고 금속 불순물 및 도금조 밑바닥의 아주 적은 불순물이 도금액 중에 떠다니게 되어 결국 이것이 도금 표면에 전착되어 취약한 도금이 된다.

또 겨울에는 냉각된 공기가 도금조에 들어가면 온도가 낮아질 수도 있다. 이외의 교반 방법으로서 음극진동이 있다. 이것은 도금의 물품을 상하 또는 좌우로 적당한 속도로서 왕복운동을 하거나 회전시키는 방법우로서 가장 많이 이용되고 있다.

8) 여과 및 양극

도금액 중에 미세한 부유물이 있으면 취약, 부풀음, 핏트 등이 발생하므로 도금액은 여과에 의해서 깨끗하게 해야 된다. 일반적으로 연속여과를 하지만 도금액이 깨끗하면 구태여 연속여과를 할 필요가 없다. 도금액 중의 불순물은 양극에서 용해된 무기불순물, 공기 중의 먼지, 물품에 부착된 오염물질, 전처리 과정에서 혼입되는 수세물, 걸이에 석출된 금속 불순물 등이 수시로 혼입된 것이다. 양극판은 99.9% 이상의 양호한 전기 구리판을 사용한다. 스트라이크 구리도금액에서 일부 철판 또는 철판과 전기구리판을 혼합하여 사용하기도 한다. 그 이유는 전기구리판만을 사용하여 스트라이크 도금을 하면 도금액

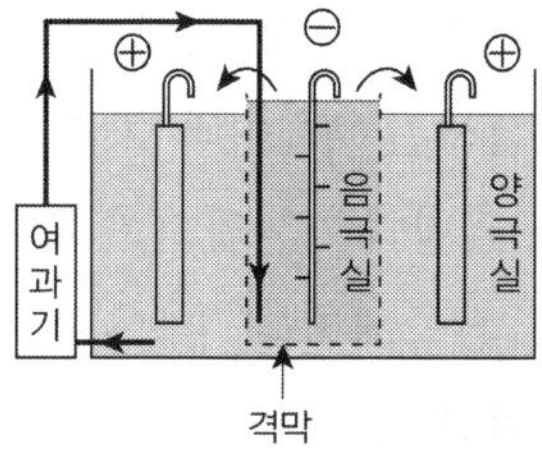

그림 5-3 격막을 사용한 도금조

중의 구리이온 농도가 상승되어 스트라이크 도금액으로는 부적당하기 때문이다. 또 양극주머니 또는 격막을 사용함으로서 도금액 중에 불순물이 혼입되는 것을 많이 줄일 수 있다. 양극주머니의 헝겊은 결이 치밀하고 도금액은 잘 침투 할 수 있어야 하고 불순물은 양극주머니에서 흘러나가지 않는 재질이어야 한다. 격막은 양극에 아주 가깝게 설치하면 양극 근처의 구리이온 농도가 증가하며 유리시안화나트륨이 부족해서 도금액의 전기저항이 상승한다. 양극과의 거리가 4~5 cm 떨어져서 설계하는 것이 좋다.

그림 5-3은 격막을 사용한 도금조이며 양극 부근에서 금속이온 농도가 상승되거나 양극의 용해 불량을 방지할 수 있다.

예제 정전과 역전

전기도금에서 정전(正電)과 역전(逆電)이란 무엇인가?

|풀이| 도금할 때 물품을 음극에 달고 하는 작업을 정전이라 하고 물품을 양극에 달고하는 작업을 역전이라 한다.

9) 불순물

시안화구리 도금액 중에 불순물이 존재하면 여러 가지 장해가 일어나고 도금 불량의 원인이 된다.

유기물질 및 유지(油脂): 물체 표면의 탈지 불량, 수세 불충분, 도금조 라이닝의 성분, 도금액 교반용 흡입, 공기 중의 기름, 유기 광택제의 여과한 찌꺼기, 또는 이것들의 분해 생성물이 혼입되면 광택이 저하하거나 얼룩이 생기고 지나치면 도금 피막이 벗겨진다. 또한 핏트, 핀홀(pin hole)등이 발생하기 쉽지만 활성탄 처리에 의해서 제거된다.

납: 광택제 중의 소량의 Pb, 또는 용접부분이 용해되거나(이때 조금씩 장기간 축적됨) 납합금 제품을 도금할 때 일부가 용해되어 나쁜 영향을 나타낸다. 광택 및 밀착력이

저하하고 핏트, 꺼끌꺼끌한 도금이 되기 쉽다. 약전해하여 제거하거나 Na_2S를 1~2 g/L 정도 가하여 PbS로 침전시킨 후 여과 제거한다.

아연: 아연다이캐스팅 소재에 도금할 때 혼입되기 쉽다. 아연이 너무 많이 용해되었을 때는 도금의 경도가 상승되고 취약해진다. Pb와 마찬가지로 Na_2S를 첨가하면 ZnS로 침전되므로 여과 제거할 수 있다.

크롬: 6가 크롬이 들어가면 광택이 심하게 나빠지고 많이 들어가면 도금 색깔이 변색되거나 도금이 되지 않는다. 중아황산나트륨 또는 아황산나트륨을 1~5 g/L 정도 넣으면 6가 크롬이 3가 크롬으로 환원된다. 특히 현장에서 걸이의 수세 불충분으로 인한 경우가 많으므로 수세물로서는 아황산나트륨의 묽은 용액을 사용하면 시안화구리 도금액 중에 크롬이온이 들어가는 것을 방지할 수 있다. 크롬의 혼입은 대단히 주의를 해야 하며 어느 도금액 중에도 들어가지 않도록 해야 한다.

철: 철은 조그마한 양이 들어가도 별 문제가 없으나 많이 축적되면 꺼끌꺼끌한 도금이 되기 쉽다. 일반적으로 활성탄으로 처리할 때 대부분 제거되며 약전해를 매일 계속하면 철 이외의 금속 불순물도 제거된다.

(7) 도금액의 불량과 대책

표 5-10은 시안화구리 도금의 불량과 대책이다.

표 5-10 시안화구리 도금의 불량과 대책

결함	원인	대책
도금피막의 밀착 불량 도금피막의 부풀음	① 도금액 중에 유기물질이 혼입되었다. ② 전처리 불량이다. ③ 탈지 부족이다.	① 활성탄에 의해서 도금액 중의 유기물질을 제거한다. ② 수세물의 오염여부를 파악하거나 새로운 수세수로 교환한다. ③ 탈지액을 좀 더 고농도로 하고 온도를 높여 사용한다.
도금면의 꺼끌꺼끌함	① 도금액 중에 무기 불순물이 혼입되었다. ② 전류밀도가 과대하다. ③ 탈지나 전처리가 불량하다.	① 도금액을 여과하여 불순물을 제거한다. ② 전류밀도를 낮춘다. ③ 완전히 전처리 및 탈지를 한다.
핏트 발생	① 도금액의 표면장력이 크다. ② Pb, Fe, Zn 등의 금속 불순물이 많다. ③ 유기물질이 존재한다.	① 계면활성제를 소량 첨가. ② 약전해하여 제거 또는 Na_2S로 침전 여과한다. ③ 활성탄으로 여과한다.
도금 속도가 늦고 가스 발생이 많음	① 시안화나트륨이 너무 많고 시안화구리가 너무 적다. ② 전압이 너무 높다.	① 분석하여 적정치로 한다. 물로 희석하고 시안화구리를 보충해주기도 한다. ② 전압을 내린다.
도금액의 색이 청색이고 도금이 잘되지 않음	① 유리시안화나트륨이 부족하다.	① 시안화나트륨을 보충한다.

표 5-10 (계 속)

결함	원인	대책
양극판이 흑색	① 양극전류밀도가 너무 높다. ② 유기물질이 너무 많다. ③ Pb, Zn, Fe 가루가 너무 많다.	① 양극전류밀도를 내린다. ② 활성탄에 의해서 침전 여과한다. ③ 약전해 또는 Na_2S로 침전 여과한다.
도금 후 얼룩이 생김	① 전처리 및 탈지 불량. ② 수세수가 오염되었다. ③ 시안화구리 도금을 하기 전까지 물건을 너무 오래 놓아두었다. ④ 소재 금속중의 홈, 구멍에서 수세수가 흘러나오면서 도금이 되었다.	① 완전히 기름을 제거한다. ② 수세수를 완전히 바꾼다. ③ 탈지후 도금 물체를 수세수 속이나 공기 중에서 너무 오랜 시간을 놔두면 안 된다. ④ 도금면의 홈이나 구멍 속에까지 완전히 수세하도록 한다. 얼룩이가 약간 생긴 것은 깨끗이 수세한 후 3% 시안화나트륨 용액 중에 침적한 후 수세한다.
도금이 안 된다.	① 전기접점, 정류기 상태, 부수바의 부식 상항을 알아본다. ② 크롬산이 혼입되었다. ③ 농도가 알맞지 않다.	① 전기접점의 부식, 부스바의 부식, 전선이 끊어졌는가 등을 파악. ② 크롬액이 많이 들어가면 도금이 안 된다. ③ pH가 적정 범위 이상으로 너무 높거나 시안화구리와 시안화나트륨의 비율이 알맞지 않으면 도금이 안 된다.

5.2.2 피로인산구리 도금

옛부터 사용된 도금액으로 Zn, Al, 철강에 구리도금 또는 철강의 질화방지, 침탄방지, 수소취성 방지 등의 특수한 용도에 이용된다.

주요 용도는 다음과 같다.

① 니켈, 크롬도금의 하지 도금으로서 철, 아연다이캐스팅에 이용된다. 특히 아연다이캐스팅 소재일 때는 소재의 부식이 생기지 않는다.

② 프린트(print) 기판(基板)에는 균일전착성을 나타낸다.

③ 전주용(電鑄用)으로 두꺼운 구리도금에 좋다.

④ 침탄 및 질화방지용 도금으로서 좋다.

피로인산구리 도금은 시안화구리 도금과 황산구리 도금의 중간이며 그 특징은 다음과 같다.

- 장점
  ① 전류밀도범위가 넓고 저전류부분에도 광택을 얻을 수 있다.
  ② 평활화 작용이 좋고 석출된 구리의 결정이 미세하고 유공도가 적다.
  ③ 균일전착성 및 밀착성이 좋다.
  ④ 전류효율이 대단히 좋고(98% 이상) 고전류밀도로 작업할 수 있어 도금 속도가 빠르다.

⑤ PR 또는 교류 겸용 방법은 필요하지 않다.

⑥ 양극 슬럿지의 발생 및 양극 용해가 적으므로 양극주머니 및 격막이 필요 없다.

⑦ 도금액은 약알칼리성이므로 부식성이 적고 폐수 관리가 쉽다.

⑧ 구리도금을 한 후 연마하기 쉽다.

⑨ 전주도금을 할 경우 모형재료가 강알칼리 및 강산성에 알맞지 않을 때는 이 도금액이 적당하다.

- 단점

① 철강 및 아연다이캐스팅 소재에는 피로인산구리 도금을 하기 전에 구리스트라이크를 반드시 해야 한다.

② 시안화구리 도금액, 황산구리 도금액보다 가격이 비싸다.

③ 2가의 구리이온이 석출되기 때문에 금속의 석출 속도는 시안화구리 도금액의 약 1/2이 된다(다만 전류효율 이외의 기타 도금조건이 같을 때는 황산구리 도금액과 거의 비슷한 도금 속도이다).

④ 도금액 관리는 까다로운 편이다.

⑤ pH 변화에 따라 도금액 관리가 까다롭다.

(1) 도금액 조성

표 5-11 피로인산구리 도금액의 조성

성분	범위	표준범위
피로인산구리(g/L)	80～105	90
피로인산칼륨(g/L)	290～370	345
암모니아수(m/L)	2～4	3
P비(P_2O_7/Cu)	6.7～7.2	7.0
온도(℃)	50～60	55
음극전류밀도(A/dm^2)	2～6	4
양극전류밀도(A/dm^2)	1～3	2
pH	8.6～9.0	8.7
교반	공기교반	공기교반
음극전류효율(%)	95～100	95～100
양극	함인동판	함인동판

피로인산구리와 피로인산칼륨이 주성분으로서 보조제로서는 소량의 암모니아수, 질산칼륨, 광택제를 첨가한다. 이때 피로인산구리는 물에 불용성이므로 피로인산칼륨의 수용액에 피로인산구리를 가하여 착염을 형성케 하여 물에 넣으면 가용성으로 되며 이 후 피로인산칼륨을 첨가하면 된다. 이러한 점으로 보아 시안화구리 도금액 중에서의 시안화구리와 유리시안화나트륨과의 관계와 비슷하다. 또 상황에 따라서는 질산칼륨은 일종의 첨가제이므로 때로는 사용하지 않는 경우도 있다.

1) 석출원리

피로인산칼륨($K_4P_2O_7$)의 수용액에 피로인산구리($Cu_2P_2O_7 \cdot 3H_2O$)를 가하면 다음과 같은 화학반응이 생겨 용해도가 큰 피로인산구리칼륨(착염의 형태)이 생긴다.

$$3K_4P_2O_7 + Cu_2P_2O_7 = \frac{2K_6Cu(P_2O_7)_2}{\text{피로인산구리칼륨}}$$

피로인산구리칼륨은 결정이 되면 $K_6Cu(P_2O_7)_2 \cdot 6H_2O$의 형태로 된다. 이 착염의 피로인산이온과 구리이온과의 비 P_2O_7/Cu(이것을 P비라고 함)는 5.48 정도이지만 도금액으로서는 P비가 7.0～8.0으로 해야만 도금액의 전기전도도, 광택범위가 좋게 된다. 그렇기 때문에 P비를 상승시키기 위해서 피로인산칼륨을 첨가하게 된다. 피로인산구리칼륨 [$K_6Cu(P_2O_7)_2$]이 도금액으로 사용될 때는 pH의 범위 내에서 대부분 $Cu(P_2O_7)_2^{6-}$의 이온으로서 존재하게 된다. 그러나 $Cu(P_2O_7)_2^{6-}$는 다음과 같이 해리하여 2가의 구리이온이 형성된다.

$$Cu(P_2O_7)_2^{6-} \rightleftharpoons Cu^{2+} + 2P_2O_7^{4-}$$

또 일부는 다음과 같이 해리되어 다시 2가의 구리이온이 생성된다.

$$Cu(P_2O_7)_2^{6-} \rightleftharpoons \underline{CuP_2O_7^{2-}} + P_2O_7^{4-}$$
$$\quad \hookrightarrow Cu^{2+} + P_2O_7^{4-}$$

피로인산나트륨은 피로인산칼륨에 비하여 용해도가 대단히 적기 때문에 사용되지 않는다.

(2) 도금액의 조제와 성분의 역할

1) 도금액의 조제

미리 피로인산구리와 피로인산칼륨의 필요량을 P비에 따라 계산한 후 다음 순서에 의해서 도금액을 조제하면 좋다.

① 도금조에 약 2/3 정도의 물을 넣고 약 50° 정도로 가온한다.

② 필요한 양의 피로인산칼륨을 넣고 교반하면서 용해한다.

③ 20～30분 방치한 후 필요한 양의 피로인산구리를 조금씩 첨가하면서 교반하여 완전히 용해시킨다. 이때 피로인산구리를 한 번에 많은 양을 급속히 첨가하면 부분적으로 피로인산칼륨이 부족한 상태로 되어 불용성(不溶性)의 착염이 생성되므로 조금씩 천천히 첨가해야 한다.

④ 도금액에 활성탄 1～3 g/L을 첨가하고 4～5시간 교반하고 5～6시간 동안 도금액을 가만히 놔둔다(이때 불순물을 전부 침전된다).

⑤ 여과기에 의해서 침전된 것을 여과시킨다.

⑥ 필요한 양의 암모니아수를 넣고 pH를 조절한다. 이때 pH가 높으면 붕산으로 낮추고 pH가 낮으면 수산화칼륨을 물에 용해 시켜 pH를 높인다.

⑦ 도금액을 하루정도 방치한 후 활성탄을 넣고 여과한다.

⑧ 약전해를 5～6시간 실시한 후 광택제를 첨가한 후 도금작업을 한다. 도금액을 분석하여 각 성분의 함유량을 파악하면 더욱 좋다.

2) 피로인산구리[$Cu_2P_2O_7 \cdot 3H_2O$] 분자량: 355.01

구리함유율은 35.8%($Cu_2/Cu_2P_2O_7 \cdot 3H_2O$ = 127.08/355.01)이다. 구리 1 g에 대해서 피로인산구리의 양 2.7 g($Cu_2P_2O_7 \cdot 3H_2O/Cu_2$=355.01/127.08)이다. P_2O_7 함유율은 49.0%($P_2O_7/Cu_2P_2O_7 \cdot 3H_2O$=127.08/355.01)이다. 구리 1 g에 대한 P_2O_7의 양 1.367 g이다. 피로인산구리는 청자색의 분말로서 구리이온의 공급이 되며 도금액 중에서는 2가의 구리이온으로서 존재한다. 구리이온의 농도가 낮아지면 고전류밀도 부분이 타기 쉽고 구리 이온의 농도가 너무 높으면 도금의 평활성이 나빠지므로 구리 이온은 23～38 g/L가 적당하다.

3) 피로인산칼륨[$K_4P_2O_7$] 분자량: 330.35

P_2O_7의 함유율은 53%이다($P_2O_7/K_4P_2O_7$=173.95/330.35). P_2O_7 1 g에 대해서 $K_4P_2O_7$의 양은 7.9 g이다($K_4P_2O_7/P_2O_7$=330.35/173.95). 피로인산칼륨은 백색 분말로서 물에 불용성인 피로인산구리를 피로인산구리칼륨(착염의 형태)으로서 용해시킨다. 피로인산칼륨을 많이 첨가해야만 P비(P_2O_7/Cu)가 7.0～8.0으로 되어 도금의 석출상태가 양호하게 된다. 조금 많은 양의 피로인산칼륨은 전기전도도를 증가시키고 양극의 용해를 돕는다.

4) 암모니아수[NH_4OH] 분자량: 35

암모니아수는 양극의 용해를 양호하게 하고 석출된 구리의 광택을 좋게 하여 균일한 도금이 되도록 한다. 암모니아수를 첨가하지 않으면 광택 범위가 좁고 많이 첨가되면 도금이 취약하고 검은 도금으로 되기 쉽다.

5) 질산칼륨[KNO_3] 분자량: 101.104

질산칼륨은 고전류밀도 부분에서 수소 환원을 방해하는 작용이 있고 질산이온 자신은 다음 반응에 따라 환원되어 암모늄이온이 된다.

$$NO_3^- + 10H^- + 8e(\text{전자}) \rightarrow NH_4^+ + 3H_2O$$

그러므로 도금 물품에서의 고전류 부분은 희미한 도금으로 되는 경향이 적으며 전류밀도를 넓게 하는 경향이 있다. 질산칼륨은 경우에 따라 첨가하지 않아도 된다.

(3) 도금액의 관리

1) 피로인산구리 · 피로인산칼륨

도금액 중에 구리이온 농도가 높으면 균일전착성이 양호하지만 평활성은 나빠진다. 또 구리이온의 농도가 낮으면 도금물체의 고전류부분에 타는 현상이 나타나거나 도금색이 뿌옇게 된다. 구리이온의 농도가 23~38 g/L의 범위에 있도록 관리하기 위해서는 한 달에 1~2회 정도 정기적으로 분석하여 구리농도를 보충해 주어야 한다. 피로인산칼륨은 서서히 가수분해하여 올소 인산염으로 된다.

$$P_2O_7^{4-} + H_2O \rightarrow 2HPO_4^{2-}$$

올소 인산염이 양극의 용해에 좋으므로 75 g/L 정도까지의 첨가가 허용된다. 이 이상이 되면 광택이 저하하고 나무결이 있는 도금으로 되고 도금액의 전기전도도 및 전류효율이 낮아진다. 올소 인산염이 과잉 첨가되면 그 제거방법은 없으며 단지 물을 첨가하여 도금액을 희석하여 사용하거나 새로운 도금액을 만들어 사용해야 한다. 또 pH가 너무 낮지 않도록 하여 피로인산칼륨의 가수분해가 일어나지 않도록 해야 한다.

피로인산구리 도금액에서는 앞에서 말한 바와 같이 P비, 즉 전 피로인산이온 농도 대 구리이온 농도의 비 P_2O_7/Cu가 중요하므로 일반적으로 P비를 7.0~8.0으로 유지하는 것이 좋으나 장식용, 프라스틱 도금용 목적에는 다소 변동시켜 사용하므로 최저 6.0~9.0의 범위까지 된다. P비가 6~9일 때의 피로인산구리 1 g에 대해서 피로인산칼륨의 양은 다음과 같이 나타내고 있다(그림 5-4 참조).

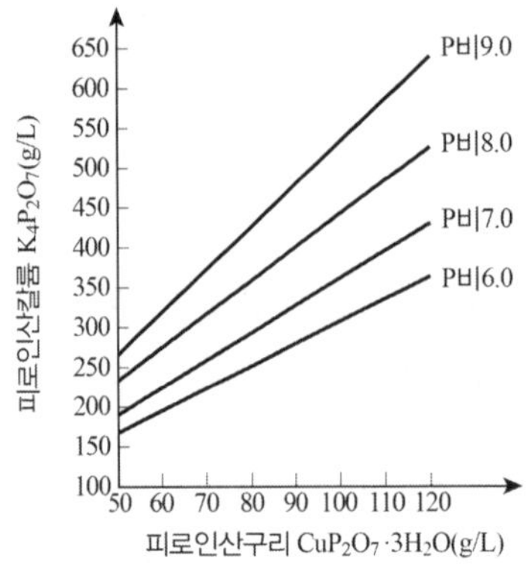

그림 5-4 각종 P비에 따른 피로 인산구리와 피로인산칼륨의 관계

P비=6일 때 피로인산구리 : 피로인산칼륨=1 : 3.15

P비=7일 때 피로인산구리 : 피로인산칼륨=1 : 3.83

P비=8일 때 피로인산구리 : 피로인산칼륨=1 : 4.52

P비=9일 때 피로인산구리 : 피로인산칼륨=1 : 5.20

P비의 변동은 항상 크게 변화되므로 월 1~2회 정도 분석해야 한다. P비가 높고 낮음에 따라 도금의 성질은 다음과 같이 나타난다.

- P비가 높을 때: 도금의 밀착력은 양호하지만 저전류밀도 부분은 광택범위가 있으나 고전류밀도 부분은 뿌옇게 타는 현상이 일어나기 쉽다. 따라서 고속도 도금을 하기 위해서는 전류밀도가 높고 광택을 조절할 수 있는 P비가 낮은 도금액을 사용해야 한다. 프린트 배선판 및 복잡한 형상의 아연다이캐스팅과 같은 경우에는 P비가 높은 쪽이 좋다.
- P비가 낮을 때: P비가 너무 낮으면(구리에 대해서 피로인산칼륨이 적을 때) 도금의 밀착성이 저하하고 또 양극판에 분말과 같은 불용성의 피로인산구리 착염이 생성되어 이것이 도금액 중에 존재하여 꺼끌꺼끌한 도금이 된다. P비가 낮을 때에는 고전류밀도 부분은 광택이 있으며 저전류밀도부분은 뿌옇게 타기 쉽다.

2) 암모니아수

암모니아수가 너무 많이 첨가되면 취약하고 검은 도금이 되기 쉽고 밀착불량, 균열이 생기기 쉽다. 암모니아수는 점점 없어지므로 때때로 도금액 중에 암모니아수의 농도를 분석하여 보충해야 한다. 보통 하루에 0.3~0.5 ml/L 정도 첨가하면 된다.

3) 광택제

광택제가 너무 많이 들어가면 저전류밀도 부분은 나뭇결과 같은 것이 생기고 평상시

전류밀도가 흐르는 부분은 검은색으로 변색한다. 헐셀시험을 하여 도금 상태를 검사하고 도금액 중에 너무 많이 들어간 경우는 활성탄으로 제거해야 한다. 활성탄을 첨가하면 광택제가 없어진다.

4) pH

pH가 낮으면 도금이 거칠고 취약해지기 쉽고 밀착성, 평활성, 광택이 저하하며 양극의 용해도 불량해진다. 더욱이 피로인산칼륨의 가수분해가 촉진되어 올소인산염의 생성이 많아져서 광택이 저하되고 전류효율이 감소되는 원인이 된다. pH가 높으면 밀착성, 광택, 전류효율이 저하되며 특히 도금색은 제대로 나타나지 않으며 도금 속도도 느리게 된다. pH의 범위의 8.0～9.0이 양호하지만 피로인산구리 도금액은 일반적으로 완충작용이 크므로 pH의 변동은 적게 된다. pH의 변동이 클 때는 도금 조건, 도금액 조성에 변동이 있는 가를 조사해야 한다. pH를 낮추기 위해서는 붕산을 사용하고 pH를 올리기 위해서는 수산화칼륨을 사용한다.

5) 온도

온도는 50～60℃가 적당하다. 온도가 상승하면 밀착력이 저하되며 피로인산칼륨의 가수분해도 촉진된다. 전류효율은 50～60℃에서 최고로 되며(100%) 온도가 이것보다 높거나 낮으면 전류효율은 저하된다(98%).

6) 전류밀도

음극전류밀도가 상승함에 따라 밀착성은 저하된다. 음극전류밀도는 될 수 있는 한 5 A/dm^2 이상으로 하지 않는 것이 좋다. 반면 음극전류효율과 밀착성이 별 관계가 없다면 온도는 50～60℃로 하고 공기 교반을 하면 음극전류밀도가 약 8 A/dm^{2}까지는 흐르게 된다. 양극전류밀도가 너무 높게 되면 양극의 용해가 나쁘게 되고 너무 낮으면 양극 표면에 피막이 생성되어 양극 용해가 나쁘므로 도금액 중의 구리이온 농도가 부족하게 되는 현상이 나타난다.

7) 양극

압연된 구리판, 전기구리판도 좋지만 무산소구리판(OFHC)이 제일 좋다. 어느 것이든 납 이외의 금속 불순물을 함유하지 않는 고순도의 것이 좋다. 이러한 금속 불순물은 양극이 용해되면서 도금액 중에 존재하여 도금의 밀착성 저하, 꺼끌꺼끌한 도금이 되게 한다. 양극주머니, 격막을 사용하는 것이 좋으며 작업을 하지 않을 때에는 양극판을 꺼내어 표면을 묽은 황산으로 잘 수세하여 작업할 때만 사용하는 것이 좋다.

8) 교반

피로인산구리 도금액에 있어서 교반을 충분히 하면서 작업을 하면 광택 범위가 넓어지고, 전류효율이 양호함으로써 도금 속도가 빠르게 된다. 교반 방법은 공기교반, 음극진동, 물품 회전 등의 방법을 이용한다.

9) 여과

양극주머니를 사용하지 않고 작업을 하면 양극전류밀도 및 P비가 낮게 되어 불용성(不溶性) 구리 착염이 생성되고 도금액 중에 부유물이 존재하기 쉽다. 이외에 먼지, 분진, 미소고형물(微少固形物)이 혼입되고 꺼끌꺼끌한 도금이 되므로 충분히 여과를 해야 한다.

10) 불순물

피로인산구리 도금액은 불순물에 민감하지는 않으나 Pb, CN, Cr 광택제의 분해생성물, 유기물질 등이 존재하면 광택이 저하하고 전류밀도가 불량해진다.

- Pb: 납코일, 납땜일 경우 혼입된다. 약전해로 제거되지만 너무 많이 혼입되었으면 Na_2S로 제거해야 한다.
- CN: 대부분 시안화구리도금 스트라이크가 도금액 중에 혼입되므로 수세를 충분히 한 후 도금해야 하고 과잉으로 혼입되었으면 과산화수소 1 ml/L 정도 첨가하면 HCN으로 되어 제거된다. 시안이 들어가면 도금의 밀착성이 나쁘고 도금의 색상이 변색되거나 심하면 도금이 안 되는 경우도 있다.
- Cr: 크롬은 6가 이온으로 존재하고 크롬도금을 한 후 걸이에 부착된 크롬성분이 충분히 수세되지 않고 그대로 피로인산구리 도금액 중에 혼입되는 경우가 제일 많다. 이것이 혼입되면 광택·평활성이 저하 되고 밀착성이 나빠진다. 약전해로서 약간 제거되지만 많이 들어가면 약전해로도 제거되지 않는다.

예제 도금의 밀착불량과 도금액 관리

피로인산구리 도금액에서 구리도금을 하였으나 밀착 불량이 나타났다. 이것의 원인과 대책은?

풀이 피로인산구리 도금에서 P비, pH측정, 광택제나 암모니아수가 많이 들어갔는가를 알아 봐야 한다. 또 전처리나 수세 불충분이 아닌가도 생각해 봐야 한다. 이것들의 대책은 이미 설명한 것과 같이 하면 되고 암모니아수가 많이 첨가되었으면 과산화수소(H_2O_2)를 0.5 ml/L 정도 넣고 교반을 충분히 한 후 여과하면 된다.

(4) 피로인산구리 스트라이크 도금

철강, 아연다이캐스팅 소재에 대해서 직접 피로인산구리 도금액에서 도금을 하면 밀착이 나빠 도금이 부풀게 되거나 벗겨진다. 철강에 대해서는 스트라이크 시안화 구리도금액이나 피로인산구리 스트라이크 도금액의 어느 것을 사용해도 관계 없으나, 아연 다이캐스팅 소재에 대해서는 스트라이크 시안화 구리도금액을 사용하고 피로인산구리 스트라이트 도금액은 사용하지 않는다. 철강에 스트라이크 시안화 구리도금액을 사용할 때는 충분한 수세 과정을 거쳐야 한다. 만약 수세가 불충분하면 다음 도금 과정인 광택 황산구리 도금에서는 알칼리와 산이 중화되어 도금액의 농도가 변화될 뿐만 아니라 시안화물의 불순물로서 도금에 지장이 많게 된다.

- 도금 공정

  탈지 $\xrightarrow{\text{수세}}$ 약산침적 $\xrightarrow{\text{수세}}$ 피로인산구리 스트라이크 도금(시안화구리 또는 니켈 스트라이크) $\xrightarrow{\text{수세}}$ 약산침적 $\xrightarrow{\text{수세}}$ 피로인산구리도금 $\xrightarrow{\text{수세}}$ 약산침적 $\xrightarrow{\text{수세}}$ 광택 니켈도금 $\xrightarrow{\text{수세}}$ 크롬도금 $\xrightarrow{\text{수세}}$ 열탕수세(30～40℃) → 건조 → 검사

표 5-12 피로인산구리 스트라이크액의 조성과 조건

성분과 조건	범위
피로인산구리(g/L)	16
피로인산칼륨(g/L)	120
수산화칼륨(g/L)	10
P비(P_2O_7/Cu)	14
pH	8.3～9.0
온도(℃)	20～30
음극전류밀도(A/dm^2)	0.5～1.5
시간(sec)	30～180
교반	공기교반

(5) throhole용 피로인산구리 도금

프린트(print) 배선의 슬로홀 도금액의 조성과 조건을 표 5-13에 나타냈다.

표 5-13 슬로홀용 피로인산구리 도금액

성분	건욕 시 조건	도금할 때의 조건
피로인산구리(g/L)	83	75～92
피로인산칼륨(g/L)	338	287～416
구리(g/L)	(30)	(27～33)
암모니아수(비중 0.88, ml/L)	1	1～3
P비	7.4	7～8

표 5-13 (계 속)

성분	건욕 시 조건	도금할 때의 조건
광택제(ml/L) pH 온도(℃) 음극전류밀도(A/dm^2) 교반	–	일반적으로 3~5 (제조회사마다 다르다) 8.2~8.8 50~60 1~8 공기

(6) 도금액의 불량과 대책

표 5-14 피로인산구리 도금액의 불량과 대책

결함	원인	대책
도금 표면에 구름이 낀 상태	① 피로인산칼륨 또는 광택제가 부족. ② 불순물(납, 6가 크롬, 기름 광택제의 분해물 등)이 함유되어 있다.	① 저전류밀도 부분에서는 피로인산칼륨이 부족하고 보통의 전류밀도 부분에서는 구름낀 것 같이 광택이 뿌옇게 나타나는 것은 광택제가 부족하다. ② 유기불순물은 활성탄 처리하고 납 및 6가 크롬은 약전해하여 제거한다. 시안은 H_2O_2를 1 ml/L 첨가하면 분해 제거된다.
도금면이 너무 유연하고 구리 도금의 두께가 얇다. 도금 시간이 너무 오래 걸린다.	피로인산구리가 부족.	피로인산구리를 보충하고 온도를 알맞게 조절한다.
양극 표면에 피막이 생성.	① 피로인산칼륨이 부족 ② 양극전류밀도가 낮다. ③ 온도가 낮다. ④ 암모니아수가 부족 ⑤ 시안화물이 혼입 ⑥ P비가 낮다.	① 피로인산칼륨을 보충. ② 양극의 구리판 개수를 줄이고 양극의 전기접점 상태를 확인. ③ 50~60℃ 범위로 한다. ④ 매일 0.3~0.5 ml/L를 보충 ⑤ H_2O_2를 1 ml/L을 가하여 분해시킨다. ⑥ P비를 규정치로 올린다.
물건이 탄다.	① 교반이 부족 ② 음극전류밀도가 과대 ③ 암모니아수가 부족 ④ pH가 높다. ⑤ P비가 높다.	① 공기 교반을 계속한다. ② 2~6 A/dm^{2}으로 한다(전압을 약간 낮춘다). ③ 0.3~0.5 ml/L를 매일 보충 ④ pH를 8.6~9.0으로 한다. ⑤ P비를 7.0 정도로 한다.
밀착 불량	① 구리스트라이크가 불완전 ② 탈지, 산처리가 불완전 ③ 유기물질이 혼입	① 완전히 해야 한다. ② 농도를 확인해야 한다. ③ 활성탄 처리
핏트가 발생	① 도금액이 오염되었다. ② 구리 스트라이크 도금 불량 ③ 양극판의 용해가 불량	① 활성탄 처리를 하고 약전해시킴. ② 스트라이크 도금액을 수정. ③ 양극판의 용해가 좋지 않은 이유는 양극전류밀도가 적당하지 않거나 암모니아수가 부족.

CHAPTER 06

니켈도금

니켈은 내식성(耐食性)이 있으며 경도(硬度) 및 유연성(柔軟性)도 좋고 색깔은 백색으로 거의 변색되지 않으며 물리적 성질도 좋다. 또한 각종 소재에 대해서도 직접도금이 가능하고 밀착이 양호하다. 니켈도금의 용도는 방식, 장식, 전주, 특수 용도에 따른 분류가 있으나 방식과 장식의 목적으로 동시 사용하는 경우가 많다.

① 방식(防蝕)과 장식(裝飾) 방식

철강, 구리합금, 아연다이캐스팅의 각종 소재 금속상에 니켈도금을 한 후 크롬도금을 하면 소재 금속을 부식으로부터 방지하며 표면을 아름답게 한다. 예를 들면 구리→니켈→크롬→다층니켈→크롬도금 등을 하여 방식의 성능을 높게 한다. 철강 위에 니켈도금을 할 때는 부식 방지의 역할이 철강상에 아연, 카드뮴도금보다 약하다. 그 이유는 니켈 피막에 핀홀(pin hole)이 있을 때 탄산가스, 분진 기타 많은 물질이 대기 중의 습기로 인하여 핀홀 주위에서 국부전지를 형성하기 때문이다. 그림 6-1에 나타난 바와 같이 니켈도금 일 때는 철강 소재가 양극, 니켈도금층이 음극이 되므로[그림 6-1(a)] 니켈은 부식되지 않고 철강 소재는 부식된다[그림 6-1(b)]. 한편 아연도금일 때는 아연이 양극, 철강 소재가 음극이 되므로[그림 6-1(c)] 아연이 용해되어 철강을 보호한다.

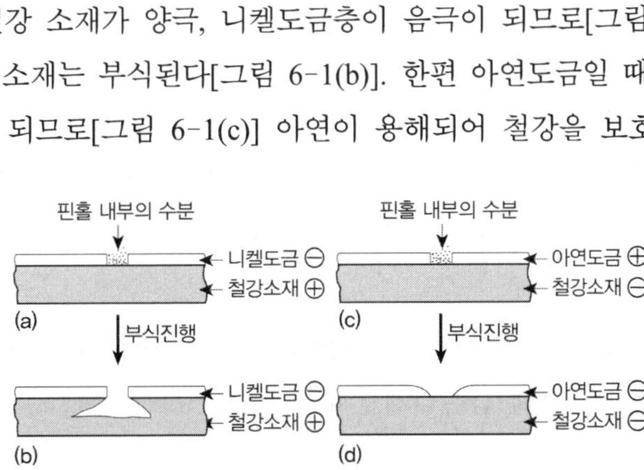

그림 6-1 철강 소재의 니켈도금과 아연도금의 부식상황

철강 위의 니켈도금은 핀홀이 있는 소재를 보호할 능력이 적으므로 매우 두껍게 도금하여 핀홀이 없도록 해야 한다. 그러므로 최근에는 2층 니켈도금, 3층 니켈도금 등을 하고 있다(다층도금). 예를 들어 라이타 및 악세서리 등의 장신구에서는 구리합금 상에 구리도금→니켈도금을 하고 크롬도금 또는 은도금 또는 금도금을 함으로써 방식과 동시에 표면을 아름답게 한다. 광택 니켈도금이 발달되지 않았을 때는 무광택 니켈도금을 한 후 버프연마를 하여 표면의 광택을 나타냈으나 최근에는 광택 황산구리 도금을 한 후 광택 니켈도금을 한다.

② 방식

화학장치 관계 예를 들면 화학공업, 식품 공업에 사용되는 용기(容器), 저장탱크, 파이프 등의 내면(內面)에 니켈도금을 하여 내식성을 향상시킨다. 이때는 상당한 두께의 니켈도금을 해야만 그 효과가 충분히 나타나고 핀홀의 존재가 그대로 존재하거나 크게 되면 부식이 생긴다.

③ 전주

인쇄용 회로판, 화학공업용 여과기, 전기면도기 등 각종 제품은 니켈 전주에 의해서만 도금이 된다. 이러한 전주도금에서는 니켈의 내식성 및 경도를 이용하며 도금 두께를 두껍게 하거나 고속도 도금을 하기 위해서 슬파민산 니켈도금을 많이 한다. 이 도금액은 내부응력이 적으며 유연성이 큰 니켈 석출물을 얻을 수 있다. 특수 니켈도금으로서는 흑색니켈도금이 있다. 이것은 카메라와 같은 광학기기에 적용된다. 니켈도금액의 종류는 크게 나누어 무광택, 광택, 특수니켈도금의 3종류로 구분한다.

6.1 무광택 니켈도금

무광택 니켈도금액은 니켈염, 염화물, 붕산의 3가지 주성분으로 되어있으며 니켈염으로서는 황산니켈 또는 황산니켈암모늄이 사용되고 염화물로서는 염화니켈 또는 염화암모늄이 사용된다. 여러 가지 무광택 도금액의 조성과 조건을 표 6-1에 나타냈다.

• 석출원리

니켈도금액 중의 2가 Ni 이온이 존재하며 이 니켈이온이 황산구리 도금액 일 때와 같은 원리로서 음극에 금속니켈로서 석출된다.

$$Ni^{2+} + 2e(\text{전자}) \rightarrow Ni$$

표 6-1 무광택 니켈도금액

성분과조건	복염액	보통액	왓츠액	바렐액	고황산 염액	전염화 물액	황산염 염화물액	전황산 염액
황산니켈암모늄(g/L)	75	–	–	–	–	–	–	–
황산니켈(g/L)	–	150~200	240	70~150	75~113	–	200	300
염화니켈(g/L)	–	–	45	–	–	300	170	-
염화암모늄(g/L)	15	15	–	30	15~38	–	–	–
붕산(g/L)	15	15	30	30	15	30	40	40
황산나트륨(g/L)	–	–	–	–	75~113	–	–	–
pH	6.0~6.2	5.4~6.2	1.5~6.0	5.0~5.5	4.9~5.8	2.0	1.5	3.0~5.0
온도(℃)	상온	20~35	40~50	30~40	20~33	50~70	45~50	45~50
음극전류밀도(A/dm^2)	0.4~0.5	0.5~1.5	2~10	–	1~4	2~10	2~10	2~10

(1) 도금액의 조제와 각 성분의 역할

1) 도금액의 조제

니켈도금액에 사용되는 도금액은 심하게 유독하지 않으며 약품의 취급도 쉽고 용액 조제 방법도 간단하다.

① 도금조에 물을 2/3 정도 넣은 후 황산니켈, 염화니켈을 넣고 교반하면서 용해시킨다.
② 붕산은 반드시 온수에 용해시킨 후 ①의 용액에 넣는다.
③ 도금조 내의 용액 온도를 50~60℃로 한 후 활성탄 1~2 g/L를 첨가한 후 교반하고 하룻밤 정도 가만히 놔둔 후 여과기를 이용하여 불순물을 여과 제거 한다.
④ pH를 측정하여 화학분석을 한 후 부족 약품은 보충하고 pH를 조절한다.
⑤ 스테인리스판 또는 스테인리스망으로서 약전해를 한다.
⑥ 필요한 핏트 방지제나 광택제를 첨가한다.
도금에 이상이 없으면 핏트 방지제는 구태여 첨가할 필요가 없으며 무광택 니켈도금액일 경우 광택제의 첨가가 필요 없다.

도금용 약품은 일반적으로 순도가 높은 것이 좋지만 도금액을 새롭게 조제할 때는 활성탄 처리와 약전해를 반드시 해야 하며 유기, 무기 불순물을 제거하고 pH와 농도를 적절하게 하여 도금액을 최적으로 해야만 된다.

2) 황산니켈[$NiSO_4 \cdot 7H_2O$] 분자량: 280.87, 니켈함유량: 20.9%

[$NiSO_4 \cdot 6H_2O$] 분자량: 262.87, 니켈함유량: 22.3%

녹색의 결정으로서 제법에 따라 결정수가 7분자인 것과 6분자 인 것이 있다. 니켈이온의 공급원이며 도금액의 전기전도도를 양호하게 하고 농도가 증가하면 전류밀도범위가 넓어진다. 반대로 농도가 낮아지면 밀착 불량, 핏트 발생, 충분한 도금 두께가 되지 않고 도금 속도도 느리다. 황산니켈암모늄, 염화니켈에 비해서 가격이 싼 편이고 안정하므로 황산니켈이 니켈이온 공급의 주성분으로서 널리 사용된다.

3) 황산니켈암모늄[$NiSO_4(NH_4)_2SO_4 \cdot 6H_2O$] 분자량: 394.99, 니켈함유량: 14.9%

청녹색의 결정으로서 황산니켈과 모양이 비슷하고 니켈 이온의 공급원이지만 용해도가 적기 때문에 도금액 중의 니켈 이온을 증가시키는 일은 힘들고 이때문에 황산니켈암모늄을 함유한 도금액에서는 전류밀도를 높게 할 수 없다.

4) 염화니켈[$NiCl_2 \cdot 6H_2O$] 분자량: 237.70, 니켈함유량: 24.7%

황녹색의 결정으로서 조해성이 있으며 물에 잘 용해한다. 염소 이온은 니켈 양극의 용해를 양호하게 하고 도금액의 전기전도도를 크게 하는 작용이 있기 때문에 염소 이온의 공급원으로서도 염화니켈을 첨가한다. 염소 이온이 적당하면 양극의 용해가 양호하며 도금의 밀착성, 평활성이 향상되고 전류밀도가 넓게 되지만 염소 이온이 부족하면 양극의 용해가 나쁘고 도금액의 전압이 상승하고 니켈분의 부족 및 pH의 저하가 일어난다. 또 염소 이온이 도금액 중에 함유되면 석출된 니켈의 내부응력이 커지기 때문에 전주도금에서는 염화니켈, 염화암모늄 같은 염화물을 사용하지 않는 경우도 있다.

5) 염화암모늄[NH_4Cl] 분자량: 53.5

백색의 결정으로서 물에 용해되고 흡열 작용이 있다. 염소 이온의 공급원으로서 니켈 양극의 용해를 양호하게 한다. 도금액의 전기전도도를 크게 한다. 암모늄 이온은 도금을 취약하게 하는 성질이 있다. 염화암모늄이 너무 많을 때에는 도금이 검은색으로 된다. 염화암모늄은 복염액, 보통액, 회전액 이외에는 사용되지 않는다.

6) 붕산[H_3BO_3], 분자량: 61.84

백색의 결정 또는 미세한 분말로서 냉수에는 용해되기 어렵다. 보통 60℃ 이상에서 용해가 잘 되는데 용해도는 물 100 g에 대해서 0℃에서 2.66 g, 100℃에서 37.9 g이 용해된다.

붕산은 니켈도금을 한 후의 pH 변화를 적게 하고 pH 범위를 안정하게 하는 완충 역할을 하는 이외 도금면의 희뿌연 상태를 개선하여 깨끗하게 하며 평활성이 있는 역할을 한다. 붕산이 부족하면 도금의 색상이 밝게 나타나지 않는다. 니켈도금에서 대단히 중요한 역할을 한다.

7) 탄산니켈[$NiCO_3$], 분자량: 118.69

탄산니켈은 도금액의 주성분은 아니고 pH가 너무 낮을 때 pH를 올리게 하는 역할을 한다. 일반적으로 pH를 상승하게 하는 데는 수산화니켈을 사용하기도 한다.

(2) 회전도금(바렐용)

바렐도금에 사용되는 용액에 보통 광택제를 첨가하여 사용한다. 바렐도금에서는 음극 전류밀도를 물건 하나하나에 따라 계산할 수 없으므로 현재 흐르고 있는 전(全) 전류로 작업 되는 것을 파악해야 한다. 이러한 전 전류는 바렐의 회전속도, 물품의 형상, 도금액의 농도, 광택제의 양, 바렐 내부의 물건 양 등에 대해서 파악해야 한다. 바렐의 회전속도는 바렐 기계에 나타나 있으며 물품의 형상은 연마로 인하여 칫수가 적어지거나 변형되면 곤란하다. 언제든지 도금액의 농도는 알맞게 하고 광택제의 양은 일반 고속도 도금에서 하는 것보다는 약간 더 첨가해야 한다. 바렐 내부의 물건 양에 대해서는 물건끼리 서로 전류가 잘 통하도록 되어야 하며 그 양은 보통 바렐 크기의 $\frac{1}{2} \sim \frac{2}{3}$ 정도이다.

전압은 6~8 V로 한다. 바렐도금에서는 전압이 높게 되기 쉽기 때문에 염화암모늄의 양을 다른 도금액일 때보다 조금 더 첨가함으로써 도금액의 전기전도도가 높게 된다. 따라서 암모늄이 많이 들어가면 도금이 딱딱해지고 취약해진다. 온도는 30~40℃의 범위이다. 바렐의 형태는 수평식, 경사식 등이 있으나 어느 것도 관계 없으나 바렐 구멍의 수, 크기, 물품의 형상과 크기, 양 등에 따라 관계된다. 또 바렐도금액으로서 표 6-1에 나타난 것 이외에 다음과 같은 조성도 이용된다.

황산니켈: 270 g/L
염화니켈: 68 g/L
붕산: 40 g/L
황산마그네슘: 225 g/L
pH: 4.0~5.6
온도: 50~55℃
전압: 10~14 V
양극: 니켈

예제 **바렐 도금에서 얼룩이의 발생**

여러 가지 철제품에 바렐도금을 했으나 도금후에 황색의 얼룩이가 발생하였다. 이것의 원인과 대책은?

풀이 도금면이 서로 평탄한 것은 바렐 내부에서 서로 밀착되기 쉬워 밀착된 부분은 니켈도금이 되기 어렵다. 또 물체의 凹부분은 전류밀도가 적어서 도금이 얇게 되어 니켈도금의 방식 능력이 저하된다. 따라서 이 부분의 니켈도금은 두껍게 해야 한다. 이와 같이 하기 위해서는 온도를 높이고 전류밀도를 높여 도금 시간을 더 길게 유지해야 한다.

도금 후의 수세와 건조를 충분히 하고 바렐 내의 물품의 양을 알맞게 하여 물건끼리 서로 너무 밀착되지 않고 전류가 잘 통하도록 해야 한다. 광택제가 너무 많이 첨가되어도 얼룩이가 생기는 경우가 있다.

(3) 왓츠 니켈도금

왓츠 니켈도금액은 전세계적으로 가장 널리 사용되는 것으로서 광택 도금뿐만 아니라 무광택 니켈도금에서도 많이 사용하는 고속도 도금으로서 내부응력이 적고 두꺼운 도금으로 되는 것이 특징이다. 왓츠 도금액은 저(低) pH 도금액과 고(高) pH 도금액으로 분류하여 사용한다.

표 6-2 왓츠 도금액의 종류와 조건

성분(g/L) \ 분류	저 pH 왓츠 도금액	고 pH 왓츠 도금액
황산니켈	330	240
염화니켈	45	45
붕산	38	30
pH	1.5～4.5	4.5～6.0
온도(℃)	45～60	45～70
음극전류밀도(A/dm²)	2～10	2～10

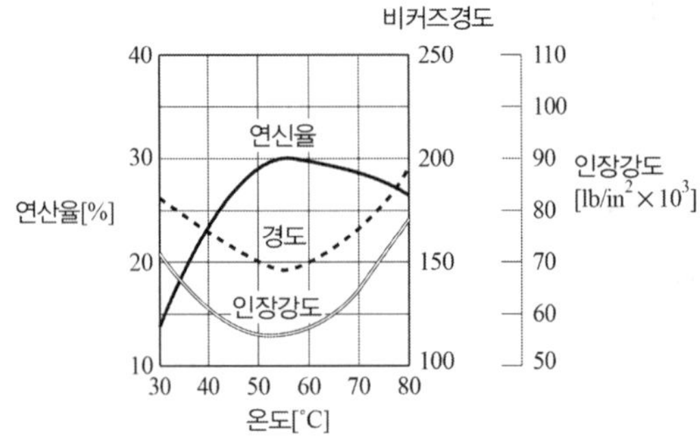

그림 6-2 온도에 따른 연신율, 경도, 인장강도의 변화(왓츠액, pH 3.0, 전류밀도 5 A/dm²)

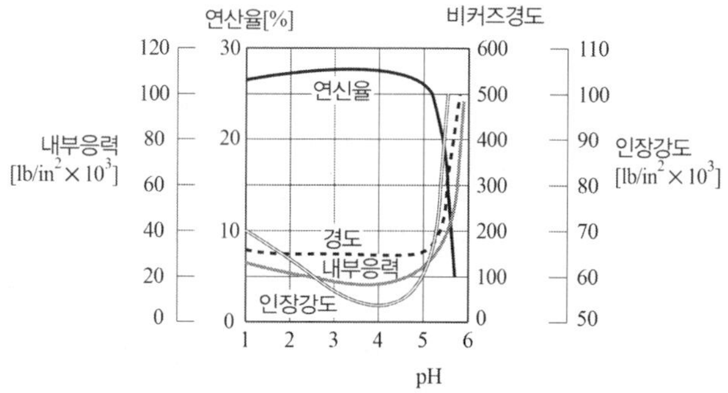

그림 6-3 pH에 따른 내부응력, 연신율, 경도, 인장강도의 변화(왓츠액, 54℃, 5 A/dm²)

일반적으로 저 pH 도금액은 고 pH 도금액보다 밀착력이 나쁘지만 온도를 높이면 고전류밀도 부분의 밀착력은 양호하게 된다. 온도가 상승되면 전압은 낮아지고 도금의 경도는 감소하지만 연신율은 증가한다. 그러나 60℃ 부근에서는 인장강도와 경도는 가장 낮고 연신율은 최대로 한다. 한편 도금액을 교반하면 온도는 균일하게 되고 최고 전류밀도도 크게 될 수 있어 교반은 항상 해야 한다. 왓츠 도금액에서 생긴 석출물의 경도는 pH 1~5의 범위에서는 적지만 pH 5 이상에서는 급격히 증가하며 또 내부응력과 인장강도도 증가되지만 연신율은 크게 감소된다. pH 5 부근에서는 석출물의 기계적 성질이 크게 변화하기 때문에 도금 작업을 할 때 pH 변화에 주의를 해야 한다.

표 6-3 저 pH 왓츠 도금액과 고 pH 왓츠 도금액의 비교

상태	저 pH 도금액	고 pH 도금액
도금의 밀착력	고 pH 도금액에서 도금하는 것보다 나쁘다.	밀착력이 양호하다.
음극 효율	나쁘다(특히 pH 2 이하에서는 대단히 나쁘다).	양호하다.
음극전류밀도	전류밀도 범위가 넓다.	저 pH 도금액보다 약간 낮아진다.
부풀음, 균열	발생하지 않는다.	발생한다.
핏트	발생한다.	발생하지 않는다.
경도	비커즈로 150 전후	pH5 이상에서 도금한 것은 경도가 높다.

또한 전류밀도와 온도는 경도, 내부응력과 물리적 성질에 영향을 미치지만 pH로 인한 경우보다는 큰 영향을 미치지는 못한다(그림 6-4).

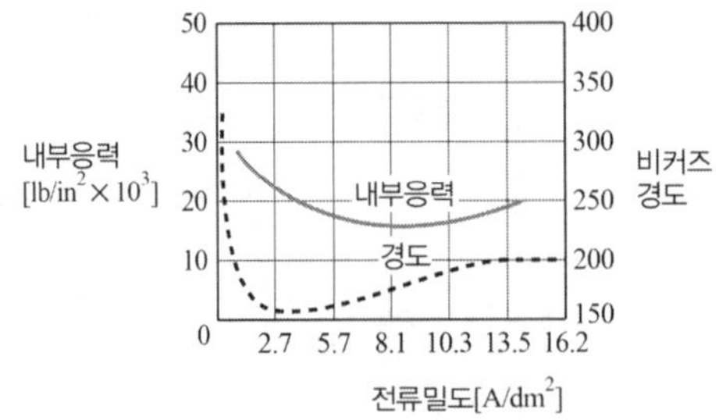

그림 6-4 전류밀도에 따른 내부응력과 경도의 변화
(왓츠 도금액 54℃, pH 3.0)

현장에서 많이 이용되는 것은 고pH 왓츠 도금액이다. 왓츠 도금액에서의 석출물의 물리적 성질은 다음과 같다.

도금 조건은 pH4～5, 온도는 50℃, 음극전류밀도는 5A/dm^{2}이다.
경도(Hv) 150
인장강도 55,000～60,000, lb/in^2
연신율(5 cm에 대해서) 25～30%
내부응력 20,000 ib/in^2(인장응력)

(4) 경질 니켈도금

경질 니켈도금은 기계부품에 널리 이용되고 내식성 및 물리적 성질을 양호하게 하기 위해서 도금을 한다. 도금액의 조성과 조건은 다음과 같다.

황산니켈(g/L)	180
염화암모늄(g/L)	25
붕산(g/L)	30
pH	5.6～5.9
온도(℃)	45～60
음극전류밀도(A/dm^2)	2.5～5

경질 니켈도금은 크롬도금에 비해서 경도가 높지는 않지만 그래도 비커즈 경도(Hv)는 350～500 정도가 된다.

경질 니켈도금은 크롬도금보다 기계 가공이 쉽고, 밀착성이 양호하므로 일반적인 내식성을 필요로 하는데 사용한다. 최고의 경도를 얻을 수 있는 염화암모늄의 농도는 25 g/L 정도이며 암모늄 이온이 부족할 때는 경도가 낮아진다. 경질 니켈도금을 하여도 250℃ 이상의 온도에서 사용하면 니켈도금의 경도가 낮아진다.

(5) 도금액의 관리

1) 도금액의 성분

황산니켈, 염화니켈, 붕산의 세 가지가 주성분이다. 황산니켈이 부족하면 도금액 중의 니켈 이온이 부족하여 고전류밀도 부분에 도금이 뿌옇게 생겨 마치 광택 부족 현상과 같이 나타나기 쉽고 도금 속도가 느리다. 그러므로 때에 따라서는 꺼끌꺼끌한 도금, 밀착불량, 핏트 발생이 생긴다. 반대로 황산니켈이 너무 많으면 음극전류밀도가 상승되어 도금 속도는 빠르다. 그러므로 가능한 범위 내에서 니켈 농도는 좀 많은 것이 좋다. 염화니켈, 염화암모늄과 같은 염화물이 부족하면 양극의 용해가 나쁘고 도금액의 전압이 상승되고 pH가 낮아진다. 따라서 염화물이 적당하면 도금은 순조롭게 진행되고 특히 염화니켈이 적으면 니켈도금의 색깔이 밝게 나타나지 않는다. 반대로 염화물이 약간 많으면 평활한 도금이 되고 경도가 약간 높아진다. 그러나 내부응력이 커지고 도금 색깔이 어둡게 나타난다.

암모늄 이온은 도금을 취약하게 하므로 사용할 때 적당량 이상 넣으면 안 된다. 염화니켈은 황산니켈보다 Cu, Fe 등과 같은 무기 금속 불순물이 많으므로 염화니켈을 첨가한 후에는 반드시 약전해를 하는 것이 좋다. 붕산은 pH의 변동을 적게 하는 완충제 작용을 할 뿐만 아니라 도금 색깔을 밝게 하며 평활화 작용을 한다.

2) pH

pH는 도금액의 종류에 따라 적정 범위에 차이가 있으나 도금을 계속하면 pH가 높아진다. 그러므로 pH가 높을 때에는 묽은 황산이나 묽은 염산을 가하여 조절할 수 있으나 pH의 변동 변화를 방지하기 위해서는 붕산을 첨가하는 것이 더 좋다. pH측정에는 pH측정기가 있으나 보통 pH 시험지가 이용된다. 도금액 중에 나트륨(Na)이 들어가면 도금이 딱딱해진다. 그러므로 수산화니켈이나 탄산니켈을 사용할 때는 주의해야 한다. 탄산니켈일 경우에는 사용할 때 탄산가스가 발생하므로 교반을 충분히 한 후 도금을 해야 한다. 그렇지 않으면 도금액 중에 탄산가스가 존재하여 도금 표면에 핀홀(pin hole), 핏트, 밀착불량이 생긴다.

pH 변동이 대단히 심할 때는 전처리 과정에 있어 산이 묻어서 들어갔는가 또는 붕산이 부족한가 너무 알칼리성 도금액으로 되었는가 또는 양극의 용해가 매우 나쁜가 등을 파악해야 한다. pH가 낮으면 양극효율은 좋지만 대신 음극효율은 저하되고 물건에 핏트가 발생한다. pH가 높으면 도금색이 검게 되고 고전류밀도 부근은 밀착이 나빠진다. pH를 내리기 위해서는 Ti(티타늄)판에 백금도금한 것을 양극으로 사용하면 불용성 양극으로 사용할 수 있어 니켈은 용해되지 않으므로 양극효율은 0(zero)이 된다. 그러므로 양극효율은 음극효율보다 적기 때문에 도금액 중의 니켈 농도가 낮아지는 동시에 pH도 낮아진다.

한편 pH를 높게 하기 위해서는 철판을 묽은 염산이나 묽은 황산용액 중에 넣은 후 수세한 후 음극에 매달면 철판에서는 수소 가스가 많이 발생하며 니켈의 석출은 대단히 적게 된다(니켈도금이 서서히 조금씩 된다). 그러므로 도금액 중의 니켈 농도가 상승됨에 따라 pH도 상승한다. 이러한 방법은 pH에 영향을 미치므로 니켈도금액에 한하지 않고 거의 모든 전기 도금액에 해당된다. 그러나 현장에서는 비용상, 관리상 문제가 있어 별로 이용하지는 않는다.

예제 **왓츠 도금액과 슬파민산 도금액의 pH**

왓츠 도금액과 슬파민산 도금액을 사용하여 도금하였으나 왓츠 도금액의 pH는 사용하지 않아도 pH가 조금씩 상승하지만 슬파민산 도금액의 pH는 거의 변화가 없다. 그 이유는 무엇인가?

풀이 니켈도금에서는 왓츠 도금액과 슬파민산 도금액에서 양극의 니켈이 화학적으로 용해되기 때문에 사용하지 않아도 도금액의 pH가 상승된다. 그러나 니켈의 용해는 서서히 진행하기 때문에 급격히 pH가 상승하지 않는다. 니켈도금액에서는 양극전류효율은 음극전류효율보다 약간 높기 때문에 니켈 이온의 보급량은 소비량보다 크므로 pH는 상승된다. 따라서 니켈도금액은 이와 같이 pH가 조금씩 상승되기 때문에 질문에서의 왓츠 도금액은 정상이라고 말 할 수 있다. 양극의 표면적이 부족하여 니켈도금을 하기 전에 산에 침적한 후 수세가 불충분하여 산이 들어가면 pH가 저하된다. 따라서 슬파민산 도금액의 pH가 변화하지 않는 것은 이때문인 것으로 생각된다.

3) 전류밀도

음극전류밀도는 도금액의 종류에 따라서 다르다. 예를 들어 복염 도금액 및 보통 도금액에서는 대단히 적은 0.5～1 A/dm^{2}이며 고황산염 도금액에서는 1～4 A/dm^2, 왓츠 도금액 이외의 기타 도금액은 2～10 A/dm^{2}이다.

음극전류밀도는 니켈염의 농도와 온도를 상승시키기도 하지만 교반을 충분히 하면 음극전류밀도가 상승되므로 전류밀도 범위를 넓게 할 수 있다. pH도 전류밀도와 관계가 있어 일반적으로 pH를 내리게 하기 위해서는 전류밀도를 높이면 되지만 반대로 전류효율은 낮아진다. 음극전류밀도는 특히 도금 속도와 관계되기 때문에 도금 두께와 도금 시간을 고려하여 적절한 전류밀도를 선택하여야 한다. 복잡한 형상의 물품에서는 凹부분과

凸부분의 전류밀도가 서로 차이가 있으므로 도금두께 또한 차이가 생긴다. 또 불순물 때문에 凹부분은 암흑색이 되므로 색깔에 차이가 생긴다. 그러므로 양극의 배치와 걸이를 물건의 형상에 따라서 충분히 고려하여야 한다.

4) 온도

특수한 도금액을 제외하고는 보통 40～60℃의 범위이다. 그러나 물의 증발량, 경제적 문제 등을 고려하여 40～50℃의 범위에서 작업하는 것이 보통이다. 이외 도금 조건을 변화시키지 않는 상태에서 온도를 상승시키면 도금액의 전기전도도는 양호하고 도금액의 전압도 낮아져서 높은 전류밀도가 유지되며 도금 속도도 빠르게 된다. 그러나 도금의 석출물은 경도가 저하되지만 유연성은 증가하며 때로는 뿌옇게 타는 현상도 나타난다. 도금액을 가열하는 방식은 간접가열이 대단히 좋지만 대부분 경제적인 문제 때문에 투입식(投入式) 히터(heater)를 사용한다.

5) 교반

니켈도금액은 교반을 충분히 하면 다음과 같은 장점이 있다.

① 도금액 중의 각 성분의 농도가 균일하게 유지된다.
② 한계전류밀도가 높다.
③ 도금액이 균일하게 된다.

교반 방법으로서는 공기교반, 기계적 교반, 음극진동방법이 있다. 이 중에서 공기교반 방법이 널리 이용되지만 공기가 도금조에 들어가는 동안 먼지, 기름 등이 들어가지 않도록 주의해야 하고 여과를 충분히 해야 한다. 만약 여과가 불충분하면 부유물질이 정지 상태의 도금인 경우보다도 도금 피막에 더욱 많이 전착된다.

최근에는 이러한 공기교반보다는 음극진동 방법이 많이 채택되고 있다. 이 방법은 일정한 모양의 부품으로서 많은 양을 취급할 때 이용되는 것으로서 불량품도 적게 되므로 효과가 대단히 좋다.

6) 여과

도금액 중에 부유하는 불순물은 먼지, 양극 슬럿지, 물품에서 석출되어 떨어진 금속 불순물 및 수세 과정 중에서 들어가는 여러 종류의 불순물 등이 있어 도금의 불량 원인이 된다. 연속 여과를 하면서 교반을 하면 효과적이다. 여과기는 내식성 재질로 된 것이 좋으며 특히 여과기의 성능을 알아봐야 한다. 모터의 능력과 여과기의 흡입 능력 및 여과 상태를 측정해야 한다. 도금액이 너무 많은데 여과기의 용량이 적으면 충분하게 여과를 할 수 없을뿐더러 여과기의 수명도 짧아진다. 여과기의 용량은 보통 도금액 500 L를 기준하여 여과능력이 1,000~2,000 L 도금액 정도의 것이면 충분하다.

7) 핏트 방지

니켈도금액에 사용되는 핏트방지제로서는 라우릴 황산나트륨(sodium laurylsulfate)이 일반적으로 사용된다. 핏트는 유기·무기 불순물이 존재하거나 도금 조건이 부적당하거나 광택제의 비율이 부적당할 때 일어난다. 핏트방지제를 첨가하면 도금액의 표면장력이 저하되어 수소의 기포가 물품의 표면에서 이탈되어 핏트가 방지된다.

핏트방지제는 여러 가지가 있으나 석출물이 약하게 되고 내부응력이 커서 물리적·기계적 성질에 나쁜 영향을 나타내는 것은 사용하지 않도록 해야한다. 라우릴황산나트륨은 도금에 거의 영향을 미치지 않고 약간 지나치게 첨가하여도 관계없으며 허용 범위는 0.1~0.5 g/L로서 충분하다. 단지 공기교반을 강력하게 하면 도금액의 기포가 많이 생기므로 공기교반은 좀 약하게 하는 것이 좋다. 만약 라우릴황산나트륨($NaC_{12}H_{25}SO_4$)을 너무 많이 첨가했을 때는 활성탄 처리에 의해서 제거 할 수 있으므로 별 문제가 되지 않는다.

라우릴황산나트륨 대신 과산화수소를 사용해도 괜찮다. 이것을 첨가하면 물품 표면에 발생하는 수소가스가 과산화수소 가스와 반응하여 핏트가 방지되므로 0.1~0.2 g/L 첨가한다. 과산화수소를 첨가하면 철과 같은 무기불순물 및 유기불순물도 동시에 산화 또는 분해되어 도금 상태가 개선된다. 과산화수소는 유기물질로 되어 있는 광택제를 분해시키기 때문에 광택 니켈도금액이나 라우릴황산나트륨을 첨가한 도금액에서는 사용할 수 없다. 또 너무 많이 첨가하면 도금이 취약하고 검은색으로 되어 오히려 핏트가 많이 발생할 염려가 있으므로 소량 첨가하는 것이 좋다.

(6) 불순물

니켈도금액의 불순물에는 불용성의 불순물과 용해성 불순물이 있고 이것들의 혼입 경로는 대략 다음과 같다.

- 설비 관계: 도금조의 재료, 라이닝 재료, 절연 재료, 도장 재료, 여과기의 재질, 교반용 공기 펌프에서 흡입되는 기름 입자, 먼지, 음극·양극의 부스바, 걸이의 금속 재료 등에 관계된다.
- 도금 작업의 관계: 양극 중의 불순물, 전처리 과정 중의 불순물, 양극보자기의 재질, 도금 약품, 사용수 중의 불순물, 도금 중의 물품의 일부 용해, 걸이의 오염 등에 관계된다.
- 공장 내의 환경: 연마 과정에 의한 금속분, 유지, 대기 중의 먼지 등에 관계된다.

용해성 불순물은 크게 나누어 무기불순물과 유기불순물로 구분한다.

- 무기불순물: Cu, Fe, Zn, Mn, 크롬산, 질산근 등이며 도금용 약품 및 물품의 걸이의 용해에 따라서 혼입된다.
- 유기불순물: 걸이에 사용된 유기물질, 여과포, 라이닝 재질, 도료의 침출물, 활성탄의 분해 생성물 등이 있다.

도금액을 새로 조제할 때는 반드시 활성탄 처리와 약전해를 하여 도금액을 깨끗이 해야 한다. 또 자주 사용되는 도금액은 불순물이 축적되므로 활성탄 처리를 정기적으로 하여 불순물을 제거하고 작업이 매일 끝난 후에는 반드시 저전류밀도로서 약전해를 하면 도금액의 고장이 예방되어 도금의 품질도 향상된다. 다음은 여러 가지 종류의 불순물에 대한 영향과 제거방법이다.

- Cu: 허용 한도는 0.03 g/L이다. 도금액 중에 이 이상 존재하면 암갈색의 거친 도금이 되고 밀착성이 저하한다. 약전해를 하면 충분히 제거할 수 있다.
- Zn: 허용 한도는 0.03 g/L이다. 이것이 소량이면 광택 작용이 있으나 허용 한도 이상이면 어두운 색깔의 도금이 되고 밀착성이 나쁘게 된다. 약전해하여 제거할 수 있으며 이때 구리와 함께 제거된다. 약전해에 따라 아연의 제거에는 시간이 걸리기 때문에 pH를 4.5 이상 상승시켜 Na_2S를 가하여 ZnS로 침전이 생성하게 하여 여과 제거할 수도 있지만 약간의 냄새가 나는 경우가 있다. pH를 6.5 이상까지 상승시키면 Zn이 $Zn(OH)_2$로 침전 제거되는 방법도 있으나 $Ni(OH)_2$도 동시에 침전되기 때문에 니켈 성분의 손실이 대단히 크므로 좋은 방법이라고는 할 수는 없다. 이와 같은 방법은 아연을 제거하고 나서 다시 pH를 내리게 함과 동시에 경제적인 문제 및 시간 손실이 일어난다. 가장 좋은 방법은 작업을 하지 않는 동안(야간이면 더욱 좋다) 약전해를 하는 것이 가장 안전하고 경비 및 시간 손실이 없다. 도금 공장에서는 약전해 방법을 철저히 이용하는 예가 드물기 때문에 앞으로는 이 방법을 충분히 활용하는 것이 좋겠다.
- Fe: 허용 한도 0.05 g/L이면 도금액 중에서는 제1철 이온으로서 용해되고 허용 범위 이상이 되면 꺼끌꺼끌하고 밀착이 나쁜 도금이 된다. 철을 제거하기 위해서는 pH를 4~5 이상으로 하면 수산화제1철이 된다. 도금액을 공기교반 시키든가 소량의 과산화수소를 첨가하면 수산화제1철이 수산화제2철로 침전되므로 이것을 여과 제거한 후 pH를 원래 범위로 조절한다.
- Pb: 허용 한도는 0.01 g/L이고 많이 첨가되면 암흑색 도금이 된다. 약전해함으로써 충분히 제거된다.

- Cr산: 허용 한도는 0.005 g/L이다. 이것이 도금액 중에 존재하면 음극전류효율이 저하되고 밀착성도 나쁘게 된다. 크롬도금 걸이를 각종 도금액에 침적하여 사용할 때 수세가 불충분하면 도금의 불량이 생기게 된다. pH를 낮게 하여 전해하면 6가 크롬을 3크롬으로 환원시켜 제거할 수 있으며 약품을 첨가하여 제거하는 화학적 방법도 있다. 화학적 방법은 1차로 중아황산나트륨 또는 아황산나트륨을 가하여 3가 크롬으로 환원시키는 방법이다. 다른 방법은 염화납 또는 탄산납을 가하여 크롬산납으로서 침전 여과 제거시킨다.
- Al: 허용 한도는 0.06 g/L이며 허용 한도 이상에서는 암흑색 도금이 되기 쉽다. 도금액의 pH를 4.0이상으로 하면 $Al(OH)_3$로 되기 때문에 침전 여과 제거 할 수 있다.
- Na, K: pH를 올리기 위해서는 탄산니켈을 사용하는 데 이때 탄산가스가 발생한다. 탄산가스가 도금액 중에 존재하면 도금이 벗겨지거나 핏트, 핀홀 등이 생긴다. 온도를 높인 후 교반하면 탄산가스가 제거된다.
- 질산근: 허용 한도는 0.05 g/L이다. 이것이 존재하면 밀착이 저하되고 암흑색 도금이 된다. pH를 1이하로 저하시킨 후 약 1 A/dm^{2}의 전류밀도로서 약전해 하면 제거되며 이후에는 pH를 다시 조절해야 한다. 이러한 것은 별로 들어가는 경우가 드물지만 만약 도금액 중에 들어가면 도금에 큰 이상이 생기고 원인을 찾기에도 곤란하므로 특히 주의해야 한다.
- 과산화수소: 핏트 방지, 철 분순물의 산화 때문에 첨가하는 경우가 있으나 너무 많이 존재하면 그을음, 핏트발생, 밀착불량, 음극효율의 저하를 일으켜 도금이 취약하게 된다. 제거 방법은 온도를 상승시키고 장시간에 걸쳐 교반하면서 약 0.2 A/dm^{2}의 전류밀도로서 약전해시키면 된다.
- 유기불순물: 유기불순물이 도금액 중에 들어 있으면 어두운 색깔이 도금이 되거나 핏트가 발생한다. 제거 방법은 온도를 50~60℃로 올린 후 활성탄 1~3 g/L를 첨가한 후 4~5시간 동안 교반하여 불순물을 침전 여과 제거한다.

6.2 | 광택 니켈도금

광택 니켈도금은 1930년경 schlötter에 의해서 만들어졌다. 이 도금액은 나프탈렌 슬폰산나트륨을 함유한 것이며 1936년경 Weisberg와 Stoddard, Hinrichsen, Freed가 코발트를 함유한 광택 니켈도금을 개발하였다. 광택 니켈도금은 내식성이 양호하지만 표면도 깨끗하고 아름답다, 공정의 간략화, 자동 도금을 할 수 있는 잇점이 있다. 반면 무광택 니켈도금보다 밀착성, 내식성이 약간 떨어지고 약간 변색되는 단점이 있다. 최근에는 내식성을 필요로 하는 것에는 2중 또는 3중 니켈도금을 하고 있다. 광택 니켈도금을 크게 나누면 유기광택 니켈도금과 Ni-Co 합금 광택 니켈도금의 2종류가 있다.

(1) 유기광택 니켈도금

유기광택 니켈도금은 왓츠 도금액을 기본으로 하여 여기에 광택제 및 계면활성제(핏트 방지제 포함)를 첨가한 것이다. 도금액의 주성분과 각 성분의 역할은 왓츠 도금일 때와 같다. 다만 광택 니켈도금에서는 왓츠 도금액에서의 황산니켈, 염화니켈, 붕산의 농도를 약간 높게 하고 있다. 광택 니켈도금의 기본 왓츠 도금액의 표준 조성은 다음과 같다.

황산니켈(g/L)	240～320
염화니켈(g/L)	45～60
붕산(g/L)	45～60
pH	4.0～4.5
온도(℃)	55～65
음극전류밀도(A/dm^2)	1～10
광택제	적당량

니켈도금액을 기본으로 한 광택제는 Cd, Zn과 같은 무기물질 및 유기물질을 첨가하지만 대부분 시중에서 시판되는 우수한 광택제를 사용하고 있다.

① 광택제

니켈 광택제는 1차 광택제와 2차 광택제로서 분류한다. 1차 광택제는 $=C-SO_2^-$의 화학식을 가진 것을 말하며 그 특성은 2차 광택제를 보조함과 동시에 소재가 가지고 있는 광택을 유지해 주고 내부응력으로 발생된 강한 도금을 좀 더 유연성 있는 상태의 도금으로 해준다. 그 종류는 베타인, 1·3·6나프탈렌, 사카린, 슬폰산소다(DNS), 사카린소다, 슬폰아미드, 2차 광택제는 광택을 향상시켜 주고 평활성을 양호하게 하는 작용을 한다. 2차 광택제는 도금을 강하게 하면서 취약하게 하므로 반드시 1차 광택제와 함께 사용해야 한다. 2차 광택제의 종류로는 젤라틴, 부틴디올(2부틴·1·4디올), 구마린, 포르마린, 이미다졸, 덱스트린 등이 여기에 속한다.

② 평활화 작용

소재 금속에는 연마, 버프의 자국 등이 있어 이러한 凹, 凸 부분을 없애고 도금 표면 전체가 균일한 두께가 되게 하는 작용을 말한다.

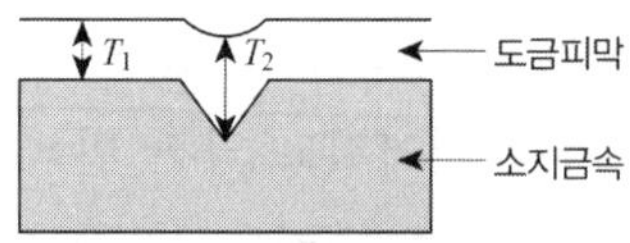

그림 6-5 평활화 작용

그림 6-5에 나타난 바와 같이 구멍 가운데 도금 되는 양이 구멍 외의 표면에 도금 되는 양보다 도금두께 $T_2 > T_1$이 되고 시간도 오래 걸린다. 과거에는 유기 광택제를 사용하는 니켈도금액에서도 연마자국이나 어떤 흠을 충분히 평활시키지는 못했으나 최근에는 광택도 좋고 평활화 작용이 양호한 광택제도 많이 개발되어 시판되고 있다.

③ 내부응력

니켈 석출물의 내부응력은 보통 인장응력으로 나타내며 도금액의 조성 및 작업 조건에 따라 영향을 받는다. 특히 1차 광택제는 일반적으로 석출물의 내부응력을 감소시키는 성질이 있고 어떤 농도 이상 첨가하면 내부응력은 인장응력으로부터 압축응력으로 변한다. 예를 들면 사카린, 1・4나프탈렌, 슬폰산나트륨, 1・3・6나프탈렌, 슬폰산나트륨 등은 응력감소제로서 많이 사용된다. 여기에 2차 광택제를 첨가하면 내부응력이 감소되고 양호한 광택작용과 평활성이 좋게 된다. 내부응력이 생기면 소재 금속과의 밀착력이 나쁘기 때문에 1차 광택제와 2차 광택제를 알맞게 혼합 첨가한다. 만약 광택제의 비율이 알맞지 않으면 광택 불량, 핏트 등이 생긴다.

1) 도금액 관리

① 도금액의 성분

광택 니켈도금에서는 음극전류밀도의 범위가 넓고 광택이 충분히 생기도록 해야 한다. 그렇지 않으면 복잡한 형상을 도금할 때 광택이 감소하거나 얼룩이가 생기기 쉽다. 그러므로 황산니켈, 염화니켈, 붕산의 각 성분 농도를 표준 왓츠 도금액보다 높게 하여 작업을 해야 한다. 염화니켈은 양극의 용해와 도금액의 전기전도도를 양호하게 하며 전류밀도 범위를 광범위 하게 한다. 염화니켈이 부족하면 밀착불량, 도금의 색이 깨끗하지 못하다. 특히 평활성이 저하된 광택 니켈도금에서는 염화니켈의 성질이 대단히 중요하기 때문에 농도가 낮아지지 않도록 주의해야 한다. 붕산도 무광택 니켈도금 일 때와 같이 대단히 중요한 성분으로서 pH 조절에 이용되며 온도가 낮으면 용해도가 저하되어 도금의 색깔이 명확하지 않고 밀착력이 나쁘게 된다.

② pH

pH는 도금의 광택, 음극전류효율, 밀착성과 관계가 깊으며 특히 광택 니켈도금은 무광택 니켈도금보다도 전반적으로 밀착성이 낮아진다. 이러한 현상은 pH가 낮아지면 더욱 심하므로 pH의 측정을 수시로 하여야 한다. pH를 상승하게 하는 데는 탄산니켈 또는 수산화니켈을 사용한다. 수산화나트륨, 수산화암모늄도 사용할 수 있으나 도금이 딱딱하고 취약하게 되며 광택 범위를 협소하게 하므로 사용하지 않는 것이 좋다. 수산화나트륨을 사용하는 경우도 있지만 수산화니켈을 사용하는 것이 좋다. 경험에 의하면 제일 양호한 것은 수산화니켈, 탄산니켈, 수산화나트륨, 암모니아수의 순서이다. pH를 낮추는 데는 붕산이 가장 좋으며 이외 황산, 염산의 순서이다. 되도록 염산은 사용하지 않는 것이 좋다. 그 이유는 도금액 중에 염소 이온이 축적되면 도금 상태가 불량하게 되기 때문이다.

③ 핏트방지제

핏트방지제는 핏트 방지의 목적에 따라 알맞게 첨가해야 한다. 일반적으로 음이온 활성제가 사용되는데 라우릴 황산나트륨은 도금에 나쁜 영향을 주지 않기 때문에 안심하게 사용할 수 있다. 첨가량은 0.1～0.5 g/L이면 충분하다. 무광택 도금액에 첨가하는 과산화수소는 유기광택제 및 라우릴황산나트륨 같은 유기물질을 분해시키므로 광택 니켈도금액에는 첨가하지 않는 것이 좋다.

④ 광택제

광택제는 도금액이 걸이에 의해서 묻어 나오게 되어 감소될 뿐만 아니라 광택제 자신이 전기화학적으로 분해되며 일부는 니켈과 함께 공석(共析) 되기도 한다. 또 Cd, Zn과 같은 금속염을 광택제로서 첨가하면 니켈과 함께 전착하여 감소한다. 최근에는 Cd, Zn과 같은 금속염을 광택제로 사용하는 일은 없다. 도금 작업 중 광택제와 농도가 일정하지 않으면 도금의 광택이 제품 전반에 걸쳐서 일정하지 않을 뿐만 아니라 경도, 인장강도에 따른 기계적 성질에도 영향을 미치게 된다. 광택제의 시험은 어려운 점이 많기 때문에 헐셀시험(Hull Cell test)을 하거나 비커로 실험하는 것이 보편적이다. 광택제의 소모는 전기량에(암페아 시간) 거의 비례하여 소모되므로 미리 소모량을 조사하여 통전량과 첨가량과의 관계를 비교하는 것이 좋다. 그러므로 적산전류계와 광택제 첨가 장치를 조합한 자동 첨가 장치를 이용하는 것도 좋다. 만약 이러한 형편이 아니라면 하루의 광택제 소모량을 조사하여 링거병에 광택제를 넣어 소량씩 적절하게 도금액 중에 첨가 되도록 하는 것도 이상적이다. 또 광택제의 한 성분인 젤라틴 및 유기광택제는 활성탄에 의해서 흡착되기 때문에 도금액 중에 불순물이 있는 경우에는 반드시 활성탄으로 침전 여과시킨 후 광택제를 첨가해야 한다. 포르말린, 부틴디올은 활성탄에 의해서 제거되지 않으므로 이와 같은 성분을 첨가할 때는 고장이 발생할 것을 염두에 두고 소량 첨가하는 것이 좋다.

예제 니켈도금의 pH 조절

니켈도금액의 pH를 상승시키는 데에는 수산화나트륨 및 암모니아수를 사용하지 않고 보통 수산화니켈이나 탄산니켈을 사용하고 염화물의 보충에는 염화나트륨, 염화암모늄을 사용하지 않고 염화니켈을 사용하는데 그 이유는 나트륨 이온 및 암모늄 이온이 해(害)가 되기 때문이다. 그러나 핏트 방지제용으로서 사용되는 계면활성제(예, 라우릴황산나트륨)나 광택제성분(예, 나프탈렌, 슬폰나트륨)에서는 나트륨염의 성분이 포함된다. 그 이유는 무엇인가?

|풀이| 도금액 중에 나트륨 이온 및 암모늄 이온이 많이 포함되어 있어 도금이 딱딱하게 되므로 사용하지 않지만 계면활성제의 경우에는 첨가량이 대단히 적으므로 아주 나쁜 영향은 미치지 않는다고 볼 수 있다.

---

⑤ 전류밀도

광택 니켈도금액의 전류밀도 범위는 일반적으로 2～10 A/dm^{2}이지만 실제로는 3～5 A/dm^{2}으로 작업하는 일이 많다. 복잡한 형상의 물품에는 凸부분과 凹부분이 있는 데 물품의 중앙부분과 凹부분은 적은 전류밀도가 흐르게 되므로 광택제, 온도 등 기타 도금 상태가 부적당하여 광택 범위가 협소하면 얼룩이가 나타나고 내식성이 저하된다. 그러므로 도금액은 넓은 전류밀도 범위에서 광택이 생기도록 해야 한다.

⑥ 온도

온도는 보통 40～60℃의 범위이다. 온도가 저하되면 전기전도도가 저하하고 전류밀도가 상승된다. 그러므로 도금 속도가 느리고 복잡한 형상의 부분(凹, 凸)에서는 광택 및 얼룩이 생기기 쉽다. 따라서 적절한 온도를 유지시켜야 한다.

⑦ 교반과 여과

도금액을 교반하면 성분, 농도, 온도를 균일하게 유지할 수 있고 광택 도금에서는 더욱 중요하다. 도금액의 교반에 따라 물건과 걸이가 흔들릴 수가 있다. 이렇게 되면 전기가 잘 통하지 않으므로 걸이의 제작에 대해서 주의를 해야 한다. 물건과 걸이가 흔들려 전류흐름의 접촉 불량이 발생하면 광택얼룩, 이중도금, 불균일한 도금 두께 등의 상태로 도금 불량이 생기게 된다. 도금액을 교반하면 불순물이 부유하게 되므로 연속여과를 해야 한다.

예제 도금액의 교반

니켈도금액을 공기 교반이나 기계적 교반 중 어느 것을 하는 것이 좋은가?

풀이 어느 것도 적절하다고 생각할 수 있으나 기계적 교반은 경비 문제로 인해서 물품의 상태에 따라 특수한 경우에만 사용되지만 공기 교반은 비용도 저렴하고 설비도 간단하므로 일반적으로 공기 교반을 많이 이용한다. 그러나 기름성분이 도금액 중에 들어가지 않도록 해야 하며 양극주머니를 해주면 더욱 효과가 좋다.

⑧ 불순물

광택 니켈도금액은 불순물에 민감하여 아주 적은 양의 불순물이 존재하여도 광택 저하, 밀착불량, 도금이 벗겨지는 등 여러 가지 원인이 발생된다. 도금액에 용해되는 불순물의 허용 한도는 무광택 도금액보다 적다. 불순물 제거는 정기적인 활성탄 처리와 약전해 방법으로 할 수 있다. 유기 킬레이트제를 사용할 수 있기 때문에 불순물 제거는 간단히 할 수 있다.

- Cu: 허용 농도 범위는 0.08 g/L이다.
  걸이, 부스바, 구리도금의 수세 불충분, 첨가되는 약품 중의 불순물 등에 따라 혼입된다. 허용한도 이상이면 광택 불량, 전착 불량이 생긴다. 0.2~0.3 A/dm^{2}로 약전해하거나 EDTA 0.1 g/L를 첨가하면 침전 여과되어 제거시킬 수 있다.
- Zn: 허용 농도 범위는 0.08 g/L이다.
  아연다이캐스팅 및 황동 제품이 도금액 중에 일부 용해되거나 황동 재질의 부스바가 미세하게 용해된다. 도금 약품 중의 불순물로서 용해되기도 한다. 광택불량, 전착불량이 일어나고 취약한 도금이 된다. 약전해하면 간단히 제거된다.
- Fe: 허용 농도 범위는 0.05 g/L이다.
  철강 제품이 도금액 중에 용해, 공업 용수, 도금약품 중의 불순물 등이 원인이다. 광택불량, 벗겨짐 특히 내부응력이 생겨 취성이 있는 도금이 되기 쉽다. 도금액의 pH를 4~5로 하면 수산화제1철이 수산화제2철로 침전되므로 여과기에 의해서 여과 제거하면 된다.
- Pb: 허용 농도 범위는 0.08 g/L이다.
  납도금을 한 물체, 도금 약품 중의 불순물 등에 의해서 혼입된다. 광택불량 및 도금색이 검게 된다. 약전해 하면 간단히 제거된다.

- Cr산: 허용 농도 범위는 0.05 g/L이다.
  크롬도금에 사용되는 걸이의 세척불량, 크롬도금액의 휘산(揮散)이 원인이다. 음극 효율의 저하 및 밀착불량이 생기고 많이 들어가면 도금이 전혀 되지 않는다. 제거 방법은 무광택 도금액의 크롬산 제거 방법과 같다.
- 질산근: 허용 한도는 0.05 g/L 미만이다.
  산이 포함된 수세수나 도금 약품 중의 불순물로서 혼입된다. 광택불량, 밀착불량, 도금이 벗겨지거나 많이 첨가되면 도금이 전혀 되지 않는다. 도금액의 pH를 1 이하로 하고 1 A/dm^2으로 약전해 하여 제거한다.
- Al: 허용 농도는 0.08 g/L이다.
  Al 소재에 의해서 용해되어 혼입되고 광택불량을 일으킨다. 도금액의 pH를 4 이상으로 하고 수산화알미늄으로 침전시켜 여과 제거한다.
- Ca: 전 처리에 의해서 생긴 탄산칼슘이나 경수(硬水)가 원인이다. 꺼끌꺼끌한 도금이 되거나 벗겨진다. pH를 5 이상으로 하여 침전 여과 제거한다. 칼슘으로 인한 도금액의 고장은 용수중의 칼슘이 함유되어 있지 않는 한 별로 고장이 일어나지 않는다.
- 과산화수소: 유기물 및 광택제를 산화 분해시키기 때문에 첨가하지 않는 것이 좋다. 많이 들어가면 광택불량, 밀착불량, 두께가 얇은 도금이 된다. 활성탄 2~10 g/L을 첨가하고 온도를 60~70℃로 4~5시간 동안 교반한 후 도금액을 놔두면 침전되므로 이후 여과 제거한다.
- 유기물: 광택제 및 계면활성제의 분해 생성물, 교반용 공기가 흡입되면서 기름이 들어감, 전처리에 포함된 것 등에 따라 도금액 중에 혼입된다. 도금이 벗겨지거나 밀착불량, 부풀음, 색깔이 변한다. 대부분은 활성탄 처리에 의해서 흡착 제거되지만 활성탄 처리에 의해서 제거 되지 않는 것은 과산화수소를 첨가하면 분해되고 이후 활성탄 처리를 하고 약전해하면 제거된다.

2) 사고와 대책

표 6-4 광택 및 무광택 니켈도금액의 불량과 대책

결함	원인	대책
핏트 발생	① 니켈 농도 부족 ② 붕산 농도 부족 ③ pH 부적당 ④ 유기·무기산이 혼입 ⑤ 교반 불량 ⑥ 전처리 불량 ⑦ 소재표면 불량 ⑧ 전류밀도 높다. ⑨ 온도가 낮다.	① 황산니켈을 보충 ② 붕산을 보충 ③ pH를 알맞게 조정 ④ 약전해 및 활성탄을 첨가한 후 여과 ⑤ 균일한 교반 ⑥ 전처리 및 수세를 잘해야 한다. ⑦ 소재 표면의 연마를 좋게 한다. ⑧ 전류밀도를 낮춘다. ⑨ 온도를 규정치 범위로 한다.
꺼끌꺼끌한 도금이 되거나 조잡하다.	① 도금액의 부유물 ② pH 부적당 ③ 소재 불량 ④ 전처리 불량 ⑤ 온도가 낮고 전류밀도가 높다. ⑥ 광택제 부족	① 여과를 충분히 해야 한다. ② pH를 알맞게 해야 한다. ③ 소재표면을 깨끗이 해야 한다. 특히 탈지를 잘해야 한다. ④ 전처리를 잘해야 한다. ⑤ 온도를 규정치로 올리고 음극전류밀도를 내린다. ⑥ 광택제를 보충시킨다.
밀착 불량 및 부풀음	① 전처리 불량 ② 금속불순물 혼입 ③ 유기불순물 혼입 ④ 소재불량 ⑤ pH 부적당 ⑥ 하지도금 불량 ⑦ 하지도금 표면산화 ⑧ 2차 광택제 과잉	① 수세, 탈지를 잘해야 한다. ② 약전해 한다. ③ 활성탄 처리 후 여과한다. ④ 소재표면의 흠, 구멍에서 흘러내리는 수세수를 완전히 제거한다. ⑤ pH를 규정치로 한다. ⑥ 하지도금을 철저히 한다. ⑦ 하지도금을 한 후 빨리 도금한다. ⑧ 2차 광택제를 감소시킨다. 너무 많으면 활성탄으로 여과하면 감소된다.
색깔 불량 (암흑색, 구름낌)	① 붕산 부족 ② 유기·무기산 불순물 혼입 ③ pH 부적당 ④ 작업 조건 부적당	① 도금액을 분석하여 붕산을 보충. ② 약전해 하거나 활성탄으로 여과. ③ pH를 규정치로 한다. ④ 도금액 온도, 수세 철저 및 음극전류밀도를 알맞게 한다.
광택 불량	① 광택제 부족 ② 유기·무기불순물 혼입 ③ pH 온도 부적당	① 광택제를 첨가. ② 약전해 또는 활성탄으로 여과. ③ pH를 규정치로 하고 온도는 적정 범위로 한다.

표 6-4 (계속)

결함	원인	대책
피복력불량	① 니켈농도 부족 ② 전류밀도가 낮다. ③ 온도가 낮다. ④ pH가 부적당 ⑤ 유기물 및 크롬산이 혼입	① 도금액을 분석하여 보충한다. ② 음극전류밀도를 높인다. ③ 온도를 규정치로 한다. ④ pH를 적정 범위로 한다. ⑤ 유기물은 활성탄 처리 후 여과하고 크롬산은 환원하여 제거한다.
광택 불량	① 광택제 부족 ② 유기·무기불순물 혼입 ③ pH 온도가 부적당	① 광택제를 보충. ② 유기불순물은 활성탄 처리 후 여과하고 무기불순물은 약전해 한다. ③ pH와 온도를 적정 범위로 한다.
음극효율이 낮다(도금 속도가 느리다.)	① 전류밀도가 낮다. ② 온도가 낮다. ③ pH가 낮다. ④ 니켈농도가 낮다.	① 전류밀도를 높인다. ② 온도를 규정 범위로 한다. ③ pH를 규정 범위로 한다. ④ 도금액을 분석하여 보충한다.

예제 니켈도금상의 크롬도금

광택 니켈도금을 한 후의 크롬도금이 백색으로 되지만 때때로 밀착력이 나쁘다. 이것의 원인은 무엇인가?

풀이 크롬도금액의 불량 이외에 니켈도금에 관계된 원인으로서는 니켈 표면이 부동태화가 일어난 것 같이 보인다. 이러한 부동태화는 니켈도금액 중에 유기·무기불순물이 존재하였기 때문이다. 그러므로 활성탄으로 침전 여과 제거하면 된다. 또 2차 광택제를 많이 첨가하였거나 니켈도금을 한 후 크롬도금할 때까지의 시간이 너무 지체되기 때문에 니켈도금 표면에 부동태화가 이루어지기도 한다. 따라서 광택제의 첨가를 중지 또는 감소시키든지 니켈도금을 한 후 즉시 크롬도금을 해야 한다.

예제 니켈도금이 되지 않는다

니켈도금이 되지 않는 경우가 때때로 있다 그 원인은 무엇인가?

풀이 ① 대부분의 물품에는 도금이 잘되었는데 걸이의 일부만 도금이 안 된 경우에는 물품 걸이의 접촉 불량 때문이다.

② 걸이 전체의 물품이 도금되지 않을 경우에는 부스바, 정류기 등 기타 전원 부분에 고장이 있다.

③ 걸이 전체의 물품이 전부 도금 되지 않을 경우에는 크롬산이나 질산이 많이 들어가서 도금이 되지 않는 경우이다. 이때는 도금은 되지만 도금의 색이 제대로 나타나지 않는 등 불량 도금이 된다.

(2) Ni-Co 합금 광택 도금

Ni-Co 합금은 1936년경 Weisberg에 의해서 개발되었다. 이 도금은 평활성이 좋은 광택 도금에 비해서 니켈도금을 한 후의 표면이 변색되지 않으므로 니켈도금 그대로 사용되는 때에 많이 이용된다. 다음은 Ni-Co 합금도금의 특징이다.

① 니켈도금을 한 후에도 변색이 감소된다.
② 전연성(展延性)이 좋고 강하다.
③ 도금 과정 중 전류가 약간 단속(斷續)되어도 이중 도금이 되지 않는다.
④ 핏트가 발생하지 않는다.
⑤ 광택 범위가 넓기 때문에 복잡한 형상의 물품에도 광택 얼룩이가 발생하지 않는다.
⑥ 밀착력, 평활화 작용이 양호하다.
⑦ 불순물에 민감하다.

이 도금액은 가격이 비싼 코발트를 사용하므로 비용이 들지만 작업에 숙련을 필요로 하고 비교적 높은 전류밀도로 도금하면서 코발트의 석출을 낮게 하면 비용이 많이 드는 것을 어느 정도 해결할 수 있다. 그러나 최근에는 코발트의 사용 규제가 되고 있는 실정이다.

1) 도금액 조성

처음의 Ni-Co 도금액은 소량의 암모늄 이온을 넣으면 광택이 나타난다. 코발트가 과잉으로 첨가되면 어두운 색상의의 도금이 되므로 사용시 소량 첨가한다. 도금액의 조성과 작업 조건은 다음과 같다.

표 6-5 Ni-Co 합금 광택 도금액의 조성과 조건

성분(g/L) \ 종류	와이스베르그 도금액	힌릿치슨 도금액
황산니켈	240	240
염화니켈	45	45
황산코발트	15	15
붕산	30	30
개미산	50	-
개미산나트륨	-	45
포르말린(ml/L)	2.5	-
pH	4.0~4.5	4.0~4.5
온도(℃)	55~60	55~60
음극전류밀도(A/dm^2)	2~8	3~8

힌릿치슨 도금액에서는 포르말린을 첨가하지 않으므로 냄새가 심하게 나지 않는다. Ni-Co 합금 광택 니켈도금액에서는 양극에 니켈판 또는 니켈-코발트 합금판 어느 것을 사용해도 관계없다.

2) 도금액의 조제

① 도금조에 약 2/3 정도의 물을 넣고 황산니켈, 염화니켈, 황산코발트를 첨가하고 용해시킨다.

② 더운 물에 붕산을 용해시킨 후 ① 용액에 넣는다.

③ 물을 가하여 규정량으로 하여 pH를 약 4.0～4.5 범위로 조절한다. pH를 상승시키기 위해서는 수산화니켈 또는 탄산니켈을 사용하고 pH를 낮추기 위해서는 황산, 염산, 개미산을 사용한다.

④ 이상과 같이 끝난 후 0.05～0.1 A/dm^{2}의 저전류밀도로서 8～12시간 동안 약전해하여 금속 불순물을 제거한다.

⑤ 활성탄 처리를 하여 유기 불순물을 제거한다.

⑥ 포르말린 및 개미산니켈을 첨가한다. 개미산니켈은 용해되기 어렵기 때문에 도금액의 일부를 따로 뜨겁게 하여 완전히 용해시켜야 한다. 용해하기 어려운 개미산 니켈 대신에 개미산과 탄산니켈을 별도로 첨가하는 방법도 있다. 개미산니켈 50 g/L일 때는 90%의 개미산 약 34 g/L과 탄산니켈 약 40 g/L를 첨가한다. 반응식은 다음과 같다.

$$2HCO_2H + NiCO_3 = (HCO_2)_2Ni + H_2O + CO_2$$

3) 도금액 관리

① 도금액 성분

코발트는 니켈과 공석되어 감소하기 때문에 분석을 정기적으로 해야 하며 코발트 이온이 부족하지 않도록 해야 한다. 음극전류밀도가 변화하면 석출된 니켈-코발트 합금 중의 코발트 함유율도 변화하기 때문에 현장에서는 데이터를 정하여 통전량에 따라 황산코발트의 양을 보충한다. 개미산염은 광택 및 평활화 작용, 응력감소 작용이 있으며 포르말린은 광택작용, 핏트방지 작용이 있다. 특히 포르말린은 증발과 분해에 따라 비교적 빨리 감소되므로 즉시 파악하여 보충해야 한다.

② pH

도금작업을 계속하면 pH가 상승한다. pH 관리를 철저히 하지 않으면 평활성이 부족하고 광택불량을 일으키기 쉽다. pH를 낮추기 위해서는 부족한 성분을 파악하여 황산니켈이 적으면 황산을 첨가하고 염화니켈 또는 개미산니켈이 부족할 때는 각각 염산 또는 개미산을 첨가하여 pH를 조절한다. pH를 올리기 위해서는 수산화니켈이나 탄산니켈을 첨가한다.

③ 전류밀도

음극전류밀도는 2~8 A/dm^2 정도이다. 음극전류밀도를 크게 하는 편이 도금 속도를 빠르게 하고 가격이 비싼 코발트의 소비량도 적게 할 수 있다.

④ 불순물

Ni-Co 도금액은 불순물에 대해서 대단히 민감하므로 불순물의 혼입에 대해서 주의를 해야 한다. 도금액의 조성과 작업조건이 적절하지 않으면 핏트가 생기며 유기·무기불순물이 존재하면 활성탄 처리를 한 후 약전해를 해야 한다. 양극주머니나 격막을 사용해서 양극 슬럿지의 영향을 방지하고 여과를 철저히 해야 한다. 정기적인 활성탄 처리와 약전해를 하는 것이 도금액 고장을 방지할 수 있다.

6.3 특수 니켈도금

(1) 흑색 니켈도금

석출물은 흑색으로서 니켈과 아연과의 합금으로서 여기에 다량의 유황성분을 첨가시킨 것으로 니켈과 아연에 따라 흑색을 나타내는 유화니켈의 혼합물이다. 광학기기 분야에 널리 이용되고 최근에는 광택 니켈을 한 후 흑색니켈도금을 하여 광택을 나타나게 한다.

표 6-6 흑니켈도금액

성분(g/L)	상온 도금액			고온 도금액 (50~55℃)
황산니켈	75			75
황산니켈암모늄	45	60		40~50
황산아연	35~40	8		35~40
티오시안산나트륨	15~20	15~20		15~20
염화니켈			70~80	
염화암모늄			30	
티오시안산칼륨			15	
염화아연			30	
pH	5.5~6.0	5.5~6.0	5.0~5.5	5.5~6.0
음극전류밀도	0.1~0.2	0.2	0.2	0.5~2.0

또 여기에 투명 락카를 사용하여 외관을 양호하게 도장하기도 한다. 일반적으로 내식성은 낮기 때문에 장식용에 이용된다. 밀착력은 양호하지만 내마모성, 유연성은 좋지 않기 때문에 도금 피막을 두껍게 하면 취약하므로 얇게 하는 것이 좋다. 도금액 조성과 작업 조건은 표 6-6에 나타냈다. 흑색니켈도금은 색깔이 항상 균일하게 보존되는 것이 절대적이므로 도금 조건을 엄밀히 관리해야 한다. 그렇지 않으면 흑색의 색깔이 도금되는 과정 중에 많은 변화를 일으킨다. 특히 황산아연, 티오시안화나트륨(또는 KSN), pH, 온도, 등은 표준 상태를 유지해야 한다.

일반적으로 로당염을 많이 첨가하면 흑색으로 증가되고 아연이 많게 되면 적색을 띤 도금이 된다. 그러나 표준 조건을 유지한다 하더라도 조건이 달라지면 예를 들어 온도가 상승되거나 저하 한다든가 전류밀도를 높이든가 낮추어도 도금 색깔이 여러 가지로 변화된다. 황산아연은 티오시안이온 SCN을 환원되어 S^{2-}로 작용한다. 이 S^{2-} 이온이 니켈이온과 반응하여 흑색 유화니켈(NiS)을 생성한다. pH를 너무 높이면 수산화니켈의 침전이 생성되어 꺼끌꺼끌한 도금으로 되기 쉽다. 반대로 pH가 너무 낮으면 색이 나쁘게 된다. pH를 올리기 위해서는 암모니아수를 pH를 내리게 하기 위해서는 황산을 사용한다.

황산니켈암모늄의 용해도는 비교적 낮고 온도가 낮으면 결정으로 침전된다. 전류밀도가 높으면 타는 현상과 같이 되므로 규정의 전류밀도 범위로서 작업해야 한다. 또 티오시안화나트륨 대신 티오시안화칼륨(로당칼륨), 티오시안화암모늄(로당암모늄)을 사용하기도 한다. 불순물에 대해서는 둔하지만 흑색 도금을 한 후에는 수세 및 건조를 잘해야 한다. 만약 수세수가 더럽든가 건조 공기가 깨끗하지 않으면 얼룩이가 생기기 쉽다. 최종 수세수는 될 수 있는 한 순수한 물을 사용하는 것이 좋다. 건조는 수세 후 원심분리기에 도금 물체를 넣고 완전히 물을 제거한 후 건조기에 넣어 건조한다. 흑색 니켈도금의 양극판은 일반적으로 니켈판을 사용하며 전체적인 흑색니켈도금 과정은 다음과 같다.

소재 금속 → 버핑(buffing) → 알칼리탈지 $\xrightarrow{\text{수세}}$ 전해탈지 $\xrightarrow{\text{수세}}$ 시안화구리도금 $\xrightarrow{\text{수세}}$ 산세(염산을 넣고 보메 농도가 5 정도면 좋다.) → 광택 황산구리도금 $\xrightarrow{\text{수세}}$ 광택 니켈도금 $\xrightarrow{\text{수세}}$ 흑색니켈도금 $\xrightarrow{\text{수세}}$ 탈수 → 수세(증류수) → 탈수(원심분리기 이용) → 건조(약 30~40℃) → 약품침적(순간적으로 물품을 넣었다가 빼낸다) → 건조(약 50~60°) → 도장 → 완전건조(130~150℃) → 검사

염화물 흑색 니켈도금액을 참고로 하면 다음과 같다.

염화니켈(g/L): 75	염화암모늄(g/L): 30
티오시안화칼륨(g/L): 15	염화아연(g/L): 30
pH: 5.0	온도(℃): 상온
음극전류밀도(A/dm^2): 0.2	

(2) 스트라이크 니켈도금

스테인리스강 위에 밀착이 양호한 도금을 하기 위해서는 표면의 부동태화 및 산화물 피막을 미리 제거하여 활성화 시켜야 한다. 스트라이크 니켈도금액은 왓츠 니켈도금액이라고 말하며 스테인리스의 활성화와 더불어 밀착이 양호한 얇은 니켈 피막을 한 후에 도금을 하면 밀착이 양호한 도금이 된다. 스테인리스강 이외의 니켈위에 다시 니켈도금, 니켈 합금, 크롬 합금, 브론즈 등에 대해서 밀착성이 우수하므로 많이 이용된다. 그러나 알루미늄 위에는 사용하지 않는다. 도금액의 조성과 조건은 다음과 같다.

염화니켈: 250 g/L	염산: 120 ml/L
온도: 상온	음극전류밀도: 5～10 A/dm^2
전압: 6 V	시간: 20～120초
양극: 니켈판 또는 탄소	

스트라이크 니켈도금액의 음극전류효율은 양호하지 않지만 밀착력은 대단히 우수하다. 염산의 농도가 높아 해로운 가스가 발생되므로 위생에 주의해야 하고 주위의 설비에 부식을 끼칠 우려가 있으므로 배기시설을 하는 것이 좋다.

예제 철분 제거 방법
니켈 스트라이크 도금액에 용해된 철분을 제거하는 방법은?

풀이 니켈 스트라이크 액의 pH를 약 5 이상으로 하여 공기를 취입시키면 철은 수산화제2철로서 침전되므로 여과한 후 제거한다. 그러나 시간상 번거로움이 있으므로 사실상 니켈 스트라이크 도금액은 철분에 대해서는 큰 영향을 받지 않으므로 너무 많이 들어 있지 않는 한 구태여 제거할 필요는 없다. 그러나 철분으로 인해서 도금에 이상이 있다면 제거해야 한다. 니켈 스트라이크 도금액은 스테인리스 및 니켈 등의 활성화에 필요한 전처리 도금액으로서 연속 여과를 하고 기름 종류가 혼입되지 않도록 항상 도금액을 깨끗이 하면 불순물에 대해서 걱정할 필요가 없다.

---

(3) 슬파민산 니켈도금

슬파민산 니켈도금액에서 얻을 수 있는 니켈 석출물은 내부응력이 적으며 유연성이 있고 인장강도가 비교적 높은 성질을 나타낸다. 또 도금 속도가 빠르고 레코드 제조용 모판의 전주에 고속도 도금을 한다. 슬파민산 니켈도금액에는 전슬파민산 도금액 및 염화물을 함유한 슬파민산 도금액, 고속도 슬파민산 도금액의 3가지 종류가 있으며 도금액의 조성과 조건은 다음과 같다.

• 전슬파민산니켈 도금액

슬파민산니켈: 300~450 g/L	붕산: 30~45 g/L
핏트방지제: 1~2 ml/L	pH: 3~4.5
온도(℃): 40~55	

음극전류밀도: 38℃에서 최고 15 A/dm^2, 60℃에서 최고 30 A/dm^2

교반: 음극 진동 또는 공기 교반	양극: 니켈판

전슬파민산 니켈도금액은 단순하기 때문에 관리하기 쉽고 석출물의 내부응력이 압축응력에 따라서 관계되므로 응력감소제를 첨가하기도 한다.

• 염화물 함유 슬파민산 니켈도금액

슬파민산니켈: 300~450 g/L	염화니켈: 15 g/L
붕산: 30~45 g/L	pH: 3.5~4.2
온도(℃): 30~60	음극전류밀도: 2~14 A/dm^2
교반: 공기 교반	양극: 니켈판

공기 교반일 때는 핏트 방지제가 필요하지 않다. 염화물을 함유한 도금액에서는 도금액의 전도도 및 양극 용해는 양호하지만 응력은 전슬파민산 도금액보다도 크기 때문에 염화니켈의 양은 될 수 있는 데로 적은 것이 좋고 전주와 같은 물리적 성질을 중요하게 하기 위해서는 도금액을 잘 관리해야 한다. 따라서 압축응력에 따른 응력감소제를 첨가해야 한다.

• 고속도 슬파민산 니켈도금액

슬파민산니켈: 650~780 g/L	염화니켈: 6~18 g/L
붕산: 36~48 g/L	pH: 4.0
온도(℃): 50~60	음극전류밀도: 5~80 A/dm^2

고속도 슬파민산 니켈도금액은 슬파민산니켈의 농도가 높아 고속도 도금이 가능하고 도금액의 조성, 작업 조건을 잘 유지하면 내부응력을 적게 할 수 있다. 도금액의 pH를 상승시키기 위해서는 수산화니켈을 첨가하고 pH를 낮추기 위해서는 슬파민산을 첨가한다. 응력감소제를 사용하면 석출물이 딱딱하여지고 유연성이 부족하게 되므로 적은 양을 첨가하는 것이 좋다. 탄산니켈과 슬파민산의 화학 반응은 다음과 같다.

$$NiCO_3 + 2NH_2SO_3 \rightarrow Ni(NH_2SO_3)_2 + H_2O + CO_2$$

불순물을 제거하기 위해서는 불순물 제거제가 시판되는 것이 있으므로 이것을 사용하면 간단하다. 슬파민산니켈도금액은 다른 니켈도금액에 비해서 가격이 비싼 것과 같이 생각되지만 고속도 도금에 비한다면 그리 큰 문제가 될 수는 없다. 60℃ 이상 또는 pH 3.0 이하에서 장시간 도금을 하면 슬파민산니켈은 가수분해하여 용도해가 적은 황산니켈암모늄이 되어 도금되는 상태가 변화한다. 도금액의 여과 및 활성탄 처리를 한 도금액을 깨끗이 하는 것은 니켈도금액 일 때의 방법과 같다. 또 광택제의 선택에 따라서 반광택 및 광택이 있고 평활성이 좋은 도금도 가능하다.

(4) 붕불화 니켈도금

붕불화 니켈도금은 유연성이 좋고 내부응력이 비교적 적다. 인장강도 및 경도는 왓츠 도금에서와 같은 정도 또는 그 이상이 된다. 그러므로 전주의 두꺼운 도금에 적합하다. 도금액의 조성과 조건은 다음과 같다.

붕불화니켈: 300～450 g/L	붕산: 23～40 g/L
pH: 2.0～3.5	온도(℃): 40～70
음극전류밀도: 4～10 A/dm^2	

음극전류밀도가 10 A/dm^{2}까지는 음극전류효율 및 양극전류효율이 높고 이와 같은 경우는 왓츠 니켈도금액일 때와 마찬가지다. 니켈 농도, 온도, 전류밀도는 허용 범위가 넓고 완충 작용도 대단히 좋다. 도금액 중의 불순물을 제거하기 위해서는 pH를 높게 한다. 붕불화 니켈도금은 구리합금, 철강 위에는 밀착이 좋은 니켈도금이 된다. 두꺼운 도금을 할 때 수지상 석출물을 생기게 하는 경향은 왓츠 도금액에서보다 적고 전염화물 도금액에서보다는 약간 크다. 이 도금액은 부식성이 높고 고규소 주철이나 납 성분이 함유된 재질의 물건에는 도금을 하지 않아야 한다. Ni 25%, Cr 20%, Mo 30%를 함유한 고(高) Ni-Fe 합금, 플라스틱 또는 고무라이닝, 탄소 등의 재질에 사용되면 관계없다.

(5) 알루미늄상의 흑색 니켈도금

황산니켈: 100 g/L	티오시안화나트륨: 75
황산아연(결정): 45	주석산납: 11
pH: 6.3～6.7	온도: 상온
양극: 양극판	

(6) 아연다이캐스팅상의 니켈도금

아연다이캐스팅 소재 위에 직접 니켈도금을 하면 아연 쪽이 니켈보다 이온화 경향이 크기 때문에 아연 소재가 도금액 중의 니켈 이온과 치환 반응을 일으켜서 흑색의 피막이 생성된다. 그 반응식은 다음과 같다.

$$Zn + Ni^{2+} \rightarrow Zn^{2+} + Ni$$

따라서 아연 합금 소재상에 니켈도금을 한 경우는 니켈 이온의 활동을 억제하기 위해서 다음과 같은 도금액의 조성이 사용된다.

황산니켈 암모늄(g/L): 65～70	황산니켈(g/L): 60～80
염화나트륨(g/L): 45～50	염화암모늄(g/L): 10～30
붕산(g/L): 10～20	염화나트륨(g/L): 15～20
구연산나트륨(g/L): 5～7	붕산(g/L): 15～200
온도(℃): 상온	황산나트륨(g/L): 30～40
	(첨가하지 않을 때도 있음)
pH: 5.4～5.8	온도(℃): 상온
음극전류밀도(A/dm^2): 1～4	음극전류밀도(A/dm^2): 1～4

표 6-7 아연 합금 소재용 니켈도금액

성분(g/L) ＼ 구분	I	II	III	IV
황산니켈암모늄				63
황산니켈	70	88	60	-
염화암모늄	15	30	10	-
염화나트륨	15	15	13	48
붕산	15	98	200	13
황산나트륨	70	-	-	-
구연산나트륨	-	-	-	6.5
온도	상온	상온	상온	상온
pH	5.6～5.8	5.3～5.8	5.8～6.2	5.4～5.8
음극전류밀도(A/dm^2)	3.5～4.0	1～4	1～4	1～4

6.4 양극

니켈도금용 양극은 순도가 높아야 하며 도금 작업 중에는 균일하게 용해되어야 한다. 현재 양극판으로서 사용할 수 있는 것은 전기 니켈판이지만 형태도 판, 타원형, 볼, 작은 덩어리 등으로 볼이나 작은 덩어리들은 티타늄 바스켓에 넣어 사용하며 구리를 양극 걸이로 사용했을 때 불순물이 거의 혼입되지 않는 장점이 있다. 양극으로 사용되는 종류는 다음과 같다.

(1) 전해 니켈 양극(electro Ni anode)

전기분해해서 만든 것으로 순도는 99.9%이다. 보통 불순물로서 Fe 0.005% 이하, Cu 0.005% 이하, Pb 0.001% 이하, C 0.004% 이하, S 0.001% 이하 정도이다. 전기분해한 니켈은 양극 용해가 나쁘기 때문에 양극전류밀도를 2 A/dm^2 이하로 해서 양극판을 많이 사용하는 것이 좋다. 양극 슬럿지의 생성이 비교적 많으므로 양극주머니를 사용해야 한다. 일반적으로 니켈판이라고도 부른다.

(2) 디폴라이즈 니켈 양극(depolarize Ni anode)

전기분해한 니켈을 고주파 유도로에서 용해하여 산소의 함유량을 0.05～0.1% 정도까지 함유케하여 만든 산화 니켈판이다. 이것을 주조한 후 단조, 압연해서 10 mm 정도의 얇은 판으로 만든 것이다. 산화 니켈 주위에서 저절로 국부전지가 형성되어 부동태화를 일으키지 않으므로 양극의 용해가 순조롭게 이루어진다. 양극전류밀도는 3 A/dm^2까지 사용할 수 있으며 양극 슬럿지가 생성되므로 양극주머니를 사용해야 한다. 특히 pH가 4.5 이상의 도금액에서는 디폴라이즈 양극판을 사용하는 것이 좋다.

(3) 탄소-니켈 양극(carbonize Ni anode)

전기니켈을 용해한 후에 탄소와 규소를 첨가하여 주조시킨 후 단조, 압연한 것이다. 탄소 0.1～0.3%, 규소 0.1～0.3%를 함유한 99% 이상의 니켈이 함유된 것이다. 고속도 광택 니켈도금에서는 양극 용해가 빠르기 때문에 사용할 필요가 있다. 전류밀도는 5～6 A/dm^2 정도로 높고 양극에서 생기는 불순물은 거의 없으나 탄소와 규소의 불용성 물질이 양극 표면에 부착되거나 도금액 중에 존재하여 도금 상태를 나쁘게 하기 때문에 양극주머니 또는 격막을 사용하는 것이 좋다. 보통 pH 4.0～4.5 이하의 도금액에서 사용한다.

(4) SD 니켈 양극

미국의 International Ni Co에서 개발한 것으로서 전기분해 니켈에 소량의 유황(0.01~0.02%)을 넣어 양극의 용해가 순조롭게 되도록 만든 것이다. 양극의 용해는 도금액의 pH나 염화물 농도에 크게 영향을 주지만 양극전류밀도도 중요한 요소이다. 양극전류밀도는 2 A/dm^2 이하이다. 가격은 탄소-니켈 양극보다 비싸지만 전기 니켈판과는 별 차이가 없다. 양극의 용해 속도가 빠르고 양극에서 생기는 불순물이 적기 때문에 널리 사용되고 있다. 양극판의 걸이는 구리나 구리합금을 사용하는 것보다는 티타늄바스켓 또는 티타늄선을 사용하는 것이 좋다. 티타늄바스켓을 사용하면 전류는 대부분 내부로 흘러 니켈 양극에 모이기 때문에 양극 용해는 대단히 좋다. 그러나 니켈 양극의 부족 및 접촉불량이 일어나면 양극에서 산소가 발생하게 된다. 그러므로 광택제에 함유된 유기 첨가제의 전해산화(電解酸化) 및 분해가 생겨 도금 상태가 불량하게 된다.

예제 불용성(不溶性) 양극

니켈을 양극으로 사용하는 대신 티타늄 및 흑연판 등의 불용성 양극을 사용하는 것은 어떠한가?

풀이 티타늄을 양극으로 사용하면 티타늄 표면에 양극산화가 일어나 산화피막이 생겨 전류가 잘 흐르게 되지 않으므로 도금을 계속할 수 없게 된다. 흑연판 및 백금도금된 티타늄을 불용성 양극으로 사용한다는 것은 좀 곤란하다. 이것들은 염화물을 함유한 니켈도금액에서 도금 작업을 하게 되면 염소 가스가 발생하게 되기 때문이다. 단지 소규모 실험적으로는 이용할 수 있으나 이때도 배기장치를 구비해야 한다. 그렇지 않으면 인체에 대단한 해로움을 미치게 된다. 또 니켈 농도는 도금을 하면 감소되고 pH는 급격히 저하하므로 공업적으로 불용성 양극으로서는 곤란하다. 여기에 광택제가 첨가 될 때는 분해가 빨리 촉진되므로 도금 불량이 일어난다. 그러나 황산염만으로 된 도금액에서는 염화물이 없기 때문에 납과 같은 불용성 양극을 사용하면 염소 가스의 발생이 없으므로 파이프의 내면을 도금할 때 이용되기도 한다.

6.5 석출물의 성질

(1) 내부응력

금속을 인장시킬 때는 인장응력이 생기고 압력이나 압축을 가할 때는 압축응력이 생긴다. 이러한 상태는 외부에서 뿐만 아니라 금속의 내부에서도 발생한다. 이러한 것을 내부응력이라 한다. 전기도금에서는 내부응력이 중요한 데 석출물이 압축응력을 갖고 있는 경우에는 석출물 자신이 압축되는 것을 연신율로 나타난다. 이러한 상태는 소재 금속과의 밀착성이 양호하지만 인장응력일 때에는 석출물 자신은 수축하려고 하므로 소재 금속과 석출물은 서로 밀착이 나쁘게 된다. 그리고 실제로 소재 금속에서 미세한 수축이 발생된다. 내부응력이 큰 도금은 균열과 변형이 생겨 내식성이 저하시키게 된다. 니켈도금은 일반적으로 인장응력이 생기기 때문에 전주 도금에서는 될 수 있는 대로 응력이 적게 나타나야 하며 응력은 1,000~10,000 lb/in^2 정도로 되는 것이 좋다. 왓츠 니켈도금액의 조성 및 조건이 내부응력과 미치는 영향은 다음과 같다.

① 도금액 중의 니켈 농도가 증가하면 내부응력은 약간 커진다.
② 염화물 농도가 증가하면 인장응력이 대단히 커진다.
③ 온도와 내부응력과는 관계가 없다.
④ pH의 영향은 도금액의 조성에 따라서 차이가 있으나 pH 1~5에서는 크게 변화하지 않는다. pH 5 이하에서는 어떤 종류의 불순물에도 영향을 적게 받는다.
⑤ 음극전류밀도는 1~5 A/dm^{2}의 범위 이내에서는 뚜렷한 영향은 없지만 일반적으로 음극전류밀도가 증가함에 따라 인장응력이 크게 된다.
⑥ 교반은 거의 응력에 영향을 미치지 않는다.
⑦ 과산화수소, 탄산가스, 2차 광택제 및 활성탄, Fe, Zn, Pb, Na 염 등은 어떤 조건 상태에서는 응력을 증가시킨다. 1차 광택제는 응력을 감소시키는 작용이 있다.

슬파민산 도금액의 조성과 조건이 내부응력에 미치는 영향은 다음과 같다.

① 니켈 농도와는 별 관계가 없다.
② 염화물의 농도가 증가함에 따라서 내부응력이 증가한다.
③ 도금액의 농도가 상승함에 따라서 내부응력은 감소한다.
④ pH 4.0~4.2에서 내부응력은 최소가 된다.
⑤ 음극전류밀도가 높아짐에 따라 내부응력은 크게 된다.

예제 니켈 전주의 내부응력

슬파민산 도금액을 사용하여 니켈 전주도금을 하였으나 물품의 불량이 많다. 그 원인과 대책은?

|풀이| 니켈 전주의 내부응력이 크기 때문이다. 1차 광택제를 도금액에 첨가하면 내부응력이 감소된다.

(2) 경도

니켈도금의 경도도 작업 조건에 따라서 변화한다. 경도에 영향을 미치는 원인은 여러 가지가 있으나 도금 작업 중에 발생하는 수소가 니켈 석출물 중에 함유되어 니켈과의 수소화물(水素化物)이 생성되기 때문이라고 생각되지만 최근에는 도금에서 발생되는 수소와 경도는 관계가 없다는 설도 있으며 수산화니켈 화합물과 도금 입자(粒子)의 크기가 경도를 좌우한다고도 한다. 니켈도금의 경도는 도금액의 성분, pH, 온도, 음극전류밀도 등에 따라 변화한다. 왓츠 도금액에서 경도와의 관계는 다음과 같다.

① 니켈 및 염화물의 농도가 크게 되면 경도가 높아지는 경향이 있다.
② pH의 영향은 pH 5 이하에서는 경도가 증가하는 것이 적지만 pH 5 이상에서는 경도가 급격히 증가한다.
③ 온도가 55℃까지는 경도가 낮지만 55℃ 이상에서는 증가한다.
④ 음극전류밀도가 약 5 A/dm^{2}까지는 전류밀도가 상승함에 따라서 경도는 급격히 낮아지며 전류밀도를 상승시키면 약간 경도가 높아진다.

슬파민산 니켈도금액과 경도와의 관계는 다음과 같다.

① 니켈 및 염화물의 농도가 증가함에 따라서 경도는 약간 낮아진다.
② pH, 온도가 상승함에 따라서 경도는 증가한다.
③ 음극전류밀도가 약 13 A/dm^{2}에서 경도는 최소로 된다.

예제 유연성이 있는 니켈도금
유연성이 있는 니켈도금을 얻기 위해서는 어떤 조건으로 도금을 하는 것이 좋은가?

풀이 광택제를 사용하지 않는 도금액에서는 pH는 될 수 있는 데로 낮게 (약 2~3 정도) 하고 온도는 높이고 음극전류밀도는 약 5 A/dm^{2}으로 하여 도금한다. 니켈 농도, 염화물의 농도는 그다지 높지 않는 것이 좋고 도금액 중의 불순물이 적어야 한다.

대부분 니켈도금액에 첨가제를 가하면 일반적으로 경도는 상승되어 Hv600 이상을 얻을 수 있다.

(3) 인장강도와 연신율

도금액의 종류에 따라서 인장강도 및 연신율의 수치는 차이가 있으나 도금 조건에 따라서 변화하고 유기 첨가제에 따른 영향도 크다.

1) 왓츠 니켈도금액의 기계적 성질

① 인장 강도(tensile strength)

- 니켈 및 염화물의 농도가 높으면 인장강도가 크게 된다.
- 온도는 55℃까지는 인장강도가 감소되지만 55℃ 이상에서는 약간 상승된다.
- 음극전류밀도가 상승함에 따라서 인장강도는 감소된다.
- pH 1~4까지는 서서히 저하하고 pH 5 이상이 되면 인장강도는 급격히 증가한다.

② 연신율(elongation)

- 니켈 농도가 증가하면 연신율은 감소한다.
- 온도가 55℃까지는 연신율은 증가하며 이 이상의 온도에서는 약간 낮아진다.
- pH 1~5까지는 인장강도의 변화가 적지만 pH 5이상이 되면 연신율은 급격히 저하된다.

2) 슬파민산 니켈도금액 일 때의 기계적 성질

① 인장강도(tensile strength)

- 니켈 농도가 증가함에 따라서 인장강도는 약간 감소한다.
- pH가 상승함에 따라서 인장강도는 증가한다.
- 음극전류밀도가 상승함에 따라서 감소된다.
- 온도가 49℃까지는 인장강도가 감소하지만 이 이상의 온도에서는 서서히 인장강도가 상승한다.

② 연신율(elongation)

- 니켈 및 염화물의 농도가 증가함에 따라 약간 연신율이 증가한다.
- 온도가 43℃ 부근에서는 연신율의 변화가 적다.
- pH가 상승함에 따라서 연신율은 적어진다.
- 음극전류밀도가 상승함에 따라서 연신율은 증가한다.

이상에서와 같이 인장강도, 연신율, 경도 및 내부응력은 서로 관계가 있으며 이것들은 도금 두께에 따라 변화된다. 일반적으로 인장강도가 증가하면 연신율은 감소되고 경도는 증가한다.

CHAPTER 07 장식 크롬도금

장식 크롬도금은 금속 제품의 최종 도금으로서 널리 이용된다. 공업용 크롬과의 차이는 도금 두께가 0.1～0.3μm으로 대기 중에서 변색이 안 되고 내구성(耐久性)이 크다.

7.1 크롬도금의 내식성

장식 크롬도금은 대기 중에서 변색이 되지 않으며 색깔이 아름답고 내마모성과 내식성이 좋다. 니켈도금위의 크롬 두께와 내식성에 따라서 도금 제품의 품질 향상과 도금 비용이 적게 된다는 것에 관심을 두고 있다. 그러나 크롬도금면의 내식성을 좌우하는 여러 가지 원인이 많으므로 간단히 결론짓기는 어렵다.

(1) 크롬도금 층의 유공도(有孔度)

장식 크롬도금의 내식성을 높게 하기 위해서 0.25～0.5μm 정도 얇게 도금하는 것이 좋다고 한다. 이것은 구리, 니켈도금위에 크롬도금을 0.25～0.5μm 정도까지는 유공도가 적기 때문에 내식성은 양호하지만 0.5μm 이상의 두께가 되면 도금면에 부풀음이 생겨 균열이 나타나서 내식성이 나쁘게 된다(그림 7-1 참조).

철강 소재 위에 직접 크롬도금을 0.5μm 정도하여도 내식성이 우수하다고 하지만 이것도 크롬도금중의 유공도와 관계가 있다. 크롬도금의 유공도를 작게 하는 작업 방법으로서는 온도를 높이고 전류밀도는 낮게 해야 한다(그림 7-2 참조).

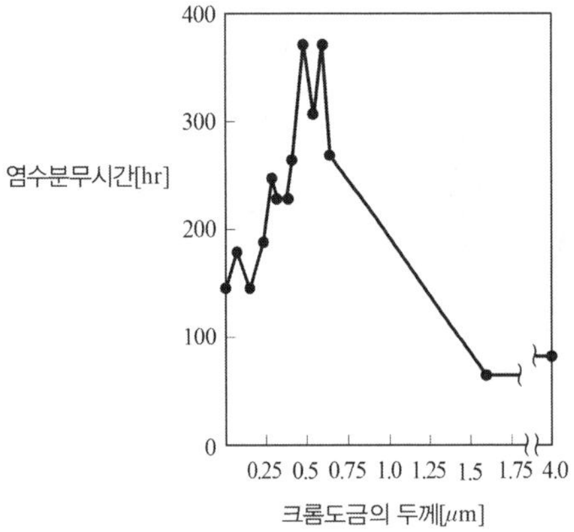

그림 7-1 크롬도금의 두께와 내식성
(Cr 7.5μm+Ni 15μm)

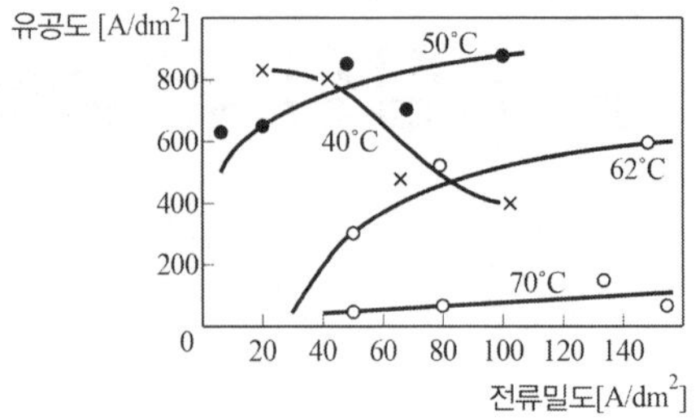

그림 7-2 여러 가지 온도에 따른 전류밀도와
유공도의 관계(두께 10μm)

(2) 도금층의 부풀음

크롬도금층의 두께가 0.5μm 이상이 되면 부풀음이 생긴다는 것이다. 하지도금의 니켈도금 두께가 얇고 크롬도금 층이 두껍게 되면 하지 도금이 침식된다. 따라서 크롬도금 두께의 한계(限界)에서는 충분한 검토가 필요하고 불필요한 두꺼운 도금은 오히려 내식성을 약하게 한다. 실제로 크롬도금 두께의 한계는 광택이 저하되며 균열이 나타나는 것에 중점을 두어야 하므로 제품 유효면의 품질, 내식성, 외관성 및 가공비용의 관계를 충분히 고려해야 한다. 그러나 하지 도금층의 두께가 크롬도금의 부풀음에 대한 응력에 견딜 수 있을 정도 충분히 두껍게 되면 크롬도금층의 한계는 크게 된다.

일반적으로 도금층이 두껍게 되면 부풀음이 생긴다고 해도 내식성이 양호해 진다고 한다. 이러한 내식성 향상은 하지 도금층 또는 크롬도금층의 어느 한 쪽에만 관계되는 것이 아니라 니켈, 크롬도금의 양쪽을 알맞게 해야 한다.

예제 장식 크롬도금의 내식성

장식 크롬도금의 내식성을 향상시키기 위한 기본적인 사항에 대해서?

풀이 크롬도금면의 내식성을 좌우하는 원인은 크게 나누어 다음 3가지가 있다

① 도금층을 필요 이상 두껍게 하면 도금면에 핀홀 및 균열이 많게 되므로 전체적으로 도금 두께가 0.5μm 이하 되도록 해야 한다.

② 도금 두께를 0.5μm 이하로 균일하게 할 수 없을 때에는 하지 도금의 두께를 크롬도금의 부풀음에 대한 응력에 견딜 수 있게 두껍게 도금해야 한다.

③ 하지 도금의 전연성을 크게 하기 위해서는 도금액의 불순물, 첨가제, 전류분포 등의 관리를 철저히 해야 한다.

7.2 도금액 조성

장식 크롬도금액은 일반적으로 1920년에 미국의 샤젠트(Sargent)가 발표한 것이 현재까지 널리 이용되고 있다.

(1) 샤젠트 도금액(크롬산–황산 도금액)

장식 크롬도금액의 기본은 샤젠트 도금액이 대부분이다. 무수 크롬산의 농도는 250 g/L가 표준이지만 일반적으로 150∼400 g/L의 범위에서 사용되고 있다. 그러나 도금액을 고농도로 하면 도금액이 없어지는 비율이 많고 공해 방지 대책상 문제가 있으므로 최근에는 100∼150 g/L의 저농도 도금액으로 사용한다. 황산의 함유량은 무수크롬산과의 중량비(중량비)로 표 7-1에서 알 수 있듯이 100 : 1이 표준이다. 일반적으로 황산 함유량이 적으면 피복력이 크게 되지만 니켈도금이 양호하게 밀착되지 않는 凹부분의 밀착성은 약하게 된다.

니켈도금액의 성능과 물품 형상에 따라 80 : 1 또는 100 : 1 또는 100 : 1의 범위로 하여 사용하기도 한다. 황동 소재 위에 직접 크롬도금을 할 때는 황산 함유량을 적게 하므로 120 : 1에서 150 : 1의 범위에서 도금한다. 일반적으로 무수크롬산의 양이 적은 도금액에서는 황산과의 중량비를 크게(황산 함유량은 적게 한다)하여도 저전류밀도 부분의 밀착성은 나쁘게 되지 않는다. 3가 크롬의 함유량은 Fe, Ni, Cu, Zn, Al 등의 금속 불순물의 혼입량과 관련되기 때문에 일반적으로 말할 수 없으나 3가 크롬 함류량이 적당하지 않으면 피복력은 약하게 되고 광택 범위가 협소하게 되고 도금액의 전도도가 나쁘기 때문에 정상적인 크롬도금 작업을 할 수 없다.

표 7-1 샤젠트 도금액의 조성

조성 \ 구분	저농도	중농도	고농도
무수크롬산(g/L)	150	250	400
황산(g/L)	0.8∼1.5	1.3∼2.5	2∼4
(또는 황산크롬)	(1∼1.8)	(1.5∼3)	(2.5∼5)
보메(Bé)	13.5	22	32
온도(℃)	45∼55	45∼55	30(45∼55)
전류밀도(A/dm^2)	10∼80	10∼80	7∼10(10∼80)
전압(V)	4∼5	4∼5	4∼5
비교	경질 크롬용이다. 전류효율이 좋다. 피복력이 좋다.	일반적으로 많이 사용되며 관리하기 쉽다. 황동을 침식시킨다.	도금액의 변동이 적지만 피복력은 나쁘다. 광택범위는 넓고 묻어나오는 양은 많다.

다음은 크롬과 황산의 비율에 따른 특성을 나타낸 것이다.

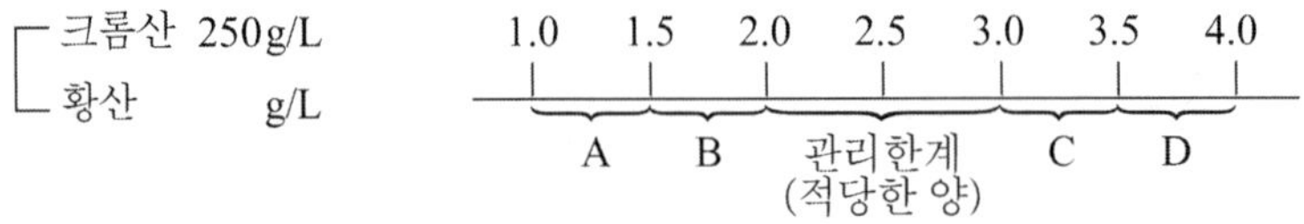

A: 도금액 중에 3가 크롬이 적고 도금액은 붉은색을 나타낸다. 피복력은 대단히 나쁘고 도금된 부분과 도금되지 않은 부분과의 경계가 확실하지 않다. 도금면에 갈색 반점 및 얼룩이가 생긴다.
B: 도금색은 맑고 백색은 아니지만 피복력은 양호하다. 백색의 얼룩이나 저전류밀도 부분에 무지개색이 생기기 쉽다. 건조한 후 도금면에 얼룩이가 생기기 쉽다.
C: 피복력은 좋지 않다. 고전류 부분이 타기 쉽고 도금된 부분과 도금되지 않는 부분의 한계가 명확하지 않다. 도금 색은 약간 검은 색을 띠기도 하지만 맑고 색상이 양호하다.
D: 피복력은 대단히 나쁘고 고전류 부분이 타기 쉽다. 도금액 중에 3가 크롬이 대단히 많이 증가하고 도금액의 점도가 커서 물품을 도금액에서 꺼낼 때 도금액이 많이 묻어 나온다.

일반적으로 황산량이 적으면 청백색(靑白色)을 나타내고 많으면 검은 빛이 나타난다. 하지 도금인 니켈도금의 평활화 작용에도 영향을 받는다.

(2) 규불산 첨가 도금액

이 도금액은 샤젠트 도금액 중의 황산 대신 규불산이온을 촉매로 한 것이다. 규불산이온으로서는 규불산, 규불화나트륨, 규불화칼륨과 같은 것이 첨가된다. 특징은 고온, 고전류밀도에서 넓은 광택 범위를 얻을 수 있으며 전류효율은 25～28% 정도로 높은 편이다. 단점으로는 규불산은 납을 용해시키기 때문에 가열용 납파이프, 양극등이 침식된다. 규불화염은 황산에 비해서 불안정하고 용액 관리는 샤젠트 도금액보다 어렵다. 최근에는 공해로 인하여 크롬도금액의 대체도금기술을 개발하려는 연구가 이루어지고 있다.

표 7-2 규불화 도금액이 조성과 조건

조성 \ 구분	A	B	C
무수크롬산(g/L)	250～400	250	350
황산(g/L)	0.7～2.0	0.7～1.5	-
규불산(g/L)	2～10	-	17
규불화나트륨(g/L)	-	5～10	-
온도(℃)	45～55	45～55	30° 내외
예	경질크롬용(미국, 유럽)	일반 도금에 이용	바렐 도금에 이용

(3) SRHS 도금액

Self Regulating High Speed의 약자로서 자동조절 고속도 크롬도금액이다. 미국의 유나이트 크롬사가 개발하였다. 특징은 200～500 g/L의 무수크롬산과 황산스트론튬 및 규불화칼륨으로 구성되어 있다. 규불화 도금액과 비슷하지만 촉매근(觸媒根)을 포화한도 이상으로 첨가하여 작업하며 감소되는 양은 자동적으로 보충되며 도금액에 들어간 황산은 공통 이온의 효과가 있는 크롬산스트론튬 및 중크롬산칼륨 또는 중크롬산나트륨 등을 첨가하여 도금액 조성이 항상 규정된 농도를 유지하도록 해야 한다. 따라서 자동적으로 도금액 농도가 유지되므로 화학분석을 할 필요가 없다.

이 도금액은 장식용크롬, 공업용크롬, 바렐용크롬 및 균열이 없는 무균열 크롬도금 등 모든 부분에 이용된다. 바렐도금에서와 같이 피복력이 필요한 것에는 크롬산 450 g/L, 온도 32～33℃로 하고 경도가 필요한 공업용 경질크롬에는 크롬산 250～350 g/L, 온도 50～60℃로 하고 장식용 크롬에는 크롬산 400～500 g/L, 온도는 30～50℃로 하고 무균열(crack free)크롬도금에서는 크롬산 425 g/L, 온도는 55～60℃로 한다. 양극은 주석을 7% 정도 함유하고 있는 납판을 사용하고 순수한 납판은 좋지 않다. 특히 순수한 납판을 사용하면 전착 중에 물건이 부식되는 경우가 있다. 이러한 현상은 저전류 부분에 심하게 나타난다.

(4) 마이크로-소공(micro - 小孔) 크롬도금

이 도금법은 미세한 균열 크롬을 많은 수의 미세한 소공(小孔)으로 크롬도금층에 발생시켜 내식성을 향상시킨 것이다. 마이크로 소공으로 하기 위해서는 하지 니켈도금층에 비금속 물질의 미립자를 분산시켜 석출시켜야 한다. 일반적으로 15,000～25,000소공/cm^2 정도이다. 도금방법은 광택 니켈층 위에 20초～4분간 비금속 미립자를 함유한 얇은 니켈도금을 한 위에 0.3μm 이내의 마이크로 소공 크롬을 한다. 특징은 비교적 얇은 크롬도금면(凹부분의 저전류밀도 부분)에서도 내식성이 좋지만 크롬도금이 0.3μm 이상에서는 내식성이 저하되므로 도금조 내의 전류분포를 균일하게 해야 한다.

7.3 도금액 및 작업 관리

크롬도금은 저전류 부분에 대해서 피복력 및 도금의 밀착성이 불량하고 고전류 부분에서는 타기 쉽기 때문에 도금액의 관리를 잘해야 한다.

(1) 도금이 타는 것을 방지

미리 도금한 구리 및 니켈도금에서 완전 광택을 얻을 수 있으며 최종 도금 공정의 크롬도금에서 물품이 부분적으로 타게 되면 외관이 불량해진다. 특히 크롬도금에서 균일전착성이 나쁜 것은 크롬도금액의 음극분극작용이 극히 약하며 전류밀도가 증가된 凸부분(고전류)에서는 전류효율이 높아지기 때문이다. 일반적으로 크롬도금의 균일전착성은 온도가 낮아지거나 전류밀도를 높이거나 크롬산 농도가 낮아야만 도금이 타는 현상이 방지된다고 할 수는 없다. 특히 도금 물품의 부분적인 전류밀도의 집중을 적게 하기 위해서 도금조 걸이, 배치에 따른 효과를 향상시켜 1차 전류 분포의 균일화를 이루어야 한다.

(2) 도금 균열의 방지

크롬도금면의 균열은 부분적으로 전류밀도가 높고 두껍게 도금된 부분에서 발생한다. 따라서 기본적으로는 앞에서 설명한 바와 같이 1차 전류 분포의 균일화가 중요하다. 그러나 내식성 향상을 위한 균열 대책으로는 하지 니켈도금의 내부응력 및 전연성과 밀접한 관계가 있기 때문에 니켈도금의 작업 관리에는 충분한 주의를 해야 한다.

(3) 광택 범위의 확대

1) 샤젠트 크롬도금액

무수크롬산 250 g/L의 표준 도금액은 저온도에서는 저전류밀도로서 온도가 상승 되는 것과 관계없이 고전류밀도 범위로서 광택 도금을 얻을 수 있다(그림 7-3).

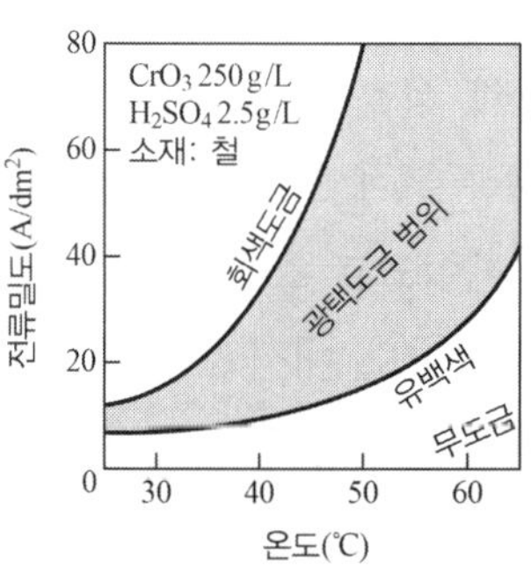

그림 7-3 샤젠트 온도, 전류밀도 및 광택 범위의 관계

고농도 도금액은 광택 범위가 저온과 저전류밀도의 부분에서 넓게 되고, 저농도 도금액에서는 고온과 고전류밀도의 부분에서 광택 범위가 넓게 된다. 황산의 함유량을 증가시키면 광택은 양호해지고 동일한 온도에서도 전류밀도를 높여도 관계는 없다.

3가 크롬의 함유량도 전류밀도에 영향을 미친다. 즉 3가 크롬이 증가하면 광택 범위는 협소하게 된다.

2) 규불산 첨가 크롬도금액

규불산 첨가 도금액은 온도에 따른 영향은 거의 없으며 광택 도금을 할 때 저온 작업이 가능하다. 고온에서 도금할 때 고전류밀도 범위로서도 광택도금을 할 수 있으므로 작업 관리가 쉽다. 표준적인 도금 조건(온도 55℃+1℃, 전류밀도 50 A/dm^2, 시간 8분, 무수크롬산 250 g/L)에 따라 규불화나트륨 및 황산의 첨가량과 광택 관계를 볼 때 규불화나트륨은 5~10 g/L 함유한 도금액은 색깔 및 광택이 특히 우수하다. 규불산 첨가 도금액의 광택은 도금 조건이 적절하면 샤젠트 도금액보다 우수한 흑색을 띤 색깔이 나타난다. 반면 단점으로서는 니켈도금면에 얇은 층이 생겨 크롬도금에 광택제의 과잉에 따라 도금면에 유기물의 얇은 층이 생겨 크롬도금에 있어서 백색 피막이 생긴다. 특히 이러한 현상은 크롬도금액 중의 황산량이 적으면 발생하기 쉽다. 니켈도금을 한 후에 공기 중 또는 수세 중에서 오래도록 놔두면 같은 결과의 결함이 발생되기 쉽다.

(4) 피복력의 향상

피복력을 측정하려면 헐셀조에 음극 극단에 전류밀도의 차이를 생기게 하는 장치를 이용하고 크롬이 석출될 때의 최저 전류밀도를 측정하면 된다. 장식 크롬도금에서는 일반적으로 고전류 부분에 도금이 타는 현상이 나타난다. 크롬도금액의 피복력은 1차전류분포를 지배하는 도금조 내 배치법에 따른 걸이 설계 및 조성과 관계가 있다. 그러나 실제로는 하지 금속 소재의 상태와 밀접한 관계가 있다. 따라서 크롬도금의 피복력을 측정하기 위해서는 시험판에 버프연마된 황동판을 이용하여 크롬도금을 한다. 하지 니켈도금에 6가 크롬, 아연, 구리 등의 금속 불순물과 광택제 및 분해 불순물이 공석될 때에도 크롬도금의 피복력은 나쁘게 되고 니켈도금액 중의 금속 불순물의 허용량은 6가 크롬이 20~30 mg/L, 아연 40~70 mg/L, 구리 150~200 mg/L이다.

1) 샤젠트 도금액

샤젠트 도금에서는 무수크롬산 농도와 황산의 비율이 피복력을 좌우하지만 크롬산이 200 g/L로 저농도일 때는 CrO_3/H_2SO_4은 200보다 큰 편이 피복력이 우수하고 고농도가 됨에 따라 황산의 비는 100 정도 되는 편이 피복력이 양호하게 된다. 3가 크롬은 1.5~3.0 g/L 정도 유지하면 피복력이 양호하고 크롬산과 황산의 비율이 다소 변화되어도 도금의 성능을 안정하게 하는 효과가 있다. 특히 실제의 도금작업에서는 하지 니켈 성상에 따라 여러 가지이기 때문에 황산이 부족하면 저전류부분과 같은 저전류밀도 부분에 황갈색과 같은 얼룩이가 생긴다. 이 원인은 황산 부족으로 저전류밀도 부분의 활성화 능력이 약하고 완전히 크롬도금이 석출될 수 없기 때문에 황산의 비를 120 : 1~80 : 1로 조절해야 한다.

2) 규불산 첨가 도금액

무수 크롬산 250 g/L의 도금액에서는 SO_4/CrO_3 = 1/200 : 1/150의 비율이 피복력이 우수하고 황산량이 많게 되면 광택은 양호하지만 피복력은 대단히 나빠진다. 피복력은 규불화나트륨을 증가시키거나 감소시키는 것보다는 황산을 증가시키거나 감소시키는 것이 더 큰 영향을 나타낸다.

(5) 불순물의 관리

1) 금속이온의 제거

도금액 중의 불순물은 철, 아연, 구리와 같은 무기 금속 불순물과 염소와 같은 음이온 불순물로 나누어진다. 그리고 무기 금속 불순물은 3가 크롬 농도와 관련이 있고 3가 크롬이 적을 때에는 이것의 허용 범위가 비교적 크지만 3가 크롬이 많으면 허용 범위가 적게 되어 크롬도금액의 성능에 민감한 영향을 받는다. 예를 들면 3가 크롬이 1~2 g/L 정도에서는 철분이 약 10 g/L 함유되어 있어도 도금에는 지장이 없으나 3가 크롬이 6~8 g/L로 증가되면 철분이 5~7 g/L 정도 들어 있어도 도금에 나쁜 영향을 준다. 철 불순물은 보조양극으로 철재를 사용할 때에 증가하지만 3가 크롬과의 함유량이 13~15 g/L 정도에서는 음극전류효율 및 피복력은 저하하고 광택도금 범위도 협소하게 된다. 그러므로 격막 전해에 따른 크롬도금액의 정화법이 개발되고 있다.

다음과 같은 소소원통을 활용하는 전해 정화법도 있다. 우선 소소 원통에 황산을 함유하지 않는 무수크롬산 약 200 g/L 용액을 넣고 납 합금을 음극으로 하며 약 20 A/dm^2으로 약전해한다. 전기분해를 하는 중에 소소원통 중에 금속 불순물이 혼입되면 크롬산용액은 오염되어 불순물 제거 효율이 낮아진다. 따라서 금속 불순물의 제거 효율을 높이기 위해서는 소소원통 중의 크롬산 용액을 새로운 것으로 바꿔주어야 한다.

- 철, 아연, 구리 등의 제거방법

  150~200 mmϕ, 길이 300~400 mm의 원통에 무수크롬산 150~200 g/L를 넣고 그 안에 납(또는 철) 원통을 넣은 후 이를 음극으로 하여 5~10 V로 전해를 한다.

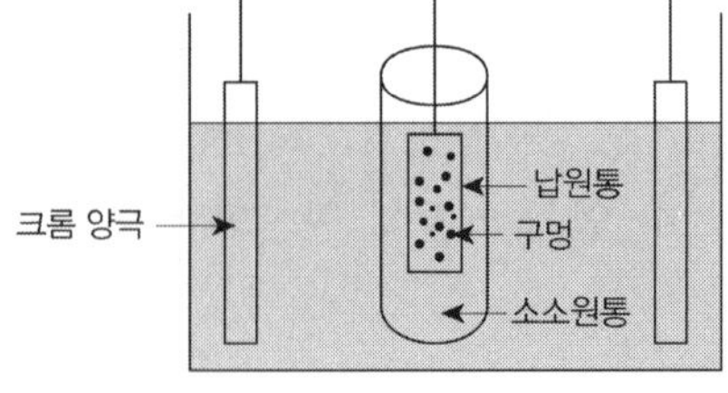

그림 7-4 소소원통

2) 염소 이온의 제거

장식 크롬도금액 중의 음이온 불순물로서 문제가 되는 것은 염소 이온이고 이것은 앞에서의 니켈도금액 중의 염화니켈 및 수돗물 중에도 많이 들어 있다. 이러한 염소이온이 축적되어 약 50 ppm에 도달하면 실제적으로 문제를 일으키고 약 20 ppm 정도로 증가하면 도금이 뿌옇게 되거나 구름 낀 상태가 발생되고 광택 범위가 현저하게 낮아진다. 크롬 전석(電析)이 일어나지 않는 저전류밀도 부분에서의 구리, 니켈 등 하지 도금층을 용해하게 된다. 염소 이온의 전해 제거에 관련한 실험에 따르면 니켈도금에 들어가는 염소 이온의 전해 제거 실험은 전해 처리에 따라 염소 이온의 제거는 가능하지만 실제 도금 시에서는 도금 성능이 회복되지 않는다.

염소 제거법으로서는 전해법보다는 탄산은($AgCO_3$) 및 황산은(Ag_2SO_4) 등의 화학적 처리법과 탄산바륨(Ba_2CO_3)을 함께 사용하면 더욱 좋다. 또 탄산은(炭酸銀) 및 중크롬산은을 첨가하면 염화물을 정량적으로 제거할 수 있으나 처리 비용이 비싸다. 탈(脫) 염소법으로서는 과산화납 분말을 첨가하는 방법도 있다. 또 크롬도금액 중에서 과산화납이 생성되어 있기 때문에 온도를 높여 공기를 흡입시켜 염소 이온을 제거하기도 한다.

3) 황산제거

황산이 너무 많이 첨가되어 도금 성능을 저하시킬 때는 탄산바륨 또는 수산화바륨 등을 이용하여 황산바륨($BaSO_4$)으로서 침전시킨다. 황산 1 g을 제거하는데 탄산바륨 약 2 g, 크롬산바륨 약 2.5 g, 수산화바륨 약 3 g을 필요로 한다.

CHAPTER

08 공업용 크롬도금

8.1 공업용 크롬도금의 특성

일반적으로 크롬도금의 용도는 도금 종류에 따라 거의 결정되지만 공업용 크롬도금은 여러 분야에 사용된다. 예를 들면 아연도금을 한 것, 철강의 방식과 같은 용도에 대부분 사용된다. 공업용 크롬에서는 방식용 목적으로서만 사용되는 것은 아니다. 예를 들면 도금의 경도, 내마모성, 내식성, 내산화성을 이용한 용도 및 공업용 크롬도금에 다른 것이 부착되기 어려운 성질(이형성) 등 여러 종류의 용도에 사용된다. 그러나 대부분 한가지의 성질만을 이용하는 것이 아니고 많은 성질이 서로 관련되어 각각의 성질이 혼합되어 사용된다. 덤프차 및 불도저에 사용되는 유압기의 피스톤은 공업용 크롬도금이 적용된 경우이지만 이것은 공업용 크롬도금의 내마모성에 따른 피스톤의 마모를 방지하는 것만이 아니라 상대의 바킹 마모도 적게 하는 것이다.

대기 중에서의 크롬도금의 내식성 효과는 장기간 유지된다는 장점도 있다. 플라스틱의 성형된 금형도 공업용 크롬도금이 사용되는 경우이다. 이 경우 금형 표면은 200℃ 전후의 온도에서 사용되는 것이 많고 이 정도의 온도에서도 크롬이 전혀 변화하지 않고 장기간에 걸쳐 균일한 제품을 생산할 수 있는 장점이 있다. 크롬에 다른 것을 부착하기 어려운 성질인 이형성(離型性)도 공업용 크롬도금을 이용할 수 있다. 도금 표면의 경도가 높아 금형 표면이 거의 변화되지 않는다. 이상에서와 같이 공업용 크롬도금의 특성은 여러 용도에 이용된다. 철강, 구리 및 구리합금, 알루미늄 및 알루미늄 합금, 아연 합금 등 공업상 사용되는 대부분의 금속 재료는 공업용 크롬도금을 할 수 있는 소재이다. 하지만 밀착력이 강한 공업용 크롬도금을 실시하기 위해서는 여러 가지 소재에 적당한 방법이 필요하게 된다. 현재 대부분의 소재는 철강이지만 철강의 종류에 따라 방법도 여러 가지이다. 크롬도금을 전제로 해서 소재의 선택에 따라 다음과 같은 사항을 고려해야 한다.

① 도금면이 단순한 마찰, 마모를 얻는 것이라면 소재는 비교적 연한 재질 예를 들면 연강, 주철 등이 좋다.

② 도금면에 큰 힘을 가할 때는 소재는 응력에 따라 소성변형이 일어난다. 여기에 비해 크롬도금층은 대단히 취약하기 때문에 소재가 크게 변형하면 이것에 따라 변형되고 균열이 생긴다.

③ 특히 내부응력이 크게 존재할 때에는 강한 밀착력을 갖도록 하지 않으면 안된다. 이 경우에는 열처리로 인하여 생긴 내부응력을 적게 해야 할 필요가 있다.

④ 주철은 강에 비해서 도금의 밀착력이 약하기 때문에 높은 하중에서 사용될 때의 소재로서는 적당하지 않다.

이상과 같이 공업용 크롬도금의 소재로서 원칙적인 것을 지켜야 하며 소재는 값도 싸야 한다. 크롬도금은 고전류 부분에는 도금이 두껍게 석출되고 저전류 부분에는 도금이 두껍게 석출되지 않는 경향이 다른 도금에 비하여 대단히 심하다. 그러므로 균일전착성이 나쁘게 되기 때문에 알맞은 양극과 보조 음극을 사용해야 한다.

그림 8-1과 그림 8-2는 도금의 부착 상황을 모형적으로 나타낸 것인데 각에 대해서는 과대한 전류의 집중에 따라서 타는 도금이 생기기 쉽고 또 우각에 따라서는 도금의 전류밀도가 매우 낮아지고 유백색(乳白色)의 연하고 취약한 얇은 도금으로 석출되며 때에 따라서는 전혀 도금이 되지 않는 상태가 될 수도 있다. 도금이 되지 않는 경우는 일반적으로 아연합금, 알루미늄합금, 주철, 벨륨-청동 등은 대단히 밀착성이 나쁜 재료로서 복잡한 형상의 것은 도금이 대난히 어렵나, 소재에 핀홀이나 주물기호에 균열이 존재할 때 이것을 도금으로서 메우기는 힘들다. 소재에 이러한 결함이 존재할 때 이러한 도금의 상태를 모형적인 단면으로서 그림 8-3에 나타냈다. 저전류 부분에서의 전류밀도가 약하면

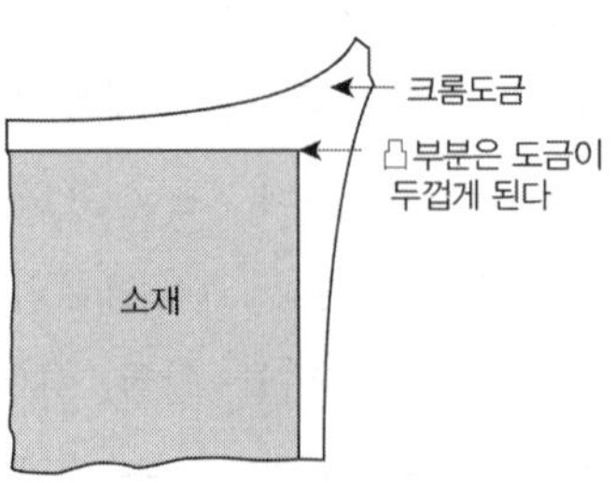

그림 8-1 凸부분의 도금상태

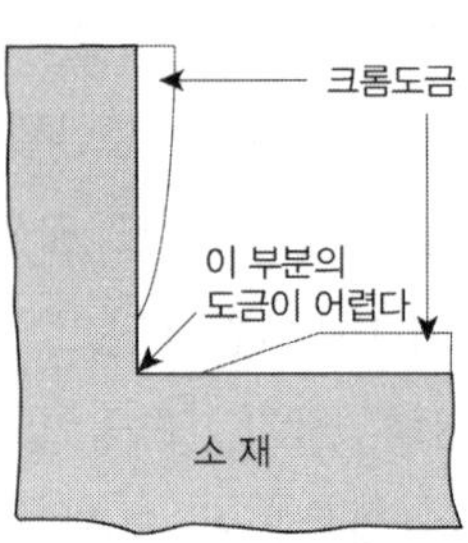

그림 8-2 凸부분의 도금상태

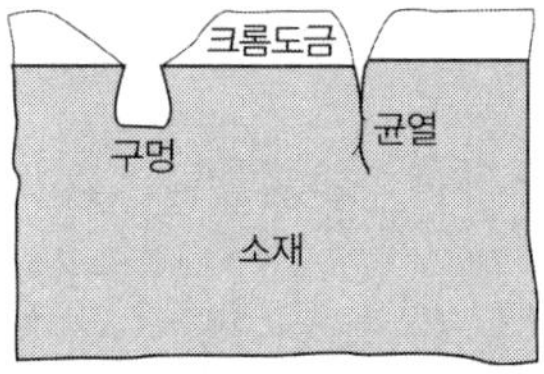

그림 8-3 구멍과 균열부근과의 도금상태

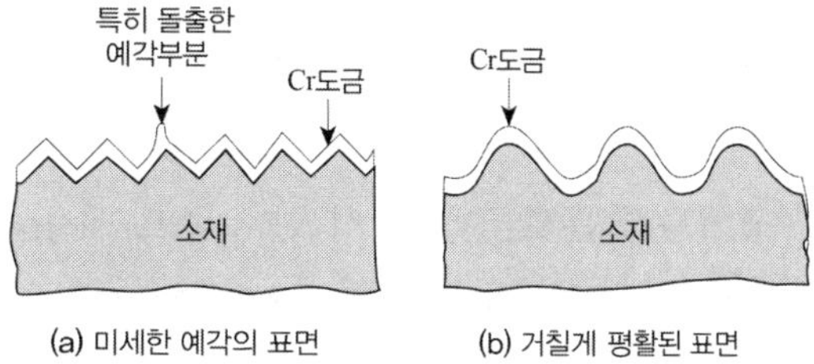

그림 8-4 금속표면상의 도금상태

크롬이 석출될 정도로 되지 않기 때문에 크롬은 좀처럼 석출되지 않는다. 크롬이 석출하지 않으면 크롬이 석출된 표면에 비해서 표면 전압이 낮기 때문에 큰 전류가 흘러 본래 그 핀홀 등에 흘러야만 되는 전류가 구멍(pin hole)의 내부에 흐른다. 이 때문에 가장 자리의 전류는 약하게 되고 밖의 평탄한 부분보다 도금이 현저하게 얇게 된다.

따라서 그림과 같이 나타난 구멍은 점점 확대하게 된다. 이에 따른 기포 균열은 크롬도금에서는 문제가 많기 때문에 소재는 이러한 결함이 없는 것이어야 한다. 소재의 표면 거칠음이 예리한 각을 가진 것이라면 표면 거칠함이 상당히 미세하게 되어도 이러한 예리한 각에 전류가 집중되어 우툴두툴한 면이 생겨 양호한 도금이 되지 않는다.

그림 8-4(a)는 예리한 각이 있는 연마면 (b)는 거칠고 연마면에 도금된 때의 단면을 모형으로 나타낸 것이다. (a)일 때는 도금을 계속하면 그림 8-5와 같이 예리한 각이 붙은 우둘두툴한 것이 있는 것은 작업 중 떨어져 핀홀상으로 되어 소재 결함의 판별에 어려운 상태일 때가 많다. 이와 같이 도금 상태는 광범위한 표면 상태에서 나타나기 때문에 밀착력이 양호한 구리도금 및 광택 니켈도금과는 다르다.

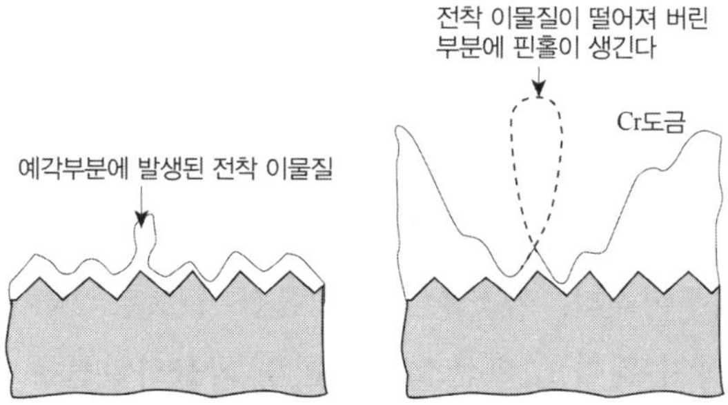

그림 8-5 전착 이물질이 발생된 핀홀

8.2 공업용 크롬도금

공업용 크롬도금액으로서 현재 주로 이용되는 것은 무수크롬산 수용액에 황산을 첨가한 용액인데 샤젠트씨에 의해 만들어졌으므로 샤젠트 도금액이라 한다. 조성은 다음과 같다.

무수크롬산	100～140 g/L
황산	1～4 g/L

무수크롬산과 황산의 비는 100 : 1로 유지하고 최적의 표준 조성은

무수크롬산	250 g/L
황산	2.5 g/L이며 이것을 표준액이라 한다.

온도 50～60℃, 음극전류밀도 10～100 A/dm^2의 조건으로 사용한다. 이것보다도 농도가 높을 때를 고농도 도금액, 낮을 때를 저농도 도금액이라고 하지만 공업용 크롬도금에서는 저농도 도금액 쪽이 많이 사용된다. 어느 경우라도 무수크롬산과 황산의 비(比)는 100 : 1이지만 황산이 적으면 도금의 밀착력이 나쁘며 황산이 많으면 밀착력이 양호하여진다. 무수크롬산을 주체로 한 도금액 주의 황산은 촉매로서 작용하기 때문에 소모된다.

황산과 같은 작용을 하는 것에는 불소 이온이 있다. 일부에서는 불화물을 첨가한 도금액을 사용하기도 한다. 공업용 크롬도금에 사용되는 경우는 다음과 같다.

무수크롬산	250 g/L
황산	0.7～1.5 g/L
규불산	2～5 g/L

또 S・R・H・S 도금액이라고 칭하는 것은 United Chromium Corp社의 특허로서 Self Regulating High Speed의 머리 문자를 생략한 것이다. 도금액 성분이 자동적으로 조절되고 반면 전류효율이 높다. 이 도금액의 조성은 무수크롬산 100 g/L, 황산스트론튬 3 g/L, 규불화칼륨 8 g/L로 이루어진다. 이것을 무수크롬산 농도로 250～500 g/L 되도록 물에 용해하면 그대로 분석하지 않아도 황산스트론튬 및 규불화칼륨은 필요량만 용해되고 나머지의 양은 침전으로서 남게 된다. 이것은 양쪽의 용해 한도가 적당하기 때문이다.

일반적으로 불화물을 함유한 도금액은 전착 속도, 도금층의 경도, 도금의 밀착성 등이 우수하지만 단점으로서는 도금 소재를 부식하는 성질이 강하고 특히 도금을 하지 않는 부분의 부식 방지에 주의해야할 필요가 있다. 또 철과 같은 무기불순물이 증가될 때는

전류효율이 급속히 낮아진다.

이상과 같이 크롬도금액은 단순한 조성이다. 반면 실제로 사용되는 도금액은 이외 다른 문제가 많다. 크롬산을 주제로 한 도금액은 도금을 하기 위해 전류를 통하면 음극 표면에 크롬산 크롬이 된다. 철을 양극으로 사용하면 철이 약간 용해하여 도금액 중의 철분이 증가한다. 양이온 불순물이 많이(도금액 중의 크롬산 $\frac{1}{20}$정도) 존재하면 치명적인 도금액의 성능 저하는 일으키지는 않지만 상당히 좋지 않다.

이것들의 양이온은 크롬산 근과 결합한 형태로서 도금액 중에 존재하므로 도금액을 분석하면 이들이 양이온과 결합한 크롬산근도 도금액 중에 크롬산 혹은 중크롬산으로서 존재한다. 도금액의 관리는 이러한 양이온과 결합한 크롬산을 제외해서 생각하는 것은 나쁜 일이다. 즉 양이온과 결합하지 않는 크롬산과 황산의 비율을 100 : 1이 되도록 하지 않으면 정상적인 도금이 안 된다. 그렇다 하더라도 이들의 양이온이 정확하게 크롬산과 결합하고 있는가를 모르면 문제는 곤란하다. 다른 것과 결합하지 않는 크롬산을 Free 크롬산이라고 하며 Free 크롬산과 황산의 비율을 판정하는 것은 도금의 색을 보는 것이 비교적 확실한 방법이다.

크롬산-황산 도금액에서는 황산이 약간 적을 때에는 도금의 밀착력이 양호하고 도금 색은 청백색이다. 황산이 증가하면 밀착력은 점점 나빠지면서 도금 색은 흑색을 띠게 된다. 양이온 불순물 가운데 3가 크롬이 일반적으로 1～3 g/L 정도 들어 있어도 관계는 없으나 공업용 크롬도금액에서는 이것보다 적은 편이 좋다. 즉 0.1～0.5 g/L 정도 존재하면 괜찮다. 3가 크롬은 도금 중 항상 음극 표면에서 생성되지만 양극에 납 합금을 사용하면 납합금 표면에서는 3가 크롬이 산화되어 6가 크롬으로 된다.

동일한 조건으로 전해가 계속되면 도금액 중의 3가 크롬은 일정한 양 이하로 되고 양극 면적이 크고 도금 면적이 적으면 도금액 중의 황산이 부족하여도 도금은 정상적으로 되는 경우도 있으나 3가 크롬은 도금액 중에 없는 경우도 있다. 양이온 불순물 가운데 3가 크롬은 특히 다량의 크롬산과 결합되는 것으로 1～2 g/L 정도의 변동에도 도금액의 성능이 크게 변화를 나타내는데 주의할 필요가 있다.

3가 크롬이 극단적으로 증가한 도금액은 면적을 크게 한 납 양극을 사용하여 전해하면 감소시킬 수 있다. 이 경우 도금액 중의 황산을 탄산바륨으로서 감소시켜 전해시키면 능률적이다. 전해한 후의 도금액으로서 황산이 부족할 때는 분석을 해서 보충할 필요가 있다. 3가 크롬 이외의 양이온이 증가한 도금액 일부를 버리고 도금액을 새롭게 만들 때는 이온교환수지로서 양이온을 흡착 제거하는 방법이 일반적이다.

예제 크롬도금액에서 철분 제거

공업용 크롬도금액에서 철분이 증가할 때 어떻게 하면 좋은가?

풀이 방법은 2가지가 있다. 격막전해법과 이온교환수지법이다.

① 격막전해법: 음극실과 양극실 사이에 특수한 격막을 넣는데 전해조의 음극실에서는 철분이 많은 도금액을 넣고 전해하면 도금액 중의 크롬산은 3가 크롬으로 되어 철분이 침전된다. 이것을 제거하기 위해서는 도금액을 양극실에 넣고 전해하면 전해 산화되어 3가 크롬이 6가 크롬으로 되기 때문에 양극실로부터 불순물이 적은 진한 크롬산 수용액을 얻을 수 있다.

② 이온교환수지법: 양이온을 흡착시키는 이온교환수지에 따라 도금액 중의 철이나 구리와 같은 양이온 불순물을 제거하는 방법이다.
그러나 3가 크롬도 양이온으로서 흡착되므로 비경제적이다.

8.3 공업용 크롬도금의 전처리

(1) 탈지

공업용 크롬도금의 전처리로서 탈지는 알칼리 전해탈지, 알칼리 침적탈지, 유기용제 세정 등이 있다. 크롬도금에서는 다른 도금에서와 같이 완전한 탈지는 필요하지 않으나 알칼리탈지액 등에 완전히 수세되지 않는 경우가 많다든가 또는 수세 불량으로 인하여 도금 불량이 되므로 주로 용제에 의한 세정을 한다. 유기용제로서는 트리클로로에틸렌, 퍼클로로에틸렌 등이 일반적으로 사용된다.

예제 포금 제품인 롤러(roller) 상에 크롬도금

포금의 롤러 면에 크롬도금을 하면 부분적으로 좁쌀알과 같이 아주 작은 부풀음이 생긴다. 이것을 방지하기 위해서는 어떻게 해야 하는가?

전처리로는 트리클렌 탈지 → 알칼리탈지 → 수세 → 5% 황산 수용액 침적, 도금은 샤젠트 크롬 표준액, 온도 55℃, 음극전류밀도 35 A/dm^{2}로 하였다.

풀이 포금의 전처리로 황산에 침적시키면 부분적으로 밀착불량을 일으킬 수가 있으며 이때에는 황산 대신 염산을 사용해야 한다. 염산의 농도는 진한 염산을 물로 10배 묽게 한 것이 적당하다. 포금 이외에 Al-Cu합금, 질화강 등의 전처리는 염산을 사용하는 것이 좋은 경우가 많다.

예제 황동 위에 경질 크롬도금

황동 위에 구리 및 니켈 스트라이크를 하지 않고 0.25 mm의 경질 크롬도금을 하였다. 그라인더연마를 한 후의 양호한 세정 방법에 대해서?

풀이 크롬산 도금액 중에 침적하면 매우 양호한 전처리가 되지만 물품 자체가 처음부터 탈지가 잘 되었다면 세정은 실제로 할 필요가 없다. 크롬과 같이 딱딱하고 오히려 취약한 도금이 황동과 같은 부드러운 금속소재에 도금할 때 결함을 피하기 위해서는 그라인더로 연마할 때 열의 발생을 피하기 위해서 충분한 냉각을 하는 것이 좋다.

예제 황동 위에 경질 크롬도금

황동 위에 구리 및 니켈 스트라이크를 하지 않고 0.25 mm의 경질 크롬도금을 하였다. 그라인더연마를 한 후의 양호한 세정 방법에 대해서?

풀이 비교적 순수한 니켈은 자성이 있다. 무전해 니켈-인(Ni-P)도금은 비자성이지만 실제적으로는 황동상에 직접 크롬도금을 할 수 있다. 밀착성을 개선하기 위해서 황동 표면상의 납성분을 세정한다. 즉 3배의 물에 대해서 약 1배의 불산을 첨가한 혼합액 중에 침적하면 양호한 세정이 된다.

예제 경질 크롬 위에 니켈도금

경질 크롬 위에 무전해가 전착된 니켈도금을 하고 싶다. 가능할까?

풀이 가능하다. 맨 마지막에 도금하는 크롬 표면의 전처리는 스테인리스를 도금할 때와 같다. 도금액은 왓츠 니켈 스트라이크를 하면 된다. 니켈 스트라이크는 염화니켈-염산 스트라이크가 보통으로 사용된다.

---

(2) 도금을 하기 전 연마

하지의 연마면이 아무리 미세하더라도 예리한 각 부분의 전류가 집중되어 불순물이 집합 되거나 타는 현상이 나타난다. 일반적으로 도금을 하기 전에는 버프연마가 많이 이용되고 있다. 광택 황산구리도금 및 광택 니켈도금에서는 하지 연마가 어느 정도 되더라도 도금두께 및 광택이 나타나므로 평활하게 된다. 그러나 공업용 크롬도금에서는 이러한 현상은 없고 오히려 약간이나마 고전류 및 저전류 부분에도 도금 두께가 잘 이루어져 전반적으로 평활성을 유지해야 되므로 충분한 연마를 해야 한다.

(3) 양극처리

공업용 크롬도금에서는 소재의 재질에 따라 밀착력을 양호하게 하기 위해서 전처리 방법이 대폭적으로 변화한다. 소재가 철강일 때는 양극 처리를 한다. 이 방법은 크롬산 수용액, 황산 수용액 중에서 도금과 반대되는 조작으로서 이것이 잘되고 못되는 상태에 따라 도금의 밀착력이 크게 좌우되기 때문에 도금 기술로서는 최대로 중요한 것 중의 하나이다. 일반적으로 크롬도금액 중에서 도금면을 양극에서 전해 하지만 이 조작에 따라 피도금면은 더욱 완전히 탈지되어 화학적으로 활성화되기 때문에 소재와 전착 크롬과는 매우 견고한 밀착성을 얻을 수 있다. 이 방법은 재질, 도금 두께, 전해액 등에 따라 적당한 전류밀도와 전해시간에 따라 차이가 있으나 철강에 대해서는 표준액, 온도 50℃, 전류밀도 25 A/dm^{2}일 때의 적당한 양극전해 시간을 표 8-1에 나타냈다.

또한 가장 적당한 전해시간은 소재의 화학 성분이나 조직의 상태, 내부응력과 관계가 있는데 이것을 잘 알기 위해서는 오랜 경험을 필요로 한다. 예를 들면 고탄소강을 담금질 한 것은 대부분이 마르텐사이트 조직이 되어 매우 큰 내부응력을 갖고 있기 때문에 양극처리가 필요하고 경우에 따라서는 샌드 블라스트(sand blast)를 같이 사용하지 않으면 충분한 밀착성을 얻지 못할 때도 있다. 이것을 예로 들면 200℃까지 뜨임하면 경도는 변하지 않으나 내부응력은 감소하기 때문에 표 8-1에 나타난 양극전해처리로서 충분한 밀착성을 확보할 수 있다. 300℃에서 뜨임(tempering) 처리를 하면 조직은 투루스타이트(troostite)로서 경도가 감소된다. 이 트루스타이트 조직은 양극전해처리에 따라 변하여 완전풀림을 함으로서 연하게 되는 것보다는 일단 짧은 시간에 양극전해처리 함으로서 밀착이 양호한 금속을 얻을 수 있다.

주철의 조직을 양극전해처리를 하면 많은 변화를 나타낸다. 2분 동안의 부식 시간을 실시하지 않으면 양호한 밀착성을 얻을 수 없는 경우도 있고 약 5초 동안 양극처리를 해도 지나치게 부식되어 밀착성이 양호한 도금이 되기 어려울 때도 있다. 따라서 표 8-1은 어디까지나 실제 가공된 부품에 따른 적당한 부식 시간을 나타낸 것이다.

표 8-1 소재와 양극처리시간의 관계

소재	양극전해시간(도금액 25 A/dm^2)
저탄소강	30초~1분 30초
고탄소강(풀림)	15~1분
담금질강	2~4분
고속도강	10~30초
주철	5초~1분

예제 스테인리스강에 크롬도금

18-8 스테인리스강의 샤후트(shaft)를 묽은 염산에 침적하여 경질 크롬도금을 했으나 밀착 불량이 많이 생겼다. 이것의 대책은?

풀이 이 소재의 전처리는 크롬도금액 중에서 역전(逆電) 부식시키는 것이 제일 좋다. 단지 이 방법을 사용하면 소재가 빠른 속도로 용해하기 때문에 특히 오랫동안 처리하는 것은 나쁘다. 역전처리는 30 A/dm^{2}으로 30초~1분 정도가 적당하다. 역전처리를 하면 도금의 밀착성이 나쁘게 된다. 산침적만으로 전처리를 할 경우에는 도금 초기에는 이상이 없어도 수개월 또는 수년이 지나면 부풀음이 발생한다.

(4) 도금 방지

공업용 크롬도금에서는 도금이 되는 것을 방지할 필요가 있을 때가 있다. 그 방법으로서는 도금하지 않는 부분에 절연물을 부착하거나 다른 금속을 접촉시킨다. 절연물로서는 도금액 중에서 용해되지 않는 도료 및 비닐 테이프가 사용된다. 일반적인 도료는 도금을 오랫동안 하면 도료의 성분이 용해되어 도금액에 문제가 생길 수 있으므로 마스킹 재료를 사용하는 것이 좋다.

8.4 전극

크롬도금은 균일전착성이 대단히 나쁘고 공업용 크롬에서는 피도금 물체의 균일한 도금 두께를 요구할 때가 많다. 이러한 균일한 도금을 하기 위해서는 도금면의 전류분포를 균일하게 하고 양극의 형상, 보조 음극, 양극 보조판을 알맞게 이용하여야 한다.

(1) 양극의 재질

크롬도금의 양극은 불용성의 재질이 사용된다. 양극을 금속 크롬으로 사용하면 도금액 중에 3가 크롬으로 용해되어 도금액의 유해 성분으로 되기 때문에 샤젠트 도금액 에서는 안티몬 2~5%을 함유한 납합금판이 사용된다. 양극으로서의 납합금판은 전기분해가 됨에 따라 양극 표면에 과산화납이 생성되고 도금액 중의 3가 크롬이 6가 크롬으로 산화되기 때문에 양호한 크롬도금이 되지 못한다.

철은 전기분해가 되면 도금액 중에서 약간 용해한다. 이때 탄소량이 적은 것은 용해량이 적다. 보통 냉간압연 강판에서는 철 함유량의 1% 정도가 용해된다. 또 용해됨에 따라

도금액의 불순물로서 철분 증가는 대단히 빠르게 된다. 그러나 3가 크롬을 산화시키는 작용은 할 수 없기 때문에 도금액의 적절한 관리는 어렵다. 철은 가격이 싸고 가공이 쉽기 때문에 적합한 양극 재료로서 널리 사용되기도 하지만 실용적이지는 못하다.

(2) 양극의 배치와 도금두께

긴 모양의 환봉을 도금하고자 할 때 그림 8-6과 같이 배치한다. 이때 환봉의 지름이 적고 양극과의 거리가 멀게 되면 도금 두께는 균일하다. 지름이 크거나 양극과의 거리가 가까우면 양극 근처 부분의 도금은 두껍게 되고 양극과 거리가 먼 부분의 도금은 얇게 된다. 양극과 음극의 거리 간격이 환봉 지름의 3배 정도는 되어야 균일한 도금이 된다. 환봉을 동시에 여러 개 도금할 때 환봉 지름의 6배 정도의 길이가 되어야만 균일한 도금이 된다.

환봉의 지름이 크게 되면 그림 8-7에 따라 양극 배치를 4군데 설치한다. 더욱 크게 되면 양극의 형태를 팔각형으로 설치한다.

또 양극과 음극 사이가 좁을 때에는 원형상태에서 도금을 해야 하는데 이때 양극과 음극 사이의 거리는 정밀하고 균일한 상태로 도금조의 설계가 되어야 한다.

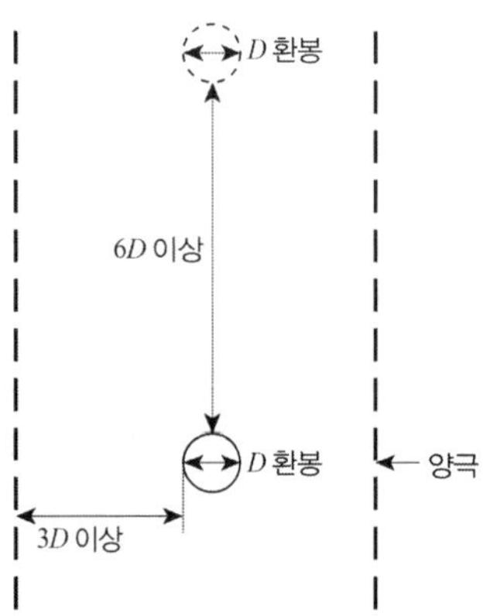

그림 8-6 환봉 도금의 경우의 양극배치

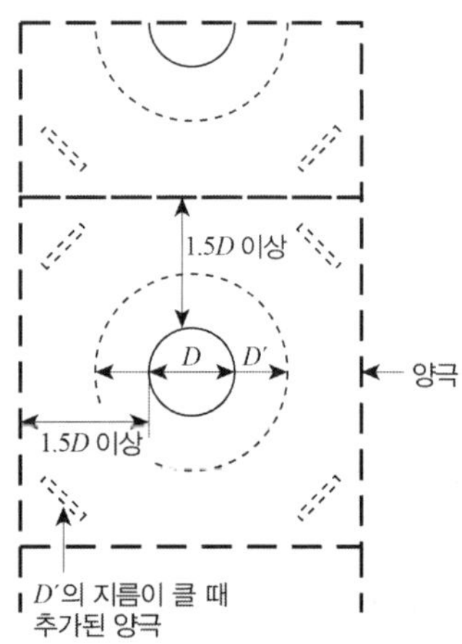

그림 8-7 지름이 클 경우의 양극배치

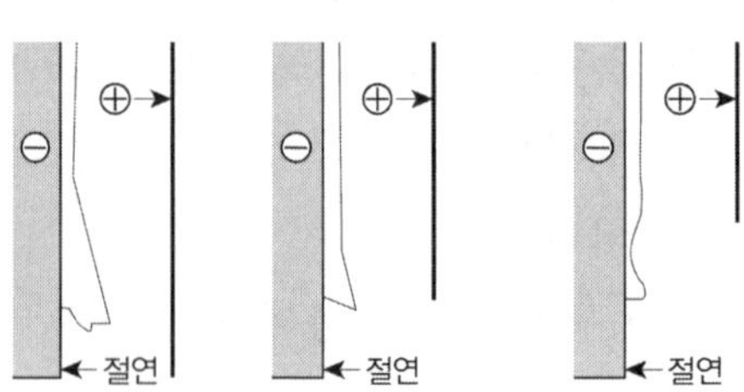

그림 8-8 양극의 길이에 따른 도금두께

(3) 수소가스에 따른 전류의 차단

크롬도금은 도금을 하는 중에 피도금체에서 많은 양의 수소 가스가 발생되고 이것이 전류의 흐름을 방해한다. 특히 공업용 크롬에서는 도금 시간이 길어지는 영향이 크다. 이러한 영향은 여러 가지 경우가 있으나 그림 8-9에서 환봉을 옆으로 넣은 경우로 이때 아래쪽 부분은 도금 두께가 얇게 될 뿐만 아니라 도금 표면에 핀홀이 생기기 쉽다. 따라서 균일하고 양호한 도금을 얻기 위해서는 환봉을 항상 천천히 회전시키든가 일정한 시간마다 밑 부분의 위치를 변화시켜야 한다.

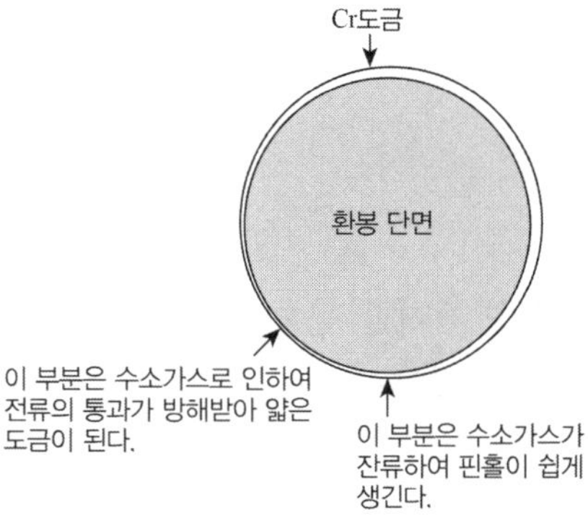

그림 8-9 단면상태의 도금 두께(환봉)

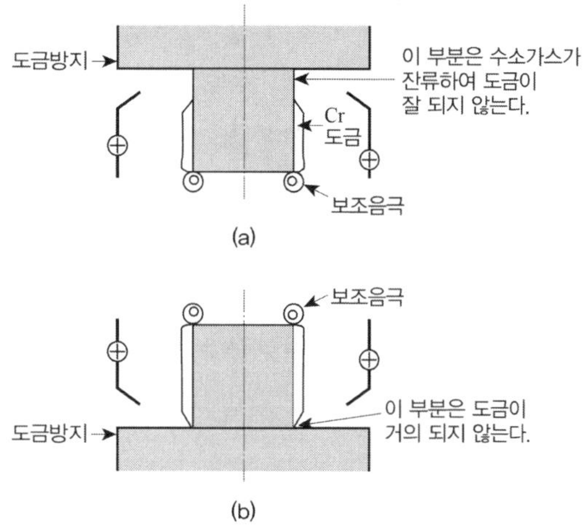

그림 8-10 수소가스로 인한 도금 방해

그림 8-10은 축 부분의 도금으로서 똑같은 양극의 배치라도 물품이 들어가는 방법에 따라 도금 상태는 크게 변화한다. 실린더 내면을 도금할 때 양극의 전기저항과 수소 가스가 발생되더라도 도금액의 저항과 관련하여 도금 두께가 변한다. 양극의 전기저항이 적게 되면 아래쪽의 도금 두께가 두껍게 된다. 이와 같은 경우 실린더를 도금액 중에 깊이 넣으면 수소 가스의 발생이 심하고 온도도 내려가서 도금 두께가 균일하지 못하게 된다. 일반적으로 긴 물건을 상, 하로 도금액 중에 넣으면 전류밀도를 크게 하는 쪽이 도금 두께가 균일하다.

8.5 도금의 후처리

(1) 수소 제거

크롬도금은 도금 중 도금 표면에 다량의 수소를 발생하기 때문에 크롬도금층에는 다량의 수소가 함유되어 있다. 그러므로 반드시 탈수소 처리를 하는 것이 좋다. 도금층 중에 함유된 수소량은 도금액과 도금 조건에 따라 큰 차이가 있으나 탈수소 처리는 180℃에서 3시간 정도로 열처리 한다. 도금 두께가 대단히 두꺼운 때라든가 온도가 낮을 때라든가 흡수되는 수소량이 많을 때는 가열 시간을 약간 오래할 필요가 있다. 탈수소 처리를 한 후 크롬도금층을 금속 현미경으로 볼 때 미세한 균열이 다량 발생하지만 이것을 완전히 없애지는 못한다. 또 도금이 0.4 mm 이상 두꺼울 때는 눈으로 확인되는 균열이 발생되는 경우가 많다.

(2) 도금 박리

도금의 실패 혹은 재도금을 하기 위해서는 불량 도금층을 제거할 필요가 있다. 크롬도금층의 제거는 소재의 재질에 따라 다음과 같은 방법이 이용되고 있다.

1) 화학적인 방법

진한 염산 용액에 침적하면 크롬도금된 것이 박리된다.

2) 전기화학적 방법

수산화나트륨 10% 수용액에서 상온 6V로 양극 전해한다.

주로 소재가 철강일 때 사용된다. 음극에는 철판, 스테인리스판을 사용하지만 이 철판에 녹이 생긴 것은 안 된다. 소재가 알루미늄일 때는 크롬산 수용액 또는 크롬도금액 중에서 박리한다.

3) 기계가공에 따른 방법

주로 그라인더 연삭에 따른 재도금은 롤러(roller), 피스톤-롤러(piston-roller) 등에 이용된다.

예제 크롬도금 피막의 밀착성

경질 크롬도금면에 에폭식 도장을 한 후 밀착을 양호하게 하기 위해서는 어떻게 해야 하나?

|풀이| 크롬면에 도장 할 때는 고온의 크롬산 용액에 침적시키는 것이 일반적인 방법이다. 예를 들면 0.1 g/L의 크롬산을 함유한 고온의 용액을 사용하면 좋다. 용액 중에서 꺼낸 후 세정하지 않고 건조기에서 건조한 후 도장을 한다.

8.6 크롬도금의 성질

(1) 경도

공업용 크롬의 경도는 상당히 크고 내마모성의 목적으로 널리 사용된다. 도금 경도는 도금액의 조성, 도금의 전해조건에 따라 차이가 있다. 샤젠트 표준액을 사용한 때에도 조건에 따라서 브리넬(Hv) 경도 500～700 정도의 범위의 도금이 전착될 가능성이 있다. 공업용 크롬도금일 때에 온도가 50～60℃의 범위에서 음극전류밀도가 높아지면 취약한 도금이 되기 쉽다.

예제 경질 크롬도금의 경도

경질 크롬도금을 하기 위해서 도금액 온도가 50～55℃, 20～50 A/dm^{2}로 충분히 경도가 높은 도금을 얻을 수 있다고 생각하였으나 실제로 연약한 도금이 되었다. 원인은 무엇인가?

|풀이| 원인은 도금액 중의 불순물 때문이다. 도금액 중의 철 및 3가 크롬 등의 양이온이 증가하면 도금액의 온도와 전류를 알맞게 하여도 도금이 취약해 진다. 특히 3가 크롬이 증가하여 전해될 때 산화되므로 1 g/L 이하로 되어야 한다. 불순물이 적은 표준액을 이용하여 50～53℃, 25～40 A/dm^{2}의 조건으로 도금하면 경도가 높은 도금을 얻을 수 있다.

예제 경질 크롬과 무전해 니켈의 비교

강재의 축봉(軸捧)을 5μm의 경질 크롬도금과 25μm의 무전해 니켈도금을 하여 비교할 때 어느 것이 경제적일까?

|풀이| 도금액 비용은 경질 크롬 쪽이 무전해 니켈보다 경제적이라고 할 수 있다. 이러한 비교는 전혀 의미가 없다. 어느 쪽을 선택해야 한다는 것은 종합적으로 검토해서 결정해야 한다. 25μm의 무전해 니켈을 경화 열처리를 하면 5μm의 경질크롬보다 내마모성은 크지만 내식성은 약하므로 어느 것이 더 우수하다고 할 수는 없다.

(2) 내식성

크롬도금의 내식성을 볼 때 크롬 자신의 내식성과 도금으로서의 내식성을 분리 생각할 필요가 있다. 크롬은 많은 약품에 대해서 내식성이 있으나 약품의 종류에 따라 내식성이 대단히 약해지는 경우가 있다. 표 8-2는 크롬을 침식하는 약품들이다.

표 8-2 크롬을 침식시키는 주요 약품들

약품명	약품명	약품명	약품명
염산 불산 인산 묽은염산	크롬산 황산알루미늄 염화칼슘 질산구리	염화제일철 염화제이철 염화아연 염화주석	수산 구연산 젖산

공업용 크롬도금은 일반적으로 도금층에 균열이 발생한다. 철에 크롬도금한 것을 수중에 집어넣을 때 크롬도금의 핀홀 및 균열이 소재까지 관통되어 있지 않은 도금면은 잘 부식되지 않는다. 반대로 소재까지 관통된 핀홀, 균열 등은 수중의 불순물 혹은 공기 중의 탄산가스로 인하여 약간의 전해질이라도 존재하기 때문에 철-크롬 사이에 국부전지가 형성되어 철을 급격히 용해시킨다. 크롬은 철보다도 이온화 경향이 크므로 이것이 양극이 되어 용해하지만 크롬은 대기 중에서 부동태화 한다. 이때도 크롬의 부동태화에 따라 철이 양극으로 되어 용해하는 것이다.

예제 크롬도금의 내식성

도금된 롤러(roller)로서 사용 중에 하지의 철에서 녹이 발생하였다. 대책은?

|풀이| 도금이 너무 얇기 때문이다. 그러므로 두껍게 도금하면 된다. 일반적으로 크롬도금에 소재를 방청하기 위해서는 도금층에 균열이 발생해도 그것이 소재까지 관통하지 않는 두께의 도금이 되어야 한다.

밀착이 나쁜 도금은 내식성도 적기 때문에 밀착이 양호한 도금을 하는 것이 중요하다.

CHAPTER

09 다층도금

장식 크롬도금의 내식성을 강화시키는 도금 방법으로서 다층 도금법이 실용화 되었다. 일반적으로 니켈도금은 평활성이 있는 반면 균일전착성이 나쁘다. 다층도금은 저전류 부분의 내식성을 강화할뿐만 아니라 도금 두께의 비용 절감에도 효과가 있다.

9.1 2중 니켈도금

(1) 도금의 접촉 부식 기구

니켈 위 크롬도금을 했을 때의 부식 기구를 생각하면 황산 또는 아황산을 함유한 용액 중에서 크롬은 니켈보다 부식 전지 순서(그림 9-1)에 있어서 귀 하기 때문에 크롬이 이것들과 접촉되어 국부전지를 구성하면 크롬은 음극적으로 니켈은 양극적으로 작용한다. 따라서 니켈은 이 용액 중에서 단독으로 부식될 때보다도 크롬과 접촉하고 있을 때에 더 빨리 부식된다[그림 9-2(a) 참조]. 그러나 약산성에서 산소를 함유한 소금물 중에서는 반대 현상이 일어나서 크롬이 부식되고 니켈은 거의 부식되지 않는다[그림 9-2(b) 참조].

이와 같이 도금층 사이에서 일어나는 접촉 부식 현상을 이용하여 니켈도금의 방식 효과를 높게 하여 개발된 방법이 Dupulex Nickel이다. 다시 말해서 2중 니켈도금법이다. 이 도금 공정은 소재-(구리도금)-반광택 니켈도금-광택 니켈도금-크롬도금의 순서로 된다. 이 방식으로 2중 니켈도금을 하면 부식 분위기가 아황산을 함유하지 않은 용액에서는 광택 니켈과 반광택 니켈의 접촉은 음극적으로 방식된다[그림 9-3(a) 참조]. 그러나 아황산을 함유한 용액에서는 반광택 니켈 부식이 쉽게 때문에 2중 니켈도금의 방식효과도 적게 된다[그림 9-3(b) 참조].

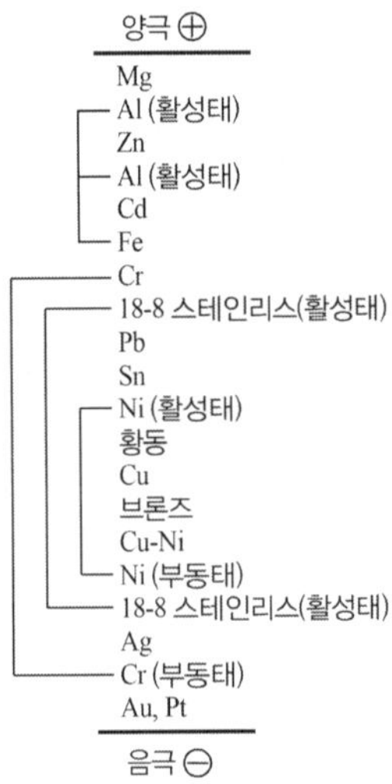

그림 9-1 대기중에서의 부식전지 순서

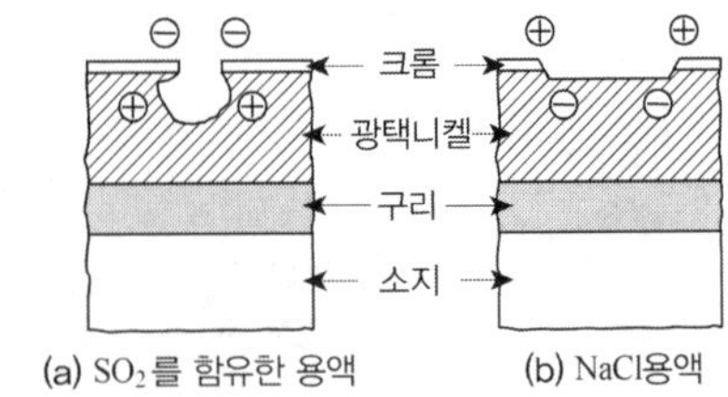

그림 9-2 Cu-광택 Ni-Cr의 접촉부식

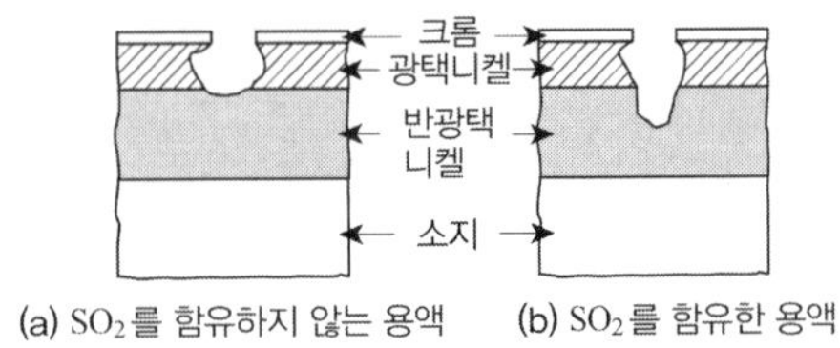

그림 9-3 2중 니켈도금의 접촉부식

표 9-1은 2중 니켈도금의 한 예를 나타낸 것이다.

1) 도금액 조성(표 9-1)

표 9-1 도금액 조성

조성	기본범위	표준액
황산니켈(g/L)	240~350	300
염화니켈(g/L)	45~55	50
붕산(g/L)	35~45	40
주광택제		
보조광택제		
포르말린(g/L)		
온도(℃)	45~57	50
음극전류밀도(A/dm^2)	2~11	4
pH	3.8~4.5	4.0
교반	음극 진동 또는 공기 교반	
양극전류밀도(A/dm^2)	2 이하	

※ 주광택제 및 보조 광택제는 회사마다 첨가되는 양이 서로 다르다.

2) 방식과 내식성

니켈도금액에 유황을 함유하지 않은 첨가제를 넣고 평활성과 연성이 있는 반광택 니켈도금을 한다. 이 위에 2중 니켈도금과 광택 니켈도금 및 크롬도금을 한다.

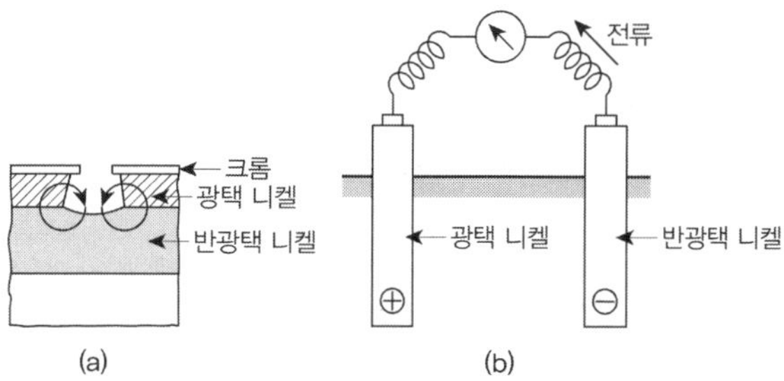

그림 9-4 2중 니켈도금의 내식성 강화기구

광택 니켈도금층은 층상조직이지만 반광택 도금층은 주상 조직으로 두 가지 조건으로 혼합된 2중 니켈은 콜로드코오트(corrodekote) 시험에 의한 부식 상태에 있어서도 우수한 내식성을 나타낸다(그림 9-4 참조). 니켈도금조의 전체 두께는 도금 부품의 용도에 따라서 적당히 결정되지만 일반적으로 반광택 부분이 전 니켈 두께의 60～80% 정도이다.

2중 니켈도금이 우수한 내식성을 구비하는 이유는 다음과 같다.

① 반광택 니켈은 전기화학적으로 상층의 광택 니켈보다도 귀한 전위를 갖기 때문에 철소재 위의 아연도금 방식기구와 같은 효과가 있다(그림 9-4 참조).
② 유황을 함유하지 않은 니켈은 유황을 함유한 니켈보다도 화학적인 용해속도가 적다.
③ 2중 니켈층은 방식성이 있어 하나의 핀홀이 생겨 소재에 침투되어도 이 주위에 새로운 핀홀(pin hole)이 발생하기 어렵게 된다.

예제 **2중 니켈도금의 두께 비율**

공기 중의 아황산가스가 다량으로 함유된 공장지대에서 사용되는 부품에 대해서 2중 니켈도금을 하려고 하지만 부식성이 큰 분위기 상태에서 내식성이 높은 도금의 두께 비는 어떻게 하는 것이 좋은가?

풀이 2중 니켈도금의 내식성 시험을 해보면 하지의 반광택 니켈 층에도 부식이 일어나 방식효과가 저하되는 것을 알 수 있다(그림 9-3 참조).
질문과 같은 환경 가운데에서 사용되는 부품의 2중 니켈도금에서는 하지의 반광택 니켈을 좀 더 두껍게 해야 하고 니켈도금의 하지에 구리도금을 하면 더욱 효과적이다.

9.2 반광택 니켈도금

2중 니켈 하지도금으로서의 반광택 니켈도금 대신 무광택 니켈도금을 하여도 좋지만 작업성이 나쁘다. 도금의 특성은 다음과 같다.

① 유황성분 첨가제는 첨가하지 않도록 한다(구마린, 포르말린, 프로필알콜 등).
② 평활화 작용이 있도록 해야 한다.
③ 전착(電着)에 따른 변형이 적어야 한다.
④ 반광택성이 있어야 한다.
⑤ 공업용 도금으로서 안정성이 있어야 한다.

표 9-2 반광택 니켈도금의 조성

조성	적정범위	표준
황산니켈(g/L)	240~340	280
염화니켈(g/L)	40~50	45
붕산(g/L)	35~45	40
주광택제(ml/L)	1~2(보통)	1.5(보통)
보조광택제(ml/L)	0.5~4(보통)	2(보통)
음극전류밀도(A/dm^2)	1~12	4
양극전류밀도(A/dm^2)	3이하	2
pH	3.5~4.5	4.0
온도(℃)	45~60	55
교반	공기 교반 또는 음극 진동	
여과	연속 여과	

(1) 광택 니켈

광택 니켈도금 공정과 같다.

(2) 니켈도금층 사이의 밀착성 관리

하지 반광택 니켈층 사이의 밀착불량 발생은 특히 자동화설비 도금 과정에서 일어날 수 있다. 다음과 같은 관리를 철저히 해야 할 필요가 있다.

① 상하층의 니켈도금액 첨가제의 불균일 및 유기 불순물, 금속 불순물 등에 따라 도금면이 불활성화가 되고 내부응력이 크게 되어 밀착성이 나쁘게 된다. 정기적인 도금액 분석 및 관리를 해야 한다.
② 일반적으로 니켈도금면은 공기 중에서나 수세 중에 불활성 피막이 생기므로 중간 수세 공정을 신속하게 한다.
③ 공기 중에서의 니켈도금면의 불활성화를 방지하기 위해서 공장 내에 배기장치를 하도록 한다.

예제 **반광택 니켈도금의 역할**

2중 니켈도금은 하층에 반광택 니켈도금을 실시하지만 이 반광택 니켈도금은 품질의 향상에 어떤 역할을 하고 있는가?

풀이 반광택 니켈은 유황을 함유하지 않은 주상조직을 갖고 있기 때문에 평활성과 연성이 좋고 화학적인 용해 속도도 광택 니켈층에 비해서 늦다.

부식 분위기 중에서 음극적으로 방식된다. 예를 들면 하나의 핀홀(pin hole)이 소재에까지 침투하여도 이 주위에 새로운 핀홀이 발생되는 것을 막아주는 효과가 있다.

9.3 3중 니켈도금(tri-Ni plating)

2중 니켈도금의 내식성을 더욱 개선하기 위하여 반광택 니켈과 광택 니켈 사이에 특수한 니켈스트라이크 도금을 한 3중 니켈도금 방식이 미국의 유딜라이트 회사에 의해서 개발되었다.

(1) 방식기구와 내식성

3중 니켈의 특징은 유황 함유량이 많은 니켈 스트라이크(0.1~0.2% S)를 반광택 니켈(0% S) 및 광택 니켈(0.05% S)도금 중간에 실시함에 따라 니켈이 부식될 때 형성되는 국부전지로서 양극적인 스트라이크층이 제일 먼저 용해됨으로서 반광택 니켈의 내식성을 강화시키는 것이다(그림 9-5 참조).

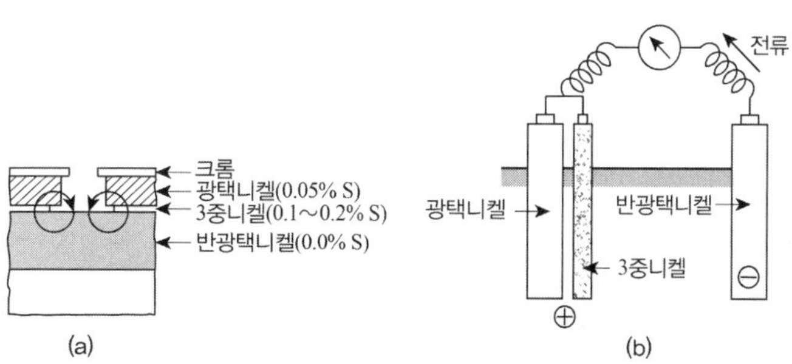

그림 9-5 3중 니켈도금(a)과 트리니켈의 내식성 강화기구(b)

3중 니켈도금은 공업지대 및 해안지대에서 2중 니켈과 3중 니켈의 대기중에서의 부식에 대한 내식성 시험 결과로서 확실히 3중 니켈도금이 우수하다.

예제 구리-니켈-크롬도금과 품질관리

대표적인 장식 크롬도금의 공정으로서 품질관리적인 면에서 볼 때 Cu-Ni-Cr도금과 Ni-Cr도금을 비교한다면?

풀이 Cu-Ni-Cr도금은 Ni-Cr도금에 비해서 다음과 같은 장점이 있다.

① 구리 도금층을 연마하므로 소재의 표면 결함을 제거함과 동시에 도금면의 핀홀이 연마에 따라 제거되므로 내식성이 향상된다.
② 아연 합금 및 알루미늄 합금 소재에 좋다.
③ 도금면의 소재가 변형되어도 내식성이 저하되지 않는다.
④ 내식성이 Ni-Cr도금보다 우수하다.
⑤ 얇은 니켈도금층 중의 장식크롬의 내식성은 우수하다.

예제 구리 위에 직접 크롬도금

구리 도금 위에 직접 크롬도금하는 방법에 대해서?

풀이 크롬도금액을 이용하여 크롬 전착을 하는 것은 가능하지만 두꺼운 도금을 실시하면 광택 부족이 되어 결국은 버프연마를 해야 하기 때문에 비용 절감을 원한다면 오히려 문제가 있으므로 니켈쪽의 비용을 절감하는 방법이 좋다. 구리 위에 직접 실시된 크롬도금은 사실상 내식성이 없다. 그러나 니켈의 소비를 줄이기 위해서 하지 도금으로서 전도금 두께의 약 1/2 정도에 구리도금을 실시한 후 니켈 · 크롬도금의 공정을 하는 것도 한 가지 방법이라고 할 수 있다.

표 9-3 3중 니켈도금 도금액의 조건(스트라이크인 경우)

조성	조건
황산니켈	250～350 g/L
염화니켈	60～110 g/L
붕산	30～40 g/L
트리라이트	10～25 m*l*/L
pH	2～3.5(아연소재일 때 2.5～3.5)
온도	40～50℃
교반	음극교반이며 공기교반은 사용하지 않는다.
여과	연속여과(활성탄은 사용하지 않음)
음극전류밀도	3～4 A/dm^2

9.4 미소다공성 크롬도금

최근 장식 크롬 기술의 진보로 이미 설명한 2중 니켈도금 및 3중 니켈도금이 있으나 미소다공성(微小多孔性) 크롬도 내식성이 우수하다.

(1) 방식기구와 내식성

미소다공성 크롬(micro porocity chromuim)법은 니켈도금 피막층에 특수한 불용성 미립자(0.02μm 정도)를 공석시킨 위에 크롬도금을 한다. 공석된 비전도성 미립자 위에 크롬도금은 전착되지 않는다. 따라서 크롬도금면은 미립자의 분포에 대응하는 미소다공성 도금이 형성된다.

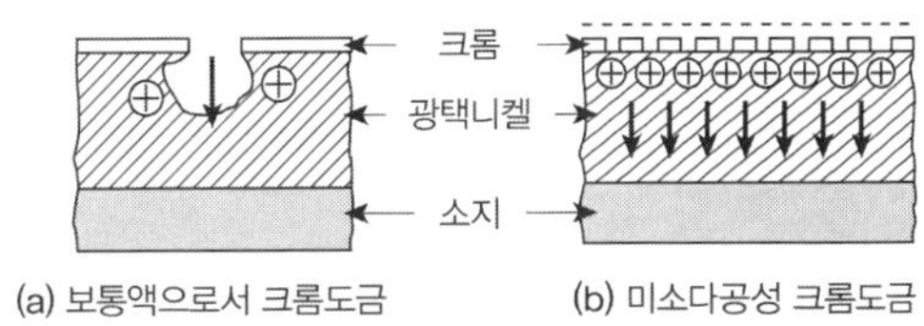

그림 9-6 미소다공성 크롬도금의 내식성 강화기구

종래의 크롬도금은 크롬의 균열이 크게 되며 부분적으로 부식 전류가 집중적으로 흐르는 데에 비해서 마이크로 다공성 크롬도금에서는 미소하고 아주 적은 공(孔)이 무수하게 생겨 부식 전류가 전 도금면에 흘러도 부식 전류밀도는 전체적으로 대단히 작아져서 부식이 잘 되지 않는다(그림 9-6 참조).

다층도금을 공업 및 해안지대의 대기 중에서 부식 시험한 결과 마이크로 다공성크롬도금의 내식성이 가장 우수하였다. 일반적으로 광택 도금까지는 2중 니켈상에 2~3μ의 두께로 하지만 3중 니켈도금에 미소다공성 크롬을 하면 더욱 우수한 내식성을 얻을 수 있다. 미소다공성 크롬도금면의 니켈 노출면적은 15,000~25,000 pores/cm^2 이상이 적당하다고 한다. 미소다공성 크롬도금 면을 깨끗이 닦은 후 황산구리 도금액(황산구리 200 g/L, 황산 75 g/L) 중에서 5분간 도금하면 니켈 노출면에 구리도금이 전착된다. 이것을 현미경으로 관찰하면 된다.

(2) 도금 공정 관리

약 0.02μ 정도의 불용성 분말을 니켈도금액 중에서 균일하게 하기 위하여 강력한 공기 교반을 할 필요가 있다. 일반적으로 도금 유효면의 전류밀도가 클 때는 저전류밀도 부분의 내식성이 나쁘게 된다. 따라서 도금조 내부의 전류 분포의 관리와 걸이의 물품

배치상태를 충분히 검토할 필요가 있다. 크롬도금층의 두께가 0.3μ 이상이 되면 내식성이 나빠게 되고 유효면의 크롬도금 두께와 도금시간의 관리에 충분한 주의를 해야 한다.

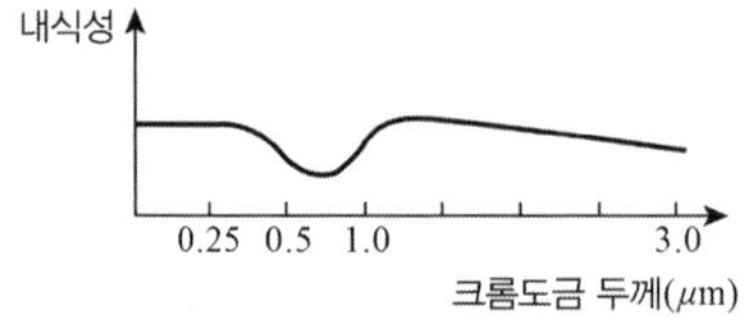

그림 9-7 미소다공성 크롬도금 두께에 따른 내식성

CHAPTER

10 아연도금

10.1 아연도금

(1) 아연도금의 목적

아연도금은 아연과 철이 합금되어 아연은 부식되고 철이 방식되는 성질을 이용함으로서 철강의 부식을 방지할 목적으로 하여 발전되었다. 최근에는 아연도금 자체의 내식성을 향상시킬 목적으로 대부분 크로마이트 처리가 실시되고 있으며 광택도금 방법이 보급되어 내식성 및 장식에도 폭 넓게 사용되고 있다.

(2) 아연도금의 특징

1) 전기화학적 성질

도금의 특성으로서 제일 중요한 것은 철에 대한 방식 성질로 이것을 간단히 나타내는 것이 전극전위이다. 아연의 전위는 0.76, 철은 0.47이고 이것을 해수 중에서 실험하면 그림 10-1에서와 같이 전류는 철에서 아연으로 흐르고 아연이 용액 중에서는 양극으로 되어 용해되고 철의 부식을 방지하는 효과가 있다.

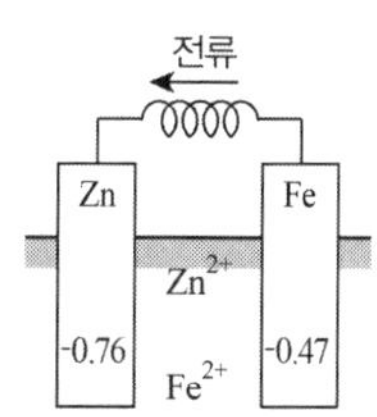

그림 10-1 부식 전지의 생성

표 10-1 금속의 전극전위 [ ]는 이론적 계산치

$Zn^{2+} + 2e \rightleftarrows Zn$	−0.76V	$Sn^{2+} + 2e \rightleftarrows Sn$	−0.14
$Fe^{2+} + 2e \rightleftarrows Fe$	−0.47	$Cu^{2+} + 2e \rightleftarrows Cu$	+0.34
$Cd^{2+} + 2e \rightleftarrows Cd$	−0.40	$Ag^{+} + 2e \rightleftarrows Ag$	+0.80
$Ni^{2+} + 2e \rightleftarrows Ni$	−0.27	$Al^{3+} + 3e \rightleftarrows Al$	[−1.66]

2) 가공성

아연은 모오스 경도 2.5로 순철의 4.5에 비하여 연하지만 상온에서는 약하고 도금한 후 변형에 따른 가공에는 약간 문제가 있다. 100~115℃에서는 전연성이 많이 증가하고 가공성이 대단히 좋지만 200℃ 이상에서는 취약하게 되는 특성이 있다.

3) 전도성

아연의 전기저항은 $5.9\times10^{-6}\ \Omega/cm^2$이고 철의 9.8×10^{-6}에 비하여 약간 낮고 전기용품에서 철강 재료를 도금하는 것에는 대단히 적합하지만 아연도금한 상태로는 아연이 부식되어 저항이 높기 때문에 크로마이트 피막을 실시하여 내식성을 양호하게 할 필요가 있다(크로마이트 피막은 전도성이 있다).

4) 취성

고항장력 강에 아연도금을 한 경우에는 취성이 문제가 된다. HRc(록크웰경도 C scale) 40 이상의 강에 도금하면 취약하고 항장력이 저하된다. 이것은 도금의 전처리로서 산에 침적, 음극에서 전해세정을 하면 도금액 중에서 강의 표면에서 발생되는 원자 상태의 수소가 강의 결정조직 중에 흡수되어 조직을 약하게 하여 수소 취성이 발생한다. 아연도금에서는 수소 취성이 심하고 같은 아연도금에서도 산성도금, 알칼리도금, 시안화도금의 순서로 수소취성은 작게 된다.

대책으로서는 도금을 한 후에 될 수 있는 대로 200℃ 전후의 온도에서 수 시간 가열하여 수소를 방출시키는 방법이 채택되고 있으며 담금질을 한 강, 스프링 강 계통에는 탈수소 처리를 반드시 해야 한다. 산으로 인하여 수소취성이 생길 때는 약산에 침적을 한다든가 도금 두께를 수십 미크론 이상하면 안 된다. 도금 두께는 용도에 따라 차이가 있으나 나사 등과 같은 허용치가 작은 것에는 $5\mu m$ 정도가 되며 환경이 양호한 내장 부품에는 $5\mu m$ 정도의 도금에 크로메이트 피막을 하면 충분하지만 때때로 외장 부품은 $25\mu m$ 이상의 도금에 유색 크로메이트가 필요하다.

아황산가스가 심한 공업지대 및 도시에서는 단순한 해양 분위기에서보다 부식성이 심하므로 더욱 강한 내식 피막이 필요하다. 아연도금은 아연의 융점(41.9℃) 이상이 고온에서 사용되는 것은 무리이고 실제로는 300℃ 범위 정도까지는 견딘다. 크로메이트 피막은 열에 따른 내식성에 약하기 때문에 130℃ 이상에서 사용되면 곤란하다. 크로메이트 피막은 연해서 내마모성은 대단히 약하다. 아연도금은 강판의 도장용 하지로서는 대단히 좋지만 이 경우 인산염으로 처리한 것은 도장의 밀착성 및 내식성이 더욱 양호하다.

예제 **크로메이트 피막의 용접성**

아연도금의 크로메이트 피막에 용접이 되지 않는다. 대책은?

풀이 내식성에 대한 요구가 대단히 필요하지 않을 때는 6가 크롬이 거의 들어가지 않는 광택 크로메이트 처리를 하면 용접을 쉽게 할 수 있다. 유색 크로메이트일 때는 크로메이트 피막을 없애고 아연도금을 한 부분에 용접한 후 크로메이트 처리를 하면 된다.

예제 **아연과 카드뮴의 판별**

아연 도금과 카드뮴 도금을 간단히 알 수 있는 방법은?

풀이 염산에 침적시켜 보면 알 수 있다.

카드뮴도금은 서서히 용해하지만 아연도금은 심한 수소를 발생시키면서 급속하게 용해되고 10μm 정도의 도금층은 2~3분 정도에서 용해한다.

예제 **크로메이트 피막의 도장**

유색 크로메이트 위에 도장하고 싶으나 도료의 밀착이 나쁘다. 어떤 좋은 방법은 없는가?

풀이 우선 화학적 연마력이 작은 중농도액을 이용하는 방법이 있다. 이것은 크롬산보다는 중크롬산 염류를 많이 함유하였으며 pH가 비교적 높고 더구나 질산이 적고 채색성이 양호하고 촉매기(황산염, 염산 또는 염화물 등)가 함유된 용액을 사용하면 무광택으로 된 것이 밀착성이 양호한 피막을 만들기 때문에 충분히 건조시켜 도장해야 한다.

10.2 아연도금의 종류

아연 도금이 공업적으로 처음 발표되었을 때는 (1915년 J. H. Weston) 시안화아연 도금액으로 현재의 저농도 시안화아연 도금액과 비슷하였다.

일반적으로 사용되는 도금액은 다음과 같다.

- 산성 도금액: 황산아연 도금액, 염화아연 도금액(산성·중성), 붕불화아연 도금액
- 알칼리도금액: 시안화아연 도금액(저·중·고 농도)
- 기타 아민아연 도금액, 피로인산아연 도금액, 슬피민산아연 도금액 등이 있다

(1) 황산아연 도금

주로 대강(帶鋼), 아연 강판, 선재, 강재 등의 대규모 연속 장치에 많이 이용되고 있다.

- 장점
  ① 재료비, 관리비, 폐수처리비가 적게 드므로 경제적이다.
  ② 전기전도도, 전류효율이 높아 고속도금으로서 적합하다.
  ③ 고전류밀도로도 비교적 미세한 조직 상태를 얻을 수 있다.
  ④ 도금액의 성분이 비교적 안정되고 관리 범위가 넓고 불순물에도 민감하지 않다.
  ⑤ 주철, 단조강의 표면에도 직접 도금이 된다.
  ⑥ 폐수는 중화처리만으로도 간단하게 할 수 있다.

- 단점
  ① 균일전착성이 대단히 나쁘고 저전류밀도 부분의 피복력도 불충분하므로 단순한 형상의 것에만 적용된다.
  ② 광택이 부족하고 장식적인 효과에도 적합하지 않다.

1) 도금액 조성

표 10-2의 조건은 대부분의 대강 연속 고속도금용이다. 황산염류, 붕산 등은 완충제이고 염화물은 전도도를 양호하게 한다. 광택제는 유기물질이지만 최근에는 복잡한 유기합성 광택제 및 여러 가지의 계면활성제도 이용된다. 양극은 Ag-Pb 합금의 불용성인 것

표 10-2 황산아연 도금액 종류

종류(g/L) \ 방법	1	2	3	4	5	6	7
황산아연	375	180	350	240	360	360	450
황산나트륨	70						
황산마크네슘	60						
황산암모늄			30				
황산알루미늄				30		30	10
질산나트륨		45			15		
염화나트륨						15	30
염화암모늄				15	30		
붕산						22	30
감초				1			
포도당					120		
덱스트린						15	
폴리에틸아민							3
pH	3.0~4.0	3.0~4.5	3.0~4.5	3.0~4.5	3.0~4.5	3.0~4.0	1.5~4.0
음극전류밀도(A/dm^2)	25~40	10~30	10~60	2~10	2~10	10~30	60>
온도(℃)	54~65	20~49	40~55	20~30	20~30	38~55	

을 사용할 수 있으나 일반적으로 순수한 아연이 사용된다. 불순물에 대해서는 민감하지 않지만 철분이 너무 증가하면 철성분이 석출되어 도금면이 거칠어지기 쉬우므로 과산화수소를 첨가하여 산화시키고 여과한 후 제거한다.

(2) 염화아연 도금

전도성이 양호하므로 대강 등의 연속 고속도금에 적당하지만 설비에 대한 부식성이 심하고 양극 용해가 빨라 널리 사용되지는 않는다. 그러나 1960년에 서독에서 우수한 첨가제가 개발되어 광택 산성염화아연 도금액으로서 재평가되었다.

- 장점
  ① 전류효율은 93～97% 정도로 매우 높다.
  ② 다름 도금보다 크로메이트 처리가 쉽고 시안화아연 도금액에서와 같은 형태의 크로메이트 피막을 얻을 수 있다.
  ③ 다른 도금액에 비해서 광택 및 평활성이 우수하다.
  ④ 주철 및 질화강의 표면에도 직접 도금이 가능하다.
  ⑤ 시안화물을 사용하지 않으므로 폐수처리가 간단하고 중화 처리가 가능하다.

- 단점
  ① 균일전착성이 나쁘고 저전류밀도 부분에는 슬로윙 파우어가 부족하다.
  ② 도금의 전연성이 떨어지고 도금액 중의 철분이 증가하면 대단히 취약해진다.
  ③ 작업 온도의 범위가 협소하므로 온도 관리를 철저히 할 필요가 있다.
  ④ 부식성이 강하여 설비 관리에 유의해야 한다.
  ⑤ 크로메이트 처리를 하기 전에 도금면에 흡착된 계면활성제의 층을 제거해야 한다.
  ⑥ 도금 부품에 스포트(spot)용접을 할 때는 도금액 중의 강력한 계면활성제의 영향으로 침투한 전해질이 도금한 제품을 부식하는 일이 있다.
  ⑦ 아주 많은 암모니아 염류가 첨가되고 있기 때문에 이러한 폐수는 구리 및 기타 물질의 폐수중의 금속과 함유될 때에 침전되어 분리가 곤란한 착염 및 복염을 형성하는 일이 있다.
  ⑧ 고순도의 염화아연이나 첨가제에 따라 건욕비가 비싸다.

예제 염화아연의 부식성

구멍이 많은 주철제 부품에 염화아연 도금액을 사용하여 도금을 했으나 도금을 한 후 3단 수세, 1회 탕세, 열풍건조를 하여도 구멍에 녹이 발생한다. 대책은?

풀이 원인으로는 구멍에 도금이 되지 않았으며 염화도금액의 부식성이 강하기 때문이다. 이와 같은 것을 방지하기 위해서는 완전하지는 않지만 다음과 같은 공정을 하면 좋다.

① 수세 공정에 계면활성제를 첨가하여 알칼리 중화(규산나트륨 등)의 공정을 거친다.
② 탕세할 때 수용성 방청제를 첨가한다.
③ 초음파 수세 공정을 한다.
④ 구멍의 물을 완전히 제거한다(이때 물품을 원심분리기에 넣어 탈수시키면 효과적이다).
⑤ 건조하기 전에 압축 공기로 구멍 가운데의 물을 제거한다.
⑥ 건조할 때 유수(油水)치환형의 방청유를 뿌린다.
⑦ 건조를 완전히 한다.

1) 도금액의 조건

염화아연 도금액은 염화아연과 염화암모늄이 주성분이다. 산성, 약산성, 중성(pH 5~7)의 것이 있으며 약산성 및 중성 도금액이 많이 사용되고 있다. 킬레이트제는 산성 도금액에는 첨가하지 않고 중성 도금액일 때 첨가한다. 도금액 중에서 아연은 암모니아와 염화착염을 형성하고 산성에서는 $Zn(NH_4)Cl_3$, $Zn(NH_4)_2Cl_4$, $Zn(NH_4)_3Cl_5$, 중성 또는 알칼리성에서는 $Zn(NH_3)_4(OH)_2$, $Zn(NH_3)_6(DH)_2$ 등의 아연 아민착염의 킬레이트 화합물로서 공존한다. 도금액 조성과 조건은 첨가제의 종류에 따라서 차이가 있다. 양극은 보통 99.9% 이상의 아연판이 사용된다.

표 10-3 염화아연 도금액

성분(g/L)	염화암모늄액	염화칼륨액	염화암모늄 칼륨혼합액
금속아연	20(15~25)	20(20~30)	20(15~25)
염화아연	45(30~50)	45(30~50)	45(30~50)
전염소	145(140~160)	120(100~140)	130(120~140)
붕산	-	25(20~30)	-
pH	5.8(5.5~6.2)	5.8(5.3~5.8)	5.8(5.0~6.0)
온도(℃)	25(20~35)	30(30~35)	25(20~35)
전류밀도(A/dm^2)	1~6	0.4~6	0.5~6
전압(V)	1~6	1~6	3~12

표 10-4 염화아연 도금액의 고장과 대책

결함	원인	대책
광택불량	① 광택제 부족 ② 온도가 높다. ③ pH가 낮거나 너무 높다. ④ 금속불순물의 혼입	① 광택제 첨가. ② 온도를 규정범위로 한다. ③ pH를 규정범위로 한다. ④ 아연말처리를 한 후 여과 및 약전해
도금액이 뿌옇거나 흐리다.	① 온도가 낮거나 높다. ② pH가 낮거나 높다. ③ 도금액 중의 염화암모늄 농도가 높다. ④ 여과부족	① 온도를 규정범위로 한다. ② pH를 규정범위로 한다. ③ 분석에 따라 표준 조성으로 한다. ④ 여과를 철저히 한다.
피복력 불량	① pH가 낮거나 높다. ② 염화아연의 농도가 높다. ③ 금속불순물의 혼입 ④ 광택제 부족 ⑤ 온도가 높다.	① pH를 규정범위로 한다. ② 도금액을 분석, 표준 조성으로 한다. ③ 아연말처리를 한 후 여과 및 약전해 한다. ④ 광택제를 첨가한다. ⑤ 온도를 규정범위로 낮춘다.
크로메이트 처리가 흑색으로 된다.	금속 불순물의 혼입	아연말처리를 한 후 여과 및 약전해 한다.
도금이 조잡함	① 양극의 슬라임 축적. ② 도금성분 비율이 부적당하다. ③ 전류가 높다.	① 여과를 철저히 한다. ② 성분을 분석한다. ③ 전류를 규정범위로 낮춘다.
밀착불량	① 전처리 불량. ② 산세에 금속불순물의 혼입 ③ 흑피 미스트(mist)의 발생. ④ 유기 불순물의 혼입	① 전처리를 완전히 한다. ② 산세를 새롭게 만든다. ③ 아연말처리, 약전해한다. ④ 활성탄 처리 후 여과한다.
바렐도금에 반점이 생긴다.	① 온도가 낮다. ② 전류가 높다. ③ 염화아연의 농도가 낮다. ④ 광택제가 부족하다.	① 온도를 규정범위로 한다. ② 전류를 낮춘다. ③ 도금액을 분석한다. ④ 광택제를 첨가한다.

2) 도금액 관리

온도의 허용범위는 넓으나 광택과 균일전착성을 양호하게 하기 위해서는 온도를 비교적 낮은 범위로 관리하고 온도 상승이 심할 때는 도금액을 냉각시켜야 한다. 양극전류밀도와 음극전류밀도가 비슷하게 되도록 해야 한다. 정지 도금액일 때 도금액을 교반(공기 또는 기계)시키면 전류밀도는 크게 된다. 전류효율은 양극에서는 약 100%이지만 음극에서는 도금액의 종류에 따라(특히 중성 도금액에서는 아연농도에 따라) 매우 크게 변화하므로 주의해야 한다. 균일전착성에는 문제가 있어 고전류부분과 저전류부분에서는 도금두께의 차이가 심하지만 피복력은 비교적 좋으며 저전류부분에서도 소재가 노출되지 않는 장점이 있다. 교반을 심하게 하면 균일전착성 및 피복력이 저하한다. 여과는 항상 하는 것이 좋으며 pH 조절은 염산과 암모니아수로 한다. 불순물에 대해서는 비교적 둔하지만 금속 불순물이 500 ppm 이상 되면 영향이 있다.

표 10-5 아연농도와 음극전류밀도

아연(금속)(g/L)	음극전류효율(%)
19.0	65
25.0	81
37.5	92
45.0	94

주로 금속 불순물 가운데 철분이 많으면 도금을 한 후 산에 침적시킬 때 도금 색이 검게 되거나 청자색으로 되어 밀착성이 약하고 취약하게 된다. 대책은 과산화수소를 첨가하여 산화시킨 후 여과한다. 다른 금속은 아연말 또는 산화아연을 첨가한 후 여과시키거나 불순물이 적으면 약전해하면 된다. 도금액을 사용하지 않을 때는 양극을 반드시 도금조에서 꺼내 두어야 한다. 그 이유는 양극을 놔두면 아연이 용해되어 아연 농도가 높게 된다.

3) 도금액의 사용 예

① 균일전착성을 중요시하지 않는 다량 생산품 도금에 많이 적용된다.
② 다른 아연도금액에서 나타나지 않는 광택과 평활화 작용이 좋다.
③ 주철 전용의 도금액으로서 이용하는 경향이 많다.
④ 전류효율과 전착속도가 빠르다.
⑤ 열처리 및 질화시킨 후의 표면 상태가 나쁜 물품에 이용된다.
⑥ 광택 크로메이트상의 물품에는 아름답게 도금이 된다.

(3) 피로인산 아연도금

시안이 함유되지 않은 도금액이며 부식성이 없으며 광택제를 첨가하면 대단히 우수한 광택이 나타나고 바렐도금에 적합하다.

1) 도금액 조성

표 10-6은 피로인산아연 바렐도금액의 조건을 표시한 것이다.

표 10-6 피로인산아연 도금액(바렐용)

성분(g/L)	종류 1	종류 2
피로인산아연	65~80	60~80
금속아연	22~30	20~30
피로인산칼륨	268~340	240~320
암모니아수(ml/L)		0~1.5
P_2O_7 : Zn비	11~13.1	6.5~7.5
광택제		
pH	10.8~11.4	10~11.5
온도(℃)	43~57	40~45
양극전류밀도(A/dm^2)	0.5~3.8	0.5~3.5
음극전류밀도(A/dm^2)	0.5~1.5	0.3~1.0

2) 도금액 관리

pH의 허용 범위가 협소하고 pH를 낮추기 위해서는 구연산을 사용하고 pH를 올리기 위해서는 수산화칼륨, 암모니아수 등으로 조절한다.

예제 **주철상의 아연도금**

시안화도금액을 이용하여 주철에 아연도금을 하고 싶은데 좋은 방법이 없는가?

풀이 시안화도금액만으로 도금하려면 저시안 알칼리도금을 사용하게 되지만 충분한 좋은 결과를 얻을 수는 없다. 일반적으로 니켈도금 및 구리도금을 하면 어느 정도는 아연도금을 하기 쉬우나 최고로 양호한 것은 염화도금액 또는 황산도금액을 이용하여 아연도금을 하는 방법이다. 또 카드뮴을 하지 도금으로서 하는 방법도 유효하지만 공해 문제가 있으므로 일반적으로 하지 않는다.

특히 피로인산(P_2O_7) 대 아연의 비율에 유의해야 한다. 암모니아수를 사용할 때는 매일 소량 첨가하여 조정하는 것이 좋다. 철 이외의 중금속 불순물은 오염에 민감하므로 주의해야 하고 제거 방법은 약전해하고 유기 불순물은 활성탄으로 여과 제거한다.

(4) 시안화 아연도금

공해 발생의 원인인 것으로 시안이 함유되므로 폐수처리가 문제가 된다. 일반 아연도금의 과반수가 시안화 아연도금을 하며 다음과 같은 장점이 있다.

① 저렴한 가격으로 방식 및 장식 도금을 할 수 있다.

② 다른 도금액에 비해서 양호한 균일전착성과 피복력이 있다.
③ 다른 도금액에 비해서 넓은 전류의 범위로 작업할 수 있다.
④ 도금액이 안정하고 조건 범위가 넓어 관리가 쉽다.
⑤ 품질 요구에 맞추어 넓은 범위로 응용될 수 있다.
⑥ 도금액의 부식성이 적고 설비의 유지 관리가 쉽다.
⑦ 시안(CN) 폐수처리가 가능하다.

• 단점

① 시안의 독성이 치명적이므로 철저하게 주의해야 한다.
② 중금속과 착화합물을 형성하면 일반적인 처리방법으로 분해가 곤란하다.
③ 주철에는 도금이 잘 안 된다.
④ 전류효율이 비교적 작다. 특히 전류밀도를 높게 하면 전류효율이 급속히 저하한다.
⑤ 고탄소강같이 경도가 높은 제품에는 심한 수소취성이 생긴다.

1) 도금액 조성

시안화 아연도금액은 고농도, 중농도, 저농도로 분류된다. 성분은 어느 것도 시안화나트륨, 아연, 수산화나트륨의 이 3가지 성분이고, 중 농도일 때는 같지만 저농도일 때는 차이가 있다. 도금액 중에서 아연산나트륨과 시안화아연 나트륨 착염을 형성하고 성분의 함유량과 금속에 대한 시안화나트륨(M비), 또는 전알칼리의 비율(R비)로 관리한다.

$$\text{M비} = \frac{\text{전 NaCl(g/L)의 양}}{\text{Zn(g/L)의 양}} \qquad \text{P비} = \frac{\text{NaCN(N)} + \text{NaOH(N)}}{\text{Zn(N)}}$$

(N은 규정농도, Normality)

2) 중농도, 고농도 시안도금

이 2종류의 도금액은 시안과 아연의 농도가 각각 다른 것일뿐 근본적인 차이는 없다. 폐수처리를 고려하여 특별한 용도(고속도금, 주철상의 도금, 수소 취성이 적게 생기는 도금 등) 이외에는 고농도를 사용할 필요는 없다. 광택제는 없어도 양호하지만 첨가하면 양호한 광택이 있는 도금이 얻어지고 중농도 도금액일 때에는 특히 저전류밀도의 부분에 광택 및 균일전착성과 피복력의 향상을 위해서 광택제를 첨가한다.

표 10-7 시안화 아연도금액

성분(g/L) \ 종류	시안화아연 도금액			징케이트액
	고시안화	중시안	저시안	
금속아연	33(30~38)	20(15~25)	10(6~12)	10(5~15)
시안화나트륨	90(80~120)	45(35~60)	15(9~20)	-
수산화나트륨	80(65~90)	80(65~90)	110(100~120)	110(100~130)
M비(NaCN/Zn)	2.7(2.0~2.8)	2.3(2.0~2.4)	1.5(1.2~1.7)	-
광택제(m*l*/L)	1~2	2~4	4~6	6~8
온도(℃)	22~36	22~36	22~32	22~30
전류밀도(A/dm^2)	0.1~10	0.1~8	0.1~6	0.1~5

① 도금액 관리

M비의 적절한 범위는 도금액의 조성, 용도, 사용 방법에 따라 차이가 있으나 각각 일정한 범위가 있다. 특히 광택 도금을 얻을 수 있는 범위는 좁고 M비를 높게 하고 전류효율을 내리게 하면 균일전착성은 양호해진다.

M비를 일정하게 유지하기 위해서는 우선 아연의 농도가 변동되지 않아야 하고 도금액의 소모가 심하게 되면 아연은 증가하는 경향이 많고 시안은 분해되어 감소한다. 작업온도는 15~45℃로 넓은 범위에서 사용되지만 저온에서서는 균일전착성, 피복력, 광택은 양호 하지만 전류효율이 낮아지고 고온에서는 전류효율이 양호하지만 다른 것이 나쁘게 된다. 유기광택제를 첨가시킨 도금액은 35℃ 이상 되지 않도록 주의해야 한다. 또 온도에 따른 M비의 적정범위가 표 10-8에 따라 변화한다. 따라서 적당한 품질 및 생산 관리는 가열 및 냉각에 따라 온도를 조절해야 한다.

표 10-8 온도에 따른 M비의 변화

온도(℃)	고농도액	중농도액
22	2.6	2.2
26	2.7	2.3
30	2.8	2.4
34	2.9	2.5
38	3.0	2.6
42	3.2	2.7
46	3.3	3.0

전류밀도는 다른 도금에 비해 넓은 편이고 광택제를 사용하여 0.1~25 A/dm^2의 범위에서 광택이 있는 도금을 얻을 수 있으며 바렐에서 0.6 A/dm^2 정도, 정지 도금액에서는

2.0~5.0 A/dm^2 정도로 사용된다. 고농도 도금액의 전류효율은 92~98% 정도이다. 전류밀도를 높이면 전류효율은 저하된다. 예를 들면 0.5 A/dm^{2}에서는 96%, 6.0 A/dm^{2}에서는 55%로 저하한다. 온도가 높으면 전류효율은 양호하지만 금속의 석출은 나쁘게 된다. 균일전착성 및 피복력은 온도가 낮은 쪽이 좋다. 교반은 전류밀도를 높게 할 때에 필요하다. 아연 양극은 고농도 도금액에 특히 용해되기 쉽다. 일반적으로 금속농도가 높은 도금액의 조절이 쉽지 않다. 대책으로서는 Al, Mg를 미량(0.1~0.2%) 함유한 난용성 양극을 사용하고 작업하지 않을 때는 양극(아연판)을 빼놓는다든가 양극에 얼마간 역전류(0.02 A/dm^2 0.5~2 V)를 통하게 하여야 한다.

불용성 양극으로서 철을 사용하면 배수처리가 곤란한 시안착염(페로시안화나트륨)을 만들고 스테인리스강은 6가 크롬을 만들므로 좋지 않다. 탄산나트륨의 축적은 시안화도금액에 있어서 적당하지 않지만 도금에 급격한 영향을 미치는 일은 없다. 탄산나트륨이 75 g/L를 넘게 되면 전류효율, 전도도, 균일전착성, 피복력이 낮아지고 고전류 부분에서의 석출이 나쁘게 된다. 제거 방법은 도금액을 냉각시키면 결정이 생기므로 제거할 수 있다.

금속불순물은 Pb · Cu · Fe 등으로 도금액을 조제할 때 이미 약간씩은 존재한다. 납은 양극 또는 약품, 용접 부분에 의해서 혼입되며, 20 ppm 정도 혼입되면 도금색이 암회색으로 되고 더 많이 혼입되면 저전류부분이 거칠은 검은 도금이 되지만 황화물(Na_2S, 황화암모늄 등의 용액)을 첨가시키면 침전 분리시킬 수 있다.

- Cd: 양극 중에 20 ppm 정도는 존재하여 용출된다. 허용범위는 도금액 조성에 따라 차이가 있으며 50~150 ppm에서 나쁜 영향이 나타나고 회색 도금이 된다. Na_2S를 첨가하면 CbS로 침전되므로 여과하여 사용한다.
- Cu: 보통 부스바 또는 걸이가 용해된다. 허용량은 매우 크고 220 ppm 정도 혼입되면 도금색이 나쁘고 400 ppm 정도 되면 질산에 침적하거나 크로메이트 처리를 하면 암흑색으로 나타난다. 약전해하거나 아연말에 의해서 침전 여과시킨다(아연말은 도금액 1000 L에 대해서 약 1 kg 정도). 니켈의 오염은 제거하기 어렵기 때문에 처음부터 들어가지 않도록 주의해야 한다.

6가 크롬이 크로메이트액으로부터 들어갈 수 있으나 5 ppm 정도 혼입되면 회색도금으로 되기 쉽다. 크로메이트 처리를 한 후 걸이를 중아황산나트륨 용액으로 씻어 주는 것이 좋다. 도금액에 집어넣을 때는 0.01~0.1 g/L의 중아황산나트륨 분말을 직접 도금액에 가하고 충분히 교반하면 환원되어 3가 크롬이 침전되므로 여과 및 유지의 오염은 도금액을 깨끗이 할 수 있다.

유독한 노폐물이 광택제의 분해에 따라서 서서히 축적되고 너무 많이 축적되면 광택제의 기능이 저하된다. 황화물과 광택제가 직접 착화되어 분해된 생성물을 만들어 얼룩이가 많은 도금이 되기도 한다. 이들의 유기성 불순물의 제거는 활성탄 처리가 효과적이다. 온도는 40℃ 이상으로 하고 1~3 g/L의 활성탄을 가하여 2~3시간 교반한 후 여과한다.

- M비의 계산법

광택 아연도금을 할 경우 M비의 관리는 중요하므로 정기적인 분석에 의하여 M비를 조정하는 것이 좋다.

$$\text{M비} = \frac{\text{시안화나트륨}}{\text{금속아연(g/L)}}$$

금속 아연분을 기준으로 했을 때의 가장 좋은 M비는 표 10-9와 같다.

표 10-9 M비의 조정 방법

금속아연(g/L)	전시안화나트륨(g/L)	수산화나트륨(g/L)	M비
8	10	70	1.25
10	15	70	1.50
15	25	70	1.67
20	40	80	2.0
25	55	80	2.20
30	75	80	2.50
33	92	80	2.79
40	124	80	3.1

- M비의 조정방법

〈M비가 낮을 경우〉

저시안액 2,000 L 도금액을 분석했더니 금속아연 15 g/L, 시안화나트륨 15 g/L, 전알칼리 90 g/L이었다면, 이 액의 M비를 조정하려면 다음과 같다.

$$\text{M비} = \frac{15(\text{g/L})}{15(\text{g/L})} = 1.0$$

금속아연 15 g/L의 도금액에서는 가장 좋은 M비가 표에서와 같이 1.67로서 0.67만큼 M비가 낮으므로 시안화나트륨을 보급할 필요가 있다. 시안화나트륨의 부족분은

$$15 \times 0.67 = 10.0(\text{g/L}),\ 2000\text{L에서는 } 10.0\text{ g} \times 2000\text{ L} = 20.0\text{ kg}$$

이 된다. 첨가방법은 50~100 L의 용기에 도금액 50~70 L에 시안화나트륨을 넣고 교반하여 천천히 용해한다. 완전히 용해하면 도금조에 넣는다.

〈M비가 높을 경우〉

저시안액 2,000 L 도금액 분석에 의해 금속아연 10 g/L, 시안화나트륨 25g/L, 전알칼리가 90 g/L이었다면,

$$M비 = \frac{25(g/L)}{10(g/L)} = 2.5$$

전시안화나트륨 25 g/L의 경우는 표 10-8에서 금속아연은 15 g/L(M비 1.67)로 하여야 한다. 산화아연을 첨가하여 금속아연의 농도를 높일 필요가 있다. 산화아연(ZnO) 중의 아연분은 약 80%이므로 $\frac{5}{0.8} \fallingdotseq 6.2$ g/L의 산화아연 양이 된다.

2000 L에서는 6.2 g/L×2000 L＝12.4 kg이 된다. 저・중시안액에서 산화아연을 첨가할 경우는 주의하여야 하는 것으로 도금액에 그대로 첨가하면 우유와 같이 뿌옇게 되어 완전히 용해되기 어렵게 된다.

그러므로 50～100 L의 용기에 도금액을 넣고 산화아연을 첨가하여 온도를 40～50℃로 올리고 교반 하면서 용해해야 한다. 완전히 용해된 것을 확인한 후 도금조에 첨가한다. 저・중시안액에서는 시안화아연을 보급하는 것이 좋으며 화학적으로는 다음과 같다.

시안화아연 $Zn(CN)_2$ 1 g/L에서는 전시안화나트륨 0.8 g/L, 금속아연 0.5 g/L가 생긴다.
산화아연 ZnO 1 g/L에서 금속아연 0.8 g/L, 전시안화나트륨은 1 g/L가 생긴다.

도금 작업시 온도가 올라갔을 경우(35℃ 이상) M비는 표준보다 10～15% 높게 관리할 필요가 있다.

3) 활성탄 처리

정기적으로 활성탄 처리(2～3 g/L)를 하면 광택의 균일화를 이룰 수 있다.

- 저농도 시안도금

  저농도 시안 도금액은 중・고농도 시안 도금액과 차이가 있다.

표 10-10 시안화아연 도금액의 M비와 성분

종류	금속아연 (g/L)	M비	NaCN (g/L)	NaCN 범위 (g/L)	NaOH (g/L)	광택제 (ml/L)	광택제 소모 AH/L
저시안액	10 15	2.2 2.5	14 27	±2 ±3	80~110 80~110	4~6 4~6	6,000~ 8,000
중시안액	20 25	2.2 2.5	44 63	±5 ±8	70~100 70~100	2~4 2~4	8,000~ 10,000
고시안액	30 35 40 50 60	2.7 2.8 3.0 3.5 3.8	81 98 120 175 228	±20 ±25 ±30 ±35 ±40	60~90 60~90 60~90 60~90 60~90	1~2 1~2 1~2 1~2 1~2	12,000~ 15,000

① 도금액 관리

30℃ 이상의 온도에서는 광택의 효과가 급속히 저하하므로 냉각 설비가 필요하다. M비, 아연농도, 수산화나트륨양은 정확하게 관리해야 한다. 전류효율은 첨가제에 따라 많은 영향을 주고 도금액을 건욕할 때에는 중농도 도금액과 같거나 또는 그 이상이지만 시간의 경과와 더불어 낮아진다. 도금액의 농도를 올리면 전류효율도 올라가지만 광택이 나쁘게 되고 전류밀도도 높게 할 수 없기 때문에 생산성이 낮아진다. 균일전착성과 피복력은 중·고 농도보다 나쁘고 시안화나트륨의 양을 15 g/L로 증가시키고 광택제를 많이 첨가하면 저전류 부분의 균일전착성 및 피복력은 양호하여지지만 아연농도가 상승되어 중농도화 하여 도금액이 나빠진다.

교반은 공기 교반을 하고 공기를 이용할 때의 탄산나트륨의 축적은 시안 농도가 적은 데에 비하여 좀 많은 편이다. 여과는 고·중 농도용에 비해 광택제가 분리하기 어렵기 때문에 부유물은 적게 되지만 양극 표면에 잔재물이 남기 쉬우므로 연속적으로 하는 것이 좋다. 금속 불순물을 제거하기 위해서 황화물을 첨가할 때는 아연 함유량이 적기 때문에 황화아연(ZnS)의 생성에 따라 아연 농도가 갑자기 낮아질 수 있으므로 도금액의 균형이 불균일하지 않도록 해야 한다.

② 설비

도금액의 부식성은 약하지만 다음과 같은 점에 주의해야 한다.

- 철강 부분이 도금액에 용해되어 배수처리상 문제가 되는 철시안착염을 만들지 않도록 해야 한다. 예를 들면 도금조의 라이닝 및 양극 재질에 유의해야 한다.
- 구리 및 구리합금은 도금액에 용해되어 금속 불순물이 되기 쉬우므로 전극의 부스바, 걸이 등이 용해되지 않도록 충분한 주의가 있어야 한다.

- 주철은 시안에 침식되기 쉬우므로 용해되는 부분에는 사용하지 않는다.
- 철의 용접 부분은 시안에 침적되기 쉽기 때문에 철의 용접 부분에 주의해야 한다.

표 10-11 시안화 아연도금액

고장	원인	대책
광택불량	1. 광택제 부족 2. 납·구리의 혼입 3. M비의 부적당	1. 광택제 첨가 2. 황화나트륨 또는 아연말처리 3. M비의 조정
도금이 탄다.	1. M비의 부적정 2. 금속 아연분 부족 3. 전류가 높음	1. 분석 보정 2. 분석 보정 3. 2~3 A/dm^2으로 조절
밀착불량	1. 전처리 불량 2. 크롬의 혼입	1. 전처리 개선 2. 수용성 황산염으로 환원
피복력 불량	1. 시안화나트륨 부족 2. 양극 부동태 3. 전류가 낮음	1. 분석 보정 2. 양극판 세척 3. 2~3 A/dm^2으로 조절
저농도 크로메이트 흑색화	1. 납·구리 등의 금속 불순물 혼입 2. 광택제 과다	1. 황화나트륨 또는 아연말 처리 2. 첨가 중지, 물로 도금액 희석.
거칠음	1. 양극 불순물 2. 약품 용해 부족 3. 전류가 높음	1. 여과 2. 완전용해 3. 2~3 A/dm^2으로 조정

최근에는 알칼리성 아연도금에 있어서 시안화나트륨을 사용하지 않고 도금을 하는 방법이 개발되었다. 그 한 예를 들어보면 표 10-12와 같다.

표 10-12 노-시안 알칼리 아연도금액

조건	표준	범위
금속아연(Zn)	8 g/L	4~14 g/L
산화아연(ZnO)	10 g/L	5~18 g/L
수산화트륨(NaOH)	110 g/L	70~180 g/L
온도(℃)	28	20~40
음극저류밀도(A/dm^2)	3	0.5~10
양극전류밀도(A/dm^2)	2	0.1~3
전압(V)		3~15 V

10.3 아연도금의 크로메이트 처리

크로메이트 처리는 처음에는 아연도금의 내식성을 향상시키기 위해서 카드뮴도금 대신 사용되었으며 1946년에는 유색 크로메이트 처리가 개발되었다.

(1) 크로메이트 처리의 목적

① 아연도금의 백색(염기성 탄산아연) 부식을 방지한다.
② 외관을 아름답게 한다.
③ 지문 기타의 더러움이 붙기 어렵다.
④ 아연도금을 한 후 내식성과 밀착성을 향상하기 위해서 도장 하지로 이용된다.
⑤ 전도성과 내식성의 피막을 만들고 전기부품의 접촉부분에 효과가 있다.
⑥ 염료에 따른 염색이 가능한 피막을 만든다.
⑦ 착색 피막이 직접 생성된다.

(2) 크로메이트 피막의 성질

아연 도금된 것을 크롬산 화합물 및 산을 함유한 용액에 침적시키면 크로메이트 피막을 얻을 수 있다. 이 피막은 용액 중에서 아연이 용해될 때에 발생하는 발생기의 수소에 따라 크롬산이 환원되고 생성된 3가 크롬(수산화크롬)과 크롬산이 결합되어 복잡한 겔(gel) 형태의 수화물로 되어 아연 표면에 생기는 것으로서 크롬산 크롬의 수화물(CrO_3, Cr_2O_3, NH_2O)이다. 그 화학 반응은 다음과 같다.

$$Zn + H_2SO_4 \rightarrow ZnSO_4 + 2H^+$$
$$H_2Cr_2O_7 + 3H^+ \rightarrow Cr(OH)_3 + H_2CrO_4$$
$$2Cr(OH)_3 + H_2CrO_4 \rightarrow Cr(OH)_3 \cdot Cr(OH)CrO_4 + 2H_2O$$
$$\rightarrow Cr_2O_3 \cdot CrO_3 \cdot nH_2O$$

아연은 도금액 중에서 용해 확산되어 크로메이트 피막중에서는 거의 용해되지 않는 것으로 되어있다. 이 피막을 적당한 정도로 건조하여 수분을 없애면 미세한 균열이 있는 상태로(젤라틴 상태) 되어 경도가 있는 피막이 된다. 내식성은 피막의 강도와 피막중의 6가 크롬 함유량에 따라 결정된다. 피막의 두께는 건조하기 전에는 수 미크론이지만 건조한 후에는 0.5μm 이하(0.07～0.3μm)이다. 일반적으로 광택 크로메이트가 최고로 얇고 O. D색(olive drab)이 최고로 두껍다. 두께와 색은 담자색, 담청색, 황색, 구리색, 적색, 적녹색, 진한적색, 진한녹색, O.D색, 다갈색 등이다. 피막의 약점은 열에 약하다. 즉

350℃ 이상의 온도에서는 파괴되어 분말의 크롬 산화물이 된다. 항상 130℃ 이상의 온도에서는 산화되어 피막이 아연에 대한 방식력이 없어진다. 열탕에 침적하거나 오랫동안 물에 담그면 피막이 팽창되어 6가 크롬은 추출되어 내식성을 잃게 된다.

(3) 크로메이트 처리 방법

아연 도금을 한 후 질산 0.25～0.5%(vol)(염화아연 도금액일 때는 염산 1～5%에 계면활성제를 미량 첨가)에 침적하고 난 후 크로메이트 처리액에 침적한다. 중·고 농도액일 때는 수초간 공기 중에서 그대로 놔두고 저농도액에 침적한 후 수세, 건조시킨다. 크로메이트 처리액 중에서 소재를 양극으로 해서 전해하여 크로메이트 피막을 만드는 방법이 있으나 별로 사용되지 않는다. 건조는 자연 건조해도 좋지만 80℃ 정도의 깨끗한 열풍으로 건조하는 것이 무난하다. 건조 전에는 열탕에 침적하게 되면 색이 담색으로 되어 내식성이 낮아진다.

광택 크로메이트는 크로메이트 처리액에 침적시키고 5% 수산화나트륨용액 또는 5～10% 탄산나트륨 용액(온도 60～80℃)에서 침적하면 착색되지만 현재는 1가지 용액의 착색 공정을 많이 사용한다. 염색할 때는 크로메이트에 침적시킨 후 산성 염료에 침적시킨다. 여러 종류의 명확한 색을 얻기 위해서는 광택 크로메이트 피막을 착색시킨다. 흑색 크로메이트는 보통 크로메이트액에 소량의 질산은을 첨가한 용액에 침적시키면 된다.

표 10-13 6가 크롬 크로메이트액

성분(g/L)	저농도유색	고농도유색	저농도광택	고농도광택	중농도흑색
무수크롬산		150～200	10	150～200	40～45
중크롬산나트륨	5～10				
황산(ml/L)	0.3～0.7	2～5	5	10～15	
황산나트륨		20～30			40～45
질산(ml/L)	2～4	20～30	30～40	10～20	
빙초산(ml/L)	1～2	10～20		10～20	
붕산			20		
산성불화암모늄			1～2		
질산은					0.5～1.5

(4) 크로메이트 처리 조건

1) 온도

온도는 상온에서 처리할 때가 많으나 피막의 적당한 품질을 유지하기 위해서는 온도 범위를 여러 가지 용도에 알맞도록 하는 것이 좋다. 일반적으로 30～40℃의 범위에서 온도가 높은 쪽이 광택 및 착색이 양호하다. 침적 시간은 수초에서 수십초에 달한다. 중·고 농도 처리액에 침적할 때 용해가 심하므로 침적시간은 짧아야 한다. 침적 중에는 피막이 형성되지 않고 공중에서 방치할 때 피막이 생기고 이때 방치 시간의 조절이 중요하다. 저농도액은 거의 화학연마력이 없기 때문에 침적 시간에 비례하여 피막이 두껍게 된다.

2) pH

크로메이트 용액의 pH가 낮은 쪽에서 화학연마가 되면서 광택이 나타난다. pH가 높을 때에는 피막의 착색이 빠르게 된다. 6가 크롬 농도가 높게 되면 화학연마가 강한 광택이 생기지만 이것만으로는 피막의 착색이 생기기에는 충분치 않다. 생성된 피막중의 6가 크롬이 많으면 많을수록 내식성이 양호하지만 광택 크로메이트 처리액에 6가 크롬이 전혀 없는 경우에는 내식성이 거의 없다. 이때에는 크로메이트 처리액에 6가 크롬을 첨가할 필요가 있다.

3) 첨가 약품

- 황산근: 크로메이트 촉매(또는 반응촉진제, 인산, 염산, 질산, 붕산, 빙초산 등이 있다)의 대표적인 것으로 일정한 양의 6가 크롬에 대해서 여러 종류의 피막을 만든다. 보통 황산, 황산염류의 형태로 첨가한다.
- 질산: 주로 화학연마제로서의 역할을 하지만 크롬산에 대해서 일정한 비율 이상 첨가하면 아연 표면을 부동태화시켜 크로메이트 피막을 만들지 못한다. 저농도일 때는 촉매로서 역할을 하고 약간 많이 첨가하면 크로메이트 피막이 파괴되기 쉽다. 다만 아연이 용해되고 소모되기 때문에 계속 첨가하여야 한다.
- 빙초산: 완충제로서 적당하고 촉매로서 역할을 한다. 3가 크롬은 크로메이트액이 노화되면 아연과 함께 축적된다. 중·고 농도액은 크로메이트 피막의 생성에는 3~15 g/L을 필요로 하고 저농도 광택 크로메이트에도 일정한 양을 필요로 하지만 저농도 유색 크로메이트에는 특히 필요하지 않다. 저농도에서 필요 이상으로 3가 크롬이 증가하면 6가 크롬이 감소되어 착색이 나쁘게 된다. 양이온 이온교환수지를 사용하여 제거하거나 전해 산화에 따라 6가 크롬으로 환원하는 방법이 있다.
- 질산은: 첨가하면 흑색 크로메이트의 내식성은 당연히 저하된다. 중금속 불순물들은 양이온 이온교환수지 또는 격막 전해하여 제거한다. 그러나 크로메이트액의 조성이 항상 변하기 때문에 일정한 조성으로 유지할 방법이 없다. 그래서 현장에서는 어느 정도 사용되었으면 크로메이트액을 버리고 새로운 액으로 바꾼다. 아연도금 표면이 도금 중에 중금속으로 오염되는 일이 있다. 이것도 나중에 크로메이트 피막의 외관

을 나쁘게 하고 내식성을 약하게 하는 원인이 된다. 니켈을 황산염의 형태로 첨가하기도 하고 티타늄을 크로메이트액 중에 첨가하면 내식성 향상에 좋다.

4) 건조

크로메이트 피막의 건조 방법은 내식성에 중대한 영향을 나타낸다. 저온(60℃ 정도)에서 장시간(30분 정도)건조한 것이 최고로 내식성이 양호하며 고온(100℃ 이상)에서 건조한 것은 균열이 심하고 갈색으로 변색되며 내식성은 약하게 된다. 상온에서 건조한 것은 피막의 함수율이 높아서 연하지만 충분히 건조된 상태는 아니어서 내식성이 나쁘다. 크로메이트 피막은 시효 경화가 필요하므로 일반적으로 크로메이트의 염수분무시험 등은 크로메이트 처리를 한 후 1주일 이상 경과한 후 하는 것이 좋다. 외관적으로 알맞은 상태의 색깔은 노란색, 붉은색, 녹색 등이 혼합된 것이다. 크로메이트액에 침적한 후 즉시 수세를 하면 내식성이 낮아진다. 수소 취성을 없애기 위해서는 도금을 한 후에 처리된 것은 표면이 산화해서 크로메이트 처리가 곤란할 경우가 있다.

열처리를 하기 전에 수세를 충분히 하고 크로메이트 처리를 하기 전에 질산 용액에서 충분히 침적시키면 광택이 나타난다. 크로메이트 용액은 저농도를 사용하고 크로메이트 처리를 한 후 열처리를 하면 양호한 내식성과 아름다운 색깔을 얻기 어렵다.

예제 아연 도금의 부풀음

비교적 큰 전기 기계 부품을 아연도금과 크로메이트 처리를 하였다. 수세를 깨끗이 하였으나 도금에서 부풀음이 가끔 발생한다. 대책은?

풀이 크로메이트 처리를 한 후에 작업에 사용되는 고무장갑을 염산 또는 중아황산나트륨의 산성용액(pH 3 이하)에 담그고 충분히 수세한 후 도금 작업을 하면 된다.

(5) 설비

도금조는 플라스틱의 라이닝을 한 스테인리스가 좋고 고무 라이닝을 한 것은 크롬산 종류에 침식된다. 특정한 화학물질 규칙에 따라 1%(10 g/L) 이상의 크롬산 화합물 용액을 이용하여 작업할 때는 배기장치가 반드시 필요하다. pH계, 양이온교환 수지탑을 조합시켜 크로메이트 처리액의 자동조절 장치를 이용하면 좋다.

(6) 크로메이트 처리의 예

2000년대 이전까지는 6가 크로메이트가 대부분이었으나 최근에는 3가 크로메이트가 발전, 실시되고 있다.

표 10-14 6가 크로메이트의 종류

6가 크로메이트	고농도	유색 크로메이트
		유니 크로메이트(알칼리 중화형)
	저농도	광택 크로메이트
		유색 크로메이트
		흑색 크로메이트
		녹색 크로메이트

1) 저농도 유색(有色) 크로메이트

아연 도금 크로메이트의 대부분이 이 종류의 액을 사용한다. 6가 크롬이 적기 때문에 배수처리가 쉽고 경제적이다. 내식성을 유지하고 미관이 특히 중요하지 않은 물품, 도장하지로서 또는 철강의 부식 방지 등 각종 내외장 부품에 이용된다.

유색 크로메이트 피막은 모든 크로메이트 처리의 50% 이상을 차지한다. 크로메이트색은 붉은색~녹색이며 피막 두께는 0.5μm 전후이다. 염수분무시험에서 백청 발생시간은 100~300시간 정도이다.

2) 저농도 광택 크로메이트

6가 크롬이 적고 배수처리가 쉬우므로 경제적이지만 공해 대책상 불화 수소산계의 화합물을 포함하는 것은 좀 문제가 된다. 6가 크롬이 들어가면 착색이 나타나지 않고 내식성의 결핍으로 하는 것, 문자의 인쇄가 있는 것 등 각종의 선명한 염색을 필요로 하는 것에는 대단히 적당하다. 6가 크로메이트 피막 중에서 최대로 피막이 얇다(0.1μm 전후). 염수분무시험에서 백청 발생시간은 24~48시간으로 짧다.

3) 흑색 크로메이트

피막 두께는 0.9μm로 녹색 크로메이트와 비슷하다. 흑색을 나타내기 위해서 Cu, Ag 이온을 첨가한다. 내식성은 염수분무시험에 의해서 백청 발생시간은 100~150시간 정도이다.

4) 녹색 크로메이트

염수분무시험에서 백청 발생시간은 500~1,000시간 정도로서 크로메이트 피막 중에서 최고의 내식성을 나타낸다. 반면 피막 중 6가 크롬의 함유량도 최대로 되기 때문에 공해 문제를 해결해야 할 것이다.

표 10-15 크로메이트의 종류와 특성

종류 / 성분(g/L)	광택 크로메이트	유색 크로메이트	흑색 크로메이트	녹색 크로메이트
	연마형	일반형	내식형	인산형
CaO_3(처리액 중)	0.5~2	2~10	10~80	5~50
크롬산 이외 성분	질산, 불화물	질산, 황산	인산, 황산	인산, 황산
색상	청색	간섭색	황녹, 흑색	어두운 녹색
피막 중 전 Cr양(mg/m^2)	30~40	100~200	300~500	500~700
피막 중 전 Cr^{6+}양(mg/m^2)	1~5	20~40	20~50	20~50
폐수처리	대단히 곤란 (F(불소) 성분)	약간 곤란	곤란 (Cr^{6+} 다량)	곤란 (Cr^{6+} 다량)

표 10-16 여러 가지 크로메이트의 성분

종류 / 성분(g/L)	광택 크로메이트	유색 크로메이트	흑색 크로메이트	녹색 크로메이트
	연마형	일반형	내식형	인산형
무수크롬산	0.1~2	3~8	10~50	10~50
황산	0.3~5	-	-	1~10
황산나트륨	-	2~3	3~8	0~10
질산	0.5~10	1~3	1~3	0~10
인산	0~2	-	3~10	0~30
인산나트륨	-	0.1~0.5	-	-
산성불화암모늄	1~2	-	-	-
빙초산	-	-	-	0~70
질산은	-	-	0.5~1	-

(7) 3가 크로메이트

6가 크로메이트의 대체로서 보급되고 있다. 그러나 6가 크롬의 발생으로 인하여 3가 크로메이트도 대체할 수 있는 크로메이트가 발전, 연구되고 있다.

3가 크로메이트는 6가 크로메이트보다 농도가 진하고, 처리시간이 길고, 온도가 높다. 또한 처리비용도 많이 든다.

표 10-17 3가 크로메이트의 분류

3가 크로메이트
- 3가 크롬
- 3가 크롬+코발트염
- 3가 크롬+규산염
- 3가 크롬+코발트염+규산염

표 10-18 유기계 3가 크로메이트 피막과 무기계 피막의 비교

유기계 3가 크로메이트	무기계 3가 크로메이트
내식성 우수	처리범위가 좁다
액의 안정성이 우수	액의 안정성이 떨어짐
무기계보다 비용이 높다	가격이 낮다
폐수처리에 문제	폐수처리가 용이

표 10-19 3가 크로메이트의 처리조건

성분(g/L)	1	2	3	4
염화크롬	100	50	50	15
질산크롬	100	–	–	–
질산나트륨	–	100	100	–
질산코발트	15.75	–	–	–
불화나트륨	26.5	–	–	–
마론산	–	31.2	31.2	–
수산		–		10
pH	2.5	2.0	2.0	2.0
온도(℃)	90	60	60	60
시간(sec)	30	60	40	40

(8) 3가 크로메이트의 장점

① 무독성, 폐수처리가 비교적 쉽다.

② 자동차, 가전제품의 규격으로 채택

③ 피막의 내열성 우수

④ 6가 크롬과 비슷한 내식성

⑤ 청색, 흑색 피막 가능

(9) 3가 크로메이트 처리의 문제점

① 6가 크로메이트보다 가격이 비싸다.

② 금속 불순물에 대해서 약하다.

(구리 5～10 ppm, 철 10～50 ppm, 아연 10,000～20,000 ppm)

③ 마찰계수가 높다.

④ 처리액의 pH 관리가 필요하다.

⑤ 아연 도금 종류에 영향을 받는다.

징케이트 최적 > 시안화아연 도금 > 염화아연 도금

⑥ 6가 크로메이트액보다 오래 사용할 수 없다.

⑦ 피막 색상은 청색과 흑색의 2종류

(6가 크로메이트 피막은 청색, 유색, 흑색, 녹색의 4종류)

⑧ 청색 피막은 시간이 지나면 황색으로 변색될 수 있다.

⑨ 마찰에 대해서 약하다.(특히 흑색 피막)

⑩ 피막 처리제는 유기, 무기계가 있다. 서로 장·단점이 있다.

CHAPTER

11 카드뮴도금

11.1 카드뮴도금의 목적

카드뮴도금은 여러 가지 종류의 금속 방식과 장식에만 이용되었지만 현재는 항공기 및 로켓 분야에도 이용된다. 방식 이외에도 여러 가지 기능적 특성이 있고 이용가치는 대단히 높지만 인체에 대단히 유독하므로 독성에 따른 검토 및 공해 대책이 불충분하여 실용적인 개발에 제한이 있다.

11.2 카드뮴도금의 특성

(1) 철강에 대한 방식성

카드뮴의 전극 전위는 −0.40 V이고 철은 −0.47 V에 비해 약간 높아 철에 대한 방식 성능이 없는 것 같이 생각되지만 실험적으로는 수용액 중에서 카드뮴과 철을 전기적으로 결합시키면 수용액 중의 염류 용해도에 따라 카드뮴 쪽이 양극으로 되어 철을 보호한다. 이상에서와 같이 서로 비슷한 전위차는 가역반응을 일으켜 철강의 방식에 대하서 대단히 유리하다. 아연은 전극 전위가 −0.76 V로 철의 방식에 적합하지만 아연 자신은 부식이 빠르고 방식 효과의 수명으로서는 카드뮴은 부식이 잘 되지 않는다. 실제로 카드뮴의 0.00030이온(7.6μm)이 아연의 0.0001이온(25.4μm)과 같다는 예도 있다.

(2) 외관

카드뮴도금을 질산 또는 크롬산에 침적시키면 독특한 은백색의 아름다운 외관이 얻어진다. 외국에서는 이러한 것을 장식 목적으로 이용하고 있지만 습도가 높은 일본에서는 핀홀(pin hole)과 같은 흑색 반점이 나타나기 쉬우므로 유색 크로메이트 처리를 하고 있다.

(3) 가공성

카드뮴은 연하고 전연성이 풍부한 금속으로(모오스 경도 2.0, 인장강도 9.65 kg/mm^2, 연신율 44%) 도금을 한 후의 변형과 연신율에 따른 가공성은 대단히 양호하다.

(4) 도전율

카드뮴의 전기저항은 $7.3\times10^{-6}\ \Omega/cm^2$이고 도금면의 표면 전기전도도는 저항이 약간 낮은 아연($5.9\times10^{-6}\ \Omega/cm^2$)보다는 도전성이 장기간 유지된다. 카드뮴도금을 한 후 크로메이트 피막을 실시하여도 도전성은 저하하지 않는다.

(5) 취성

도금 공정에 따라 발생되는 수소 취성의 중요한 원인은 산 침적을 하거나 도금을 하는 공정에서 강 부품 표면에 발생되는 수소의 양과 부품의 수소 흡수 상태와 흡장된 수소의 이탈 정도에 관계된다. 강 부품상에 방식을 하기 위한 도금과 아연도금을 비교하면 도금 중의 수소 발생량을 결정하는 전류효율은 85~95%(시안화카드뮴도금)로 아연도금보다 평균 10% 높아 수소량은 그만큼 적게 된다. 도금면이 거칠면 수소 흡수가 쉽고 흡수된 수소를 열처리하면 수소 취성을 제거하기가 쉽다. 이런 점에서 아연과 비교할 때 취성이 적다.

(6) 도금면의 내식성

카드뮴은 아연과 같이 염기성 탄산염으로 되어 변색하기 쉽지만 아연도금한 것은 백색 부식 생성물을 만들어서 체적을 증가시키고 두꺼운 피막으로 되어 기계적, 전기적인 성능을 저하시키는 것에 비하여 카드뮴의 부식은 완만하고 피막의 체적을 증가시키지 않기 때문에 강 부품 가운데 기름을 사용하지 않는 부분 및 전기접속 부분에는 우수한 성능을 나타낸다. 해수 중에서는 카드뮴도금이 아연도금보다 대단히 우수한 성질을 나타낸다. 도금을 한 후 크로메이트처리를 하면 내식성은 향상된다.

예제 **Cd과 Zn 크로메이트 피막의 비교**

일반적으로 카드뮴도금은 아연도금보다 내식성이 우수하다고 하지만 각각 크로메이트 처리한 것을 염수분무시험에 의하면 결과적으로 큰 차이가 없다고 한다. 사실인가?

풀이 두 가지 모도 백색 부식 생성물(여러 가지의 염기성 탄산염이다.) 이 발생할 때까지의 염수분무시간에는 큰 차이가 없으나 약간 카드뮴도금 쪽이 백색 녹을 빨리 생기게 한다. 크로메이트 피막에 대해서 말하면 처리 조건이 같으며 일반적으로 카드뮴도금에서는 나쁘고 벗겨지기 쉬운 단점을 가지고 있다.

여기에 비해서 아연도금 위에 크로메이트의 피막은 약간 얇고 밀착성이 좋지만 건조되면 단단한 피막으로 되기 때문에 염수분무시험에서는 오히려 아연의 부식이 심하게 일어나는 때가 있다.

또 도금 그 자체의 내식성 및 소재 금속에 대한 방식작용에 대해서는 지금까지 실시된 장시간 동안의 염수분무시험 및 해수 중에서의 부식시험이 아연도금보다 카드뮴도금 쪽이 우수하다.

---

(7) 알루미늄에 대한 방식성

알루미늄의 전극 전위는 이론적으로 −1.66 V 정도로 대단히 낮아 다른 금속과 접합된 부분에서는 전지 현상이 일어나 부식되기 쉽다. 이 경우 카드뮴을 사이에 두고 다른 금속을 접속시키면 이러한 부식은 대폭적으로 완화되는 작용이 있다. 예를 들면 구리와 알루미늄을 조합할 때 두 가지 금속 중에서 한 가지만 카드뮴도금을 해서 접합시키면 알루미늄의 부식은 훨씬 적게 된다.

(8) 작업성

카드뮴도금은 다른 도금에 비해서 도금작업을 하기 쉽다. 도금액은 시안도금액 및(금속농도 5∼30 g/L로서 광범위하다.) 황산도금액, 붕불화 도금액 등 종류가 많고 어느 종류의 도금액도 넓은 조건 범위로 작업할 수 있으며 도금 속도도 빠르고(1 A·hr/dm^2에서 24μm) 어떤 금속이라도 직접 도금이 가능하며 특히 주철에는 도금이 쉽게 된다.

(9) 카드뮴의 용도

카드뮴도금의 용도는 그 특성을 이용하여 광범위하게 사용되지만 공해문제 때문에 반드시 필요한 부품에만 도금한다. 즉 통신기 및 항공기 부품, 계측기, 광업 및 석유화학의 부품, 선박·항만 설비 부품, 냉동 냉각기(특히 방열, 흡열 부품) 등에 많이 이용된다.

11.3 | 카드뮴도금 방법

카드뮴도금이 공업화된 것은 아연도금과 같은 시기(1919년 M. J. Udy 및 F. C. Nicolson 미국)에 연구되었으며 처음에는 (1849년 Russel 및 Woolrich 영국) 시안도금액이었다. 일반적인 광택 크로메이트(크롬산에 광택 침적시킨다) 처리에서는 흑색 반점이 나타나기 쉽기 때문에 항공기 부품에는 유색 크로메이트 처리를 주로 한다. 고항장력강에서는 수소 취성을 방지할 목적으로 1945년경 아민도금액, 붕불화 도금액이 1960년경에는 유기용매를 이용한 도금 등이 개발되었고 1963년에는 티타늄을 첨가한 카드뮴도금이 개발되었다.

여러 가지 도금액 중 도금의 석출상태, 도금액의 안정성, 전류효율, 피복력, 균일전착성 등이 우수하여 일반적으로 시안화카드뮴 도금액이 사용되고 있다.

(1) 시안화카드뮴도금액

1) 도금액 조성

금속카드뮴, 수산화나트륨, 시안화나트륨의 3가지 성분으로 소량의 광택제가 첨가된다. 카드뮴은 수용액 중에서 시안화나트륨과 더불어 $NaCd(CN)_3$ 또는 $Na_2Cd(CN)$의 시안화착염을 형성하고 과잉의 시안화나트륨이 유리 시안으로서 양극의 용해를 돕는다. 시안화나트륨은 전부 유리되는 형태로 존재하여 전기전도도를 양호하게 한다.

아연도금일 때에는 아연산나트륨을 형성하지만 카드뮴도금에서는 이와 같은 종류의 화합물은 없다. 즉 카드뮴은 NaOH에 용해되어 착염을 만들지는 않는다. 광택제는 젤라틴, 덱스트린 등과 질소를 함유한 고분자 화합물인 구미린, 베리오드로핑, 슬폰산 등의 유기합성 물질이 이용되고 있다. 또 고전류밀도 부분에서 광택을 나타내기 위해서는 금속염이 이용된다. 예를 들면 시안화니켈칼륨, 코발트시안착염 등이 있다.

칼륨염으로서는 대단히 관리하기 쉽고 탄산염의 축적에 대해서 받는 영향이 적다고 볼 수 있다. 도금액은 시안화카드뮴 또는 시안화카드뮴-나트륨(칼륨 착염도 있다)이 있으며 때로는 산화카드뮴을 시안화나트륨 용액에 용해시켜 도금액을 건욕하기도 한다. 도금액 조성의 대표적인 종류와 조성은 표 11-1과 같다. 예전에는 카드뮴 금속 농도가 40 g/L 정도의 고농도가 사용되지만 카드뮴이 비싸고 폐수처리가 곤란하여 저농도 도금액이 발전되어 현재에는 카드뮴 금속이 6~8 g/L의 정도까지 사용되고 있다.

표 11-1 시안화 카드뮴도금액의 조성

성분(g/L)	1	2	3
금속카드뮴	20~30	12~18	15~20
산화카드뮴	23~35	14~21	17~23
시안화나트륨	80~150	36~90	70~90
수산화나트륨	10~20	10~20	
탄산나트륨	75이하	75이하	
R비(또는 M비)	4.0~6.0	3.0~5.0	3.4~4.2
온도(℃)	25~35	20~30	20~35
음극전류밀도(A/dm^2)	0.5~5.0	0.5~2.5	0.5~2.0
양극전류밀도(A/dm^2)	2.0 이하	2.0이하	2.0 이하

밀착성을 양호하게 하고 저전류 부분의 피복력을 향상시킬 목적으로 카드뮴 금속을 6 g/L 이하, 시안화나트륨을 30 g/L 이상으로 하여 스트라이크 도금액으로 사용하는 일도 있다. 도금액의 관리를 쉽게 할 목적으로 전(全) 시안화나트륨과 금속의 비율은 알아야 한다(단순히 M비라고 하는 경우와 시안화 아연도금액에서 M비와 R비에 따라서 수산화나트륨과 반응하지 않는 카드뮴을 R비로 부르는 경우도 많다).

$$\text{R비} = \frac{\text{전 NaCN양(g/L)}}{\text{금속 Cd양(g/L)}}$$

R비의 허용 범위는 넓어서 보통 3~7 정도이다.

2) 도금액 관리

작업 온도 범위는 넓지만 적당한 광택과 균일전착성을 유지하기 위해서는 20~25℃의 범위가 좋다. 온도가 높으면 광택 범위가 적고 고전류밀도 부분은 타기 쉽고 균일전착성 및 피복력이 나쁘게 된다. 유기광택제를 첨가할 때는 이러한 경향이 더욱 뚜렷하게 나타난다. 전류밀도의 범위는 조성에 따라 많은 차이가 있으나 일반적으로 1~2 A/dm^{2}이다. 교반 정도에 따라 전류밀도를 높게 할 수 있으며 양극전류밀도는 2 A/dm^2 이상으로 하면 양극에 산화 피막이 생겨서 양극의 용해가 나쁘게 된다. 전류효율은 음극에서 90~95%가 보통이고 금속 농도 및 온도가 상승되거나 교반을 하면 전류효율은 높아진다.

또 R비를 크게 하거나 광택제를 증가시키면 전류효율은 낮아진다. 양극전류효율은 거의 100%이지만 시안이 적게 첨가되어 있으면 양극효율은 낮아진다. 균일전착성 및 피복력은 다른 도금액에 비해서 우수하지만 일반적으로 온도가 상승되면 R비를 일정하게 하기 위해서는 금속 농도를 내리면 된다. 교반은 전류효율을 상승시키고 균일전착성을 양호하게 하고 고전류부분이 약간 타는 현상이 생기고 전류밀도를 높게 하면 광택제의 효과를 돕는 효과가 크지만 복잡한 형상의 물건에는 저전류부분의 피복력이 낮아진다.

교반은 음극진동을 하며 공기교반은 도금액 중의 탄산염을 축적하기 때문에 좋지 않다. 탄산염의 축적은 전류효율, 균일전착성, 피복력, 광택 범위의 성능이 낮아진다. 탄산나트륨은 수산화바륨에 의해 침전 제거되지만(황산칼슘에 따라 제거하는 방법도 있다.) 수산화나트륨이 생성되어 중화에 따른 문제가 생기기 때문에 냉각시켜 결정을 제거하는 것이 제일 좋다. 탄산나트륨의 축적은 대부분이 시안화나트륨이 공기 중의 탄산가스의 반응에 따라 생기기 때문에 온도 상승이 심하거나 바렐도금과 같은 경우 탄산나트륨이 많이 생긴다. 유기불순물은 광택제가 알칼리에 따라 분해되어 노폐물이 주로 많이 생긴 것이다. 특히 도금면에 핏트가 많이 생기거나 도금액의 점도가 증가될 때는 광택제의 과다 및 노폐물이 축적되었다고 볼 수 있어 이때에는 도금액을 활성탄으로 침전 여과시키거나 광택제의 양을 조절해야 한다.

예제 시안화 카드뮴도금액 중의 암모니아 냄새

오랫동안 사용하지 않고 방치된 시안화 카드뮴도금액에서 아주 심한 암모니아 냄새가 발생하였다. 이런 경우 이 도금액을 사용할 수 있는가?

풀이 온도가 상승된 시안도금액에서는 시안의 분해에 따라 암모니아가 발생함에 따라서 냄새가 나지만 도금에는 나쁜 영향은 크게 미치지 않는다. 그러나 도금액 pH가 내려가면 암모니아의 발생이 심하게 되기도 하고 때로는 도금액의 농도 평형이 불균일하게 되므로 도금액을 분석하고 수산화나트륨을 10～20 g/L의 범위로 첨가하면 암모니아수의 발생도 적어진다.

---

(2) 카드뮴도금의 후처리

1) 광택침적

카드뮴도금을 장식 목적으로 사용하거나 용접성을 필요로 하는 것에는 도금을 한 후에 광택침적을 한다.

광택침적 방법으로서는

① 0.5～1.0%의 질산 용액에 침적

② 5～10%의 크롬산 용액에 1～2 g/L의 황산을 첨가

③ 2%의 과산화수소 수용액에 5 g/L의 황산을 첨가

①, ②, ③ 등의 용액에 30초 동안 침적한다. 주로 사용되는 것은 크롬산에 침적하면

내식성이 있는 광택면을 얻을 수 있다(이때 눈으로 잘 보이지 않는 얇은 크로메이트 피막이 형성되기 때문에 내식성이 향상된다). 광택침적은 특유의 은백색이지만 습도가 높은 곳에서는 흑색 반점이 생기기 쉽다. 흑색 반점이 생기는 원인은 소재 또는 도금면의 핀홀에 잔류된 알칼리와 염류에 의해 소재 금속 및 카드뮴이 전기화학적으로 반응하고 소재 금속이 카드뮴과 치환되어 핀홀이 주변에 석출되어 산화되기 때문이다(이것과는 달리 수세불량 또는 광택 침적액의 노화로 도금면에 카드뮴 또는 다른 종류의 금속 산화물이 광범위하게 얇게 변색되는 경우도 있다). 대책으로서는 초음파탈지로서 핀홀을 철저하게 세정하고 충분히 건조한 후 락카 도장을 하든가 붕산, 규산, 알루미늄 등의 불활성 이온으로 치환시키는 불활성화 처리 방법이 있으나 완전한 방지법은 아니다. 따라서 미관을 중요시 하지 않는 한 흑색 반점을 발생시키지 않는 유색 크로메이트 처리를 해야 한다.

(3) 유색 크로메이트 처리

카드뮴도금면의 내식성을 우수하게 하고 용접성을 좋게 할 목적으로 대부분 유색 크로메이트를 실시하고 있다. 크로메이트 처리 방법은 아연도금일 때와 같다. 다만 서로 비슷하게 다른 점은 카드뮴이 크롬산 염에 대해서 반응 속도가 빠르고 민감하기 때문에 용해도 빠르게 된다. 방법은 도금을 한 후 0.25～0.5%(Vol)의 질산 용액에 침적 시킨 후 중크롬산나트륨 5～10 g/L 및 황산 0.3～0.7 ml/L, 질산 2～4 ml/L을 함유한 수용액에 수초 동안 침적하면 크로메이트 피막을 얻을 수 있다. 특히 광택을 나타내기 위해서는 5～10%의 크롬산 용액에 침적시킨 후 상기의 용액 또는 크롬산 2～5 g/L 및 황산 0.03～0.06 ml/L을 함유한 용액에 침적해도 된다. 흑색 크로메이트는 아연의 흑색 크로메이트일 때와 같이 질산은을 함유한 용액으로 처리한다든가 또는 촉매기로서 염화안티몬 등의 염화물을 함유한 크로메이트 처리로 다갈색의 두꺼운 피막을 형성시킨 후에 흑색 산성 염료로 염색한다.

(4) 수소 취성의 제거

고항장력강[HRc 40 이상 또는 170.000 psi(ib/inch^2) 이상의 강]의 부품은 카드뮴도금을 한 후에 수소 취성을 제거할 목적으로 열처리를 할 때가 많다. 열처리 방법은 도금을 한 후 빨리(정확히 요구될 때 1시간 이내) 공기순환형의 노(furnace)에 넣고 190℃ 전후에서(항공기 부품은 191+14℃, 375+25°F) 3～23시간 가열 유지해야 한다.

크로메이트 처리와 탈수소의 양쪽처리를 하기 위해서는 다음과 같이 한다.

* 도금 $\xrightarrow{\text{수세}}$ 열처리 → 질산침적 → 크로메이트 처리 $\xrightarrow{\text{수세}}$ 건조

예제 **주철상의 카드뮴도금의 크로메이트 탈색(脫色)**

주철부품에 카드뮴도금을 한 후 황색 크로메이트를 했지만 도금은 잘 되었으나 잠시 후 황색 크로메이트가 탈색되어 청백색으로 되었다. 그 원인과 대책은?

풀이 주철은 특히 절삭면의 조직이 거칠고 핀홀이 많기 때문에 표면의 거칠은 부분 및 핀홀에 스며드는 도금액의 알칼리 때문에 얼룩이 생기고 크로메이트 피막중의 6가 크롬 이온을 용출 하기도 하고 용액 중의 금속 염류가 6가 크롬을 환원하기도 하여 이것이 탈색의 원인이 된다. 대책은 도금을 한 후에 탕세 및 초음파 세정으로서 충분히 수세한다든가 수세 후 일단 건조하여 질산에 침적하고 크로메이트 처리를 하는 것이 좋다.

예제 **카드뮴도금면의 활성화**

카드뮴도금을 한 후 190℃ 정도에서 열처리를 하면 크로메이트 처리를 할 때 피막이 생성되기 어렵다. 적당한 활성화 방법은 없는가?

풀이 열처리를 하기 전에 세정 정도 및 열처리 조건에 따른 산화 상태가 다르기 때문에 활성화의 방법도 일정하다고 할 수 없다. 그러므로 보통 10～20 g/L의 시안화나트륨 수용액에 넣고 갈색의 산화 피막이 없어질 때까지 침적시킨다. 좀 진한 활성화액에 침적하면 얼룩이가 생기는 일이 있기 때문에 묽은 용액을 사용하면서 침적 시간을 길게 하는 쪽이 좋다.

CHAPTER

12 주석도금

주석은 명확한 색깔의 외관을 갖고 있으며 전기도금으로 얻을 수 있는 것은 은백색의 반광택 또는 경면광택을 나타내고 용융도금으로도 경면광택의 도금을 얻을 수 있다. 또 장식계통에 이용되며 대기 중에서 변색이 적고 유기산 등에 대해 안정성이 있다.

주석은 다른 금속에 비해서 인체에 대한 독성이 적으므로 식기 및 식품 가공기계류의 도금에 많이 이용된다. 연하고 전연성이 풍부하여 기타 베어링부품, 전기접점, 마모부품 등의 도금에 이용된다. 융점이 낮고(231.9℃) 다른 금속과 비교적 쉽게 용접되므로 전자부품의 도금에도 이용된다. 특히 산성 도금액으로부터 광택성, 용접성, 방식성이 우수한 광택 주석도금이 개발되어 그 용도가 널리 이용되고 있다. 주석도금 방법에는 용융 주석도금법, 전기 주석도금법, 무전해 주석도금법 등이 있다. 전기 주석도금 종류는 표 12-1, 표 12-2에 나타난 바와 같이 알칼리성 주석도금, 산성 주석도금이 공업적으로 이용되고

표 12-1 알칼리성 주석도금액

조성(g/L)	칼륨액	나트륨액
주석산칼륨	120(100~150)	
주석산나트륨		120(100~150)
금속주석	48(40~60)	53(45~67)
수산화칼륨	15(12~30)	
수산화나트륨		12(10~20)
빙초산	0~10	0~10
과산화수소	적당량	적당량
음극전류밀도(A/dm^2)	4(2~10)	3(2~10)
온도(℃)	70(60~90)	70(60~85)

표 12-2 산성 주석도금액

조성(g/L)	황산용		붕불화용	
	무광택	광택	무광택	광택
황산제일주석	55(50~60)	40(35~45)		
황산	100(80~120)	100(80~120)		
붕불화제일주석			200(160~240)	100(70~125)
붕불화수소산			125(100~150)	125(100~150)
붕산			25	25
크레졸술폰산*	100(80~100)	30(25~35)		
젤라틴	2(1~3)		2(1~3)	
베타나프탈	1(0.5~2)		1(0.5~2)	
분산제**		20(15~25)		20(15~20)
광택제**(ml/L)		10(8~12)		40(30~60)
포르말린(37%)***(ml/L)		5(3~8)		10(8~15)
음극전류밀도(A/dm^2)	2(0.5~4)	2(1~5)	2(1~5)	5(1~15)
양극전류밀도(A/dm^2)	1 이하	1 이하	1 이하	1 이하
온도(℃)	20(18~30)	18(15~25)	20(18~30)	18(15~25)
교반(음극이동)(m/분)	2(1~4)	2(1~6)	0~4	4(2~15)

* 크레졸술폰산을 사용하지 않는 광택 도금액도 있다.
** 분산제, 광택액은 한 가지로서도 된다.
*** 포르말린을 사용하지 않는 도금액(황산도금액)도 있다.

있다. 예전에는 알칼리성 도금액이 대부분이었으나 산성 도금액의 우수한 첨가제 및 광택제가 개발되어 산성 주석도금도 많이 사용하고 있다.

붕불화 주석 도금액은 자연방치 및 장기간 사용해도 침전이 생기지 않으므로 깨끗한 도금액을 유지할 수 있으나 다량의 불소화합물을 사용하기 때문에 인체 및 공해상 좋지 않으므로 거의 이용되지 않고 있다.

12.1 알칼리성 주석도금

(1) 일반적 성질

알칼리 도금액에 따른 주석도금 방법은 표 12-1에 나타냈으며 두 가지 종류의 도금액이 이용된다. 도금액 조성이 간단하고 도금액 및 도금 방법에 관한 원리를 이해하면 큰 문제나 고장 등은 일어나지 않고 균일한 은백색의 도금을 얻을 수 있다. 장점은 도금의 균일전착성이 대단히 우수하고 약전류밀도로부터 고전류밀도 범위까지 동일한 도금색으로, 도금 두께의 변화도 다른 액보다 적고 피복력도 양호하다. 따라서 도금 두께의 균일성이 요구되는 제품 및 복잡한 형상의 제품 등의 도금에 적당하다. 산성 도금액에서는 하지도금을 필요로 하는 철 및 철 계통의 소재에도 밀착성이 우수한 도금을 할 수 있다. 용액은 부식성이 없기 때문에 일반적인 설비도 무난하고 가격도 다른 주석 도금액에 비해서 저렴한 편이다.

이 도금액의 단점은 온도가 높아 보통 60℃ 정도이므로 증발에 따른 도금액 농도의 변화 및 도금액 중의 주석산이온의 가수분해에 의해 오랫동안 도금액을 사용하면 도금조 밑바닥에 메타 주석산의 침전이 생기는 단점이 있다. 바렐도금에서는 일반적으로 사용되는 내열성 재질의 바렐을 사용해야 한다. 도금 속도가 느린 것이 큰 단점이고 4가의 주석이온에 따라 도금이 되고 음극전류효율도 높지 않으므로 균일한 두께의 도금을 얻는 것은 산성 도금액에 비해서 거의 3배의 시간을 필요로 하므로 두꺼운 도금에는 부적당하다.

칼륨주석 도금액과 나트륨주석 도금액의 다른 점은 예전에는 나트륨주석 도금액이 주로 이용되었지만 도금액의 안전성, 조건, 도금 속도, 외관 등의 점에서 개량된 것이 대부분 칼륨주석 도금액이 사용되고 있다.

(2) 도금액의 건욕

도금액 조성이 간단하지만 주석산염의 가수분해에 따라 침전의 생성된다. 수용액 중에서 주석산 이온은 다음과 같이 화학반응 이루어지고 불용성의 메타주석산(H_2SnO_3) 등과 평형을 유지한다.

$$SnO_3^{2-} + 2H_2O \rightleftharpoons H_2SnO_3 + 2OH^- \quad \cdots\cdots (1)$$

건욕 및 도금액 관리 등에 주의할 점은 다음과 같다.

- 주석산염을 용해시킬 때 일시적으로 많은 양의 물을 사용하지 않는다.
- 용액 중의 알칼리 농도를 크게 해야 한다.

〈건욕순서〉

① 도금조에 약 2/3 정도의 물을 넣고 일정한 양의 알칼리 약품을 용해시킨다.

② 도금액을 50°~60°로 가온한다.

③ 주석산염을 조금씩 가하여 용해시킨다.

④ 충분한 교반을 하고 물을 가하여 규정량으로 한다.

⑤ 도금액을 분석하여 조절한다.

메타주석산은 불용성이며 한번 침전되면 거의 다시 용해되지 않으므로 도금액 중의 금속 주석이 낮아지는데 주의해야 한다. 주석산염에는 5～10%의 유리알칼리가 함유되어 있기 때문에 도금액을 만들 때에 알칼리 농도는 약간 많아지기 쉽지만 분석 결과는 5～10배 희석한 빙초산 및 10～50 ml/L의 과산화수소 혼합 용액으로서 조절한다. 중화시키기 위해서는 침전이 되는 것을 방지하기 위해서 도금액을 충분히 교반시키고 빙초산 용액을 소량씩 첨가한다. 도금설비는 걸이(rack)도금에서는 6～8 V, 바렐도금에서는 바렐의 구조 등에 따라 약간 다르지만 보통 10～15 V의 전원이 필요하다.

(3) 도금 방법

1) 도금 공정

도금 공정은 다음과 같다.

탈지 → 산세 → 중화 → 하지도금 → 주석도금 → 건조

알칼리도금액은 보통 사용되고 있는 소재에 직접 도금하지만 도금이 완성된 후 일정한 세월이 지남에 따라 변화되는 특성 변화를 고려하여 구리 또는 니켈 하지도금을 1～5μm 실시하는 것이 좋다.

2) 양극 조건

알칼리성 주석도금 방법은 양극을 일정한 조건으로 유지하여야만 도금이 최고로 좋고 도금 표면은 양극 상태에 따라 영향을 받는다. 양극은 고순도(99.9～99.99%) 주석을 사용하고 도금할 때의 양극은 전압-전류밀도의 변화에 따라 변화한다(그림 12-1 참조). 양극의 변화를 그림 12-1에 따라 간단히 설명하면 그림 중에서 전압이 높게 되면 A에 따라 전류가 흐르게 되고 B에 도달한 전압을 상승케 하여도 전류는 거의 상승하지 않고(임계

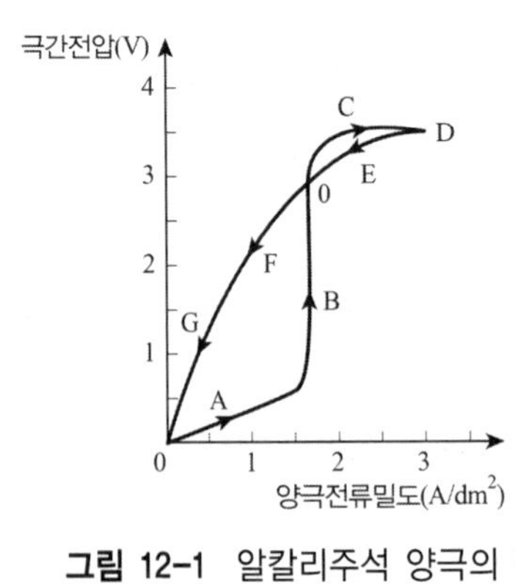

그림 12-1 알칼리주석 양극의 변화

표 12-3 양극상태와 도금

음극전류밀도	양극의색	산소발생	양극용해	도금상태	도금액
과소(G)	백색 또는 회백색	없다	제일주석(Sn^{2+})의 상태로 용해.	회색, 유백색 및 흑색과 같은 도금	Sn^{2+}가 많은 흑색이 된다.
적당(F)	황록색~황갈색	조금 발생	제이주석(Sn^{4+})의 상태로 용해.	균일은 백색	투명 백색
과대(E)	흑갈색~흑색	매우 발생	용해한다.	균일한 은백색	투명 백색

전류밀도) 양극으로부터 많은 산소 가스가 발생하고 피막이 생긴다. 양극에 피막이 생성된 후 전압을 내리면 DEFG에 인접한 전류가 흐르고 임계전류밀도 이하에서는 양극은 황록색을 나타내고 약간의 산소 가스를 발생하고 용해된다. 또 전압을 내리면 양극의 피막은 없어지고 산소의 발생도 없어진다.

알칼리 주석도금에서는 양극을 그림 중 F(표 12-3의 중간)로 관리하지 않으면 우수한 도금을 얻을 수 없고 도금 용액의 변화도 변화한다. 양극상태는 표면의 색에 따라 크게 변화하는데 판별이 쉽고 백색에서는 2가의 주석이온으로서 용해하고 도금은 해면상으로 되기 쉽다. 황록색 또는 황갈색에서는 4가 주석이온으로서 용해하고 흑색은 거의 용해하지 않고 용액 중의 금속 농도가 저하되고 변화가 심하게 되지만 도금 표면으로서는 일시적으로 좋다. 이 상태에서 장시간 도금하기 위해서는 음극전류밀도는 적어야 하지만 도금액 중의 알칼리 농도가 높게 되어 도금 표면은 나쁘게 된다.

그림 12-1의 양극 상태 및 전압-전류곡선, 임계전류밀도는 도금액 중의 유리알칼리 농도, 온도 등의 영향을 나타냈으며 알칼리 농도의 증가 및 온도가 높게 됨에 따라 임계전류밀도는 크게 되는데 이때 양극 피막의 색도 알맞게 유지되기 위해서는 전압 및 전류를 크게 해야 되고 2가 주석이온으로서 용해되면 도금이 나쁘게 되는 것에 주의해야 한다. 2가 주석이온으로서 용해된 것은 양극의 색에 따라 알 수 있기 때문에 이러한 때에는 적당한 양의 과산화수소를 첨가하면 4가 주석이온으로 산화되어 양극이 정상적으로 되어 도금된다.

3) 음극전류밀도와 전류효율, 온도, 유리알칼리 농도의 관계

그림 12-2, 12-3, 12-4에 음극전류효율과 전류밀도, 도금액 온도, 유리수산화칼륨 농도와의 관계를 나타낸 것이다. 그림 12-2에 의해 음극전류밀도를 크게 하면 급격히 전류효율은 저하되므로 온도를 높게 하는 쪽이 전류효율이 높다.

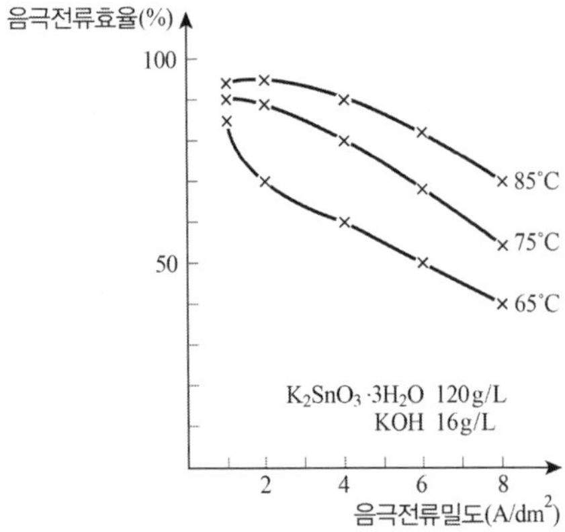

그림 12-2 음극전류효율과 전류밀도

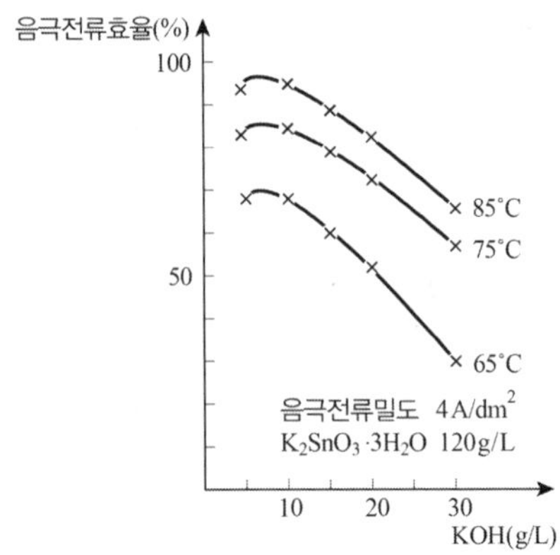

그림 12-3 음극전류밀도와 유리알칼리

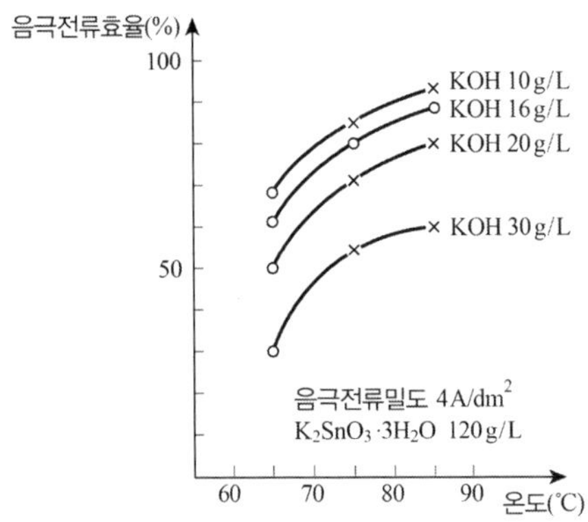

그림 12-4 음극전류효율과 온도

또 전류효율은 유리알칼리의 농도의 영향을 받으며 알칼리 농도를 높게 하면 급격히 감소된다. 이것은 앞에서 주석산이온의 반응식(1)에서 알 수 있듯이 반응이 좌변으로 되고 주석산 이온이 안정화되기 때문이다. 나트륨주석 도금액은 칼륨주석 도금액에 비하여 음극전류효율은 낮고 칼륨주석 도금액쪽이 작업능률이 우수하다. 유리알칼리는 주석산이온의 안정화 및 도금 표면에 영향을 미치므로 적절한 농도로 해야만 되고 보통 KOH 15 g/L 전후가 제일 좋다. KOH 10 g/L 이하에서는 고전류밀도 지역에서 불균일한 결정상 도금이 되기 쉽다. KOH의 농도를 많게 함에 따라 양극에 영향을 나타나므로 양극 피막을 형성하는 전압-전류의 조건도 조금씩 높게 하지 않으면 안된다.

온도는 그림 12-2, 12-3, 12-4에서와 같이 알칼리 도금액에서는 특히 중요하며 온도가 낮아지면 전류효율은 급격히 감소한다. 온도는 60～65℃가 대부분이고 온도가 높으면 높을수록 도금액의 증발에 따라 도금액 조성이 변화된다.

4) 도금액의 관리

도금액 중의 여러 성분 중 금속주석 농도, 유리알칼리 농도를 화학분석을 하여 관리하는 것이 좋고 보통 4가의 주석이온을 40~50 g/L, 유리 수산화칼륨을 10~20 g/L의 농도로 한다. 유리알칼리가 너무 많을 때는 음극전류효율이 급격히 낮아지고 과잉일 때는 과산화수소와 빙초산을 첨가한 후 충분히 교반하여 중화시킨다. 도금액 중에 2가 주석이온 농도가 높게 되면 도금액은 약간의 회흑색을 나타내고 도금도 해면상 및 흑색을 띤 도금이 되기 쉽다. 이러한 때에는 과산화수소를 첨가하면 2가 주석이온이 4가 주석이온으로 산화되어 도금 및 도금액은 정상으로 된다.

도금액의 침전은 도금액을 만들 때에는 거의 생기지 않으나 오랫동안 사용하게 됨에 따라 잘 여과되지 않는 메타주석산의 백색침전이 생긴다. 따라서 항상 여과해도 도금조 밑에 침전이 생기므로 정기적으로 침전을 제거해야 한다. 양극에서는 산소 가스가 발생함에 따라서 걸이 및 극판과의 접촉 부분이 침적되어 흑색으로 되면서 산화물 등이 부착되면 전기적인 접촉 불량 등이 나타난다. 전기접점이 나쁘면 2가 주석이온이 발생되어 과대한 양극 전류가 흘러 양극 부동태화가 일어난다. 양극은 양극주머니를 사용하기도 하지만 격막을 사용하는 쪽이 더 양호하다.

12.2 | 산성 주석도금

(1) 일반적 성질

산성 주석도금은 2가 주석 이온에 따라 도금을 하고 음극전류효율도 높기 때문에 도금 속도는 알칼리 주석도금에 비해서 약 3배 정도 빠르다. 알칼리 주석도금에서 얻을 수 없는 경면 광택 도금도 쉽게 될 수 있기 때문에 주석도금 거의 대부분은 산성 도금액인 황산 도금액이다. 이외 염화물 도금액, 페놀슬폰산 도금액, 알칼리 슬폰산 도금액 등이 개발되었으나 공업적 규모로 실용화되기에는 비용이 많이 들기 때문에 거의 이용되지 않는다. 산성 도금에서의 주석도금은 첨가제가 최고로 중요한 역할을 하고 첨가제를 함유하지 않은 도금에서의 도금은 흑색 또는 수지상으로 된다. 광택 황산도금액의 첨가제는 젤라틴, 베타나프탈, 크레졸슬폰산 및 기타 유기화합물들이 첨가된다.

광택 황산 주석도금은 표 12-2에서와 같이 광택제가 최고로 중요하고 성분은 방향족 유기 아민과 지방족할루테비트, 케트손 등을 산 또는 알칼리 촉매에 의해서 합성된 것이 많이 이용되며 이외 방향족 종류가 사용되기도 한다. 이들 광택제의 성분은 포르말린 또는 크레졸술폰산을 함께 사용하여야만 균일한 광택도금을 얻을 수 있으며 도금액 및 도금제품의 관리 등을 고려하여 알맞은 광택제를 선택하여야 한다.

(2) 도금 공정

산성 도금에서의 도금은 스스로 세정력이 부족하므로 탈지를 완전히 해야 한다. 철 계통의 부품에 직접 도금을 한 것은 완전한 밀착을 얻을 수 없기 때문에 하지 도금을 해야 한다. 강 또는 구리합금계 금속에 대해서는 나중에 설명하겠으나 용접성 및 경시변화를 고려하여 피클링(pickling) 및 구리 또는 니켈의 하지 도금을 1~5μm 실시한 후 주석도금을 해야 한다. 일반적 공정을 나타내면 다음과 같다.

- 철 또는 철계 소재: 탈지 $\xrightarrow{\text{수세}}$ 산세 $\xrightarrow{\text{수세}}$ 중화 $\xrightarrow{\text{수세}}$ 하지도금 → 주석도금 $\xrightarrow{\text{수세}}$ 탈수 → 건조
- 구리소재: 탈지 $\xrightarrow{\text{수세}}$ 피클링(pickling) $\xrightarrow{\text{수세}}$ 산세 $\xrightarrow{\text{수세}}$ 중화 $\xrightarrow{\text{수세}}$ 하지도금 $\xrightarrow{\text{수세}}$ 탈수 → 건조
- 구리합금 소재: 탈지 $\xrightarrow{\text{수세}}$ 피클링(pickling) $\xrightarrow{\text{수세}}$ 산세 $\xrightarrow{\text{수세}}$ 중화 $\xrightarrow{\text{수세}}$ 하지도금 $\xrightarrow{\text{수세}}$ 주석도금 $\xrightarrow{\text{수세}}$ 탈수 → 건조

(3) 도금액 조제

도금액 조제에서 주의할 것은 주성분이 황산제일주석염이 공기 중에서 산화되기 쉽고 산화되면 메타주석산으로 되어 백색침전이 생겨 금속이온 농도가 저하되는 일이 있는 것은 붕불화 주석도금에서와 같다. 도금액의 건욕방법은 다음과 같다.

① 도금조 용량의 2/3 정도에 물을 가한다.

② 규정량의 순수한 황산을 넣어 충분히 교반하고 온도가 30℃ 정도까지 되도록 한다.

③ 황산제일주석을 일부 소량 첨가하여 교반하면 용해시키고 또 다른 도금조에 물과 황산을 넣은 용액에 황산제일주석을 넣어 완전히 용해시킨 후 먼저의 도금액과 합친다.

④ 1~2일 동안 도금액을 그대로 놔두면 도금조 밑바닥에 침전이 생기므로 이 침전을 여과기로 제거한 용액을 도금액으로서 사용한다.

⑤ 첨가제 또는 광택제 등을 첨가하고 마지막으로 규정량의 물을 더 첨가시킨다. 시판 중의 황산제일주석은 90~95% 정도의 순도이고 이 중에는 산화된 제2주석염도 함유되었기 때문에 도금액이 용해된 후에도 약간의 침전이 생긴다. 또 황산제일주석을 용해시킬 때 매우 심한 교반을 하면 공기에 의해서 산화되어 침전이 생성되기

때문에 천천히 교반하면서 용해시킨다. 황산을 가하여 온도가 상승된 후에 용해시키면 주석 이온이 산화되어 침전되는 양이 많게 되므로 상온까지 도금액을 냉각시킨 후 용해한다.

황산제일주석을 용해하고 1~2일 방치한 후에도 완전히 투명한 도금액으로 되지 않고 콜로이드상 미립자로 되지만 도금에서는 거의 해가 없고 도금조의 밑바닥에 깔린 침전은 여과기에 의해서 제거한다. 냉각장치도 광택 도금액에서는 필요하지만 이외 다른 도금액에서는 거의 필요하지 않다. 도금액을 만든 후에는 반드시 1~2일 동안 약전해를 하면 도금이 더욱 양호해진다.

예제 산성주석 도금액 중의 공업용 황산 사용

산성주석 도금액을 건욕하는데 지금까지는 화학용 황산을 사용하였으나 비용이 많이 들어 공업용 황산을 사용하려고 한다. 별지장은 없는가?

풀이 공업용 황산의 품질에 관계되지만 보통 흑색을 나타내는 도금이 되지 않아야 한다. 시험적으로 1~2 L의 도금액을 만들어 헐셀시험을 하여 이상이 없는 것을 확인한 후 사용하는 것이 좋다.

12.3 무광택 황산 주석도금

(1) 도금액의 성질

표 12-2에 대표적인 크레졸슬폰산이 첨가된 주석도금의 조성을 나타냈다. 그림 12-5에서는 1~10 A/dm^{2}에서는 은백색 또는 반광택의 균일한 주석도금이 얻어지고 1 A/dm^2 이하에서는 도금이 회색을 나타나게 된다. 보통 작업에서는 음극에서 2~4 A/dm^{2}의 전류밀도를 사용하면 균일한 도금이 얻어진다. 도금액 성분의 농도와 도금 표면에 대해서는 도금액 중의 제일주석이온 농도가 저하되면 균일한 도금을 얻을 수 있는 전류밀도 범위는

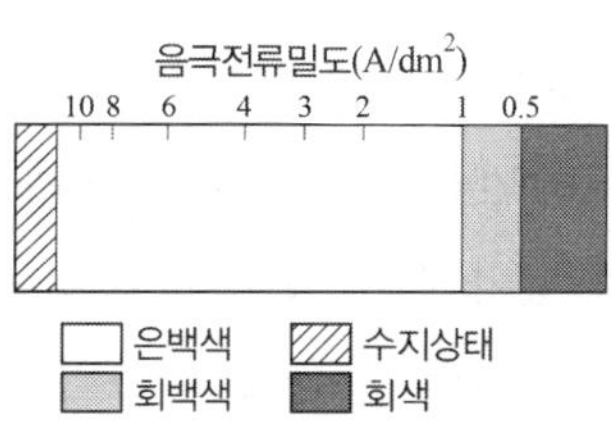

그림 12-5 크레졸슬폰산 도금액의 헐셀시험 결과(무교반)

점점 저전류밀도 구역으로 옮겨 가고 농도가 높게 되면 고전류밀도 구역으로 옮겨간다. 따라서 사용되는 전류밀도 조건에 따라 황산제일주석이온 농도를 결정하는 것이 좋지만 보통 40～100 g/L 정도의 농도 범위이고 표준액은 60 g/L로 한다. 도금액 중의 황산 농도는 60～150 g/L 정도로 하고 도금액 중의 주석이온 농도를 높게 함에 따라 황산 농도도 높게 하는 것이 좋다. 산성 주석 도금액에서의 도금은 수지상으로 되기 쉽기 때문에 첨가제를 함유하지 않은 도금액에서는 거의 도금이 불가능하지만 황산 도금액에 베타나프탈, 클레졸슬폰산 등의 방향족 유기화합물 및 젤라틴 등을 함께 사용하면 균일한 도금이 된다. 이들 첨가제 중 젤라틴은 도금을 균일하게 하는 보조작용이 있고 크레졸슬폰산은 결정을 미세화하게 하는 작용 및 베타나프탈은 사용 전류밀도 범위를 넓게 하며 피복력도 양호하게 하는 작용이 있다.

(2) 온도 및 교반

온도는 상온으로서 보통 20～30℃가 적당하다. 온도가 낮은 상태에서 균일한 도금을 얻을 수 있는 범위는 저전류밀도 범위이다. 온도가 너무 높으면 얼룩이가 발생하기 쉽고 도금액 중의 2가 주석이 산화되기 쉽기 때문에 30℃ 이하가 좋다. 특히 큰 전류를 사용함에 있어서 온도가 상승하지 않는 한 냉각 설비는 필요하지 않다. 황산 주석도금액에서 도금을 할 때는 음극에서 약간의 수소 가스가 발생됨에 따라 얼룩이가 생기므로 균일한 도금을 하기 위해서는 교반을 할 필요가 있으나 공기 교반은 제일주석이온을 산화시키고 침전을 발생시켜 도금액의 농도 변화가 심하기 때문에 절대적으로 사용해서는 안 된다. 펌프 또는 여과기에 의한 것도 도금액 순환이 그다지 좋지 않다. 따라서 상, 하 또는 좌우로 음극 이동을 2～5 m/min의 속도로 하는 것이 좋고 보통 좌우로 이동되는 방식이 이용된다.

이때 도금조 밑바닥의 침전을 제거하지 않으면 도금이 꺼칠꺼칠하게 되는 원인이 되므로 도금조를 약간 깊게 경사지게 만드는 방법도 좋다.

(3) 음극전류효율

음극전류효율은 온도, 교반, 주석 이온의 농도 등에 따라 영향을 받는다. 전류밀도와 관련해서 온도가 낮은 때에는 최대치가 2 A/dm^2 정도이고 다시 전류밀도를 높게 하면 음극전류효율이 급격히 감소한다. 교반을 하지 않을 때에는 때때로 음극전류효율이 2～10% 정도 낮아진다. 전류효율이 낮아지고 도금액 중의 주석이온 농도가 낮아짐에 따라 음극에서 수소 가스가 발생하기 쉽지만 황산의 농도와는 큰 관계가 없다. 따라서 도금 속도는 보통 2.3～2.5 A/dm^{2}으로 10분 정도면 10μm의 두께가 된다.

(4) 도금액의 관리

양극은 순도가 높은 주석을 사용하는 쪽이 좋으므로 99% 이상의 것을 사용해야 한다. 산성 도금액에서의 도금은 양극에서 흑색 슬라임(slime)이 생성되기 쉽고 양극전류밀도를 높게 하면 슬라임의 생성이 급격히 증가한다. 보통 전류밀도는 1 A/dm^2 이하가 좋다. 그러나 도금액 성분이 부식성이고 양극의 접촉 걸이가 접촉 불량이 되면 전류밀도가 증가하여 슬라임 생성이 많게 되기 쉽고 도금에 나쁜 영향을 미치기 때문에 양극주머니 또는 격막을 사용하는 것이 좋다. 황산 주석도금액에서는 항상 여과시키기 어려운 미세한 메타주석산의 백색침전이 생기지만 이것은 공기 중의 산소로 인하여 도금액 중의 2가 주석이온이 산화되어 4가의 불용성 메타주석산염으로 되기 때문이다. 이것을 다시 제거한다 해도 1~2일 후에는 새롭게 생성된다. 이 침전물은 입자가 매우 적어서 간단한 여과가 곤란하고 미세한 것은 도금액 중에 부유되지만 도금에는 그다지 지장을 주지 않는다.

도금조 밑바닥에 침전된 입자가 큰 것은 도금에 지장을 주므로 도금조의 깊이를 보통보다 약간 깊게 경사지게 만들고 정기적으로 여과하는 것이 좋다. 도금액 중의 미립자를 제거하고 싶을 때는 미리 해가 없는 것을 확인한 다음 고분자 음이온계 응집제 50~100 ppm을 첨가하고 교반을 한 후 장시간 놔두면 상등액은 거의 투명한 도금액으로 된다. 이 상등액을 떠서 사용하면 된다. 온도는 20℃ 이하에서는 음극전류밀도가 낮아야 되며 겨울에는 약간 가온시켜 20~30℃로 하는 것이 좋다. 30℃ 이상에서는 주석 이외의 산화가 촉진되어 침전의 생성량이 많게 되기 때문에 도금의 얼룩이가 발생되고 피복력도 저하하기 때문에 냉각이 필요하다. 반면 여름에도 많은 전류를 사용하지 않는 한 온도는 30℃ 이하로 하고 특히 냉각 설비를 별도로 할 필요는 없다.

도금액 중의 주성분은 화학분석에 따라 ±10% 정도의 범위로 관리하고 첨가제는 헐셀시험에 따라 관리하여 유기물 등이 들어갔을 때에는 활성탄처리를 한다. 도금 공정과 소재에 따라 혼입된 불순물은 도금 피막 및 상태에 큰 영향이 나타나기 쉬우므로 충분한 주의가 필요하고 금속 불순물은 Cu, Fe, Zn, Ni, Al 및 비금속 이온은 염소, 질산 이온 등이 있다. 철은 0.5 g/L 이하는 도금에 별 지장이 없으나 많이 들어가면 고전류부분에 흑색 얼룩이 또는 수지상 도금이 되기 쉽다. 철은 일시적으로 다량 혼입 되지 않는 한 도금에는 큰 지장이 없으며(보통 20 ppm 이하로 유지한다.) 50 ppm 이상이 되면 도금 상태가 나쁘게 되므로 0.1~0.2 A/dm^{2}의 음극전류밀도로 약전해하면 된다(작업이 끝난 후 매일 하면 더욱 좋다). 니켈은 1~2 g/L 정도는 별로 해로운 일이 없고 0.5 g/L 이하는 도금에 전혀 지장을 주지 않는다. 아연은 1 g/L 정도만 첨가되어도 도금에 지장을 준다. 금속이온 중 Cu, Ag, Au 등은 제거가 곤란하므로 일상작업 관리에 주의를 해야 한다. 음이온은 전처리의 수세가 불완전할 때 혼입되지만 염소 이온은 0.5 g/L 이상 함유되면 피복력 및 광택이 저하하거나 얼룩이가 생긴다. 질산 이온은 0.5 g/L 이상 되면 도금의 얼룩이가 발생된다. 음이온의 제거는 대단히 곤란하므로 작업을 할 때 항상 주의를 해야 한다. 유기물, 유분(油分), 첨가제의 분해물 등의 제거에는 활성탄 처리로서 가능하지만 비이온계 계면활성제의 제거는 곤란하므로 주의하여 사용하여야 한다.

12.4 광택 황산 주석도금

(1) 도금액의 성질

광택 주석 도금액은 표 12-2에 나타난 바와 같이 분산제, 광택제, 포르말린 등의 첨가제를 사용하여 광택 도금을 한다. 광택에 필요한 성분 가운데 포르말린을 이용하지 않는 도금액도 있으나 사용되는 경우가 대부분이다. 포르말린은 냄새가 대단히 나쁘기 때문에 이것을 이용하는 도금액은 배기 설비를 반드시 해야 한다. 도금액은 다량의 비이온계 분산제를 함유하기 때문에 스스로의 세정성이 약간 있고 전처리가 약간 불완전한 도금 표면에도 좋을 때가 많다. 분산제는 광택제를 안정시키기 위해서 적당한 량을 첨가한다. 도금은 무광택 도금액에서와 같이 침전이 생기기 쉽고 여과 상태도 무광택 도금액보다 더욱 나쁘기 때문에 응집제의 사용도 곤란하므로 도금조를 깊고 경사지게 하는 것이 좋다. 도금액 조성이 복잡하므로 광택제의 첨가가 알맞지 않으면 핏트, 균열, 밀착불량 등이 일어나기 쉽다. 그러므로 작업하기 전에 헐셀시험에 의해서 이상 유무를 확인 하는 것이 좋다.

(2) 성분 농도의 영향

고농도 도금액에서는 균일한 광택을 얻을 수 있는 전류밀도 구역은 높은 쪽으로, 저농도 도금액에서는 낮은 쪽으로 옮겨진다. 고농도 도금액에서는 고전류밀도로서 도금할 수 있어 고속도 도금에 이용되며 저농도 도금액에서는 바렐도금을 하는 것이 좋다. 제일주석 이온의 농도가 낮을 때는 고전류밀도에서의 음극전류효율은 낮아지고 도금의 응력이 증가하여 핏트, 부풀음이 생기기 쉬우므로 제일주석이온 농도는 20 g/L 이상이어야 한다. 황산은 제일주석이온의 안정화에 필요하지만 50 g/L 이상 150 g/L 정도까지는 광택의 변화가 별로 없다. 그러므로 보통 100 g/L가 좋다. 분산제는 많이 첨가하여도 별로 광택에는 영향을 주지 못하므로 처음부터 과잉 첨가하여 사용해도 별로 지장이 없다.

광택제의 과잉 첨가는 다른 도금액에서와 같이 핏트, 균열이 생기기 쉽다. 응력이 크게 되면 밀착성이 나쁘고 얼룩이가 생기기 쉬우므로 알맞게 첨가해야 한다. 광택제의 첨가량도 도금액 중의 제일주석이온 농도에 영향을 미치며 저농도 도금액에서는 광택제 첨가량을 적게 해야 한다. 포르말린은 보조 광택제로서 작용을 하며 비교적 분해되기 쉬우면서 자연히 소모된다. 보통 35% 포르말린은 2~3 g/L 첨가하지만 ±50% 정도의 범위에서 관리해야만 하고 과잉으로 첨가했을 때는 고전류밀도 범위에서 핏트, 부풀음이 생기기 쉽고 저전류밀도에서는 회색 도금 또는 밀착 불량, 피복력의 저하 등을 일으키고 부족하면 광택범위가 좁아진다.

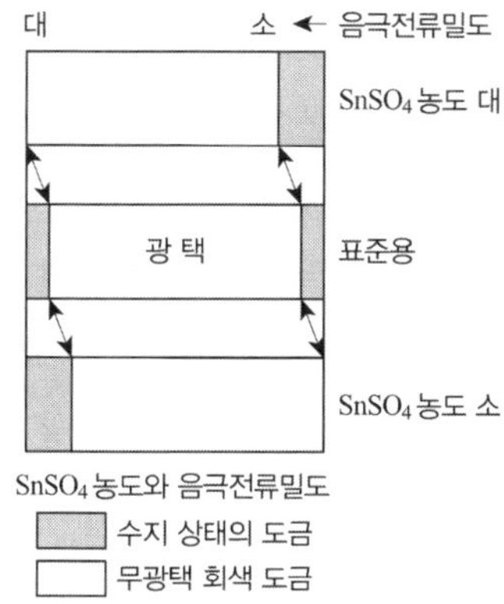

그림 12-6 황산제일주석 농도와 음극전류밀도

포르말린의 첨가량도 광택제와 같이 도금액 중의 황산제일주석 농도에 영향을 미치므로 농도 관리를 잘 해야 한다. 포르말린은 매우 냄새가 심하게 발생하고 최루성도 있으므로 배기가스 설비를 반드시 해야 한다.

(3) 도금 조건의 영향

광택 범위는 보통 0.2~10 A/dm^{2}의 전류밀도에 의해서 균일한 광택 도금을 얻기 쉽지만 광택제 및 도금액 조성 등에 따라 크게 변화하는 것도 있으므로 광택제의 선택에는 충분한 주의가 필요하다. 보통 1~4 A/dm^{2}의 전류밀도로 도금하는 것이 우수한 피막을 얻을 수 있으나 특히 1 A/dm^2 이하의 약전류밀도 범위에서는 광택이 부족하거나 회갈색 도금으로 되는 것이 많고 복잡한 형상의 물품 표면에는 균일한 광택 도금이 되기 어렵다. 광택상태는 일반적으로 고전류밀도 부분이 우수하지만 핏트, 부풀음이 발생하기 쉽다. 음극전류효율은 85~98%로 무광택도금에서와 같은 경향을 나타낸다. 온도가 높으면 음극전류효율은 높아지고 광택제가 많이 첨가되면 전류효율은 낮아지고 황산제일주석

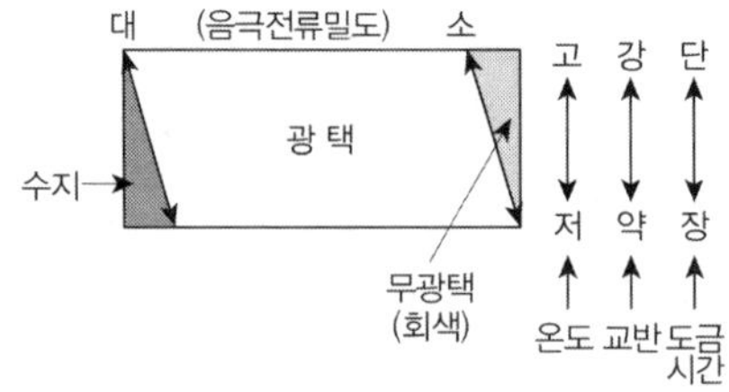

그림 12-7 광택범위의 변화 온도, 교반, 도금 시간의 영향

농도가 높아지면 음극전류효율도 높아진다. 또 교반을 해도 음극전류효율이 높아진다. 온도는 광택 상태 및 광택 범위에 대단히 큰 영향을 준다. 그림 12-7에 나타난 것에 의하면 온도가 높으면 저전류밀도 범위에서 무광택 또는 광택 범위가 넓어져서 고전류밀도 범위까지 광택을 나타내고 약간 시꺼멓게 되는 상태는 점점 없어진다. 온도가 25℃ 이상 되면 광택도가 낮아지고 도금이 갈색 얼룩 또는 약간 시커멓게 타는 현상이 나타나기 쉽다. 온도가 낮아지면 저전류밀도 부분은 광택이 증가하지만 저전류밀도 부분에서는 시커멓게 되는 현상이 나타나므로 높은 전류밀도로 작업하면 안 된다. 일반적인 온도 범위는 15~25℃이지만 18~20℃가 제일 좋고 때로는 냉각 설비가 필요하다. 적당한 온도인 경우에도 황산제일주석의 농도에 영향을 주므로 고농도일 때는 저온으로, 저농도일 때는 고온으로 작업하는 것이 좋다.

교반은 광택 주석 도금액일 때 반드시 필요하지만 음극이동 또는 도금액 순환방법으로 해야 하고 공기 교반은 절대로 하여서는 안 된다. 교반을 하지 않을 때는 음극에서 발생되는 수소가스에 의해서 얼룩 자국이 생기므로 2~6 m/min의 속도가 좋다. 교반의 강도에 따라 그림 12-7에 나타난 바와 같이 광택범위가 이동되어 전류밀도 범위까지 광택이 저하하므로 주의해야 한다. 그림 12-7에 나타난 바와 같이 도금 시간이 흐르면 광택범위는 고전류밀도 부분에서 저전류밀도 부분으로 옮겨지고 저전류밀도 부분에서의 도금 시간이 너무 짧으면 광택 도금을 얻기 어렵게 된다.

(4) 도금액의 관리

무광택 도금액일 때와 같은 관리를 하는 것이 좋지만 광택 도금일 때는 광택에 문제가 생기는 경우가 있다. 황산 및 황산제일주석 및 크레졸슬폰산은 화학 분석에 의하여 관리해야 한다. 황산제일주석의 농도는 제일 중요하며 광택범위에 영향을 미치므로 표준 농도의 ±10%의 농도 범위로 해야 한다. 도금액은 무광택 도금액일 때와 같이 자연분해가 됨에 따라 주석 및 광택제 등의 침전이 생기게 되지만 침전 입자가 작은 것은 도금액 중에 부유한다. 이것들의 미립자는 도금에 해를 나타내지는 않으나 입자의 크기가 5μm 이상일 경우 무광택 도금액에서보다 도금 표면이 꺼칠꺼칠해지기 쉽다.

도금액에 혼입되는 불순물은 무광택 도금액에서와 같이 나쁜 영향을 나타내지만 광택 도금에서는 더욱 나쁜 영향을 나타낸다. 철은 무광택 도금에서와 같이 보통 5～10 ppm 이하 이어야 하고 제거방법은 약전해로서 가능하지만 금속이온 및 음이온의 제거 방법은 아직 좋은 방법이 없다. Fe, Ni, Zn 등은 0.5 g/L 정도의 생성물 등은 나쁜 영향을 나타내지만 활성탄을 1～5 g/L 정도 첨가하여 흡착 제거시킨다. 그러나 광택제의 대부분은 흡착 제거되므로 활성탄 처리를 한 후에는 헐셀시험에 의해서 다시 광택제의 첨가량을 결정해야 한다.

예제 광택 주석도금을 박리

광택 주석도금을 구리합금 도금 위에 도금하였으나 다른 도금에 영향을 주지 않고 광택 주석도금을 벗기는 방법은 없는가?

풀이 60 g/L의 수산화나트륨 용액을 약간 따뜻하게 하고 약 3 V로 양극전해하는 방법이 좋다.

(5) 바렐도금과 걸이도금

광택 주석도금을 할 때 제품을 걸이(rack)도금에 의해서 하면 균일한 광택 도금을 얻을 수 있으나 바렐도금에서는 걸이도금에 의한 것과 같은 양호한 광택을 얻을 수 없다. 그 이유는 표 12-4에 나타냈다. 표 12-4 중에서 a, b, c는 전류밀도의 분포 등에 관계되고 걸이 방식에서는 비교적 큰 전류밀도로 도금하여도 광택이 우수하고 균일한 도금이 되기 쉽지만 바렐 방식에서는 평균전류밀도에 따라 도금되므로 바렐의 내부에서는 전류밀도가 강하기도 하고 약하기도 하게 된다.

따라서 바렐 방식에 의해서 균일한 도금을 할 때는 전류밀도와 광택범위는 사용되고 있는 전류밀도의 약 1/10～5배 정도가 된다. 예를 들면 바렐 방식에서 평균전류밀도를

표 12-4 바렐도금과 걸이도금의 비교

종목	걸이방식	바렐방식
a. 전류밀도	크다.	크다 ↔ 작다
b. 전류밀도의 변화	변화 없음	많이 변함
c. 전류분포	좋다.	나쁘다.
d. 전류가 끊어짐	거의 없다.	있다.
e. 도금액 유동성	좋다.	나쁘다.
f. 물품의 교반	좋다.	나쁘다.
g. 도금액 상승	적다.	크다.

2 A/dm^{2}으로 도금할 때 0.2~10 A/dm^{2}으로 도금을 하지 않으면 균일한 광택도금이 얻어지기 곤란하다. e, f와 같이 도금액의 유동성 및 교반은 걸이 방식일 때에 비해서 나쁘고 광택제의 농도가 저하하면 균일한 광택을 얻을 수 없다. 바렐 내부의 물품이 균일하게 교반되거나 도금액의 유동성을 고려하여 바렐 구조를 물품의 형태에 따라 알맞게 설계하여야 한다.

바렐 도금할 때 보통 단위 면적당에 따른 전류밀도는 걸이 방식보다는 높고 바렐 구조상 저항도 크기 때문에 온도가 상승함에 따라 도금 표면이 나쁘게 되기 쉬우므로 반드시 냉각 설비를 사용하여 온도를 관리해야 한다. 바렐 도금의 온도는 15~18℃ 정도로 하는 쪽이 좋은 결과를 얻을 수 있다.

CHAPTER

13 금 및 금합금 도금

일반적으로 순금은 연하기 때문에 실용적으로 사용하기에는 여러 가지 문제가 있다. 그래서 전자부품에 사용되는 경우를 제외한 대부분의 용도에서는 금합금 도금을 하게 된다. 금의 순도를 표시하기 위해서는 순도를 100으로 나타낸 금의 표준단위가 있다. 예부터 사용되고 있는 캐럿(金位 또는 金性)은 보석의 계량단위로 200 mg을 1캐럿으로 표시하고 순금 24캐럿을 나타내려면 K24로 표시한다.

18금은 18/24의 순금을 포함한 것으로 이것을 표준 단위로 계산하면 18/24×1,000=750으로서 순도 750이다. 금의 금성(金性)은 캐럿의 약자인 K 또는 Kt로 표시하지만 보석의 무게를 표시할 때의 캐럿은 Ct로 표시한다.

순금은 24캐럿으로 K24로 나타내며 18금은 18캐럿으로 K18로 표시한다. 금성(金性)의 품위에 따른 환산법은 100g의 K24를 K18로 환산하면 $100\ \text{g} \times \frac{18}{24} = 75\ \text{gr}$이 되며, 또 100g의 K24를 K14로 환산하면 $100\ \text{g} \times \frac{14}{24} = 58.5\ \text{gr}$이 된다. 금 품위의 호칭과 금 함유율은 표 13-1과 같다. 금합금 도금액은 산성 금도금, 중성 금도금, 알칼리성 금도금의 3가지로 구별되고 있다.

표 13-1 금 품위의 호칭과 금 함유율(JIS H615)

캐럿(karat)	금 함유율(%)
14K	54.2~62.5
16K	62.6~70.8
18K	70.9~79.2
20K	79.3~87.5
22K	87.6~95.9
24K	95.9 이상

표 13-2 금합금 도금액의 종류

구분 \ 종류	산성 금도금액	중성 금도금액	알칼리성 금도금액
pH	3～6	6～8.5	8.5～13
도금액의 기본염	유기산+기타염	EDTA	CN^-, CO_3^{2-}, 일부 PO_4^{3-}
대표적 도금액 조성 및 작업조건	구연산칼륨 90 g/L 시안화금칼륨 0.5～5 g/L 구연산 110 g/L 슬파민산니켈 1～2 g/L 빙초산아연 0.2～0.5 g/L pH 4.5～5.0 D_k 1.0～2.0 A/dm^2 온도 55～60℃	시안화금칼륨 1～10 g/L EDTA-Cu-Na 2.5 g/L EDTA-Zn-Na 2.0 g/L EDTA-Ni-Na 2.0 g/L EDTA-2Na 5.0 g/L pH 8.0 D_k 2～2.5 A/dm^2 온도 20～30℃	시안화금칼륨 2～7 g/L 시안화나트륨 3.0 g/L $K_2Sn(OH)_6$ 4.0 g/L 유리KCN 80 g/L *n*-methylgly cinelauric 칼륨염 20 g/L D_k 2 A/dm2 온도 20～30℃
전류효율	30～60%	90～98%	100%
광택제	Co, Ni, In 아민제	-	금속(Ag, Co, Ni)
경도(Hv)	160～250	90～450	80～130
석출상태	층상조직	Au-Cu 합금도금일 때 금속간 화합물	주상조직
유공도	적다	약간 적다	많다
피복성	약간 나쁘다	좋다	대단히 좋다

13.1 스트라이크 금도금

스트라이크 금도금은 금도금을 하기 직전 1분 이내에 높은 전류밀도로 얇게 금도금을 하는 것을 말한다.

표 13-3 스트라이크 금도금액

성분(g/L) \ 구분	I. 도금액	II. 도금액
시안화금칼륨	0.5～1.5	0.5～1.0
구연산	100	110
구연산칼륨		90
황산코발트	3	
황산인듐		1
pH	4～4.5	4～4.5
양극	Pt판	Pt판
온도(℃)	55～60	55～60
여과	연속	연속
교반	유	유

① 구연산염: 전도염의 역할, 전기전도도 향상
② 황산코발트(슬파민산니켈): 경도는 약간 증가하나 많이 첨가되면 검어지고 니켈인 경우 백색화한다.
③ 황산인듐: 경도는 낮아지고 도금 색상은 노랗게 된다.

예제 **후래쉬(Flash) 금도금의 두께**

후래쉬 금도금은 얇지만 어느 정도의 두께가 규격화 되어 있는가?

|풀이| 미국의 ASTM-B488-68에 따른 규정은 다음과 같다.

기호	두께(μm)	기호	두께(μm)
F	후래쉬	100	2.5
10	0.25	200	5.1
20	0.51	500	12.7
30	0.76	1000	25.4
50	1.3	A.S	25.4 이상

이 표에서 후래쉬란 0.25μm 미만의 금도금층을 말한다. 그러나 실제로는 0.1~0.15μm 정도의 금도금층이 실용화되고 있다.

예제 **금도금액의 분류**

금도금은 어떤 형태로 구별되고 있으며 그 주요 용도에 대해서 간단히 설명하시오.

|풀이| 다음 표는 여러 가지 금도금액의 특징을 나타냈으며 전자부품의 일부를 제외하고는 명확한 구분이 있는 것은 아니다.

도금액의 분류	pH	목적	용도
알칼리성 금도금액	8.5~13.0	장식용 공업용	장신구 전자부품
중성 금도금액	6.0~8.5	장식용 고업용	장신구, 시계부품 IC 전자회로판
산성 금도금액	3.0~6.0	합금용 순금 스트라이크용	프린트기판 IC전자회로판 전자부품
노시안 금도금액	6.0~11.0	합금용 순금용	시계부품, 프린트기판 프린트기판

스트라이크 금도금을 하는 이유는 다음과 같다.

① 금도금을 하기 직전에 밀착력을 향상시키기 위해서

② 금도금액의 불순물의 혼입 방지 및 평활성 향상

③ 금도금액에서 소모되는 금의 전착 함유량을 절감시키기 위해서 한다.

예제 금도금의 규격

금도금의 규격으로서 2N-18로 두께 3μm와 같은 요구를 받았다. 이것은 어떤 규격인가?

풀이 유럽 주로 독일, 프랑스에서 사용되는 규격으로서 시계 부품의 도금에 이용된다. 또한 외관의 색깔이나 석출 합금 비율도 명확히 되어 있다.

기호	색깔	금품위 (K)	각 금속의 석출 비율(1,000으로서)				
			금	은	구리	니켈	아연
1N-14	담황색	14	585	265	150	-	-
2N-18	담황색	18	750	160	90	-	-
3N	황색	18	750	125	125		
4N	핑크색	18	750	90	160		
0N	황녹색	14	585	340	75		
8N	백색	14	590	-	220	120	70

* 1N-14: pale Yellow, 2N-18: pale Yellow, ON: Yellow Green

13.2 알칼리성 금도금

알칼리성 금도금일 경우에는 시안이 주로 첨가된 도금액이 대부분이며 2원계 합금에서 4원계 합금까지 실용적으로 이용되고 있다.

2원계 합금: Au-Cu, Au-Ag.

3원계 합금: Au-Cu-Cd, Au-Cu-Ag.

4원계 합금: Au-Cu-Cd-Ag.

알칼리시안 금도금액의 장점

① 양호한 도금으로서 균일한 전착성을 얻을 수 있다.

② 도금액 조성이 단순하고 도금액 관리가 쉽다.

③ 불순물에 비해서 민감하지 않고 낮은 캐럿의 금석출물을 얻을 수 있다.

④ 도금액의 수명이 산성 금도금이나 중성 금도금에 비해서 길다.

표 13-4 알칼리성 금도금액

성분(g/L)	green gold	청색금	적색금
시안화금칼륨	4	4	4
시안화은칼륨	1.9~2.2	-	-
시안화칼륨	2~7	4	3~7
황혈염	-	30	30
시안화구리	-	-	1.5
시안화니켈칼륨	-	1.8	2.0
온도(℃)	50~70	60~70	60~70
전류밀도(A/dm^2)	1~2	2~4	2~4

순도: 각종 금속과 합금이 가능하고 금의 공석률은 보통 50% 이상이다.

경도: 70~350누프(공석되는 금속에 따라 다르다)

석출효율: 90% 이상

표 13-5 알칼리성 금도금액

종류 / 성분(g/L)	24K	저시안	해밀톤			백색 (1)	백색 (2)	그린	핑크	장미색
			황색	핑크	그린					
시안화금칼륨	1.2~2	1.2~2	1.2~2	1.2~2	1.2~2	0.41	0.325	2	0.82	6
유리시안화칼륨	7.5	7.5	7.5	2.0	2.0	15	15	7.5	4	4
인산수소칼륨	15	15	15	15	15	15	15	15	15	-
수산화나트륨	-	-	-	-	-	-	-	-	-	15
탄산나트륨	-	-	-	-	-	-	-	-	-	30
시안화니켈칼륨	-	0.026~1.32	0.26	0.26	0.26	1.06	-	-	0.211	-
시안화구리	-	-	0.132	0.06	-	-	-	-	2.642	-
시안화은칼륨	-	-	-	-	0.05	-	-	0.26	-	-
주석산칼륨		-	-	-	-	-	2.11	-	-	-
온도(℃)	60~40	60~70	65~70	60~70	60~70	65~70	65~70	55~70	65~70	65~80
전류밀도(A/dm^2)	1-4	1-4	1-3.5	2-5	1-4	3-6	3-5	1-3	3-4	2-5

표 13-6 여러 가지 알칼리성 금합금 도금액

성분(g/L) \ 합금	금-구리	금-은	금-은-안티몬	순금
시안화금칼륨	6~6.5	15~20	10.8	1~12
DTPA-Cu 3나트륨	16~18			
인산이수소칼륨	60			
시안화칼륨	8~12	50~100	20	30
시안화은칼륨		5~10	4.4	
시안화니켈칼륨				
주석산안티몬칼륨			7.5	
롯셀염			70	
탄산칼륨		30		
인산이수소칼륨				
pH	7.5~9.0	11~13		9 이상
온도(℃)	65	25~30	20~25	50~70
전류밀도(A/dm^2)	0.6~1.0	0.5~1.0	0.2~0.6	0.1~0.5
금의 공석률	60~80%	약 70%	50~70%	
교반	액순환과 음극교반			

* 전류밀도에 따라 금의 공석률에 차이가 있다.

표 13-7 여러 가지 금 색상에 따른 도금액

성분(g/L) \ 색상	표준(14K)	그린	핑크	장미
시안화금칼륨	3.7	4.2	3.8	8
시안화은		0.2		
시안화구리	0.25		1.5~3.0	
시안화니켈칼륨	1.5			
황혈염			30	
시안화칼륨	15	15	7.5	8
인산2수소칼륨	15	15	15	15
온도(℃)	50~60	50~60	60~70	55~60
전압(V)	2~3	2~3	2~4	1.5~2
전류밀도(A/dm^2)	0.1	0.1~0.2	2.2~4.4	0.1
pH	10~12	10~11	10~12	9~11
교반	음극교반			

13.3 | 중성 금도금

반도체 기기에 관련된 여러 가지 부품에 사용되고 연한 금색(soft gold)이 대부분이다.

순도: 99.9% 이상

경도: 70～100(누프)

석출효율: 90% 이상

표 13-8 중성 금도금액

성분(g/L) \ 종류	랙크 및 바렐용	고속도용
시안화금칼륨	8～12	9～25
인산2수소칼륨	15	
인산수소2칼륨	34	110
구연산		20
첨가제	적당	적당
pH	5.5～7.5	5.5～7.5
온도(℃)	60～75	60～75
전류밀도(A/dm^2)	～0.8	0.5～5

* 첨가제: Ti, Tl, Se, Te, Al, Pb 및 질소화합물

13.4 | 산성 금도금

접점 부품 및 IC 및 회로기판에 이용된다. 금도금 중 가장 경도가 높은 편이다.

순도: 99.6～99.9%

경도: 110～350누프

석출효율: 10～70%

표 13-9 산성 금도금액

성분(g/L) \ 종류	랙크 및 바렐용		고속도용
시안화금칼륨	8~12	12	9~16
인산2수소칼륨	96		
구연산	24		80
EDTA-Co-칼륨	1~3	3	
구연산칼륨		125	
주석산칼륨		1	
인산수소2칼륨	80		15
탄산코발트			0.1~3
pH	3.5~5.0	3.0~4.5	3.5~4.5
온도(℃)	20~50	13~35	40~70
전류밀도(A/dm^2)	~1.5	0.5~1.0	2~10

(1) 산성 금도금액

일반적인 금도금액으로 비교적 많이 이용되고 있다. 이 도금액은 약유기산에 시안화칼륨을 첨가하였으며 가용성의 금속염이 함유되어 구연산+구연산나트륨 합계로서는 80~100 g/L, 시안화금칼륨 8~10 g/L, 슬파민산니켈 3 g/L 전후, 빙초산아연 0.5 g/L, pH 4.5, 온도 20℃이다. 음극전류밀도는 1 A/dm^{2}의 조건으로 석출물은 23캐럿의 금색상으로 광택 있는 황녹색의 피막으로 20~50μm의 도금이 가능하다. 산성 금도금액의 특징은 전착물의 일부를 제외하고는 유기화합물과 혼합되어 광택효과가 나타나는 것으로 예를 들면 Co, Ni, In, Sb 등의 금속이 미량으로 공석됨에 따라 광택작용이 생긴다. Co를 공존시켰을 때 금-코발트가 공석된 실제의 석출전위는 $Au+2CN=Au(CN)_2+e^-$, Eo-0.60 V, CO^{2+}, Eo-0.56 V와 같이 접근되기 때문에 광택화작용이 있다는 것이다.

구연산은 전도염 및 완충제로서의 작용이 있으나 여기에 대해 구연산나트륨, 구연산칼륨, 구연산암모늄 또는 인산수소2칼륨, 인산2수소암모늄, 피로인산나트륨 등을 여러 가지로 사용하여 헐셀시험에 의해 금의 석출상태를 비교하면 어느 것을 첨가하여도 양호한 결과가 얻어지지만 인산수소2칼륨, 구연산나트륨, 구연산칼륨에 비해서 피로인산나트륨, 인산수소2암모늄 및 구연산암모늄은 광택범위가 좁고 효과도 적다. 그러므로 서로 혼합시켜 사용하면 그 효과는 더욱 증가한다. 예를 들어 인산2수소칼륨과 구연산나트륨을 혼합한 도금액이 최고로 광택범위가 넓고 전류효율이 높다.

(2) 금합금 도금액

금-코발트 합금도금액은 여러 가지 형태의 종류가 있으며 코발트가 적당하게 첨가됨으로써 금 석출물에 광택이 나타나고 경도도 높아 장식 및 공업적 용도로 이용되고 있다.

표 13-10 금-코발트합금 도금액

시안화금칼륨	2~8(g/L)
구연산	50~80
구연산염	50~80
코발트염	1.0~10
pH	3.5~4.5
보메(Bé)	8~10
온도	30℃
전류밀도	0.5~1.0 A/dm^2
양극	티탄-백금판

표 13-11 금-코발트합금 도금액

금도금액	A	B	C	D	E
금	8.0	8.0	8.0	8.0	8.0
코발트	0.95	-	-	KCN 7.5 g/L	50 ppm
음극효율	≒40%	≒40%	≒80~100%	100%	≒50~65%
경도(Hv)	140~180	-	100~120	-	-
도금액 형태	구연산·아연	-	구연산·아연	인산	인산
온도	35℃	-	60℃	60℃	35℃
교반	음극진동	-	음극진동	음극진동	음극진동
pH	4.0	-	5.5	10~10.5	4.0

표 13-12 금합금 도금액

No.	금합금 도금액	조성	조건
①	Au-Co	Au 5 g/L Co 1.0 g/L 구연산 및 염 100 g/L pH 3.8	보메 10 온도 32℃ D_k 1 A/dm^2 양극: Ti-Pt판
②	Au-Ni	Au 5 g/L Ni 20 g/L 구연산 및 염 180 g/L pH 4.0	보메 17 온도 45℃ D_k: 2 A/dm^2 양극: Ti-Pt판
③	Au-Cu-Cd	Au 2.5 g/L Cu 15.5 g/L Cd 0.1 g/L KCN 5.5 g/L	온도 60℃ D_k: 0.8 A/dm^2 양극: Ti-Pt판

D. R. Mason은 다음과 같이 설명하였다.

㉠ 전류밀도를 변화시켜도 금 석출물 중의 불순물의 양은 변화하지 않는다.
㉡ 음극전류효율이 저하되면 금 석출물의 순도가 낮아진다.
㉢ 활성탄처리는 금 석출물의 순도에는 영향을 주지 않는다.
㉣ 도금액 중의 코발트 농도를 증가시키면 금 석출물의 순도는 낮아진다.
㉤ 음극진동은 석출물 순도에 거의 영향을 미치지 않는다.

(3) 순금 도금액

집적회로 부품을 예를 들어 설명하면 조립 가공 공정에 필수적인 것이 금도금이다. 일반적으로 금도금 두께는 1.5~2.5μm 정도로 소재상에 직접 금도금을 할 때가 많고 이 종류의 부품은 조립가공 공정에서 가열되기 때문에(>370℃~), 균열, 박리, 변색, 얼룩, 핀홀 등이 생겨서는 안 된다. 대부분의 소재는 Kovar재, 42합금 등의 철합금으로써 일부 구리합금이 사용된다.

표 13-13 순금 도금액의 예

도금의 형태	조성
구연산암모늄 도금액	시안화금칼륨 7~18 g/L 구연산암모늄 15~70 g/L 황산암모늄 50~70 g/L pH조정제 NH_4OH 또는 구연산 보메 9~11 온도 60℃ pH 5~6.5, 양극: Ti-P판
구연산칼륨 유기인산염 도금액	시안화금칼륨 10~20 g/L 구연산칼륨 60~125 g/L 인산에틸 30~60 g/L pH조정제 KOH 또는 구연산 보메 13~16 온도 60℃ pH 6~8, 양극: Ti-Pt판

(4) 도금 공정

소재가 특수하고 도금을 한 후의 밀착성 등이 중요하므로 참고로 Kovar재 상의 금도금 공정을 설명하면 다음과 같다.

초음파탈지 $\xrightarrow{\text{수세}}$ 전해탈지 $\xrightarrow{\text{수세}}$ 5~10% 염산 $\xrightarrow{\text{수세}}$ 시안으로 활성화 처리 $\xrightarrow{\text{수세}}$ 20%염산 $\xrightarrow{\text{수세}}$ 금 스트라이크 $\xrightarrow{\text{수세}}$ 금도금

시안 활성화처리 도금액 조성과 작업조건

시안화니켈칼륨	10 g/L
시안화칼륨	40 g/L
양극	스테인리스 27종
온도	상온
전압	6~8 V
시간	1~2분

예제 금도금 위의 금도금

금도금 위에 다시 금도금의 밀착성을 확실히 하기 위해서는 어떤 처리를 해야 하는가?

풀이 금의 활성화 처리로서 시안화칼륨 30~45 g/L, 시안화니켈칼륨 5~30 g/L의 용액 중에서 5~10 V로 음극전해한다. 전류밀도는 5~10 A/dm^2 정도로 하고 도금시간은 30초~1분, 바렐에서는 3~4분으로 한다.

(5) 불순물의 영향

금도금액에서도 다른 도금액과 마찬가지로 전착물에 영향을 미치는 것은 금속이온과 유기물이다. 연속작업을 할 때 특히 문제가 되는 것이 금속이온의 영향이다. 일반적으로 산성 금도금을 하기 전에 금 스트라이크를 하지 않으면 불순물의 축적이 일어난다. 여기서 스트라이크 도금액을 자주 새롭게 바꿔주어야 한다.

1) 금속불순물

도금 작업을 계속적으로 하게 되면 불순물이 축적되므로 이것을 잘 알기 위해서 적당한 시험편(보통은 황동판에 광택 니켈도금을 실시한 것)을 90° 굴곡시켜 도금하고자하는 도금액에서 보통 도금조건으로 도금한 후 외관을 관찰하거나 도금액 중의 금속이온을 정량분석하여 불순물의 농도 관계를 알아야 한다.

Pb 이온: 10 ppm까지는 이상 없다. 15 ppm 정도에서 저전류밀도 부분이 흑회색이다.
아연, 구리이온: 80 ppm 정도까지는 영향이 없다.
니켈이온: 매우 적으면 영향이 없다. 너무 지나치면 금도금의 색깔이 엷어진다.

금속이온이 혼입되어 오염되었을 때 Pb, Zn, Fe, Ni 등은 저전류밀도로 약전해 하면 어느 정도 제거할 수 있다(그러나 금도 어느 정도 소모되므로 좋은 방법이라고 할 수는 없

다). 킬레이트제의 사용 예를 들면 EDTA 등도 전착물에 나타나는 영향을 억제하는 효과는 있으나 충분한 예비실험을 하지 않으면 금도금의 석출에 중대한 영향을 미치게 된다.

2) 유기불순물이 전착물에 미치는 영향

전착물 중의 여러 가지 영향으로 인하여 부풀음, 균열 등의 발생이 일어난다. 제거방법으로서는 다른 도금액과 마찬가지로 활성탄으로 처리하는 것이 효과적이다. 활성탄처리를 할 때 활성탄에 금 및 기타 금속이 흡착되지만 다른 금속 불순물도 제거된다. 실제로 도금액에 따라 활성탄 여과를 할 때 금과 기타의 금속이 어느 정도 흡착되는 것을 표 13-14에 나타냈다.

표 13-14 활성탄 처리에 따른 변화

처리법	Au(g/L)	Pb(ppm)	Fe(ppm)	Cu(ppm)
A	5.2	9.73	222.0	3.0
B	5.1	8.79	208.0	2.4
C	4.6	8.25	201.0	1.6

A: 원액
B: H_2O_2 1.0 ml/L 첨가시켜 30분간 교반한 후 60℃에서 60분 방치하면 과산화수소 분해한다.
C: H_2O_2 처리는 B와 같고 활성탄 10g/L를 첨가한다.

13.5 | 양극과 두께 분포

금 및 금합금 도금액에 사용되는 양극은 용해성 양극과 불용성 양극의 2가지로 나눈다.

(1) 용해성 양극

알칼리시안계의 금합금 도금에 사용된다. 이때 양극대 음극의 비율을 충분히 고려하지 않으면 양극효율이 거의 100% 되기 때문에 일정한 면적을 유지해야 하므로 불용성 양극을 함께 사용할 때가 있다. 최근에는 특수한 경우에만 용해성 양극을 사용한다.

(2) 불용성 양극

스테인리스강(18~8), 탄소강판, 티타늄 도금위에 백금도금된 판이 있으나 최근에는 탄탈륨(Ta) 위에 백금도금한 것도 사용된다. 특성적으로 매우 양호한 결과가 얻어진다. 스테인리스 양극은 주로 시안도금액에 사용된다. 탄소강판 및 티타늄 위에 도금한 것이나 백금도금 또는 탄탈륨 위에 백금도금 된 것 등은 주로 산성 금도금액에 사용된다.

탄소를 양극으로 할 때는 도금이 착색될 때가 있으며 특히 금합금 도금일 때(예를 들면 코발트, 니켈 등을 함유시킨 산성 금도금액)에는 도금 표면에 탄소가 때로는 석출될 때가 있어 일상관리가 중요하다. 그러므로 티타늄 위에 백금도금한 것을 양극으로 할 때 백금을 2.5μm 정도로 도금하여 사용하고 탄탈륨 위에 백금도금할 때 백금이 6.4μm 정도로 하여 사용한다.

양극 단위 면적에 대한 비용적인 차이는 있으나 전자부품에 도금할 때 고속도로 도금되는 것에는 탄탈륨 위에 백금도금한 것을 양극으로 하여 사용하는 것이 좋다.

13.6 금도금 장치

(1) 직류전원

정류된 직류파형이 금도금에 미치는 영향에 대해서는 체계적으로 연구된 보고는 없지만 일반적으로 3상전파(三相電波) 또는 IGBT 정류기를 사용한다.

표 13-15 파형인자와 맥동률

정류방식	파형인자(F)	맥동률(ω%)
납축전지	1.0	0
1상전파정류	1.001	4.5
3상반파정류	1.017	18
단상전파정류	1.11	48
단상반파정류	1.57	121
3상불완전정류	1.75	144
단상불완전정류	2.55	234
(정현파교류)	∞	∞

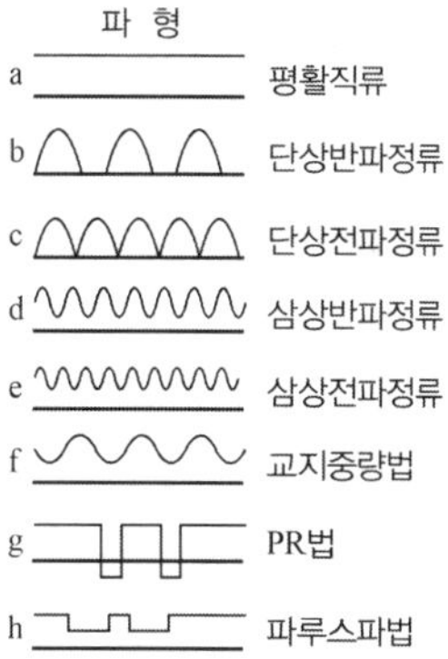

그림 13-1 파형

(2) 도금조

귀금속도금액일 때 도금액 중에 불순물이 혼입되거나 축적되면 폐액이 되는 것을 충분히 고려해야 하므로 효율적으로 도금조의 크기를 알맞게 해야 한다. 보통 100~300 L 정도가 보통이지만 물품의 크기나 상황에 따라 크게 하거나 적게 한다. 도금 두께를 균일하게 하기 위해서 원형의 도금조를 사용하는 경우도 있다. 특히 알칼리 금도금액 일 때는 석출되는 합금의 비율을 안정하게 하기 위해서는 물건의 형상에 따라 원형조를 사용하기도 한다.

(3) 음극진동

사각 도금조일 때 음극을 물품과 평행으로 이동시킬 때와 수직으로 이동시킬 때가 있으며 양극의 크기, 걸이 및 물품의 형상 등에 따라 선택하는 것이 좋다. 원형의 도금조일 때는 음극의 부스바가 회전되기 때문에 속도를 알맞게 하기 위해서는 다단변속기 장치를 하여 속도를 알맞게 해야 한다.

(4) 교반, 여과, 가열

금도금에서는 공기교반을 하지 않고 대부분 도금액을 순환시키는 방식을 이용한다. 활성탄처리는 금이 흡착되므로 되도록 하지 않는 것이 좋다. 가열장치는 도금액을 직접 가열하면 증발속도가 대단히 커서 금의 손실을 가져오므로 간접가열을 하는 것이 좋다.

13.7 작업관리

두꺼운 금도금을 연속으로 작업할 때 제일 큰 문제는 어떻게 전류효율이 좋은 도금을 하느냐 하는 것이 문제가 된다. 그러므로 도금액 관리를 철저히 하기 위해서는

① 도금액 조성의 변동을 항상 점검
② 전착 속도의 측정
③ 도금액 관리를 안정하게 유지하고
④ 항상 일정하게 약품을 첨가한다.

(1) 도금액 조성의 파악

금속의 석출효율은 도금상태에 많은 영향을 미친다. 적어도 금속의 금 함유량과 기타 합금 원소에 대해서는 하루 1회 정도는 검사해야 하고, 농도와 pH는 1일 2회 정도 측정할 필요가 있다. 도금액의 상태는 될 수 있으면 헐셀시험을 하는 것이 가장 간단하고 좋다.

(2) 전착속도의 측정

금은 대단히 비싸므로 필요 이상 전착되지 않도록 하기 위해서는 석출효율을 파악할 필요가 있다. 이때는 석출효율의 계산식에 따라 계산할 수 있으나 다른 방법으로은 비커로 하는 것이 좋다. 또 도금할 때에 도금 시간을 정확히 파악할 필요가 있다.

예제 금과 니켈의 밀착불량

광택 왓츠 니켈도금 및 스트라이크 금도금을 한 후 금도금 두께를 50μm 정도 하였으나 금과 니켈 사이의 밀착이 좋지 않다. 15% 정도의 염산 용액에서 1~2분 침적한 후 금도금을 하였으나 이것으로 충분할까?

풀이 금과 니켈도금 사이 밀착불량이 많은 것은 니켈도금에서 금도금을 하기까지의 시간이 길고 니켈표면이 부동태가 일어나므로 광택 니켈도금 위에 금도금을 할 때 염산에 의해서 활성화 시키는 것은 좋은 방법이 아니다. 그러므로 니켈도금을 한 후 빨리 금도금을 하는 것이 제일 좋다.

---

(3) 도금액 관리

① 금도금액은 반드시 음극교반 또는 도금액 순환을 해야 한다.
(공기교반은 도금액의 노화를 촉진)

② 양극은 티타늄 백금망을 사용(중성, 산성)

③ 흑연판은 불순물을 석출한다. 스테인리스판은 금속의 치환석출을 일으킨다.

③ 금도금액은 활성탄처리를 하면 안 된다.
(만약 한다면 활성탄을 최대로 적은 양으로 신속하게 처리해야 함)

④ 금도금액의 여과기는 카본을 사용해서는 안 된다.
(금을 흡착, 카트리지형 여과기를 사용)

⑤ 금도금액 관리는 적산전력계(A.h계)로 관리하는 것이 쉽다.

⑥ 귀금속도금에 사용하는 물은 이온교환수 또는 증류수를 반드시 사용.

⑦ 금도금의 원가를 계산할 것

계산식: $\dfrac{\text{전체 표면적}}{\text{dm}^2} \times \dfrac{\text{도금 두께}}{\mu\text{m}} \times \dfrac{\text{시안화금 환산량}}{1.47} \times \dfrac{\text{소모량}}{1.05} \times \dfrac{\text{금의 비중}}{0.193}$

답 면적이 가로 10 cm, 세로 10 cm 되는 물체에 금도금 두께를 1μm 올리는 경우에 시안화금칼륨의 소모량은 어느 정도인가?

$10\text{ cm} \times 10\text{ cm} = 100\text{ cm}^2 = 1\text{ dm}^2$

계산식 $= 1\text{ dm}^2 \times 1\mu\text{m} \times 1.47 \times 1.05 \times 0.193 \fallingdotseq 0.298\text{ g}$

13.8 고장 원인과 대책

순금, 합금(산성, 중성, 알칼리성)도금액에 있어서는 일상 작업을 통하여 여러 가지 문제가 발생한다.

표 13-16 금도금액의 고장 원인과 대책

현상	원인	대책
균열이 발생	① 광택제의 과잉 ② 전류밀도가 높다. ③ 도금액이 오염되었다.	① 활성탄처리에 의해서 광택제의 양을 감소시킨다. ② 전류밀도를 적정범위로 낮춘다. ③ 금속불순물은 약전해, 유기불순물은 활성탄처리 후 여과
밀착불량	① 수세가 불충분, 오염. ② 금도금할 때까지의 방치 시간이 길다. ③ 금스트라이크 조건이 부적당하다(전류밀도가 낮다).	① 수세를 충분히 하거나 수세물로 교체. ② 니켈도금이나 은도금한 후 즉시 금스트라이크 도금을 한 후 금도금을 해야 한다. ③ 금스트라이크 도금액이 금속 또는 유기물질로 오염되었나를 검사해야 하고 전류밀도를 높인다.
도금이 거칠다.	① 도금액이 오염되었다. (금속, 유기물질 등) ② 전류밀도가 높다.	① 약전해, 활성탄처리 여과한다. ② 전류밀도를 규정범위까지 높인다.
도금 속도가 늦다.	① 도금액 온도가 낮다. ② 비중이 낮다. ③ pH가 낮다.	① 온도를 규정범위까지 높인다. ② 금의 농도 및 기타 도금 약품을 분석하여 보충. ③ pH를 규정범위로 한다.
도금액이 청색으로 된다.	① 온도가 너무 낮다. ② 전류밀도가 너무 낮다.	① 온도를 규정범위로 한다. ② 전류밀도를 규정범위로 한다.
하지 금속보다 광택이 적은 도금이 된다.	① 도금 시간이 너무 길다. ② 광택제 부족	① 도금시간을 짧게 한다. ② 광택제를 첨가
금도금 표면에 검은색이 나타난다.	① 도금액이 오염되었다. (금속, 유기물질의 혼입) ② 시안화나트륨 또는 활성화 처리가 완전치 못하다. ③ 전류밀도가 부적당하다.	① 금속불순물은 약전해, 유기불순물은 활성탄, 여과시킨다. ② 완전히 해야 한다. 만약 금의 농도가 약하므로 농도를 높인다. ③ 전류밀도를 규정범위로 한다.
금도금이 엷은 황색을 나타낸다.	양극 면적이 적다.	양극 면적을 크게 한다.
금도금이 진한 황색을 나타낸다.	양극 면적이 크다.	양극 면적을 적게 한다.

예제 은 도금상의 금도금이 변색됨

전자 부품에 구리스트라이크 도금을 한 후 은도금을 12μm 정도 도금했을 때 대단히 아름답지만 1개월에서 1년이 경과되면 표면의 색이 변색되었다. 그 원인은 무엇인가?

풀이 은도금 위에 도금된 금의 두께 1μm은 너무 얇기 때문에 은도금을 하기 전에 니켈도금을 한 후 금도금을 하는 것이 좋다.

13.9 | 금도금의 성질

(1) 경도

경도의 수치는 경도 측정 방법에 의한다. 현재 널리 사용되는 것은 비커즈 경도(Hv, 마이크로 비커즈 경도 포함), 록크웰 경도(HRc), 쇼어 경도(Hs) 등이 있다. 비커즈 및 로크웰 경도는 정적인 상태에서 압입자로 누른 상태에서 경도를 구하고 쇼어 경도는 다이아몬드 해머를 일정한 높이(경도 시험기 높이는 10인치이다)에서 시료에 낙하시켜 나타난 경도 수치를 구하는 것이다. 금도금일 때 도금에 문제가 되는 것은 주로 금 합금도금일 경우이다. 실용적으로 사용되는 도금용 경도계는 마이크로 비커즈 및 누프경도계이다.

E. C. Darby는 코발트가 1.5 g/L 함유된 금-코발트 합금도금액에서의 전선 피막의 경도를 30μm 도금하여 측정한 결과를 나타냈다(그림 13-2). 이때 전류밀도의 증가와 더불어 경도가 낮아지는 사실을 알 수 있다.

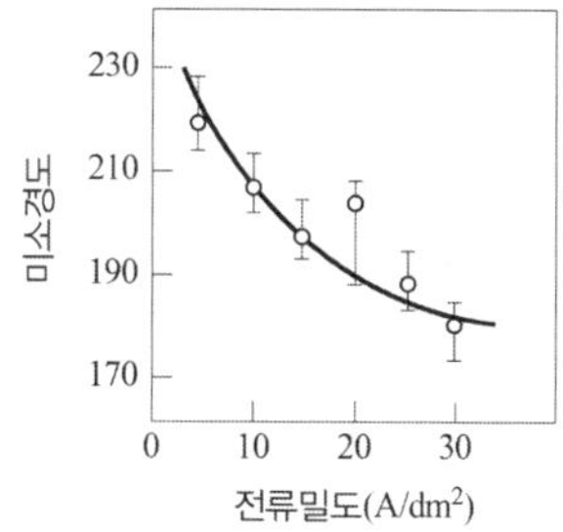

그림 13-2 금-코발트 합금피막의 전류밀도와 경도의 관계

(2) 내마모성

금도금은 가격이 비싸기 때문에 충분한 두께로 할 수 없다. 그러므로 내마모성을 알기 위해서는 단시간에 비교하는 방법으로서는 가속시험이 있으며 일정한 높이에서 일정한 양의 모래(砂)를 도금면에 낙하(落下)시켜 벗겨질 때까지의 시간을 비교하는 방법도 있다.

(3) 내식성

그림 13-3에서 금도금의 핀홀을 통과하여 하지 도금과 소재와의 사이에 국부전지가 형성되어 부식이 촉진된다. 그러므로 금도금 두께 및 하지 도금의 종류와 소재의 상태 등이 내석성에 큰 영향을 미친다.

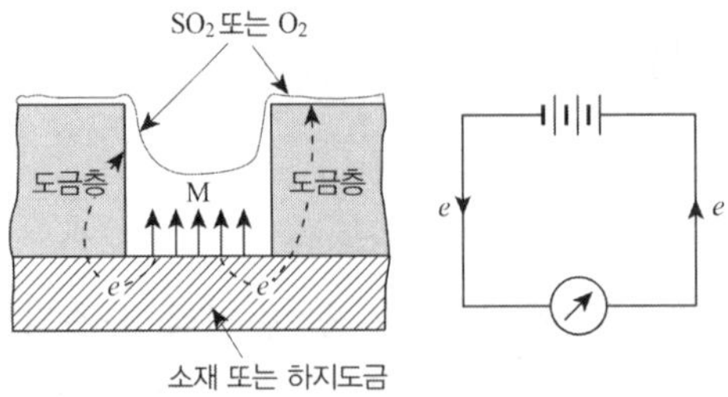

그림 13-3 도금조 부식의 형태

철판에 금도금을 실시하고 페록실시험에 따라 유공도를 비교한 것은 구연산도금액 쪽이 시안도금액보다는 훨씬 적고 시안도금액에서는 유리시안이 증가하면 음극전류밀도가 0.5 A/dm^2 부근에서는 최저로 되고 50 g/L까지는 별로 변화하지 않는다. 구연산 도금액일 때는 pH가 증가함에 따라서 유공도가 증가하지만 음극전류밀도의 영향은 별로 받지 않는다고 볼 수 있다(그림 13-4).

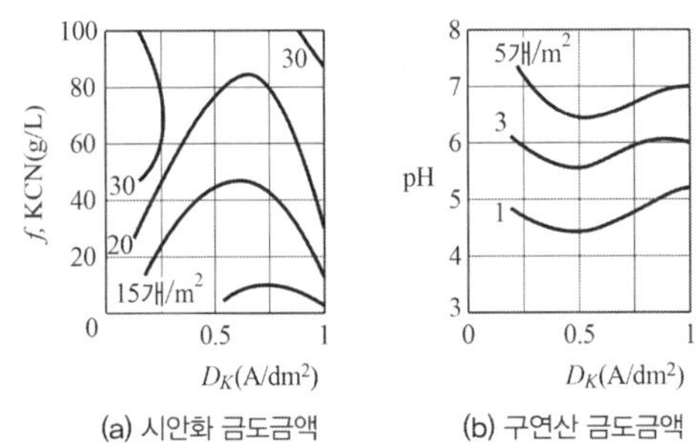

그림 13-4 시안화 금도금액 및 구연산 금도금액 비교

소재에 따른 영향은 철판 위에 니켈도금(3μm)을 하고, 벨륨동(Be-Cu)합금, Pb-황동, 인청동, 양백에 금도금을 1μm을 실시한 시편을 염수분무시험을 하였더니 녹이 생겼다. 이러한 녹이 발생한 시험 결과는 구연산도금액에서 도금한 것이 녹의 발생이 적은 것은 유공도가 적은 것과 관련이 있다.

표 13-17 시안화 금도금과 구연산 금도금액

종류 / 성분(g/L)	시안화금 도금액		구연산 금도금액	
	스트라이크 도금액	도금액	A 도금액	B 도금액
$KAu(CN)_2$	3(0.5~6)	5(1~10)	10(5~15)	10(5~15)
KCN	120(5~120)	50(10~150)	-	1.5(0~10)
K_2CO_3	3(0~56)	30(0~100)	-	-
K_2HPO_4	0(0~20)	20(0~30)	-	-

표 13-17 (계속)

성분(g/L) \ 종류	시안화 금도금액		구연산 금도금액	
	스트라이크 도금액	도금액	A 도금액	B 도금액
$Na_3C_6H_5O_7 \cdot 5H_2O$	-	-	50(30~100)	50(30~100)
KH_2PO_4	-	-	30(일정한 pH까지)	140(0~200)
$H_3C_6H_5O_7 \cdot H_2O$	-	-	4.5(4~7)	30(일정한 pH까지)
pH	-	12(11~13)	60(40~70)	4.5(4~7)
온도(℃)	50(40~60)	60(40~70)		60(40~70)
전류밀도(A/dm^2)	1(0.5~1.25)	0.1(0.05~0.5)	0.5(0.3~1.5)	0.5(0.3~1.5)
교반	중정도	중정도	중정도(정지~강)	중정도(정지~강)
도금시간(초)	20(15~60)	일정한 도금두께 까지	일정한 도금두께 까지	일정한 도금두께 까지

도금의 핀홀에 따른 부식은 다음과 같은 것에 대해서 유의해야 한다.

① 알칼리성 금도금과 산성 금도금의 유공도 비교 및 소재 금속을 변화시킬 때의 발청률의 정성적 비교.

② 유공도를 정량적, 정성적으로 나타내기 위해서 금도금 표면으로부터 하지금속까지 도달하는 핀홀 등을 검출해야 한다. 이러한 핀홀을 검출하기 위해서는

- 가스 분위기시험
- 대기 폭로시험
- 다공성 시험법 등이 적절하다.

③ 소재의 표면 가공 상태가 핀홀의 발생율과 큰 관계가 있다. 예를 들면 구리판에 광택연마한 위에 금도금을 한 경우 핀홀이 제일 적게 생긴다.

1) 시험편 제작 방법

시편 : 황동판을 앞과 뒤 양면에 연마한 것으로서 크기는 50 mm × 35 mm로서 광택 니켈도금(4 A/dm^2, 10분)한 것을 각각 표 13-20의 ①, ②, ③의 금도금액에서 0.5, 1.0, 2.0, 3.0μm 두께로 도금하여 아래와 같은 시험을 한다.

2) 시험방법

① **5% 염수침적:** 5% NaCl, (온도 32±2℃)용액에 침적하여 도금의 표면상태 변화를 관찰한다.

② **염수분무시험:** JIS Z 2371에 규정된 NaCl±1%, 온도 35±2℃의 조건에서 연속분무

를 하고 표면 상태의 변화를 관찰한다.

③ 인공시험: 아래와 같은 조성의(인공 땀) 용액에 침적시켜 표면상태의 변호를 관찰한다.

NaCl	5 g	뇨소	1 g
낙산	2 m*l*	젖산	1 m*l*
CH_3COOH	2 m*l*	물	750 m*l*
NH_4OH	2 m*l*	온도	35±2℃
CH_3OH	250 m*l*		

④ 암모니아 분위기 시험: 진한 암모니아를 비커 밑바닥에 넣고 시편을 위에 매단 후 완전히 밀폐시킨다. 상온에서 20시간 동안 놔둔 후 시료의 표면 상태의 변화를 관찰한다.

⑤ 페록실 시험: 금도금층에서 니켈도금까지 관통된 핀홀을 측정한 결과 페리시안화칼륨 10 g/L, 염화나트륨 20 g/L 용액에 여과지를 침적시킨 것을 금도금 표면에 부착하여 1시간 동안 방치한 후의 표면 변화를 관찰한다.

3) 시험결과

여러 가지 시험을 표 13-18에 나타냈다. 이상의 결과에 따라 합금도금에서 각각의 시험에 대한 차이에 대한 결과를 얻을 수 있으므로 목적, 용도에 따라 사용하는 것이 필요하다. 그러므로 단순히 색깔 조절을 하기 위한 작업을 한다 하더라도 여러 가지 위험이 따를 때가 많다. 금 자신은 화학적으로 대단히 안정하므로 어느 종류의 산이나 알칼리에도 침식되지 않는다. 그러므로 여러 가지 실험한 것을 기초로 하여 도금 작업을 하는 것이 좋다.

표 13-18 도금의 내식성 데이터

5%NaCl에 침적	염수분무시험	암모니아 분위기	페놀실시험	대기폭로		
				1	2	3
9	9	×	8	9	9	10
9	9	9	8	9	9	10
9	9	×	8	×	8	10

대기폭로: ① 도금작업장 내, ② 실외폭로, ③ 실내폭로

13.10 | 엷은 금도금의 종류

일반적으로 두께가 0.25 μm 이하인 것을 후래쉬(flash) 금도금 또는 금워시(wash)라고

한다. 두꺼운 금도금이나 금합금 도금의 하지 도금으로서 특별한 색을 나타내기 위해서 한다. 내구성이나 내식성이 좋지 않지만 장식용 후래쉬 금도금은 모두 시안화금 도금액으로 한다.

(1) 황금색(yellow gold)

시안화금칼륨: 1.5～3.75 g/L　　시안화칼륨: 15 g/L
인산2나트륨: 15 g/L　　온도: 60～70℃
전류밀도: 2～3 A/dm^2　　양극: 스테인리스

도금시간 및 교반: 도금시간은 5～20초 정도이며 물품을 심하게 움직이든가 음극진동을 하면 균일한 색상의 도금이 된다.

(2) 녹색금(green gold)

시안화금칼륨: 1.5～3.75 g/L　　시안화은: 0.75～1.5 g/L
인산2나트륨: 15 g/L　　시안화칼륨: 7.5 g/L
온도: 40～50℃　　전류밀도: 1～2 A/dm^2
양극: 스테인리스

(3) 분홍빛금(pink gold)

시안화칼륨: 1.5～3.75 g/L　　시안화구리: 1.5～3.0 g/L
황혈염: 30 g/L　　시안화칼륨: 7.5 g/L
온도: 60～70℃　　전류밀도: 2～4 A/dm^2
양극: 스테인리스

(4) 적색금(red gold)

시안화금칼륨: 1.5～3.75 g/L　　황혈염: 30 g/L
청화니켈칼륨: 1.9 g/L　　온도: 60～70℃
전류밀도: 2～4 A/dm^2　　양극: 스테인리스

(5) 장미색금(rose gold)

시안화금칼륨: 0.75～1.5 g/L　　수산화나트륨: 10～20 g/L
규산나트륨: 7～11 g/L　　황혈염: 3.75 g/L
온도: 70～75℃　　뇨소: 7～11 g/L
전류밀도: 0.2～0.5 A/dm^2　　양극: 스테인리스
시간: 30～180초　　교반: 최초 30초

13.11 금합금 도금

(1) Au-Co합금 도금

금도금액에 Co를 첨가하면 금도금의 경도 및 내마모성이 2~3배 증가한다.

1) $KAu(CN)_2$: 6 g/L　　$K_2Co(CN)_4$: 40 g/L
   유리 KCN: 16 g/L　　K_2CO_3: 10 g/L
   전류밀도: 2 A/dm^2　　온도: 70℃

2) Au[$KAu(CN)_2$로서]: 8~10 g/L(Au)　　구연산코발트: 0.8~1 g/L
   구연산: 60~80 g/L　　pH: 4.0~4.1(KOH 사용)
   교반: 3.5 m/min

3) Au[$KAu(CN)_2$로서]: 12 g/L(Au)　　EDTA-Co: 1 g/L
   구연산: 105 g/L　　KOH: 56 g/L
   진한인산: 12.6 ml/L　　전류밀도: 0.55 A/dm^2

4) Au[$KAu(CN)_2$로서]: 6 g/L(Au)　　빙초산: 28 g/L
   빙초산칼륨: 40 g/L　　EDTA-Co: 1 g/L

5) Au[$KAu(CN)_2$로서]: 8 g/L(Au)　　인산칼륨: 50 g/L
   구연산: 50 g/L　　KOH: 21 g/L
   EDTA-Co: 3 g/L　　pH: 3.0~4.2(인산 또는 KOH로 조절)
   온도: 40℃　　전류밀도: 1.1 A/dm^2
   교반: 강
   20분 도금에서 두께 5 μm까지 얻을 수 있다.

(2) Au-Ni합금 도금

Ni은 Au와 공석되면 백색금으로 생성된다.
알칼리(시안), 중성, 산성 및 노시간의 4종류 도금액이 있다.
경도(Hv 200 전후), 내마모성, 내약품성, 내산화성 등의 특성을 나타낸다.
접점 표면에 관계되는 스위치, 회로차단기 등에 이용된다.

1) 알칼리성(시안) Au-Ni합금 도금액

표 13-19 알칼리성(시안) Au-Ni합금 도금액

성분(g/L) \ 구분	1	2
시안화금칼륨	2.3	6
시안화니켈칼륨	14	8
시안화칼륨	15	16
(유리: KCN)	15	16
탄산칼륨	30	-
전류밀도(A/dm^2)	0.2	2
온도(℃)	60	70
전류효율	60	30

2) $KAu(CN)_2$로서 Au: 10 g/L 구연산: 56 g/L
구연산암모늄: 175 g/L 구연산니켈: 1.0 g/L
pH: 4.0 온도: 50℃
전류밀도: 0.5 A/dm^2

3) $KAu[KAu(CN)_2]$: 10 g/L 슬퍼민산니켈: 8 g/L
황산코발트: 2 g/L 구연산칼륨: 400 g/L
pH: 4~5 온도: 60℃
전류밀도: 2 A/dm^2로서 20K 경질 금도금을 얻을 수 있다.

4) $Au[KAu(CN)_2$로서]: 4.0 g/L Ni(슬퍼민산니켈로서): 30 g/L
황산코발트: 20 g/L 구연산: 250 g/L
pH: 3.0(KOH로 조절) 온도: 30℃
전류밀도: 2 A/dm^2로서 Hv 320 정도를 얻을 수 있다.

(3) Au-Ag합금 도금

Au-Ag합금 도금은 5% Ag합금으로서 녹색을 나타내지만 Ag가 많이 첨가되면 백색으로 된다. 1% Ag합금의 경도는 115~150 Hv 범위 정도이다.

표 13-20 Au-Ag합금 도금액 조성

시안화금 칼륨(g/L)	Au (g/L)	시안화은 칼륨(g/L)	Ag (g/L)	시안화칼륨 (g/L)	유리·시안화 칼륨(g/L)	기타 (g/L)	전류밀도 (A/dm^2)	온도 (℃)	전류효율 (%)	도금액 조성 (Au %)
10	6.9	2.0	1.08	-	-	-	0.5	18	90	72
21	14.4	14	7.2	-	-	-	-	20	95	15~55
15	10	0.9	0.5	20	20	K_2CO_3 30	0.3	50	-	90
10	7	1.1	0.6	22	22	-	3.4	80	-	92
-	4~5.5	-	0.5~0.75	-	10~12	-	0.5	55~60	-	70
-	8	-	2.5	-	40	-	0.5	30	-	-
22	-	AgCN 9.5	-	-	50	인산칼륨 30 KOH 20 K_2CO_3 20 아텔루산나트륨 20ml/L	0.5	30	-	40
5~20	-	1.5~20	-	200~400	-	비소산 0.025~0.5 Ni, Co, Pt 시안화물 1~10	0.5~2	30~50	-	-
4~30	-	1.5~30	-	40~200	-	아비산염 0.025~2 Ni, Co 시안화물 5~80 고급지방산에스텔	0.5~2	20~45	-	-
-	33	-	3	100	-	KOH 10 산화안티몬 0.1 염화알루미늄 1.0	2	70	-	90

(4) Au-Cu합금 도금

Au에 Cu를 첨가하면 붉은색 도금이 된다.

붉은색을 띈 도금은 응력이 발생되기 쉬워 취약하고, 두꺼운 도금엥서는 균열이 발생되기 쉽다.

Au-Cu합금 도금에서의 내마모성은 금도금에서보다 20% 정도 높다.

Cu 함유량이 증가되면 내마모성이 증가한다.

Cu가 20% 이상 첨가된 Au-Cu합금에서의 변색저항은 적은편이다.

Au-Cu합금 도금의 경도는 동일한 조성의 압연된 금합금보다도 높은 편이다.

55% Au일 때 경도치가 최대로 된다. 300℃에서 가열하면 Hv 450 정도까지 된다.

표 13-21 Au-Cu합금 도금액 조성

	시안화금칼륨(g/L)	Au (g/L)	구리염 (g/L)	Cu (g/L)	시안화칼륨 (g/L)	유리·시안화칼륨(g/L)	첨가제 (g/L)	전류밀도 (A/dm^2)	온도 (℃)	합금조성 (Au %)
1	1.15	0.8	$KCu(CN)_2$ 31	12.7	4.5	–	–	0.5	70	70
2	1.15	0.8	$KCu(CN)_2$ 34	14	9.8	–	–	0.5	18	60
3	$AuCl_3$ 5.7	3.7	$CuCO_3$ 8.5	4.4	20	–	–	0.5	25	
4	2.7	1.8	$CuCO_3$ 13.3	6.9	27	–	–	0.5	25	
5	12	8	$K_2Cu(CN)_3$ 130	38	CN/Cu=2.1	–	롯셀염 10	0.5	75	
6	6	4	$K_2Cu(CN)_3$ 115	33	CN/Cu=2.25	–	롯셀염 10	0.5	60	
7	6	4	$K_2Cu(CN)_3$ 110	31	CN/Cu=2.38	–	롯셀염 10	0.5	60	
8	3	2	CuCN 14	10	33	11	티오뇨소0.7	1.5	60	
9	3	2	CuCN 6	4	28	19	티오뇨소0.7	1.0	60	
10	2.7	1.8	CuCN 12	8	55	18	–	0.5	62	
11	7.5	–	$K_2Cu(CN)_3$ 17.5	–	CN/Cu=3.00	–	–	0.75	60	
12	7.5	–	~155.6	–	~3.24	–	–	0.75	60	
13	7.5	–		–	3.5	–	–	0.75	60	
14		1.1~1.4		4.5~6.0		5~7.5		0.25~2.4	45~50	55~60
15		1.6~1.9		3.4~4.4		7~9		0.5~1	45~50	75~80
16		2.3~2.8		2.5~3.5		11~14		0.25~1	45~50	90

13.12 금도금의 규격

(1) 금도금 두께 편차 범위에 대한 규정(BS 3315, 1960)

두께(Micron)	허용편차(micron)
10~19	−2
20~39	−3
40 이상	−5

(2) 금도금 두께에 따른 도금코드 구분(ASTM B488-68)

Code	두께	
	Micro-Inch	Micron
F	Flash	Flash
1	10	0.25
20	20	0.51
30	30	0.76
50	50	1.3
100	100	2.5
200	200	5.1
500	500	12.7
1,000	1,000	25.4
AS	1,000 이상	25.4 이상

13.13 금합금 도금의 경도

표 13-22 전자부품용 금합금 도금의 경도(HN: 누프경도)

합금계	합금조성	경도	도금액의 종류
Au-Co	0.1% Co 0.15% Co 0.2% Co	NH 170 NH 180 HN 150	시안 도금액 산성 도금액 산성 도금액
Au-Fe	0.3% Co	HN160	산성 도금액
Au-Cu	34% Cu	HN 350	산성 황산도금액
Au-Cd	10% Cd	HN 320	알칼리 황산도금액
Au-Sn	-	HN 180	피로인산 도금액
Au-Ag	25% Ag	HN 290	알칼리 시안도금액
Au-Cu-Cd	14% Cu, 1% Cd	HN 420	알칼리 시안도금액
Au-Cu-Sb	19% Cu, 1% Sb	NH 370	중성 시안도금액
Ag-Sn	- 20% Sn	NH 185 HN 160	피로인산 도금액 시안 도금액
Ag-Cu	60% Cu	HN 160	시안 도금액
Pd-Ni	35% Ni	HN 520	염화암모늄 도금액

CHAPTER

14 은 및 은합금 도금

은도금의 역사는 비교적 오래 되었으며 1838년 영국의 G. R. Eikington과 H. Elkington의 두 사람에 의해서 처음으로 산화은(酸化銀)과 시안화칼륨(KCN), 시안화나트륨(NaCN)이 함유된 도금액이 만들어졌다. 1913년에 F. O. Frary가 은을 질산염 용액으로부터 도금액을 만들었고 1931년에 E. B. Saniger는 슬파민산염, 질산염, 붕불화염, 불화물염 등으로부터 도금을 연구하여 붕불화염으로부터 평활성이 있는 도금을 얻을 수 있다는 보고가 있었다. Ag는 은백색으로서 금보다는 약간 단단하고 구리보다는 연하다. 전기 및 열전도성을 구비하고 있으며 전기적 특성(접촉저항, 고주파전도성 등)이 우수하다. 은의 단점은 공기 중에서 변색되기 쉽고 특히 유황 성분이 있는 곳에서는 시커멓게 변색되지 되지만 쉽게 부식되지는 않는다.

$2Ag^{+} + O^{2-} \rightarrow Ag_2O$(산화은) … 공기 중에서 변색

$2Ag^{+} + S^{2-} \rightarrow Ag_2S$(황화은) … 시커멓게 변색

14.1 은도금 공정

(1) 전기제품(구리, 황동제품)

초음파탈지(알칼리탈지) $\xrightarrow{\text{수세}}$ 화학연마 $\xrightarrow{\text{수세}}$ 산세 중화 $\xrightarrow{\text{수세}}$ 구리 스트라이크 도금 $\xrightarrow{\text{수세}}$ 은스트라이크 도금 $\xrightarrow{\text{수세}}$ 은도금 $\xrightarrow{\text{수세}}$ 변색방지 열풍건조

(2) 식기, 악기제품(황동, 양은 소재)

연마 → 초음파탈지(알칼리탈지) $\xrightarrow{\text{수세}}$ 중화 $\xrightarrow{\text{수세}}$ 산세 $\xrightarrow{\text{수세}}$ 광택 니켈도금 $\xrightarrow{\text{수세}}$ 중화 $\xrightarrow{\text{수세}}$ 은 스트라이크 도금 $\xrightarrow{\text{수세}}$ 은도금 $\xrightarrow{\text{수세}}$ 변색방지 → 열풍 건조

(3) 철강 및 스테인리스 소재

초음파탈지(알칼리탈지) $\xrightarrow{\text{수세}}$ 10~20%염산 $\xrightarrow{\text{수세}}$ 5%시안화나트륨용액에서 음극처리 $\xrightarrow{\text{수세}}$ 20%염산 $\xrightarrow{\text{수세}}$ 중화 $\xrightarrow{\text{수세}}$ 구리스트라이크 도금(니켈스트라이크) $\xrightarrow{\text{수세}}$ 은 스트라이크 도금 → 은도금 $\xrightarrow{\text{수세}}$ 변색방지 → 열풍 건조

14.2 | 은도금액의 종류

(1) 은스트라이크 도금

소재로서 구리 및 구리합금, 철 및 철 합금 등을 사용할 때 농도가 높은 은도금액에 침적시키면 소재 표면에 은의 치환된 피막이 생성된다. 이 피막위에 은도금을 실시하면 밀착성이 나쁜 피막을 얻게 되므로 은도금을 할 때는 반드시 은스트라이크를 한 후 은도금을 해야 한다. 일반적으로 은스트라이크 도금액의 조성은 은의 농도가 낮고 유리시안화칼륨 또는 시안화나트륨(NaCN)의 농도는 높은 편이다. 은스트라이크 도금액의 조성이 은도금의 밀착성에 미치는 영향이 크므로 소재의 종류에 따라 알맞게 사용되어야 한다. 은스트라이크 도금액의 조성은 다음과 같다.

시안화은: 1~2 g/L, 시안화칼륨: 60~150 g/L
양극: 스테인리스판(27종), 상온
전류밀도(A/dm^2): 2~3, 도금시간: 5~10초
바렐도금에서는 소형인 물품일 때 50~100A/dm^2 정도에서 바렐을 2~3회 정도 회전시킨다.

철강 및 스테인리스의 소재를 은스트라이크 도금을 하기 전에 니켈스트라이크 도금액 중에서 도금하면 밀착성이 양호하게 된다. 니켈스트라이크 도금액의 조성과 조건은 다음과 같다.

염화니켈($NiCl_2 \cdot 6H_2O$)	240 g/L
염산(37%)	120 ml/L
온도(℃)	20～35
전류밀도(A/dm^2)	15
시간(min)	1～2
양극	니켈판

니켈 스트라이크를 한 후 은도금 스트라이크를 하기 전에 염산(1 : 1) 수용액에서 도금하려고 하는 부품을 잠시 침적(약 10～20초)시켜 활성화시키면 더욱 밀착성이 양호하게 된다.

(2) 여러 가지 은도금액

장식용으로서의 은도금은 거의 완전한 경면광택이 요구된다. 그러기 위해서는 도금할 소재는 완전히 연마되어야 하고 소재 결함이 없는 상태에서 도금되어야 한다. 광택제는 시판되는 것으로서 충분하지만 광택제에 따라서 색깔 및 광택 등에 따라 약간씩 차이가 있으므로 도금 공정에 들어가기 전 미리 시험할 필요가 있다. 광택제를 사용하면 장기간 사용했을 때 분해 생성물의 축적으로 인하여 노화가 일어나 광택을 얻기 어려울 경우가 있으므로 정기적으로 도금액을 새롭게 만들어 사용하든가 깨끗하게 여과한 도금액을 사용할 수 있도록 해야 한다. 광택제의 첨가량은 적산전류계로 관리하는 것이 좋다. 은도금액은 두께용과 후래쉬 은도금액의 2가지로 분류하여 사용하는 것이 좋다.

일반적으로 음극전류밀도는 0.5～1.0 A/dm^2 정도이지만 고속도 은도금에서는 10～40 A/dm^2 정도로서 5～6분 동안 은도금을 하면 1μm 정도까지 된다.

표 14-1 은도금액

성분(g/L)	스트라이크용	얇은 은도금	두께 은도금	바렐용
시안화은	1～2	5～10	35～50	15～25
시안화칼륨	80～150	13～25	60～120	43～75
탄산칼륨		10	10	10
온도(℃)	20～30	20～30	20～30	20～30
전류밀도(A/dm^2)	2～3	0.2～0.5	0.4～1.0	0.5

1) 은도금에 사용되는 약품 및 설비

① 시안화은(AgCN): 일명 청화은이라고도 한다. 백색 또는 약간 회색빛의 무취 분말이다. 은 금속의 함유량은 약 80% 정도이다. 물에서 불용이며 시안화칼륨에 용해된다.

$$AgCN + KCN \rightarrow KAg(CN)_2$$ …… 은의 착염이 된다.

② 시안화은칼륨[$KAg(CN)_2$]: 일명 시안화은칼륨이라고도 한다. 은금속의 함유량은 55% 전후로서 백색 결정이다. 물에 쉽게 용해되기 때문에 시안화은 대신 시안화은칼륨을 대부분 사용한다.

③ 탄산칼륨(K_2CO_3): 도금액의 전기전도도를 향상시키고 도금의 밀착력을 향상시킨다. 건욕시 10 g/L 정도 첨가하며 사용 중에는 시안화물과 약간이나마 분해 생성물을 만든다. 많이 첨가되면 도금상태가 뿌옇게 된다.

④ 양극: 은 스트라이크 도금에서 양극은 스테인리스판(27종)이 좋지만 은도금을 할 경우에는 양극으로서 은(Ag)을 사용하는 것이 바람직하다. 그러나 스테인리스판을 사용하면 안 된다는 것은 아니다. 양극과 음극의 면적비를 알맞게 해야 하고 양극효율을 좋게 하기 위해서는 은의 농도가 높아야 한다. 양극판의 순도가 좋아야 한다는 것은 절대적이다. 만약 양극판의 순도가 낮을 때에는 양극 중의 금속 불순물(예: Cu, Fe, Au, Pb 등)이 용해되어 도금액 중에 존재하여 도금 상태를 나쁘게 한다. 양극주머니를 사용하는 것이 좋으며 고급 품질의 은도금을 할 때는 양극과 음극 사이에 격막을 사용해야 한다.

⑤ 여과 및 교반: 연속여과가 필요하고 공기교반은 도금액 중의 KCN, NaCN의 분해가 촉진되어 좋지 않으므로 음극진동을 시키는 것이 좋다.

⑥ 음극진동: 두께의 균일화, 광택을 균일하게 하기 위해서 음극진동을 한다.

⑦ 냉각 및 가온: 광택제가 고온에서 분해되어 소모가 심하므로 일반적으로 18～20℃를 유지한다. 이렇게 하기 위해서는 여름에는 냉각, 겨울에는 간접가열시키는 것이 좋다.

표 14-2 은도금액

성분(g/L) \ 구분	일반용	고속용
시안화은칼륨	45～60	150～220
시안화칼륨	30～35	110～150
탄산칼륨	30～90	15～75
온도(℃)	20～25	20～30
전류밀도(A/dm^2)	0.5～1.5	5～12

예제 **경질 은도금**

경질 은도금액의 조성은?

풀이 은도금 부품이 장식용일 경우는 광택 은을 사용하고 전자부품과 같은 경우는 반광택 은을 사용한다. 경질 은도금에서는 은 이외의 금속을 도금액 중에 첨가시켜 경도를 증가시켜 도금피막을 형성하게 한다.

경질 은도금액 조성은 다음과 같다.

시안화은: 30 g/L
주석산안티몬칼륨: 3 g/L
시안화칼륨: 150～200
주석산칼륨: 70 g/L
수산화칼륨: 80 g/L
음극전류밀도: 0.5～1.0 A/dm^2
온도: 20～25℃

14.3 변색방지 처리

Ag는 공기 중에서는 산소와 결합하여 Ag_2O로 되거나 공기 중의 SO_2 가스와 반응하여 Ag_2SO_4로 변색된다. 주로 장식용 은도금일 경우 변색을 방지하기 위해서 도금을 한 후 투명락카로 도금면을 보호하는 방법도 있다. 최근에는 이러한 변색을 방지하기 위해서 주로 크롬산염을 주성분으로 한 형태와 전해시키는 방법이 있다. 변색방지 효과는 전해쪽이 좋다.

표 14-3 은도금 표면의 변색 방지방법

처리방법	조건	
크롬산처리(전해형태)	중크롬산칼륨: 20 g/L 탄산칼륨: 40 g/L 음극전해, 양극: 스테인리스판 D_k: 1 A/dm^2, 30～60 sec	수산화칼륨: 20 g/L 시안화칼륨: 0.5 g/L
도장 이외의 유기피막처리	수산화나트륨: 1 g/L 음극전해, 양극: 스테인리스판 D_k: 0.5 A/dm^2, 15～30 sec	2-멜캅투벤지아돌: 8.5 g/L

표 14-3 (계속)

처리방법	조건
은도금 위에 다른 도금처리	(1) 벨륨처리(투명금속피막생성) $BeSO_4 \cdot 4H_2O$: 2.4 g/L NH_4OH를 첨가 pH 5.7~5.8 D_k: 0.005 A/dm^2 양극: 스테인리스판(염소이온 2 ppm 이상 함유하면 생긴다.) (2) 니켈처리 염화니켈($NiCl_2 \cdot 6H_2O$): 30 g/L 차아인산나트륨: 10 g/L 구연산나트륨: 65 g/L 염화암모늄: 50 g/L NH_4OH로서 pH 8~10를 조정 니켈의 75~170 Å 두께 정도의 피막을 은도금 위에 실시한다.
은을 합금화시키는 방법	Ag-Mg 합금피막 AgCl: 40 g/L $K_4Fe[CN]_6 \cdot 3H_2O$: 200 g/L K_2CO_3: 30 g/L $MgSO_4 \cdot 7H_2O$: 0.12~1.2 g/L pH: 9.4 D_k: 0.1 A/dm^2, 양극: 스테인리스판

예제 은도금의 변색방지

은의 변색방지 방법 및 변색된 은표면을 깨끗이 하려면 어떻게 해야 하는가?

풀이 은의 변색을 완전히 방지하기 위한 방법은 없다. 비교적 많이 이용하는 방법은 도포(coating)하는 방법이 있으나 도포된 피막이 벗겨진 후 시간이 경과하면 은도금 표면은 변색이 된다. 다음에 크롬산염을 주성분으로 한 알칼리용액 중에서 전해처리하여 화성피막을 만드는 방법도 이용된다. 이것들의 조성은 다음과 같다.

	I	II	III	
중크롬산칼륨	20 g/L	20 g/L	크롬산칼륨	20 g/L
수산화칼륨	20 g/L	20 g/L	수산화칼륨	40 g/L
탄산칼륨	40 g/L	80 g/L	시안화나트륨	2 g/L
온도	상온	상온		상온
음극전해	15초	15초		15초
전류밀도(A/dm^2)	0.5~0.8	0.5~0.8		0.5~0.8
양극	스테인리스판	스테인리스판		스테인리스판
pH	12~13	12~13		12~13

은표면의 변색은 티오뇨소 75 g/L+염산 60 g/L, 또는 티오뇨소 45 g/L+글리콜산(glycolic acid: $HOCH_2 \cdot COOH$) 45 g/L 등의 용액에 침적시키기도 한다.

예제 **시안화은 도금액 중의 탄산칼륨의 축적**

시안화은 도금액을 장기간 사용하면 탄산칼륨의 양이 증가하므로 그 영향과 제거 방법은?

풀이 탄산칼륨은 어느 정도의 농도(60~80 g/L)까지는 영향이 없으므로 문제가 되지 않는다. 이와 같은 문제는 광택 은도금과 반광택 은도금에서는 약간 차이가 있다. 탄산칼륨을 제거하기 위해서는 도금액을 냉각시켜 정석(晶析)시키는 방법이 있다. 겨울에는 도금액을 추운 곳에 놔두면 도금조 내벽에 정석되므로 도금액을 깨끗하게 추출할 수 있다. 다른 방법으로서는 순수한 황산칼슘을 첨가하여 탄산칼슘으로 만들어 침전을 제거한다. 이때 황산칼슘이 도금액 중에 형성되지만 이것은 해(害)가 없다. 이것들을 제거할 때는 미리 예비실험을 하는 것이 좋다.

예제 **도금조의 재질 및 은의 보충 방법**

은도금조로서 스테인리스를 사용하므로 도금될 때는 도금조 전체가 양극으로 된다. 금속 성분으로서의 은은 시안화은으로서 보충하였다. 상태는 괜찮은가?

풀이 은도금을 할 때 양극에서는 스테인리스를 사용하기 때문에 해롭지는 않다. 이때 도금조 전체가 양극으로 되어 양극대 음극의 면적비율이 대단히 차이가 생겨 전류밀도가 불균일하게 되므로 저부(低部)에는 차폐판(遮蔽板)을 이용하는 것이 좋다. 또 시안화은을 보충할 때는 은판(銀板)을 사용하는 것에 비해서 약 20% 정도 비용이 적게 든다.

14.4 은합금 도금

(1) Ag-Au합금 도금

여러 가지 장신구, 공예품, 식기류 등에 Au를 첨가하면(1~20%) 어느 정도 Ag의 변색을 방지할 수 있다.

AgCN: 10 g/L(2~50 g/L)	KCN: 20 g/L(10~100 g/L)
K_2CO_3: 15 g/L(10~100 g/L)	
전압: 3V	전류밀도: 1 A/dm^2
온도: 상온	양극: Pt판, 스테인리스판, Ag판
도금시간: 15초	두금 두께: 0.2 μm 정도

(2) Ag-Cu합금 도금

장식용 종류는 구리 7.5% 전후한 도금액으로 아름다운 회백색을 나타낸다. 경도(Hv)는 100~160 정도까지 이르며 전기접점, 전기회로 부품에 이용된다. 내식성, 열전도 및 전기전도도는 양호하지만 내습성, 내유화성이 나쁘고 내변색성은 Ag도금보다도 더 나쁘다.

1) AgCN: 0.4 g/L $KCu(CN)_2$: 10 g/L 전후
   KCN: 10 g/L   온도: 50~55℃

2) Ag(금속): 1.29 g/L   Cu(금속): 47.7 g/L
   K_2CO_3: 18 g/L   유리 KCN: 1.7 g/L
   pH: 12.4   전류밀도: 0.1~0.3 A/dm^2
   전류효율: 55~90%
   금속 Ag이 감소하고 Cu(금속)가 증가, pH가 낮아지면 양호한 도금을 얻을 수 없다.

3) Ag(금속): 0.15 g/L   Cu(금속): 65.1 g/L
   K_2CO_3: 18.1 g/L   유리 KCN: 1.9 g/L
   pH: 12.3
   양극전류밀도 Cu(금속)인 경우: 0.72~0.94 A/dm^2
   Ag는 0.01~0.2 A/dm^2에서 79~96% Cu 함유량의 도금을 할 수 있다.
   전류효율은 90~96%
   음극전류밀도는 0.28~0.31 A/dm^2 정도이다.

4) Ag(금속): 25~30 g/L   Cu(금속): 60~75 g/L
   유리 KCN: 50~70 g/L   NaOH: 10~15 g/L
   K_2CO_3: 25~30 g/L   온도: 20~25℃
   전류밀도: 0.5~2 A/dm^2 양극판: Ag
   8~10% Cu를 함유한 도금을 할 수 있다.

(3) Ag-In합금 도금

In을 첨가하여 다양한 분야에 사용할 수 있는 도금을 할 수 있다. 윤활성피막, 저용융점의 합금피막, 전기접점피막, 반도체용 피막, 저항피막 등의 분야에 이용된다.

1) $InCl_3$(인듐): 70 g/L $KAg(CN)_2$: 6 g/L
   (금속 In: 30 g/L)   (금속 Ag: 3 g/L)
   KCN: 160 g/L   KOH: 40 g/L

글루코스: 40 g/L
음극전류밀도: 2 A/dm^2
교반: 강하게
K_2CO_3: 30 g/L
온도: 상온
도금시간: 3분

2) AgCN: 4 g/L
KCN: 50 g/L
포도당: 15 g/L
온도: 상온
$InCl_3$: 13 g/L
KOH: 20 g/L
pH: 12~13
음극전류밀도: 2~15 A/dm^2

3) Ag(금속): 5 g/L
유리 KCN: 50 g/L
전류밀도: 0.2 A/dm^2
In(금속): 18 g/L
글루코스: 40 g/L
온도: 18~25℃

4) 황산인듐: 10 g/L
EDTA-2Na: 50 g/L
전류밀도: 0.2~0.5 A/dm^2
황산은: 10 g/L
CTAB: 2~5 g/L
pH: 7~10℃

(4) Ag-Pd합금 도금

Ag 도금보다 내변색성이 적고 저항이 큰 반사피막을 얻을 수 있다.
Pd의 반사율은 Ag보다 낮고(5790Å으로서 Pd는 65%, Ag는 93%)
통신공업용 전기접점부품에 이용된다.
내마모성은 Pd만 도금한 것보다 Ag-Pd 도금한 것이 더욱 우수하다.

1) $K_2Pd(CN)_4 \cdot 3H_2O$(금속 Pd로서 10 g/L)
유리 KCN: 200 g/L
전류밀도: 2 A/dm^2
$KAg(CN)_2$(금속 Ag로서 2.5 g/L)
pH: 14
온도: 50℃

Pd 20%의 백색 Ag-Pd 합금을 얻을 수 있다.

2) $K_2Pd(CN)_4 \cdot 3H_2O$(Pd 10 g/L)
유리 KCN: 0.1 g/L
전류밀도: 1 A/dm^2
$KAg(CN)_2$로서 Ag: 2.5 g/L
pH: 6.0
온도: 30℃

Pd는 33%로서 백색 광택 합금도금을 얻을 수 있다.

3) Ag: 30 g/L
유리 KCN: 50~75 g/L
전류밀도: 1 A/dm^2
Pd: 15 g/L
K_2CO_3: 20~60 g/L
온도: 18~20℃

(5) Ag-Sb합금 도금

Sb가 첨가되면 경도, 내마모성은 향상되지만 내식성은 Ag도금보다 낮다.

경질의 식기 종류에 사용된다.

1) AgCN: 45 g/L
   NaCN: 82 g/L
   Na_2CO_3: 45 g/L
   전류밀도: 2 A/dm^2
   온도: 28℃
   Sb_2O_3(금속 Sb 1.4 g/L)
   유리 NaCN: 60 g/L
   글리세린: 38 g/L
   pH: 12.4

2) Ag: 28～30 g/L
   유리 KCN: 18～20 g/L
   롯셀염: 40～60 g/L
   음극전류밀도: 0.25～0.5 A/dm^2
   주석산안티몬칼륨: 2～5 g/L
   K_2CO_3: 25～30 g/L
   KOH: 3～5 g/L
   온도: 18～20℃

3) AgCN: 62 g/L
   K_2CO_3: 40 g/L
   Sb_2O_3: 1.2 g/L
   착화제의 농도: 1～300 g/L
   온도: 15～35℃
   KCN: 160 g/L
   KOH: 1 g/L
   트리에타놀아민: 30 g/L
   전류밀도: 3 A/dm^2

(6) Ag-Sn합금 도금

대기 중에서의 변색이 적고 내마모성이 양호하다.

경도는 Ag 90% 정도의 합금 조성으로서 180 Hv 정도이며 Ag보다 경도가 높다.

납땜성, 전도성이 양호하고 전자부품의 표면 기능성 향상, 의료기기, 항공부품, 화학공업 등에 이용된다.

1) 피로인산칼륨: 75～150 g/L
   Sn^{2+}: 7～15 g/L
   H_2O_2(30%): 1～3 m*l*/L
   교반: 0.3～1 A/dm^2
   KCN: 15～25 g/L
   Ag^+: 8～16 g/L
   정지도금: 0.1～0.3 A/dm^2
   온도: 상온

2) Ag: 10～20 g/L
   피로인산칼륨: 170～220 g/L
   pH: 8.5～9.0
   교반: 0.5～0.9 A/dm^2
   Sn: 20～30 g/L
   황혈염: 3～5 g/L
   온도: 25±1℃
   무교반: 0.3～0.5 A/dm^2

3) AgCN(금속 Ag 4 g/L)

NaOH: 50 g/L

온도: 50℃

$K_2SnO_3 \cdot 3H_2O$(금속 32 g/L)

NaCN: 80 g/L

전류밀도: 0.2 A/dm^2

10～15% Sn을 함유한 합금을 얻을 수 있다.

4) Ag: 8.1 g/L

피로인산칼륨: 100 g/L

H_2O_2(30%): 2 ml/L

전류밀도: 0.5 A/dm^2

Sn: 7.2 g/L

KCN: 15 g/L

온도: 20℃

교반: 실시

5)

	(Ⅰ)	(Ⅱ)	(Ⅲ)
시안화은칼륨:	20 g/L	8.5 g/L	10～70 g/L
주석산나트륨:	40 g/L	100 g/L	15～150 g/L
KCN:	15 g/L	64 g/L	-
피로인산칼륨:	100 g/L	100 g/L	60～250 g/L
온도(℃):	20～30	20～30	15～35
pH:	10～13	10～13	7～13

(7) Ag-Zn합금 도금

Ag-Cd의 대체도금으로서 개발되고 있으나 쉽게 변색된다.

백색외관을 나타내며 철강 제품 식기의 내식성에 대한 보호작용이 있다.

1) $Zn(CN)_2$: 100 g/L

NaCN: 100 g/L

전류밀도: 0.3 A/dm^2

AgCN: 8 g/L

NaOH: 160 g/L

18% Zn의 조성을 얻을 수 있다.

2) 질산아연: 30 g/L

질산암모늄: 24 g/L

전류밀도: 0.4 A/dm^2

질산은: 17 g/L

온도: 45℃

교반: 실시

주석산 1 g/L을 첨가하면 1 mm 도금 두께를 얻을 수 있다.

3) AgCN: 3 g/L

NaCN: 160 g/L

$Zn(CN)_2$: 100 g/L

NaOH: 100 g/L

전류밀도: 0.1～4 A/dm^2

Zn 함유량을 20% 이상 도금되게 하기 위해서는 정지도금에서 0.15 A/dm^2 이상으로 도금해야 한다.

(8) Ag-Cu-Zn합금 도금

1) CuCN: 40.5 g/L　　　$Zn(CN)_2$: 9 g/L

NaCN: 56 g/L　　　Na_2CO_3: 30 g/L

위의 조성으로서 건욕하면 Cu 45.7%, Zn 54.3%의 비율로서 도금된다.

$Ag(CN)_2$(금속은(Ag) 1.3 g)를 첨가하면 Zn의 함유량이 0.6% 저하된다.

2) $KAg(CN)_2$: 2.4 g/L　　　$Zn(CN)_2$: 9 g/L

NaCN: 10 g/L　　　Na_2CO_3: 18 g/L

위의 조성에 CuCN을 첨가한다(황색).

3) $KAg(CN)_2$: 2~3 g/L　　　CuCN: 35~40 g/L

$Zn(CN)_2$: 12~15 g/L　　　유리시안: 3~5 g/L

Na_2CO_3: 30 g/L　　　전류밀도: 1 A/dm^2

온도: 상온　　　교반: 보통

예제 니켈도금 위에 은도금 박리

니켈도금 위의 은도금을 박리하는 것에 대해서는 어떤 좋은 방법이 있는가?

|풀이| 티오황산나트륨 15 g/L에 수산화나트륨 7.5 g/L을 첨가한 용액 중에서 양극전해한다.

예제 무전해 은도금

무전해 은도금에서 시안을 함유하지 않는 도금액에 대해서?

|풀이| 실험적으로는

질산은	7.5 g/L
암모니아	75 g/L
티오황산나트륨	105 g/L
온도	상온

이와 같은 조성은 구리 및 구리합금 소재에는 적당하지만 도금액의 수명이 짧고 공업적으로 권장할 가치는 없다. 또 외국 문헌에는 질산은 50 g/L과 황화칼륨 500 g/L을 혼합한 용액이 좋다고 되어 있다.

14.5 은도금액의 관리

은도금은 특히 전처리 공정이 매우 중요하고 최종 제품의 특성에 영향을 미치고 석출 외관과도 관계가 깊다. 안정된 도금 상태를 얻기 위해서는 작업관리를 철저히 해야 한다. 은도금액의 조성은 단순하고 도금액 조성의 변동도 적으므로 관리하기 쉽다. 매일 시안화칼륨 또는 시안화나트륨의 농도를 측정하여야 한다. 금속 불순물은 일주일에 1회 정도 분석해야 한다. 금속 불순물이 존재할 경우 균일전착성은 나쁘게 된다.

- **온도의 영향**: 균일전착성은 30~40℃의 범위에서 제일 양호하다. 특히 30℃에서 최대로 양호하다. 50℃ 이상에서는 점점 불량해진다.
- **금속은(銀) 농도의 영향**: 온도가 높을수록 은의 농도가 증가하게 되지만 40~50℃의 범위에서는 은의 농도는 점점 낮아진다.
- **유리시안화칼륨 농도의 영향**: 도금액이 30℃ 이상이면 유리시안화칼륨 농도가 높은 쪽이 균일전착성이 양호하다. 30℃ 이하에서는 유리시안화칼륨 80 g/L이 농도가 비교적 높다.
- **탄산칼륨 농도의 영향**: 20~60 g/L의 범위에서는 별 차이가 없다. 탄산칼륨의 농도가 120 g/L까지는 농도가 높음에 따라 전착성이 양호하지만 150 g/L에서는 낮아진다.

은의 균일전착성에 미치는 원인으로서는 은 이온의 농도 영향이 크다. 은 이온의 농도가 증가하거나 유리시안화칼륨의 농도가 감소되면 은 석출의 음극전위(電位)는 낮게 된다. 일반적인 균일전착성 및 전류밀도가 큰 범위의 도금액 조성 및 조건은 다음과 같다.

금속은: 30~40 g/L
온도: 30℃
유리시안화칼륨: 100~120 g/L
전류밀도: 0.5~1.0 A/dm^2
탄산칼륨: 20~30 g/L

균일전착성을 개선하는 다른 요소는

① 걸이의 향상, 양극 대 음극의 길이 비는 적당하게,
② 전류밀도는 적절하게,
③ 교반 정도는 알맞게,
④ 음극진동의 속도를 알맞게 해야 한다.

14.6 | 불량과 대책

(1) 도금 광택이 불량인 경우

- 원인: 전처리 불량
  은 스트라이크 도금액의 오염은 활성탄 여과 처리한다.
  은 농도가 부족한 경우에는 시안화은칼륨을 보충한다.
  광택제가 부족한 경우에는 조금씩 광택제를 첨가한다.

(2) 밀착 불량인 경우

- 원인: 전처리 불량
  은 스트라이크 불량은 은의 농도를 높이고 시안화칼륨을 첨가한다.

(3) 저전류가 뿌옇다.

- 원인: 은의 농도가 부족하다.
  불순물이 들어갔다.
  유리시안화물이 부족하다(은의 농도를 높이고 시안화칼륨을 첨가한다).

(4) 은도금의 색상이 누렇다.

은의 금속분이 부족하고 시안화칼륨을 첨가한다.

유기·무기불순물이 많은 경우 활성탄 처리 후 여과한다.

CHAPTER

15 귀금속도금

15.1 로듐도금(Rhodium plating)

로듐은 백금족(로듐, 이리듐, 팔라듐, 오스뮴, 이리듐, 백금)에서 가장 많이 이용되는 금속이다. 내식성 및 반사율이 우수하고 백색광택을 나타내므로 예전부터 장신구에 많이 이용되었다. 은도금위에 로듐도금을 할 경우 변색 방지가 가능하므로 0.5 μm 이하의 얇은(flash) 로듐도금을 하기도 한다. 전기접점용에 팔라듐, 팔라듐-니켈 합금에 금도금을 하는 대신에 로듐도금을 하기도 한다.

로듐도금이 최초로 전기도금으로서 사용된 것은 1930년대였으며 현재 공업 및 장식용으로서 이용되고 있다. 로듐(Rh) 자신은 일반적인 산 및 알칼리에는 침식되지 않으나 300℃의 발열황산(진한 황산에 SO_3 무수황산을 40~70% 혼합) 및 뇨소, 차아염소산나트륨에는 침식된다. 로듐도금은 경면 반사율이 양호하고 경도는 Hv 800~1,000 정도로 대단히 높고 내마모성도 좋다. 전기저항은 낮고 은보다는 경시변화가 적기 때문에 접점에 많이 이용되므로 전기 및 전자기기 및 광학기 부품 등의 공업적 용도에 많이 이용되고 있다.

도금액의 형태는 ① 황산염-황산도금액 ② 인산염-황산도금액 ③ 인산염 도금액이 일반적이고 기타 붕불산 도금액, 슬파민산 도금액 등이 있으나 황산염 도금액이 많이 사용된다. 보통 로듐도금의 색깔이 장식용 목적으로 이용될 때는 인산염-황산 도금액이 좋고 아연, 철강 소재 등 황산에 침식되기 쉬운 제품일 때는 인산염 도금액이 좋다. 로듐도금액의 조성 및 작업조건 표 15-1에 나타냈다.

표 15-1 로듐 도금액

성분(g/L) ＼ 구분	황산액	인산액	황산-인산액	두께용
황산로듐	1.5~2.0			10
황산(ml/L)	25~50		25~50	15~200
인산로듐		1~2	2	셀렌산(0.1~1.0 g/L)
인산(ml/L)		40~80		
온도(℃)	40~50	40~50	40~50	50~75
전류밀도(A/dm^2)	1~10	1~15	1~10	1~2
전압(V)	3~6	4~8	3~6	

금속 로듐에서 로듐염의 제조는 복잡한 처리 공정이 많지만 도금액 조성은 단순하므로 시판되는 황산로듐을 사용하는 것이 좋다. 로듐도금에서 잔류된 내부응력을 감소시키기 위해서는 Se, Mg, Al 등을 미량 첨가하면 좋은 효과가 나타난다. 연속작업을 하면 균열이 생기므로 이때의 해결방법은 다음과 같다.

① 도금액 중의 로듐 금속 농도를 높인다.
② 산 농도를 높이고 온도를 높인다.
③ 소재 또는 하지도금의 활성화 방법을 확인한다.

도금액 중의 불순물 관리를 철저히 해야 한다. W. Safranek는 ①, ②의 현상에 대해서 황산염-황산도금액에서의 결과를 다음과 같이 나타냈다. 잔류된 내부응력과 황산농도, 온도와의 관계를 그림 15-1과 유기 불순물이 잔류 내부응력에 나타내는 영향을 표 15-2에 나타냈다. 로듐 도금액에서는 불용성 양극을 사용하므로 전착되거나 손실되는 도금액 중의 금속분, 황산 등을 보충해야 한다. 또 양극으로서는 티타늄에 백금도금을 하거나

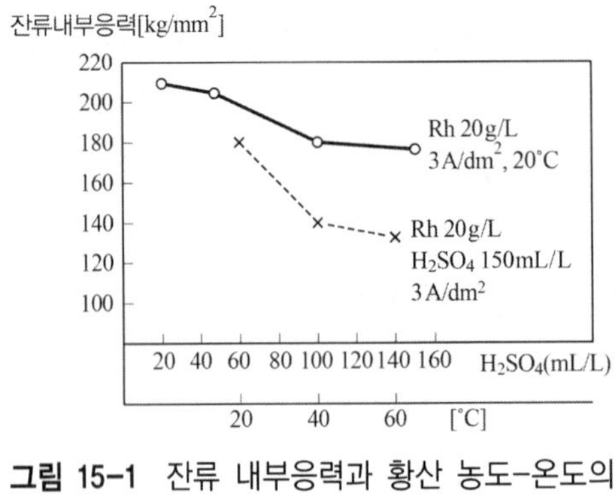

그림 15-1 잔류 내부응력과 황산 농도-온도의 관계

표 15-2 유기불순물이 잔류 내부응력에 따른 영향

온도(℃) \ 내부응력	청정액 (kg/mm²)	마스킹제(masking)(A) (kg/mm²)	마스킹제(masking)(B) (kg/mm²)
30	70	72	91
40	87	89	114
50	80	82	92
60	69	71	91
70	59	61	100

마스킹방법: 화학분석에서 공존 성분을 목적으로 하는 성분의 반응에 장해가 되지 않도록 사용하는 시약
시험체에 마스킹제를 도포시킨 후 24시간 공기 중에 방치한다.
도금액 조건: 금속로듐 8 g/L, H_2SO_4 30 g/L, 0.5 A/dm^2, 30분 도금, 도금액은 200 ml

탄탈 위에 백금도금한 것도 있으나 될 수 있으면 백금판을 사용하는 것이 좋다. 로듐 도금액은 강산성이므로 소재 금속 및 하지 도금을 용해시키거나 금속 불순물 때문에 색깔이나 내식성에 변화를 일으키므로 도금조는 될 수 있는 대로 적게 해야 하며 어느 일정량 이상의 불순물이 축적되면 도금액을 새롭게 만들어 사용하는 것이 좋다. 소재상에 다른 도금을 한 후 최종적으로 로듐도금을 하지만 이때 하지 도금의 종류에 따라 내식성이 변화한다. 로듐도금은 소재 금속-Ni도금-Rh도금 사이에서 전기화학적 부식이 일어나므로 중간에 귀금속도금을 실시하여야 한다.

(1) 로듐 도금액 조성과 조건

표 15-3 로듐 도금액

성분(g/L) \ 구분	장식도금(1 μm)	전자부품(10 μm)	고속도금(5 μm)
황산로듐	1.8~2.2	4.5~5.5	10~20
황산	40~50	70~90	70~90
광택제	적당	-	-
온도(℃)	40~50	45~60	55~65
전류밀도(A/dm²)	1~3	1.0~1.5	20~40
전압(V)	2~6	2~6	2~6
음극 : 양극	1 : 1~2	1 : 1~2	1 : 1~2
교반	음극	여과순환, 음극	제트분류 0.5 m/sec 이상

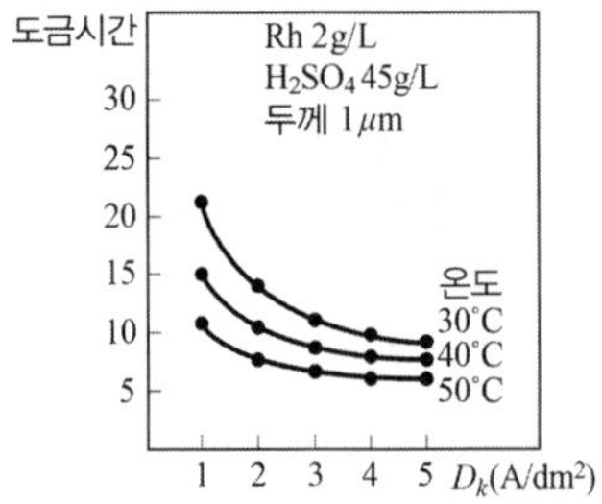

그림 15-2 1μm 도금 두께에 필요한 시간 (장신구용)

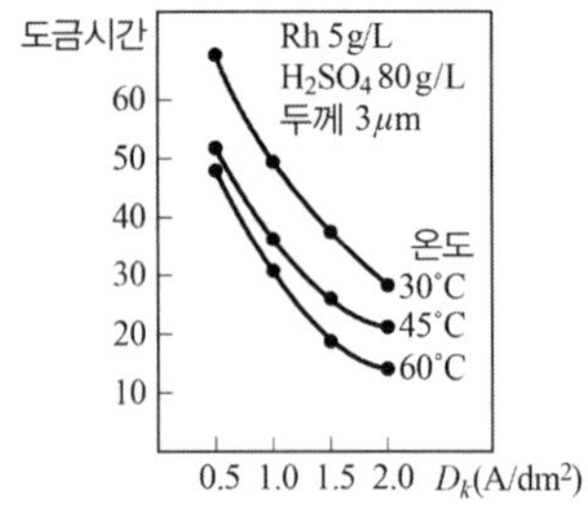

그림 15-3 3μm 도금 두께에 필요한 시간 (전자 부품 두께용)

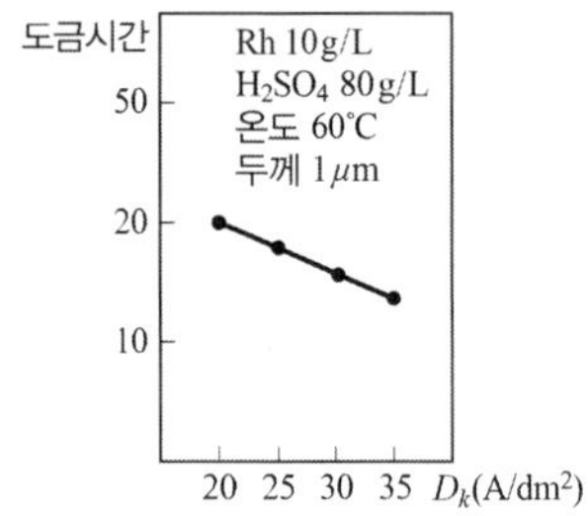

그림 15-4 1μm 도금 두께에 필요한 시간(고속용)

1) 도금공정(장신구용)

전처리 → (세정 → 활성화처리 → 니켈 또는 필라듐 도금 → 니켈 합금도금) $\xrightarrow{\text{수세}}$ 5%황산침적 $\xrightarrow{\text{수세}}$ 순수세 → 로듐도금 → 회수 $\xrightarrow{\text{수세}}$ 온수세 → 건조

2) 설비

- 온도: 직접 가온(加溫)
- 교반: 음극교반

  장식용은 5～10 m/min

  공업용(두께) 20～30 m/min
- 여과기: 내산용

  두껍게 도금을 하기 위해서는 1시간당 여과되는 도금액 용량을 10배 이상으로 해야 한다.
- 배기장치: 미스트가 발생하므로 반드시 필요
- 양극: 백금 또는 티타늄판에 백금도금된 판 또는 망
- 정류기: 전류용량은 도금조의 용량에 대해 1 A/L 정도

예제 **로듐도금의 부풀음**

안경테에 니켈도금을 0.7μm 하고 로듐도금 0.1μm 정도하였다. 색깔은 백색으로 깨끗하지만 얼굴과 접촉된 부분은 잘 벗겨지거나 부풀음이 생긴다. 로듐도금하기 전에 파라듐도금을 하는 것이 더 좋지 않을까?

풀이 전체적으로 도금 두께가 얇다. 이때 내마모성이 필요하기 때문에 여기서는 니켈도금을 두껍게 하면 된다. 내식성을 향상시키기 위해서 파라듐도금을 하는 것은 더욱 좋다.

예제 **로듐 도금액의 황산분**

로듐 도금액을 2년 동안 사용하였더니 황산이 30 ml/L에서 160 ml/L까지 증가하였다. 이 도금액의 용량은 40 L이다. 또 산의 농도가 고농도이기 때문에 하지 도금의 침식 등으로 불순물 축적이 증가하였다. 황산 농도를 내리게 하는 방법은 없는가?

풀이 산 농도가 높아지면 음극효율이 저하하지만 내부응력은 감소된다. 도금액을 가열하여 과잉의 황산분을 날려 보내고 산을 수산화나트륨으로 중화시켜야 한다. 이때 수산화로듐의 침전이 생긴다. 이 침전물을 여과하여 증류수로 충분히 세정하고 황산을 규정량까지 다시 용해시킨 도금액을 사용하는 것이 좋다.

예제 **로듐의 회수방법**

로듐 걸이(rack)에서 금속 로듐을 회수하려고 한다. 설비와 간단한 회수 방법은?

풀이 보통 염소화법이 있으나 설비가 필요하므로 이것이 로듐칩에 Pb를 혼합한 노에서 용해시킨 후 질산으로 Pb를 용출시켜 로듐괴(塊)를 만든다. 이 금속 로듐을 황산 3, 물 1의 비율로 용액을 넣고 300℃ 정도 될 때까지 가열하면 황산로듐이 만들어진다.

---

(2) 불량과 대책

표 15-4 도금불량의 원인과 대책

도금불량	원인	대책
색상이 검다.	금속불순물 혼입(Fe, Cu, Zn, Ni 등) 유기불순물 혼입 도금조건이 부적당 하지 은도금의 세정과다	불순물이 너무 많을 때는 새로운 도금액으로 교체 활성탄 1~3 g/L으로 교반, 여과처리 도금액 분석 및 전류측정 세정 시간 또는 세정 농도가 낮다.
밀착불량	하지도금 불량 도금 전 세정수의 수질 하지 니켈도금의 부동태화	세정 과정 확인, 하지도금 과정 확인 순수 사용 활성화액의 농도 점검
광택 불량	도금액 조성 부적당 도금조건 부적합 무기, 유기불순물 혼입	분석 농도, 전류밀도, 교반상태 등 활성탄처리 및 심하면 새로운 도금액으로 건욕

(3) 흑색 로듐도금

흑색 로듐도금은 30℃ 이상의 온도에서는 변색되기 쉬우므로 여름에는 저온에서 도금을 해야 한다. 또 도금을 한 후 양극처리를 해야 한다. 흑색 로듐 도금액의 조성은 황산로듐 2.5~3.5 g/L, 황산농도 25~30 g/L, 첨가제(약간), 온도 25~30℃, 전류밀도 2~4 A/dm^2, 음극교반, 최대 도금 두께는 0.5μm 정도이다.

15.2 루테늄도금(Ruthenium plating)

루테늄도금은 1936년에 Zimmermann가 루테늄의 Ru · NOCl · H_2O염을 사용한 것이 최초였다. 이후 많은 연구 및 특허도 나오게 되었으며 최근에는 루테늄도금액의 여러 종류가 개발되었다. 표 15-5는 경백금속(經白金屬)의 3가지 원소의 성질을 비교하였다(중백금속: Os, Ir, Pt). 루테늄은 공업 분야에서의 적용이 서서히 증가하고 있어 최근 로듐의 가격이 비싸므로 비교적 안정된 루테늄의 도금이 프린트 기판의 단자도금에

표 15-5 귀금속의 종류 비교

	루테듐	로듐	파라듐
원자번호	44	45	46
분자량	101.1	102.9	106.4
비중(g/L), 20℃	12.45	12.45	12.02
융점(℃)	2250	1960	1552
전기저항(Ω/cm^2)	7.6	4.3	10.1
경도(D. P. N) 전착물	-	800~1000	300~400

표 15-6 슬퍼민산 루테늄도금액

$RuNOCl_3 \cdot 5H_2O$	10 g/L
(Ru로서)	3.5~4.5 g/L
NH_2SO_3H	10~20 g/L
온도	50°~65℃
음극전류밀도	0.5~1.5 A/dm^2
양극	티타늄-백금판
전류효율(하지 금 스트라이크 도금 후)	30%(5~8 mg/L·min)
pH	1~2

이용되고 있다. 루테늄도금을 할 때 염화니트로실 루테늄염(鹽)(Y=$RuCl_4$)이 주류를 이루고 유리된 산을 변화시킨 형태의 도금액이 여러 가지가 있으나 G. A. Conn은 표 15-6에 따른 슬파민산 도금액이 제일 좋다고 하였다. 황산루테늄도금액의 예는 다음과 같다.

① 황산루테늄: 3 g/L, 황산: 6 g/L, 첨가제: 약간, 온도: 50℃, 음극전류밀도 2 A/dm^2, 교반은 음극 진동으로 한다.

② 니트로소 염화루테늄: 2 g/L, 황산: 20 g/L, 음극전류밀도: 2~3 A/dm^2, 온도: 50~85℃ 하지도금은 금스트라이크, 양극: 백금도금된 Ti판

도금 경도, 내마모성 및 내식성은 우수하지만 3μm 이상의 도금에서는 내부응력이 커서 균열되기가 쉽다. 보통 pH는 대단히 강산성이므로 루테늄도금을 하기 전에 팔라듐 스트라이크 도금을 한다.

15.3 백금도금(Platinum plating)

원자번호 78, 원자량 195.7, 비중(20℃) 21.45, 융점 1,773℃로 중백금속으로 장식용으로서 매우 아름다운 색깔을 나타내며 공업 분야에서는 전자기기, 우주산업, 의료기기 등에 이용된다. 전극으로서는 티탄 및 탄탈위에 백금도금한 것이 전기화학공업 및 다른 방면에도 널리 이용되고 있다. 특히 두꺼운 도금을 하기 위해서는 백금을 10 g/L 정도의 조성으로 하는 경우가 많다. 도금액은 물에 불용의 디니트로(dinitro: 니트로기$-NO_2$) 디아미노(diamino기$-NH_2$) 암모니아수에서 끓여서 가용성의 테트라아민아질산염으로 만든다. 전류효율은 낮으며 백금으로서 10 g/L의 도금액에서 10분 정도 도금하면 두께가 1μm 정도 된다. 온도가 높아 암모니아의 소모가 심하고 도금액의 증발 속도가 빠르므로 물의 보충은 암모니아 희석수를 사용해야 한다.

표 15-7 백금도금액

질산암모늄	100 g/L
질산나트륨	10 g/L
백금(암모니아에 용해시킨 아민아질산염)	3 g/L
수산화암모늄	55 ml/L
온도	97~100℃
D_k, 양극	3~10 A/dm^2, 백금

알칼리성 백금도금액은 도금액의 변동이 심하기 때문에 도금액 관리가 어렵다. 또 다른 도금액 조성은 다음과 같다.

① 백금[$H_2Pt(NO_2)_2SO_4$]: 5 g/L, pH: 2(황산), 온도: 40℃, 전류밀도: 0.1～1 A/dm^2, 양극: 백금

② 백금(H_2PtCl_4): 20 g/L, 염산: 300 m*l*, 온도: 65℃, 전류밀도: 0.1～2 A/dm^2, 양극: 백금

③ 백금(H_2PtCl_6): 10 g/L, 인산암모늄: 60 g/L, pH: 7.5～9.0(NH_4OH), 온도: 65～75℃, 전류밀도: 0.1～1 A/dm^2, 양극: 백금

15.4 파라듐도금(Palladium plating)

파라듐의 화학적 안정성은 다른 금속에 비해서 약간 떨어지고 도금 색깔은 약간 흑색이며 질산에 침식된다. 과거에는 로듐 하지도금 등에 이용되었으나 파라듐 단독의 전착물로서는 Pd-Ni합금도금으로서 사용된다.

파라듐염으로서는 디아민아질산 파라듐이 많고 이 염은 물에 잘 용해되지 않기 때문에 암모니아수(NH_4OH)로서 용해하여 사용한다. 전도염으로서 암모니아 또는 나트륨의

표 15-8 파라듐도금액

조성		pH	온도(℃)	전류밀도 (A/dm^2)
디아민아질산염 도금액 파라듐(암모니아수에 지아민아 질산염을 용해)		9.0	45～55	0.5～3.0
질산암모늄	4 g/L			
아질산나트륨	90 g/L			
암모니아수로서 pH 조정	10 g/L			
아민질산염액		8～10	40～60	0.5～2.0
파라듐($Pd(NH_3)_4(NO_3)_2$으로서)	10～26 g/L			
슬러민산 도금액		7.5～8.5	26～32	0.2
파라듐(디아민) (dinitrite(psalt)으로서)	10 g/L			
슬퍼민산암모늄	112 g/L			
칼륨 도금액		-	27～50	0.5～2.0
파라듐	2～55 g/L			
수산화나트륨	75～225 g/L			

황산염, 질산염, 아질산염 등이 이용되고 있다. 산성 도금액은 내부응력이 적고 두께 도금에 이용된다. 이 계통의 도금액은 두께도 2~3μm가 한계이므로 이 이상이 되면 균열이 발생한다. 또 백금도금일 때와 같이 암모니아가 심하게 날아가기 때문에 필요할 때에 암모니아수를 물로 희석시켜 알맞게 보충시키면서 도금을 해야 한다. 이 계통과는 별도로 Tetramine palladous bromide($[Pd(NH_3)_4]Br_2$)에 암모니아를 첨가하면 Tetramine palladous bromide가 생성된다.

$$Pd(NH_3)_2Br + 2NH_4OH = [Pd(NH_3)_4]Br_2 + 2H_2O$$

대표적인 도금액 조성은 표 15-9에 나타냈고 이 도금액에서 음극효율이 90% 이상인 경우에는 석출속도는 1μm/min 정도로 두꺼운 도금도 가능하다.

표 15-9 암모늄브롬 파라듐의 도금액

$Pd(NH_3)_4Br_2$	21~31 g/L
암모늄프로마이트(암모니아수, pH 9~10)	32 g/L
온도	43°~54℃
음극전류밀도	2~4 A/dm^2

또 다른 도금액 조성은 다음과 같다.

① 염화파라듐: 10 g/L, 염화암모늄: 60~90 g/L, 첨가제: 약간
pH: 8.5(NH_4OH) ~9.0, 20~35℃, 1~2 A/dm^2 음극교반
② 염화파라듐: 30 g/L, 염화암모늄: 30 g/L, 첨가제: 약간
pH: 0.5(HCl), 40~50℃, 0.5~1.5 A/dm^2 음극교반
③ 슬퍼메이트 파라듐: 10~15 g/L, 슬퍼민산암모늄: 100 g/L
pH: 7.5~8.5(NH_4OH) 25~35℃, 0.1~2.0 A/dm^2

15.5 파라듐-니켈도금(Pd-Ni plating)

파라듐-니켈 합금도금은 슬퍼민산 및 염화물 도금액의 2종류가 있다. 니켈 농도 및 도금 피막의 합금 조성에 따라 파라듐의 함유량이 50~80% 정도로 될 수 있다. 암모늄의 첨가는 금속 불순물이 많이 생길 수 있고 이러한 금속 불순물이 축적이 되면 광택 및 도금 색상이 불량하게 된다. 이때는 약전해를 하여 금속 불순물을 제거해야 한다.

표 15-10 파라듐-니켈도금액

구분 / 조성(g/L)	슬퍼민산 도금액	염화암모늄 도금액
파라듐농도	10	15
니켈농도	10	10
슬퍼민산암모늄	50	
황산암모늄		35
첨가제	적당	적당
pH	8.5	8.5
합금조성(%)	Pd : Ni=60 : 40	Pd : Ni=75 : 25
온도(℃)	20~35	30~35
전류밀도(A/dm^2)	1~3	1~2
교반	음극	음극

또 다른 도금액의 예는 다음과 같다.

① 파라듐[$Pd(NH_3)_2$ $(NO_2)_2$, 금속 Pd는 3 g/L]: 6 g/L
슬퍼민산니켈(금속 Pd는 3 g/L): 20 m*l*/L
슬퍼민산암모늄: 90 g/L
pH: 8~9(NH_4OH), 온도: 20~40
양극: 백금도금판, 전류밀도: 0.5~1.0 A/dm^2

15.6 인듐도금(Indium plating)

인듐은 내알칼리성이 극히 우수하므로 내마모성, 내식성을 요구하는 도금 제품에 이용된다. 인듐도금액의 종류는 시안화물, 슬퍼민산 및 붕불화 도금액이 있다.

1) 시안화물 인듐도금액

인듐농도: 35 g/L, 시안화칼륨: 100 g/L, 수산화칼륨: 60 g/L, 첨가제: 적당, pH: 13 이상, 온도: 20~30℃, 양극: 철판, 전류밀도: 1~2 A/dm^2, 음극진동

침전물이 생기므로 pH 관리를 철저히 해야 한다.

2) 슬퍼민산 인듐도금액

슬퍼민산인듐: 100 g/L, 슬퍼민산나트륨: 150 g/L, 슬퍼민산: 25 g/L, 첨가제: 적당, pH: 1.5～2.5, 온도: 20～30℃, 전류밀도: 1～2 A/dm^2, 교반: 공기

3) 붕불화 인듐도금액

도금액 변동이 적고 치밀한 조직을 얻을 수 있다. 고농도, 고전류밀도에서 도금작업을 할 수 있다. 붕불화인듐: 230 g/L, 붕산: 20 g/L, 붕불화암모늄: 40 g/L, 첨가제: 적당, pH (붕불산): 1～2, 온도: 20～30℃, 전류밀도: 1～2 A/dm^2, 교반: 공기

15.7 귀금속들의 여러 가지 표

표 15-11 귀금속의 산침식

명칭	염산		황산		질산		불산		왕수	수산화 나트륨	시안화 나트륨	공기(습한)
	농	희	농	희	농	희	농	희				
금	×	×	×	×	×	×	×	×	심함	×	CH	불변
은	×	×	H	×	CH	CH	CH	CH	CH	×	CH	H_2S에 침식
백금	×	×	×	×	×	×	×	×	심함	×	×	불변
파라듐	×	×	×	×	CH	CH	×	×	심함	×	×	불변
로듐	×	×	×	×	×	×	×	×	×	×	×	불변
인듐	CH	CS	CH	CS	CH	CS	CS	HS	심함	×	CH	불변

(비고) ×: 침식하지 않음, H: 뜨거운 물에 침식, C: 냉수에 침식, S: 서서히 침식, 심한: 심하게 침식

표 15-12 귀금속의 물리적 성질표

명칭	원자 번호	분자량	비중	융점 (℃)	비등점 (℃)	전기저항 $\frac{\Omega.m.m^2}{m}$ (18℃)	경도 (모오스)	경도 (브리넬)
금	79	197.2	19.33	1063	2677	0.0242	2.5	–
은	47	107.88	10.49	960	1944	0.0163	2.7	–
백금	78	195.23	21.5	1771	3910	0.110	4.3	606-642
파라듐	46	106.7	11.8	1550	2200	0.107	4.0	190-196
로듐	45	102.91	12.5	1985	–	0.060	–	594-641
인듐	49	114.76	7.3	156	700	–	–	–

표 15-13 귀금속도금의 금속 석출량

명칭	원자량	원자가	비중	1A.h로 석출되는 량 (g)	$1dm^2$에 1μ 도금된 중량 (mg)	coulomb에 석출되는 량 (mg)	1 dm^2에 1μ 도금할 때 필요한 A.h
금 Au	197.2	3	19.3	2.452	193.0	0.6813	0.078
	197.2	2	19.3	3.678	193.0	–	0.053
	197.2	1	19.3	7.356	193.0	2.044	0.026
은 Ag	107.88	1	10.5	4.024	105.0	1.1180	–
백금 Pt	195.23	4	21.4	1.820	214.0	0.5058	0.117
	195.23	2	21.4	3.641	214.0	0.5058	0.059
파라듐 Pd	106.7	4	12.0	0.995	120.0	0.2764	0.12
	106.7	3	12.0	1.326	120.0	0.3683	0.0915
	106.7	2	12.0	1.990	120.0	–	0.061
로듐 Rh	102.9	4	12.5	0.959	125.0	0.2666	0.131
	102.9	3	12.5	1.279	125.0	0.3553	0.098
	102.9	2	12.5	1.919	125.0	0.5331	0.065
인듐 In	114.76	3	7.31	1.427	73.1	0.3965	0.051

표 15-14 귀금속염류의 여러 성질

	명칭	분자식	분자량	금속 (%)	색	용해성		
						물	산	알칼리
금	염화제2금수소산	$HAuCl_4 \cdot 4H_2O$	411.85	47.9	황	용		
	염화제2금	$AuCl_3 \cdot 2H_2O$	333.96	65.0	황갈	용		
	시안화금	$AuCN$	233	84.8	황	불		
	시안화제1금칼륨(무수)	$KAu(CN)_2$	288.33	68.3	백	용		
	시안화제1금칼륨	$KAu(CN)_2 \cdot 2H_2O$	324.05	60.7	무	용	용	용 CN
	아황산금칼륨	$K_3Au(SO_3)_2,\ xH_2O$	324.36	41.56	오렌지	용		
은	염화은	$AgCl$	143.34	75.3	백	불	불	
	시안화은	$AgCN$	133.90	80.5	백	불		
	질산은	$AgNO_3$	169.89	63.5	무	용		용 CN
	시안화은칼륨	$KAg(CN)_2$	199.01	54.2	무	용		용 CN
	시안화은나트륨	$NaAg(CN)_2$	182.91	58.9	무	용		
백금	염화제2백금산	$H_2PtCl_6 \cdot 6H_2O$	517.93	37.5	오렌지(결정)	용		
	염화제1백금산	H_2PtCl_4	339.07	57.3	암갈색(용액)	용		
	염화제2백금산칼륨	K_2PtCl_6	447.02	43.6	황	불		용 NH_3
	염화제2백금산암모늄	$(NH_4)_2PtCl_6$	441.93	44.2	황	불		
파라듐	질산제1파라듐	$Pd(NO_3)_2$	230.7	46.6	갈	용		
	염화제1파라듐	$PdCl_2 \cdot 2H_2O$	213.7	49.9	황갈	용		
	염화제2파라듐암모늄	$(NH_4)PdCl_6$	355.4	30.0	적	불		
	디크로로지아민, 파라듐	$PdCl_2 \cdot Pd(NH_3)_4Cl_2$	422.8	25.2	황	불		
	이아미노아질산, 파라듐	$Pd(NH_3)_2(NO)_2$	232.7	45.9	황갈	용		
로듐	염화로듐산나트륨	$Na_3RhCl_6 \cdot 9H_2O$	546.6	19.1	암적	용		
	염화로듐	Rh_2Cl_3	209.2	51.3	황	용	용	
	황산로듐	$Rh_2(SO_4)_3 \cdot 12H_2O$	517.82	19.9	적	용	용	
인듐	염화인듐	$InCl_3$	221.13	48.1	무	용		용
	황산인듐	$In_2(SO_4)_3$	500.90	21.16	무	용		용

CHAPTER

16 바렐도금

바렐도금은 형태가 적은 물품을 다량으로 도금하는 방법으로서 물품과 물품이 서로 접촉하여 마찰, 연마되고 전류는 단속되면서 음극봉의 접촉에 의해서 도금이 된다. 광택제를 첨가하면 더욱 광택이 양호해진다. 도금 장치는 일반적으로 수평형과 경사형의 두 종류가 있으며 소형의 물체나 소량인 경우에만 경사형에서 도금을 한다.

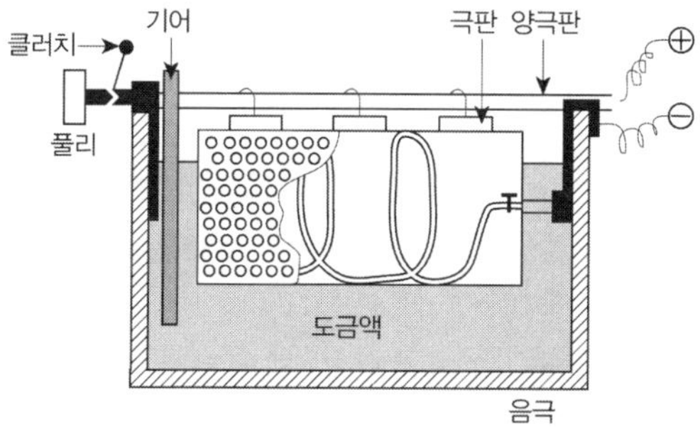

그림 16-1 수평 바렐도금기

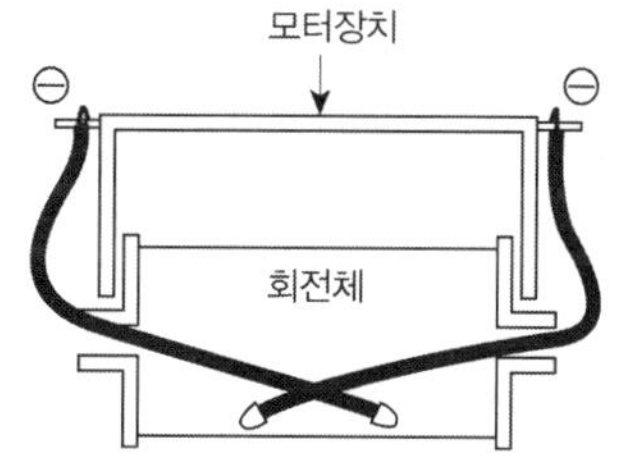

그림 16-2 탁상용 바렐도금기

16.1 바렐도금의 회전수

바렐의 회전수는 도금 두께의 불균일 또는 균일전착성에 크게 영향을 미친다. 회전수가 적으면 도금 두께의 차이가 크고 균일전착성도 나쁘게 된다. 회전수를 증가시키면 도금 두께의 차이가 줄어들고 균일전착성도 향상 되지만 회전수를 너무 빠르게 하면 도금 두께와 불균일성이 증가하고 균일전착성이 나빠진다. 바렐이 회전되면 바렐 속에 있는 도금할 물품이 회전되면서 그 물품에 흐르는 전류는 단속된다. 단위 시간 중의 단속 횟수

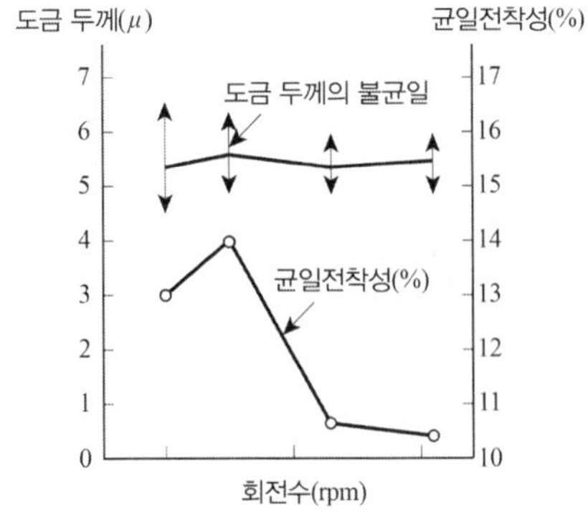

그림 16-3 바렐 니켈도금의 회전수와 도금 두께의 불균일 및 균일전착성

가 너무 많으면 균일전착성이 나쁘게 된다. 그림 16-3은 바렐 니켈도금에 있어서 회전수와 균일전착성과의 관계를 나타낸 것이다. 균일전착성이 가장 좋은 회전수는 6～8 rpm이다. 가장 알맞은 회전수는 바렐의 직경과 도금할 물품의 크기에 따라 차이가 있다. 직경이 작은 바렐에 있어서는 15～20 rpm, 직경이 큰 바렐에 있어서는 5～15 rpm이 좋다. 물품이 작은 경우에는 물품이 큰 경우보다 회전수를 증가시키는 것이 좋다. 바렐의 회전수는 2～3단으로 변속시키는 것이 좋으며 같은 회전수로 큰 물건이나 작은 물건을 동시에 도금하면 무난하다.

16.2 바렐도금에서의 장입량

바렐의 물품 장입량은 용적으로 결정하는 방법, 표면적으로 결정하는 방법, 중량으로 결정하는 방법이 있으며 널리 사용되고 있는 것은 용적으로서 결정하는 방법이다. 이 방법은 우선 용적을 결정하고 난 후의 물품을 장입했을 경우 중량이 몇 kg인가를 계량한다. 예를 들면 50 kg장입 또는 90 kg장입이라고 한다. 용적으로서 도금 양을 결정하는 경우에는 그 바렐 용적의 40%로 하며 바렐이 수평 바렐인 경우에는 중심선 조금 밑까지 장입하면 된다(그림 16-4 참조). 용적으로 결정하면 표면적은 관계가 없지만 도금 두께는 전류, 표면적, 도금시간, 음극전류효율에 의해서 결정되므로 그 용적까지 장입한 경우의 전 표면적을 계산하여 알아둘 필요가 있다.

바렐 도금에 있어서는 음극전류밀도라는 용어는 사용하지 않는다. 물품에 흐르는 전류는 언제나 단속적으로 흐르며 물품 하나하나에 흐르는 전류는 그 물품의 위치에 따라 큰 차이가 있기 때문에 음극전류밀도가 몇 암페어라고 하는 것은 적당하지 않다. 따라서 바렐

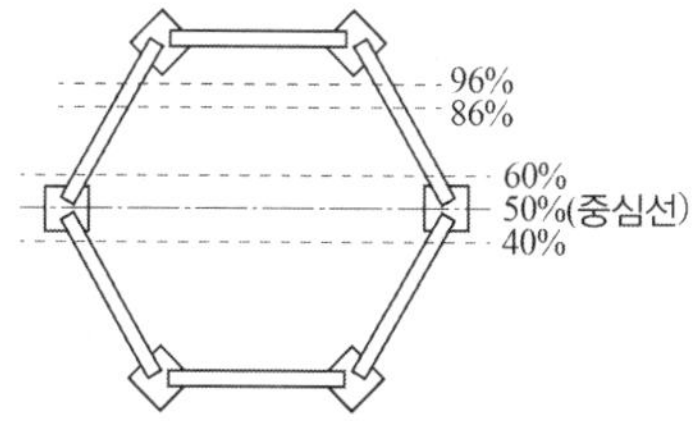

그림 16-4 바렐의 물품 장입량과 도금액 중에의 바렐 침적량
(장입량은 40%까지, 도금액 중에서 86~96%까지 침적한다.)

도금의 도금조건 중에서 전류밀도가 아닌 전압으로 나타낸다. 이것이 걸이(rack) 도금과 다른 점이다. 바렐을 도금액 중에 어느 정도 침적시킬 것인가에 대해서는 그림 16-4에서와 같이 86~96%까지 침적하여 바렐의 윗부분이 공기 중에 나오도록 해야 한다. 도금액 중에 완전히 침적시키는 것보다 이렇게 하는 것이 도금액의 흐름이 더욱 활발하게 이루어진다.

장입량이 너무 많게 되면 바렐 중의 물품 운동이 충분하지 않고 전류는 표면층에 집중하여 내부까지 잘 흐르지 않게 되어 균일전착성이 나빠진다. 장입량이 너무 적으면 물품은 바렐의 바닥에서 진동만을 계속하기 때문에 역시 균일전착성이 좋지 않다. 그림 16-5는 이러한 경우를 나타낸 것이다.

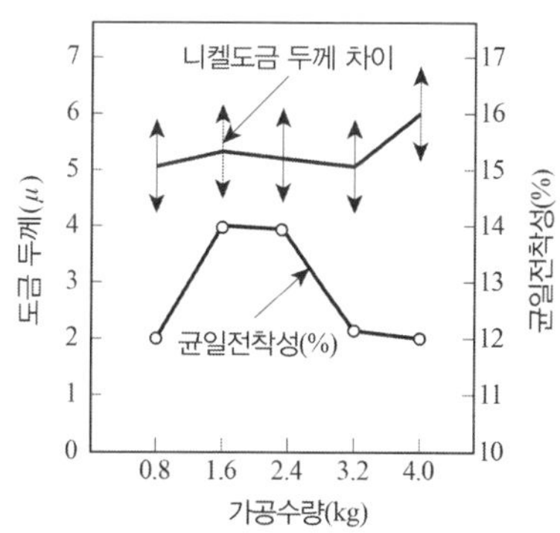

그림 16-5 바렐의 장입량(너무 많거나 너무 적으면 균일전착성이 나빠진다.)

16.3 바렐도금에서의 전류

물품 장입량을 일정하게 하고 전류를 증가시키면 도금 두께의 차이가 커지고 균일전착성도 떨어지게 된다. 그림 16-6은 바렐 니켈도금인 경우 바렐에 흐르는 전류의 크기와 도금 두께의 불균일 및 균일전착성과의 관계를 나타낸 것으로서 전류가 너무 커지면

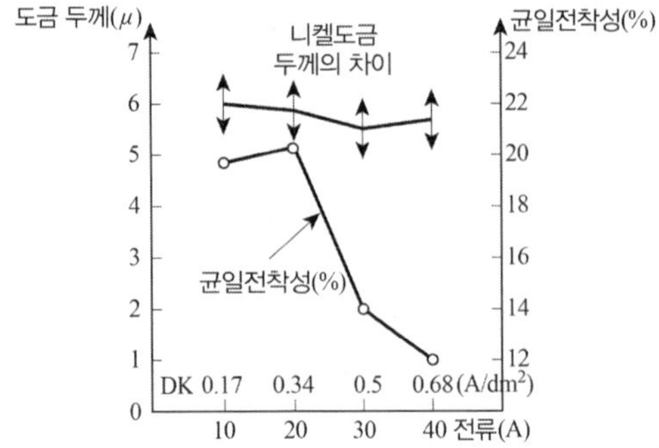

그림 16-6 바렐에 흐르는 전류(너무 커지면 도금 두께의 차이가 커지고 균일전착성도 나빠진다.)

균일전착성은 크게 낮아진다. 그림 16-6에서의 전류밀도의 전 물품에 대한 평균 전류밀도를 산출한 것이며 걸이 방식의 도금에 있어서의 전류밀도와는 그 의미가 다르다. 그러나 도금의 정지욕에서와 같이 바렐도금에서도 음극전류밀도의 사고방식을 이용해야 한다.

$$\text{전류밀도}(A/dm^2) \times \text{표면적}(dm^2) = \text{통전량}(A)$$

바렐도금에서는 정지욕의 통전량 계산에서와 같이 전류를 계산할 수는 없다. 그것은 바렐내부의 모든 물품에 동시 도금이 되는 것은 아니기 때문이다. 따라서 바렐도금에서의 전류는 바렐에 장입되는 물건의 총량에 의해서 결정될 수밖에 없다.

16.4 바렐도금에서의 도금할 물품

도금하려는 물품의 형태에 따라서 물품 서로가 얽히거나 달라붙어도 도금이 안 되는 물품도 있으므로 이때는 형태가 서로 다른 물품과 함께 바렐에 넣으면 좋다. 또 함께 넣을 적당한 크기의 물품이 없을 때에는 적당한 크기의 금속 스크랩(scrap)이나 강구를 넣는 경우도 있다.

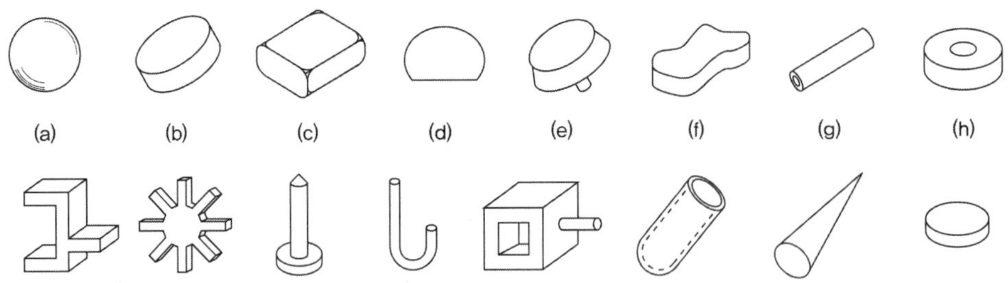

그림 16-7 바렐도금하기 쉬운 형상과 어려운 형상[(a)~(h)는 쉬우나 (i)~(p)는 어렵다]

그림 16-7은 바렐 내부에서 회전하기 쉬운 것과 회전하기 어려운 형상의 것을 나타낸 것이다. 이외에 하나로 뭉쳐지기 쉬운 것으로는 스프링과 같은 것이 있으며 이러한 것은 근본적으로 바렐도금으로서는 부적당하다.

16.5 | 바렐도금액의 종류

(1) 바렐 구리도금

1) 시안화구리도금액

시안화제1구리: 50 g/L　　시안화나트륨: 70 g/L

수산화나트륨: 8~15 g/L　　유리시안화나트륨: 15~24 g/L

온도: 50~60℃　　전압: 6~12 V

이 도금액에서는 양극용해의 촉진제로서는 롯셀염 40~60 g/L를 첨가해도 좋다. 이것은 또한 광택도 증가시키고 도금액을 안정시킨다. 광택제로서는 로당칼륨, 하이포, 젤라틴 등을 첨가한다.

2) 붕불화 구리도금액

붕불화구리: 340 g/L　　온도(℃): 25~50

전압: 4~12 V　　pH: 0.5~0.7

보메(Bé): 29~31도(26℃ 표준)

(2) 바렐 니켈도금

1) 황산니켈도금액

황산니켈: 150 g/L　　염화암모늄: 30 g/L

붕산: 30 g/L　　온도(℃): 20~30

pH: 5~5.5　　황산니켈: 200~300 g/L

염화니켈: 40~50 g/L　　붕산: 30~40 g/L

온도(℃): 45~55　　pH: 4.5~5

광택제는 정지 니켈도금에 넣는 것과 같으며 그 양은 물품의 광택 정도에 따라 알맞게 첨가한다.

2) 흑색 바렐 니켈도금액

염화니켈: 68 g/L
염화암모늄: 68 g/L
염화아연: 12 g/L
롯셀염: 12 g/L
염화나트륨: 23 g/L
온도: 상온
pH: 6.5～6.8

(3) 바렐 크롬도금

1) 표준 크롬도금액

무수크롬산: 400 g/L
황산: 1 g/L
규불화나트륨: 6 g/L
전압: 6～12V
온도: 상온～35℃
전착시간: 10분 정도(장식용)
전류밀도: 물건에 따라 광범위하다.

2) S. R. H. S 크롬도금액

무수크롬산: 340 g/L
규불화나트륨: 22 g/L
중크롬산나트륨: 20 g/L
황산스트론튬: 4.8 g/L
크롬산스트론튬: 13.2 g/L
온도(℃): 30～40

바렐도금 중 크롬도금이 제일 어렵다. 그 이유는 다음과 같다.

① 크롬은 걸이로 걸어서 도금을 하여도 피복력이 나쁜데 더구나 바렐도금에서와 같이 접촉이 불완전한 상태에서는 더욱 피복력이 나쁘다.
② 도금 중 전류가 단속되기 때문에 크롬도금의 광택이 양호하지 못하다.
③ 전류밀도가 높으므로 바렐도금에서와 같은 접촉 정도로는 부적당하다. 이와 같은 단점을 억제하기 위해서는 바렐 크롬도금에는 황산근이 적은 불화물을 첨가한 도금액이 사용한다.

크롬 바렐도금에서의 주의할 점은 다음과 같다.

① 반드시 온도는 균일하고 알맞게 유지되어야 한다.
② 도금액 중의 황산근의 양이 적을수록 좋고 크롬산 중량이 0.3% 이상 있으면 좋지 않다. 일반적으로 0.2% 이하인 황산량이 좋다. 시판되는 무수크롬산을 그대로 사용해도 좋지만(황산근이 소량 함유되어 있으므로) 일단 분석하여 황산량이 0.25% 이하인 것을 확인한 후 사용하도록 해야 한다.

③ 양극은 Pb-Sn(7%) 합금을 사용한다.

④ 3가 크롬은 도금이 진행되면 점점 도금액 중의 3가크롬이 증가하므로 3가 크롬의 양이 10 g/L 이상 되면 제거하여야 한다.

(4) 바렐 아연도금

1) 시안화아연 도금액

시안화아연: 30～67 g/L	시안화나트륨: 42～49 g/L
수산화나트륨: 79～90 g/L	금속아연: 34 g/L

2) 산화아연 도금액

산화아연: 42～47 g/L	시안화나트륨: 92～105 g/L
수산화나트륨: 38～44 g/L	금속아연: 34 g/L

M비는 정지 아연도금액에서보다 약간 크게 해야 한다. 도금액의 전도성을 좋게 하기 위해서는 수산화나트륨의 양을 75～105 g/L로 해야 한다. 바렐의 구멍은 크게 해야 하고 전압은 9～15 V로 한다. 온도는 30℃ 이하로 해야 하고 40℃ 이상이 되면 도금이 되지 않는다. 전류밀도는 1A/L 이상으로 하지 않아야 한다.

(5) 바렐 황동도금

시안화제일구리: 30 g/L	시안화나트륨: 70 g/L
시안화아연: 30 g/L	유리시안화나트륨: 16～18 g/L
암모니아수: 1 ml/L	온도: 30～35℃
pH: 11～12	

바렐의 회전수는 7～8 rpm이며 시안화아연의 함유량은 정지 도금액보다 많게 한다. 양극판은 구리판 또는 6 : 4 황동판을 사용한다. 황동도금은 온도가 높아지면 구리의 석출이 많고 또한 저전압, 저전류밀도에서도 구리의 석출이 많아져서 적색이 되고 고전압, 고전류밀도에서는 아연의 석출이 많아진다. 그러므로 색깔을 일정하게 유지하려면 전압과 도금액의 농도, 온도 등을 일정하게 유지시켜야 한다. 도금을 한 후 변색되는 것을 방지하기 위해서는 뜨거운 물에 수세(열탕)하면 순간적으로 변색되는 것을 방지할 수 있다.

(6) 바렐 주석도금

1) 알칼리성 도금액

주석산나트륨: 150 g/L	유리수산화나트륨: 18 g/L

2) 산성 도금액

황산제일주석: 68 g/L 황산: 75 g/L

크레졸슬폰산: 120 g/L 젤라틴: 2.5 g/L

베타나프탈: 1.25 g/L

알칼리성 주석 도금액은 고온(70~80℃)에서 도금을 하므로 바렐의 재질에 대해서도 유의해야 한다. 일반적으로 주석 바렐도금은 산성 도금액을 많이 사용한다. 첨가제로서는 β-나프탈(알콜에 용해)를 도금액에 첨가하여 사용한다.

CHAPTER

17 무전해도금

전류를 통하지 않고 금속염 수용액 중에 금속이온을 환원반응에 의해서 물체의 표면에 도금하는 방법이다. 무전해도금은 비정질층을 형성하여 결정입자의 성장이 생기지 않는다. 무전해도금을 일명 화학도금이라고도 한다.

17.1 | 무전해도금의 특성

1) 장점

① 금속적 느낌과 광택이 양호하다.

② 전기도금에 비해서 두께 조절이 가능하다.

③ 내열성이 철·강의 고온산화 스케일을 방지한다.

④ 경도는 Hv 500 전후이지만 400℃ 정도에서 열처리를 한 것은 Hv 900~1,000에 이른다(무전해 니켈인 경우). 열처리 온도는 400℃에서 하는 것이 최대의 경도치를 나타낸다.

⑤ 물건의 크기, 형상에 관계없이 도금 피막이 일정하다.

⑥ 내식성은 전기도금보다 우수하다.

⑦ 300℃에서 열처리 하면 자성을 나타낸다.

⑧ 도금 두께는 전류분포에 영향을 받지 않고 120μm 정도까지는 도금을 한 후 마무리 연마가 필요 없을 정도이다.

2) 단점

① 온도가 너무 높아 노화가 빠르다(90℃ 전후).

② 도금액을 지속적으로 사용하기 어렵다.

무전해도금 방법은 다음과 같이 구별된다.

무전해도금 (화학도금법)
- 화학 도금법: 약품의 환원력을 이용한다.
  - ① 촉매화학 도금법
  - ② 비촉매화학 도금법
- 이온화 경향의 차이 따른 방법
  - ① 침적도금법(치환도금법이라고도 함)
  - ② 접촉도금법

17.2 무전해도금의 종류

(1) 촉매화학 도금법

약품의 화학반응을 일으켜 단순한 환원력을 이용한 도금 방법이다. 화학구리 도금 및 화학니켈도금이 여기에 해당된다.

(2) 비촉매 화학도금

자기촉매성이 없어 1회성 화학반응이 진행될 뿐이다. 도금액 재사용은 곤란하고 도금 두께도 한계가 있다. 거울의 은경반응이 여기에 속한다.

(3) 침적도금

일명 치환도금이라고도 한다. 이온화 경향이 작은 금속(귀한금속, noble metal)이 용해되어 있는 용액에 이온화 경향이 큰 금속(천한금속 basic metal)을 넣으면 국부전지 작용에 의해서 치환반응을 일으켜 귀한 금속이 소재위에 금속이온이 석출된다. 일시적인 방식 및 착색, 미술공예품 등에 이용된다. 도금피막의 밀착이 나쁘고 핀홀이 많이 생긴다.

답 황산구리 수용액에 철편을 넣으면 다음과 같이 철 표면에 구리가 석출된다.

$CuSO_4$(금속염) + Fe(철) → $FeSO_4$(황산철) + Cu(구리)

(4) 접촉도금

접촉시킨 천한 금속에서 국부전지를 형성하여 피도금 물체를 양극으로 하여 전착시키는 방법이 있으나 이와 같이 하기는 어렵다.

17.3 플라스틱상의 무전해도금

전기를 통하지 않고 수용액 중에서 화학 반응에 의해서만 도금하는 방법으로서 주로 플라스틱에 이용된다. 플라스틱위에 도금하는 것을 플라스틱상의 화학도금이라고 하는데 일반적으로 플라스틱상의 화학도금과 전기도금을 한 것을 합쳐서 플라스틱도금이라고도 한다. 플라스틱 표면에 친수성, 촉매성 및 전도성 피막을 형성하여 화학도금을 하지만 화학도금 자체는 경도와 내마모성이 대단히 약하기 때문에 후처리 과정으로서 전기 도금을 하여 사용한다. 다음은 플라스틱상의 화학도금 공정을 설명한 것이다.

(1) 부식(etching)

플라스틱 표면에 친수성, 촉매성을 부여하기 위해서 플라스틱 표면에 부식을 시키면 수많은 핀홀이 형성되어 전도성 피막을 만드는 과정이다. 부식액의 선택과 조건이 중요한데 부식 작용이 너무 약해도 강해도 좋은 결과를 얻을 수 없다. 보통 열가소성 수지에 대해서는 크롬산(무수크롬산 750 g/L+황산 250 g/L) 또는 중크롬산칼륨 158 g+황산 100 m*l*+물 50 m*l* 중에서 부식시킨다. 상온에서 2~3분간 침적한 후 수세하여 다음 과정으로 넘어간다. 일반적인 부식액 종류는 다음과 같다.

① 크롬산: 400 g/L　　　황산: 200 ml/L
　온도: 60~65℃　　　침적시간: 3~5분

② 크롬산: 16 g/L　　　황산: 600 ml/L
　온도: 60~65℃　　　침적시간: 3~5분

부식 상태가 약간 부족하면 화학 구리 도금을 했을 경우 광택이 나고 부식 상태가 좀 지나치면 광택이 없어지거나 화학 도금을 했을 경우 시커멓게 도금이 된다. 위의 ②번 부식에서 ①번 부식액으로 처리하는 것이 가장 양호하다. 적절한 부식상태를 유지하기 위해서는 크롬산과 황산의 배합 및 침적 시간을 파악하여야 한다.

(2) 감수성부여처리(sensitizing)

부식(etching) 처리를 마친 성형품을 완전히 수세하여 20% 탄산나트륨 용액 중에서 중화처리를 한 후 다음 용액에서 침적한다.

염화제일주석($SnCl_2 \cdot 2H_2O$): 20～40 g/L
진한 염산: 10～20 m*l*/L
온도: 20～25℃
처리시간: 1～3분

염화제일주석은 물에는 잘 용해되지 않고 염산에 의해서 용해된다. 또 저장하는 도중이나 사용 중에는 공기로 인해서 산화되어 제2주석 이온으로 되어 $Sn(OH)_2$의 백색 침전이 생기므로 이것을 방지하기 위해서 금속 주석을 용액 중에 넣어두면 된다. 상기 용액은 쉽게 가수분해 하여 수화물이 된다.

$$SnCl_2 + 2H_2O \rightarrow Sn(OH)_2 + 2HCl$$

이러한 처리는 다음 공정인 활성화처리(activation)가 쉽게 되기 위해서 표면 감도를 향상시킬 목적이며 이때 환원성의 Sn^{2+}가 표면에 흡착된다. 이것이 다음 공정의 활성화 처리에서 환원제로서의 역할을 하는 것이다.

(3) 활성화처리(activation)

활성화처리는 핵 생성을 만들기 위한 것이다.
활성화처리액의 조성은 금, 은, 백금, 파라듐의 염(salt) 종류가 사용된다.
감수성처리를 한 수지를 이들 용액에 담그면 먼저 흡착된 Sn^{2+}의 환원작용에 의하여 촉매 활성이 강한 활성화 금속이온이 표면에 균일하게 분포 형성된다.
활성화 금속을 M이라고 하면 이때의 반응은 다음과 같다.

$$M^{2+} + Sn^{2+} \rightarrow M + Sn^{4+}$$

일반적으로 사용하는 활성화 금속은 파라듐과 은이다. 파라듐 활성화 용액은 다음과 같다.

염화파라듐($PdCl_2 \cdot 2H_2O$): 0.2～1.0 g/L
진한 염산: 1～5 m*l*/L
pH: 2.5～3.5

온도: 23~30℃
시간: 1~3분

pH는 3이 되도록 하고 염화파라듐을 염산에 용해해서 사용한다. pH가 낮으면 촉매 작용이 약하다. 일반적으로 농도는 밀착력과 차이가 없으나 농도가 약간 높은 것이 좋다. 피라듐은 귀금속이므로 값이 비싼 것과 파라듐이 화학구리 용액 중에 들어가면 도금액이 분해된다는 단점이 있으므로 은(Ag)을 사용하기도 한다.

은 활성화 용액은 다음과 같다.

질산은($AgNO_3$): 1.5 g/L
진한 암모니아수: 1.2 m*l*/L
온도: 상온
시간: 1~3분간 침적(플라스틱 표면은 흑갈색~흑색으로 변함)

암모니아수의 첨가량은 질산은에 암모니아수를 넣어서 한번 생긴 침전이 다시 용해하는 양이며 이때의 용액은 은 아민 착염 용액이다. 이때 수돗물을 사용하면 수돗물속의 염소 이온 때문에 염화은(AgCl)이 생겨서 암모니아수가 들어가는 양보다 약간 많이 들어가지만 큰 지장은 생기지 않는다. 그러나 너무 많은 암모니아수의 첨가는 피해야 한다. 질산은을 이용한 활성화 처리는 파라듐보다 값이 싸고 파라듐이 화학구리에서 분해하는 현상도 없고 수세를 충분히 하여도 관계없다. 밀착력도 좋지만 잉크색의 염료가 있는 황산구리 광택제를 사용한 도금에서는 핏트의 발생과 거친 도금이 되기 쉽다는 단점이 있다.

(4) 후처리

활성화처리를 한 후 수세해서 화학구리 도금을 하지만 밀착력을 향상시키기 위해서 다음과 같이 하면 더욱 좋다.

① 파라듐 용액으로 활성화 처리를 한 것은 25% 염산에 1분 동안 담근다. 이것은 활성화 처리를 한 후에도 주석 이온이 남아 있기 때문에 밀착불량이 되므로 주석 이온을 완전히 제거시키기 위한 것이다. 주석 이온은 수세를 충분히 하여도 남아 있게 되므로 염산용액 중에 침적시키면 쉽게 제거된다.

② 질산은 용액으로 활성화 한 것은 수세하지 않고 5~10% 용량의 포르말린 용액에 담그고 수세하지 않고 건조시킨다. 건조 온도는 플라스틱이 변형되지 않을 정도의 가장 높은 온도에서 해야 한다. 이 처리를 하면 도금의 밀착력이 향상된다.

17.4 | 무전해 구리도금

알칼리성 무전해 구리 도금은 구리 착염을 주성분으로 하여 포르마린을 환원제로 사용한다. 이때의 환원반응은 다음과 같다.

$$Cu^{2+} + 2HCHO + 4OH^- \rightarrow Cu + H_2 + 2H_2O + 2HCO_2^- \cdots\cdots ①$$

$$2Cu^{2+} + HCHO + 5OH^- \rightarrow Cu_2O + HCO_2^- + 3H_2O \cdots\cdots ②$$

①은 자기반응으로서 도금하고자 하는 물체에 구리가 석출하고, ②는 분해반응으로서 생성된 Cu_2O가 용액 중에 침전하므로 반응을 억제하기 위해서 롯셀염을 첨가한다. 도금액 사용 온도는 20~30℃ 정도이다.

(1) 무전해 구리 도금의 성분과 역할

1) 주성분

- 금속염: 황산구리
- 환원제: 포르마린(37%)

2) 보조성분

- pH 조정제: 수산화나트륨, 수산화칼륨, 황산
- 완충제: 구연산나트륨, 탄산나트륨, 빙초산나트륨, 붕산, 탄산 등
- 착화제: 롯셀염, 빙초산, 글리콜산, 구연산, 주석산, 알칼리염, 암모늄, 히드라진 등
- 촉진제: EDTA, 트리에타놀아민, 황화물, 불화물, 디피리딘 등
- 안정제: 티오뇨소, 티오황산염, 질소화합물, 유화물, 질화물, 2-멜캅벤조트리아졸 등
- 개량제: 일반적으로 계면활성제를 사용

화학구리 도금은 황산구리, 롯셀염, 수산화나트륨 혼합 용액에 환원제로서 포르말린을 넣은 용액을 기본 성분으로 하여 보존하거나 사용 중에는 도금액의 분해를 억제하고 수명을 길게 하기 위해서 안정제를 첨가하기도 하며 도금 피막의 상태를 향상시키기 위해서는 각종 첨가제를 넣기도 한다. 화학 구리 도금액에 니켈이 들어가면 도금 피막이 공기 중에서 산화되는것을 억제하며 광택과 밀착력을 향상시킨다. 티오뇨소를 넣으면 용액의 안정화, 광택의 향상과 밀착력이 증가한다. 화학구리의 단점은 다음과 같다.

- 석출속도가 낮다.
- 자기분해(自己分解)가 빠르다.

- 포르말린 첨가는 냄새가 대단히 유독하며 인체에 해롭다.
- 사용하지 않고 용액을 방치하여도 석출속도가 늦어지든가 분해한다.
- 화학구리 용액의 재생은 곤란하다.

석출속도를 빠르게 하기 위해서는 도금액 중의 구리이온 및 수산화나트륨을 많게 하고 용액의 온도를 높여야 하는데 이렇게 하면 자기분해가 되기 쉽다. 따라서 석출속도는 1시간에 1μ 정도의 도금이 된다. 화학구리 도금을 계속하게 되면 석출 속도가 감소한다. 이것은 도금액 중의 여러성분이 점점 감소하기 때문이다. 또한 사용하지 않고 화학구리 도금액을 방치하기만 하여도 석출 속도는 늦어진다. 이것을 화학구리 도금액 중의 수산화나트륨이 공기 중의 탄산가스를 흡수하여서 중탄산나트륨으로 되는 반응($NaOH + CO_2 \rightarrow NaOHCO_3$)과 카닛자로(cannizzaro)반응($2HCHO + NaOH \rightarrow HCOONa + CH_3OH$)에 의한 것이다. 그러나 대부분 중탄나트륨으로 되는 반응이므로 수산화나트륨의 첨가로 석출 속도는 회복된다.

화학구리 도금액의 pH는 항상 수산화나트륨으로 11.5～12.5 정도로 유지해야 하며 pH가 높을수록 석출속도 및 자기분해가 빨라진다. 온도의 정도에 따라 pH를 적절히 조절해야 하며 작업을 중단할 때는 pH를 10.5 정도(황산을 첨가)로 낮추어서 자기분해를 방지해 주어야 한다. 화학구리 용액에서 금속구리가 분해 석출하기 시작하면 급속히 분해가 일어나게 되므로 이때에는 pH를 낮추어서 여과시켜 금속구리 성분을 제거해야 한다.

표 17-1 무전해 구리도금액

성분	도금액(I)	도금액(II)	도금액(III)
황산구리(g/L)	5	7	10
포르마린(37%)	10	20	20
수산화나트륨(g/L)	7	10	10
롯셀염(g/L)	25	20	-
EDTA-4Na(g/L)	-	-	25
안정제	미량		미량
습윤제	미량		미량

17.5 무전해 니켈도금

무전해도금 중 가장 많이 연구되고 있는 분야가 바로 무전해 니켈도금 분야이다. 무전해 니켈도금은 주로 차아인산나트륨을 환원제로 사용하는 것이 거의 대부분이지만 수소화붕소나트륨, 히드라진 등의 유도체를 사용하는 경우도 발전을 하고 있는 실정이다(차아황산나트륨, 무수아황산나트륨도 사용). 완충제로서는 빙초산, 구연산, 주석산, 피로인산 등을 사용한다. 무전해 니켈도금을 분류하면 다음과 같다.

① 차아인산나트륨을 환원제한 무전해 니켈도금
- 산성 무전해 니켈도금
- 알칼리성 무전해 니켈도금

② 수소화붕소 화합물을 환원제로 한 무전해 니켈도금

③ 히드라진을 환원제로 한 무전해 니켈도금

표 17-2 무전해 니켈도금의 분류

환원제의 종류	종류	특징	피막의 특징
차아인산나트륨염 Ni-P	산성 도금액(pH4~6) p=6~12%	도금 속도가 빠르다. 도금액이 안정하다. 사용하기 쉽다.	내식성 내마모성 경도 내약품성
	암모니아 알칼리성 도금액 p=3~6%	저온 도금이 가능	플라스틱도금의 전처리
	수산화나트륨 알칼리성 도금액 p=10~15%	도금 속도가 느리다. 도금액이 불안정하다.	전기저항 내식성 피막이 취약
	중성 도금액 p=3~8%	재사용이 충분.	낮은 P의 피막
붕수소화합물 Ni-B	수산화나트륨도금액 B=5~7%	도금 속도 빠르다. 도금액이 불안정. 사용이 쉽지 않다.	내마모성 내열성 경도 외형성
	중성 도금액 B=0.3~3%	비교적 저온에서 도금 석출 속도가 빠르다. 재사용이 충분하다.	전기전도성 납땜성 내열성 경도
히드라진 Ni-N	알칼리성 도금액 N=0.1%	도금액이 불안정 도금 석출 속도가 느리다.	전기전도성

17.5.1 차아인산나트륨을 환원제로 한 무전해 니켈도금

산성 및 알칼리성 도금액으로 구분된다. 주성분은 니켈 염화물 또는 황산염, 환원제로서는 차아인산나트륨을 주로 사용한다.

$$Ni^{2+} + \underset{\text{(차아인산이온)}}{H_2PO_2^-} + H_2O \rightarrow Ni + \underset{\text{(아인산이온)}}{H_2PO_3^-} + 2H^+$$ … 니켈이 자기촉매로서의 화학반응

$$H_2PO_2^- + H_2O \rightarrow H_2PO_3^- + H_2\uparrow$$ … 차아인산나트륨의 생성반응

구연산나트륨, 빙초산나트륨, 골바크산나트륨, 구연산, 그리신 등의 pH 완충제, 촉진제, 착화제를 사용한다. 산성용액에서 착화력이 약한 유기첨가제 예를 들면 구연산나트륨, 빙초산나트륨 등에서는 일정한 농도(구연산나트륨 0.1 mol/L, 빙초산나트륨 0.3 mol/L)에서 도금 석출 속도가 증가하지만 어느 정도 비율 이상이 되면 더 이상 도금 석출 속도가 증가하지 않는다.

표 17-3 산성 무전해 니켈도금액

구분 / 성분(g/L)	I	II	III	IV	V
염화니켈	30	30			
황산니켈			30	20	25
차아인산나트륨	10	10	10	24	20
히드라진빙초산나트륨	50				
구연산나트륨		10			10
빙초산나트륨			10		10
젖산				27	
피로인산				2	
pH	4~6	4~6	4~6	4.5	5.0
온도(℃)	90	90	90	90	90
적용 소재	철강	비금속	자기	광택	광택

차아인산나트륨을 환원제로 한 경우에는 그리신과 유기산(구연산, 골바크산, 빙초산 등)을 혼합 첨가한 도금액이 안정성이 있다.

(1) 차아인산 무전해 니켈도금 피막의 형상

① 조성: 도금 피막은 니켈과 인, 인의 함유량은 도금 조건에 따라서 다르지만 대체로 6~12% 범위이다. 비중은 7.9(9% P) 정도이다.

② **결정구조:** 결정입자는 대단히 미세하고 열 석출시에는 비정질에 가깝다. 열처리를 하면 결정질도 되어 경화 현상을 일으킨다. 도금피막은 층상조직으로서 두꺼운 층은 0.02μm 정도가 된다.

③ **밀도:** 7.6～8.2 g/cm^3, 함유량이 감소하면 밀도가 증가한다.

④ **경도:** Hv 500±50, 열처리에서는 최고 Hv 1,000±50 정도까지 경화한다. 경화는 Ni_3P의 석출 경화가 원인이다.

⑤ **밀착성:** 연강, 구리・황동 등의 소재에는 밀착이 양호하다. 스테인리스강, 알루미늄 및 합금에는 밀착이 불량하므로 특별한 전처리 공정을 해야 한다.

⑥ **내식성:** 강 위의 내식성은 전기 니켈도금 피막보다도 양호하다. 수 퍼센트(%)의 인을 함유하므로 유기산, 유기용제 및 알칼리(수산화나트륨)등에 대하여 우수한 내식성을 나타낸다.

⑦ **내마모성:** 일반적으로 전기 니켈도금보다도 양호하며 실제로 650℃ 열처리 온도에서는 도금 피막 자체의 밀착성이 향상된다.

⑧ **전기저항:** 니켈도금보다 약간 높다(약 60$\mu\Omega$/cm). 열처리하면 낮아진다.

⑨ **자성:** 인 함유량이 증가하면 자성이 감소한다. 8% 이상의 인 함유량이 되면 비자성이 된다. 열처리를 하면 자화된다. 석출시에는 비자성이지만 열처리를 하면 약자성을 나타낸다.

⑩ **열팽창계수:** 11.5～14.5μm/cm/℃, 전기니켈도금보다 낮다.

표 17-4 알칼리성 무전해 니켈도금액

종류 / 성분(g/L)	수산화암모늄 알칼리액			수산화나트륨 알칼리액	
	1	2	3	4	5
염화니켈	30	44	30	24	24
차아인산나트륨	10	11	10	20	20
구연산나트륨		100	65	60	60
염화암모늄	50	50	50		
붕산 또는 붕사				붕사38	붕산50
pH	8～10	8.5～9.5	8～9	8～9	8～9
온도(℃)	90	90～100	90	90	90
도금 속도(μm/hr)	8	15	5	10～13	

표 17-5 저온 무전해 니켈도금액(차아인산형, g/L)

I	II	III	IV
차아인산니켈 26	황산니켈 25	황산니켈 0.005~0.2 mol/L	황산니켈 0.1 mol/L
붕산 12	피로인산나트륨 50	차아인산나트륨 0.01~0.4 mol/L	에틸렌디아민 1.0 mol/L
황산암모늄 2.6	차아인산나트륨 25	불화물 0.2~1.0 mol/L	차아인산나트륨 0.1 mol/L
빙초산나트륨 5.0	수산화암모늄 적당	알킬아민 또는 알칼리아민 (Ni의 1~10배)	
pH 5.5~6.0	10~11	칼본산염 (차아인산염의 1~10배)	6~7
온도(℃): 20 도금피막속도: 1 μm/hr	65~75 15 μm/hr	pH: 7~11	

⑪ 열전도도: 0.0105~0.0135 cal/cm/sec/℃

⑫ 용융점: 약 890℃

⑬ 연신율: 2~6%

⑭ 내부응력: 도금액의 pH가 높으면 높은 인장응력을 나타낸다.

⑮ 균일 석출성: 두께 도금에서 ±10% 이내의 범위이다.

(2) 무전해 니켈도금의 전처리와 후처리

화학도금은 전처리가 대단히 중요한데 보통 수초이내에 해야 하며 도금 두께도 두꺼워야 한다. 후처리는 무전해 니켈도금 피막의 성능을 향상시킬 목적으로 하고 열처리는 도금의 경도, 내마모성 및 밀착성을 향상시키기 위해서 하는데 경도를 향상시키기 위해서는 250~400℃, 30분~3시간(350℃ 이상에서는 피막 변색), 내마모성을 향상시키기 위해서는 600~650℃에서 1~2시간 열처리 한다. 변색 방지를 하기 위해서는 무수크롬산 5~10 g/L, 40~60℃에서 5~10분 동안 침적한다.

표 17-6 도금 불량과 대책

도금 불량	원인	대책
무도금	전처리불량 금속 불순물 혼입(납, 크롬) 유기불순물 pH 저하 또는 표면활성화 부족	완전한 전처리 전해제거, 도금액 새로 건욕 활성탄 처리 분석, 보급한다.
광택불량, 무광택	소재 연마불량 전처리 불량 금속 불순물(아연, 철 등) 유기 불순물	연마공정재 검토 전처리액 검사 전해제거, 도금액 새로 건욕, 여과 활성탄 처리
밀착불량, 핀홀 생성	전처리 불량 핏트 발생 소재의 스머트	전처리를 완전히 한다. 활성화 과대, 착염 농도 부족(분석 후 조정) 전처리에서 충분히 제거
도금피막이 까칠함	도금액의 노화 도금이 거칠다. 금속불순물(철, 아연 등)	여과, 도금액을 새로 건욕 도금 속도가 빠르다. pH가 높다. 차아인산나트륨 조정 활성탄처리, 여과
도금액이 탁하다.	pH가 너무 높다. 줄무늬 발생. 농도가 너무 진하다.	pH를 기준 상태로 한다. 도금액 농도저하, 착염제의 농도 과다 분석, 조정
도금 속도가 느리다.	pH가 낮다. 작업 온도가 낮다.	pH를 상승시킨다. 작업 온도를 높인다.

(3) 무전해 니켈도금의 폐수처리

노화원인 (무전해니켈-인)
- 니켈: 약 5,000～6,000 mg/L
- COD: 약 40,000～50,000 mg/L
- 인: 약 50,000～60,000 mg/L
- pH: 약 4～5

중금속의 니켈은 중화, 응집 침전처리로서 제거한다. 착화제(유기칼본산 종류) 및 환원제에 따라 생기는 COD, 차아인산($H_2PO_2^-$)과 반응 생성물인 아인산(HPO_3^{2-})에 따른 인이 문제가 된다. COD의 처리법 에서는 저농도일때는 활성탄 흡착법, 역침투막법, 응집분리법, 생물처리법, 올인산화법 등을 조합하여 폐수처리를 하기도 한다. 고농도일 때는 전해산화법에서는 연소법이 효과적이다. 전해산화법의 처리한도는 COD 100～300 mg/L 정도이다. 인은 차아염소산나트륨에 따른 전해산화법에 따라 처리한 후 소석회로서 응집 처리한다.

17.5.2 수소화붕소 화합물을 환원제로 한 무전해 니켈도금

수소화붕소나트륨은 상온에서 백색 결정이며 흡습성이 적으며 물과 반응하면 수소 가스를 발생한다.

$$NaBH_4 + 2H_2O \rightarrow Na_2BO_2 + 4H_2\uparrow$$

알칼리성 도금액으로 사용하는 경우 pH 조절제로서 수산화나트륨을 사용할 때는 수산화니켈의 백색 침전이 생길 수 있으므로 주의해야 하고 착화제와 에틸렌디아민, 디에틸트리아민, 트리에틸렌테트라민, 구연산, 주석산, 골박크산, 크롬산, 글루타민산 등을 사용한다. 도금액은 자연분해를 일으키므로 안정제로서는 빙초산, 염화납, 황산납을 극미량 첨가하기도 한다. 촉진제로서는 불화물염(불화나트륨 등)을 사용한다.

표 17-7 수소화붕소 화합물을 환원제로 무전해 니켈도금액

I	II	III
염화니켈 30 g/L 염화암모늄 5 g/L 나트륨염 10 g/L 빙초산 20 g/L 티오글리콜산 150 m*l*/L 디에틸아민보란 3.5 안정제 1 mg/L pH 8.5 온도 25~35℃	염화니켈 20 g/L 염화암모늄 10 g/L*l* 안정제 0.01 mg/L 수소화붕소나트륨 0.15 g/L pH(NaOH) 12 온도: 40℃	염화니켈 30 g/L 에틸렌디아민 62 g/L 티오글리콜산 1 g/L 염화납 10 mg/L 수소화붕소나트륨 0.5 g/L pH(NaOH) 12 온도 50℃

17.5.3 무전해 중성 Ni-B 도금

최근에는 DMAB를 사용하여 새로운 형태의 개발이 이루어지고 있다. 무전해 중성 Ni-B 도금은 DMAB, DEAB를 환원제로 하고 있다. 이것은 수소화붕소나 트륨을 환원제로 이용한 것보다 산화 속도가 느리므로 중성 도금액에서의 환원효과가 알맞다.

- DMAB: 디메칠아민보란$(CH_3)_2NH \cdot BH_3$
  수용액으로서 무전해 니켈도금에 이용된다.
- DEAB: 디에틸아민보란$(C_2H_5)_2NH \cdot BH_3$
  물에 용해하여 사용하기 위해서는 알콜에 용해한다.
  중성 환원제로서 가장 양호하고 산화 속도가 느리다.

니켈석출시 DMAB의 환원 반응은 다음과 같다.

$$(CH_3)_2NH \cdot BH_3 + 3Ni^{2+} + 3H_2O = 3Ni + (CH_3)_2H_2N^+ + H_3BO_3 + 5H^+ \cdots\cdots\cdots ①$$

$$2(CH_3)_2NH \cdot BH_3 + 4Ni^{2+} + 3H_2 = Ni_2B + 2Ni + 2(CH_3)_2HN + H_3BO_3 + 6H^+ \cdots ②$$

$$HCl + (CH_3)_2NH \cdot BH_3 + 3H_2O = (CH_3)_2NH \cdot HCl + H_3BO_3 + 3H_2O \cdots\cdots\cdots\cdots ③$$

약산성 도금액에서는 DMAB의 가수분해에 따른 소모를 고려할 필요가 있다.
DMAB를 환원제로 이용하면

- 환원제의 소비가 절감된다.
- 저온에서 반응이 진행된다.
- 도금액 수명이 길어지고 산화물의 축적이 감소한다.
- 붕소산 제거가 쉽다(붕소산 10 g/L 정도로서 중성 도금액으로 될 수 있다).

① pH: DMAB의 가수분해에 따른 소모량은 pH와 관계된다. pH 5 이하에서는 가수분해가 일어나고 pH 5 이상에서는 가수분해가 일어나지 않는다.

② 온도: 70℃까지는 DMAB가 분해하지 않는다.
도금 속도는 5～7μm/hr 정도이다.

③ 니켈: 인 무전해도금에서 아인산 축적은 도금에 나쁜 영향을 주므로 70 g/L 이상은 곤란하다.

④ DMAB의 환원능력은 차아인산염의 5배 정도이다.

⑤ Ni-B 무전해도금은 Ni-P 무전해도금의 6～8배의 약품비가 소요된다.

⑥ 도금 두께는 Ni-B는 20μm, Ni-P에서는 100μm까지 가능하다.

표 17-8 DMAB 무전해 니켈도금액

조성(g/L)	I	II
황산니켈	30	30
DMAB	3	5
구연산나트륨	25	-
젖산	25	-
그리신	-	18
인콜산	-	27
pH(암모니아수)	7.0	7.0
온도(℃)	50	70

(1) DMAB 무전해 니켈도금 피막의 형상

① 조성: 99.0~99.5% Ni, 나머지는 B(붕소) 합금, pH에 따라 피막중의 붕소함유량 이 약간 변동된다. 산성에서는 붕소함유량이 약간 증가, 알칼리성에서는 약간 감소한다.

② 결정구조: Ni-P는 비정질이며 Ni-B는 미세한 결정성이다.

③ 밀도: 약 8.6 g/cm^3

④ 경도: 석출 상태에서 Hv 700~800, 열처리하면 약간 경화된다.

⑤ 밀착성: Ni-P와 같다.

⑥ 내식성: Ni-B는 핀홀이 많고 Ni-P와 비교하면 내식성이 낮다.

⑦ 내마모성: 전기 니켈도금과 비슷하다. 열처리를 하여도 향상되지 않는다.

⑧ 전기저항: 5~7$\mu\Omega$/cm로서 Ni-P의 1/10 정도이다.

⑨ 자성: 강자성이다.

⑩ 용융점: Ni-B는 1,400~1,450℃이다.

⑪ 고온산화성: Ni-P는 350℃에서 30분간 유지하면 산화되지만 Ni-B는 500℃에서 30분간 유지해도 산화되지 않는다.

17.5.4 히드라진 무전해 니켈도금

환원제를 차아인산나트륨을 사용하는 도금 피막 중에는 P를 함유하게 되며 수소화붕소나트륨을 사용하면 인 대신 붕소가 피막 중에 함유하게 된다.

이상 2가지의 것은 순도가 낮고 자성이 약하다. 히드라진을 환원제로 사용하면 도금 피막의 순도가 높고(2% 이하의 질소를 함유함) 자성 박막을 얻을 수 있다.

히드라진은 융점 1.8℃, 상온에서는 기름성이 있는 액체이다. 공기 중에서는 격렬하게 발연되고 자극성이 있는 냄새가 난다. 수용액에서는 알칼리성을 나타내고 다음과 같이 해리한다.

$$\text{염산히드라진 } N_2H_4 \cdot 2HCl \rightarrow N_2H_6^{2+} + 2Cl^-$$

상기의 반응은 다음과 같이 니켈 이온과 반응한다.

$$2Ni^{2+} + N_2H_4 + 4OH^- \rightarrow 2Ni + N_2 + 4H_2O$$

표 17-9 히드라진을 환원제로 사용하는 무전해 니켈도금액

I	II	III
규산니켈(1%) 10 히드라진(85%) 1 차아인산나트륨(포화) 1 벤졸트리메틸 암모니아(42%) 1	염화니켈 0.02 mol/L 주석산나트륨 0.2 mol/L 히드라진 1 mol/L pH 10 온도(℃) 95 도금 속도 3.6μm/hr	빙초산니켈 60 g/L 글리콜산 60 g/L EDTA 25 g/L 히드라진 100 ml/L pH 11 온도(℃) 90 도금 속도 0.5μm/hr

차아인산나트륨 및 수소화붕소나트륨에 비하면 환원력은 약하다. pH 조절제는 수산화나트륨을 사용하지만 pH 10.3 이하에서의 석출은 곤란하다. 착화제로서는 주석산나트륨, 글리콜산, EDTA 등이 사용된다.

17.6 무전해 금도금

무전해 금도금은 석출 가능한 피막의 두께가 0.1～0.2μ 이하의 얇은 것과 약간 두께가 두꺼운 0.5μ의 것으로 구분된다. 침적 금도금과 화학금도금으로 구분된다. 무전해 금도금은 일반적으로 높은 온도에서 작업을 해야 밀착불량이 발생되지 않는다. 피도금체를 균일하게 교반해주고 니켈도금을 한 후 즉시 금도금을 해야 밀착 불량이 생기지 않는다. 금도금의 얼룩 방지는 증류수 또는 이온수를 사용하고 온수세를 해야 한다.

금 도금액이 폐액이 될 때에는 금도금의 색상이 갈색이 된다. 그 이유는 금의 함유량이 너무 낮기 때문이다. 온도가 높은 상태에서 작업하기 때문에 pH 변화가 심하므로 pH 관리를 잘해야 한다.

(1) 침적 금도금(immersion gold plating)

이온화 경향을 이용하여 도금되는 방법이다. 장식분야 및 전자 부품에 이용된다. 낮은 접촉, 전기저항성 및 낮은전도 전기저항성을 이용한다. 프린트기판, 납땜성, ITO 기판 등에 이용하며 전자기회로의 도전성을 개선하는데 사용된다.

표 17-10 침적 금도금

시안화금칼륨(g/L)	3.8	5.0
시안화나트륨	30	
탄산나트륨	40	
EDTA-2Na		50
구연산암모늄		30
염화코발트		15
pH	13~14	6.5
온도(℃)	65~85	90
특징	구리 위 도금	속도 빠름

다음과 같은 종류도 있다.

① 시안화금칼륨: 2~7 g/L
구연산나트륨: 70~80
차아인산나트륨: 15
시안화칼륨: 2
염화니켈(염화코발트): 2
pH: 4.3 전후
온도(℃): 90

② 시안화금칼륨: 1 g/L
구연산: 15
EDTA-2Na: 17
pH: 5.5
온도(℃): 90~100
시간: 10~20초

(2) 무전해 금도금

1.5~2.0μ 정도의 두께로서 본딩성을 나타내기 위해서 사용한다.

① 시안화금칼륨: 5 g/L
EDTA-2Na: 50
염화암모늄: 30
염화니켈(염화코발트): 5
pH: 9
온도(℃): 95

② 시안화금칼륨: 1~2 g/L
EDTA-2Na: 18
구연산: 15
온도(℃): 90
pH: 5.5 전후
침적시간: 10~30초

③ 시안화금칼륨: 2~3 g/L
구연산나트륨: 50
구연산암모늄: 50~80
차아인산나트륨: 10

④ 시안화금칼륨: 2~3 g/L
구연산나트륨: 50
구연산암모늄: 90
염화암모늄: 75

pH: 7～7.5(암모니아)
침적시간: 10～20초

히드라진: 0.0002
차아인산나트륨: 10
pH: 7～7.5(암모니아)
온도(℃): 93±1°

17.7 무전해 은도금

가용성 금속염(시안화은, 시안화은칼륨, 질산은), 안정제, 착화제(암모니아수), 환원제(롯셀염, 포르마린, 황산히드라진, 수산, 차아황산나트륨 등) 및 계면활성제를 사용한다. 온도는 상온, 침적시간은 5～10분 정도이다.

① 시안화은: 20 g/L
차아인산나트륨: 10
시안화나트륨: 0.2
온도(℃): 95

② 질산은: 5 g/L
포르마린: 8～9 m*l*/L
온도: 상온
증류수를 사용한다.

③ 시안화은: 7 g/L
시안화나트륨: 15
온도: 상온

④ 시안화은: 15～20 g/L
차아인산나트륨: 100
시안화칼륨: 80
pH: 13～14
온도(℃): 90～100

17.8 무전해 주석도금

무전해도금은 화학도금(환원제로서 환원석출)과 침적도금(이온화경향 차이로 석출)으로 구분되는데 현재로서는 무전해 주석도금은 주로 침적 주석도금이 많이 이용된다. 침적 주석도금은 알칼리성과 산성 도금액이 있다. 알칼리침적 주석도금에서는 2가 또는 4가의 주석염을 수산화나트륨, 시안화나트륨을 첨가함으로서 석출 피막이 얇게 생성되므로 일시적인 방청 효과 또는 착색 정도로 볼 수 있다. 산성침적 주석도금에서는 광택, 치밀한 내식성이 있으며 구리 및 구리합금의 산화 및 부식을 방지하는 역할을 한다.

도금액 조성에 따라 최대 10μm, 납땜성 도금에서는 20μm까지 도금이 된다. 소재의 산화피막을 충분히 제거한 후 건조하여 도금을 한다. 도금 공정은 다음과 같다.

알칼리전해 → 침적(묽은산) → 탕세(60～70℃) → 침적도금
→ 탕세(60～70℃) → 건조

탕세를 하는 이유는 광택 향상 및 변색 방지를 하기 위해서이다.

(1) 알루미늄 위에 도금

① 주석산나트륨: 45 g/L
온도(℃): 80～82
수산화나트륨(8 g/L) 첨가는 수산화나트륨의 농도에 따라 기포가 낮아질 수 있다.

② 주석산칼륨: 37～76 g/L
수산화칼륨: 1～2
온도(℃): 57～63
침적시간 3～4분 정도에서 도금 두께는 2～3μm 정도이며 온도가 높을수록 두께가 증가한다. 온도가 낮으면 석출속도가 느리다.

(2) 구리 위의 도금

① 알칼리성
염화제일주석: 18 g/L
시안화나트륨: 180
수산화나트륨: 22
온도(℃): 상온

② 알칼리성
주석산나트륨: 60 g/L
시안화나트륨: 120
수산화나트륨: 7.5
온도(℃): 20～65

③ 산성
염화제일주석: 6 g/L
티오뇨소: 55
주석산: 40
온도(℃): 12～14

(3) 철강 위에 도금

① 황산제일주석: 0.75～2.3 g/L
황산: 5.5～15
온도(℃): 82～비등

(4) 아연 위의 도금

염화제일주석: 128 g/L

온도(℃): 상온

17.9 무전해 코발트도금

코발트의 표준 단극전위는 −0.2 V이며 산성 도금액에서는 도금 속도가 느리지만 알칼리 도금액에서는 속도가 빠르다.

- 환원제
  ① 차아인산나트륨
  ② 수소화붕소 화합물
  ③ 히드라진 등을 사용한다.

(1) 차아인산나트륨을 환원제로 사용하는 도금액

금속염은 황산 및 염화코발트, pH 조절제는 수산화나트륨, 암모니아수, 완충제는 빙초산, 구연산, 주석산, 글리콜산 등을 사용한다.

코발트는 니켈에 비해서 촉매작용이 약하기 때문에 산성 도금에서는 석출 속도가 느리고 알칼리 쪽에서는 석출 속도가 빠르다. pH 범위는 8∼10 정도로 넓은 범위이다.

표 17-11 암모니아수를 사용한 알칼리 무전해도금액

성분	구연산액	주석산액
황산코발트	0.07 mol/L	0.05 mol/L
차아인산나트륨	0.16	0.15
구연산나트륨	0.15	
주석산나트륨		0.5
pH	9∼10	9∼10
온도(℃)	90	90
석출속도(μm/h)	15	16

표 17-12 수산화나트륨을 사용한 알칼리 무전해도금액

성분	구연산액(mol/L)	주석산액(mol/L)
황산코발트	1.1 mol/L	0.08
차아인산나트륨	0.2	02
구연산나트륨	0.2	
주석산나트륨		0.5
붕산	0.5	0.5
pH	7	9
온도(℃)	90	90
석출속도(μm/h)	10	15

(2) 수소화 붕소 화합물을 환원제로 사용하는 도금액

pH 조정은 수산화나트륨을 사용, 온도는 40℃ 정도이다. 도금액 I은 pH 12.4에서 구리상에 코발트가 석출되고, 도금액 II는 pH 12 이하에서는 자연분해된다.

성분	도금액 I	도금액 II
염화코발트		7.5 g/L
롯셀염	40	글루콘산 나트륨 40
질산납	10 ppm	10 ppm
$NaBH_4$	1 g/L	1 g/L

(3) 히드라진을 환원제로 사용하는 도금액

화학반응식은 다음과 같다.

$$2Co^{2+} + N_2H_4 + 4OH^- \rightarrow 2Co + N_2 + 4H_2O$$

pH 조정제는 암모니아수, 수산화나트륨, 착화제 및 완충제로서는 구연산나트륨, 주석산나트륨 등을 사용한다.

답 염화코발트: 0.05 mol/L　　pH: 11
염산히드라진: 1.0　　온도(℃): 90
주석산나트륨: 0.4　　석출속도(μm/h): 6

CHAPTER 18

합금도금

산업의 발전 속도는 하루가 다르게 변화하고 있다. 단일 금속의 도금은 기능적인 면에서 한계가 있으므로 향후에는 합금도금의 중요성이 그 어느 때보다 절실한 것으로 판단된다. 합금도금의 기능적 역할은 산업 전반에 걸쳐 필요하지만 합금도금의 기능적 특성이 충분하게 발전되기에는 상당한 세월이 흐르게 될 것이다.

합금도금이란 일정한 전해조건에서 두 가지 이상의 금속 또는 비금속을 동시에 석출하여 도금피막을 합금 상태로 전착시키는 것을 말한다. 일정한 전해조건이란 전해액(도금액), 온도, 전류밀도 등을 말한다.

합금도금의 특성은 다음과 같다.

① 석출된 전착 피막 입자가 치밀하다.
② 핀홀(유공도)이 적으므로 내식성, 내마모성이 양호하다.
③ 비결정질이 대부분으로서 내식성이 우수하다.
④ 금속의 공석비를 조절할 수 있어 새로운 물성을 나타낼 수 있다.
⑤ 용도에 따른 기능적 특성을 나타낼 수 있다.

합금도금에서 합금의 전착 가능 여부를 결정하는 요소는

① 평형전위
② 합금전착 되었을 때의 음극분극
③ 음극 부근에서의 각 금속이온의 농도
④ 전착합금의 석출전위
⑤ 전착합금 표면의 수소과전압 등

18.1 합금도금의 피막의 석출조건

(1) 석출전위(표준 단극전위)가 서로 접근되어야 한다.

답 주석(-0.14 V)과 납(-0.126 V)

니켈(-0.25 V)과 코발트(-0.28 V)

석출전위가 거의 같은 경우는 매우 드물고 합금도금을 하기 위해서는 대부분의 금속이 석출전위 크기가 매우 큰 경우가 많다. 일반적으로 금속의 전해 석출 반응은 다음과 같다.

① 도금액에서 전극으로 금속이온이 확산되어 이동한다.

② 이온의 방전 과정을 거쳐 원자로 변한다.

③ 원자가 표면확산에 의해 결정핵의 발생 및 결정성장이 이루어진다.

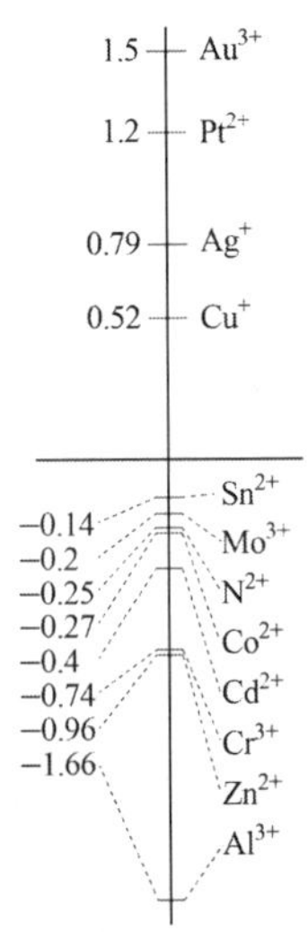

표 18-1 각 금속의 표준 단극전위(25℃–V)

석출전위가 서로 접근되어 있어(예: 주석 -0.14 V, 납 0.12 V) 합금도금이 가능하더라도 합금조성이 일정하고 지속적으로 전착되기 위해서는 전위-전류곡선의 분극곡선이 실질적인 전류밀도의 범위이내에서 충분한 도금이 되어야만 합금도금 피막이 전착될 수 있다. 그러나 석출전위가 서로 접근되어 있어(주석 -0.14 V, 납 -0.12 V) 합금도금 전착이 가능할지라도 지속적으로 전착이 되기 위해서는 전위와 전류의 분극곡선이 실용적인 전류밀도 범위 이내로 안정하게 유지되어야 한다.

(2) 석출전위(표준 단극전위) 차이가 큰 경우

구리와 아연에 시안과 같은 착염을 첨가하면 두 금속의 표준 단극전압이 같아진다.

$$Cu^{1+} + 0.52\ V \quad \text{착염} \quad Cu(CN)_3 \cdots\cdots\cdots (-1.1\ V)$$
$$Zn^{2+} - 0.76\ V \quad \text{시안} \quad Zn(CN)_4 \cdots\cdots\cdots (-1.1\ V)$$

금속을 동시에 석출하게 하기 위해서는 과전압이 필요하다. 과전압은 화학반응 속도를 느리게 하며 방전에 저항을 준다. 즉, 착이온으로부터 금속 피막이 전착하는 경우에는 과전압이 크기 때문에 동시 석출이 가능한 것이다.

$$Cu(CN)_4^{3-} \rightarrow Cu^{+} + 4CN^{-} \cdots\cdots\cdots \text{Cu 피막이 전착함}$$

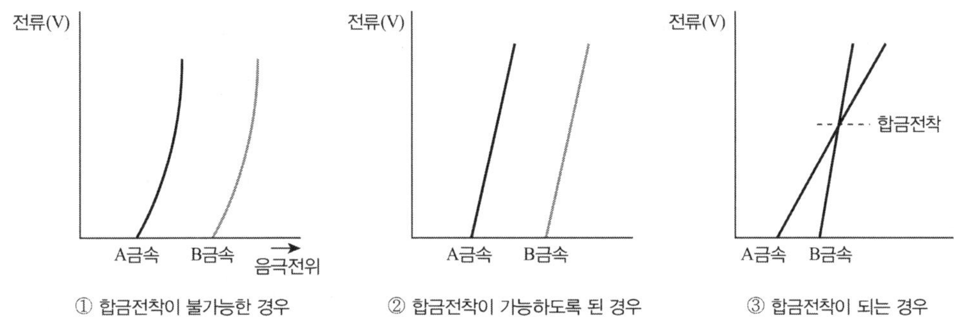

그림 18-1 음극분극곡선

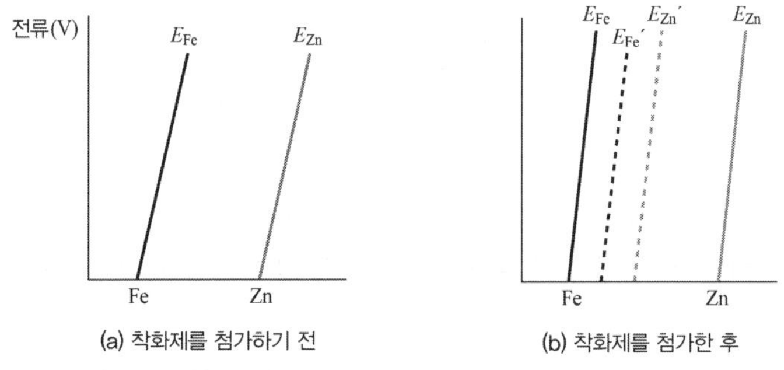

그림 18-2 Fe-Zn 계의 음극공석에 대한 분극곡선

그림 18-2에서 (a)는 착염을 첨가하기 전에는 Fe와 Zn의 석출전위는 서로 차이가 있어 합금도금의 전착이 불가능하다. (b)는 착염을 첨가하면 Fe과 Zn의 석출전위는 서로 가깝게 되어 표준 단극전위가 비슷하게 되어 동시 석출을 가능하게 한다. 두 종류의 금속에서 착염을 첨가하여 표준 단극전위가 비슷하게 된다면 좋겠지만 때로는 한쪽의 금속이온만 착화되고 다른 한쪽의 금속이온은 덜 착화되는 경우도 있다. 예를 들면 Fe-Zn의 합

금에서 철은 상온에서 아연을 8% 정도 고용한다. 금속의 표준 단극전위는 철보다 아연 쪽이 더 커서 그림 18-2의 (b)에서 oE_{Fe}′는 oE_{Fe}로부터 적게 이동하고 oE_{Zn}은 oE_{Zn}′로 크게 이동된다.

(3) 전류밀도와 온도

합금전착의 구조와 성질은 전류밀도, 온도, pH, 첨가제등에 의해서 영향을 미친다. 따라서 착염을 형성케하든 아니하든 간에 우선적으로 전류밀도와 깊은 관계가 있다. 일반적으로 저전류밀도에서는 이온의 방전에 의해서 새로운 결정핵 성장이 빠르기 때문에 전착되는 금속 입자는 거칠게 된다. 높은 전류밀도에서는 결정핵의 생성속도는 빠르게 일어나지만 결정핵의 성장속도는 느리게 되어 전착된 입자는 치밀하고 미세한 입자를 얻을 수 있다. 그러나 높은 전류밀도에서는 천한금속(basic metal)이 많이 석출하고 음극부근에서는 금속 농도가 감소되기 때문에 금속이온 공급이 잘 되지 못하므로 수지상 절정입이 되기 쉬워 취성의 원인이 되기도 한다. 이것을 방지하기 위해서 용액을 교반하여 음극부근의 금속농도를 높여 주어야 한다.

전해온도를 상승시키면 이온 확산이 활발해지고 평활성이 있는 광택을 얻을 수 있으며 귀한 금속(noble metal)을 석출시키고 결정성장 속도가 빠르게 되기도 하지만 전착되는 금속의 입자는 거칠게 될 수 있다. 용액 중에 적당한 첨가제(계면활성제, 비교적 분자가 큰 유기·무기물질)를 첨가하면 전착피막이 평활하고 치밀한 입자를 얻을 수 있다. 이러한 물질들은 대부분 결정핵 표면에 흡착되어 핵의 성장을 방해하여 새로운 결정핵의 성장을 만들게 된다. 유기광택제는 내부응력을 크게하는 경향이 있다. 내부응력의 발생은 수소, 첨가물질의 공석, 금속수화물의 생성으로 인하여 생긴다고 볼 수 있다.

전착되는 결정과 전류밀도 또는 금속이온 농도의 관계는 그림 18-3의 (a)와 (b)와 같다. 도금액을 교반하지 않고 작은 전류밀도로 전해하면 결정핵의 발생이 적기 때문에 균일한 결정이 만들어진다. 전류밀도를 약간 올리면 결정핵의 발생은 크게 되어 결정입이

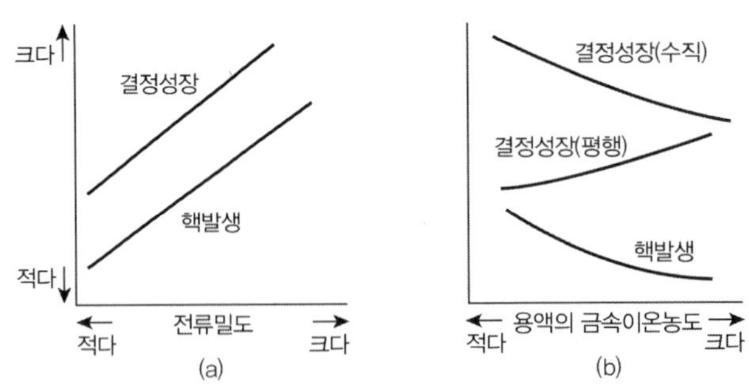

그림 18-3 전착 금속의 성질

미세하고 균일해진다. 높은 전류밀도에서 전착시키면 도금 피막의 결정핵 발생이 거칠어지고 결정 성장이 크게 되어 취성의 원인이 된다. 이와 같이 치밀하고 균일한 결정조직을 얻을 수 있는 전류밀도 범위를 밀정전류밀도(密晶電流密度)라고 한다. 이러한 밀정전류밀도의 범위에서는 교반, 전해액의 성분, 농도, 전해온도 등과도 관계가 있으므로 충분한 검토가 이루어져야 할 것이다. 특히 수소보다 천한 금속을 도금하고자 할 때에는 수소 과전압을 될 수 있는 대로 크게 하여야 한다.

(4) 합금의 석출전위

합금은 고용체나 금속간화합물을 만드는 경우가 대부분이다. 이때 합금의 평형전위는 각 금속의 평형전위와는 매우 다르기 때문에 일반 합금도금에서는 전착되는 합금중의 각각의 금속 활동도는 순금속과는 다르게 된다. 이러한 활동도가 다른 금속과 전해액 중에 있는 금속이온 사이의 평형전위를 비교하면 합금석출이 가능한 전위를 결정할 수 있다(그림 18-1 참조).

(5) 금속이온 농도

실제적으로 합금전착에서 음극곡선을 구한다는 것은 어렵기 때문에 여러 조건에 대한 석출되는 금속의 비율을 직접 실험하여 구해야 한다. 이때 여러 금속의 전착 비율은 금속의 농도 비율에 의해서 결정된다. 석출전위가 상당히 다른 금속이라 할지라도 착이온으로 만들어 주면 합금전착이 가능하다. 이와 같이 합금에서 착이온을 형성하는 천한 금속이온의 농도보다 훨씬 많이 감소하게 되므로 착이온이 형성될 수 있으면 착화제 및 첨가제를 첨가할수록 천한 금속의 석출이 더욱 쉬워진다.

답 황동도금에서 유리시안의 농도를 크게 하면 전착 도금층의 아연 농도가 증가하며 시안을 더 많이 첨가하면 도금 피막에 아연만이 석출하게 된다.

(6) 수소과전압

동시에 석출된 합금상의 수소과전압은 여러 가지 금속의 수소과전압과 서로 다른 경우가 많다. W, Mo, V 등과 같은 금속은 수용액으로부터 순수한 상태로 전착되지 않는데 그 이유는 이들 금속의 수소과전압이 매우 작기 때문에 전류효율도 낮아진다.

그러나 Fe, Co, Ni과 같은 금속과 합금이 되면 수용액으로부터 석출이 가능하다. 그 이유는 분극곡선이 변화하여 합금 전착이 가능하다고 볼 수 있으나 수소과전압이 크게 되었기 때문이라고 볼 수 있다.

18.2 | 도금조건

18.1절에서는 합금 피막의 석출조건에 대해서 설명하였으나 넓은 의미에서 도금 조건을 설명하면 다음과 같다. (1) 음극전류밀도 (2) 교반 (3) 온도 (4) 금속의 이온농도 (5) pH (6) 첨가제 등이 있다.

(1) 음극전류밀도

일반적으로 음극전류밀도가 클수록 음극 분극은 커진다. 따라서 음극전류밀도가 밀정전류밀도의 범위 이내에 있다면 음극전류밀도가 클수록 미세한 전착 피막이 된다.

(2) 교반

교반을 하면 음극 부근 또는 음극 표면에서 금속이온의 공급이 원활하고 밀정전류밀도의 범위도 넓어진다. 음극 가스발생, 기포의 제거도 가능하며 핏트 발생도 적어진다. 강 교반을 하면 균일전착성이 나빠지고 충분한 도금 두께가 얻어지지 않는다.

(3) 온도

저온에서는 수소과전압이 크게 되는 경향이 많다. 온도가 높으면 음극의 분극이 적어지고 결정핵의 성장이 촉진되어 전착 피막의 결정입이 커진다. 전해액의 온도가 높으면 전기전도도는 증가 하므로 평활하고 미세한 전착 피막을 얻을 수 있다. 온도가 높으면 수소 흡수가 적게 되어 전착 피막층의 응력도 감소되는 경향이 있다. 온도는 저온, 고온이 아니라 도금 상태를 전체적으로 파악하여 온도를 정해야 한다.

(4) 금속의 이온농도

금속의 이온농도를 크게 하면 음극분극이 작아지고 결정속도가 빠르게 되어 석출능력이 향상됨으로서 핀홀이 적은 도금 전착층을 만들 수 있으나 결정입자는 거칠게 되기 쉽다. 반면 금속의 이온농도를 적게 하면 음극분극이 증가하므로 결정입이 미세해 지고 균일전착성도 양호해진다. 그러나 밀정전류밀도 범위가 좁아지고 저전류쪽에서 도금을 하게 되므로 알맞은 전류밀도로서 전기도금을 할 수 없게 된다. 이 때문에 단순염의 전해액을 사용하는 산성 도금에서는 금속이온의 농도를 높여 주어야 한다. 알칼리성 도금 에서는 시안계 전해액을 예로 든다면 대부분의 금속이온이 음이온과 작용하여 착이온을 만든다. 알칼리성 도금에서는 금속이온의 농도를 낮게 할 수 있어 음극분극이 크게 되며 산성 도금에 비해 적은 음극전류밀도에서도 균일전착성이 훨씬 높게 된다.

일반적으로 도금에서 사용되는 착염은 Na계, K계가 첨가되며 Au, Ag, Cu, Zn, Cd 등의 도금에서는 시안계착염이 이용되고 있는데 공해문제 때문에 시안계 이외의 착염을 이용하려는 연구가 세계적으로 이루어지고 있으나 아직까지는 큰 성과가 없다. 그러나 일부에서는 노-시안 형태의 도금 방법이 개발되어 실용화 하고 있는 실정이다.

(5) pH(페하)

pH가 낮으면 $[H^+]$의 농도가 높다. 그러므로

① 도금층 내부응력은 증가
② 연성은 감소
③ 음극전류효율도 감소
④ 고전류밀도로 도금이 가능하다.

pH가 높으면 $[OH^+]$의 농도가 높다. 그러므로

① 전류가 집중되기 쉬운 모서리(edge) 부분에 수소 방전이 생겨 염기성으로 되어 변색의 원인이 되기 쉽다.
② 금속의 석출효율은 양호해 진다.

pH 변화는 중성 및 약산성에서 변화가 클 수 있으므로 중성 및 약산성 도금액에서는 pH 관리를 철저히 해야 한다.

(6) 첨가제

콜로이드를 만드는 물질(아교, 젤라틴, 펩톤 등)을 첨가하면 평활하고 미세한 결정입의 전착이 이루어진다. 이들 첨가제는 산성 도금액에 유효하며 음극분극을 증가시켜 도금층을 평활하게 만든다. 첨가제의 종류는 다양하다.

① 수지상 성장억제제: 전착 피막층의 결정 성장을 억제하고 새로운 결정핵을 만든다.
② 핏트방지제: 도금할 때 발생되는 기포를 억제해 주며 양이온 및 음이온용 핏트 방지제가 있다(예: 니켈도금, 라우릴황산나트륨).
③ 취성방지제: 도금층의 취성을 방지한다(예: 니켈도금, 나프탈렌-3 슬폰산나트륨).
④ 광택제: 도금피막의 광택을 향상시킨다.

18.3 | 합금도금의 공석

합금도금은 대부분 공석 상태로 전착된다. 합금도금의 공석 분류는 다음과 같다.

(1) 정상공석(normal codeposition)

이론적으로 볼 때 귀한금속(noble metal)의 석출이 천한금속(basic metal)의 석출보다 많은 경우이다.

① 규칙공석(regular codeposition)
금속 이온의 확산에 의해 음극계면에 도달한 성분 금속 농도비가 합금도금의 조성을 결정한다.(예: Ni-Co, Ag-Pb, Cu-P 합금)

② 불규칙공석(irregular codeposition)
금속 이온의 확산에 의해 공석되지만 착화제의 영향에 의해 공석 여부가 좌우된다.(예: Cu-Zn, Ag-Cd 합금)

③ 평형공석(equilibrium codeposition)
전해액 용액의 조성과 도금되는 전착층의 조성이 평형을 이루는 경우이다.
(예: Pb-Sn, Cu-Ni 합금)

(2) 이상공석(abnormal codeposition)

전기화학적인 이론에 근거하지 않는 경우이다. 석출전위가 천한금속(basic metal)이 우선적으로 석출하는 경우이다.

① 변칙공석(anomalous codeposition)
이상공석에 해당하며 철족금속(Fe, Ni, Co)을 함유한 아연 합금에서 도금 전착층에 Zn이 Fe의 석출을 억제한다.(예: Co-Ni, Fe-Zn 합금)

② 유기공석(induced codeposition)
수용액 중에서 단일 금속으로는 석출되지 않는 금속(W, Mo, Ge 등)이 철족금속(Fe, Ni, Co)과 전착이 되면 석출되지 못하는 금속이 다른 금속과 공석되는 경우이다(예: Ni-W, Co-W, Ni-Mo, Fe-W, Co-Mo 등)

18.4 합금도금용 양극

합금도금을 할 때 사용되는 양극은 다음과 같다.

(1) 합금양극

도금의 합금조성을 가진 양극으로 균일하게 용해하는 것(예: Cu-Zn, Sn-Pb)

(2) 분리양극

도금액의 용해 상태에 따라 양극판의 크기를 조절한다. 도금 공장에서 현실적으로 사용하기에는 곤란할 수 있다(예: Zn-Ni, Fe-Ni).

(3) 단독양극

도금액 중의 금속 성분은 적게 용해되어 있고 양극에서 공급되는 금속이온이 주성분으로서 공급된다(예: Sn, Ag, Ni).

(4) 불용성 양극

도금액 중에 공급되는 주성분인 금속 성분 및 착화제, 전도염 등 모든 약품이 공급에 의존한다(예: Ti-Pt판, 스테인리스, Pb, 철판, 흑연판 등)

18.5 합금도금의 종류

18.5.1 황동도금(Cu-Zn)

황동도금은 구리와 아연의 합금도금을 말하고 착화제는 NaCN 또는 KCN을 사용하지만 주로 NaCN을 사용한다. 황동은 내식성과 기계적 성질 및 기계 가공성이 양호하다. 황동도금은 일반적으로 장식용, 철강의 부식 보호 및 고무와 금속의 접착용 피막으로 사용된다. 황동도금을 200℃에서 풀림(annealing) 열처리를 하면 α, β', γ, ε 및 η의 5개 상(相, phase) 조직으로 나타난다.

(1) 황동도금의 색상

황동도금에서는 아연 함유량에 따라서 색상이 여러 형태로 나타난다.

10% 아연: 약간 황색을 띤 적색 20% 아연: 엷은 주황색	bronze색
30% 아연 전후: 녹색을 띤 황색~황금색[gold색]	
35%아연: 엷은 황금색 40% 아연 이상: 은백색	white bronze색

구리 62.5~100% 합금은 α고용체로서 적색~황색을 나타낸다. 구리가 70% 정도 함유된 황동은 α황동이라 하고 41.5~50% 정도 함유된 황동을 β황동이라고 한다.

(2) 황동도금의 기계적 성질

시안도금액에서(60℃) 필요로 하는 전류밀도에 의한 도금 두께는 75~100μm 정도까지 될 수 있다.

표 18-2 황동도금의 특성

전류밀도 (A/dm^2)	Cu (%)	두께 (μm)	밀도 (g/cm^3)	미저항 ($\mu\Omega$/cm^2)	인장강도 (MPa)	경도 HK200
2.0	78	56	8.64	6.23	1129	293(약교반)
2.0	71	52	8.54	8.03	947	306(강교반)
1.5	78	75		6.39	1088	277
1.0	47	87	8.23	5.04	881	292
0.5	48	91		4.11	621	155

① 내부응력: 도금 두께가 두꺼워질수록 응력은 증가한다.

② 밀도: 구리 함유량이 증가할수록 밀도는 증가한다.

답 47.3% Cu … 8.23 g/cm^2

70.8% Cu … 8.54 g/cm^2

77.4% Cu … 8.64 g/cm^2

③ 전기저항: 구리 함유량이 증가할수록 평균저항은 높아진다.

답 46.7% Cu … 5.04$\mu\Omega$/cm^2

69.9% Cu … 7.57$\mu\Omega$/cm^2

77.7% Cu … 7.23$\mu\Omega$/cm^2

④ 인장강도와 경도: 도금 두께가 증가하면 인장강도가 증가하며 아연보다 구리 성분이 많이 석출될수록 도금 두께는 두껍게 된다. 구리가 함유되면 연성은 증가하지만 황동도금에서는 아연도 함께 석출되므로 반드시 연성이 충분하게 증가하는 것은 아니다. 아연이 적고 구리성분이 훨씬 많은 경우(Cu 80～90%)에는 연성이 증가한다. 또한 도금 두께가 증가하면 경도는 감소한다.

표 18-3 도금 두께에 따른 인장강도의 변화

도금두께	인장강도	
	MPa	Psi
7.5	410	58,000
10.8	490	69,100
13.9	520	73,900

⑤ 마모

구리 함유량이 많으면 마모 손실량이 많다.

표 18-4 마모시험결과

Cu(%)	전류밀도(A/dm^2)	중량손실(g/1000g)
72	1.33	10.3
70	2.0	7.2
63(압연 황동)		8.4

(3) 황동 도금의 용도

① 장식용으로 사용: 니켈도금을 한 후 황동도금을 한다.

② 앤틱처리(장식용, antique): 황동도금을 두껍게 하고 흑착색 처리를 한다.

③ 고무에 금속을 밀착시키기 위해서 황동도금을 한다(Cu 65～75%).

④ 알루미늄 도금을 할 때 징케이트 처리를 하기 위해서 중간 도금 공정으로서 황동도금을 한다.

⑤ 윤활성 및 마모방지용(지퍼용)으로 이용된다.

(4) 황동 도금액

표 18-5 여러 종류의 황동 도금액

성분(g/L) \ 종류	장식용	장식용(광택제 첨가)	고속도금액	백색황동	바렐용
시안화구리	25~30	45	100	17	45
시안화아연	9~12	4~6		60~65	13~15
산화아연			18		
시안화나트륨	45~60	80~120	150	80~85	80~100
탄산나트륨	30				
암모니아수	1~3				8~10
수산화나트륨		20	10~13	60	
롯셀염		60			
전류밀도(A/dm^2)	0.3~1.0	0.5~5	3~14	1~4	
온도(℃)	32~45	상온	60	25~40	상온
pH	10~11.5		12.2	12~13	

(5) 황동 도금액의 건욕

① 시안화구리 및 시안화아연을 더운물에 용해시킨다.(전체 용액의 1/3 정도)

② 시안화나트륨은 더운물에 용해시킨다.(전체 용액의 1/3 정도)

③ ①의 용액을 ②의 용액에 넣어 교반하면서 용해한다. 이때 온도는 약 40℃ 정도이고 HCN 가스가 발생되므로 환기 및 가스에 흡입되지 않도록 해야 한다.

④ ③까지 완료한 용액에 탄산나트륨 또는 수산화나트륨을 첨가한다.

⑤ 활성탄 1~2 g/L을 첨가하고 여과시킨다.(4~5시간)

⑥ 나머지 물 1/3을 넣어 전체 용액을 1 L로 한다.

(6) 각성분의 역할

1) 시안화구리 및 시안화아연

도금액 중의 금속이온을 공급한다. Cu/Zn의 비에 있어서 구리가 증가하면 전착피막 중에 구리 함유량이 증가한다(red brass 현상). Cu/Zn의 비에 있어서 아연이 증가하면 전착피막 중에 아연 함유량이 증가한다(Zinc brass 현상).

2) 시안화나트륨(NaCN)

인체에 극히 유독한 독극물로서 극소량(0.1 g 전후)이라도 먹거나 가스를 흡입해서는 절대 안 된다. 시안화나트륨은 불용성의 시안화구리(CuCN) 및 시안화아연[$Zn(CN)_2$]을 용해시켜 물에 녹기 쉬운 착염인 $Na_2Cu(CN)_3$ 및 $Na_2Zn(CN)_4$를 만들어 준다. 전기전도도를 양호하게하며 양극용해를 촉진시킨다. 도금액 중에 유리시안화나트륨이 너무 많으면 도금이 잘 안되고 음극전류효율도 낮아지고 음극에서 과잉의 수소가스가 발생되어 전착피막중에 수소가 흡착되는 원인이 되기도 한다. 가스가 심하게 발생되면 흡입될 수 있으므로 철저한 배기시설을 해야 한다. 유리시안화나트륨이 부족하면 양극용해가 불량하여 양극에 피막이 형성되고 도금은 무광택으로 되거나 불균일하게 된다. 또 도금액 중에 아연화합물이 백색으로 침전되기도 한다.

3) 탄산나트륨(Na_2CO_3)

백색의 분말로서 전기전도성을 양호하게 하며 평활한 작용을 한다. Na_2CO_3가 분해되어 CO_2 가스가 생성된다.

$$Na_2CO_3 \rightarrow \underset{(\text{탄산염})}{Na_2O} + CO_2$$

도금액을 장기간 사용하면 Na_2O가 생성되어 도금조 밑바닥에 축적되거나 도금 피막중에 전착되어 도금상태가 뿌옇게 되기도 한다. 도금액을 장기간 사용했을 때 침전물이 계속 생긴다면 상등액만 사용하고 도금조 밑바닥에 가라앉은 탄산염은 도금액을 냉각시킨 후 침전된 도금액을 버려야 한다.

4) 수산화나트륨(NaOH)

탄산나트륨과 비슷한 작용을 하지만 도금액의 안정성은 탄산나트륨을 첨가한 것보다 양호하다. 도금액의 pH를 상승시키는 역할도 탄산나트륨보다 높다. 도금액을 장기간 사용해도 탄산염의 축적이 탄산나트륨에 비해서 적은편이다. 수산화나트륨이 많이 첨가되면 도금피막중에 구리함유량이 감소하고 아연함유량 증가한다. 최근에는 탄산나트륨 대신 수산화나트륨 또는 수산화칼륨을 사용한다.

5) 암모니아수(NH_4OH)

강알칼리성 용액으로서 냄새가 지독하며 많이 흡입하면 두통 또는 피부 점막을 상하게 한다. 암모니아수가 적당히 첨가되면 도금 색상이 전반적으로 아름답게 되지만 2~3 m*l*/L 이상 첨가되면 아연의 석출량이 증가하여 도금색이 뿌옇게 된다. 암모니아수의 증가는 구리성분의 전착을 감소시킨다.

(7) 도금작업의 조건

1) 음극전류밀도

음극전류밀도를 높이면 이온화 경향이 큰 금속이 석출된다(아연성분 석출).

2) 온도

온도를 상승시키면 구리이온의 석출이 많아지고 음극전류효율이 증가한다. 온도가 1℃ 증가하면 구리의 함유량이 0.5% 정도 증가한다는 실험 보고도 있다. 온도는 보통 40～50℃ 범위이다.

3) 교반

교반이 강할수록 전착되는 구리 함유량은 감소하고 음극전류효율은 상승한다.

4) pH(페하)

황동 도금액의 pH 범위는 일반적으로 11～13 범위이다. pH가 높을수록 아연의 석출량이 증가되어 백색으로 되기 쉽다. pH를 높이기 위해서는 수산화나트륨(NaOH) pH를 내리기 위해서는 중조($NaHCO_3$)를 사용한다.

5) 양극

양극은 8 : 2 황동판을 사용해야만 7 : 3 황동색이 나타난다. 양극: 음극 비율은 2 : 1 정도가 알맞다. 도금 작업 중 도금이 잘 안 되는 경우에는 양극판을 닦아 준다. 양극판에 불용성 백색피막의 원인이다. 때로는 pH값이 너무 높거나 유리NaCN이 부족하여도 양극판에 불용성 백색피막이 생기게 된다. 이 원인은 잘 용해되지 않는 $Zn(CN)_2$가 생성되어 양극표면에 부착되기 때문이다.

(8) 도금액의 고장과 대책

고장	원인	대책
도금석출이 늦다.	1. 도금액 중 금속성분 부족 2. 유리시안화나트륨이 너무 많다.	1. 시안화구리 및 시안화아연을 보충 2. 탄산구리 또는 탄산아연을 첨가
음극 가스가 너무 많이 발생.	1. 유리시안화나트륨이 너무 많다. 2. 전류밀도가 너무 높다.	1. 탄산구리 또는 탄산아연을 첨가 2. 전류밀도를 낮춘다.

고장	원인	대책
고전류부분이 갈색. 저전류부분이 적색. 헐셀판 뒷면에 줄무늬. 바렐도금액에서 얼룩. 음극가스발생이 적다.	시안화나트륨 부족	분석 후 보충
전체적으로 도금색이 연하다. 저전류부분의 도금색이 연하다.	시안화나트륨 과잉	시안화구리 보충 분석 후 보충
고전류부분에 도금이 안 된다. 저전류부분이 핑크색. 전체적으로 핑크색. 도금의 색상이 불안정.	시안화나트륨 과잉 수산화나트륨 부족	분석 후 보충

(9) 황동도금의 후처리

황동도금을 한 후 특히 주의할 점은 변색되지 않도록 해야 하고 건조기에서 완전히 건조한 후 변색되지 않도록 하기 위해서 도장처리를 하여야 한다. 도장처리는 투명 락카(금속도장용으로서 열처리를 하는 것)에 신나를 넣어 사용해야 한다. 락카 : 신나의 비율은 보통 1 : 3~4 정도이다. 신나가 너무 많으면 무지개 색깔이 나타나고 락카가 너무 많으면 색깔의 광택이 나빠지고 둔탁한 도금 상태로 보이게 된다. 황동도금의 생명은 도장처리를 잘 해야 된다는 점에 특히 유의해야 한다. 현장에서는 이와 같은 황동의 후처리를 코팅(coating)처리라고 한다. 락카와 신나의 코팅처리 온도는 건조기 속에 물건을 넣고 120~150℃까지 상승시킨 후 물건을 꺼낸다. 이때 주의할 점은 반드시 건조기의 온도가 60~80℃ 상승되었을 때 건조기의 문을 한번 열었다 닫아서 공기의 순환을 이루도록 해야 한다. 그 이유는 건조기 속에 가스가 많이 차게 되면 건조기가 폭발할 위험이 있기 때문이다. 때로는 신나가 나빠도 폭발할 위험이 있다.

(10) 노-시안 황동 도금액

표 18-6 롯셀염에 의한 노-시안 황동 도금액

$CuSO_4$	10~50
$ZnSO_4$	2~36
롯셀염	20~120
NaOH	20~80
전류밀도(A/dm^2)	2~5
온도(℃)	40~50

표 18-7 피로인산 황동 도금액

피로인산구리	3 g/L
피로인산아연	11 g/L
피로인산나트륨	70 g/L
인산2수소나트륨	30 g/L
pH	8
온도(℃)	40
전류밀도(A/dm^2)	1.2～2.0

18.5.2 청동도금(Cu-Sn)

인류의 역사는 석기시대 이후 청동기시대를 거쳐 철기 시대로 진행되었다. 청동기시대 이전에 이미 구리가 발견되었으며 구리 광석 중에 함유된 주석 성분으로 인하여 구리광석을 용해할 때 자연히 주석도 용해되었다고 볼 수 있다. 청동은 구리에 비해서 경도가 높고 쉽게 주조할 수 있다. 바닷물에 대한 내부식성이 있으므로 기계, 병기제품, 화폐, 미술품 등의 용도에 사용된다. 청동은 적색청동과 백색청동으로 구분한다.

① 적색청동: 주석 10～15% 정도 함유된 것
황색을 나타내므로 브론즈(bronze) 청동이라고도 한다.

② 백색청동: 주석 40～45% 정도 함유된 것
은백색도금으로서 스펙큐럼(speculum)이라고 한다.

청동도금은 금속 불순물에 대해서 둔감하며 균일전착성과 내식성 및 평활성이 양호하다. 양호한 내식성을 얻을 수 있으므로 아연다이캐스팅 및 철강(특히 선재) 위의 광택 니켈도금 대신 사용할 수 있으며 니켈, 주석-니켈, 크롬도금의 하지 도금으로서도 사용할 수 있다. 청동도금의 실용적 특성은 다음과 같다.

① 크롬도금의 하지용으로서도 내식성이 우수
② 금도금 색상을 나타낼 수 있어 장식용으로도 사용 가능함.
③ 균일전착성 및 평활성이 우수
④ 도금 속도가 빠르고 도금 작업의 관리가 쉽다.
⑤ 다이캐스팅 제품에도 직접 도금이 가능
⑥ 니켈도금의 하지용으로 사용 가능

(1) 도금액 조성과 조건

표 18-8 적색 청동 도금액

시안화구리(g/L)	35	30	30
시안화나트륨	55	50~60	55~65
주석산나트륨	35~40	35~40	40
수산화나트륨	8~12	10~15	
수산화칼륨			10~15
롯셀염		40~50	40~50
pH	12~13	12~13	12~13
온도(℃)	55~60	55~60	55~65
전류밀도(A/dm^2)	2~3	2~3	2~3
교반	약교반	약교반	약교반

표 18-9 백색 청동(스펙큐럼)도금액

시안화구리(g/L)	13~14
시안화나트륨	45~55
주석산나트륨	80~90
수산화칼륨	15~20
롯셀염	5~10
pH	12~13
온도(℃)	55~60
전류밀도	2~3
교반	약교반

(2) 도금액 조성

청동 도금액은 황동 도금액 및 주석-구리-아연 합금도금액의 조성과 비슷하다.

① 황동 도금액에서의 금속 주성분은 구리가 많다.

② 청동 도금액에서의 금속 주성분은 브론즈 청동이냐 백색인 스펙큐럼 청동이냐에 따라 다르다.

구리 합금도금액은 대부분이 시안을 착화제로 사용하고 있는 것이 큰 문제로 될 수 있다. 시안은 인체에 치명적이므로 사용하지 않을수록 좋다. 시안염은 시안화구리와 주석산나트륨(석산소다), 주석산칼륨(석산칼륨)과 착염을 형성한다. 주석은 도금액 중에서 착화되어 주석산이온 SnO_3^{2-} 이온으로 되며 구리는 $Cu(CN)_3^{2-}$으로 존재한다. 도금액 중에는 유리시안이 필요한데 이러한 유리시안은 공기 중 CO_2를 흡수하여 주석산 이온이 분해되어 염기성 주석화합물로 미세하게 만들어진다. 착염의 해리는 가수분해에 따라 생성되어 단순한 이온으로 된다.

$$SnO_3^{2-} + 3H_2O \rightarrow Sn^{4+} + 6OH^-$$
$$Sn^{4+} + 4e \rightarrow Sn^o$$

또한 착이온은 전극 반응에 따라 다음과 같이 된다.

$$SnO_3^{2-} + 3H_2O + 4e \rightarrow Sn^o + 6OH^-$$

즉 1개의 Sn이 석출되어 6개의 수산이온이 생기므로 이것은 음극 확산층에 수산 이온 농도가 높게 되므로 수산이온이 생기는 것은 음극 반응에 영향을 미친다고 볼 수 있다. 롯셀염은 양극인 구리판의 용해를 균일하게 한다. 합금도금에서 분리 양극을 사용한다면 실제 어느 도금 작업에서든 실용적인 도금을 하기에는 매우 어렵다. 따라서 양극을 불용성으로 사용하는 것이 좋다는 판단을 내릴 수 있다. 불용성 양극을 사용한다면 양극용해에 대해서는 신경 쓸 문제가 아니고 도금액에 첨가되는 약품만 일정하게 보충만 한다면 실용적인 도금액을 유지할 수 있다. 일반적으로 나트륨염보다 칼륨염 쪽을 사용하는 것이 전기전도성이 높다.

(3) 기타 청동 도금

① 백색 청동 도금액

시안화구리(g/L): 10～12	시안화칼륨: 50～60
피로인산주석: 15～20	피로인산칼륨: 100～150
pH: 9.5 전후	온도: 50℃ 전후

② 피로인산구리(g/L): 10～28　　피로인산주석: 25～40

피로인산칼륨: 160～180	수산화나트륨(수산암모늄): 20
전류밀도: 3～5 A/dm²	온도: 60℃
pH: 9.5 전후	

시안을 함유한 구리와 주석염, 착화제, 습윤제 및 알칼리염 등은 도금액 중에서 분해되어 다음과 같이 된다.

① 시안화물은 분해되어 규산염, 시안화염, 암모늄 및 탄산염으로 된다.
② 공기 중에서 CO_2와 결합한 KOH 및 NaOH와 작용하여 K_2CO_3, Na_2CO_3를 만든다.
③ $P_2O_7^{4-}$의 가수분해에 따라 PO_4^{3-}로 된다.
④ K_2SnO_3의 가수분해에 따라 $SnO_2 \cdot xH_2O$로 된다.
⑤ 가수분해된 착화합물질들은 분해 생성물을 만든다.

18.5.3 주석-아연 도금(Sn-Zn)

도금 색상은 백색으로서 철강의 방식용으로서 오래전부터 사용되었으나 많은 장, 단점이 있다. 철강에 대한 부식 상태는 주석이 함유되어 있기 때문에 아연도금에서 생기는 핀홀보다 적다. 따라서 아연도금만 한 것보다는 철강의 방식 효과가 양호하다. 일반적으로 주석 75~80%, 아연 20~25%의 범위가 방식 효과가 가장 양호하며 이 범위를 벗어나면 핀홀이 많이 발생되며 철강의 방식효과에 문제가 생긴다.

80% 주석 합금에서 도금두께 12μ 정도일 때 방식 효과가 좋다고 한다. 주석 함유량(70% 이하)이 감소하면 내식성도 저하하고 염수시험 결과 백색의 부식 생성물을 만들기 때문에 도금 두께는 25μ 정도에서 가장 양호하다. 철강, 주철, 강, 황동 등에 직접 도금이 가능하다. 도금액의 종류는 시안계, 피로인산계, 붕불화계 및 규불화계 등이 있으나 가장 많이 사용되는 것은 시안계 주석-아연 도금액이다.

표 18-10, 18-11은 주석-아연 도금액은 주석산나트륨과 시안화아연의 혼합으로 되어 있다.

표 18-10 시안화알칼리 주석-아연 도금액

성분	조성(g/L)
시안화나트륨	60~80
시안화아연	4.0~4.5
주석산나트륨(석산소다)	60~70
유리시안나트륨	15 전후
수산화나트륨	5~10
온도(℃)	65~70
전류밀도(A/dm^2)	1.5~3.0

표 18-11 시안화알칼리 주석-아연 도금액(주석의 비율)

성분(g/L) \ 주석(%)	80	75	50	바렐용
주석산나트륨	30	25~30	30	30
시안화아연	2.5	2.5~3.5	8	7
유리수산화나트륨	4~6	4~6	6~8	10
시안화나트륨	25	27~30	50	40
온도(℃)	70	65±2	70	상온
전류밀도(A/dm^2)	1.5~3	1~3	1.5~3	

(1) 작업 관리

1) 온도

온도가 낮으면 음극전류효율이 낮아지고 고전류부분에 스머트가 생긴다. 온도가 높으면 주석량이 증가하여 광택이 저하되고 4가 주석이 되어 도금색상은 뿌옇게 된다.

2) 전류밀도

전류밀도가 증가할수록 주석량이 증가한다.

3) 유리수산화나트륨

수산화나트륨의 양이 증가하면 도금액 중의 주석 함유량이 감소한다. 도금액 중의 유리알칼리의 양은 그다지 영향을 미치지 않는다.

4) 양극

합금 양극(80% 주석-20% 아연)으로서 원형 주조한 것을 사용한다.

5) 교반

공기 교반은 4가의 주석이온을 형성하므로 곤란하다.

(2) 후처리

주석-아연 도금 피막의 내식성을 향상시키기 위해서는 2~5%의 무수크롬산에 염산 0.1~1 m*l*/L를 첨가하고 상온에서 20~30초 동안 침적한다.

18.5.4 주석-니켈도금(Sn-Ni)

주석-니켈 합금은 스테인리스강의 색상으로서 내식성, 내마모성이 양호하다. 균일전착성 및 레버링성이 양호하므로 베아링 가공제품, 정밀주조품, 복잡한 형상의 제품, 자동차의 내장품 등에 적용된다. 금도금의 하지로서 이용하기도 하지만 알러지 반응이 생기는 경우에는 도금을 하지 않아야 한다.

〈주석-니켈도금의 특성〉

① 25μ 이상의 두께에서는 내식성이 매우 양호하다. 모넬(monel)금속과 은의 중간, 인코넬(incornel)금속과 비슷함. 산종류(황산, 질산, 염산, 규산 등)에 대해서 침적시킨 경우 중량감소가 적다.

② 니켈, 주석도금에 비해서 변색 저항이 적다.

③ 장식용으로서 로즈 핑크(ross pink)를 나타낼 수 있고 크롬과 니켈도금색보다도 스테인리스강과 비슷한 색상을 나타낸다.

④ 경도와 내마모성이 있다. Hv 650~700 정도로서 니켈보다는 높고 크롬보다는 경도가 낮다.

⑤ 합금은 비자성이다.

일반적으로 사용되는 도금액은 염화물-불화물계와 피로인산계의 2종류가 대부분이다. 양극은 분리양극(28% 니켈), 별도의 양극회로 사용한다. 도금액을 수일동안 사용하지 않을 경우 주석 양극은 도금액에서 빼내어 놔둔다.

(1) 염화물-불화물계 Sn-Ni 도금액

표 18-12 염화물-불화물 도금액

성분	I	II
염화제일주석($SnCl_2 \cdot 2H_2O$), g/L	50	50
염화니켈($NiCl_2 \cdot 6H_2O$)	300	250
불화나트륨(NaF)	30	
산성불화암모늄(NH_4HF_2)	35~50	40
암모니아(ml/L)		30~40
온도(℃)	65	70
전류밀도(A/dm²)	2.5	

1) 염화물-불화물계 Sn-Ni합금 도금액 100 L 건욕(표 18-12, 성분 I 참조)

① 도금조에 물 2/3 정도 첨가 후 50~60℃로 온도 높임.

② 산성불화암모늄첨가(3.5~5 kg) 후 용해

③ 염화제일주석 첨가(5 kg) 후 용해

④ 염화니켈 첨가(30 kg) 후 용해

⑤ 불화나트륨(3 kg) 첨가 후 용해

⑥ pH 확인(pH 2.5 조절)

⑦ 활성탄(1~2 g/L) 여과 후 나머지 물을 채움.

2) 작업관리(염화물-불화물계)

주석 이온에 대해서 불소 이온의 착화작용은 염화제일주석 40 g/L과 불화나트륨 80 g/L까지 첨가된다.

① 도금액 중의 주석과 니켈의 비율: 염화니켈 60~150 g/L의 비율에서는 전류밀도가 증가하면 도금액 중의 염화니켈 함유량은 감소하며 주석함유량은 증가한다. 반대로 염화니켈 함유량이 증가하면 도금액 중의 염화제일주석의 양이 감소한다.

② 도금액 중의 불화나트륨의 양이 증가하면 도금액 중의 주석 함유량이 감소한다(표 18-13).

표 18-13 불화나트륨-주석(58℃, 2.6 A/dm^2)

불화나트륨(g/L)	피막조성(주석%)
20	72.5
40	68.0
60	62.5

③ 불화암모늄의 양이 증가하면 도금액 중의 주석 함유량이 감소한다(표 18-14).

표 18-14 불화암모늄-피막 조성(주석%)

불화암모늄(g/L)	피막조성(주석%)
12	73.0
14	71.5
16	71.0
20	70

④ 온도: 온도가 낮아지면 광택이 저하하므로 온도 범위는 68±2℃가 가장 적당하다.

표 18-15에서 알 수 있듯이 도금액의 조성과 전류밀도에 따라서 도금 피막 조성에 나타나는 주석 함유량의 변동이 크다는 것을 알 수 있다. pH는 보통 2.5 정도인데 염산 또는 암모니아수로 조절한다. 주석(Sn^{2+}) 1 g/L 소모되는데 비해서 염화제일주석(Ⅱ) 2 g/L이 소요되고 산성불화암모늄은 2 g/L 정도 첨가된다. 니켈 1 g/L 소모에서는 염화니켈 4 g/L을 첨가하면 된다. 유기불순물은 활성탄 여과 처리하며 무기불순물은 공전해시킨다.

표 18-15 전류밀도에 따른 영향(65℃)

조성(g/L)	전류밀도(A/dm^2)	도금피막조성(주석%)
(a) 염화제일주석 21	1.7	60
불화나트륨 11		
불화암모늄(산성) 15	3.5	42
염화니켈 180		
(b) 염화제일주석 100	1.7	62
불화나트륨 75		
불화암모늄(산성) 100	3.5	59
염화니켈 500		
(c) 염화제일주석 100	1.7	72
불화암모늄 75	4.3	72
염화니켈 325		
염화칼륨 100	6.9	66
(d) 불화주석 50	2.6	64
불화나트륨 75	4.3	61
염화니켈 200	6.9	51

(2) 피로인산주석-염화니켈 합금도금액

pH는 8정도로서 염산 또는 암모니아수로 조절한다(표 18-16, 성분 Ⅱ 참조). Sn^{2+} 1 g/L 감소하면 염화제일주석(Ⅱ) 2 g/L와 피로인산칼륨 14 g/L을 첨가한다. 피로인산도금액에서는 주석과 니켈을 양극으로 사용할 때 전류효율은 거의 100%에 이른다. 양극은 분리 양극을 사용한다.

표 18-16 피로인산 주석-니켈도금액

성분	I	II
피로인산제일주석	20	염화제일주석: 28
염화니켈	48	30
피로인산칼륨	130	200
구연산암모늄	10	
그리신		20
암모니아수		5~10
온도(℃)	60	50
pH	8.7	8
전류밀도(A/dm^2)	0.5~6	0.1~1
양극	주석, 니켈, 백금판	니켈, 불용성양극

1) 작업관리(피로인산계)

피로인산계에서는 구연산암모늄 및 그리신은 완충제로서 사용되지만 한계전류밀도, 음극효율, 도금의조성 범위 등을 향상시키기도 한다. 도금 전착 피막은 밀착성과 평활성이 매우 양호하고 주석 함유량이 감소하면 백색에서 회백색으로 된다. 도금액의 양극은 불용성을 사용하고 도금액 중의 금속 농도는 서서히 감소되므로 도금액 조절이 어렵다. 도금액에 젤라틴을 소량 첨가하면 전류밀도가 증가한다. 펩톤을 첨가하면 도금 제품의 끝머리 부분의 도금 두께가 균일하게 되기도 한다.

2) 건욕(표 18-16, 성분 II 참조)

답 피로인산칼륨 도금액 100 L 건욕

① 도금조에 물 2/3정도 첨가 후 40~50℃로 온도 높임.
② 염화니켈 3 kg을 넣고 완전용해
③ 피로인산칼륨 20 kg을 넣고 완전용해
④ 암모니아수 500 ml를 첨가
⑤ 염화제1주석 2.8 kg을 넣고 완전용해
⑥ 그리신 2 kg과 광택제를 넣고 나머지 물 1/3을 첨가한다.
⑦ pH를 확인하여 조절한다.

(3) 주석-니켈도금피막의 박리

주석-니켈 합금도금은 내약품성이 우수하므로 박리를 잘못하면 제품 표면이 손상되기 쉽다.

① 하지 도금이 구리, 황동인 경우: 10% 염산용액에서 15～30 A/dm^2, 양극전해, 또는 진한 인산용액에 침적하고 180～200℃의 온도로 가열하는 방법

② 하지도금이 철인 경우: 수산화나트륨 10 g/L, 시안화나트륨 15 g/L을 혼합 가열, 침적 후 30～40 A/dm^2으로 양극전해

③ 합금 피막 중에 주석함유량이 50～60%일 때는 염산 30 ml/L 및 소량의 산화제를 넣고 50～60℃로 가열한 용액에 침적.

18.5.5 주석-코발트도금(Sn-Co)

주석-코발트 합금도금은 크롬과 비슷한 은백색으로서 장식용 크롬 대용으로서 사용되기도 한다.

(1) 주석-코발트도금의 특성

① 6가 크롬도금액에 비해서 유독성이 훨씬 적다.

② 내마모성은 6가 크롬에 비해서 훨씬 뒤떨어지지만 내변색성은 양호한 편이다. 그러므로 크롬도금을 대체 할 수 있는 산업용이 아닌 실내용 또는 장식용으로도 사용된다.

③ 스로윙파우어(throwing power)가 대단히 좋기 때문에 행킹 물건, 바구니 물건, 피스, 넛트도 대량 도금이 가능하다. 피로인산계, 스타네이트 도금액이 있으며 불화물계는 거의 사용하지 않는다.

표 18-17 주석-코발트 합금도금액

성분(g/L) \ 구분	피로인산 도금액	스타네이트 도금액
염화코발트	20～25	10～20
염화제일주석	15～20	20～40(주석산나트륨)
피로인산칼륨	250	
아미노칼본산		15～40
pH	9.5～10.0	12.5～13.5
온도(℃)	50～60	50～60
전류밀도(A/dm^2)	0.3～1.5	0.5～1.5
석출조성	Co 20～30%	Co 15～40

(2) Sn-Co 합금도금액(피로인산계)

약알칼리성으로서 부식성이 거의 없다. 단점은 2가의 주석염이 4가의 주석염으로 산화되어 자연 소모가 서서히 되므로 도금액 상태가 불안정하다. 불용성의 탄소양극을 사용할 때는 그 산화상태가 더욱 심해진다. 피로인산 코발트의 착염은 피로인산니켈보다 용해도가 적어서 침전되기 쉽다. 피복력 및 스로윙 파워(throwing power)가 양호하기 때문에 피스, 넛트와 같은 제품도 충분히 바렐도금으로 잘될 수 있다. 전류밀도는 보통 0.5∼3 A/dm^2의 범위이고 온도는 60℃ 전후이다. 도금액 중 주석 함유량이 많으면 도금 색상은 백색화되고 코발트 양이 많으면 검어진다. pH가 낮으면 올소인산이 증가하며 pH를 상승시키기 위해서는 수산화칼륨 내리기 위해서는 폴리인산을 사용한다.

표 18-18 피로인산 Sn-Co 합금도금액의 고장과 대책

현상	원인	대책
광택 불량 (구름 낌, 우유빛)	광택 부족 전류밀도 과다 도금액 온도 저하 구리 혼입 하지 니켈도금 불량	광택제 보급 전류밀도를 내린다. 도금액 온도 상승 황화나트륨으로 여과 니켈광택을 충분히 함
피복력 불량	주석분 부족 피로인산칼륨 부족 도금액 온도저하 노폐물 축적	염화제일주석 첨가 피로인산칼륨보충 도금액 온도 상승 활성탄 여과 처리
흑색도금	염화코발트 과잉 전류밀도가 높다. 도금액 온도가 낮다.	염화제일주석 첨가 전류밀도를 내린다. 도금액 온도를 높인다.

(3) Sn-Co 합금 도금액(스타네이트계)

스타네이트 도금액은 4가의 주석염을 함유한 도금액으로서 도금액이 피로인산칼륨액보다 안정성이 있다.

광택범위가 넓고 전류밀도 변화는 색상에 영향을 약하게 미친다. 금속불순물에 대한 영향은 피로인산 도금액보다 적게 받는다. 유기불순물의 축적은 피복력불량이 생기며 pH를 일정 범위 이상으로 유지하지 못하면 주석이 산화되어 불용성 침전이 된다. 양극을 탄소판(봉), 백금도금된 티탄을 이용한다. 유기불순물의 축적은 활성탄에 의해서 연속 여과하여야 한다.

표 18-19 스타네이트 Sn-Co 합금도금의 고장과 대책

현상	원인	대책
흑색도금	유기 불순물의 축적 도금액 온도 저하 pH가 높다. 주석염<코발트	활성탄 처리 후 연속여과 도금액 온도 상승 pH를 높인다. 분석하여 첨가
피복력 불량	유기불순물 축적 6가 크롬 혼입	활성탄 처리 후 연속여과 환원처리
백색 구름낌	pH가 낮다. 전류밀도가 높다. 주석염이 너무 많다.	pH를 높인다. 알맞은 전류밀도로 한다. 코발트 염을 첨가
침전이 생김	pH가 너무 낮다. 도금액 온도가 너무 높다.	pH를 내린다. 65℃ 이하의 범위.

(4) 주석-코발트 합금 피막의 특성

도금 피막은 석출 합금의 조성에 따라 다르다. 코발트 20% 부근에서는 크롬색, 코발트 30% 이상에서는 청흑색이며, 50% 근처에서는 붉은색을 띈다. 내변색성이 양호하고 저농도의 크롬산 용액에 침적하면 산화피막을 형성하여 내변색성을 향상시킨다. 96시간 염수분무시험, 200℃ 건조가열 50℃ 습윤분위기, 2% Na_2S에 침적, 암모니아수에 침적, 가열시킨 알칼리 용액에 침적 후 6개월 동안 옥외폭로시 변색이 없다는 실험 결과가 있다. 코발트가 40% 이상 되면 내변색성이 있으며 내산성이 양호하고 진한 질산에 용해되지 않는다.

비자성으로서 Hv는 400~550정도(니켈보다는 높은 편) 균일전착성 및 밀착력이 대단히 우수하고 도금 속도도 매우 빠르며 폐수처리도 쉬운 편이다. 주석-코발트의 양호한 내식성은 주석-니켈도금에서와 같이 산화피막이 생긴다.

18.5.6 주석-구리-아연 도금(Sn-Cu-Zn)

시중에서 보통 3원합금이라고 부른다. 도금 색상은 은백색, 황동색~황금색을 얻을 수 있다. 실용적으로 황금색 도금은 불안정하므로 별로 사용되지 않고 대부분 은백색으로 사용된다. 백색계의 Sn-Cu-Zn의 합금비율은 Sn 20~25%, Cu 60~65%, Zn 10~15%이다.

(1) 개요

① 장식 및 방식용으로 사용되지만 기능적 및 상업용으로서는 한계가 있다.

② 니켈 대용으로서 무니켈로 3원 합금이 사용되지만 장기간 사용 시 도금액의 불안

정으로 인하여 균일한 석출이 곤란하다. 따라서 도금 두께가 필요하지 않는 액세서리 및 장신구용에 많이 이용된다.

③ 특히 니켈 알러지 때문에 3원 합금을 사용하지만 시안 성분이 첨가되기 때문에 인체에 유해한 도금이라고 할 수 있다.

④ 구리 소재상에는 우수한 내식성을 나타내므로 자전차, 전자부품의 코네터 등에 이용된다.

⑤ 주석 합금은 비자성을 나타내고 구리 합금 위에 5μm의 도금을 하면 200시간의 염수분무시간을 견딘다고 한다.

(2) 3원 합금의 성분과 조성

① 시안화나트륨: 50~55 g/L
② 시안화구리: 12~14 g/L
③ 산화아연: 0.8~1.0 g/L
④ 주석산나트륨(석산소다): 40~80 g/L
⑤ 수산화나트륨: 15~20 g/L
⑥ 롯셀염: 1 g/L
⑦ 광택제: 적당량(A, B)
⑧ pH: 12~13
⑨ 온도: 50~60℃
⑩ 전류밀도: 1.5~2.5 A/dm^2
⑪ 양극: 흑연판

상기 3원 합금도금액의 성분은 백색을 나타내며 현장에서 많이 사용할 수 있도록 추천한다.

표 18-20 합금조성(Cu-Sn-Zn)

조성(%)			용도
Cu	Sn	Zn	
93	7		축수용
80	20		하지도금용
60	40		장식용
2	98		축수용
92		8	색상용
80		20	색상용
75		25	고무접착용
25		75	장식용
	80	20	내식용
55	30	15	장식용

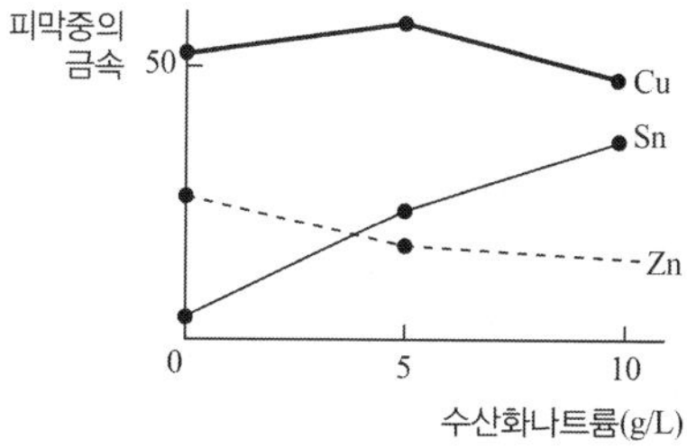

그림 18-4 NaOH 첨가시 합금조성

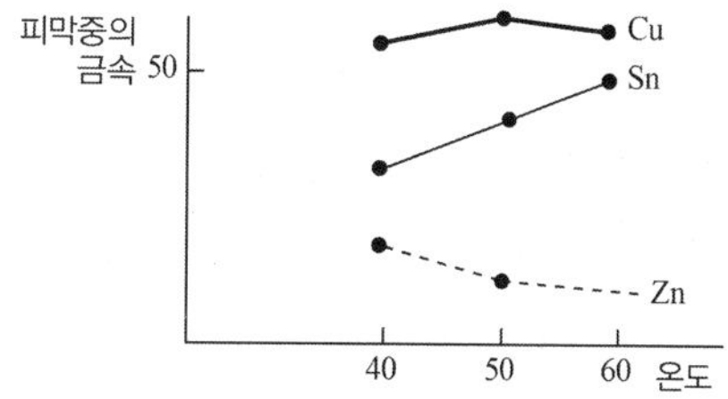

그림 18-5 온도에 따른 합금조성

표 18-21 합금조성과 색상

색상	온도(℃)	pH	피막중의 금속	
			Zn	Sn
황색 Cu : Sn : Zn 80% : 8% : 12%	저온 25~30	높인다. KOH 13 이상	많아진다.	적어진다.
적색 Cu: Sn: Zn 80% 12% 8%	고온 35~45	내린다 중조(12.5~13)	적어진다.	많아진다.

(3) 3원 합금도금액 중 각 성분 소비량(%)

3원 합금도금액은 상당기간 적어도 하루 8시간 5일 이상 도금작업을 하면 시안화나트륨의 소모량이 제일 많다. 아래 그래프에서 볼 수 있듯이 각 성분의 소모 비율을 시안화나트륨과 비교하여 나타낸 것이다. 그러므로 실제 도금작업에서 많은 참고가 될 것으로 판단된다.

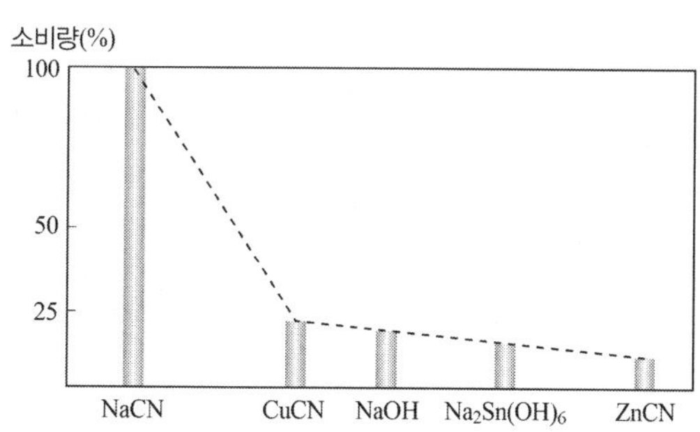

(4) 도금액의 문제점 발생

도금했을 때 도금 제품에 구름끼는 현상(청색 또는 유백색)에 대한 원인을 나타낸 것이다.

① 전류밀도가 높다.
② 주석 함유량이 높다.
③ 금속 농도가 높다(Sn, Cu, Zn).
④ 2가 주석이 존재한다(Sn 4가로 만든다).
⑤ 교반이 너무 강하다.
⑥ pH가 너무 낮다.
⑦ 온도가 너무 낮다.
⑧ 유리시안의 농도가 너무 낮다.
⑨ 유기물질에 오염되었다.
⑩ 장기간 사용시 탄산염 축적이 많다.

다음은 도금 색상이 황동색을 나타내는 경우이다.

① 구리 농도가 너무 높다.
② 주석 농도가 너무 적다.
③ 온도가 높다.
④ 6가 크롬이온이 25 ppm 이상 존재한다.
⑤ 니켈 이온이 10 ppm 이상 존재한다.
⑥ 철 이온이 200 ppm 이상 존재한다.

(5) 도금제품에 대한 문제점과 대책

① **시안화나트륨 과잉:** 도금이 검고 심하면 뿌여진다 → 시안화구리 또는 주석산 나트륨을 첨가
② **시안화나트륨 부족:** 고전류부분이 뿌옇거나 노랗게 되면서 뿌옇다.
③ **시안화구리과잉:** 도금색이 검고 더 많이 첨가되면 뿌여진다 → 시안화칼륨 첨가
④ **시안화구리 부족:** 광택이 생기지 않고 물건 전체가 뿌옇거나 검다. 시안화구리가 알맞게 첨가되어야만 도금이 밝다.
⑤ **주석 성분 과잉:** 도금이 전체적으로 뿌옇거나 밝지 못하다 → 수산화나트륨 또는 시안화구리 첨가
⑥ **주석 성분 부족:** 도금색이 밝지 못하거나 뿌연상태가 심하다 → 주석 성분이 많이 부족하다.
⑦ **수산화나트륨 과잉:** 도금물체 끝머리가 황색으로 된다 → 시안화나트륨을 첨가
⑧ **수산화나트륨 부족:** 심하면 전반적으로 저전류부분이 누렇거나 뿌옇다. 저전류부분이

우유빛 도금 및 뿌옇게 됨

⑨ 구리 및 수산화나트륨 부족: 저전류부분이 뿌옇고 황색 도금이 된다.

⑩ 검고 노랑줄 무늬띠가 생긴다: 주석산나트륨(석산소다 또는 석산칼륨)을 첨가

⑪ 저전류부분에 검은 띠가 생긴다. 시안화나트륨 및 시안화구리 부족

⑫ 저전류 안쪽 부분이 뿌옇다. 수산화나트륨이 부족하다.

⑬ 부분적으로 도금색이 노랗다. 시안화구리가 부족하다.

⑭ 물건 전체가 노랗다. 시안화나트륨 및 주석산나트륨이 부족하다.

⑮ 노랗고 검은색을 띈다. 시안화구리 및 주석산나트륨이 부족하다.

⑯ 저전류 부분에 검은 띠가 생긴다. 아연 성분이 부족하다.

⑰ 저전압에서 도금이 잘 안 된다. 수산화나트륨 및 시안화구리가 부족하다.

(6) 도금액 분석

1) 시안화구리(CuCN 분석-EDTA 적정법)

〈준비약품〉

① 과황산암모늄

② 6N-암모니아수(1N-NH_4OH 40 m*l*+증류수 60 m*l*)

③ 0.1% PAN 지시약(0.1gPAN+에틸알콜에 용해)

④ 0.05M-EDTA 용액

〈분석〉

① 코니칼 비커에 3원 합금도금액 1 m*l*를 넣고 증류수 10 m*l* 첨가.

② 과황산암모늄 1 g을 첨가(3~5분간 정치하면 황색→갈색)

③ 6N-NH_4OH 10 m*l* 정도첨가 후 충분히 교반→심청색

④ 증류수 35 m*l* 첨가 후 교반

⑤ 0.1% PAN 지시약 0.2~0.3 m*l* 정도 첨가 → 교반
청색을 띈 자주색 → 교반

⑥ 0.06M-EDTA 용액으로 적정(처음 녹두색 또는 연두색 될 때가 종말점)
CuCN(g/L)=0.05M-EDTA 소비량(m*l*)×F×4.478

2) 시안화나트륨(NaCN)

〈준비약품〉

① 10% KI 지시약(KI 10 g을 증류수 100 m*l*에 용해)

② 0.1N-$AgNO_3$ 용액

〈분석〉

① 코니칼 비커에 도금액 5 ml와 증류수 100 ml를 첨가

② 10% KI 용액 2 ml 첨가(투명한 무색이 된다.)

③ 0.1N-$AgNO_3$ 용액으로 적정(처음 흑회색으로 혼탁해진다.)

유리NaCN(g/L)=0.1N-$AgNO_3$ 소비량(ml)×F×0.98

3) 수산화나트륨(NaOH)

〈준비약품〉

ⓐ 10% $BaCl_2$ 용액

ⓑ 1% 티몰프타레인 용액

ⓒ 0.1N-HCl 용액

〈분석〉

① 도금액 5 ml를 코니칼 비커에 넣는다.

② 10% $BaCl_2$ 용액 50 ml를 넣는다(백색침전).

③ 1% 티몰프타레인 2~3방울 첨가 후 교반(청색)

④ 1.0N-HCl 용액으로 적정(백탁)

NaOH(g/L)=0.1N-HCl소비량×F×0.8

* 10% $BaCl_2$: 염화바륨 100 g을 증류수에 용해시켜 전체 용량이 1 L로 만든 후 12시간 방치시킨 후 여과한 여액을 사용한다.

4) 주석분석(Sn)

〈준비약품〉

① 진한 염산

② 철분(Fe-powder)

③ 1% 전분 지시약

④ 1.0N-KI 용액

〈분석〉

① 도금액 0.5 ml를 진한 염산 50 ml에 넣고 용해 후 가열

② 철분말 0.5~1.5 g을 넣고 철분말이 완전히 용해될 때까지 용해(용해되지 않으면 철분말을 2~3회 반복 첨가)

③ 상온 냉각시킨다. 용해가 끝난 후 코니칼 비커 뚜껑을 덮고 수돗물로 수세

④ 완전 냉각 후 상온에서 포화 중조를 첨가

⑤ 시료 용액이 상온이 되었으면 1%-전분 지시약 약 5 m*l* 첨가

⑥ 0.1N-KI 용액으로 적정(무색 → 청색, 30초 전후 유지)

Sn(g/L)=0.1N-KI소비량(m*l*/L)×F×11.878

18.5.7 니켈-철 도금(Ni-Fe)

니켈-철 합금도금은 광택 니켈도금의 대용으로서 1980년도를 전후하여 미국의 유딜라이트 회사로부터 소개되었다. 도금층의 경도, 연성, 잔류응력 및 자성 등은 온도·농도 및 pH값에 따라 다르다. 더욱이 철 함유량에 따라 경도와 내식성의 변화가 심하다.

니켈의 30~40% 정도까지는 철로 대체할 수 있어 가격이 절감되지만 니켈도금에 비해서 내식성이 훨씬 낮아진다. 도금액 관리가 어렵고 변화가 심해서 관리하기 어렵다. 그 이유는 공기 중의 산소가 도금액 중의 철이온을 산화시키므로 세월이 갈수록 도금액 변동이 심하게 된다.

표 18-22 니켈-철 도금액

금속 Ni^{2+}	56 g/L
금속 Fe^{2+}	4
$NiSO_4 \cdot 6H_2O$	150
$NiCl_2 \cdot 6H_2O$	90
$FeSO_4 \cdot 7H_2O$	20
H_3BO_3	45
온도(℃)	50~60
pH	2.8~3.6
전류밀도(A/dm^2)	3~5

표 18-23 자성용 철-니켈 도금액

합금계	도금액 조성		조건			피막의 합금조성 (%)
	성분(g/L)	첨가제(g/L)	전류밀도 (A/dm^2)	pH	온도 (℃)	
Ni-Fe	황산제일철 13 황산니켈 140	붕산 30	2	4~5	60	Fe 27
	황산제일철 20 황산니켈 108	염화암모늄 30	2	4~5	60	Fe 57
	황산제일철 90 황산니켈 300	구연산 15	40	3	70	Fe 58
	황산제일철 300 황산니켈 90	붕산 30	5.4	2.3	55	Fe 94
	염화제이철 27 염화니켈 71	피로인산칼륨 385	2.1	8.3	60	Fe 55
	황산제일철 20 황산니켈 86.5	붕산 30 슬퍼민산 15	2~5	1.1~4	45	Fe 20
	염화제이철 27 황산니켈 56	구연산암모늄 33 피로인산칼륨 332	2~5	10	20	
	황산제일철 5 황산니켈 40 염화니켈 30	글루콘산나트륨 40 사카린 2.5 아릴슬폰산 6	저	산성	40	Fe 0~35
	황산제일철 278 황산니켈 196	붕불화칼륨 123	60~20	3	20~25	Fe 0~60
	슬퍼민산제일철 2.7 슬퍼민산니켈 85	롯셀염 15~20 사카린 1	1	3	50	
	황산제일철 7 황산니켈 340	붕산 5 구연산 5 사카린 1	저	2.2	20~60	Fe 25
	슬파민산제일철 0~450 슬파민산니켈 0~450	붕산 30 염화나트륨 20 사카린 2	7	2.5	60	Fe 5~20
	황산제일철 2.8~8.4 황산니켈 56~224	주석산 370 붕산 55	70	3.5~6.5	30~60	Fe 25~45
	염화제이철 2.7 염화니켈 71.3	피로인산칼륨 370 살리칠산나트륨 16	2	8	60	
	황산제일철 14 황산니켈 280	붕산 30 사카린 1 롯셀염 25	0.2~5	2.5	20	Fe 10~50
	황산제일철 15 황산니켈 212	붕산 25	4	4~5	50	Fe 20
	황산제일철 100~120 황산니켈 213	붕산 25	2~10	4~5	25	Fe 10~80
	염화니켈 75 황산제일철 10 염화니켈 75	붕산 30 구연산 30	1~3	3~5	30~60	Fe 25~30

18.5.8 니켈-구리 도금(Ni-Cu)

니켈-구리 도금은 구리의 내식성을 향상시키기 위해서 개발된 것이다. 아직 실용적인 것은 없으나 밀착력이 우수한 내식성 합금이라고 할 수 있다. 특히 징케이트 처리를 실시한 알루미늄 소재 또는 마그네슘 소재에 적합하다.

답

		표준
빙초산 니켈	75～200 g/L	(125 g/L)
빙초산 구리	3～20 g/L	(10 g/L)
붕산	10～40 g/L	(15 g/L)
pH	5.0～7.0 g/L	(5.5)
온도(℃)	25～40	(30)
전류밀도(mA/cm^2)	30～80	(50)

18.5.9 니켈계 합금도금

1) Ni-Co 합금도금

니켈-코발트 합금도금은 니켈도금에 비해서 경도 및 강도가 더 강하고 황화물도금, 염화물 도금 및 설파민산 도금액이 있으며 설파민산 도금에서는 착화제나 킬레이트제를 사용하지 않는다. 최근에는 왓츠 니켈도금액에 황산코발트를 첨가하여 사용하기도 한다. 자성용으로 이용되며 전주용으로 사용될 때의 코발트가 15% 정도에서는 Hv 350～400 정도이다. 합금의 경도는 도금액 중의 코발트 첨가량과 전류밀도의 영향을 받는다. 양극은 분리양극을 사용하는 것이 좋다. 니켈-코발트도금액의 조성은 다음과 같다.

슬퍼민산니켈: 500～600 g/L
슬퍼민산코발트: 1～10 g/L
염화니켈: 5～15 g/L
붕산: 30～45 g/L
온도(℃): 60～70
pH: 3.5～4.5
음극전류밀도(A/dm^2): 10～30

2) Ni-Mo 합금도금(18% Mo)

황산니켈: 80～90 g/L
몰리브덴산나트륨: 45～50 g/L
구연산나트륨: 100 g/L
pH: 10.5
온도(℃): 상온

3) Ni-Mo(3～15% Mo)

황산니켈: 130～140 g/L
몰리브덴산나트륨: 10～15 g/L
롯셀염: 100 g/L
pH: 0.2～1.4
온도(℃): 90

4) Ni-W(10% W)

황산니켈: 120 g/L

텅스텐산나트륨: 90~100 g/L

롯셀염: 400 g/L

염화암모늄: 50 g/L

pH: 9.0

온도(℃): 90~95

5) Ni-W(35% W)

황산니켈: 20 g/L

구연산: 60~70 g/L

텅스텐산나트륨: 50 g/L

pH: 8.0

온도(℃): 70

표 18-24 니켈-코발트 합금도금액

합금계	조성		조건			피막의 합금조성(%)
	성분(g/L)	첨가제(g/L)	전류밀도 (A/dm²)	pH	온도 (℃)	
	염화코발트 50 염화니켈 50	인산나트륨 12 붕산 40	1~1.5	3.5	50	Co 66
Ni-Co	빙초산니켈 59 방초산코발트 3.9	붕산 11.5	1.5	5.2	30	Co 8~35
	황산니켈 281 황산코발트 281	붕불화칼륨 615	1~30	2.5~3.5	25~50	Co 25~45
	황산코발트 120 황산니켈 120	붕산 30 염화칼륨 10 인산2수소나트륨 0~15	1~6	4	40	Co 36~84
	염화코발트 80 염화니켈 40	요드칼륨 2~4	0.1~1	2~3	20~30	
	염화코발트 50 염화니켈 50	붕산 40	40	4.9	67~72	Co 80
	황산니켈 180 황산코발트 180	붕산 30	3.4~6.8	3.1	30	Co 45~57
	황산니켈 224.8 황산코발트23~65	붕산 30 사카린 1 라우릴황산나트륨 2	90~150	3~4.5	60	

18.5.10 아연-니켈도금(Zn-Ni)

아연 도금만으로는 내식성에 한계가 있어 1970년도에는 일부 카드뮴도금을 하였으나 품질 향상을 위하여 아연-니켈도금을 하게 되었다. 2000년도부터는 방청 기술이 점점 새로운 방법으로 개발되면서 자동차, 항공 우주 및 전자기 등 모든 분야에 적용되고 있다. 아연-니켈 합금의 방식은 아연은 공기 중에서 부식되어 백색의 부식생성물[$Zn(OH)_2$]과 산화 아연(ZnO)으로 화학반응을 일으켜 부식을 계속 진행시킨다.

$$Zn^{2+} + 2H_2O \rightarrow Zn(OH)_2 + H_2$$
$$Zn(OH)_2 \rightarrow ZnO + H_2O$$

그러나 금속 니켈 이온이 첨가되어 아연과 합금됨으로서 아연이 니켈보다 우선 부식된다. 아연이 부식되면서 미세한 균열(micro crack)이 생기게 되면서 응력이 발생되고 또 응력이 발생되면서 미세한 균열이 생긴다. 이와 같은 과정이 지속적으로 발생되면서 부식전류는 흐르게 되지만 니켈 금속이온이 소재를 보호함으로써 이때의 부식 전류는 분산되어 부식 속도가 느리게 된다는 것이다. 이렇게 됨으로서 아연도금보다도 니켈 합금도금을 할 경우 내식성이 양호하다고 할 수 있다. 더욱이 아연-니켈 합금도금을 한 후 후처리를 하면 내식성이 더욱 양호해진다. 아연에 다른 금속 원소를 첨가하여 합금도금을 할 경우의 금속의 부식 전위를 반드시 알아 두어야 한다.

답 Fe: 0.9 V　　Sn-Zn: 1.0 V

Zn-Ni: 1.1 V　　Zn-Fe: 1.1 V

Zn: 1.15 V

철 소재와 아연의 부식 전위차가 너무 크면 희생 부식이 너무 지나쳐 장기간의 부식억제를 할 수 없다. 그러나 철과 상기 금속과 합금화 되면 철과의 부식 전위차가 적어져 철에 대한 방식 효과를 나타내게 할 수 있다. 아연합금도금 중에서 Zn-Ni 합금은 가장 방식 효과가 우수하다. 북미지역에서는 5~10% 정도의 니켈, 유럽지역은 12~18%의 니켈, 아세아 지역에서는 고니켈 및 저니켈-아연 합금도금이 많이 사용된다. 합금도금액의 종류는 산성, 중성 및 알칼리성으로 구분되고 그 특성은 서로 다르다. 도금 색상은 스테인리스와 비슷하며 경도는 Hv 150~180으로서 납땜성, 용접성, 도장 밀착성이 아연도금보다 우수하다. 니켈 10~16%일 때 내식성이 가장 우수하다.

(1) 산성 아연-니켈도금

산성 Zn-Ni 도금액은 도금의 균일전착성이 불량하고 저전류밀도 및 고전류밀도에 따라 합금조성의 편차가 크다. 니켈의 합금성분은 4~15% 범위로서 니켈과 아연과의 비율은 반드시 0.6~0.8 범위로 조절할 필요가 있다. 음극전류효율은 거의 100% 정도이며 4 A/dm^2의 전류밀도에서의 도금 두께는 1분에 1μm 도금이 가능하다. 아연-니켈도금은 내열성이 우수하다. 크로메이트 후처리 피막은 건조 온도에 영향을 받으며 내식성은 열에 의해서 약해진다.

표 18-25 산성 아연-니켈도금액

성분(g/L) \ 종류	정지도금액	바렐도금액
아연(금속)	50	60~80
니켈(금속)	32	70~120
염화암모늄	220	220~250
암모니아수	40~60	30~50
pH	5.6~5.8	5.6~5.8
온도(℃)	33~37	33~37
음극전류밀도(A/dm^2)	2~6	0.5~2
양극	Zn : Ni=10 : 2~3	Zn : Ni=10 : 2~3
교반	필요	불필요
여과	연속	연속

(2) 알칼리성 아연-니켈도금

알칼리성 아연-니켈도금은 내부식성이 대단히 우수하다. 산성 도금액에 비해서 도금의 균일전착성 및 합금 조성의 범위가 더욱 광범위하다. 알칼리성 아연-니켈도금액은 수산화나트륨, 산화아연 및 니켈로 구성되어 있으며 아연을 양극으로 하면 양극에서 아연 금속이온이 공급된다. 니켈 이온은 광택제와 함께 공급되며 액상 첨가제와 함께 공급되어 아연과 함께 석출된다.

작업하기가 쉽고 비부식성이다. 도금 두께는 보통 5~8μm 정도이며 이 정도 두께에서는 응력이 크게 발생되지 않는다. 아연-니켈도금은 부식촉진시험에서는 우수한 내식성을 나타내지만 아황산가스(SO_2) 시험에서는 그렇지 못하다. 그러나 주석-아연 및 아연-코발트도금한 것은 SO_2 가스 시험은 우수하다. 아연-니켈도금을 한 후 열처리와 후처리(크로메이트)를 하면 내식성이 향상된다. 아연과의 공석율은 니켈이 10% 정도 되며 도금 두께도 1분당 3~5μm까지 두께를 올릴 수 있다. 도금 비용도 저렴하고 내식성도 대단히 우수하므로 자동차 부품에 많이 적용되고 있다. 크로메이트 처리는 일반용이 아니고 아연용 크로메이트처리를 하여야 한다. 크로메이트 처리 공정은 크로메이트 처리를 하기 전 우선 알칼리용액 중에서 음극 전해처리를 한다. 래크인 경우는 0.3~1.0 A/dm^2, 10~15초, 바렐도금인 경우에는 0.05~0.2 A/dm^2, 2~3분 동안 온도는 35~50℃ 정도이다.

일반적으로 염수분무에 의한 내식성은 무색로메이트 → 흑색크로메이트 → 유색(무지개 황색) 크로메이트 → 국방색 크로메이트의 순으로 양호하다. 최근에는 크로메이트 처리한 후 더욱 내식성을 향상시키기 위해서 코팅을 해 주기도 한다.

표 18-26 알칼리성 아연-니켈도금액

성분(g/L) ＼ 구분	순수아연 징케이트 액	아연-니켈 액
수산화나트륨(g/L)	100～120	120～130
아연(금속)	10～20	8～12
니켈(금속)		1.4～1.8
착화제(유기아연 종류)		40～100
온도(℃)	21～35	30～35
음극전류밀도(A/dm^2)	1.5～3.0	0.1～
균일전착성(%)	25～45	30～50
pH		14이상
도금 속도(2.6 A/dm^2)	0.2～0.3μm	0.2～0.3 μm
양극	니켈판	니켈판

표 18-27 아연 합금도금의 내식성

도금	적청 발생까지 시간
아연	200～250
아연-철(1%)	350
아연-코발트(0.8%)	500
아연-니켈(8%)	1,000
아연-주석(70%)	1,000

표 18-28 방식용 합금도금

합금도금	성분(g/L)	조건
Fe-Zn	황산철: 250 황산아연: 10~100 황산암모늄: 120 염화칼륨: 10 구연산: 0.5	10~40 A/dm^2 40~70℃ pH: 1~4 양극: 아연
Zn-Co-Cr	황산아연: 500 황산나트륨: 50 빙초산나트륨: 12 황산코발트: 10 황산크롬(3가): 0.3~0.5	10~30 A/dm^2 50℃ pH: 4 양극: 아연
Zn/Mn 2중 도금	Zn 도금 황산아연: 240 염화암모늄: 15 황산알루미늄: 30	10 A/dm^2 상온 무교반 양극: 아연
	Mn 도금 황산망간: 120 황산암모늄: 75 로당암모늄: 60	25 A/dm^2 상온 무교반 양극: 카본
Zn-Mn	황산아연: 50~100 황산망간: 40~90 구연산나트륨 :180~300	10~40 A/dm^2 50℃ pH: 5~6 양극: 백금판
Zn-Ni	황산니켈: 0~1.0M 황산아연: 0~1.0M 황산나트륨: 0.5M	20 A/dm^2 pH 2.0~2.2 양극: 아연

18.5.11 코발트계 도금

코발트-50% 니켈도금은 왓츠 니켈의 일부를 황산코발트로 대체한 것이다. 니켈도금액 중의 코발트 함유량을 10 g/L으로 하여야 한다. 코발트-몰리브덴 합금은 약 40% 정도까지 몰리브덴을 함유할 수 있고 텅스텐를 함유한 것은 고온경도 및 내산화성을 목적으로 연구되고 있다.

표 18-29 코발트계 합금도금액

성분(g/L) \ 구분	코발트-니켈 (50%)	코발트-몰리브덴 (40%)	코발트-인 (95%)	코발트-텅스텐 (30%)
황산코발트	30	85		
황산니켈	300			
염화니켈	50			
붕산	30			
몰리브덴산나트륨		48		
구연산나트륨		100		
염화코발트			180	100
인산			50	
아인산			15	
텅스텐산나트륨				45
롯셀염				400
염화암모늄				50
pH	3.7~4 (황산)	10~11 (암모니아)	0.02~2 (탄산코발트)	8.5~9.0 (암모니아수)
온도(℃)	65~70	25~30	70~90	80~90
전류밀도(A/dm²)	3.5~4	10	5~40	2~5
양극	코발트 및 니켈	코발트	코발트	코발트-텅스텐

18.5.12 철계도금

표 18-30 철계 합금도금액

합금	목적	조성	작업조건	특성
철-니켈	장식	$NiSO_4 \cdot 6H_2O$: 150 g/L $NiCl_2 \cdot 6H_2O$: 90 g/L $FeSO_4 \cdot 7H_2O$: 20 g/L H_3BO_3: 45 g/L 안정제 및 광택제	60℃ pH 3.5 4 A/dm^2	Fe-Ni 50% 경도: 508Knoop
	자성	$NiSO_4 \cdot 6H_2O$: 16 g/L $NiCl_2 \cdot 6H_2O$: 40 g/L $FeSO_4 \cdot 7H_2O$: 1 g/L H_3BO_3: 25 g/L 사카린(Na): 0.375~3 g/L 라우릴황산나트륨: 0.2 g/L	26℃ pH 2.5 1.5 A/dm^2	Fe-Ni 80% (두께: 705 nm) 보자력: 0.25Oe
	인바 (invar)강	슬파민산니켈: 0.75 mol/L 염화제2철: 0.25 mol/L 붕산: 0.5 mol/L 도데실황산나트륨: 0.5 g/L L-아스콜빅산: 1 g/L 사카린: 2 g/L	50℃ pH 2.5 10 A/dm^2	Fe-Ni 39% 열팽창계수 8.1×10^{-6}/℃ 열처리 후 $4 \sim 5 \times 10^{-6}$/℃
철-아연	방식	$FeSO_4 \cdot 7H_2O + ZnSO_4 \cdot 7H_2O$: 500 g/L $NaSO_4$: 30 g/L $CH_3COONa \cdot 3H_2O$: 20 g/L $C_6H_8O_7$: 5 g/L	50℃ pH 2.5 3 A/dm^2	
철-코발트	윤활성	$FeCl_2$: 227 g/L $CoCl_2 \cdot 6H_2O$:8 g/L H_3BO_3: 10 g/L NH_4Cl: 75 g/L NaCl: 75 g/L NH_4BF_4: 10 g/L	50℃ pH 1 5~40 A/dm^2	Fe-Co 6% 경도: 640 비커즈
철-크롬- 니켈	방식	$K_2Cr_2(SO_4) \cdot 25H_2O$: 326 g/L 황산니켈: 84 g/L 황산제1철: 56 g/L 글리신: 150 g/L	20℃ pH 2~2.2 8.5 A/dm^2	Cr 9.8~11% Ni 7.3~6%
철-인	방식	$FeCl_2 \cdot 4H_2O$: 240 g/L KCl: 180 g/L 하이포아인산: 적당	40℃ pH 2 40 A/dm^2	Fe-P 0.4%
	자성	$FeSO_4 \cdot 7H_2O$: 1.0 mol/L $(NH_4)_2SO_4$: 0.1 mol/L $C_6H_7O_6$: 0.1 mol/L $NaH_2PO_2 \cdot H_2O$: 0.01 mol/L	25℃ pH 2.5 1 A/dm^2	Fe-P 6% 보자력: 2Oe
철-붕소	자성	$FeSO_4 \cdot 7H_2O$: 0.07 mol/L KBH_4: 0.3 mol/L $KNaC_4H_4O_6 \cdot 4H_2O$: 0.6 mol/L $(NH_4)_2SO_4$: 0.08 mol/L NaOH: 0.4 mol/L	30℃ pH 12.5 1 A/dm^2	Fe-B 8% 보자력: 3.6Oe 포화자기변형: 27×10^{-6}
철-탄소	윤활	$FeSO_4 \cdot 7H_2O$: 40 g/L L-아스콜빅산: 3.0 g/L 구연산: 1.2 g/L	50℃ pH 2.5 3 A/dm^2	Fe-C 1% 경도: 800비커즈
철-탄소- 붕소	윤활	$FeCl_2 \cdot 4H_2O$: 1.0 mol/L 말산: 5×10^{-3} mol/L 붕산: 40 g/L DMAB: 2.5 g/L	50℃ pH 3.5 5 A/dm^2	Fe-C 0.2%- B 0.11% 경도: 800비커즈

표 18-31 철-코발트계 자성 합금도금액

합금계	도금액 조성		조건			피막의 합금조성(%)
	성분(g/L)	첨가제(g/L)	전류밀도(A/dm^2)	pH	온도(℃)	
Fe-Co	황산제일철 140 황산코발트 140	빙초산나트륨 40		4	16	Fe 62
	황산제일철 140 황산코발트 140	빙초산나트륨 40	2	4	90	Fe 30
	염화제일철 360 염화코발트 22	염화칼슘 180	25	1.4	90	Co 5
	황산코발트 30 황산제일철 70	빙초산나트륨 40	50	2	25~60	
	황산제일철 2.2 황산코발트 5~20	빙초산나트륨 40	2.5	2.5	20	
	황산제일철 75 황산코발트 15	사카린 4 아릴슬폰산 4.5 에리트론산 1	1	4.5	50	Fe 40
	황산제일철 70~75 황산코발트 25~27	구연산나트륨 18~20 아스콜빅산 0.3~0.5 빙초산칼슘나트륨 25~30	2~3	3.0	30~40	
	염화제일철 90~120 염화코발트 40~60	구연산나트륨 15~60 염화암모늄 15~20	5~20	1.1~1.8	20~80	
	붕불화철 44 붕불화코발트 187		6~20	3~4.5	40~50	Co 55~74

18.5.13 3원 합금계 도금

표 18-32 철-크롬-니켈도금(스테인리스 색상)

성분	첨가량(g/L)	조건
염화철(Ⅱ) 염화크롬(Ⅲ) 염화니켈 그리신 염화암모늄 염화칼륨 붕산 불화암모늄	25 160 40 30 40~45 60 30 1	전류밀도: 20 A/dm^2 온도(℃): 30 pH: 1~2 18-Cr, 8-Ni
황산크롬칼륨 황산니켈 황산제일철암모늄 불화나트륨 주석산칼륨	400 56 39 8 0.05~0.8	전류밀도: 20 A/dm^2 온도(℃): 30
붕불화크롬 불화니켈 붕불화철 염화암모늄 붕불산	3M 0.4~0.6M 0.25~0.30M 0.9~1.0M 2.2M	전류밀도: 30 A/dm^2 온도(℃): 45
황산니켈 염화니켈 붕산 황산코발트 황산제일철 사카린 부틴디올 아릴슬포네이트	300 60 45 15 75 4 0.05 45	전류밀도: 4 A/dm^2 온도(℃): 40 pH: 4.5 교반함 Co 20% Fe 40% Ni 40%
황산망간 황산니켈 황산구리 그리신	200 25 5 15~25	전류밀도: 0.25~0.75 A/dm^2 온도(℃): 20~60 pH: 5~5
황산니켈 황산구리 황산아연 황산암모늄	57~81 1.2~3.6 85~110 13	전류밀도: 2~5 A/dm^2 온도(℃): 30~40 pH: 2.2~5.8 흑색피막생성
황산니켈 황산코발트 황산구리 구연산 염화암모늄	80~104 4~6 0.8~1.2 12 2	전류밀도: 2~5 A/dm^2 온도(℃): 30~45 pH: 2.2~5.2
황산니켈 황산코발트 황산아연 붕산 염화암모늄	120~140 30~46 140~170 30 2	전류밀도: 2~5 A/dm^2 온도(℃): 30~40 pH: 2.4~5.4 회색, 반광택
황산니켈 황산코발트 텅스텐산나트륨 구연산 염화나트륨	0.108M 0.124M 0.0045M 0.33M 0.17M	전류밀도: 0.2~4 A/dm^2 온도(℃): 20~55 pH: 4.5~6.0
황산니켈 황산제일철 텅스텐산나트륨 구연산 염화나트륨	0.2M 0.01M 0.007M 0.35M 0.17M	전류밀도: 1.5 A/dm^2 온도(℃): 30 pH: 5.2

CHAPTER 19

기상도금

물을 매개체로 하지 않아 수질 오염을 극소화하면서 전기도금보다 양호한 금속 피막이나 여러 가지 특수한 표면 성질을 구비할 수 있는 세라믹 피막을 만드는 것이다. 정밀하면서도 대단히 얇은 박막의 형성을 요구하는 전자부품의 제조나 초정밀부품의 기계적 성질을 향상하기 위한 목적에 많이 이용되며 금속, 합금, 엔지니어링 세라믹 및 폴리머 등을 코팅하는 기술로써 최근에는 그 중요성이 증가하고 있다.

기상 도금을 크게 두 가지로 나누면 표 19-1과 같이 물리적 기상도금(physical vapor deposition, PVD)과 화학적 기상도금(chemical vapor deposition, DVD)으로 분류할 수 있다. 기상도금에서는 도금될 표면을 보통 기지(substrate)라고 부른다. 물리적 기상도금은 진공 중에서 금속을 증발시켜 기지에 부착시키는 진공증착과 이온화된 기체(plasma)를 주요 매개체로 하여 금속 및 금속화합물을 형성하는 이온도금, 음극스퍼터링 및 이온 주입 등으로 다시 세분할 수 있다. 진공 중에서 두 전극 사이에 높은 전압을 걸어 주면 방전이 일어나면서 기체들이 이온화하게 되는데 이 이온화된 기체를 플라즈마라고 부른다. 화학적 기상도금에서는 기지를 고온으로 가열한 상태에서 그 위에 코팅할 금속의 염을 첨가한 기체를 통과시켜 고체확산, 열분해, 수소환원, 반응증착 및 치환 반응 등이 일어나도록 함으로써 금속이나 탄소, 탄화물, 질화물 및 붕화물 피막을 표면에 형성하는 방법으로 전자 부품 소재, 생산이나 특수 표면 처리에서 중요한 위치를 차지하고 있다.

화학적 기상도금은 기지를 고온으로 가열하여야 하므로 소재의 기계적 성질에 나쁜 영향을 주는 경우가 많다. 최근에는 기지의 온도를 낮추기 위한 방안으로 플라즈마를 이용하는 화학적 기상도금(PACVD)과 레이저(laser)나 금속유기물을 이용하는 화학적 기상도금(LACVD 및 MOCVD)도 산업적 이용이 확대되고 있다.

표 19-1 기상도금의 종류

물리적 기상도금(PVD)	진공 증착법(vaccum evaporation) 음극 스퍼터링(cathodic sputtering) 이온도금(ion plating)
화학적 기상도금(CVD)	열 CVD 플라즈마 CVD 레이저 CVD 유기 금속 CVD

19.1 물리적 기상도금

물리적 기상도금(PVD)은 용융점이 낮고 증기압이 비교적 큰 아연, 알루미늄 등 단순 금속을 진공 중에서 증발시켜 기지에 응축함으로써 피막을 형성하는 방법이다. 현재는 증발원의 가열방법, 잔류 가스의 제어와 압력조절, 기지에 걸리는 전압, 반응가스 등을 변화시킴에 따라 다양한 형태의 물리적 기상도금이 개발되었으며 금속, 합금, 무기 및 유기 화합물을 코팅하는 매우 다양한 기술로 발전하였다.

(1) 진공증착

물질을 진공으로 하여 용기 속에서 가열하면 온도에 따라 증발되는 물질의 평형 증기압이 증가된다. 따라서 일정 온도 이상으로 도달하면 증발된 물질이 용기의 초기 진공도보다 훨씬 큰 압력을 나타내게 된다. 진공 중에 존재하는 기체의 대부분이 증발 물질로 구성된 상태가 되면 상대적으로 차가운 기지 표면에 증기가 부착되면서 증착층이 이루어진다. 진공도가 높을수록 단위 부피당 존재하는 기체 분자의 수가 적으므로 증발된 분자는 진공 중에서 직선성을 가지고 이동하여 마주 보는 기지에 부착되어 치밀하고 균일성이 좋은 피막이 형성되지만 너무 고진공일 때에는 피막이 형성되는 성막 속도가 늦어지므로 $10^{-1} \sim 10^{-3}$ Pa(파스칼, N/m^2, 1 Pa$=10^{-2}$ torr) 정도의 진공 범위에서 작업을 해야 한다. 진공 증착이 이루어지는 과정은 다음 세 가지 단계를 순차적으로 거쳐 이루어진다.

① 증발원을 가열함에 따라 응축상(고체 또는 액체)으로부터 기체상으로 전환

② 증발된 기체가 기지로 이동

③ 기지에 충돌한 기체의 응축, 확산에 따른 핵 생성 및 성장

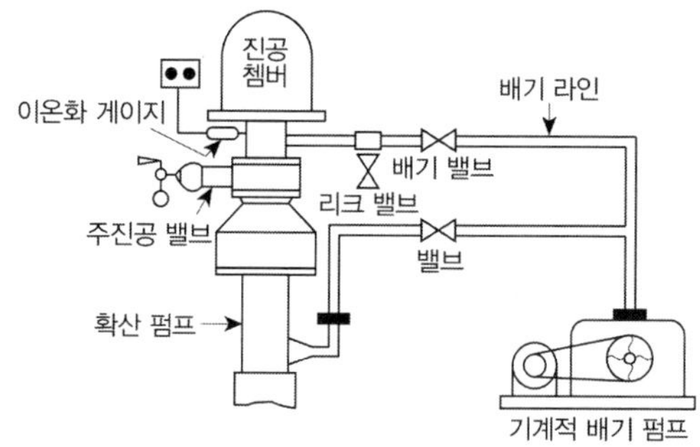

그림 19-1 진공 증착 장치

이 세 가지 과정은 증착될 때 개별적으로 제어가 가능하다. 따라서 진공 증착법은 다른 기상도금 방법에 비하여 비교적 간단하게 여러 가지 코팅을 할 수 있으며 매우 빠르게 진행되는 장점을 지니고 있으나 단순한 증발된 기체가 응축되는 과정이므로 강한 에너지를 부여하여 표면에 물질을 충돌시키는 스퍼터링 등 다른 기상도금 방법에 비하여 도금층의 밀도, 두께의 균일성 및 부착력 등이 낮은 단점이 있다. 증착 장치는 그림 19-1에서 보는 바와 같이 진공 용기와 진공 펌프로 구성되어 있다. 진공 용기 내부에는 기지, 증발원 가열 장치 및 기지 운송 장치 등이 설치된다. 진공 용기 및 내부 설비는 가급적 가스의 흡착이 적은 소재로 제작하는 것이 바람직하다. 주로 304 L 혹은 316 L 스테인리스강이 이용된다. 진공 용기는 기지 및 최종 제품의 이동이 쉽고 청소 및 보수가 쉽도록 설계하는 것이 중요하다.

일반적으로 배기계는 로터리 펌프 → 유확산 펌프 순으로 구성되며 배기 속도 및 진공도를 향상시키기 위하여 부스터(booster) 펌프나 냉각 트랩(trap)을 확산펌프 전후에 부착하는 경우도 있다. 높은 진공을 유지하여야 할 특별한 경우에는 기름 확산펌프 대신 터보 분자펌프(turbo-molecular pump), 극저온펌프(cryo pump) 및 이온펌프 등이 사용된다.

진공 용기 내의 진공도 측정은 진공도 10^{-1} Pa 이하에서는 열전쌍 진공계(thermocouple gauge)나 피라니 게이지(pirani gauge)를 사용하며 $10^{-1} \sim 10^{-6}$ Pa에 이르는 진공도에서는 이온 게이지를 사용한다. 증발원 가열 장치는 증발될 물질의 적정 가열 온도에 따라 저항가열, 반사가열, 유도가열, 아크가열 및 전자 또는 이온빔가열 방법 등이 선택된다. 진공 증착에 의하여 코팅되는 재료로는 거의 모든 종류의 금속과 이들의 합금, 화합물 혹은 산화물 등이 있으며 비금속인 탄소도 증착할 수 있다. 각 금속의 증기압이 크게 차이나는 Cd–Se, Pb–Se, Pb–Te, Al–Si, Ge–As, In–As 및 Nb–Sn 등과 같은 합금을 그대로 가열하여 증발시킬 경우 증착층의 조성이 원래 합금 조성과 다르게 되므로 그림 19-2에 나타낸 것처럼 또 다른 증발원을 두거나 그림 19-3와 같이 합금 가루를 고온으로 가열한 필라멘트 상에 지속적으로 투입하여 전체를 증발시키는 플래시 증착법을 이용하는 것도

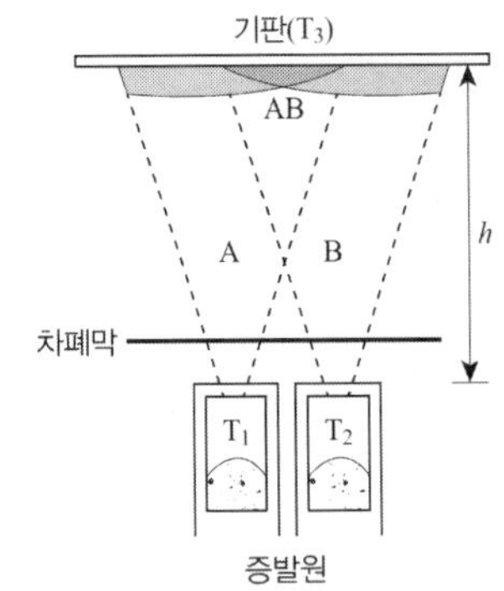

그림 19-2 두 성분의 증착시 증발원

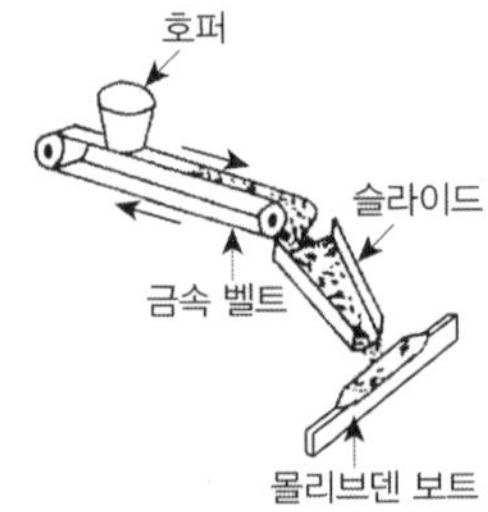

그림 19-3 플래시 증착용 증발원

바람직하다. 진공 증착막 두께의 균일성과 열적, 기계적 및 전기 자기적 성질은 작업 진공도, 증발원 가열온도, 증발장치 및 증발방법 등에 의하여 크게 좌우된다. 목적에 맞는 성질의 코팅층을 얻을 수 있도록 전체 작업 조건의 조화를 알맞게 하는 것이 양호한 피막을 만든다.

진공 증착될 때 증발원으로 사용되는 여러 가지 기본적인 형태는 그림 19-4와 같다. 이것들은 텅스텐, 몰리브덴 및 탄탈 등 높은 용융점 금속으로 만들어지며 증발 금속을 담아 가열하는 역할을 한다. 반응성 증착은 주로 산화물 피막을 얻는데 이용되며 산화물은 증착면에서 금속과 산소가 화학 반응에 의하여 형성된다. 상업적으로 얻어지는 산화물 피막으로는 Al_2O_3, Cr_2O_3, Fe_2O_3, SiO_2, Ta_2O_3, TiO_2, ZrO_2 및 Y_2O_3-ZrO_2 등이 있으며 산소 대신 질소를 사용하여 TiN, ZrN 등을 얻을 수도 있다. 진공 증착 기지로는 플라스틱류의 필름과 강판이 주종을 이루며 포장용 알루미늄 코팅 필름, 콘덴서용 금속화 필름, 반사경 제조 등에 널리 이용된다. 이 외에 자동차용품, 가정용품, 장신구 등에도 이용된다.

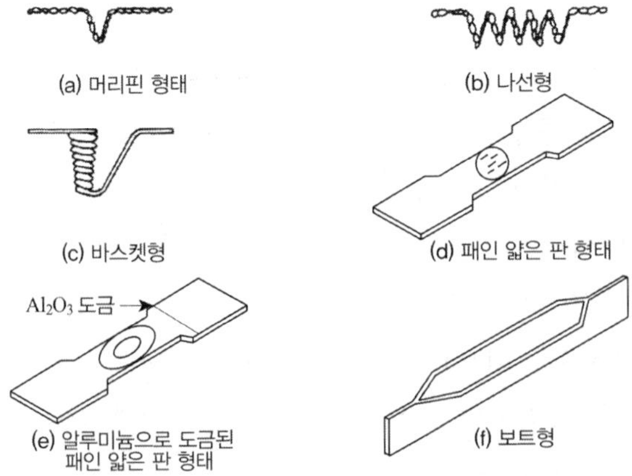

그림 19-4 진공 증착시 증발원의 형태

(2) 음극 스퍼터링

스퍼터링(sputtering)은 힘을 가하여 던진 볼이 정지된 핀과 충돌하면서 운동량을 전달하여 핀을 튕겨내는 볼링 게임과 비슷한 현상이다. 스퍼터링에서 볼에 해당하는 것은 주로 이온화된 불활성 가스인 알곤 가스이며 핀에 해당하는 것은 코팅하고자 하는 물질로써 타깃(target)이라고 한다. 진공 중에 놓여진 미량의 가스가 들어 있는 전극에 수백 내지 수천 볼트의 전압을 걸어 주면 글로방전(glow discharge)이 일어나게 된다. 글로방전 내에 존재하는 가스는 이온화되면서 양이온 및 전자로 분리되어 플라즈마 상태가 된다.

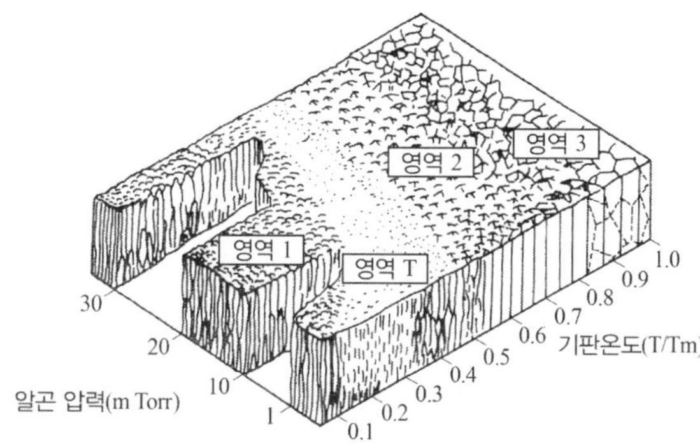

그림 19-5 온도와 알곤 압력에 따른 박막의 구조

플라즈마 영역에 전장을 걸어 주게 양이온은 가속화되어 음극 표면의 상부에 위치한 타킷에 충돌하면서 운동 에너지가 전달되어 타깃 원자의 일부가 유리되어 근처에 위치하는 기지에 응축되는 원리를 이용한 것이 음극 스퍼터링이다. 음극 스퍼터링은 운동량 교환에 의하여 기계적으로 증기상을 만들므로 거의 모든 물질을 코팅할 수 있는 특성을 지닌다. 타깃이 금속인 경우에는 주로 직류(DC) 전원을 사용하며 비전도성 물질을 코팅하고자 할 때에는 13.56 MHz의 고주파(radio frequency, RF)전원을 사용한다. 스퍼터링 방법으로 제작된 피막의 미세 구조는 기지의 온도/용융점 간의 비례 관계와 알곤의 압력에 의하여 변화하게 된다(그림 19-5 참조).

저온 저진공 상태인 영역 1에서는 다공성 결정립 형태의 조직을 나타내며 고진공으로서 고온인 영역 2에서는 주상 조직을 나타낸다. 이들 사이에 위치하는 영역 T에서는 치밀한 섬유상 조직을 나타내어 기계적 성질이 가장 우수한 피막이 형성된다. 영역 3은 온도가 너무 높아 재결정이 이루어지는 구간이다.

1) 직류 스퍼터링

그림 19-6에 직류 스퍼터링의 기본형인 하향식 평판 2극 직류 스퍼터링 장치의 개략도를 나타냈다. 일반적으로 조업 압력은 1~10^2 Pa이며 전압은 1~5 kV, 전류밀도는 1 mA/cm^2

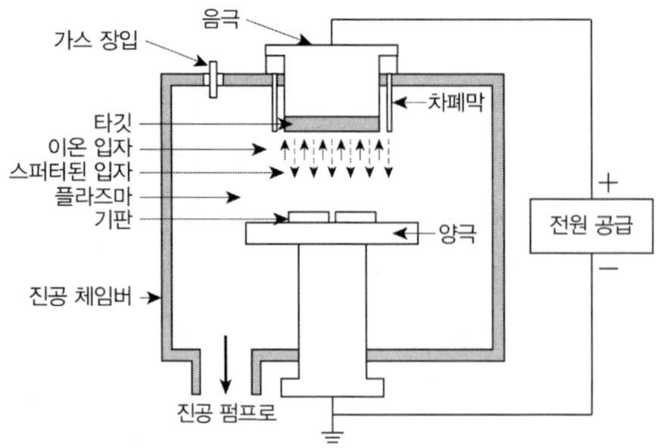

그림 19-6 직류 스퍼터링 개략도

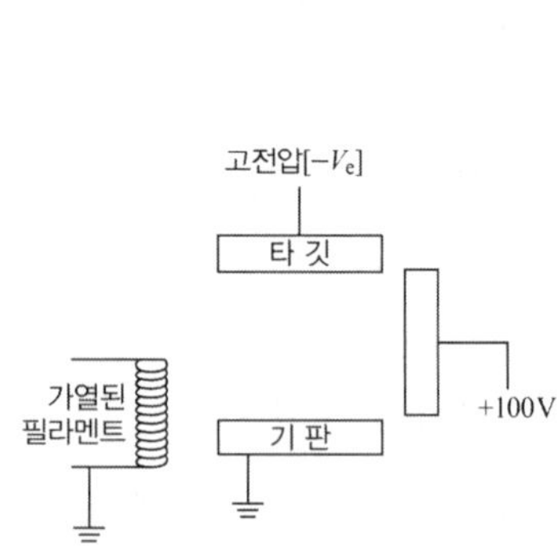

그림 19-7 3극 스퍼터링 장비

정도이다. 이 방법은 작고 복잡한 형상의 물체에 비교적 얇은 코팅층을 형성하는데 적합하지만 속도가 매우 느려 이온화를 촉진하기 위한 필라멘트가 첨가된 3극 스퍼터링(그림 19-7)이 주로 이용되고 있다. 3극 직류 스퍼터링은 방전 전압 및 압력이 낮고 높은 성막 속도를 지니는 장점이 있으나 사용법이 2극에 비하여 복잡하고 필라멘트로부터 오염물 및 전자가 방출되므로 정확한 온도 제어가 어렵고 반응성 스퍼터링을 하기 어려운 점이 있다.

2) 마그네트론 스퍼터링

타깃 뒷부분에 좌석을 설치한 마그네트론(magnetron, 그림 19-8)을 사용하여 자기장을 전기장에 수직으로 걸어 줌으로써 전자를 나선형으로 운동하게 하여 플라스카를 타깃 주위에 가두어 스퍼터링의 속도를 가속화하는 방법이다. 플라스카를 타깃 주위에 채워줌으로 ① 성막 속도의 증가, ② 기지나 장치 표면으로부터의 스퍼터링 현상 감소, ③ 성막 과정시 기지의 과도한 가열 방지, ④ 요구하는 작업, 압력 감소 등의 효과를 얻어 직류 스퍼터링보다 발전된 형태의 건식 도금 방법이다.

가장 보편적인 형태의 마그네트론은 평판형이나 이와 같은 형태는 타깃 하부에 설치된 두 자석 사이에 존재하는 도넛 형태의 부분만 실제 스퍼터링에 의하여 사용되므로 타깃 수율이 낮은 단점을 지닌다. 이에 따라 타깃의 수율을 향상시킨 원뿔형 및 원통형 등 다양한 형태의 마그네트론 타깃이 개발되고 있다. 그림 19-9는 코팅될 작업물을 원형으로 회전하면서 작업하는 마그네트론 스퍼터링 장 치의 한 단면을 나타낸 것으로 2개의 마그네트론을 물체가 지나가는 궤적 사이에 설치하여 양면을 코팅하는 한편 구역별로 타깃을 바꾸어 다층 코팅을 할 수 있는 장치의 개념도이다. 안경테 표면에 내구성 및 장식성 향상을 목적으로 Ti/TiN/Au 층을 순서적으로 코팅하고자 한다면 먼저 양면에 티타늄

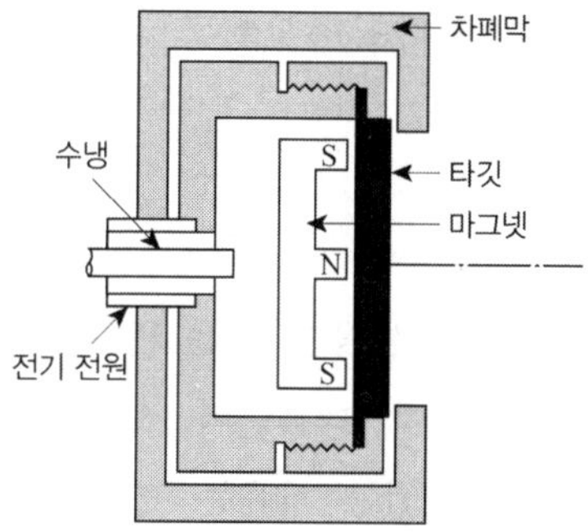

그림 19-8 마그네트론 스퍼터링 장치

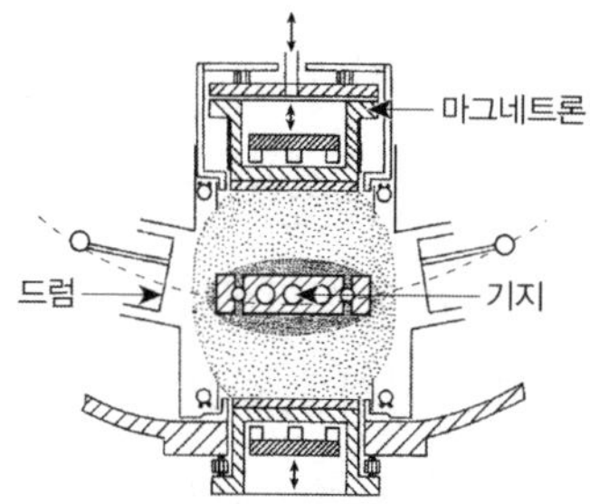

그림 19-9 2중 마그네트론 스퍼터링 장치

타깃이 설치된 윗 그림과 같은 부분을 지나면서 티타늄층을 형성한다. 티타늄층 형성이 끝나면 기지와 연결된 드럼을 옆으로 이동시켜 질소를 첨가하면서 반응성 스퍼터링으로 TiN층을 만든다. 최종적으로 다음 칸으로 이송하여 금속을 스퍼터링하게 된다. 이와 같이 마그네트론 스퍼터링은 연속으로 여러 종류의 금속을 동시에 적층시키는 특징을 구비한다.

3) 고주파 스퍼터링

타깃이 세라믹스나 폴리머(polymer) 등과 같이 절연체인 경우에는 스퍼터링을 할 때 표면에 하전이 집적되므로 직류 전원을 사용하면 플라즈마를 지속적으로 유지 할 수 없다. 따라서 고주파 전원을 이용하여 전자가 양극에 도달하기 전에 다시 플라즈마 영역으로 되돌려 보냄으로써 플라즈마 방전을 유지하게 된다. 스퍼터링 장치는 직류 마그네트론 스퍼터링과 비슷한 구조를 가지며 단지 전원만 고주파(RF or HF)로 바꾼 형태이다. 일반적으로 비전도성 타킷은 열전달 계수가 나빠 성막 속도에 제한이 있는 경우가 있다. 이에 따라 고주파 스퍼터링보다는 반응성 스퍼터링법에 의하여 금속으로부터 세라믹층을 얻는 방법이 이용되고 있다. 고주파 스퍼터링의 한 가지 장점은 금속, 합금, 산화물, 질화물, 탄화물, 폴리머등 거의 모든 재료를 타깃으로 하여 박막을 제조할 수 있는 점이다. 마그네트론 스퍼터링시 전원을 고주파로 하여 피막을 만드는 경우도 있다.

4) 반응성 스퍼터링

직류 및 고주파 스퍼터링 과장에 알곤(Ar)과 함께 소량의 산소, 질소, 암모니아, 아세틸렌과 같은 반응성 가스를 도입하면 금속 타깃을 사용하여 산화물, 질화물 및 탄화물 피막을 형성시킬 수 있다. 따라서 반응성 스퍼터링 방법을 이용하면 여러 종류의 화합물 코팅이 가능하며 직류 전원으로도 절연체 피막의 형성이 가능하다. 또 반응성 가스의 유입량을 조절함으로써 피막 두께에 따른 화합물의 조성을 제어할 수 있어 금속으로부터 서서히 세라믹 형태의 피막 형성도 가능하다. 일반적으로 화합물의 형성은 일단 스퍼터로 되어 기지에 부착된 금속과 반응성 가스가 피막 표면에서 반응하여 화합물층이 성장하는 형태로 진행된다.

5) 스퍼터링법의 산업적 응용

스퍼터링 방법에 의하여 고속도강에 TiAlN을 코팅하기 시작한 것은 1980년대 중반이며 이러한 코팅 처리를 함으로써 고속도강으로 만든 드릴의 수명이 약 15배 정도 증가한 것으로 보고되고 있다. 이와 같은 성능의 향상을 얻을 수 있는 이유는 코팅에 의하여 내산화성 및 내마멸성이 획기적으로 증가되었기 때문이다. 아연다이캐스팅 제품, 청동이나 황동 제품 등 온도에 민감한 물체 위에 TiN을 건식 도금을 하고자 할 경우에 스퍼터링법이 다른 방법에 비하여 유리한 것으로 알려져 있다. 스퍼터링 방법은 특히 전자 소재의 생산에 널리 이용되고 있는 추세로써 반도체 생산 공정의 일부로도 활용되고 있다.

(3) 이온도금

이온도금(ion plating)은 진공증착법을 발전시킨 형태로 증발된 기체가 알곤(Ar) 등 불활성 가스의 글로방전층을 통과하여 일부가 양이온으로 이온화되어 음의 하전이 걸려 있는 기지에 강하게 충돌하게 함으로써 보다 치밀한 막이 만들어지는 기술이다. 이온도금층은 진공 증착에 의하여 형성된 피막에 비하여 밀착성 및 부착력이 우수하고 치밀하며 순도가 높은 장점을 지니지만 일반적으로 증착 속도는 느리다. 메톡스(Mattox)에 의하여 개발된 이온도금 장치의 개략도는 그림 19-10에 나타냈다. 금속을 증발시키기 위한 에너지원으로는 팔라멘트 등을 이용한 저항 가열이나 전자총을 이용한 가열 방식이 많이 사용되며 기지는 음극으로 대전되어 있다. 이온도금의 순서는 먼저 도금될 물체를

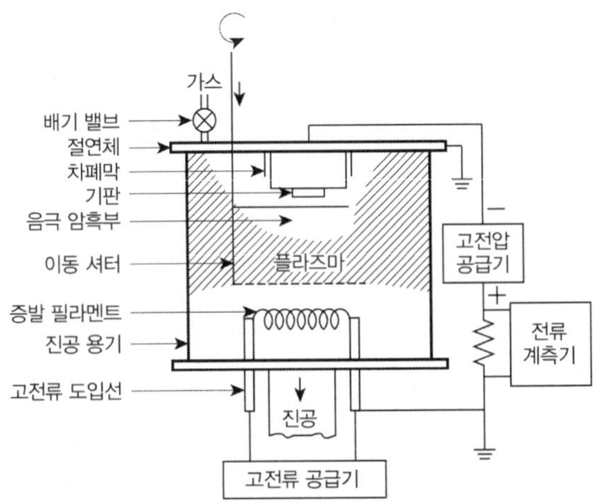

그림 19-10 이온도금 장비의 개략도

고전압의 전극에 연결된 지그에 장착하고 증발될 물질을 증발원에 넣은 후 장치를 닫고 진공 펌프로 10^{-3}~10^{-4} Pa까지 배기한다. 이후 다시 장치에 알곤 가스를 넣어 1~0.1 Pa 정도의 압력을 만들고 전극과 접지선 사이에 3 kV 내지 −5 kV의 전압을 걸어 주면 진공 방전이 일어나면서 물체의 표면에 이온화된 알곤이 강하게 충돌하면서 표면을 세정하게 된다. 이 과정을 거쳐 물체의 표면이 깨끗하게 되면 증발원을 가열하여 코팅될 물질을 플라즈마 내에 도입하면서 이온도금을 하면 된다.

화합물층을 얻기 위하여 이온도금과 진공 증착의 개념을 혼합한 활성화 반응성 증착(activated reactive evaporation)법이 1972년 번샷(Bunshat)에 의하여 개발되었다. 이 방법은 증발원과 기지 사이에 형성된 플라즈마 영역에 알곤과 함께 질소나 메탄가스, 산소 등을 도입하여 질화물, 탄화물 및 산화물 등을 각각 얻는다.

전자총으로 증발원을 용해함에 따라 만들어진 금속 증기와 대량의 2차 전자가 증발원과 기지 사이에 설치된 원형의 몰리브덴선(+로 대전되어 있음)에 끌리게 된다. 이에 따라 증발 원자와 도입된 반응성 기체가 이온화되면서 플라즈마가 형성된다. 그림 19-11에 활성화 반응성 증착 장치의 개략도를 나타내었다.

그림 19-12에 나타낸 홀로 음극 방전(hollow cathode discharge)법은 낮은 압력(1~10^{-2} Pa)에서도 안정적으로 작동하며 아세틸렌, 질소, 암모니아 및 황화수소 등을 도입함으로써 화합물의 이온도금이 이루어진다. 이 방법은 증발된 물질을 다량 이온화하여 고속의 중성 원자와 함께 기지에 충돌함으로 밀착성 향상과 더불어 도금 속도를 증가시킬 수 있다.

전자총의 전압은 50~100 V 정도가 적당하며 전류량을 증가시킬수록 이온화율을 높이는 것으로 알려져 있다. 증발원과 도금될 기지 사이의 거리는 15~30 cm 정도이며 필요에 따라 기판에 음의 하전(bias)을 걸어 주는 경우도 있다. 이온도금에 의하여 내식성의

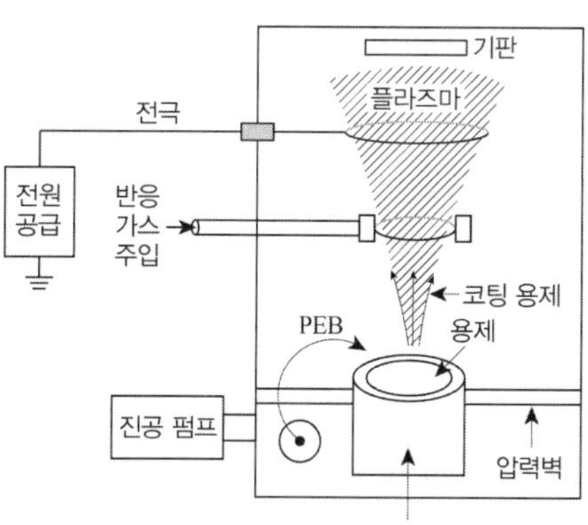

그림 19-11 반응성 활성화 증착 장치(ARE)

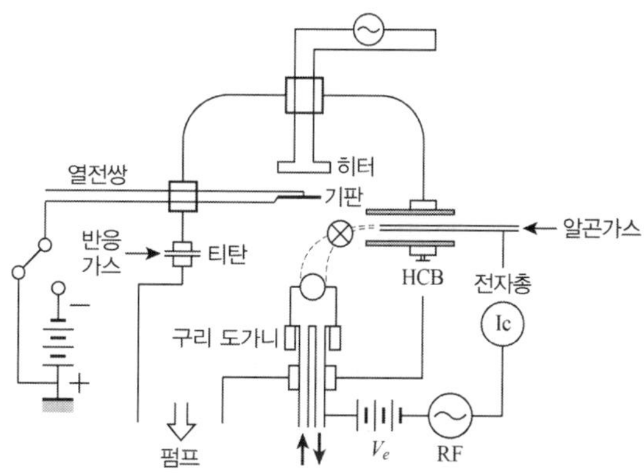

그림 19-12 홀로음극방전(HCD) 장비

증착막은 습식 경질 크롬도금 피막과 비교할 때 경도, 내마멸성 및 내식성 등은 비슷한 성질을 보인다. 그러나 질화크롬이나 질화티탄막 등을 형성할 경우에는 경질 크롬의 두 배 이상에 해당하는 경도를 얻을 수 있다. 이온도금된 질화 티탄 피막은 금색을 나타내어 장식성이 우수한 특징을 지니는데 금도금에 비하여 채도는 높으나 명도가 약간 낮다. 이온도금 방법 외에도 RA 여기법, 다음극법, 고진공 아크방전법 및 클러스터 이온빔법 등이 각종 전자 및 음향 제품의 생산에 응용되고 있다.

표 19-2 이온도금의 응용 예

응용분야	도금막	조합 예	용도
내식	Al, Zn, Cd	Zn, Al/고장력강 Al/연강 볼트류	항공기, 선박 일반 구조용재
내열	Al, W, Ti, Ta	Al/강, 스테인리스강	배기관, 내화재료, 자동차, 항공기 엔진
장식	Au, Ag	Au/스테인리스강, 황동	장신구, 시계 등
	TiC, TiN	TiC, TiN/스테인리스강	장신구, 시계 등
	Al	Al/황동, 연강관	착색 코팅
	유리	유리/플라스틱	렌즈
표면경화	Cr, CrN, CrC_2	Cr/형강, 연강	금형, 기계 부품
	각종 질화막	질화물/스테인리스강 질화물/베어링강, 형강	금형, 기계 및 자동차 부품 기계 부품
	TiC, TiN	TiC/고속도강, 합금강	초경공구
전자공업	Au, Al, Cu, Ni	Au, Al/Ni/Si 웨이퍼	전극, 도전 피막
	W, Pt	W/구리 합금	접점 재료
	Cu	Cu/세라믹스, 수지	프린트 기판, 박막 IC 기판
	Fe, Co, Ni	Fe, Co, Ni/플라스틱 필름	자기 테이프
광학	SiO_2, TiO_2	산화물/유리	렌즈의 무반사 내마멸 코팅
	유리	유리/투명 플라스틱	안경용 렌즈

19.2 화학적 기상도금

화학적 기상도금(chemical vapor deposition)은 증기 상태의 금속화합물을 외부에서 지속적으로 공급하면서 기지 표면을 가열하여 도입된 가스가 표면에서 열분해 또는 화학반응 등을 일으키게 하여 기지에 안정한 상태의 고체 반응물을 부착하는 과정이다. 금속화합물을 분해하여 석출시키는 에너지원으로는 열, 플라즈마, 적외선 등이 이용되며 대기압에서 진공까지 비교적 광범위한 압력 범위에서 진행된다. 외부로부터 도금될 금속 성분을 함유한 증기를 지속적으로 공급하면서 도금이 이루어지므로 미세 분말, 파이프류, 반도체 회로 등 다양한 형상을 지니는 소재에 니켈, 텅스텐 및 크롬 등을 균일한 두께로 도금하는 데 많이 이용되며 탄화 티탄 등의 코팅에도 상업적으로 이용되고 있다.

고온으로 가열된 고체 표면에서 기체 반응에 의해서 박막을 형성한다. 고체 확산형은 주로 보로나이징, 실리코나이징법이 있으며 금속표면경화에 많이 이용된다. 열분해법 및 수소환원법은 순금속을 피복하는 것에 사용된다.

(1) 화학적 기상도금의 특징

그림 19-13은 화학적 기상도금의 원리를 나타낸 것으로 가열된 기지 표면에 반응가스(AX)를 도입하여 고체(A)를 피복시키는 과정으로 반응에 의하여 휘발성 가스(HX)가 형성되어 배기계로 들어가게 된다.

$$2AX(g) + H_2 \rightarrow A(s) + 2HX(g)$$

화학적 기상도금은 물리적 기상도금에 비하여 처리 온도가 일반적으로 높다. 따라서 얻어진 피막이 기지 내로 확산되거나 반응을 일으키는 경우가 많으며 밀착성이 매우 우수하다. 그러나 높은 온도로 인하여 처리 과정 중 기지와 도금면 사이에 금속간 화합물 등이 형성되어 오히려 밀착성이 나빠지는 때도 있다. 도금층의 형성을 위하여 도입되는 금속화합물 등은 안정한 기체상을 형성하고 일정 온도 이상의 고온에서만 분해되는 특성을 지녀야 하며 도금층은 용융점이 높고 휘발성이 없어야 한다. CVD법의 가장 큰 특징은 처리 온도가 약 1,000℃ 정도로 높다는 것이다. 따라서 형성된 피막은 모재가 확산되어 반응을 일으켜 밀착성이 매우 양호하다. 그러나 처리온도가 높기 때문에 모재가 변질되어 변형을 일으키고 부착 피막과의 반응으로 경계층에 취약한 층이 형성되어 피막의 밀착성을 저하시키기도 한다. 또 피막의 원료가 가스 상태로 공급되므로 복잡한 형상의 물체에도 비교적 쉽게 균일한 피막을 얻을 수 있으므로 파이프의 내면 미립자 등에도 피복

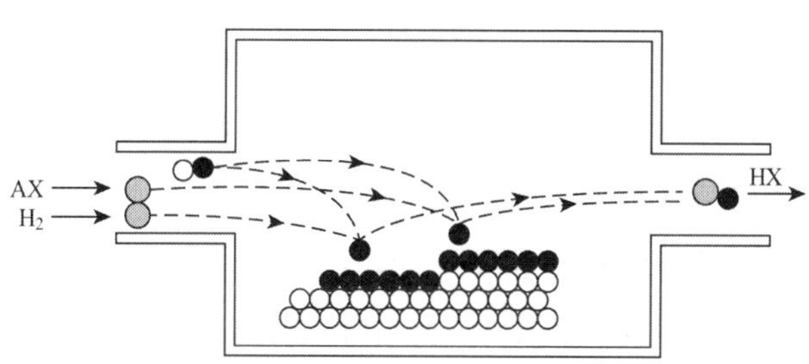

그림 19-13 CVD의 원리

이 가능하다. 피복 형성 속도는 크며(1~1.5 mm/분), mm 단위의 두꺼운 피복도 가능하고 여러 성분의 피복도 할 수 있다. 또 배출물질이 단순한 경우가 많아 공해대책이 쉽다. CVD의 공정은 고압가스 부분에서 가스가 나와 가스 정제기를 거쳐 유량 조절기와 유량 측정기를 지난다. 주위에 코일이 감겨 가열되는 가스 증발기에서 원료 가스가 증발하고 가스 혼합기를 거쳐 반응을 안으로 들어간다. 반응로에도 코일이 감겨 있어 가열이 된다(그림 19-14).

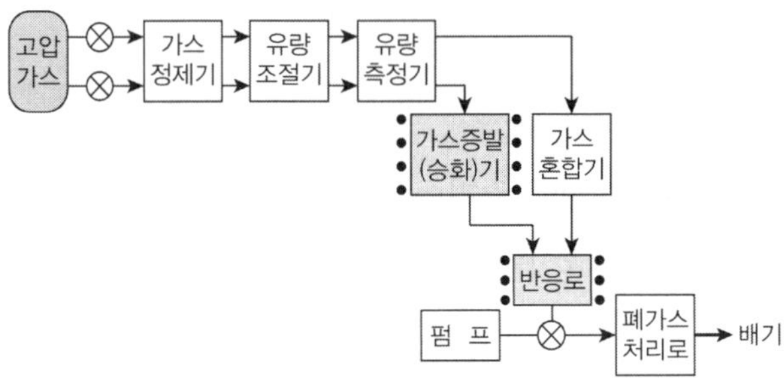

그림 19-14 CVD의 기본 공정도

(2) 화학적 기상도금 장치

화학적 기상도금 장치는 크게 다음 세 가지 부분으로 구성된다.

① 반응 가스 도입 및 제어 장치

② 반응기

③ 폐가스의 회수 및 분해 장치

반응 가스가 상온에서 기체 상태이면 압축 기체통으로부터 직접 공급하며 액체인 경우에는 증발 용기에 넣어 일정한 온도를 유지하며 이송 가스를 불어 넣어 반응기에 주입한다. 도입되는 기체의 유량이 많은 경우는 로터미터(rotameter) 등과 같은 단순 유량계를 사용하지만 미량을 정밀 제어하는 경우에는 질량 유량 제어기(MFC) 및 가스 유량 제어기(GFC)를 사용한다. 반응기는 기본적으로 진공 반응조에 가열 장치가 장착된 형태로 도금될 물건의 가열은 열선, 고주파 유도, 적외선 방사, 플라즈마 및 레이저 등이 이용된다. 균일한 층을 얻기 위하여 가열 온도를 면밀하게 제어하여야 하며 코팅될 부분만 선택적으로 균일하게 가열할 수 있어야 한다. 기상 반응을 조절하고 기지에 원활한 가스 공급이 이루어질 수 있어야 한다.

작업에 할로겐화물 등과 같이 매우 유독한 가스와 수소 등을 사용하는 경우가 대부분이므로 특히 배기 폐가스 처리에 신중을 기하여야 한다. 일반적으로 냉각 트랩에 의한 흡수 제거나 가스 세정 장치를 통해 수세하고 중화처리를 한다. 각종 CVD 장비의 개략도

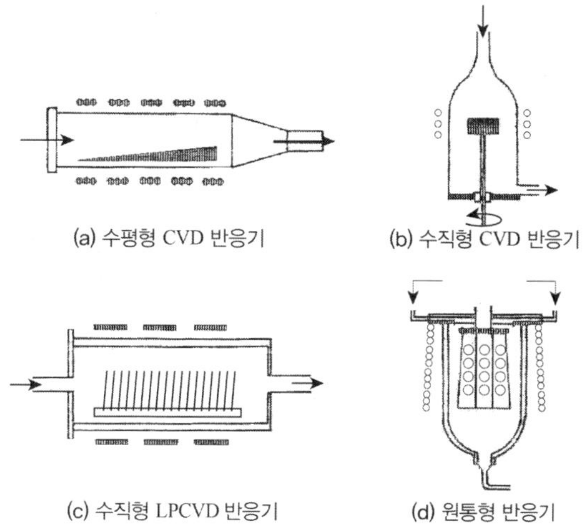

그림 19-15 화학적 기상도금 장비의 예

를 그림 19-15에 나타낸 것과 같다. 화학적 기상도금에서 이용되는 원료는 할로겐화 물질이 대부분 액상(또는 고상)으로 증기압이 그다지 높지 않다. 따라서 가스 증발기에서 기화 또는 비응축성 가스의 버블링(bubbling)으로 증발되도록 충분히 가열하여야 한다.

원료 가스를 반응로에 보내기 위해서는 불활성 가스나 비응축성 가스(H_2, N_2 등)가 이용된다. 가스의 순도는 제품 피막의 성능에 관계되며 가스 정제기에서 수분과 산소 등의 불순물을 제거하여 정확한 유량으로 조절하여 반응실로 보낸다. 수소 가스는 폭발 위험이 있으므로 주의해야 한다.

(3) 화학적 기상도금의 종류

1) 감압 CVD

CVD법은 대개의 경우 대기압에서 처리하지만 균일한 피복을 얻기 위해서 모재의 표면온도와 원료 가스의 공급을 균일하게 해야 한다. 가스 공급의 균일성 및 반응 촉진을 위해서 수톨(Torr) 의 감압하에서 CVD를 실시하는 것이 많으며 이것을 감압 CVD 또는 저압 CVD라고 한다.

2) 플라즈마 CVD

이것은 CVD에 방전을 도입하여 방전중에 CVD를 하는 방법이다. 방전 중에는 가스의 온도는 변하지 않으나 전자는 방전에너지를 받아서 10,000℃(10 eV)의 높은 온도로 된다. 따라서 전자와 충돌한 분자는 여기상태(excitation: 들뜬 상태)로 되어 반응성이 매우 풍부해진다. 이처럼 방전 중의 고온 전자에 의해서 CVD반응을 보다 저온에서 하는 것이

플라즈마 CVD이다. 방전의 도입에 의해서 Si_3N_4의 피복온도는 750℃에서 450℃로 TiC는 950℃에서 600℃로 낮출 수 있다. 이 경우 반응 온도가 낮아서 소재 계면에서의 확산 및 반응층의 형성을 억제하기 때문에 피막의 밀착성이 저하하는 경우도 있다.

내마모성 피막처럼 상당한 밀착력이 요구되는 경우에는 밀착성이 저하되는 것을 막기 위해서는 신중한 전처리가 필요하다. 600℃에서 밀착성이 양호한 TiC, TiN의 피복이 가능하면 고속도강 등의 정밀공구의 표면경화법으로 하여 실용화도 가능하다.

방전에 대해서는 DC방전 글로(glow)방전, 고주파방전, 마이크로파방전 등이 시도되고 있다. DC방전에서는 반응 온도를 크게 저하시킬 수가 없으므로 고주파 또는 마이크로파 방전이 이용된다(그림 19-16 참조).

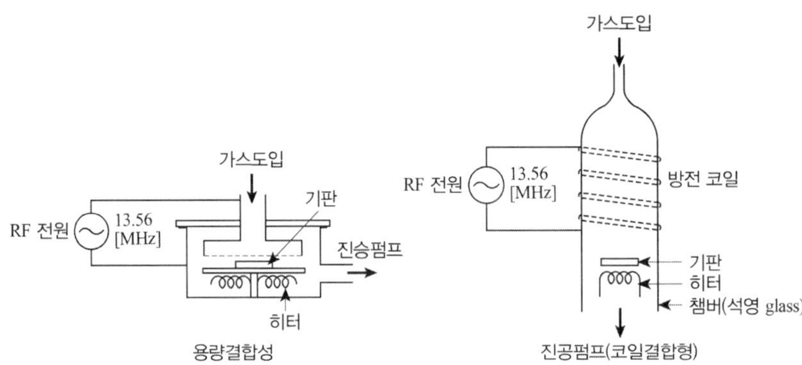

그림 19-16 고주파 플라즈마 CVD장치

플라즈마 CVD(plasma assisted CVD, PACVD)법은 집적 회로, 광학, 태양열 발전 및 반도체의 열 차단 등에 응용되며 피막 재료를 얻기 위하여 최근에 개발이 이루어진 공정이다. 박막의 형성은 전기적 방전에 의하여 기체상에서 일어나는 화학반응에 의하여 시작된다. 상압 조건에서 평형 상태에 놓인 전자, 이온 및 중성 입자를 방전하에 놓이게 하여 평형 플라즈마가 형성되게 하는 것이 열 플라즈마 방식이다. 한편 낮은 압력의 글로 방전에서는 전자와 이온의 전체 기체 분자에 비하여 훨씬 높은 에너지를 가지게 되어 낮은 온도의 비평형 플라즈마(cold plasma)가 얻어진다. 보편적으로 상업화된 플라즈마 CVD 공정은 비평형 조건에서 이루어진다.

플라즈마 CVD의 장점은 열에너지가 아닌 천이된 전자에 의하여 반응 가스가 활성화 되므로 기존에 열 CVD법에 비하여 기지의 온도가 낮은(<300℃) 상태에서 밀착성이 우수한 피막을 얻는 점이다. 예를 들어 이 방법을 이용하면 알루미늄과 같이 낮은 용융점을 지니는 금속 위에 Si_3N_4와 같은 고용융점 세라믹스의 코팅이 가능하다. 심지어 폴리머와 같이 고온에서 불안정한 기지 위에도 금속의 코팅이 가능하다. 코팅 속도도 기존의

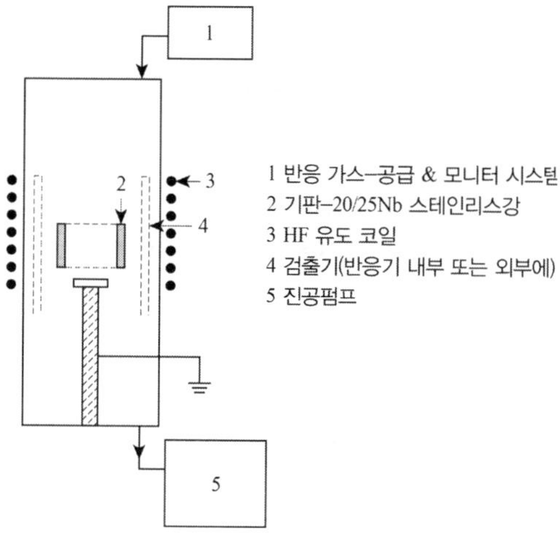

그림 19-17 PACVD 장비의 개략도

화학적 기상도금에 비하여 빠른 장점이 있으나 폴리머를 제외하고는 순수한 물질의 코팅은 불가능한 단점을 나타낸다.

이 방법에 의하여 산업적으로 제작되고 있는 박막으로는 태양 전지용 비정질 규소막, 다이아몬드와 비슷한 성질을 구비한 비정질 탄소막, 내열성 재료인 Si_3N_4, TiN 등의 질화막이 있다. 10～500 Pa 정도의 낮은 진공도에서 작업하며 플라즈마 발생을 위하여 RF나 고주파 전원을 사용한다.

3) MOCVD

CVD에서는 대개 할로겐화물이 이용되지만 보통 1,000℃의 고온 가열을 필요로 한다. 플라즈마 CVD에서 반응 온도를 약 200～300℃ 정도 저하시키지만 이 온도에서도 모재의 변형, 변질의 문제가 된다. 특히 수미크론에서 서브미크론(sub-micron)의 선 폭으로 미세하게 가공되는 반도체에서는 이 온도에서 견디지 못하는 경우가 많다.

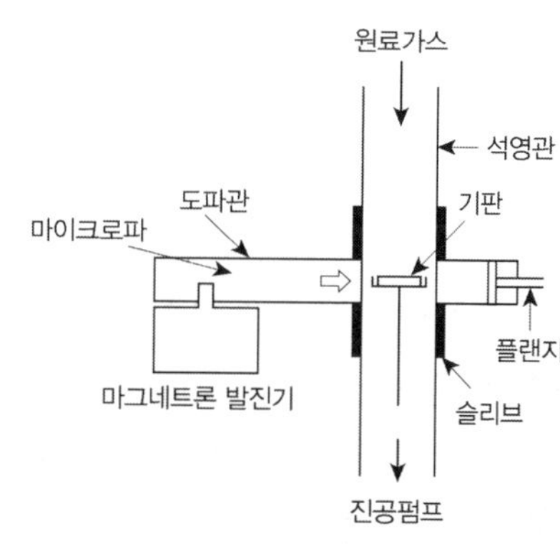

그림 19-18 마이크로파 플라즈마 CVD장치

MOCVD(Metal Organic CVD)는 이러한 점에 착안해서 온도를 대폭 낮추어 반도체 제조공정에서 실용화하고 있다. 여기에 이용되는 유기 금속 및 반응 온도는 다음과 같다(표 19-3 참조).

표 19-3 MOCVD의 실시 예

석출물	원료 유기 금속착염	석출 온도(℃)
Al	$Al(CH_3)_3$	100~500
Ga	$Ga(CH_3)_3$	100~500
Ni, Co	$CH_3CO \cdot CH_2COCH_3-M$	100~250
B, Si, Sn / SiC, TiN } $M(NMe_2)n$		250~800
(TiN, ZrN, NbN) $M(NMt_2)n$		350~500
Al_2O_3, MgO, Y_2O_3, ZrO_2, NiO, Fe_2O_3, ZnO	$M(\beta\text{-diketon})_n$	300~800

현재 GaAs 또는 GaP 단결정 웨이퍼(Wafer) 상에 GaAlAs막을 형성하여 반도체 레이저 및 반도체 디바이스를 작성하는 것이 MBE(Molecular Beam Epitaxy)법과 같이 실용화되고 있다.

4) 광 CVD

CVD반응의 여기(들뜸)를 빛으로 하는 방법이다. 이것은 빛에 의해 원료 가스의 분자 여기에 따른 열분해를 이용하는 방법과 빛의 열 효과를 이용하는 방법이 있다. 전자는 여기광(들뜬 상태로 만드는 빛)으로써 파장이 짧은 자외선을 이용하며 수 전자볼트(electron volt) 이상의 에너지 광자에 의한 분자의 분해를 이용한다. 따라서 낮은 온도에서 피막의 형성이 가능하고 빛의 파장에 의해 분자의 여기를 조절할 수 있으므로 입사광의 파장을 변화시켜서 분해 생성물의 조성을 생성막 조성과 같도록 조절할 수 있다.

한 빛의 파장에 의해 분자의 여기를 조절할 수 있으므로 입사광의 파장을 변화시켜서 분해 생성물의 조성을 생성막의 조성과 같도록 조정할 수 있다. 후자는 레이저를 이용하여 이것을 열원으로 이용하여 가늘게 만든 레이저광(파장과 같은 직경까지도 가능)의 조사 위치를 조정하여 미크론~서브미크론의 폭에서 부분적으로 박막을 형성할 수가 있다. 또한 플라즈마 CVD와 달라서 이온 발생 없이도 막이 형성되므로 이온에 의한 박막의 손상이 없다. 또 생성물의 조절이 가능하여 초 LSI(large-scale integration, 고밀도 집적회로)로 반도체의 제조에도 매우 중요한 기술이다(그림 19-19 참조).

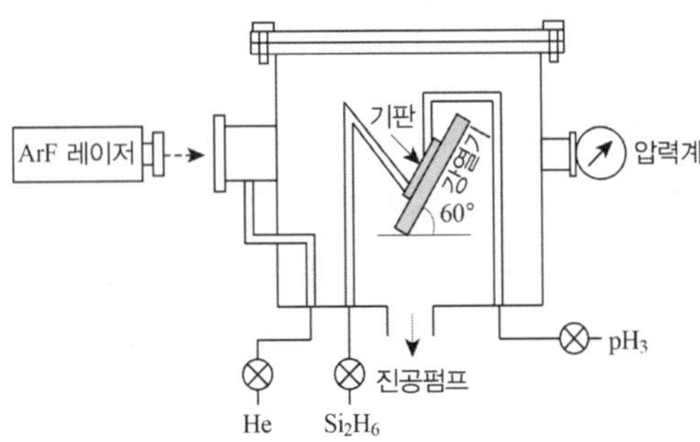

그림 19-19 CVD장치

CHAPTER

20 양극산화

20.1 양극산화 처리의 개요

양극산화(Anodizing)는 소재를 알루미늄으로 하고 양극에 알루미늄 소재에 전기를 통하게 한다. 이때 양극에서는 산소가 발생 되면서 알루미늄의 표면이 산화된다(Al_2O_3). 이러한 산화알루미늄(Al_2O_3)의 표면은 내식성이 크며 미세한 다공성으로 되어 있어 여러 가지 착색이 가능하다. 양극산화는 전기도금의 원리와 비슷하며 전기도금에서는 도금하고자 하는 소재를 음극에 달고 전류를 통하여 도금 하지만 양극산화는 양극에 알루미늄 소재를 달고 전류를 통하여 알루미늄의 표면을 산화시키는 도금 방법이다. 양극산화법에 사용되는 대표적인 소재는 알루미늄이고 최근에는 Mg, Ti, Zn, Zr 등도 실용화 되고 있다.

(1) 양극산화가 이용되고 있는 분야

- 구조용: 건축, 차량, 선박, 항공기
- 장식용: 판넬, 네임플레이트, 안경, 장신구, 화장품 용기
- 반사경용: 반사경, 투광기, 전열기
- 전기절연용: 판넬, 전선, 전화기
- 고경질표면용: 기관부품, 컴퓨터, 병기, 광학부품
- 하지용: 법랑, 접착, 도금, 도장
- 기타: 습도계, 인쇄판, 전자부품 등

(2) 알루미늄의 일반적 성질

원자번호: 13, 원자량: 26.98, 비중: 2.7

용융점: 659.7℃, 비열(20℃): 0.215 cal/g/℃
용해: 알칼리, 염산, 황산 등
불용해: 질산, 빙초산, 암모니아수 등

① 알루미늄의 비중은 구리나 철의 약 1/3 정도로써 가볍기 때문에 항공기, 선박, 교통기관 및 건축, 토목 등 다양한 분야에 이용된다.
② 내식성은 산화 피막이 형성되므로 공기와 접촉하지 않아도 녹이 발생되지 않는다.
③ 알루미늄의 반사율은 알루미늄의 순도가 높을수록 99.8% 이상에서는 반사율이 90% 이상이기 때문에 조명이나 장식에 이용된다.
④ 알루미늄은 비자성, 무독성이므로 식품용 용기에도 이용하고 있다.
⑤ 알루미늄의 강도는 합금의 종류와 열처리 등에 따라 인장강도를 7～60 kg/mm^{2}로 조절할 수 있다. Al합금은 －200℃의 저온에서도 강도를 그대로 유지한다.

1) 알루미늄의 가공 경화

열간 압연, 압출 및 풀림한 알루미늄을 재결정 온도 이하에서 냉간 가공하면 인장강도, 내구력, 경도는 상승하고 연신율은 감소한다. 이와 같은 열처리 과정을 알루미늄의 가공 경화 현상이라고 한다.

2) Al의 풀림(annealing)

냉간 가공한 알루미늄 재결정온도 부근까지는 성질의 변화는 없지만 재결정 온도에 이르면 급격하게 연화(softening)된다. 이와 같은 현상을 Al의 풀림연화라고 한다. 이러한 현상은 냉간 가공된 알루미늄 내부의 휨 변형 현상을 제거하는 역할을 하기도 한다.

3) 안정화처리

알루미늄을 냉간 가공한 후 상온에 방치하면 서서히 강도가 낮아진다. 그러므로 100～200℃에서 열처리를 해주면 강도가 낮아지는 것을 방지할 수 있다.

4) 양극산화용 알루미늄 합금

알루미늄 합금 재료는 많은 종류가 있으나 가장 많이 사용되는 것은 압연 판재로 고순도 99.8%Al, 1050계(99.5%Al), 1100계(99.0%Al)가 대부분이다.

이외에 압연재료: Al-Mn계 3003(1.2%Mn)
Al-Mg계 5052(2.5% Mg, 0.25% Co)
5056(5.2% Mg, 0.1% Mn, 0.1% Cu)

Al-Cu-Si계(듀랄루민계)의 2017(4% Cu, 0.05% Mg)
2024(4.5% Cu, 1.5% Mg)

Al-Cu-Mg계(듀랄루민 17g, 24g)

주물재료: 실민 Al-Si(11～14% Si)
라우탈 Al-Cu-Si(3～5% Cu, 2～5% Si)
히드로 나트륨 Al-Mg(4～10% Mg)

알루미늄 재료에 양극산화처리를 하면 전해액의 종류와 전해 조건에 따라 색상, 두께, 내식성, 내마멸성 등의 산화피막 성질이 달라진다. 일반적으로 Al의 순도가 높은 것일수록 균일하고 우수한 피막이 만들어지고 불순물이 많이 함유된 알루미늄 소재는 산화 피막의 형성이 낮아진다. 합금으로서 Mg, Mn은 기계적 성질을 향상시키며 피막의 외관 상태에는 거의 영향이 없으나 구리, 규소가 첨가되면 산화 피막 상태가 불량하게 된다.

표 20-1 알루미늄 합금 재질 분류

- 전신재
  - 비열처리형 합금
    - 순알루미늄(1,000계)
    - Al-Mn계(3,000계)
    - Al-Si계(4,000계)
    - Al-Mg계(5,000계)
  - 열처리형 합금
    - Al-Cu-Mg계(2,000계)
    - Al-Mg-Si계(6,000계)
    - Al-Zn-Mg계(7,000계)
- 주물재
  - 비열처리형 합금
    - 순 알루미늄
    - Al-Si계 합금
    - Al-Mg계 합금
  - 열처리형 합금
    - Al-Cu-Si계 합금
    - Al-Cu-Mg-Si계 합금
    - Al-Mg-Si계 합금

(3) 알루미늄의 산화피막

알루미늄 산화피막의 구조 및 생성 발달은 매우 복잡하고 정확한 과정은 잘 알려져 있지 않다. 다만 양극산화 과정 중에 전해액의 산소 이온과 수산 이온이 알루미늄 표면으로 확산 되어 산화층을 형성하는 것으로 알려져 있다. 알루미늄 소재를 양극으로 하여 전류를 통과시키면 처음에는 얇고 치밀한 활성층이 생기며 이러한 활성층은 기공이 형성되지 않은 산화표면층이다. 이러한 산화 표면층은 절연 피막이 동시에 형성되지만 여러 가지 결함이 존재하며 이에 따라 높은 전압에 의하여 절연 파괴가 일어나며 이러한 절연 파괴가 일어난 지점에서는 전류가 집중적으로 흐르게 되어 이 지점에서는 매우 온도가 높아지게 된다. 이렇게 온도가 높게 되면 산화피막의 형성이 쉽게 이루어지고 많은 결함이 산화피막의 파괴가 계속되어 작은 구멍이 매우 많이 발생된다. 이러한 작은 구멍을 기공(porosity)이라고 한다. 이러한 미세한 기공을 통하여 전류가 흐르게 됨에 따라 계속 기공이 발생 되면서 새로운 산화물 피막이 형성된다. 이때 전류의 분포는 구대칭 형태로 알려져 있으며 형성되는 산화물 역시 구형에 가까운 육각기둥 모양으로 된다.

켈러(Keller)는 전자 현미경을 사용하여 황산, 수산, 인산 및 크롬산 피막의 다공성 구조를 그림 20-1과 같이 나타냈으며 머피(Murphy)는 그림 20-2와 같은 콜로이드 겔(colloid gel)모형을 제시 하였다. 일반적으로 양극 피막의 기공 크기는 200～350 mm이다.

양극산화의 작업 조건은 산화 피막의 성질과 관계가 밀접하다. 저온처리, 산의 농도가 적고 다공성이 적으면 경질 피막을 얻을 수 있다. 고온처리, 산의 농도가 너무 많고 처리 시간이 길면 다공성이 많고 가루피막이 생성된다. 전압과 전류밀도는 합금 재질에 따라 다르다. 양극 피막은 다공성으로 활성도가 높아 무기 및 유기 염료로 착색한다. 착색할 때 산화피막의 투명도가 깨끗해야 하고 산화 피막 중에 합금 원소가 남아 있으면 색상의 투명도가 낮아진다.

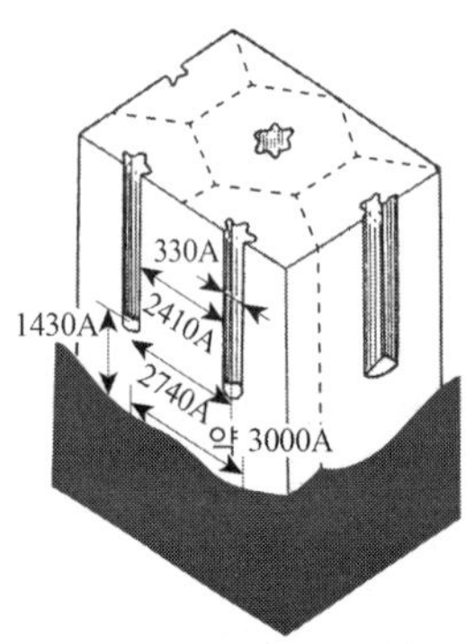

그림 20-1 켈러의 다공질 피막의 모형

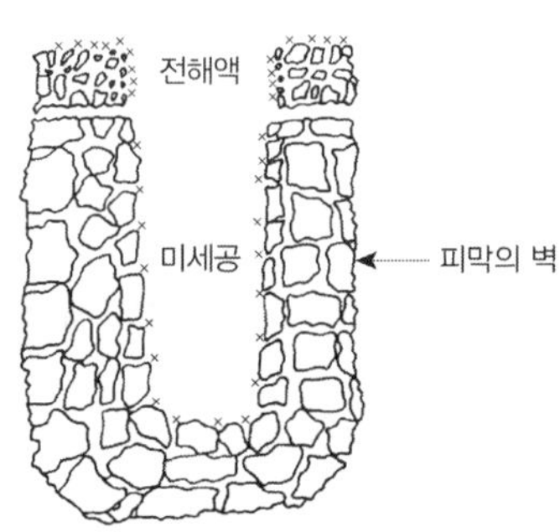

그림 20-2 콜로이드 겔 모형

전해액의 온도가 높고 전류밀도가 높으면

- 장점
  ① 생성되는 산화피막의 중량이 감소
  ② 실링(sealing)에 의한 피막중량이 증가
  ③ 경면 반사성이 양호

• 단점

① 염료 흡입성이 증가

② 내마모성 저하

③ 산화 피막 경도가 저하

전해액의 온도가 낮고 전류밀도가 낮으면

• 장점

① 생성되는 산화 피막의 중량이 감소

② 실링(sealing)에 의한 피막 중량이 감소

③ 경면 반사성이 저하

• 단점

① 염료 흡입성이 감소

② 내마모성이 향상

③ 산화 피막 경도가 향상

(4) 양극산화 피막의 특성

1) 소재 표면의 산화 피막은 치밀한 산화물로서 내식성이 우수하다. 양극산화에 의해서 생성된 비정질(Amorphous)의 Al_2O_3 피막을 약산성 또는 탈이온수 중크롬산나트륨, 빙초산니켈액에서 봉공(sealing)처리하면 내식성이 더욱 향상된다.

2) 장식의 외관을 개선

양극산화 피막의 광택 수준은 소재 금속의 조건에 좌우된다. 무광택 부식(etching)한 것은 광택이 감소되고 건축용 자재는 대부분 양극산화를 하여 광택을 유지한다.

3) 밀착력 향상

봉공처리를 하면 내식성이 향상된다.

4) 본딩 성능 및 윤활성 개선

인산법 및 크롬산법에 의한 양극산화는 본딩성과 내구성을 향상 시킨다. 경질 아노다이징(hard Anodizing)을 한 후 MoS_2 또는 흑연 등을 첨가하면 윤활성을 나타내게 한다.

5) 전기 절연 성능

봉공(sealing)처리의 정도에 따라서 절연성에 영향을 미친다. 합금에 따라 다르며 산화

피막의 두께나 조건에 따라 다르다.

양극 피막의 절연 파괴 전압은 수 볼트부터 수천볼트까지 이용 한다.

20.2 양극산화 공정

양극산화 공정은 전처리, 양극산화, 봉공처리로써 구분할 수 있다.

표 20-2 Al의 양극산화 처리 공정

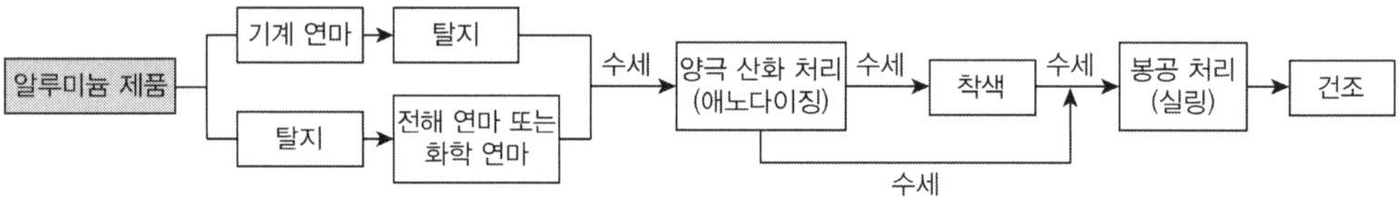

(1) 탈지: 유지, 오염물제거

1) 규산염을 포함한 탈지

규산염은 알루미늄 탈지제중 오염물 제거를 강력하게 제거한다. 규산이 포함된 탈지제는 SiO_2/Na_2O의 비율에 의해서 1.6일 때 금속 부식이 발생되지 않는다(pH 약 12.2). 규산염, 인산염, 나트륨염의 3가지 성분을 첨가하면 금속의 부식상태는 약간 증가한다. 탄산나트륨 6～18 g/L, 제3인산나트륨 6 g/L, 비이온 계면활성제(0.5%), PH 9～11, 80～90℃에서 침적한다.

2) 규산염이 포함되지 않은 탈지

붕산염-인산염 계통으로서 3～10 g/m^2/hr(80℃)에서 금속 부식이 발생된다(pH 9.2 정도). 안료, 오염물의 제거 효과가 크다.

3) 산세정

알루미늄은 양성 금속이기 때문에 산과 알칼리 어느 쪽에도 반응하지만 산에 강하고 알칼리에는 약하다. 알루미늄의 산세정은 표면의 산화물을 제거하기 위해서 실시하고 철과는 달리 수소취성이 발생하지 않는다. 산세에 사용되는 약품은 산 및 계면활성제의 2가지 성분으로 구성된다. 산을 사용하는 경우에는 Al의 표면 산화물을 제거할 수 있으나 오물, 기름, 연마제 등이 포함된 산 세정은 계면활성제를 첨가하여 사용한다.

보통의 산세는 황산(10～15%)과 비이온 계면활성제(0.5%)의 전해액에서 음극전류밀도

3～10 A/dm^2, 시간 0.5～3분, 양극은 납판을 사용한다. 질산(10～20%)수용액, 상온에 침적하기도 한다.

4) 증기탈지법

트리클로로에틸렌(삼염화에틸렌), 퍼클로로에틸렌이 사용된다. 트리클로로에틸렌은 알루미늄 분말 가루와 접촉하면 폭발적인 분해가 발생한다. 최근에는 상기와 같은 물질을 환경규제에 의해서 사용 제한이 되고 있으므로 초음파 탈지를 이용한 새로운 약품들이 시중에서 판매되고 있다.

(2) 수세

(3) 부식(etching)

1) 알칼리 부식

수산화나트륨에 의한 부식은 알루미늄 표면을 잘 용해하고 발생되는 수소 가스는 기름 종류를 잘 제거한다. 수산화나트륨(5～15%), 50～90℃, 수초~수분 정도 침적, 글루콘산나트륨 0.5～5 g/L을 첨가하면 스케일(scale)형태로 딱딱하게 굳는 것을 방지하기도 한다. 광택이 없는 알루미늄 표면의 부식에는 불화나트륨(2%), 수산화나트륨(5%), 온도: 약 70℃, 침적시간: 5분

2) 산성 부식

광택을 내기 위해서 황산-인산을 사용한다. H_3PO_4: 75%, H_2SO_4: 25%, 온도: 105～110℃, 침적시간: 2～10분

(4) 광택연마

(5) 수세

(6) 디스머트(desmut)

부식이나 화학연마를 한 후 표면의 검은 스머트를 용해, 제거한다.

① 질산: 500 ml/L, 상온

② 질산: 500～700 ml/L, 산성불화암모늄 30～120 g/L, 30초, 상온

③ 황산: 100 ml/L, 과산화수소 50 ml/L, 15초～1분, 상온

④ 황산: 150 ml/L, 80℃, 2～5분

(7) 수세

(8) 양극산화(Anodizing)

황산법, 수산법, 크롬산법의 3종류가 대표적이다. 종류에 따라 연질과 경질 양극산화를 할 수 있다.

(9) 수세

(10) 착색(coloring)

유기 및 무기염료를 사용하여 착색 또는 금속 안료를 사용하여 전해 착색한다.

(11) 수세

(12) 봉공(sealing)

내식성 향상, 염료의 변색이나 햇빛에 의한 퇴색 방지.

실링의 품질은 pH, 물의 순도, 실링 온도, 처리 시간 등의 조건에 따라 다르다.

1) 비등수 봉공(95℃ 이상, pH 5.5~6.5)

비등수중의 규산염, 인산염은 봉공을 억제하고 Cu^{2+}, Fe^{2+}, 불화물, 황산 및 염화물이 첨가 된 것은 불량하다.

2) 중온 봉공(70~90℃)

비등수에 의한 봉공처리보다 에너지를 절감할 수 있다. Ni, Mg, Li 등을 함유하며 작업도 수월하다.

3) 상온 봉공(20~30℃)

비등수나 중온 봉공에서와 같이 수화 반응에 의하지 않고 봉공액에 함유된 불화니켈과의 화학 반응에 의해서 봉공처리를 한다. 착색 봉공에 효과가 있으며 고온 봉공에서 발생 되는 건조 불량을 방지할 수 있다.

① 불화니켈: 1.5~2.0 g/L
불화물: 450~650 ml/L
유기첨가제: 2~5%
pH: 5.5~6.5
온도: 30~35℃
시간: 5~15분

② 3가 크롬염: 2~8 g/L
pH: 4.1~4.7
온도: 60~100℃
시간: 5~15분

(13) 수세

(14) 건조(drying)

상온, 컴프레셔 공기, 가열 건조에 의한다. 가열건조온도는 100℃ 미만, 100℃ 이상 건조는 표면 균열이 발생할 수 있다.

20.3 양극산화법의 종류

양극산화 피막처리는 전해액의 종류, 농도, 전압, 전류의 성질(직류, 교류 등), 전류밀도, 온도, 전해 시간 등에 따라 다르며 Al의 재질, 가공 상태(압연, 주조 및 표면상태) 등을 고려하여 적합한 조건을 선택한다. 도금 전후 처리의 정도, 걸이(rack)의 적절 여부 등에도 직접적인 영향을 받는데 전류밀도, 시간, 용액의 온도를 가장 정확하게 조절하여야 한다.

표 20-3 양극산화 처리법의 종류

조건 \ 종류	황산법	옥살산법(수산법)	크롬산법
농도 (중량 %)	H_2SO_4 10～20	$H_2C_2O_4$ (1) 3～5 (2) 10	CrO_3 3
온도 (℃)	(1) 15～22 (2) 수산을 첨가하면 35℃까지	(1) 20～30 (2) 15～60	40±20
전압 (V)	(1) AC 12～20 (2) DC 15～25	(1) AC 40～80 (2) DC 25～30	DC=0 V로부터 서서히 상승해서 40 V로 하고 최후 5분간은 50 V로 한다.
전류밀도 (A/dm^2)	0.5～1.5	(1) AC 1～3 (2) DC 1～3	0.3～0.4
시간(분)	5～100	10～60	60
피막 두께	H_2SO_4, 20%, 30±5℃, DC 1.0 A/dm^2, 20분 간 5～7μm	$H_2C_2O_4$ 5%, 30±2℃, AC 3 A/dm^2, 40분 간 10～12μm	15분 간 3～3.5μm
특징	설비비가 많이 들지만 관리가 쉽고 유지비가 적다. 탈지력은 적으나 Al 합금 및 착색용의 양극산화 처리에 적합하다.	특히 순 Al에 대해서는 경도, 내식성 등 우수한 피막을 얻는다. 탈지력이 좋고 저질 Al에도 광택이 좋다. 단점으로는 전력비 약품비의 소모가 많다.	듀랄루민계에 적합한 양극산화 처리법이며 내식성이 있고 회색 도자기와 같은 표면의 피막이며 강도가 약하다. 착색에는 적합하지 않다.

(1) 황산법

황산법은 사용 전압이 낮고 소모 전력량이 적으며 사용되는 약품 가격이 저렴하다. 폐액 처리도 비교적 간단하며 경제적인 방법으로 알려져 있으며 널리 사용된다. 합금 성분에 따른 나쁜 영향이 적으며, 피막의 색상도 수산보다는 엷어서 투명도가 좋아 네임 플레이트(name plate) 장식용(착색용)에 적합한 방법이며 피막이 지니는 내식성과 내마멸성도 좋다. 용액의 조성은 황산 10~30%로서, 알루미늄의 농도 한계는 20 g/L이다. 온도는 15~20℃, 전류밀도는 0.6~3 A/dm^2, 전압은 12~20 V가 보통이며 피막의 두께나 경도를 높이려면 합금에 따라 2~3배 높여 작업할 수도 있고 직류 대신 교류를 사용해도 된다. 시간은 30~40분이 보통이지만 50~100분까지 할 수도 있다. 100분 이상에서는 피막 두께가 증가되지 않는다.

황산액에 의한 피막의 용해가 크기 때문에 피막이 무르고 착색력이 좋은 피막을 만들고자 할 때는 용액의 온도를 27~30℃로 상승시키고 황산 농도를 높여 준다. 경도가 크고 다공성이 적은 피막을 얻고자 할 때는 황산 농도를 7% 정도로 낮추고 온도를 21~24℃로 한다. 한층 견고한 막을 얻고자 할 때에는 황산 6~15%에 수산 3~6%를 혼합해서 22℃에서 양극산화를 한다. 전해액은 처리 중 발생하는 가스와 함께 비산되어 소모되는 $Al(OH)_3$에 의하여 중화되어 소비되므로 작업 중에 보충해야 한다.

황산법으로 처리한 후 수세와 중화를 충분히 하지 않으면 조립부분이나 물건의 오목한 부분에 황산이 남아 알루미늄을 부식시키거나 염색을 할 때에도 황산액이 흘러내려 탈색되므로 묽은 암모니아수나 탄산수소나트륨의 용액에 침적하여 중화한 다음 염색 처리를 한다. 플루오르화물 등을 소량 첨가하는 수도 있으며 우아한 무광택면을 얻을 수 있어 수세와 중화를 한 후 일반적인 양극산화 처리를 하면 아름다운 피막을 얻을 수 있다. 다음 사항에 대해서 유의해야 한다.

① 일정한 전류를 공급(정전류)
② 황산 농도, Al의 재질, 온도에 따른 전압과 전류밀도의 파악 등
③ 소재 크기에 따른 양극과 음극의 비율, 걸이의 설계, 위치 등
④ 전해액의 조성, 농도 및 온도, 침적시간에 따른 산화피막 상태 등
⑤ 용존 알루미늄의 농도와 합금 원소의 성분, 불순물 파악 등

황산의 표준 농도는 180~200 g/L, 용존 알루미늄 4~12 g/L, 온도는 20~22℃ 정도이다. 온도가 높으면 산에 대한 용해도가 커서 광택과 경도가 낮아지고 다공성이 많이 생성되어 염료가 많이 흡착된다. 다공성이 커지고 많아지면 봉공작업이 어려워지고 염료가 흘러나와 변색의 원인이 되기 쉽다.

표 20-4 알루미늄 합금의 양극산화 피막 색상

합금	대표적 합금	양극산화 피막의 색상	
		황산법	옥살산법
순 Al계	1050, 1200	은백색	금색-황갈색
Al-Cu계	2017, 2024	회백색	담갈색-회홍색
Al-Mn계	3003, 3004	은백색-담황색	황갈색
Al-Si계	4043	회색-회흑색	회황색-회황흑색
Al-Mg계	5005, 5052	은백색-담황색	황금색
Al-Mg-Si계	6061, 6063	은백색-담황색	황금색
Al-Zn계	7072, 7075	은백색	황금색

KSD 9531, Al 및 Al 합금의 황산 양극산화 처리 기술표준의 조건과 표준을 표 20-5, 20-6에 나타냈다.

표 20-5 양극산화 조건

항목	조건	허용차
전해액 조성	황산 10~30%(w/v)	±2%(w/v)
알루미늄	20 g/L 이하	
온도	15~25℃	±2℃
전류밀도	60~300 A/dm^2	±7%
시간	피막 두께에 필요한 시간	
전압	설정전압*	±2V

* 설정 전압은 재료, 전해액 조성, 전해액 온도, 처리 면적에 따라 전해 개시 후 전류가 안정된 때의 전류밀도와 전압의 관계를 구해서 설정한다.

표 20-6 양극산화 표준

항목	조건
전해액 조성	황산 15%(w/v)
알루미늄	5 g/L
온도	21±1℃
전류밀도	130 A/dm^2±5%
시간	30분 → 10μm(A 6063의 경우) 60분 → 18μm(A 6063의 경우)
전압	16V

황산법에 의한 양극산화 피막 두께 계산은 전류밀도×시간에 비례한다. 순수한 Al-1100는 1 m^2당 두께 1미크론(μ)에 340A×min(분)으로 계산한다. Al 합금성분과 재질에 따라 산화 피막의 두께가 다르게 나타난다. 표 20-7은 산화 피막 두께에 따른 양극산화에 따른 시간과 전류밀도를 나타낸 것이다. 일반적으로 생산 현장에서는 전류밀도(A/dm^2일 때 3.6분에 1미크론 두께)를 기준으로 한다(3.6A× min/1미크론/dm^2).

표 20-7 합금그룹별 A×min/미크론/m^2

합금그룹	합금 종류	A×min/미크론/m^2
1	1000, 1100, 5005, 5052, 6060, 6063	340
2	3000계열, 5154, 5556, 6061, 6087, 6351, 7000계열	390
3	2000계열	450

표 20-8 주어진 전류밀도에서 규정 두께를 올리는데 필요한 시간(분)

합금그룹	두께(미크론)	1.0 A/dm^2	1.5 A/dm^2	3.0 A/dm^2
1	10	34	22	적용 안 됨
	20	58	45	23
	50	적용 안 됨	적용 안 됨	57
2	10	39	26	적용 안 됨
	20	78	52	26
	50	적용 안 됨	적용 안 됨	27
3	10	45	30	적용 안 됨
	20	84	60	30
	50	적용 안 됨	적용 안 됨	75

황산법의 양극산화 전해액 중의 불순물 관리는 철저히 하여야 한다(표 20-9).

표 20-9 황산법 양극산화에서 불순물의 영향

불순물	양극산화의 영향
Al	주어진 전압에서 얻는 전류밀도가 낮아진다. Al 농도를 8~12 g/L에서 유지한다.
Cl(F)	낮은 염소농도에서도 피막에 핏트가 생길 수 있다. Cl+F를 50 ppm 이하에서 유지한다.
Fe	광택, 경도 및 내식성을 나쁘게 한다. 50 ppm 이하로 유지하여야 한다.
Cu+Ni+Mn	이들 전부를 50 ppm 이하로 유지한다. 초과시 광택과 내식성이 저하한다.
NO_3	최상의 광택을 위하여 최대 30ppm 이하를 유지한다.
PO_4	시링(5 ppm 이하에서도 유해함)을 오염시키지 않도록 하여야 한다.

① 장식용–황산법 양극산화

황산 160～180 g/L, 13～25℃, 1～1.5 A/dm^2

② 연질용–황산법 양극산화

황산(10%), 20℃, 1.2 A/dm^2

③ 경질용–황산법 양극산화

황산(12%), 수산(1%), 10℃, 3.6 A/dm^2

④ 경질용–황산법 양극산화(저온용)

황산, 180～230 g/L, 용존 Al, 4～15 g/L

3～4 A/dm^2, 온도 −2～0℃

※ 온도가 10～20℃인 경우도 있다.

(2) 수산법(일명, 옥살산법)

일반적으로 옥살산 알루마이트법이라고 하며 일본에서는 교류 및 직류를 중첩사용하기도 한다. 합금의 경우 염색성은 황산법에 의한 피막이 더 좋으나 옥살산 알루마이트법이 쉽고 에비 탈지가 필요 없으며 광택도 황산법보다 양호하다. 옥살산액에서 얻은 피막은 경도가 크고 내식성이 우수하지만 약품값이 비싸고 전력비가 많이 든다. 전해액 조성은 수산 3～5%, 온도 15～35℃, 직류 0.4～35 A/dm^2, 중첩 교・직류 0.4～7 A/dm^2, 교류

표 20-10 수산법의 3가지 방법

	피막의 성질	피막의생성	온도, 농도의 영향	조작	실시 조건
교류법	연하고 굴곡성이 있으며 직류법과 동일한 두께의 경우 내식성이 크다.	적다. 교류 전류계의 읽기에 0.36을 곱하며 직류값에 해당한다.	전해액의 온도는 약간 높아도 좋다. 농도의 영향은 크다.	간단	40～60 V 2～3 A/dm^2 25～30℃ 5～60분
직류법	경도가 크고 전식에 의해서 구멍이 생성된다.	많다.	전해액 온도는 낮고, 농도의 영향은 작다.	간단	40～60 V 1～2 A/dm^2 18～20℃ 10～60분
교・직류 중첩법	경하며 내식성이 있고 최고의 피막을 얻을 수 있다.	많다. 단시간에 두꺼운 피막을 얻을 수 있다.	중간	복잡 (전력 소비량이 크다)	DC 25～30 V 1～3 A/dm^2 AC 40～80 V 1～3 A/dm^2 20～30℃ 15～60분

표 20-11 양극산화 전해조건에 따른 수산의 피막색(직류)

피막색	온도(℃)	양극전류밀도(A/dm²)	전압(V)	시간(min)
은색	25	1.5~2.0	35~40	35~40
황동색	40	3.0	50	35~40
청동색	50	4.0~5.0	50	35~40

0.8~7 A/dm², 전압은 직류 25 V(1 A/dm²), 교류 40~80 V(1 A/dm²)이다. 피막 생성률은 직류법이 좋으나 재료의 종류, 전해조건, 전해액 중의 염소 이온의 혼입 정도 등에 의하여 전해 중에 부식을 일으키는 경향이 있다.

교류법은 공식의 위험성은 적으나 피막생성률, 피막 성능이 직류법에 비하여 떨어지며 교·직류 중첩법은 그 중간 정도이다. 수산의 농도를 10%까지 사용하고 양극산화의 전해액 온도를 40℃ 정도까지 상승시켜 작업하면 신속하게 양극산화 피막을 얻을 수 있다. 그러나 양극산화의 전해액 온도가 높으면 분해 작용이 빠르고 전류효율이 저하된다. 수산 피막은 황색이므로 두껍게 양극산화를 시키면 황금색이 되어 착색이 필요 없게 된다. 무색을 원할 때는 크롬산 0.3% 정도 첨가하면 된다. 전해중의 용존 Al성분이 많아지면 양극산화 피막이 둔탁해지고 전해액의 저항이 커져서 양극산화의 피막이 제대로 전착되지 않고 불균일하게 된다. 피막생성률은 직류법이 우수하지만 Al 재료 종류, 전해조건, 전해액 중의 염소 이온의 혼입 등으로 인하여 공식이 발생되기 쉽다. 교류법에서는 공식의 발생은 적지만 피막 생성률, 피막의 성능이 직류법보다 낮다. 직교류법에서는 피막의 성능이 직류와 교류법의 중간 정도로서 안정성이 있다.

표 20-12 수산법에 따른 산화피막 두께와 색

피막두께	5μ	15μ	50μ	100μ
피막색	백색	황색	황금색	황갈색

(3) 크롬산법

우리나라에서는 별로 이용되지 않고 있으나 항공기용 부품 재료의 방식 처리에 적합하다. 피막의 두께가 얇고 불투명 회색이므로 염색 처리용으로는 좋지 않다. 종래의 방법은 크롬산 2.5~3%, 온도 40℃, 전류밀도 0.1~0.5 A/dm², 전압은 초기 10분 정도는 천천히 40 V까지 올리고 20~30분간 40 V로 유지하며 5분에 걸쳐 50 V로 천천히 올렸다가 마지막 5분간 50 V로 유지하며 전해하였으나 최근에는 크롬산 5~10%, 온도 35℃, 전류밀도 0.2~0.3 A/dm², 전압 40 V에서 30분 정도에서 처리한다.

용접 부품, 볼트, 너트 및 리벳부품 등의 내식용(피막두께 1~3.0μ)으로 사용된다. 크롬산법의 양극산화는 산화피막두께가 충분하게 두꺼울 수 없고 내광성이 불량하다. 구리나 규소가 7% 이상 함유된 Al 제품은 적당하지 않다. 크롬산법의 특성은 다음과 같다.

① 치수 변화가 적기 때문에 조립 부품에 이용된다.
② 항공기 및 방산 부품의 내식용으로 사용된다.
③ 해양 기후의 사용 환경에 우수하다.
④ 염색이 가능하고 피로강도가 우수하다.
⑤ 산화 피막은 무르고 내마모성은 양호하지 않다.

20.4 후처리 공정(착색-봉공처리)

(1) 착색

양극산화 피막은 착색이 가능하다.

- 착색 방법
  ① 염료 또는 안료가 다공질 산화 피막에 흡착되어서 이루어지는 것
  ② 화학적 결합에 의해서 이루어지는 것
- 알루미늄 양극산화 피막 착색법
  ① 염료 또는 무기물 흡착법
  ② 자연 발색법
  ③ 2차 전해 착색법으로 나눌 수 있다.

표 20-13 착색방법의 종류와 특성

종류	특성						
	색상의 종류	퇴색성	내식성	내마모성	혼합작업성	재료선정 용이성	가격
유기염료착색	◎	△	○	○	◎	◎	◎
무기염료착색	△	○	○	○	△	◎	○
전해착색	△	◎	○	○	○	○	○
자연발색(합금발색법)	△	◎	○	○	○	×	△
자연발색(전해액발색법)	△	◎	◎	◎	○	△	△

◎: 제일 양호함, ○: 양호, △: 약간 문제 있음, ×: 문제가 많음

피막의 두께는 2.5~25미크론까지, 색상은 은색, 금색, 황동색 스테인리스색 등 다양하다.

1) 유기염료 착색

착색에 사용되는 염료의 종류에는 수용성 염료, 유성 염료, 형광성 염료 등이 있다.

수용성 염료의 이온 크기는 15~20Å 정도이므로 100~300Å 정도의 크기인 피막 중에 존재하는 공극 내외로 쉽게 침투될 수 있다. 양극산화 피막은 정전기적으로 양(+)의 전하를 띠고 있기 때문에 음(−)의 전하를 띤 염료(음이온성 염료)가 잘 흡착된다. 염색조건은 염료에 따라 다르므로 사용할 때 제조업자가 제시한 사용 조건을 확인하여야 한다. 염료의 농도는 0.1~30 g/L, 온도 30~60℃, 시간 10~30분, 황금색 등 엷은색은 1~2분으로 짧고, 흑색, 녹색 등 진한색은 10~30분으로 착색시키는 시간이 길다. 유성 염료는 대부분이 아조계 염료로서 메틸알콜, 아세톤, 테레빈유, 휘발유, 벤젠 등의 용제에 녹는다. 착색에는 침적, 인쇄 또는 스프레이법 등이 적용된다.

최근에는 여러 가지 색깔의 착색법으로 알루미늄 피막 속에 직접 침투시킬 수 있는 색상의 실크 인쇄 잉크가 개발되어 작업이 매우 간편하다. 원하는 문자 또는 모양을 실크스크린면에 떠서 피막된 알루미늄판에 밀착시켜 원하는 색상으로 몇 번이나 인쇄할 수 있어 여러 가지 착색을 할 수 있다. 승화성 염료를 주체로 한 인쇄 잉크로 내열성 종이에 옵셋 인쇄를 하며 알루미늄용 전사지를 밀착시킨 후 200~240℃에서 가열, 20~40초 가량 가압함으로써 전사가 완료되는 것이다. 여기에서 주의하여야 할 점은 스크린 인쇄나 전사는 충분한 양극산화 처리 피막(7μm 이상)이 만들어지지 않으면 인쇄면이 선명하지 못하다. 착색을 한 후에는 변색 방지를 하기 위해서 봉공처리를 한다. 착색액은 교반과 여과를 한다. 수세 과정에서 황산 등이 존재하면 변색되기 쉽고 착색액의 성분, 온도, 농도, pH는 항상 표준으로 조절해 주어야 한다. 중화처리는 중조를 사용하며 pH 범위는 일반적으로 5.0~7.0 범위 정도이다. pH를 낮추기 위해서는 빙초산, pH를 높이기 위해서는 빙초산나트륨, 묽은 수산화나트륨을 사용한다. 염료는 수용성 및 유용성 염료를 구분하여 사용한다.

2) 무기염료 착색

예를 들어 수산제2철암모늄 10~50 g/L, pH 4~6, 40~60℃에 침적하여 구멍 속에서 가수 분해에 의하여 황금색으로 착색되는 1차 담금법과 피막 구멍에 제1약품을 흡착시킨 다음 제2차 약품에 침적하여 불용성의 착색 침전을 구멍 속에 만드는 두 가지 용액의 교차 담금법이 있다. 피막 구멍에 안료를 전기 영동법에 의하여 충전 또는 수지와 공석시키는 방법과 전해액에 무기 물질을 첨가하여 양극산화와 무기 물질을 동시에 침착시키는 방법이 있다. 그리고 황산용액 중에서 교류 전해를 하여 피막 중에 침적시켜서 황화물이 첨가되도록 하여 그 피막을 중금속염 용액 중에 담가서 착색시키는 방법 등이 있다. 착색처리는 고농도 용액에 침적하여 사용한다.

답 황색: 질산(빙초산) + 중크롬산칼륨(크롬산칼륨)
적갈색: 황산구리 용액 + 적혈염 용액
청색: 적혈염 + 황산제2철
흑색: 빙초산코발트 + 황화나트륨
황금색~황갈색: 수산제2철암모늄(10~30 g/L), 70℃, 1~3분

3) 자연 발색법

자연 발색법에는 특수한 전해액, 합금 종류에 의한 합금 발색법 및 전원 파형, 전해액에 의한 방식등 전해 조건에 따라 여러 가지 종류가 있다.

① 전해액에 의한 발색

수산-황산-유기산의 혼합액을 사용한다. 전해는 직류, 교류, 직-교류를 병용한다. 양극산화시킬 때 전해액에서 산화 피막을 형성시키는 1차 발색(전해 발색), 양극산화를 한 후 다른 전해액에서 다시 발색하는 것을 2차 발색(전해착색)이라고 한다. 보통 황산법은 저온(5℃ 이하)에서 하거나(회색-호박색), 직류에 PR 전류를 흘리거나(담갈색), 펄스 전류를 흘리거나(갈색), 일정한 두께의 피막을 만든 후 전압을 낮추어(예: 4 V) 전류를 회복시키는 방법(Al-Mn-Si계 합금에서 회색-흑색) 등이 있다.

② 합금 발색법

알루미늄에 첨가한 합금 원소가 양극 피막 중에 남아 있거나 전해액 중에 용출됨으로써 발색하게 되는 것으로 보통 황산법으로 Al-Mn계 합금은 엷은 갈색-흑색으로 발색되며 Al-Mn-Cr계 합금은 합금 원소량 또는 열처리에 의하여 황색, 갈색, 회색, 흑색 등으로 변한다. 이 원인은 피막 중에 불용 성분이 미세하게 분산되어 광선을 흡수하거나 그 자체의 특유한 색상 때문에 발색되는 것이다. 합금 발색법은 합금의 조성, 불순물, 열처리, 가공 등 재료 관리를 엄격하게 해야 하는 단점이 있다.

4) 전해 착색

양극산화를 한 후 금속염이 함유된 전해액 중에서 전해하여 착색하는 것을 2차전해 착색이라 한다. 양극산화는 대부분 황산법으로 하는데, 착색액 및 전해방식에서 갈색을 나타내기 위해서는 황산니켈 60~120 g/L, 붕산 15~30 g/L, 첨가제를 약간 사용하며 중성

양극산화액에서는 직류전원을 7~18 V, 교류를 10~20 V로 약 2~8분간 실시한다.

혼합색(갈색-흑색)을 나타내기 위해서는 황산니켈 20~30 g/L, $SnSO_4$ 15~20 g/L, 황산암모늄 8~10 g/L, 황산 6~8 g/L, 크레졸슬폰산(또는 황산 히드라진)을 첨가하며 산성 양극산화액에서는 교류와 직류를 병행하여 사용한다. 이와 같이 하면 내광성이 양호하며 전해방식에 따라 여러 가지 색을 나타낼 수 있다. 건축용 재료에 이용되고 있으며 내광성 및 내변색성이 우수하다. 착색의 색상과 농도는 석출되는 금속과 처리 조건에 따라 영향을 미친다.

(2) 봉공처리(sealing process)

양극산화 피막은 다공질이고 흡착성이 있어 염색도 가능하다. 이때문에 양극산화된 상태로 사용하면 부식성 물질에 의하여 부식 및 변색, 오물의 부착, 흡착 염료가 흘러나와 탈색되는 일이 있다. 산화 피막의 흡착성을 감소시켜 내식성, 내오염성, 내광성, 내후성을 향상시키는 처리가 봉공처리(sealing, 실링)이다. 피막의 다공질성 Al_2O_3가 수증기, 끓는 물, 화학 약품의 고온 용액에서 $Al_2O_3 \cdot H_2O$ 또는 $Al_2O_3 \cdot 3H_2O$ 등의 결정형 수산화 알루미나로 변하여 부피가 늘어나면서 다공질 부분의 구멍을 메워 봉공처리가 된다.

$$\underset{(\text{양극산화 피막})}{Al_2O_3 + H_2O} \qquad \underset{(\text{boehmite})}{2AlO(OH)}$$

봉공처리시 수세수의 영향은 불순 금속이온과 밀접한 관계가 있다. 불순 금속이온과 영향은 다음과 같다.

Cu와 Fe: 10 ppm 이상은 유해함.
Cl 이온: 내식성 불량 및 변색
PO_4, SiO_2: 10 ppm 이상에서 봉공처리가 되는 작용을 억제한다.
SO_4: 100~400 ppm 이상에서 유해함. 변색성 있음.

1) 증기 봉공처리

특히 수산 피막을 이 방법으로 하면 내식성 향상에 효과가 크지만 황산 피막에는 다공질층이나 접합 부분 내의 황산을 추출해 주지 못하므로 점식(pitting)이 생기기 쉽다. 또 비내식성 합금(예: 듀랄루민)등은 오히려 내식성을 해치므로 주의할 필요가 있다. 3~6기압의 압력 용기 속에서 10~60분간 가압 수증기 처리를 하거나 1기압 정도의 수증기를 처리 용기 속에 분출하여 상압 수증기 처리를 한다. pH, 물의 순도, 불순물, 봉공처리 온도와 시간, 전해액의 성분과 종류에 따라 봉공처리 결과가 달라진다.

2) 순수 봉공처리

증기 처리의 간편법으로서 효과는 불충분하여도 증기 처리의 단점은 제거되므로 많이 이용되고 있다. 일반 수돗물이나 우물물은 좋지 않고 증류수나 이온 교환수를 사용하여 90~100℃에서 10~30분간 침적시킨 후 봉공처리를 한다. 처리 방법이 간단하여 많이 이용된다. 단점은 봉공처리시 염료가 잘 부착되지 않는 경우도 있다. 이때는 농도와 온도를 약간 높이고 pH를 알맞은 상태로 관리해야 한다.

3) 니켈-코발트염 봉공처리

염색한 것을 증기 또는 순수 봉공처리를 하면 염료가 흘러 나와 색깔이 퇴색되는 경우가 있으나 니켈-코발트염의 수용액을 사용하여 봉공을 처리하면 이와 같은 단점이 없으며 봉공처리 속도도 빠르다. 빙초산니켈 5~8 g/L, 빙초산코발트 1 g/L, 붕산 8~10 g/L이며, pH 5~6, 70~100℃에서 15~20분간 처리한다. 황산니켈, 질산니켈, 빙초산납 등을 사용할 수도 있다. 처리액 제조에는 증류수가 사용된다. 빙초산니켈 대신 빙초산 Zn, Mn, Co, Ba, Li, Mg, Ca염 등을 사용하기도 한다. 전해액은 완충제, 전도염, 스머트방지제, 분산제, 계면활성제 등이 포함된다.

4) 중크롬산염 봉공처리

중크롬산칼륨 15 g/L, 탄산나트륨 4 g/L, 90~95℃, 2~10분간 처리하는 방법이다. 내식성은 좋아지지만 피막이 황색으로서 좀 연하게 된다. 이상의 처리법 외에도 규산염 봉공처리, 저온 봉공처리, 왁스, 유지, 래커, 수지 등을 함께 담가서 유기 봉공처리, 칼륨-마그네슘염 수용액에서 교류로 전해처리하는 금속염 전해 봉공처리, 합성수지 전해 봉공처리 등 많은 방법이 있으나 별로 사용되지 않는다.

① 3가 크롬 봉공처리

3가 크롬: 2~10 g/L pH: 4.0~5.0 60~100℃

② 과망간산염

질산알루미늄 5~30 g/L, 과망간산칼륨 20~50 g/L, pH 2.5~4.5, 80~100℃

20.5 양극산화 피막시험

양극산화 피막의 성질은 전해액의 성분, 농도, pH, 온도, Al의 재질에 의해서 피막상태, 색상, 피막 두께 등이 영향을 받는다.

표 20-14 양극산화 피막의 물리적 성질

성질	조건	수치
밀도(g/cm^3)	20℃	2.5~3.5
모스경도		300~600(7~8)
탄성율(kg/mm^2)		7.300~9.300
융점(℃)		2.100
비열	20~100℃	0.200
선팽창계수	20~100℃	5 × 10(−6)
열전도도(C. G. S.)		0.05~0.015
전기저항(Ω cm^2/cm)	20℃(50μ), 100℃(50μ)	4 × 10(15), 8 × 10(14)
파괴전압(V)	5~30μ	두께(μ) × 20~40

표 20-15 양극산화 피막의 특성에 미치는 영향

특성	소재	전해액	전해조건
내식성	순수한 Al Al-Mg Al-Mg-Si	수산, 유기산, 크롬산	조건에 따라 피막과 색상, 봉공처리 조건이 다르다.
내마모성	위와 같음	수산 유기산 황산(저온)	전해액 온도가 낮을수록 경도가 높아진다. 양극산화 피막이 두꺼울수록 내마모성 양호
착색	큰 영향이 없음	일반적으로 황산 사용, 저비용	전해액 온도를 높여서 사용. 교류 전해방법을 많이 사용. 양극산화 피막을 두껍게 하기 위해 금속염을 사용.
내광성	고순도 Al (광택성)	일반적으로 황산 사용, 저비용	조건에 따라 내광성에 차이가 있음 양극산화 피막이 두꺼우면 내광성이 저하.

(1) 시험방법

1) 피막 두께 시험

양극산화 피막 두께 시험은 파괴식, 비파괴식이 있다. 현미경 단면 측정법과 전류식 측정법, 스플릿빔 현미경 측정법 피막무게 측정법 등이 있다. 현미경 단면측정법이 가장 정확하다.

양극산화 피막의 박리 방법(피막무게 측정법에 이용):

인산(85%): 35 ml/L

무수크롬산: 20 g/L

온도: 95~100℃

시간: 5~6분

2) 봉공시험

아황산가스: 0.5~2(V)%, 상대습도 95~100%, 24시간 노출, 이 결과 백색 분말이 생기는 것으로 판단, 장갑으로 문질러 보아 원래의 Al 금속 표면을 확인함.

3) 내식성 시험

염수분무시험(중성), 빙초산 염수분무시험, CASS시험, 알칼리 내식성 시험 등이 있다.

4) 내마모성 시험

모래 낙하 시험. 분사 마모시험이 있으며 일반적으로 테이퍼(taper) 내마모 시험기를 많이 사용한다.

5) 경도시험

비커즈, 쇼아, 마이크로비커즈 경도시험기 등을 사용하며 양극산화 피막의 두께에 따라 경도시험기의 적용이 다르다. 일반적으로 마이크로 경도시험기가 많이 사용된다.

20.6 양극산화 처리설비

양극산화 처리법은 그 방법에 있어서 전기 도금과 별 차이가 없고 공장의 입지, 배치, 설비 등의 공통점이 많다. 그러나 도금과 달리 피막 생성을 위하여 다소 높은 전압이 요구된다. 전원에 있어서 정류기는 최소한 15 V 이상을 필요로 하며 교류 전압 조정 변압기가 필요할 때도 있다. 광택성이 우수한 피막을 만들기 위해서는 전해연마 장치가 필요하다. 다른 특징으로는 양극산화 처리용 처리조의 크기가 큰 것, 냉각 장치를 필요로 하는 것, 염색, 봉공처리 등 특수한 작업 시설이 추가로 필요한 것이 도금과는 다른 점이다. 전원으로는 교류인 수산 피막의 경우에는 40~80 V의 자동변압기, 황산 피막인 경우에는 15~30 V의 것이 필요하며 큰 전류를 필요로 하기 때문에 대용량의 정류기가 있어야 한다. 양극산화 처리조는 양극산화 처리방법, 물건의 수량과 가격 등을 고려하여

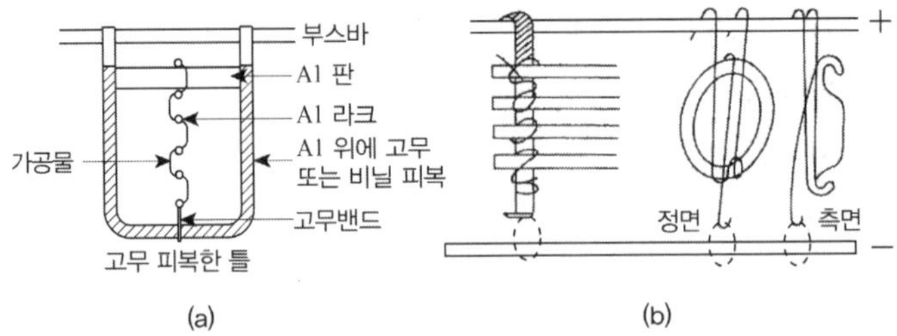

그림 20-3 양극산화 처리틀에 거는 작업

구조나 형상 등을 결정하며 처리조의 재질은 일반적으로 내산 비닐 FRP를 사용한다.

양극산화 처리조의 부스바(bus bar)는 직류의 경우 도금과는 정반대로 물건을 거는 중앙의 부스바가 양극이 되며 음극에는 납판을 사용하든지 냉각수용 납관 자체를 음극에 연결하여 사용할 수도 있다. 교류의 경우에는 중앙의 부스바가 처리조에 2개의 부스바를 양극으로 해서 두 극에 피막을 처리할 물건을 건다.

(1) 걸이

걸이(rack)는 절대로 도금에서와 같이 구리선이나 황동선을 사용해서는 안되고 반드시 알루미늄선을 사용하여야 한다. 알루미늄을 사용하는 경우에는 양극산화 처리를 할 때마다 반드시 수산화나트륨 또는 인산크롬산을 혼합한 고온액에서 산화 피막층을 용해 제거하여야 한다. 만일 그대로 사용하면 앞서 처리할 때 생긴 산화 피막이 절연체로 작용하므로 접속 불량이 된다. 따라서 이런 불편과 소모를 고려해서 물건과 걸이의 접촉 부분에 티탄(Ti)을 사용하고 있는 경우가 많다. 티탄은 값이 비싼 단점이 있는 반면 전혀 산화 피막이 생기지 않고 소모가 거의 없어 편리하므로 장기적 사용에 유리하다. 걸이에 물건을 걸면 탈지로부터 염색 혹은 봉공처리까지 그대로 사용하는 것이 좋고 만일 도중에 물건에 손을 대거나 다시 거는 방법을 사용하면 불량품이 많이 생긴다.

음극 재료로는 납 이외에 탄소판, 규소, 철판, 황산법에서는 순도가 높은 알루미늄판을 사용할 수도 있으며, 크롬산법에는 철판도 좋다. 음극의 면적은 큰 편이 좋고 물건을 걸이에 많이 걸게 되기 때문에 자칫하면 음극 면적이 상대적으로 작게 될 우려가 있는데 적어도 물건 총면적의 1/2 이상의 음극 면적을 지니도록 하는 것이 필요하다.

(2) 미스트(mist)방지법

양극산화 처리를 할 때 음극에서 많은 양의 수소가스가 발생 되어 전해액에 들어가 장치, 물건 등을 부식시키며 인체에도 해를 주게 되므로 배기 설비가 반드시 필요하다. 양극산화 처리조의 크기는 대부분 크기 때문에 충분한 배기 시설을 하기는 힘들다. 따라서 이것을 보완하는 방법으로 염화비닐이나 폴리프로필렌으로 만든 작은 구(球)를 처리액면에 띄우는 수도 있다. 이 방법은 사용에 불편하고 불완전하므로 비이온 계면활성제를 소량 첨가하면 사용하기도 한다. 전해액의 물방울은 이 층을 통과하지 않고 수소 가스만이 상승하므로 비산이 크게 억제된다. 그러나 너무 오랫동안 계면활성제를 사용하면 처리액 중에서 분해되며 염색 양극산화 처리법에서는 나쁜 영향을 끼친다.

양극산화 처리액은 사용하게 되면 기름, 오물 등으로 점점 양극산화 처리액이 더러워진다. 특히 황산 양극산화 처리법으로 흑색 염색을 할 때에는 오염에 의한 염색 불량이 생기기 쉽다. 따라서 처리조의 한쪽 구석에서 넘치고 흐르도록(overflow) 칸을 만들어 오물 등이 흘러 나가게 설계 하여야 한다. 흘러나온 액은 여과기로 여과 처리한 후 다시 사용한다. 피막이 생성되는 과정 중 양극이 뜨거워지게 되어 액이 위치에 따라 온도가 달라지므로 적정 온도 조건을 맞추기가 힘들고 양극산화 처리물의 상하에 있어서도 온도 불균일이 생기기 쉽다. 이 때문에 양극산화 처리에는 공기 교반이 필요하다. 이때에는 광택 도금에서와 같이 PVC관을 사용하기도 한다.

(3) 냉각 설비

양극산화 처리는 수산법, 황산법, 크롬산법 등의 처리 방법과 목적으로 하는 조건에 따라서 필요로 하는 온도가 다르다. 그러나 어느 경우에도 일정한 범위의 처리 온도를 유지하지 않으면 양호한 양극산화 처리 피막은 얻을 수 없다. 처리액의 온도가 상승하면 처리액의 침식에 의하여 양극산화 처리면의 내마멸성이 감소하고 표면에 백색가루가 생기거나 광택이 감소한다. 양극산화 처리는 전해과정 중에 많은 열이 발생한다. 이것은 전력의 저항 손실에 의한 것이 대부분이며 알루미늄의 산화에 의해서도 일부 발생된다.

양극산화 처리의 온도 조절 장치는 냉각 설비를 반드시 해야 하며 필요한 경우에는 가온 설비(냉각관을 납관으로 사용했을 때는 스팀관으로 겸용시킬 수도 있다.)를 하기도 한다. 조절 장치를 이용하는 것이 편리하며 공기 교반 장치를 이용한 강제 순환 방식에 의해서 위치에 따라 처리액의 온도 변화는 적어야 한다.

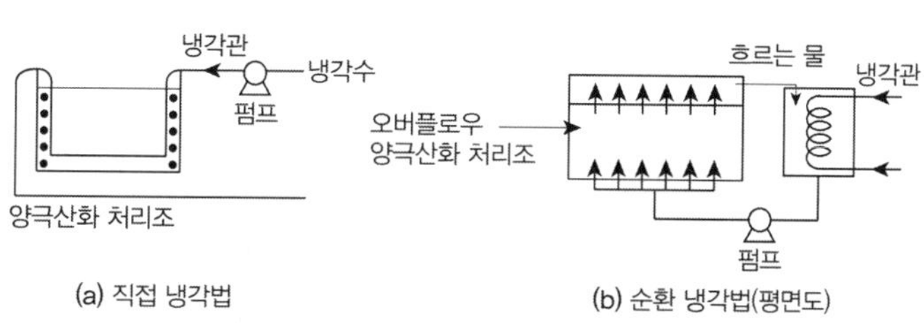

그림 20-4 양극산화 처리법의 냉각 방법

양극산화 처리액을 냉각하는 방법으로는 그림 20-4와 같이 직접 냉각법과 순환 냉각법의 두 종류가 있다. 직접 냉각법은 그림 20-4(a)와 같이 전해조 중에 냉각관을 설치하여 직접 전해액을 냉각시킨다. 순환 냉각법은 그림 20-4(b)와 같이 전해액을 파이프를 통해 별도의 처리조에 옮겨서 냉각시킨다. 이 두 가지 방식은 각각 장단점이 있으나 수산 양극처리의 경우 납 냉각관이 부식되기 쉬우므로 순환 냉각 방식을 취하는 것이 안전하다. 이 방법은 별도의 냉각조에 여과기를 부착하여 양극산화 처리액을 쉽게 여과시킬 수 있는 장점이 있다. 일반적으로 열효율이 높으면 직접 냉각법이 사용되며 이때 냉각관의 재료의 선택을 잘 해야 한다. 납관 이외에 염화비닐 등의 합성수지의 파이프는 부식에 대해서 강하지만 열전도율이 좋지 않으므로 관의 길이가 길어져야 하는 단점이 있다. 유리관, 탄소관 등도 사용할 수 있으나 파손되기 쉬운 단점이 있다.

CHAPTER

21 화성처리

금속표면에 화학적으로 산화 피막 또는 무기염의 얇은 피막을 만드는 것을 화성처리라고 한다. 이때 만들어지는 화합물 층은 반드시 그 금속의 화합물이 생성될 때만 화성처리라고 하고, 다른 금속이나 다른 금속의 화합물로 표면을 처리하면 화성처리라고 하지 않는다. 화성처리는 금속의 방청 피막 및 도장 하지, 때로는 금속을 착색하는 방법으로도 사용된다. 금속표면에 한 가지 또는 두 가지 이상의 금속화합물을 화학변화에 의해 형성시켜 그 표면에 색상을 변화시키는 것을 착색이라 한다. 염료에 의하여 표면의 색상을 변화시키는 것, 그 밖에 다른 금속염 등으로 침착시키는 것도 착색이라 한다. 도장, 법랑, 전기도금, 화학도금 등도 금속표면의 색상을 변화시키는 것이기는 하지만 일반적으로 금속착색이라고는 하지 않는다. 화성처리는 금속착색이라고 볼 수 있으나 착색의 목적보다는 방청 피막 또는 도장 하지를 만드는 것을 주목적으로 하고 있다. 화성처리는 인산염 피막처리와 크로메이트 피막처리로 구분된다.

21.1 인산염 피막처리

인산염 피막은 아연, 철 및 망간 계열이 주종이며 제품의 크기에 따라 소형은 바렐, 대형일 때는 스프레이 침적법이 주로 이용된다. 내식성을 향상시키는 피막 기술로서 미국의 파커러스트루푸사에서 개발하여 파커라이징(parkerizing)이라고 한다. 산화피막 반응을 빨리 하기위해서 촉진제로 구리 이온을 첨가하거나 산화촉진제(NO_3, ClV_3^- 등)를 사용하는 방법을 본데라이징(bonderizing)이라고 한다.

표 21-1 화성처리 피막의 종류와 용도

종류	피막의 종류	대상금속	피막의 성분	용도
인산염 처리	인산아연 피막	철강	$Zn_3(PO_4)_2 \cdot 4H_2O$ $Zn_3Fe_3(PO_4)_2 \cdot 4H_2O$	도장하지 전기절연 소성가공용 윤활
	인산철 피막	아연, 알루미늄	$Zn_3(PO_4)_2 \cdot 4H_2O$	
	안산아연칼슘 피막	철강	$CaZn_2(PO_4)_2 \cdot 4H_2O$	
	인산망간 피막	철강	$(MnFe)_3H_2(PO)_4 \cdot 4H_2O$	도장하지 소성가공용 윤활
크로메이트 처리	크롬산 크로메이트 피막	알루미늄	$Cr(OH)_2HCrO_4 \cdot Al(OH_3)$ $2H_2O$	방청, 도장 하지
		아연	$Cr(OH)_2Cr(OH)CrO_4$	
	인산크로메이트 피막	알루미늄	$Al_2O_3 \cdot 2CrPO_4 \cdot 8H_2O$ $8CrPO_4 \cdot Al_2O_3 \cdot 4H_2O$	
	전해크롬산 크로메이트피막	철강 기타	$Cr(OH)_3 \cdot 3H_2O$ $Cr(OH)_3$ $Cr(OH)_3 \cdot Cr(OH)CrO_4$	
수산처리	수산철 피막	철강 기타	FeC_2O_4 NiC_2O_4 $Cu_2(C_2O_4)_3$	소성가공용 윤활
산화물처리	산화철 피막	철강	Fe_3O_4	방청, 흑색착색
	산화알루미늄 피막	알루미늄	$Al_2O_3 \cdot H_2O$	방청
	양극산화 피막	알루미늄	Al_2O_3	방청, 내마모, 착색

용도는 총포, 자동차, 변압기 등의 착색방청, 도장하지, 소성가공용 피막, 비닐코팅 하지 등에 사용된다.

(1) 인산염 피막처리 공정

인산염 처리는 설비 및 작업공정이 간단하여 비용이 적게 든다.

사전처리 → 표면청정 → 피막 형성 → 봉공처리 → 건조 → 사후처리 → 마무리작업

1) 사전처리

조립되어 있는 것을 해체하고 총이나 포신은 내면을 처리하지 않으므로 입구를 견고하게 막는다. Zn, Al 등 산성 용액에서 쉽게 반응하는 부분을 제거하고 피막처리를 하지 않는 부분은 내산용 도료를 사용한다.

2) 표면청정

① 충분한 탈지(기계부품은 유기용제, 알칼리탈지는 곤란)

② 주물제품은 산, 알칼리를 피한다.

③ 특수강은 산세하지 않는다(수소취성 발생원인).

④ 산세후에는 중화처리

3) 피막 형성

① 방청, 내마멸용: Mn계는 93～99℃에서 10～70분 동안 침적

② 방청도장용: Zn계는 80～95℃에서 10～45분 동안 침적

③ 도장 바탕 소성가공 윤활용: Zn계는 45～75℃에서 1～10분 동안 침적

④ 도장 또는 비닐 코팅 바탕용: Fe 계는 40～70℃에서 1～3분 분무처리

⑤ 도장 바탕용: 인산 아연계는 60～75℃에서 8～20분 침적

4) 봉공처리

산화피막의 방청과 내식성을 향상시키기 위해서 크롬산 및 인산의 혼합액을 사용하기도 한다. 인산염 피막을 한 후 수세를 충분히 한 후 봉공처리액(CrO_3 2 g/L, H_3PO_4 (85%), 1.2 g/L)에 침적 60～70℃에서 30～60초 동안 처리한 후 건조한다. 봉공처리액 관리는 전산도(total acid)와 유리산(free acid)을 관리해야 한다(5 : 1이면 폐기).

5) 사후처리

① 가공품 표면을 깨끗이 닦는다.

② 재질에 따라 수소취성 제거(200℃, 30분 이상 가열)

6) 마무리작업

피막의 사용 목적에 따라 기름, 왁스・라놀린 등으로 도포, 방청유 사용시 여러 규격이 있으므로 적절한 것으로 선정한다.

(2) 인산염 피막 형성

화성처리의 시초는 1906년에 영국사람 코스렛(W. T. Coslett)이 처음으로 특허를 얻음으로서 비롯되었다. 묽은 인산에 철강을 침적하여 표면에 내식성이 풍부한 피막이 얻어짐을 알았다. 묽은 인산에 철강을 침적시켰을 때 표면이 철인산염 피막으로 피복되는 보호층(protective layer)이 형성되는 것은 원래는 도전성이었던 표면이 이 용액에서 철강 표면이 전기화학적인 변화를 일으켜서 전기적으로 절연성인 인산염 피막으로 되는 것이다. 인산염 처리를 하려는 금속은 유리인산(H_3PO_4)을 함유한 $Me^{2+}(H_2PO_4)_2$ 용액에 침적시킨다. 여기에서 Me^{2+}는 Fe^{2+}, Zn^{2+} 또는 Mn^{2+}을 나타낸다. 이러한 용액에서는 (금속-

용액)계면에서 화학적인 평형이 이동하여 2차, 3차 불용성염을 다음 화학반응과 같이 형성한다.

$$Me(H_2PO_4)_2 \rightarrow MeHPO_4 + H_3PO_4 \quad \cdots\cdots ①$$

$$3Me(H_2PO_4)_2 \rightarrow Me_3(PO_4)_2 + 4H_3PO_4 \quad \cdots\cdots ②$$

전체적인 이온반응은

$$4Me^{2+} + 3H_2PO_4 \rightarrow MeHPO_4 + Me_3(PO_4)_2 + 5H^+ \quad \cdots\cdots ③$$

여기에서 Me^{2+}, H^+, $H_2PO_4^-$ 및 HPO_4^{2-} 이온의 농도는 불용성 인산염이 만들어지는 방향으로 조정하여야 한다. 수소이온은 인산에서 철이 용해됨으로서 중화된다. 즉 ④의 반응과 같다.

$$Fe + 2H^+ \rightarrow Fe^{2+} + H_2 \quad \cdots\cdots ④$$

④와 같은 반응이 일어나서 수소 가스가 발생한다. 이러한 반응들이 일어나서 불용성 인산염이 금속표면상에 석출되어 밀착성이 양호한 피막이 얻어진다. 이와 동시에 기초 금속(basis metal)과 인산염 사이에서 직접반응이 ⑤와 ⑥과 같이 발생한다.

$$Fe + Me(H_2PO_4)_2 \rightarrow MeHPO_4 + FeHPO_4 + H_2 \quad \cdots\cdots ⑤$$

또는

$$Fe + Me(H_2PO_4)_2 \rightarrow MeFe(HPO_4)_2 + FeHPO_4 + H_2 \quad \cdots\cdots ⑥$$

일차 2가(二價)철, 아연 및 망간 인산염은 수용성이지만 2차적으로 생성되는 인산염들은 불용성이다. 이러한 인산염들이 금속 표면에 석출하여서 보호막을 형성하게 된다. 용액에 3가 인산염(tertiary phosphate)이 있어야 금속 표면에 인산염 피막이 형성하므로 농도는 인산염 처리에서 대단히 중요한 인자이다. 처리액을 너무 희석시키면 인산 농도가 너무 희석되어 용액 내에 인산염이 생기게 된다. 반면에 처리액의 농도가 너무 진하면 위의 ③반응의 평형상태가 대단히 긴 시간 후에 이동하여 불용성 인산염이 석출하게 되거나 아니면 반응이 일어나지 않는다.

인산염 처리는 본질적으로는 지형화학[topochemical: 이 반응은 (고상/액상)계면에서 일어나는 반응이며 여기에서 비롯되는 고형 생성물의 여러 가지 성질은 고상의 표면 상태에 의해서 좌우된다.] 및 전기화학적으로 생각되어야 한다. 어느 일정 시간에 이르면 인산염 피막 형성 속도가 0으로 되며 피막 형성이 중지된다. 인산염 피막에는 기공이 있는데 이 기공은 처리 시간이 경과함에 따라 점점 감소하게 된다. 처리하는 표면에서 수소

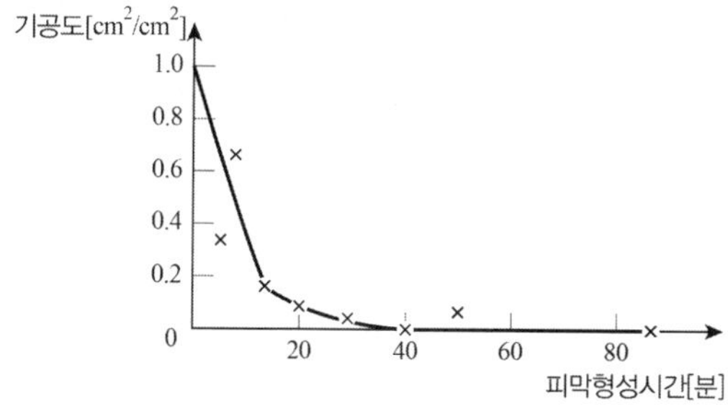

그림 21-1 인산염 피막처리 시간과 기공도의 관계

발생이 중지될 때 인산염 피막의 기공도(porosity)는 전체 표면적의 3~20%이며 이후에 약 10분 정도의 시간이 경과한 후에 기공도가 약 0.5%로 된다. 그림 21-1에 망간 인산염 용액에서 인산염 피막처리를 하였을 때의 (시간 : 기공도) 관계를 나타내었다. 이 그림에서 화살표는 수소 발생이 중지하는 지점을 나타낸다. 금속의 표면 상태는 인산염 피막이 형성되는데 필요한 핵의 형성 및 성장에 대단히 중요한 역할을 한다. 이러한 핵이 형성되는 분포는 금속표면의 부분적인 전위차에 의해서 크게 영향을 받는다. 연강(mild steel)의 경우에는 부분 전압이 높은 지점이 펄라이트(perlite), 시멘타이트(cementite)가 부분적인 불순물 및 심한 가공을 받은 영역들이며 미소 양극 지점은 결정입자 사이의 경계 및 페라이트 결정(ferrite grain)이다. 인산염처리가 되는 동안에는 처리 제품의 전압을 측정하여 반응상태를 알 수 있다. 이 반응이 끝나는 것은(전압-시간)의 곡선상에서 전압 변화가 없는 곳이다.

아연 인산염액에서 철을 인산염 처리할 때 인산염 피막 형성은 다섯 단계로 이루어진다. 즉 그림 21-2에서 A 영역은 소재 금속이 용해되는 과정, B영역은 피막 형성의 시작,

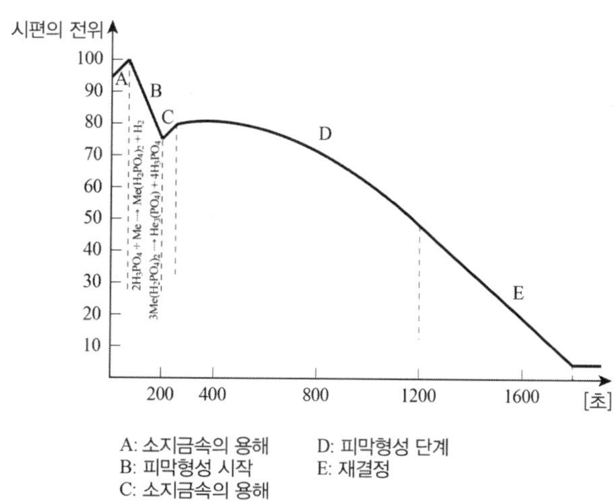

그림 21-2 철 소재에 인산염 피막처리할 때 일어나는 현상(아인산염용액)

C영역은 소재 금속의 용해, D영역은 피막 형성 단계, E영역은 재결정 단계이다. 대부분의 인산염처리 시간은 30~90분간 정도 되는데 피막 처리시간을 2~15분 정도로 단축할 수 있게 되고 이러한 방법을 가속 인산염 처리법이라고 한다.

1) 비촉진 인산염처리(non-accelerated phosphating)

대부분의 인산염 처리액의 주요 성분은 아연·망간 또는 철 인산염이며 pH를 조절하기 위해서 적당량의 인산을 첨가한다. 2차, 3차 인산염은 적당한 pH 영역에서만 석출이 발생하며 $H_2PO_4^-$ 농도와 이러한 금속 양이온의 농도에 의해서도 변화한다. 수소 이온 농도가 감소함에 따라서 인산염은 다음의 순서로 침전이 일어날 것이다. 즉 $Fe^{3+} \rightarrow Zn^{2+} \rightarrow Mn^{2+} \rightarrow Fe^{3+}$, 이 순서는 각각의 인산염에 대한 침전반응의 평형상수를 고려해서 정해진다. 처리액을 사용함으로써 망간이나 아연이 없어지며 피막 내에 철 인산염이 많아진다. 철 표면과 망간 및 아연 인산염 함량 사이의 인산염처리 관계를 그림 21-3에 표시하였다. 그림 21-3에서 곡선 2는 아연에 대한 것이다. 아연이 망간(곡선 1)보다는 감소가 적은 이유는 평형상수의 차이 때문이다. 비가속 인산염액의 작업 중에 만들어진 슬러지 양은 상당히 많으며 2가 철이온의 함량이 증가함에 따라서 많아진다.

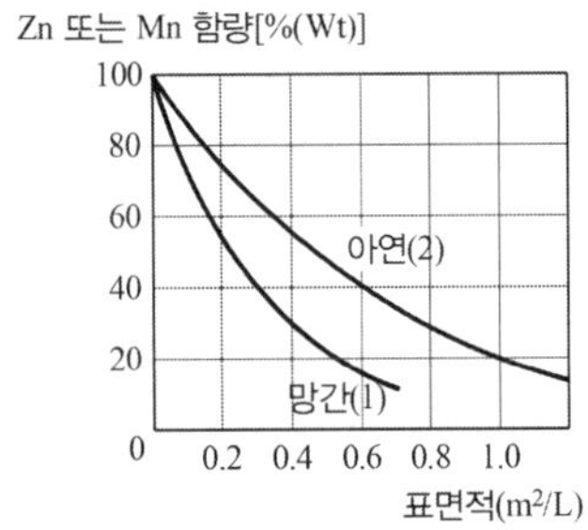

그림 21-3 인산염 피막의 표면적과 아연 망간의 함량 관계

2) 촉진 인산염처리(accelerated phosphating)

피막 형성을 촉진시키기 위해서 아연 또는 망간 인산염 및 인산 외에 특수 첨가제(아질산염, 질산염, 염산염)를 넣는다. 이러한 첨가제를 첨가함으로서 피막 형성 시간이 2~15분 정도로 감소된다. 이렇게 가속화되는 이유는 인산에 의해서 철이 용해될 때 생기는 수소를 산화시키기 때문이다. 또한 이러한 산화제는 용액 내의 2가 철이온을 다음 반응과 같이 산화시킨다.

$$2Fe + 2Fe(H_2PO_4)_2 + 4O \rightarrow 4FePO_4 + 4H_2O$$

여기에서 생기는 인산염은 슬러지 형태로 침전된다. 가속 인산염 처리용액에서 아연함량은 처음에는 감소하지만 어느 정도 이후에는 일정 수준을 유지한다(그림 21-4 참조).

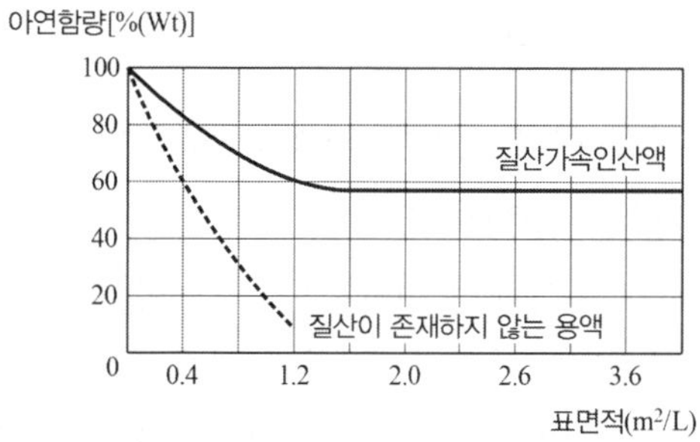

그림 21-4 인산염 피막의 아연 함량 변화

① 촉진제(accelerator)

산성아연 용액은 용액 내에 많은 철 인산염을 갖는다. 그래서 이 용액은 점차적으로 가용성 인산염 함량이 많아지게 되고 효율성이 떨어지게 된다. 이때 산화제를 넣어서 염기성 2가철 인산염을 3가형태로 산화시킨다. 이렇게 산화된 염은 불용성이므로 용액에서 침전되어 처리 용액의 수명이 연장된다. 가속제는 약한 산화 성질을 가져야 한다. 강한 산화 성질을 가지면 2가철 인산염 모두를 3가철 상태로 바꾸어 놓으므로 용액의 균형이 깨져 정상작업이 되지 않는다. 적합한 가속제는 아질나트륨 · 구리염 · 염산염 등이다. 이러한 첨가제와 철염 및 유리산 사이의 농도관계는 피막의 형태와 두께에 중요한 역할을 한다. 촉진제의 농도를 증가시키면 발생하는 가스량이 점차적으로 감소한다. 그러나 어느 기준치 이상을 넘으면 인산염 피막층이 거칠어지고 줄무늬가 생긴다. 이때 유리 인산량을 늘리면 양호한 피막이 얻어진다. 산화제가 과잉으로 들어가면 표면이 부동태가 되지만 유리인산을 많이 첨가함으로서 이 현상이 어느 정도 완화된다. 산화제로는 질산염이 가장 널리 사용된다. 이것은 페인팅(painting) 하기 전에 아연 인산염 용액에서 염산염과 혼합해서 사용하거나 또는 단독으로 사용한다. 질산염 이온은 반응에도 아주 좋은 영향을 미친다. 아질산염 농도는 1～3% 정도로 첨가하여 이 농도에서 질산염 이온은 철분에 의해서 환원되어 질산 산화물(nitric oxide)로 되며 암모니아를 발생하면서 환원이 심하게 일어난다. 질산염은 가속제로 작용하는 외에도 3가철 인산염의 용해도를 높인다는 장점이 있다. 아질산염은 진한 농도의 형태로 사용하면 급격히 분해한다. 초기의 첨가량은 처리 용액 조제시 약 2 g/L 정도이며 용액을 분해해서 2가 철이온이 있으면 다시 첨가한다. 아질산나트륨은 가끔 수산화나트륨과 함께 첨가한다. 수산화나트륨은 과잉으로 있는 유리산을 중화시키는 역할을 한다. 아질산은 3가 철이온의 슬러지의 양을 감소시키는 역할도 한다. 과잉으로 있는 아질산은 금속표면에 산화 피막을 형성하여 인산과 반응한다.

$$FeO + 2H_3PO_4 \rightarrow Fe(H_2PO_4)_2 + H_2O$$

가스가 거의 발생하지 않으며 유리산이 피막 내에서 방출되지 않음에 따라서 반응이 수분 내에 끝나며 인산염 피막을 형성한다. 염산염은 수년간 가속제로 사용되어 왔으며 아질산염(~1%)을 혼합해서 사용한다. 이러한 가속제는 처리하려는 제품의 부식을 일으키는 단점이 있다. 이렇게 두 가지 가속제를 혼합해서 사용하면 부식작용이 더욱 커진다는 단점이 있다. 구리염은 철의 용해를 촉진시켜서 촉진제로 작용한다. 구리는 철강 표면에 작은 입자 형태로 석출된다. 이것은 수많은 전기화학적인 셀(cell)을 형성하여 피막 형성을 촉진한다. 그러나 피막 중에 구리가 포함되어 있으면 나쁜 영향을 미치므로 지금은 거의 사용을 하지 않는다. 다른 방법은 니트로-가속제(nitro-accelerator)를 사용한다. 니트로-우레아, 니트로-구아딘 및 니트로-우레탄, 니트로-벤젠, 니트로-벤존산 등이다.

유기·무기 시안화염도 가속제로서 사용되고 있다. 특히 니트로구아딘은 반응에 대한 가속제일 뿐만 아니라 아연 인산염의 안정제 역할도 한다. 이것은 인산염과 5~15% 범위 정도까지이다. 금속 표면에서의 가속제의 농도를 증가시키면 효과가 좋은데 이것을 용액에 넣기 전에 표면에 가속제를 바르는 것이다. 현장 작업에서는 가속제 용액이 담긴 처리조에 침적 시키거나 또는 표면에 가속제를 분사시킨다. 이 용도에 특히 적합한 가속제는 질산나트륨 또는 질산칼륨이다. 작업 순서는 처리하려는 금속을 우선 깨끗이 세정하고 가속제를 뿌리거나 용액에 침적시킨다. 이때 가속제 용액은 0.5~1% 정도로써 뜨거운 용액 상태이다. 이러한 작업 후에 금속을 바로 인산염 처리조에 넣는다. 이때 약간의 가속제가 인산염 처리조에 유입될 수 있다. 촉진제가 유입되면 이것은 처리하려는 금속과 접촉하기 전에 분해되어 버리는 경향이 있다. 이렇게 작업을 하면 인산염 처리조의 가속제 농도가 0.002% 정도로 유지된다.

② 슬러지(sludge)

모든 인산염 용액은 작업 중에 연속적으로 슬러지를 형성한다. 슬러지는 금속표면 위에 부착되어 불균일한 피막을 만들며 페인트칠 같은 작업을 방해한다. 일반적으로 사용하는 아연·인산염 용액에서 생기는 슬러지는 거의 전부가 3가 아연 및 철 인산염이다. 산화가속제를 사용하면 가용성인 2가 철이온을 3가 철염으로 산화시키므로 슬러지 형성이 증가한다. 그래도 피막 형성이 촉진제가 없을 때보다도 훨씬 빠르므로 이것을 사용하게 된다.

(3) 인산염 피막계의 종류

1) 인산-망간계 피막

인산 망간계 피막제의 처리액은 제1인산망간·인산, 산화제로 구성된다. 처리액은 온도, 성분, 농도 등에 의해서 가역반응이 일어나고 평형에 도달한다.

$$Mn(H_2PO_4)_2 + H_2O \rightleftarrows MnHPO_4 + H_3PO_4$$

$$3MnHPO_4 + H_2O \rightleftarrows Mn_3(PO_4)_2 + H_3PO_4$$

이렇게 생긴 제2, 제3인산염은 유리인산 존재로 간신히 용해하는 정도이므로 위의 분해반응이 증가하던지 온도가 변화하던지 농도가 높아지던지 할 경우에는 슬러지로 되어 침전한다. 상기 반응에서 반응이 왼쪽으로 진행되어 침전이 방해되기 위해서는 유리 인산이 처리액 중에 있어야 한다. 처리액 중에 철을 넣으면 유리 인산에서 공급되는 수소이온을 금속표면을 침식하여 철 표면에 부식이 일어난다. 철은 용해하여 수소 이온을 방전한다. 이것은 국부전지 작용에 의한 것으로 생각할 수 있다.

$$2H + 2e \rightarrow H_2$$

금속계층 중의 수소이온이 감소하면 위의 두 번째 반응이 오른쪽으로 진행한다. 따라서 반응진행과 함께 만들어진 제2, 제3인산망간은 과포화로 되어 금속표면에 결정으로 되어 결정이 성장하여 피막을 형성하게 된다. 이상의 반응을 정리하면 다음과 같다.

$$3Mn(H_2PO_4)_2 \rightleftarrows 3MnHPO_4 + 3H_3PO_4$$

$$3H_3PO_4 + 3Fe(\text{제품}) \rightarrow 3FeHPO_4 + 6H$$

$$3MnHPO_4 + Fe(\text{제품}) \rightarrow Mn_3(PO_4)_2 + FeHPO_4 + 2H$$

$$4Mn(H_2PO_4)_2 + 4Fe = Mn_3(PO_4)_2 + 4FeHPO_4 + 8H$$

처리용액 중의 철이온은 공기에 의해서 산화되어서 슬러지로 침전한다.

$$2Fe(H_2PO_4)_2 + 0(\text{공기}) \rightarrow 2FePO_4 + 2H_3PO_4 + H_2O$$

피시록(fish lock)의 이 피막은 $Mn_3(PO_4)_2 \cdot 3H_2O$와 $FeHPO_4 \cdot 2H_2O$와의 혼합물이라고 할 수 있다.

2) 인산-아연계 피막

인산 아연계의 피막제의 처리액은 제1인산아연과 산화제, 촉진제를 기본으로 하는 성분으로 구성되며 침적, 스프레이 또는 롤 도장 방법으로 처리를 한다. 촉진제는 금속이온을 사용하는 방법 아질산염을 사용하는 방법 등 여러 가지가 있다. 제1인산아연이 해리하는 반응은 다음과 같다.

$$3Zn(H_2PO_4)_2 \rightleftarrows 3ZnHPO_4 + 3H_3PO_4$$
$$3ZnHPO_4 \rightleftarrows Zn_3(PO_4)_2 + H_3PO_4$$
$$3Zn(H_2PO_4)_2 \rightleftarrows Zn_3(PO_4)_2 + 4H_3PO_4$$

제3인산아연의 침전을 일으키지 않기 위해서는 충분한 유리 인산이 필요하다. 유리 인산이 있는 처리액 중에 철(제품)을 넣으면 수소 이온에 의하여 철 표면이 침식되어 부식이 일어난다. 이때 발생하는 원자 상태의 수소는 분자 상태의 수소로 변화하고 특히 처리액 중의 산화제의 작용에 의하여 물로 된다. 한편 용해된 철은 제1인산철[$Fe(H_2PO_4)$]로 되고 제3인산아연[$Zn_3(PO_4)_2$]과 함께 피막으로 되어 침착한다. 이 화학반응들은 다음과 같다.

$$2H_3PO_4 + Fe(\text{물품}) \rightarrow Fe(H_2PO_4)_2 + 2H$$
$$Fe(H_2PO_4)_2 + HOH \rightleftarrows FeHPO_4 + H_3PO_4$$
$$2H(\text{원자상태}) \rightarrow H_2$$
$$2H + 0(\text{산화제}) \rightarrow H_2O$$

결국 전체반응은 다음과 같다.

$$3Zn(H_2PO_4)_2 + Fe + O \rightarrow \underbrace{Zn_3(PO_4)_2 + FeHPO_4}_{\text{인산아연 피막 성분}} + 3H_3PO_4 + H_2O$$

특히 스프레이법을 사용하는 경우에는 제1인산철은 다음과 같은 침전반응을 일으킨다.

$$4Fe(H_2PO_4)_2 + O_2(\text{촉진제}) \rightarrow 4FePO_4\downarrow + 4H_3PO_4 + 2H_2O$$

침적법의 경우에도 처리액 중에 제1인산철이 축적되므로 과산화수소나 아질산염을 첨가해서 침전시킨다. 따라서 처리액 중의 가용성인 산화철은 거의 없거나 적은 량으로 잔존한다.

3) 인산철계 피막

인산철 피막을 화성처리할 때 사용되는 처리액은 제1인산 알칼리염, 제2인산 알칼리 금속염과 염화물 등의 할로겐족 또는 유기산화제, 금속 킬레이트제, 철이온 등이며 pH 4~6 정도의 수용액이다. 스프레이법에서 이용하는 경우가 많으나 침적법도 사용된다. 처리액과 철이 접촉하면 제1인산철이 생기며 수소는 산화되어 물로 된다. 또한 계면에서는 많은 수산화나트륨이 생기며 표면의 경계군은 알칼리성으로 된다.

표 21-2 인산염 피막중의 $FePO_4 \cdot 2H_2O$

처리액 \ 처리시간(분) \ 처리법	스프레이법(%)			침적법(%)		
	1	3	5	1	3	5
인산 pH 1.5	14.8	10.1	11.2	9.5	21.0	13.3
인산철계 pH 5.3	28.9	25.6	35.6	36.5	36.5	26.8
안산아연계 파코・컴파운드1A pH 2.7	27.6	22.5	28.9	15.6	15.6	16.6

생성되는 피막은 인산철($FePO_4$) 60%, 산화제2철(Fe_2O_3) 40%의 혼합 조성임이 밝혀졌다. 스프레이법으로 만든 피막은 28.9~35.6%, 침적법으로 만든 피막은 26.8~36.5% 정도의 $FePO_4 \cdot 2H_2O$를 포함하고 있음을 확인하였다. 피막중의 $FePO_4 \cdot 2H_2O$의 분석치는 표 21-2와 같다. 미연방규격(U. S. Federal spec) TT-C-490에서는 인산철 피막색은 “Golden-Yellow-Purple” 사이에 있어야 한다고 규정하고 있다.

표 21-3 인산염 처리액의 조성

피막계		처리액의 주성분	방법	온도(℃)	시간(min)	피막중량(g/m^2)	용도
Mn계	A	$Mn(H_2PO_4)_2$ $Fe(H_2PO_4)_2$ H_3PO_4	침적	97~99	50~70	15~25	방청
	B	$Mn(H_2PO_4)_2$ $Fe(H_2PO_4)_2$ H_3PO_4 $Mn(NO_3)_2$	침적	95~99	10~20	15~20	내마모
Zn계	C	$Zn(H_2PO_4)_2$ $Fe(H_2PO_4)_2$ H_3PO_4 $Zn(NO_3)_2$ (Ni^{2+})	침적	80~85	10~45	10~20	방청, 도장하지
Mn, Zn계	D	$Mn(H_2PO_2)_2$ $Zn(H_2PO_2)_2$ $Fe(H_2PO_2)_2$ H_3PO_4 NO_3^-	침적	97~99	8~20	7~12	도장하지
Zn계	E	$Zn(H_2PO_4)_2$ $Ca(H_2PO_4)_2$ H_3PO_4 NO_3^- ClO_3^-	침적	60~75	3~5	2~5	도장하지 소성변형 가공
	F	$Zn(H_2PO_4)_2$ NO_3^- NO_2^- (Ni^{2+})	침적 스프레이	50~55 45~57	5~10 1~3	3~8 2~5	

표 21-3 (계속)

피막계		처리액의 주성분	방법	온도 (℃)	시간 (min)	피막중량 (g/m^2)	용도
Zn계	G	$Zn(H_2PO_4)_2$ NO_3^- ClO_3^- (NO_2)	침적 스프레이	50~70 45~57	3~10 1~3	2~5 1.5~5	도장하지 소성변형 가공
Fe계	H	Na H_2PO_4 Na H_2PO_4 계면활성제	스프레이	40~70	1~3	0.4~1.5	도장하지
	I	Na H_2PO_4 NO_3^- ClO_3^- (BrO_3)	스프레이	43~70	1~3	0.5~1.5	비닐코팅 하지

(4) 인산염 처리 액의 관리

1) 처리조건의 영향

① 농도

전 산도를 유리 산도로 나눈 값을 산의 비(ratio)라고 한다. 각 처리용액을 통해서 산의 비가 가장 중요한 의미를 가지게 된다. 산의 비가 낮으면 즉 유리된 산이 많으면 부식 반응이 너무 강해서 거친 결정성 피막이 된다. 반대로 산의 비가 높으면 (유리된 산이 적으면) 부식 반응의 개시가 늦어져 좋은 피막의 형성 되지 않는다. 전 산도는 철강의 종류와 표면 상태에 따라 경험적으로 적당한 농도를 정하는 것이 보통이다. 전 산도가 너무 높으면 유리산의 절대량이 많아지므로 앞에서 설명한 바와 같이 좋지 않으며 약품의 소비량이 높아진다. 지정 농도에 따라서 농도 유지 범위를 가능한 한 좁게해서 잘 맞춰야 하며 이렇게 하기 위해서는 용액 농도 분석 및 첨가 횟수를 되도록 늘리도록 해야 한다. 처리 용액의 농도 유지 범위의 최고 최저 범위가 너무 크면 처리 용액 성분이 점차적으로 균형을 잃게 되고 회복이 불가능하여 폐기 처분을 해야 할 경우도 있다.

② 온도

피막처리에 따라 피막 온도가 있으므로 이 온도를 지켜야 한다. 이러한 지정온도보다도 10~20℃ 정도 낮으면 피막 화성 시간이 길어지고 결정이 거칠어지고 피막의 내식성이 떨어진다. 온도가 너무 높으면 약품이 분해하여 유리산이 많아지며 동시에 슬러지의 양이 증가한다. 용액 온도가 1℃ 정도 과열되었다가 다시 정상 온도로 맞추어도 생성 피막은 거칠고 피막처리 시간도 길어진다. 이것은 승온에 의해 유리산의 농도가 너무 많이 생긴 결과이다. 처리액 온도는 인산염의 해리도에 관계하여 피막 생성 반응에 중대한 영향을 주고 있다. 인산망간법은 용액 온도가 93℃ 이상인 조건에서 실시한다. 이 이하의 온도에서는 피막 생성에 많은 시간을 필요로 하며 생성된 피막의 성질도 낮아진다.

③ 시간

피막을 완성시키는 데 필요한 시간은 피막의 성분, 조성(인산망간, 인산아연 등 처리 피막의 종류), 염의 농도와 산의 비, 촉진제의 유무와 이것의 질과 양, 가공품의 재질과 표면 상태, 시공 방법(담금인지 스프레이인지) 등에 따라서 크게 좌우된다. 피막이 완성되었는지 여부에 대한 판단은 보통 금속 표면으로부터 수소 발생이 보이지 않게 되었을 때이다. 실험적으로는 백금판을 사용하여 전류를 측정해서 정한다. 피막이 완성된 후에는 피막처리를 계속하면 피막의 두께는 약간 증가 하지만 방청력은 그다지 양호하지는 않다. 그러나 피막이 완성되기 전에 꺼낸 것은 분명히 방청성이 나쁘다. 따라서 피막이 완성되는 종점까지는 반드시 처리를 진행하여야 한다.

④ 철분의 조절

처리액 종류에 따라 처리 용액 중의 철분을 일정 범위의 농도로 조절하면서 사용해야 한다. 지정 농도는 피막의 내식성, 화성시간 등을 고려하여 가장 좋은 조건을 지시하고 있는 것이므로 농도 조절을 충실히 해야 한다. 철분이 부족하면 피막의 균일성, 치밀성이 떨어지고 내식성이 결여된 피막이 되며 피막시간도 길어진다. 철분이 너무 많으면 피막의 흑색이 점점 짙어지고 내식성도 떨어진다. 또한 처리액에서 인산철의 슬러지가 많아지고 가공품의 피막에 이것이 흡착되어 깨끗하지 않게 된다.

⑤ 촉진제의 종류와 영향

처리액 중에 구리 또는 은 이온이 존재하면 피막의 화성반응에 따라서 철위에 구리 또는 은의 미립자가 석출하여 인산염 결정의 핵이 된다. 촉진제는 유리 인산의 철과의 반응을 전기화학적으로 촉진시키면서도 피막의 화성을 빠르게 하는 효과가 있다. 구리 또는 은 이온의 양은 처리액의 양과 처리 면적과의 비율로 적당한 양을 정하여야 한다. Ni 또는 Co 이온이 처리액 중에 존재하면 표면이 산화된 강의 피막 화성에는 좋은 효과를 준다. 질산근, 염소산근, 아질산근(이때는 산화제)과 같은 산화제가 처리액 중에 있으면 피막의 화성처리 반응을 크게 촉진시킨다. 보통 이와 같은 산화제를 촉진제라고 한다. 히드록실아민, 아황산과 같은 보통 환원제라고 부르는 것도 수소 기체가 발생하는 금속의 부식 반응의 과정에서 산화제로 역할을 하는 것으로 믿고 있다. 유기 니트로 화합물로 똑같은 효과가 있다. 산화제는 피막의 화성반응의 과정에 생기는 제1철 이온을 제2철 이온으로 산화시켜 침전으로 처리액에서 제거되는 효과와 반응 중 철 표면으로부터 발생하는 수소를 산화시켜서 물을 만들어서 철 표면으로부터 빨리 제거시키는 것, 수소과전압을 저하, 소극 작용, 양극 부분에 대한 음극 부분 면적의 증대 등의 상승효과에 의해 피막의 화성 시간을 대단히 단축시키는 작용을 한다. 산화제의 양은 처리액의 유리 산도와 상관관계가 있어 너무 많으면 철 표면을 수동태화하며 피막의 화성을 저해한다.

⑥ 불순물의 영향

처리액 중에 인산 이외의 음이온이 있으면 큰 영향을 준다. 붕산과 같은 약산은 문제가 되지 않으나 황산, 염산과 같은 강산이나 이것의 염은 피막의 화성을 저해한다. 불화물 종류는 pH 완충제 및 이온 봉쇄제로서 첨가할 때가 있다. 요약하면

- 강의 수소과전압을 높이는 것
- 강을 부동태화 하는 것
- 피막을 용해하는 것 등은 해롭다.

⑦ 재질 및 표면 상태

인발, 압착, 압연 등의 소성 가공을 한 표면은 단순한 인산망간으로는 피막을 만들기 어렵다. 그러나 촉진제가 있는 처리 용액에서는 양호한 피막을 만든다. 침탄, 질화를 한 강은 정도에 차이가 있으나 피막처리가 곤란하다. 이럴 때에도 처리용액 중에 Ni 또는 Co가 있으면 피막이 잘 형성된다. 샌드블라스트한 표면은 인산염 피막처리를 할 때 가장 양호하다. 황산, 염산, 인산 등으로 산세를 한 것은 수세하고 즉시 인산염 처리를 하면 어떠한 처리액에서도 또한 어떠한 시공법에서도 거친 결정의 피막이 되며 pH 10 이상의 알칼리 용액에서 처리한 표면에서도 거친 결정성 피막이 생긴다. 따라서 입자의 미세화가 요구되는 때에는 티탄인산염을 조절제로 첨가(0.5 g/L)한 중성 용액으로 활성화 수세를 한 번 더 실시한다. 가솔린, 벤젠, 솔벤트 등의 이른바 유기용제 종류가 묻어 있는 표면은 인산염 피막처리에 지장이 없다. 케로신, 미네랄, 스피릿 정도의 낮은 점도 석유계 탄화수소도 마찬가지이다. 기계유, 스핀들유, 모빌유, 유도 파라핀과 같이 점도가 높은 유기물일수록 피막의 생성을 나쁘게 하며 최근의 스프레이식 인산염 피막법에서는 이와 같은 점에서도 피막처리가 되도록 유기 용제 또는 계면 활성제를 첨가하여 작업하고 있으나 원칙적으로 유지분을 완전히 제거한 후에 인산염 피막처리 공정으로 들어갈 필요가 있다. 녹, 스머트, 부동태 피막 등은 인산염 처리액에 용해되어 없어지지 않으므로 미리 제거하여야 한다. 다만, 아직 수산화철의 상태 즉 황색녹 정도의 것 또는 엷은 사삼산화철(temper color) 등의 고온 처리액 경우는 유리산에 녹아 없어지므로 지장이

없으나 70℃ 이하의 처리액에서는 이러한 산화막도 제거하여야 한다.

2) 산비와 산소비

인산망간, 인산아연 처리용액에 대해서 인산염의 농도와 유리인산 농도와의 관계를 나타내기 위해서 산비(Acid Ratio, AR이라고 표기)를 사용한다. 이 산비와 유리인산(Free Acid, FA라고 표기)과 전인산(total acid, TA라고 표기)을 측정한다. FA는 처리액 시료를 메틸오렌지(또는 브롬페놀)을 지시약으로 써서 0.1N NaOH로 적정하며, TA는 똑같이 페놀프탈레인을 지시약으로 하여 0.1N NaOH로 적정해서 구한다. 시료를 10 m*l* 채취해서 적정할 때의 TA의 m*l*수를 FA의 m*l*로 나눈 값을 AR이라고 부른다(TA/FA=AR). 또한 TA값을 처리용액의 농도(point strength)라고도 한다. FA는 유리인산염의 농도에 비례한다. AR은 처리용액의 따라 정해진 범위내로 유지해야 하고 FA농도는 금속표면을 부식시키는데 충분해야 한다. 만약 FA농도가 너무 높으면(AR값이 작아짐) 금속표면에 있는 처리액의 제1인산염의 분해반응 평형에 나쁜 영향을 미친다. 또한 피막 생성이 지연되며 부식 시간도 길어진다. 피막생성 시간도 길어지며 피막을 구성하는 제3인산염이 적어지므로 피막의 내식성도 저하한다.

AR값이 커져도(유리인산의 농도가 낮아짐) 피막 화성의 초기에 금속표면의 부식이 불충분하므로 피막의 내식성도 저하된다. AR값이 큰 경우에는 금속표면 뿐만 아니라 처리액에서 제2, 제3 인산염이 침전하므로 처리액의 손실이 크다. 촉진제가 들어있는 아연계의 처리액에 인산을 첨가하면 AR은 슬러지 생성에 필요한 값보다도 작게 되어 버린다. 이때 생성된 피막은 보통 회색이고 미세한 결정피막 보다도 검은색이 있는 거칠은 결정피막으로 된다. 유리인산이 너무 많이 있을 때 생기는 피막을 스파클(sparkle)이라고 부른다. 회색피막은 주로 인산망간, 인산아연의 피막에서 생기며 흑색의 거친 피막은 인산철의 함유 비율이 높다. 피막중량(CW라고도 함)은 AR에 의해서 변화한다. AR이 규정보다도 높으면 CW는 커지고 낮은 경우에는 CW가 작아진다. 처리용액의 농도가 높으면 물품 표면의 부식이 심하며 유리산의 농도가 높은 경우와 같이 피막화성이 늦어진다. 처리용액 중에서 인산염의 침전이 생길 때 만들어지는 인산은 성분의 반응을 왼쪽으로 진행시켜서 이미 만들어진 피막을 용해하는 작용이 있다. 처리액의 농도가 높을 때도, 낮을 때도, 피막처리 시간은 길어지고 많은 슬러지가 생기며 방청력이 저하된다. 피막 외관은 처리용액의 농도가 변함에 따라 다음과 같다.

- 처리액의 농도가 낮음: 선명치 못하고 칙칙한 얼룩진 얇은 피막
- 처리액의 농도가 적합: 촘촘하고 미끈한 결정 피막
- 처리액의 농도가 높음: 검고 거칠은 피막

인산아연계 처리액이 제1인산아연과 유리인산으로 되어 있으나 철계 처리액은 제1인산나트륨, 제2인산나트륨으로 되어 있다. 처리용액의 농도를 측정할 때 전농도를 페놀프탈레인을 지식약으로 하여 0.1N NaOH로 적정한 경우의 값으로 나타내고 한편 제2인산나트륨을 브롬페놀블루(BPB)나 메틸오렌지(MO)를 지시약으로 하여 0.1N H_2SO_4(HCl)로 적정한 값을 산소비라고 한다(유리인산 경우와는 반대(−)값을 나타낸다). 이때의 화학반응식은 다음과 같다.

$$Na_2HPO_4 + HCl \rightarrow NaH_2PO_4 + NaCl$$

산소비는 피막 중량과 관계가 있다. 실험에 의하면 45℃, 75℃ 어느 경우에서도 산소비는 전산도(전산도) 5포인트(point)일 때 0.5~1.0 사이에서 최대치를 나타낸다(그림 21-5 참조).

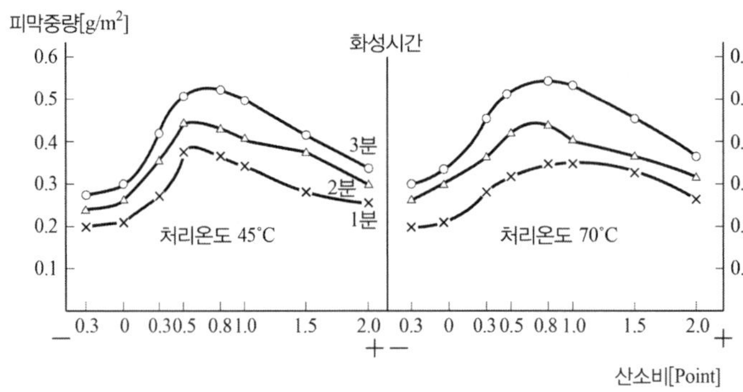

그림 21-5 피막 중량과 산소비

전산도 측정은 시료를 처리용액에서 10 m*l*를 채취하여 사용한다. 전산도는 피막에 큰 영향이 있다. 5포인트 이하이면 화성시간이 길어지고 피막의 내식성이 약해진다. 10포인트 이상으로 되면 다시 내식성이 떨어지며 일반적으로 도금액 관리는 5~10포인트를 기준으로 하고 이 범위에서 양호한 피막이 얻어진다.

3) 피막화성의 촉진작용

1940년 이래 인산염 처리의 저온화(25~55℃)가 가능하게 되었고 처리방식도 단시간으로 침적법, 스프레이법, 회전롤로써 처리하는 화성법으로 변하였다. 반응을 촉진하는 주류는 아질산염, 염소산염, 과산화수소, 불소산염 등의 무기 산화제 또는 피크린산, 히드록실아민, 퀴논 등의 유기물을 첨가하여 반응을 촉진시키는 것이다. 인산 아연계의 pH는 대부분 2~3 정도이며 철계 처리용액은 4~6 정도이다. 그러므로 각각에 대해서 촉진제의 종류는 다르지만 이것들의 작용은 금속 표면에 존재하는 미세한 음극·양극으로 구성되는 국부전지 작용에 의하여 금속은 부식 용해된다.

전기화학적인 국부전지 작용은 토포 케미칼(topo-chemical 지형화학)적인 요소 및 촉진제의 의한 분극 및 소극(消極) 작용에 의하여 개선된다. 양극에서 철이 용해하고 음극에서 수소가 발생하는 화학반응을 산화제에 의하여 수소는 급속히 제거되고 구리 및 기타 금속이 처리용액에 배합되면 용해가 진행되면서 금속 표면에 석출하고 국부전지 작용이 일어날 수 있는 영역이 증가된다. 구리 이온의 효과는 금속의 용해를 촉진시키고(그러나 용출되는 총량은 작아진다.) 핵의 수를 증가시키므로 작용시간이 빨라지고 동시에 결정을 미세하게 만든다(그림 21-6, 21-7 참조).

인산아연 피막은 사방정계의 결정이 축적하여 있는 상태에서 이루어진다. 얇은피막 또는 치밀한 피막으로 되기 위해서는 전처리에서 숏블라스트(shot-blast), 액체호닝, 브러싱(brushing) 등을 실시함으로서 효과가 증가하며 활성화된 티타늄 용액에 미리 침적 하면 미세하고 치밀한 결정피막으로 된다. 반대로 부촉매 작용을 하는 비소(As) 등은 반응을 지연시킨다.

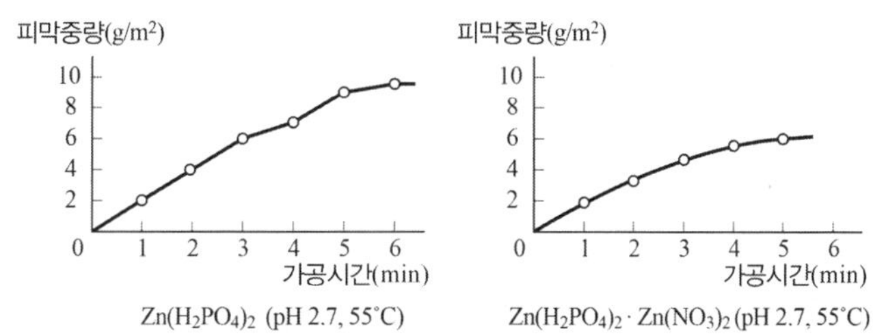

(a) (b)

그림 21-6 산화제의 기능

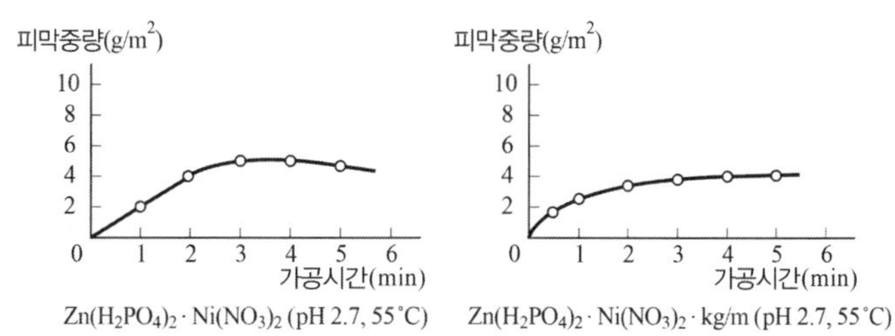

(a) (b)

그림 21-7 산화제 금속이온과 유기 아민의 기능

(5) 인산염 피막의 결함과 대책

결함을 감소시키기 위해서는 각 공정을 잘 지키고 용액을 깨끗이 유지해야 한다. 철저히 수세하고 용액의 슬러지 및 기름이나 용액 위에 떠있는 유기물질 등을 깨끗이 제거해야

표 21-4 인산염 피막의 결함과 대책

결함	원인	대책
내식성이 약하다.	① 산계수(acid coefficient)가 부적합	① 산의 함량이 많으면 용액 형태에 따라 탄산아연 또는 탄산망간을 첨가한다. 산이 적으면 산을 첨가한다.
	② 용액 내의 주요성분함량이 낮다.	② 액을 분석해서 성분을 조절한다.
	③ 용액 온도가 부정확	③ 적절한 온도 범위 파악
	④ 피막처리 시간이 짧다.	④ 적절한 시간을 파악
	⑤ 철분 함량이 많다.	⑤ 용액 교체
	⑥ 용액 내에 비소성분이 있다.	⑥ 처리용액에 탈지한 철섬유(steel wool)를 넣어 제거한다.
	⑦ 용액 내에 염소성분이 있다.	⑦ 용액교체, 오염 원인을 파악. 처리액을 분석.
피막에 반점. 내식성 불균일	① 탈지가 불충분	① 물이 젖는 시험을 하여서 탈지 정도를 점검. 탈지가 불충분하면 탈지액을 점검하고 작업 조건을 체크.
	② 녹 및 스케일 제거가 불충분	② 산세작업 점검(온도, 농도, 처리시간) 및 산내의 비소 함량 점검, 온도가 낮으면 가열하고 비소가 많으면 용액을 교체
	③ 처리조 내에서 제품 배열이 부적당	③ 처리조 구조 및 제품 배열을 바꾼다.
백색분말상의 침전물이 피막에 묻어 있다.	① 피막 처리 중에 용액 온도가 끓는점까지 올라간다.	① 용액의 과열을 피한다.
	② 피막처리 중에 용액 보충	② 피막처리 중에는 용액을 보충하지 않는다. 용액을 보충하는 동안에 생긴 침전물은 처리조 바닥에 가라앉히고 깨끗한 용액으로만 작업한다.
	③ 산계수(f)가 부정확, Ca, Al에 있어 슬러지가 심함.	③ 산도를 맞춘다. 용액 교체
	④ 용액 내에 슬러지가 떠 있다.	④ 가열장치를 바꾸거나 물품을 처리조에 넣는 방법을 바꾸어 본다.
	⑤ 수세수에 고체 현탁물이 뜬다.	⑤ 물교체 처리조에 묻은 침전물 제거하고 경도가 적은 물을 사용한다.

한다. 용액 내에 알루미늄 비소 안티몬 주석 및 납의 혼합물이 들어 있으면 피막 형성에 나쁜 영향을 미친다. 알루미늄 함량이 0.2 g/L 정도 있어도 균일하지 못한 피막이 생긴다. 처리액 중에 Al 성분이 0.3 g/L에서는 피막 형성이 되지 않는다. 비소는 0.05%만 있어도 인산염 피막과정을 완전히 중지시킨다. 비소가 있는 용액에서 생긴 피막은 붉은 갈색을 띤다. 이것이 피막 중에 대단히 분산된 형태로 침전되기 때문이다. 황산염이나 염화물이 약간 있으면 인산염 피막 과정을 해치지 않으나 함량이 많으면 해롭다. 황산칼슘은 인산염 피막보호 정도를 감소시키는 경향이 있다.

(6) 인산염 피막의 시험법과 특성

1) 인산염 피막의 중량 측정법

인산염 피막의 중량은 내식성, 도장후의 변형 가공성 등에 중요한 관계가 있다.

① 인산망간과 인산아연계 피막

화성피막이 된 시험판을 5% 무수크롬산 용액에 75℃로써 10분간 침적하면 피막만이 용해하기 때문에 그 전후의 중량차로서 단위 면적당의 피막 중량을 산출할 수 있다.

② 인산철계 피막

다음과 같은 수용액에 20~30℃에서 15분간 시험판을 침적하여 피막을 용해하고 전후의 중량차로써 피막 중량을 산출한다.

피막 처리용액 조성	
수산화나트륨	180 g/L
시안화나트륨	90 g/L
EDTA-4Na	90 g/L
물	640 g/L

또한 어떤 피막처리액도 한번 사용한 것은 버리고 두 번 다시 사용하지 말아야 하며 피막두께는 피막 종류, 화성법, 조성 등으로 인해서 일괄적으로는 말할 수 없지만 대다수의 경우 피막의 비중은 0.1~1.2 정도이기 때문에 피막 중량이 1.0~1.2에서 균열되면 피막 두께가 나온다. 즉 피막중량이 3 g/m^2로 될 때에는 피막 두께는 2.5~3.0μm 정도이다.

2) 인산염 피막의 내식성

철강에 인산염 피막을 한 것만으로써 사용되는 것은 거의 없고 피막상에 도장 혹은 방청유가 사용되는 것이 일반적이다. 피막위의 도장 또는 방청유를 함께 사용한 경우의 내식성시험 방법은 다음과 같다.

① 염수분무 시험

JIS Z 2371, ASTM B 117에 규정된 방법이며 5% 식염수를 35℃, pH 7로써 시험판에 분무한다. 피막위에 도장한 경우는 도료의 종류, 도장 회수, 사용 목적에 따라서 시험 시간은 다르지만 도막에 스크러치를 넣어 160~500시간 후 스크러치에서 녹으로 인한 부풀어 오른 폭을 기록한다.

② 습윤시험

JAN H 729, ASTM D 1735에 규정된 방법이며 습도 100%, 온도 49℃의 분위기 속에 시험판을 넣어서 시험한다. 피막에 도장한 경우는 100~500시간 후의 블리스터 발생 정도를 ASTM D 714에 비교하여 기록한다.

3) 인산염 피막의 유공도

핀홀을 측정하는 방법은 다음과 같다.

① 페로테스트

NaCl 4%, $K_3Fe(CN)$ 3%, 계면활성제 0.1%를 증류수에 용해한 용액을 여과지에 침적하여 인산염 피막시험한 시험판위에 시험지를 1분간 부착한다. 핀홀 부분은 철이 용해하며 그 부분만 청색 반점이 된다. 이 반점수로써 내식성을 판정한다(G. D. Gheever법).

② 황산구리 측정법

황산구리 수용액에 수산화나트륨을 첨가 pH를 4.5~5.0으로 조정하고 이 속에 인산염 피막화성처리를 한 강판을 침적시켜서 핀홀 부분에 구리를 석출시켜 이 수를 측정한다. 피막 종류에 따라 다르지만 핀홀 수는 1 mm^2당 100~8,000개 정도이며 핀 홀의 간격은 10~50μm 정도이다.

4) 인산염 피막의 내열성

인산염 피막은 모두 결정수를 가지고 있기 때문에 정도의 차이는 있지만 높은 온도가 되면 결정수를 방출하여 피막이 붕괴된다. 인산염 피막의 내열성을 측정하는데 현재 정해진 방법은 특별히 없지만 각 온도에 관한 시험편의 중량 변화를 보고 결정수의 방출,

피막의 파괴되는 산화 정도를 측정하며 다시 가열 전후의 피막 결함을 X선으로 회절하는 방법이 이용되고 있다. 일반적으로 인산아연피막은 106℃, 인산망간 피막은 160℃ 전후해서 결정수의 방출이 시작되는데 인산철계 피막은 300℃정도까지 변화되지 않는다.

(7) 알루미늄의 화성처리

알루미늄은 양성원소이기 때문에 산에도 알칼리에도 용해한다. 또 그 산화물이나 수산화물도 산, 알칼리 양쪽과 반응한다. 알루미늄은 산소와 화합력이 강하고 대기 속에 방치되면 산화막(barrier 층)으로 되며 공기속의 온도에 의해서 수산화피막을 만든다. 화성처리는 전기적인 방법으로 양극산화처리와 비교하면 피막의 생성 속도가 빠르고 처리설비가 간단하고 도료 부착성이 좋다는 장점이 있으나 두꺼운 피막처리가 곤란하기 때문에 피막 자체의 내식성, 내마멸성은 뒤떨어진다.

알루미늄의 화성피막처리를 대별하면 4가지로 분류되는데 각각의 피막 생성 기구도 다르다. 따라서 처리용액 조성, 처리조건, 생성되는 피막 조성 및 성능도 다르며 각각의 특징이 있다. 그렇기 때문에 특징을 충분히 이해한 후에 용도별로 여러 가지 화성처리방법을 이용하도록 해야 한다(표 21-5 참조). 알루미늄의 화성처리법 중에서 성능, 비용, 작업성 면에서 크로메이트 피막이 가장 일반적으로 사용되고 있다. 특히 성능 품질면에서는, 내식성, 도료 밀착성 및 처리액의 안정성(일정한 피막 부착량으로 일정한 피막 외모가 계속해서 얻을 수 있는 처리액의 특성)이 우수하기 때문에 공업적 가치가 높다. 또 크로메이트 피막은 요구하는 성능에 따라서 가장 적합한 피막종류와 피막 두께를 얻을 수 있다.

1) 화성처리의 공정과 관리

① 공정개요

화성처리의 기본은 세정 → 수세 → 화성처리 → 수세 → 건조. 전처리는 화성처리에 적합한 소재와 표면을 제공하는 역할을 가진 공정이며 알루미늄 합금 성질에 맞는 세정 공정을 선택해야 한다. 따라서 세정 공정은 탈지 세정과 탈산화막(디옥시다이징) 또는 탈스머트를 목적으로 한 부식을 조합시킬 필요가 있을 경우도 있다. 수세도 한 공정으로는 한정되지 못하고 알칼리탈지후에 탕세, 수세 공정을 하던가 수질이 그다지 좋지 못할 경우에는 최종 세정으로서 건조 전에 이온교환수로 수세를 한다. 화성처리 후의 건조 온도에 의해서 성능이 좌우되는 경우가 있기 때문에 건조 온도에 주의가 필요하다.

표 21-5 알루미늄의 화성처리

피막계	피막조성	용도	특징	조성 처리방법	조성	처리 조건	시판품
알칼리 크롬산염	알루미늄의 산화물, 크롬의 산화물	도장초벌, 법랑초벌, 내식처리	MBV법 회백색의 피막이며 다공절이기 때문에 도장초벌에 적합. 내식성부족은 물, 유리 또는 크롬산으로써 하는 후처리로 보충한다. MBV법을 무색으로 한 것이 EW법이며 다공질이기 때문에 내식성은 좋지만 도료밀착성이 나쁘다. 단 소재에 따라서는 불화물을 사용하여 밀착성을 좋게 할 수 있다.	MBV법	Na_2CO_3 2-5% Na_2CrO_4 0.5-2.5%	90~ 100℃ 3~5분	B. V법 Pylumin법 Alrock법 등
				EW법	Na_2CO_3 5% Na_2CrO_4 1.5% 물유리 0.01%	900~ 100℃ 5~10분	
크롬산염	알루미늄의 산화물 3가크롬 $Cr(OH)_2HCrO_4$ 48~70% $CrFe(CN)_6$ 14~18% AlOOH 16~30%	도장초벌, 내식처리, 도장 알루미늄 코일의 초벌 처리, 열교환 기의 내식처리 자동차, 선박 등의 부품의 내식처리	생성된 피막이 건조될 때까지는 연약하며 탈수 건조하면 내마멸성, 내식성이 향상한다. 건조는 60~70℃가 적당. 피막색은 무색에서 황금색, 갈색과 혼합하여 성능, 품질, 작업성 및 비용에서 가장 널리 이용되고 있는 화성처리 방법이다.	알로딘법	비촉진계 CrO_3 F^-	온도 70℃ 15초~2분 (일반용) 3~10초 (코일용)	알로딘 1000 1500(무색) 알로딘 600 (비촉진계황금색) 알로딘 1200 (비촉진계황금색)
					촉진계 CrO_3 F^- CN	51~65℃ 10초~ 2분(분무)	본디라이트 713 (황금색)
인산크롬 산염계	인산알루미늄 인산크롬 인산크롬 50~55% 인산알루미늄 17~23% 물 22~23% 불산 미량	도장초벌 장식용 처리 창문틀, 트레일러등 알루미늄코일의 초벌처리(건재등)와이어(펜스등)	피막 건조시까지 겔형태로 있고 고열로써 박리되는 성질이 있어 고온건조는 시킬 수 없다. (60~70℃가 적당함) 도료의 밀착성이 좋고 6가이온을 흡수하지 않아 식품용기로도 사용가능 피막은 무색에서 청색, 짙은 녹색까지 변화시킬 수 있다. 피막량의 범위도 그것에 따라 변한다.	알로딘법 (본디라이 트법)	PO_4^{3-} 2-10% CrO_3 0.6-2.0%	40~50℃ 10~30초 (분무) 30초~ 2분(침적)	알로딘 407 (두꺼운 막) (일반: 코일용)
					F^- 0.15-0.6%	40~50℃ 5~10초 (분무)	알로딘401 (얇은막) 식품용
						50℃ 1~2분 (분무)	본디라이트701 (두꺼운 막)
						27~30℃ 30초~ 2분(분무)	본디라이트705 (얇은 막)
인산아연	인산아연 Zn^{2+} 31~38% PO_4^{3-} 39~42% F^- 2.7~4.1% Al_3^+ 1.0~3.0% 기타금속 0.5~2%	도장초벌 철, 아연 및 알루미늄의 3금속 동시 처리	전기적으로는 불활성이며 균일한 피막을 생성하기 때문에 ED도장의 초벌처리에도 적합하다. 피처리물 표면의 흠집을 없애거나 주물 표면을 매끈하게 할 목적으로 다이캐스팅제품에 이용된다.	인산 아연법	Zn^{2+} 0.7% PO_4^{3-} 1.0% NO_3^- 2.0% BF_4^- 1.0%	60℃ 1분(분무)	글라노딘 38
						60~65℃ 1분(분무)	본디라이트170

② 세정제

알루미늄 소재의 재질에 따라서 표면 상태가 틀리기 때문에 적절한 세정법을 선택해야 한다. 예를들면 순수한 알루미늄이나 내식성 알루미늄은 알칼리용액으로 인한 탈지 또는 부식(etching)이 적합하며 아연 또는 구리를 함유한 알루미늄 합금에 대해서는 알칼리성 세정보다 산세정이 알맞다. 알루미늄은 특히 공기중에서 자연적으로 산화 피막을 만들며 그 산화피막의 경시변화 정도나 제조 및 압연 조건 등에 따라서 표면상태가 다르며 부착된 기름에 따라서도 차이가 있다. <표 21-6>에 여러 가지 활성 알칼리(pH 8.3 이상)의 알루미늄 소재에 대한 활성정도(부식감량)를 표시한다. 세정 공정은 탈지 목적과 산화피막 제거를 위한 부식처리를 구별해서 해야 하며 탈지 세정의 요점은 표면에서 유상(油狀)의 오염이나 고형 오염(연마제나 윤활컴파운드 등)을 알루미늄 소재에서 흠집을 내지 않고 제거하는데 주의해야 한다. 일반적으로 화성처리의 전처리로는 약알칼리성 클리너(비실리케이트계)가 사용된다.

표 21-6 알칼리염의 알루미늄재의 부식감량

알칼리염	농도(g/L)	pH	부식감량(g/m^2)
탄산나트륨	8.0	11.4	31.60
메타규산나트륨	8.0	13.5	0.22
수산화나트륨	8.0	13.5	129.00

(100℃ × 1시간 침적)

③ 부식처리

부식처리는 탈산화막처리(디옥시다이징), 알칼리 세정을 한 후의 탈스머트처리 또는 표면의 광택을 손상시키지 않고 고형 오물을 제거하는 처리로 구분된다. 어떤 경우에도 부식처리에 관한 합금의 영향을 무시할 수는 없다. 일반적으로 알루미늄 순도가 높을수록 표면의 활성도는 낮고 합금 자체의 내식성이 우수하다.

고열처리 합금은 구리를 함유하고 있고 고온산화의 영향을 제거하기 위해서 특별한 처리가 필요함과 동시에 억제제가 배합되지 않은 알칼리 클리너를 사용하면 구리로 인한 스머트를 발생시키기 때문에 주의해야 한다.

구리와 실리콘을 함유한 주물합금 등은 스머트를 제거하기 위해서 불산으로 산세를 하던가 스머트가 발생하지 않는 가급적 온건한 세정을 해야 한다.

열처리한 합금에는 탈산화 피막처리가 필요하며 수중에서 발생하는 녹 또는 저장중의 녹 제거에도 유효하다. 탈산화 피막처리는 알루미늄의 표면을 깨끗하게 하는 동시에 탈지 공정에서 알칼리로 되는 것을 방지하며 도장하는 경우에는 부착성을 도와주며 용접 부분의 전처리로서도 사용된다. 탈산화 피막처리는 알칼리부식 또는 탈스머트 처리에도 사용된다. 이 경우에 용해된 구리(이것은 스머트의 주된 원인이 된다)가 용액에 축적되는데 탈스머트 속에 0.1～1.0 g/L의 용해 된 구리가 모이면 알루미늄 표면에 다시 부착하게 된다. 구리의 재부착을 방해하기 위해서 탈스머트제가 시판되고 있으며 사용시 문제점을 분석한 후 약품을 선택할 필요가 있다.

④ 처리방식

알루미늄의 화성처리 방식과 특징을 표 21-7에 표시하였다. 각각의 처리방식을 선택

표 21-7 알루미늄 화성처리 방식

처리방식	대상물	특성	화성처리계
침적처리법	스트립(코일) 라인 (컬러알미늄, 통뚜껑, 건재 등) 콘베어식 조립라인(사출성형품, 열교환기, 자동차 부품 등)	가장 옛부터 시행되고 있던 방법, 기본적으로 탈지, 수세, 화성, 수세의 단순한 공정을 가지고 라인속도가 비교적 늦은 경우에 적합하다. 본 공정의 개량으로써는 탈지가 수세를 분무로 한다. 화성처리액 속에 롤을 설치하여 롤 사이의 거리를 조절하므로 화성시간을 조정한다.	알칼리크로메이트계, 크로메이트계, 인산 크로메이트계, 인산아민계, 고농도 알칼리계, 크로메이트 처리
분무처리법	스트립(코일) 라인 콘베어식 조립라인	일반적으로 사용되는 처리방법. 고속라인에 적합하다. 스트립라인의 경우 세정, 화성 모두 3～6초 처리(60～150 m/s 의 라인 스피드)가 일반화 되어있다. 분무처리 장치는 대상물의 형상에 따라서 다르다.	크로메이트계, 인산-크로메이트계, 여러 가지 산 종류
리버스롤 코트법	스트립라인 (위와 같음)	미국에서 급속히 발달한 처리방법 라인속도는 40～90 m/s 정도이다. ① 용액 관리가 쉽다. ② 판면도 양면으로 처리가 가능하다. ③ 처리액이 매우 적어도 된다. ④ 여러 금속을 처리하는 경우에도 처리액의 전환이 간단. ⑤ 장치에 필요한 면적이 적어도 된다.	크로메이트계, 인산-크로메이트계
솔로도포법	대형조립품 (콘베어라인에 적합지 못한 것)	양산 방법에는 적합하지 못하다. 대형품이나 특수품에 적용. 이 방법으로는 완전처리를 하기는 곤란하지만 침적처리법에 가까운 효과를 기대하는 것도 불가능하지는 않다. 이 경우의 예비세정은 인산계 클리너를 사용한다.	크로메이트계, 인산계

할 경우에는 처리물의 형상, 약품 종류, 처리 목적(용도), 생산 속도 등을 파악하여 가장 적합한 방법을 선택할 필요가 있다. 가장 고속라인 속도에 적합한 처리 방법은 분무처리 방식이다. 분무처리 방식의 화성처리제는 일반적으로 산성처리제가 적합하며 크로메이트계의 약품이 일반적으로 사용된다. 세정(탈지 및 수세) 공정은 분무로 하며 화성처리만 침적처리로 하든가 또 화성처리는 리바스 롤코트 방식일지라도 탈지는 침적이나 분무방식을 사용하는 경우도 있다. 롤코트 방식은 장치 면적이 적지만 라인 속도는 대략 100 m/min 정도이다.

⑤ 처리액의 관리

화성처리공정은 알루미늄 소재를 처리하는 과정에서 항상 일정한 관리상태를 보존하지 않으면 기대하는 품질을 만들 수 없다. 각 처리액은 알루미늄 소재와 반응에 따라서 여러 가지 변화를 나타낸다.

2) 화성처리의 응용분야

알루미늄이 종래의 장식적인 용도에서 각종 공업 제품에 이용된 것은 소재의 경량, 가공성 용이, 철강에 비해서 내식성이 양호한 것 등 기본적 특성 때문이다. 내식성을 높이고 착색범위를 확대하기 위해서 알루미늄에 화성처리를 한 후 착색 도장하여 사용된다. 광범위하게 이용되고 있는 종류는 크롬산염계, 인산크롬산염계를 들 수 있다. 그러나 배수에 관한 크롬의 수질규제는 해마다 엄격해져서 유해 환경 대책 면에서 탈크로메이트 경향이 강하게 요구되게 되었다.

표 21-8 알루미늄의 화성처리 응용분야

분야	최종 수요	공업분야	최종 수요 예
건축공업	지붕, 상판면, 물받이, 창문실내벽판, 문, 천정, 블라인드, 이동식가옥, 덕트, 창문틀, 기타	운송공업	항공기, 화물자동차, 트레일러, 승용차, 버스, 라디에이터, 브레이크슈, 선박, 철도차 등
전기공업	냉장고, 냉동고, 조리기, 세탁기, 난방기, 실내외가구, 라디오, TV, 캐비닛	포장공업	식료품용기, 맥주용기, 배럴드럼, 캡, 왕관 등

(8) 아연의 화성처리

1) 인산염 피막 화성처리

아연은 활성도가 높은 금속의 하나이며 화학반응이 잘 이루어지는 반면에 수소과전압이 비교적 큰 것에 속하기 때문에 인산염 피막 화성처리액의 기본이라던가 반응의 기초는 철강과 비슷하다. 활성화 이온으로서 불소 또는 이것들의 착이온과 접촉제로써 Ni 기타 중금속 이온이 첨가되고 있는 점이 다르다. 화성처리로써 발생하는 표면 피막의 구성물질은 제3인산아연($Zn_3(PO_4)_2 \cdot 4H_2O$)이며 그 중량은 1 m^2당 1~4g이며 광학현미경으로 관찰할 수 있는 1개의 결정 수평 방향의 길이는 수 μm에서 수 μm이다. 표 21-9에 용융아연도금 위에 처리했을 때에 얻을 수 있는 대표적인 인산피막의 화학분석의 예를 표시했다.

표 21-9 용융아연 도금의 인산피막 분석

Zn	43%
PO_4	41%
Ni	0.3%
Fe	0.2~0.3%
F	0.1% 이하

화학처리 공정의 기본은 유지 등의 오염을 일반적인 알칼리 클리너(메타규산나트륨, 인산나트륨 등의 알칼리염에 5% 전후의 계면활성제를 가한 것)의 약 2% 수용액을 가열해서 사용하며 수세한 후 티탄콜로이드 수용액의 묽은 용액으로 깨끗이 표면을 침적한 후 화학처리액에서 4초~1분 침적 또는 분무한다. 이후 수세 → 크롬산의 묽은 수용액에 침적 → 실링 → 건조의 과정을 거친다.

2) 화성처리액의 성분과 조성

화성처리액은 활성화 에너지가 큰 용융아연 도금계와 활성도가 높은 전기 아연도금계로 구분할 수 있다. 즉 용융아연 도금의 경우에는 그 처리액에 부식제로서 F이온, SiF_6이온, BF_4이온 등을 첨가하여 촉진제로서 Ni이온, Co이온, Fe이온 등의 중금속을 비교적 많이 사용한다. 용융아연 도금용 처리액은 표 21-10의 조정법에 따라서 원액을 조정하여 이 용액 중에서 약 70 g을 채취하여 물에 용해시켜서 1 L로 하면 대표적인 화성처리액을 얻을 수 있다.

전기아연도금의 경우 유기피막 부착성 시험에서는 인산염 피막의 유연성은 없다. 이때는 결정성 인산염의 피막 중량이 적은 편이 유리하다. 제2철이온, 염소산이온, 글리세롤인산염, 전분 유도체 등을 첨가한 것은 우수한 도막의 부착성을 얻을 수 있으며 공업적으로 많이 사용되고 있다.

표 21-10 용융아연도금용 화성처리액

이온(g/L)	용액조정법	
Zn: 2.4	ZnO	27부
Ni: 2.5	$NiCO_2$	37주
F: 2.3	70% HF 30%H_2SiF_6	3.2주
PO_4: 1.0	75%H_3PO_4	108.5부
NO_3: 2.3	HNO_3	25.5부
물: 나머지	물	244.8부

3) 크로메이트 피막 화성처리

크로메이트 피막의 화성처리는 주로 아연, 알루미늄, 마그네슘 등의 금속표면처리에 많이 사용하며 아연 표면에 중크롬산나트륨 용액을 사용해서 반응시키면 크롬산아연피막을 발생시켜 내식성을 증가시킨다. 처리액은 중크롬산에 황산을 첨가한 단순한 것이며 광택도, 고착성 등을 향상시킨다. 크로메이트 피막은 인산염 피막과 달라서 아연도금의 미관을 손상시키지 않도록 대부분 무색이나 엷은 황색, 정도이며, 도장보다도 방청성을 우선시 한다. 크로메이트피막 조성은 매우 미세한 입장의 집합체이며 X선적으로도 정확한 구조를 알 수 없으며 무정형의 젤라틴상 물질이라고도 한다.

피막조성은 $mCr_2O_3 \cdot nCrO_3 \cdot xH_2O$라고 추정되며 여기에 크롬산아연이 약간 포함된 것으로 본다. 기본 반응은 산화 피막형의 양극 분극에 가까운 것이라고 되었기 때문에 반응은 시간과 함께 직선적으로 진행하여 종점이 불명확하다. 이 때문에 over coating(오버 코팅), 수분의 급격한 제거, 고온 건조로 인한 피막 균열 등 처리상 문제가 많다. 일반적인 피막의 화학적 분석 예를 표 21-11에 표시했다.

표 21-11 크로메이트 피막의 분석

Cr^{6+} 8%	Cr^{3+} 28%	Zn 2%	H_2O 20%

크로메이트 피막의 내식성은 피막의 크기에 비례한다. 피막량은 전크롬량(mg/m^2)으로 표현하고 크롬량과 색조, 외모의 관계를 표 21-12에 내식성과의 관계를 그림 21-8에 나타냈다. 내식성은 전크롬량(표면부착)에 따라서 다르며 6가 크롬과 3가 크롬에서도 다르다.

크로메이트 화성처리의 일반 공정은 인산염 피막 비슷하지만 일시적인 방청으로 이용하는 경우에는 인산염 피막처리 공정의 크롬산 봉공처리와 같이 크로메이트 처리액을

표 21-12 크롬량과 색체(아연도금의 크로메이트)

크롬량(mg/30 cm^2)	색체, 외관
0~0.2	금속광택, 간섭색
0.2~0.4	담청자색, 황색, 분홍색
0.4~1.2	담황색, 녹청자색, 분홍색
1.2~2.0	황녹색, 분홍색
2.0	황금색, 갈색, 분홍색

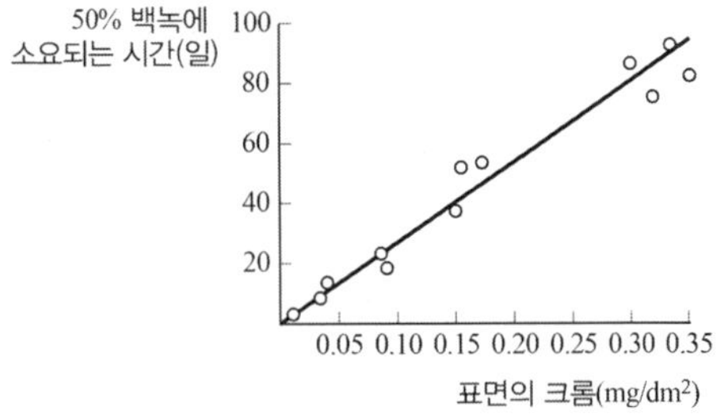

그림 21-8 방청처리한 아연 피막판의 Waterfilm 테스트

표면에 잔류시킨 그대로 건조한다. 인산염 화성처리 공정과 같이 처리할 때에는 종점을 구분할 수 없기 때문에 온도나 시간 등을 정확히 관리해야 한다.

그림 21-9에 처리시간과 크롬 부착량의 관계와 그림 21-10에 "over coating" 했을 때의 도장상 결함의 예를 표시했다.

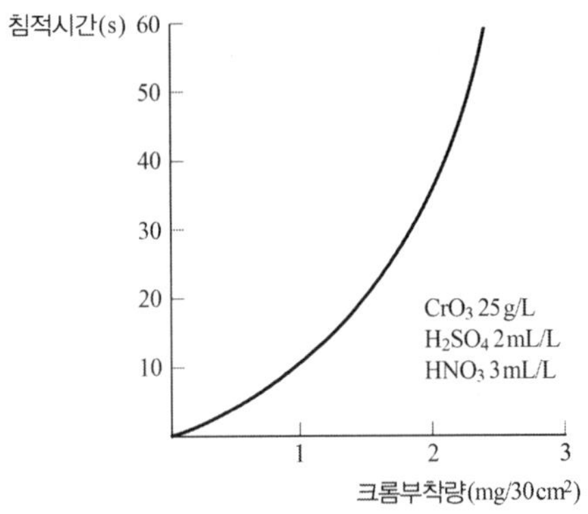

그림 21-9 처리시간과 크롬 부착량의 관계

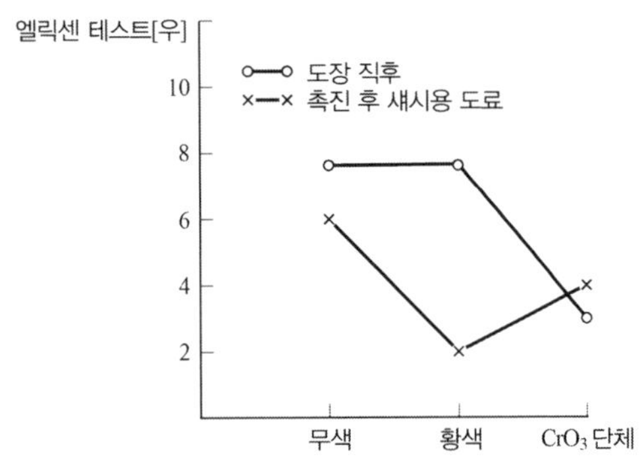

그림 21-10 오버코팅시의 도장 결함 예

4) 크로메이트 화성피막처리 용액 성분과 조성

크로메이트 화성피막 처리액의 기본은 무수크롬산과 황산(H_2SO_4, HNO_3, HF, H_2SiF_6, H_3PO_4, HCl를 포함)이 첨가된 것을 기초로 하며 필요에 따라서 각종 유기산을 첨가하기도 한다. 일반적으로 크롬크로메이트와 인산크롬으로 구분된다. 전자는 무수크롬산에 H_2SO_4, HCl, H_2SiF_6, HF, HNO_3 등 하나 또는 둘 이상을 혼합한 것을 금속 표면 형태라든가 공정상 처리시간에 알맞은 농도와 pH를 설정하여 처리하는 것이며 형성되는 피막도 $mCr_2O_3 \cdot nCrO_3 \cdot xH_2O$의 형태를 나타내는데 후자는 산 대신 인산을 첨가시킨 것이며 $CrPO_4$이 피막 속에 부착된 것이다.

① 인산크로메이트계(표 21-13, 표 21-14 참조)

표 21-13 인산크로메이트 피막처리용액

H_3PO_4(75%)	19 g/L
CrO_3	14 g/L
HF(55%)	5.1 g/L
$Cr(NO_3)_3$ $9H_2O$	1.7 g/L
$Co(NO_3)_2$ $6H_2O$	1.8 g/L
pH	1.8

표 21-14 인산크로메이트 피막처리액

H_3PO_4(75%)	9.1 g/L
CrO_3	10 g/L
H_2SiF_6(40%)	1.3 g/L
$Cr(NO_3)_3$ $9H_2O$	1.6 g/L
H_2SO_4(98%)	0.3 g/L
$Ni(NO_3)_2$ $6H_2O$	2.4 g/L
pH	1.4

② 크롬 크로메이트계(표 21-15~21-20)

표 21-15

ZnO	2 g/L
CrO_3	10 g/L
황산(98%)	1.5 g/L
pH	2.3

표 21-16

CrO_3	8 g/L
$CrCl_3$	5.1 g/L
H_2SiF_6(40%)	10 g/L
ZnO	2 g/L

표 21-17

ZnO	2 g/L
CrO_3	10 g/L
H_2SiF_6(40%)	10 g/L
인산히드라진	4 g/L
pH	1.3

표 21-18

ZnO	2 g/L
CrO_3	10 g/L
염산히드라진	1.6 g/L
H_2SiF_6(40%)	10 g/L
pH	1.2

표 21-19

CrO_3	10 g/L
메틸알콜	4.5 g/L
HCl(35%)	2.9 g/L
H_2SiF_6(40%)	10 g/L
ZnO	2 g/L

표 21-20

Zn	>3 g/L
CrO_3	0.5~75 g/L
Cl	>1 g/L
BF_4(SiF_6, TiF_6)	>1 g/L
pH	0.57~3.0

이것들의 대표적인 성분 외에 크로메이트 피막 화성처리 후에 알루미늄 콜로이드 용해액으로 처리하는 방법 또는 계면활성제로 처리하는 방법 등이 있다. 계면활성제라든가 수용성 수지로서 최종 처리하는 방법은 크로메이트 피막의 도료 수지 선택성 또는 시효로 인한 불안정성을 제거하여 우수한 피막의 부착성을 얻을 수 있기 때문이다.

표 21-21 크로메이트 피막처리액의 농도 측정법

측정항목	측정방법	계산방법
유리산도	시료 10 m*l* 채취하여 브롬크레졸그린으로 0.1N · NaOH로 측정(종점: 황색-녹색)	0.1N-NaOH의 m*l*수 =유리 산도의 포인트
크롬산농도	시료 10 m*l* 채취하여 50% H_2SO_4, 25 m*l* 가하여 페로인액을 지시약으로서 0.1N-$FeSO_4$로 측정한다. (종점: 적갈색)	0.1N-$FeSO_4$의 m*l* =크롬산 농도의 포인트
3가크롬	시료 채취하여 50% H_2SO_4를 5 m*l*, 6N-HNO_3 5 m*l*를 가해서 10분간 끓이고 0.1N-$AgNO_3$를 약 10 m*l* 가하여 황색으로 될 때까지 과황산암모늄을 가한다. 과잉$(NH_4)_2S_2O_8$를 방출시키기 위해서 비등시켜 냉각 후 50% H_2SO_4를 25 m*l* 페로인액을 가하여 0.1N-$FeSO_4$로 적정한다.(종점: 적갈색)	Cr^{3+}=0.1N-$FeSO_4$의 m*l*×1.734(g/L) Cr^{6+}=크롬산농도의 m*l*×1.734(g/L) 시료채취량
피막량의 측정	① 시편을 열탕속에서 30~60분 끓여 전량을 250 m*l*로 한다. ② 20 m*l*를 채취하여 50% H_2SO_4를 2~3 m*l*와 지페닐칼바지드 1 m*l*을 가하여 전량을 100 m*l*로 한다. ③ 540μm의 파장으로서 흡광도를 읽는다.(Cr^{6+}) ④ ①의 시료 20 m*l* 채취하여 50% H_2SO_4 2~3 m*l* 가하여 $KMnO_4$를 소멸되지 않게 될 때까지 가하여 5분 정도 가열한 후 아디화리더를 가하여 $KMnO_4$ 색을 없애고 냉각 후 1 m*l*, 인산 1 m*l* 가하여 전량 100 m*l*로 한다. 540μm의 파장으로서 흡광도를 읽는다.(전 Cr)	mg/m^2

(9) 구리 및 구리합금의 화성처리

구리는 보통 순수한 구리로서 사용되는데 목적에 따라 많은 종류의 합금이 만들어졌고 공업상의 중요성에 있어서는 결코 다른 금속에 뒤떨어지는 것은 아니다. 구리는 공중에 방치하면 쉽게 산화구리의 얇은 피막이 발생되어 구리의 고유한 색을 잃어 적갈색을 나타낸다. 이대로 오랫동안 안정하게 유지하면 내식성이 풍부한 금속이지만 습기찬 공기속이나 이슬과 비를 맞으면 염기성탄산구리의 녹색 소위 검은 빛깔을 나타낸다. 구리 및 그 합금은 도장하는 목적에는 그다지 적합하지 않고 밀착성에 있어서 그다지 양호하지 않다.

1) 구리의 화성처리 종류

구리는 안정한 금속이기 때문에 화성처리가 곤란한 금속이기도 하다. 따라서 아직까지

확실한 처리 방법은 없다고도 할 수 있다. 최근의 화성처리는 크로메이트계 피막 및 산화구리 피막을 만드는 정도로 나타낼 수 있다.

〈크롬산계처리〉

크롬산, 중크롬산 및 그 염류로서 처리하는 방법이며 알루미늄의 화성처리에 관한 크롬산염피막(Chromate Conversion Coating)에 속하는 방법이다. 피막은 담적, 구리색~갈색을 나타내는 얇은 피막으로서 양호하다. 이 방법에 따르면 금속표면의 부동태화, 내식성 향상, 광택 개선 효과도 될 수 있다.

2) 산화구리 피막법

산화제1구리의 피막을 화성시키는 이산화구리방법, 산화제2구리의 피막을 화성시키는 흑색 산화구리의 2가지 방법이 있다. 이산화구리방법은 염소산칼륨, 과염소산칼륨등의 산화제이며 적동색(赤銅色)의 얇은 피막을 화성시키는 방법으로서 흑색 산화구리방법에 비해서 느린 방법이다. 80~90℃, 5~10분간 침적처리 하는데 피막은 균일하며 아름답고 양호하다. 흑색 산화구리방법은 예를 들면 수산화나트륨 5%, 과황산칼륨 1%의 수용액에서 100℃ 이상의 온도로 3~10분 정도 처리하는 산화제2구리의 피막을 화성처리하는 방법이다. 피막은 비교적 두껍고 1~3μm 정도이며 내식성이 우수하다.

도장 초벌로서 사용하기 위해서는 크롬산 처리법이나 이산화구리방법이 좋다. 7-3합금에서 구리성분이 적을 때에는 처리 시간은 15분 이상 된다. 온도는 50~80℃로 하고, 시간을 2분 이내로 단축하면 색상은 금-청-갈색 등 나타낸다. 7-3합금 이하로 구리성분이 적은 합금이며 처리가 곤란한 경우에는 소재에 구리도금을 하고나서 처리하면 된다. 일반적으로 구리성분 70% 이상인 경우에는 이산화구리 방법이 좋고 70% 이하의 경우에는 흑색 산화구리 방법이 적합하다.

3) 처리 공정

화성처리 공정은 표 21-22와 같으며 비교적 간단하다. 이 공정 중에 특히 주의해야 할 점은 산세 공정이다. 화성처리는 황산으로서 쉽게 녹을 제거 할 수 있고 산화제1구리는 핑크색 반점을 남기기 때문에 황산에 크롬산, 질산 등의 산화제를 가하여 제2구리로 산화해야 녹을 제거한다. 산세는 소재의 녹 제거나 심한 오염, 용접시의 세정을 해야 하지만 소재를 균일하게 부식시켜 화성처리 하기 전에 표면을 활성화 할 목적이다.

인산계 세정제로 세정하는 것만으로서 처리를 하는 방법도 많이 하지만 특히 황산과 크롬산의 혼산이나 인산이나 질산과 크롬산을 혼합하는 광택침적(bright dipping)처리도 양호하다.

표 21-22 여러 가지 크롬산계 처리법

액조성	침적시간	처리온도	pH	외관
CrO_3: 8.5~175 g/L ZnO, $ZnCO_3$ 또는 $Zn(OH)_2$로서 포화한 후 다음 CrO_3: 0.075~15 g/L 포함한 Zn-Cr 용액으로 세척	1~5분	약 90℃	-	적동색
불화물(F 이온): 0.9~12.5 g/L CrO_3: 3.75~60 g/L AsO_4: 32.4~162 g/L (F : CrO_3): 0.18~0.36 g/L	1~10분	상온~80℃	1.8	평활투명
크롬산, 크로메이트 또는 중크로메이트 60~100 g/L $ZnCl_2$: 5~15 g/L	1~60초	상온~95℃	0.2	황~흑색
$Na_2Cr_2O_7$: 83 g/L CrO_3: 33 g/L KBr: 27 g/L	5~120초	상온~95℃	-	황-동-녹-흑색

표 21-23 구리 및 구리 합금의 화성처리 공정

<table>
<tr><th colspan="2">처리공정</th><th colspan="3">사용약품</th></tr>
<tr><td rowspan="4">예비
청정</td><td>탈지</td><td>알칼리, 알칼리 에멀젼</td><td rowspan="2">용제 세정</td><td rowspan="4">기계적 청정화
샌드블라스트 등</td></tr>
<tr><td>세정</td><td>흐르는 물</td></tr>
<tr><td>산세</td><td colspan="2">인산계 세정계, 염산, 광택 침적처리</td></tr>
<tr><td>세정</td><td colspan="2">흐르는 물</td></tr>
<tr><td rowspan="3">화성
처리</td><td>화성처리</td><td colspan="3">크로메이트처리, 이산화구리법, 흑색 산화구리법 등</td></tr>
<tr><td>세정</td><td colspan="3">흐르는 물</td></tr>
<tr><td>최종세정</td><td colspan="3">깨끗하고 미지근한 물에 수세, 희석 크롬산세정</td></tr>
</table>

표 21-24 구리 및 구리합금의 광택 침적

조성 \ 처리액	A	B	C
H_2SO_4(m*l*)	80	65	65
HNO_3(m*l*)	20	35	20
CrO_3(g)	20~100	10~20	10
HCl(m*l*)	1	1	1
물(m*l*)	100~200	100~150	120

21.2 크로메이트 피막처리

크로메이트 처리는 6가 크롬을 함유하는 처리액 중에 침적 또는 전해 방법으로 여러 종류의 금속표면에 크롬 화합물 피막을 만들어 주는 처리를 말한다. 이 처리는 아연이나 카드뮴도금의 광택 및 내식성 향상과 구리, 황동, 은, 주석, 철강, 알루미늄 등의 방식 및 변색 방지 또는 도장의 전처리 등으로 이용된다. 공중 방치에 의한 착색은 고농도 크로메이트액을 사용했을 때에 한다. 광택 크로메이트처리 공정은 다음과 같다.

공중 (크로메이트 처리 → 수세)

도금 → 수세 → 질산에 담금 → 크로메이트 처리 → 수세 → 건조

중화는 유색일 때 수산화나트륨(5%)이나 탄산나트륨(5～10%, 50～60℃) 용액에 수 초 동안 담근다. 탕·수세 및 건조는 60～70℃가 좋다. 이것보다 고온이면 내식성이 나빠지고 산화피막의 강도도 약해진다.

• 크로메이트 피막의 특성
  ① 전해에 의한 산화피막은 부도체이다.
  ② 크로메이트에 의한 산화피막은 전도체이다.
  ③ 내마모성은 약하지만 내식성은 강하다.
  ④ 화학적 처리방법에 의한다(복잡한 형상도 가능).
  ⑤ 크로메이트 피막 두께(5～200 mg/t^2)까지 가능
  ⑥ 외관이 미려하고 여러 종류의 색이 가능
  (백색, 연한녹색, 무지개색, 황색～진한갈색)
  ⑦ 도장 하지용 및 대량생산 가능

• 응용분야: 통신기기부품, 도전성을 필요로 하는 부품, 항공기 및 자동차 부품 등

(1) 크로메이트 피막 처리액

1) 아연 크로메이트 처리액

표 21-25 아연 크로메이트 처리액

조성(g/L) \ 구분	무색 광택	무색 광택	오렌지색 (1)	오렌지색 (2)	녹색	흑색
무수크롬산	0.1~2	250	4~10	-	10~30	10~40
황산크롬칼륨	-	-	-	3	-	-
황산	0.3~5	20	0.5~5	-	1~10	2~30
질산	0.5~10	2	1~5	4	0~10	-
인산	0~2	-	-	-	0~30	0~20
플루오르화수소산	0~2	-	-	2	-	-
빙초산	-	50	-	-	0~70	0~100
은	-	-	-	-	-	0.2~120
온도(℃)	상온	상온	상온	상온	상온	상온
시간(초)	10~30	10~30	10~30	10~30	30~120	30~120

2) 카드뮴도금의 크로메이트 처리액

중크롬산나트륨 5~10 g/L, 황산 0.3~0.7 m*l*/L, 질산 2~4 m*l*/L

3) 구리 크로메이트 처리액

중크롬산나트륨 30 g/L, 질산 132 g/L, 빙초산 150 g/L, 염화나트륨 52.4 g/L

4) 은도금의 크로메이트 처리액

중크롬산칼륨 13.4 g/L, 시안화나트륨 2~20 g/L, pH 6.1~10.1, 담금 시간 3~6분 또는 음극 전해처리를 한다.

5) 알루미늄의 크로메이트 처리액

크롬산나트륨 16.9 g/L, 탄산나트륨 56.3 g/L, 규산나트륨 0.08~1.2 g/L, 95℃, 8~10분 (EW법) 또는 크롬산 10 g/L, 인산 65 g/L, 산성 플루오르화나트륨 5 g/L(Alodine법)

(2) 크로메이트 액관리

온도는 상온에서 처리할 때가 많으나 피막의 품질을 유지하기 위해서는 온도 범위를 여러 가지 용도에 알맞도록 하는 것이 좋다. 일반적으로 30~40℃의 범위에서 온도가 높은 쪽이 광택 및 착색이 양호하다. 침적 시간은 수초에서 수십 초 정도이다. 고·중농도

처리액은 용해가 심하므로 침적 시간은 특히 짧아야 한다. 침적 중 피막은 침착되지 않고 공중에서 방치할 때 피막이 생기고 이때 방치 시간의 조절이 중요하다. 저농도액은 거의 화학 연마력이 없기 때문에 침적 시간에 비례하여 피막이 두껍게 된다. pH는 낮은 쪽에서 화학 연마가 잘되어서 광택이 나타난다. pH가 높을 때에는 피막의 착색이 빠르게 이루어진다. 6가 크롬 농도가 높게 되면 화학연마가 강하게 진행되어 광택이 생기지만 이것만으로는 피막의 착색이 생기기에는 충분하지 않다.

생성된 피막 중에 6가 Cr이 많으면 많을수록 내식성이 양호하다. 광택 크로메이트 처리액에 6가 Cr이 전혀 없는 경우에는 내식성이 거의 없다. 이때에는 크로메이트 처리액에 6가 Cr을 첨가할 필요가 있다. 황산근은 크로메이트 촉매(반응 촉진제, 인산, 염산, 질산, 붕산, 빙초산 등)의 대표적인 것으로 일정한 양의 6가 크롬에 대해서 여러 종류의 피막을 만든다. 보통 황산, 황산염류의 형태로 첨가한다.

질산은 주로 화학 연마제로서의 역할을 하지만 크롬산에 대해서 일정한 비율 이상 첨가하면 아연 표면을 부동태화 시켜 크로메이트 피막을 만들지 못한다. 저농도일 때는 아연을 용해는 한편 촉매로서 역할을 하지만 약간만 과잉으로 첨가되어도 크로메이트 피막이 파괴되기 쉽다. 3가 크롬은 크로메이트액이 노화되면 아연과 함께 축적된다. 고・중농도 액에서 크로메이트 피막을 만들때에는 3～15 g/L를 필요로 하고 저농도 광택 크로메이트에도 일정한 양을 필요로 하지만 저농도 유색 크로메이트에는 필요하지 않다.

저농도에서 필요 이상으로 3가 크롬이 증가하면 6가 크롬이 감소되어 착색이 나쁘게 된다. 과잉의 3가 크롬은 양이온교환수지를 사용하여 제거 또는 전해산화시켜 6가 크롬으로 환원하는 방법이 있다. 기타 중금속 불순물들은 양이온교환수지 또는 격막 전해하여 제거한다. 크로메이트액의 조성은 지속적으로 변하기 때문에 현장에서는 어느 정도 사용한 후 새로운 액으로 교체해야 한다. 아연 도금 피막이 도금 중에 중금속으로 오염되면 나중에 크로메이트 피막의 외관을 나쁘게 하고 내식성을 나쁘게 하는 원인이 된다. 니켈 및 티탄염을 크로메이트액 중에 첨가하면 내식성의 향상에 효과가 있다.

크로메이트 피막은 저온(60℃ 정도)에서 장시간(30분 정도)건조한 것이 내식성이 가장 양호하며 고온(100℃ 이상)에서 건조하면 균열이 크게 되고 갈색으로 변질되며 내식성이 나빠진다. 상온에서 건조한 것은 피막의 함수율이 높아서 약하지만 충분히 건조된 상태는 아니어서 내식성이 나쁘다. 크로메이트 피막은 시효경화가 필요하므로 일반적으로 크로메이트의 염수 분무시험 등은 크로메이트 처리를 한 후 일주일 이상 경과한 다음 하는 것이 좋다. 외관적으로 알맞은 상태의 크로메이트 피막 색깔은 황, 적, 적녹색이 혼합된 것이다. 도금 후에 열처리한 것은 표면이 산화해서 크로메이트 처리가 곤란할 경우가 있다. 크로메이트 처리를 하기 전에 질산 용액에서 충분히 침적시키면 광택이 나타난다.

(3) 크로메이트 처리에 주는 영향

1) 온도

크로메이트 피막의 생성 속도는 온도가 높을수록 빠르게 된다. 무색 크로메이트의 경우 용액처리 온도가 15℃로 되면 황색을 띠는 경우가 있다. 30℃ 이상이 되면 유색 피막으로 되기 쉽다. 유색 크로메이트의 경우 15℃ 이하에서는 피막이 엷고 색조가 나쁘다. 30℃ 이상에서는 피막이 두껍게 되지만 밀착성이 나쁘게 된다.

온도가 낮을 경우는 침적 시간을 길게 하거나 농도를 올리고 용액의 교반을 강하게 해 주어야 한다. 용액의 온도가 높을 경우에는 침적 시간을 짧게 하거나 농도를 낮추고 용액의 교반은 적게 해 주면 어느 정도 색상 및 광택을 조절할 수가 있다.

2) 교반

크로메이트 피막의 생성 속도는 교반의 강도와 거의 비례하여 증가한다. 교반 방법은 배럴에서는 회전과 진동 방법이 있으나 걸이(rack) 크로메이트 처리에서는 공기교반과 처리물의 음극진동 방법이 있다.

3) 세척 및 건조 온도

유색 크로메이트에서는 세척을 하지 않고 바로 건조 공정에 들어간다. 무색 크로메이트는 60℃ 이하에서 세척하는 것이 일반적이다. 내식성을 문제로 하지 않을 때에는 높은 온도(80~90℃)에서 청색을 나타내는 강한 피막을 얻을 수 있다. 건조를 빠르게 하기 위해서는 건조하기 전에 공기 스프레이나 진동에 의하여 처리물 밑면의 잔류 수분을 제거함으로서 처리물 밑면 부위의 내식성 악화를 방지할 수 있다. 유색, 무색 크로메이트의 내식성을 중요하게 생각할 때에는 80℃ 이하에서 건조하는 것이 양호하다.

4) 도금액 중의 불순물

철, 구리, 납, 카드뮴 등의 중금속 불순물을 함유된 상태에서 아연도금한 것은 묽은 질산 처리를 하거나 크로메이트 공정을 거칠 때 문제가 된다. 많은 양의 금속 불순물이 혼입되었을 때에는 묽은 질산에 침적하면 흑갈색으로 변색된다. 이러한 금속 불순물은 광택, 색깔 및 내식성, 밀착성을 나쁘게 한다.

CHAPTER

22 도금액 분석방법

22.1 기구의 세척

화학기구는 불순물이 없도록 깨끗이 세척(cleaning)하여야 한다. 비커 종류는 세제를 사용하여 브러쉬로 닦고 수돗물 증류수의 순서로 세척해 준다. 자제도가니(crucible), 평량병 및 시계접시와 같은 것은 중크롬산 혼합액에 하루 정도 담근 후 부착되었던 불순물을 제거하여 사용한다. 주의할 것은 메스플라스크, 피펫, 뷰렛 등의 측용기를 브러시나 모래와 같은 것으로 닦아서는 안 되며 건조할 때에는 열을 가하여도 안 된다.

22.2 중크롬산 혼합액의 조제

중크롬산 약 20 g을 물 약 50 m*l*를 가하여 혼합한 것에 진한 황산 약 17 m*l*를 조금씩 넣어 100 m*l* 되게 한다. 이 용액은 등갈색이며 염소성 및 유기성의 불순물을 제거하는데 효과가 대단히 크다. 용기의 세척은 필요 이상 장시간동안 하지 않아도 되며 오랫동안 용기를 세척액에 넣어 두면 용기 자체가 침출되어 취약해져서 파손되기 쉽다.

유리는 주로 규산 알칼리로서 세척액의 처리로 인하여 용기의 알칼리가 용출되어 규산질이 남게 된다. 세척액의 사용 횟수가 많아짐에 따라서 본래의 등갈색($Cr_2O_7^-$의 빛깔)으로 변화됨에 따라 산화 효과가 떨어진다. 그러므로 짙은 녹색이 되면 새로 조제하여 사용해야 한다.

$$\underbrace{Cr_2O_7^{2-}}_{\text{등갈색}} + 14H + 6e = \underbrace{2Cr^{3+}}_{\text{짙은녹색}} + 7H_2O$$

22.3 | 시료 채취

시료가 고체 또는 액체의 평균적인 시료는 그 성분이 균일해야 한다. 그러므로 잘 혼합하여 성분이 균일하게 되었을 때 이것에서 일부분의 일정한 양을 채취하여 전(全) 평균 시료로 하는 것이 좋다. 시료의 분쇄는 사기그릇(motor)을 사용하는 것이 좋다.

22.4 | 침전 생성 및 여과

시료 용액에 첨가 시약을 첨가하여 침전을 생성시키는 조작은 시료 중에 있는 성분을 어떤 성분으로 분리하는데 목적이 있다. 침전에 의한 분리방법은 다음의 여러 가지 조건을 구비하여야 한다.

① 침전은 모액(mother liquor)에 대해서 불용성 이어야 한다.
② 침전의 생성은 신속해야 하며 정량적이어야 한다.
③ 침전과 모액의 분리가 쉬워야 한다.
④ 침전은 모액을 흡수하여 모액 중의 다른 성분이 흡착되지 말아야 한다.
⑤ 침전은 세척하기가 쉬워야 한다.
⑥ 침전을 건조 또는 강열시켜 중량을 측정하는 경우 안정해야 하며 일정한 조성의 물질이 되어야 한다. 실제로 분석을 하여 보면 이와 같은 여러 가지 조건을 만족하게 하는 침전은 얻기 어려우므로 분석하는 사람은 이러한 정도로 근접하도록 해야 한다. 침전을 되도록 이상적으로 얻기 위해서는 다음 사항에 유의해야 한다.
   - 시료 용액의 농도를 적당히 조절해야 하고 생성되는 침전의 양이 많아지거나 너무 적어지지 않도록 해야 한다.
   - 침전은 용액을 교반하는 중에 소량씩 첨가하며 목적 성분과의 반응 완결에 필요한 양보다 조금 더 첨가한다. 이때 시약 용액은 유리막대기에 기대어 주입하며 용액의 비산을 막기 위하여 필요한 경우 비커에 시계접시(watch glass) 또는 깔때기를 덮는다. 침전의 완전여부를 알려면 침전의 생성 유무를 확인한다.
   - 침전 생성 속도가 늦거나 침전이 미세하여 여과가 곤란할 경우 침전을 함유하는 용액을 물중탕(water bath) 위에서 간접가열로 수 시간 또는 하룻밤 정도 방치한다. 이렇게 함으로써 결정성 침전이 생기는 경우 이 조작에 의하여 입자가 크게 되므로 여과를 쉽게 할 수 있다. 이와 같은 조작을 숙성(ripening)이라고 한다.

• 필요한 경우 침전을 잘 세척하고 난 다음 용해시킨 후 다시 침전시킨다.
• 필요한 경우 침전을 시켜 다시 침전시키도록 한다.

표 22-1 여과지의 종류와 용도

동양(한국, 일본 등) 여과지 No.	영국 Whatman No.	독일 Schleicher	용도	
No.1	No.1	595	정성용	
No.2	No.2	597	정성용	위의 것보다 치밀하다.
No.3	No.30	–	정량용	회분이 비교적 많다.
No.5A	No.41	589(흑)	정량용	$Al(OH)_2$, $Fe(OH)_3$와 같은 침전물에 적당
No.5B	No.40	589(백)	정량용	보통 일반용
No.5C	No.42	589(청)	정량용	$BaSO_4$와 같이 치밀한 침전물에 적당
No.6	No.44	590	정량용	일반용(회분이 대단히 적다)
No.7	–	–	정량용	회분이 거의 없다.
No.8	No.50	575	정량용	경질 여과지이므로 흡인 여과에 적당하다.

이상 침전을 여과할 때 가장 중요한 것은 여과지의 선택과 그 조작법이다. 여과지를 사용할 때 사분원(四分圓)으로 접어 이중으로 접힌 바깥 귀부분을 찢어내고 물로 적시어 깔때기에 밀착시킨다. 여과는 깔때기를 수직으로 깔대기대에 정치시키고 비커를 깔때기의 밑에 놓는다. 그림 22-1 모양으로 깔때기 밑이 비커 벽에 접촉되게 한다. 이때 용액과의 거리는 약 5 cm 이내로 조절해야 한다. 여과가 끝난 후 침전물이 있는 비커를 그림과 같이 기울여 여과된 것을 상등액으로부터 따른다. 이러한 조작 방법을 기울여 따르기(decantation)라고 하며 이 방법을 사용하면 침전물이 여과지를 메우기 전에 용액을 빠른 시간 내에 여과시킬 수 있는 장점이 있다. 침전물이 있던 비커 내벽은 고무를 낀 유리막대로 세척하고 세척한 세척액과 함께 여과지에 넣어 여과시킨다. 비교적 많은 양의 침전물을 여과시키거나 미세한 입자 때문에 여과가 잘되지 않는 경우에는 여과속도를 빨리

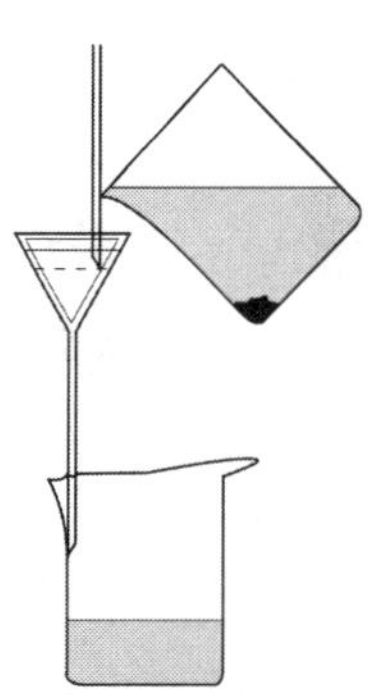

그림 22-1 여과방법

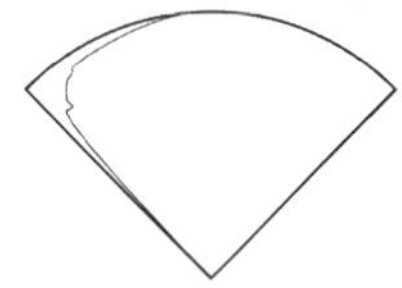

그림 22-2 여과지의 밀착

할 수 있는 흡인여과를 하면 좋다. 이때 주의해야 할 것은 목적으로 하는 성분인 침전물이 여액과 함께 새어 나가서는 안 된다. 흡인여과를 할 때 흡인여과용 경질여과지를 사용하면 여과지가 찢어지는 것을 방지할 수 있다. 그러나 보통 흡인여과에 사용되는 것에는 그림 22-3에서와 같이 받침추(supporting cone)를 깔때기 안쪽에 넣고 여기에 여과지를 넣어 흡인여과시키는 방법이다. 감압장치를 사용하면 여과가 신속할 뿐만 아니라 받침추를 사용함으로써 압력을 이겨내는 경질여과지 이외에 연질여과지를 사용하여도 받침추가 보호된다는 것이 특색이다.

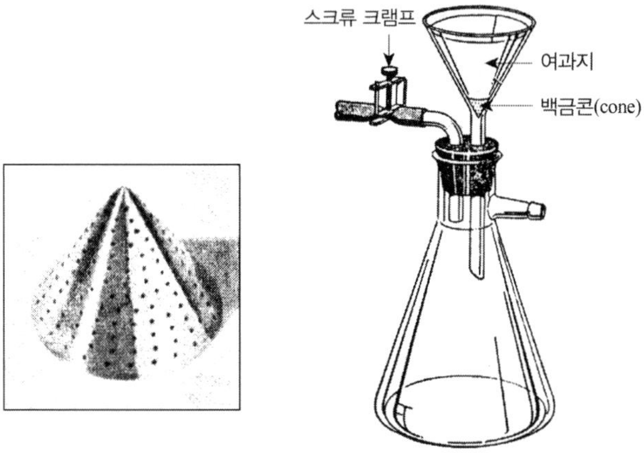

(a) 필터콘(Filter Cone) (b) 구치도가니

그림 22-3 받침추에 의한 여과

1) 침전물 여과에 여과지를 사용하지 않는 경우

여액과 유기물질인 여과지와 작용하거나 여과지의 연소로 목적물에 영향을 미치게 될 때에는 피해야 할 경우가 있다. $KMnO_4$ 용액 중의 MnO_2의 침전물을 여과시킬 때에는 구치도가니(Gooch crucible) 또는 그라스휠터(Glass filter)를 사용한다.

그림 22-4 그라스 휠터

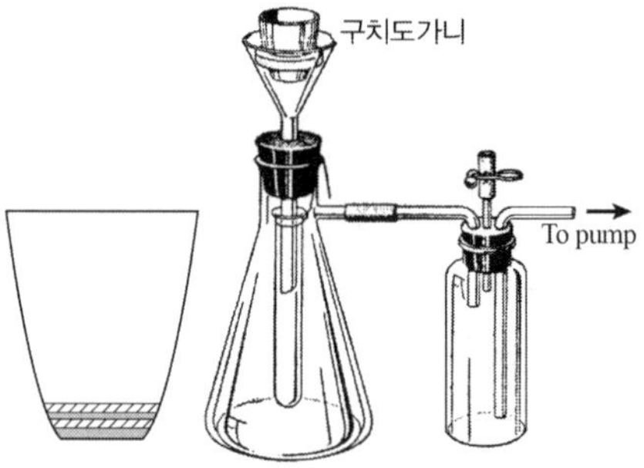

그림 22-5 구치도가니의 장치

구치도가니는 도가니의 밑바닥에 수십 개의 작은 구멍이 뚫려 있고 그 위에 보조용 여과판을 올려놓아 사용한다. 구치도가니로서 침전물을 강열시켜 중량 분석법에 의해서 정량할 경우 석면이 든 구치도가니를 미리 필요한 온도까지 노(furnace)에서 강열시켜 일정한 양이 되게 한 것을 사용하며 여과, 세척하여 강열한 후 데시케이터 에서 상온까지 식힌 다음 화학천칭에 의해서 평량한다. 구치도가니를 사용하여 침전물을 고온에서 처리할 때는 그림 22-6에서와 같이 대형 도가니에 구치도가니를 사용한다.

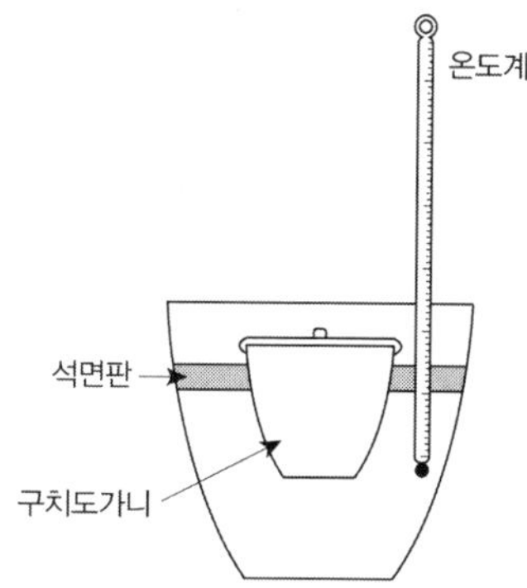

그림 22-6 구치도가니의 고온처리

그라스휠터는 밑바닥에 미세한 다공질 유리로 되어 있으며 불산(HF)이나 가열된 진한 알칼리를 제외하고는 많은 약품에 대해서 저항력이 강하다. 그라스휠터는 취급하기가 간단하며 항량으로 유지할 수 있으므로 편리하다. 이것을 사용할 수 있는 온도는 600℃까지이며 온도를 일정하게 할 수 있는 전기로에서 가열하여야 한다. 그리고 주의해야 할 것은 그라스휠터는 유리이기 때문에 가열한 직 후 즉시 노에서 꺼내면 파손되기 쉬우므로 온도가 서서히 내려간 후 꺼내야 한다.

2) 세척(washing)

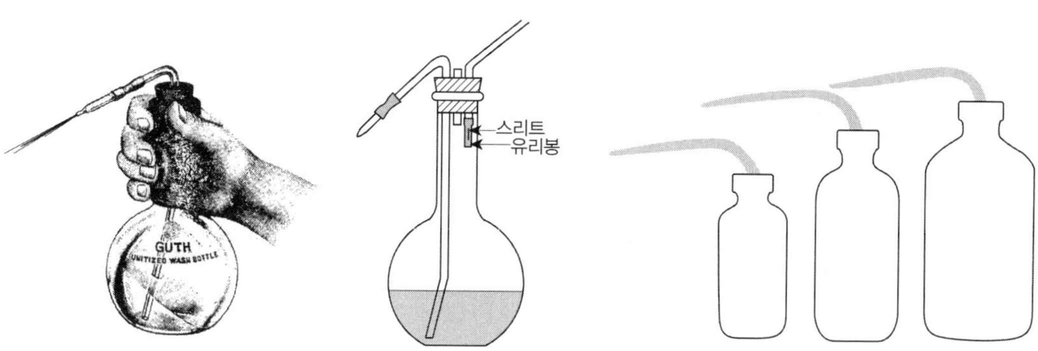

그림 22-7 폴리에틸렌 세척병

세척액으로는 일반적으로 따뜻한 물을 사용한다. 따뜻한 물은 찬물보다 점도가 적어 여과 속도가 빠르며 불순물을 잘 용해하는 성질이 있다. 때로는 목적물인 침전물을 일부 용해시키는 경우가 있으므로 이러한 경우에는 냉수 또는 필요에 따라 알콜 등의 유기 용매와 가열 분해하여 달아나는 물질로 암모니아수, 염산, 수산화암모늄 등을 소량의 물에 용해시켜 세척에 사용하기도 한다. 세척이 잘 되었는지의 여부를 알려면 세척 여과액의 일부를 시험관에 넣어 적당한 시약 또는 침전제와 반응시켜 본다. 이때 침전이 생기면 안 된다. 예를 들면, 염화물에 질산은($AgNO_3$)을 가하여 잘 세척되었는지를 알아본다. 이것을 화학반응식으로 나타내면 다음과 같다.

$$AgNO_3 + NaCI = \underset{\text{백색침전}}{\underline{AgCl}} \downarrow + NaNO_3$$

그림 22-8 침전물의 세척

3) 석면의 정제법

좋은 석면일수록 직유는 길고 백색이다. 이와 같은 양질의 석면과 염산(100 : 1)을 비커에 넣고 잘 교반시키면서 약 1시간 동안 80~90℃의 온도에서 가열한 후 흡인 여과하여 가용성(可溶性) 불순물을 제거하고 물로 잘 세척하여 준다. 이러한 조작을 되풀이 하여 황색의 여액이 나오지 않을 때까지 처리한 후 증류수로 씻어내고 보관할 때는 증류수가 든 병에 넣어 둔다.

22.5 용량분석(容量分析)

용량분석은 정량하려는 성분의 용액에 알고 있는 농도의 시약용액(표준 용액)을 적정시켜 반응이 종말점이 될 때까지의 소비된 부피를 측정하고 당량(當量)관계를 이용하여 구하려는 성분의 함유량을 계산한다. 용량분석의 분류는 다음과 같다.

(1) 반응의 종말점을 구하는 방법

① 지시약법
② 전도도법
③ 전위차법
④ 광학적법

일반적으로 용량분석에서는 편의상 지시약법을 사용한다. 즉 반응의 당량점을 지시약(indicator)에 의해서 결정하며 이때 사용된 표준용액(일정한 농도의 용액)의 용량으로부터 시료 용액 중의 물질의 양을 결정한다. 이와 같은 목적을 달성하기 위해서는 다음과 같은 조건이 성립해야 한다.

① 반응이 정량적으로 진행하여야 하며 역반응이 일어나지 않아야 한다.
② 반응속도가 빨라야 한다(만약 반응속도가 빠르지 않는 경우 촉매에 의해서 반응속도를 촉진시켜야 한다).
③ 반응의 종말점을 확실히 알 수 있도록 해야 한다.

(2) 반응의 형태로부터 용량분석에 사용되는 적정법

① 침전적정
② 중화적정
③ 산화환원적정(요오드적정 포함)
④ 착화적정(킬레이트적정 포함)

(3) 적정조작에 필요한 분석

만약 A의 농도를 알 수 없고 B의 농도는 알고 있는 경우 B농도 용액으로 적정하는 방법을 직접적정(direct titration)이라 부르며 이것은 B의 소비된 용량으로부터 A의 농도가 계산된다. 알 수 없는 농도의 용액에 일정한 과잉량의 표준용액을 가하여 반응시키고 남은 과잉량을 다른 표준용액으로 적정하는 방법을 역적정(back titration)이라 한다. 이러한 역적정을 사용하여야 하는 경우는 다음과 같다.

- 용해도가 클 때: 침전 적정에서 어떤 표준용액에 의하여 생성된 침전이 만일 용해도가 많을 경우에는 용해도가 적은 침전이 생성될 수 있도록 표준용액의 일정한 양을 첨가하고 다른 표준용액으로 역적정한다.

22.6 도금액 분석 시약 조제

(1) 표준시약

표준용액은 순수한 시약을 용해시켜 조제하는 것이지만 순수한 시약을 구하기 힘들거나 또는 용액으로 만든 다음 보존하는 동안 농도 변화를 일으키는 것은 조제한 다음 사용할 때마다 표준이 될 수 있는 물질로 표정해야 한다. 이때 표준물질로서 사용할 수 있는 시약을 표준시약(primary standard)이라고 한다.

표 22-2 표준시약

시약	화학식	건조조건
무수탄산나트륨	Na_2CO_3	500~650℃로 40~50분 유지한 다음 황산 데시케이터 속에서 냉각한다.
슬폰산	$HOSO_2NH_2$	진공 데시케이터 속에 24시간 이상 넣어 둔다.
옥살산나트륨	$Na_2C_2O_4$	300~400℃로 45~60분 유지한 다음 황산 데시케이터 속에서 냉각한다.
요오드산칼륨	KIO_3	120~140℃로 1.5~2시간 유지한 다음 황산 데시케이터 속에서 냉각한다.
구리	Cu	염화칼슘 데시케이터 또는 황산 데시케이터 속에 24시간 이상 넣어 둔다.
염화나트륨	NaCl	500~110℃로 3~4시간 유지한 다음 황산 데시케이터 속에서 냉각한다.
아연	Zn	염화칼슘 데시케이터 속에 24시간 넣어 둔다.
프탈산수소칼륨	$KHC_6H_4(COO)_2$	100~110℃로 3~4시간 유지한 다음 황산 데시케이터 속에서 냉각한다.
아비산	As_2O_3	진공 황산 데시케이터 속에 24시간 이상 넣어 둔다.
중크롬산칼륨	$K_2Cr_2O_7$	마노 막자사발로 부수어 100~110℃로 3~4시간 유지한 다음 황산 데시케이터 속에서 냉각한다.
슬퍼닐아미드	$NH_4C_6H_4SO_2NH_2$	100~105℃로 3~4시간 유지한 다음 황산 데시케이터 속에서 냉각한다.

* 황산 데시케이터는 건조제로서 황산을 넣은 것이고 염화칼슘 데시케이터는 염화칼슘을 넣은 것임.

(2) 지시약

유기 색소 중에는 용액의 pH 변화에 의하여 변색되는 것이 있는데 변색될 때의 pH는 각 유기 색소에 따라 다르며 변색도 예민한 것과 예민하지 않은 것이 있다. 약간의 pH 변화에 따라 바로 변색하는 것 즉 변색 pH의 범위가 작을수록 예민하다. 변색이 예민하고 색깔의 판정이 쉬운 것은 중화적정용 지시약(indicator)으로 사용할 수 있다. 지시약은 그 자신이 하나의 산 또는 염기로서 서로 다른 두 가지 구조의 물질로 될 수 있으며 이것에 의하여 변색된다. 지시약은 용액속의 pH가 변하면 지시약 자신의 산 또는 염기의 해리도가 영향을 받아 한쪽 구조로부터 다른 쪽 구조로 변화하며 일반적으로 지시약의 약 90%가 구조 변화를 일으켰을 때 육안으로 변색된 것을 알 수 있다. 지시약의 선정은 다음과 같은 방법으로 한다.

1) 강산과 강염기 반응의 적정

당량점에 있어서의 pH는 거의 중성인 7로 당량점 전후에 있어서는 약간의 표준액을 떨어뜨려도 용액 속에 pH는 크게 변하므로 0.1%의 적정 오차를 허용할 때에는 pH 4~10에서 변색하는 지시약이면 어느 것이나 사용할 수 있다.

2) 약산과 강염기 반응의 적정

적정함으로서 생성되는 염(예, 빙초산나트륨)은 가수분해를 일으키므로 당량점에 있어서 그 용액의 pH는 7 이상인 약알칼리성이다. 당량점에서 pH가 7보다 커지는 정도는 반응하는 약산의 해리상수와 생성염의 농도에 따라 다르다. 일반적으로 pH 7~10에서 변색하는 지시약을 사용해야 한다.

3) 강산과 약염기반응의 적정

적정함으로써 생성되는 염(예: 염화암모늄)은 가수분해를 일으키므로 당량점에 있어서 pH는 7 이하인 약산성이다. 당량점에서 pH가 7보다 작아지는 정도는 반응하는 약염기의 해리상수와 생성염의 농도에 따라 다르다. 일반적으로 pH가 7 이하에서 변색하는 지시약을 사용해야 한다.

4) 약산과 약염기 반응의 적정

이때의 당량점에 있어서의 pH는 산 및 염기의 해리상수에 의하여 정해진다. 따라서 해리상수가 비슷하면 pH 7 정도이며 당량점 전후에 있어서 떨어뜨리는 표준용액의 양에 대하여 용액의 pH 변화는 매우 작다. 이러한 경우에는 pH 7 정도에서 예민하게 변색하여 변색의 판정이 쉬워야 한다. 그러나 이와 같은 지시약은 얻기 어렵다. 따라서 시료가 약염기일 때는 표준용액을 강산으로, 약산일 때는 강염기로 적정하도록 하는 것이 가장 좋은 방법이다. 지시약의 종류는 다음과 같다.

① 혼합지시약

일반적으로 사용되는 지시약의 변색 범위는 pH 범위로 2 정도이지만 어느 지시약을 적당한 비율로 혼합하면 변색 범위가 매우 좁아질 뿐 아니라 변색을 판정하기가 쉬운 것이 있다. 이와 같은 목적으로 혼합한 것을 혼합지시약(mixed indicator)이라 한다.

표 22-3 단일 지시약

약품명	변색 범위(pH)	조제 방법
티몰블루우 (산성쪽)	1.2 ~ 2.3 (빨강) (노랑)	0.10 g을 에틸알콜(95%) 20 ml에 녹인 다음 물을 넣어 100 ml로 만든다.
디메틸옐로우	2.9 ~ 4.0 (빨강) (노랑)	0.10 g을 에틸알콜(95%) 90 ml에 녹인 다음 증류수를 넣어 100 ml로 만든다.
브롬페놀블루우	3.0 ~ 4.6 (노랑) (푸른보라)	0.10 g을 에틸알콜(95%) 20 ml에 녹인 다음 증류수를 넣어 100 ml로 만든다.
메틸오렌지	3.1 ~ 4.4 (빨강) (오렌지색)	0.10 g을 증류수에 녹여 100 ml로 만든다.
콩고레드	3.0 ~ 5.0 (파랑) (빨강)	0.10 g을 증류수에 녹여 100 ml로 만든다.
브롬크레졸그리인	3.8 ~ 5.4 (노랑) (파랑)	0.4 g을 에틸알콜(95%) 20 ml에 녹인 다음 증류수를 넣어 100 ml로 만든다.
메틸레드	4.2 ~ 6.3 (빨강) (노랑)	0.20 g을 에틸알콜(95%) 50 ml에 녹인 다음 증류수를 넣어 100 ml로 만든다.
크롬페놀레드	5.0 ~ 6.6 (노랑) (빨강)	0.10 g을 에틸알콜(95%) 20 ml에 녹인 다음 증류수를 넣어 100 ml로 만든다.
브롬티몰블루우	6.0 ~ 7.6 (노랑) (파랑)	0.10 g을 에틸알콜(95%) 20 ml에 녹인 다음 증류수를 넣어 100 ml로 만든다.
페놀레드	6.8 ~ 8.4 (노랑) (빨강)	0.10 g을 에틸알콜(95%) 20 ml에 녹인 다음 증류수를 넣어 100 ml로 만든다.
티몰블루우 (알칼리쪽)	8.0 ~ 9.6 (노랑) (파랑)	0.10 g을 에틸알콜(95%) 20 ml에 녹인 다음 증류수를 넣어 100 ml로 만든다.
페놀프탈레인	8.3 ~ 10.0 (무색) (분홍)	1.0 g을 에틸알콜(95%) 90 ml에 녹인 다음 증류수를 넣어 100 ml로 만든다.

② 만능지시약

변색 범위가 다른 지시약을 3가지 이상 혼합하면 pH가 달라짐에 따라 여러 가지의 변색을 나타내며 색깔에 의하여 용액의 pH를 알 수 있다. 이와 같이 만든 것을 만능지시약(universal indicator)이라 한다. 만능지시약은 용액의 pH를 간단히 시험할 때 사용되며 적정에는 사용하지 않는다.

③ 형광지시약

형광지시약은 일정한 pH에서 형광을 나타내는 것으로 이 지시약을 사용하는 적정은 자외선을 쬐면서 암실에서 실험한다. 특히 시료가 착색 용액일 때 매우 유리하다. 예를 들면 pH 3~5에서 무색인 플루오레세인은 녹색의 형광을 나타낸다. 지시약의 예를 들면 다음과 같다.

표 22-4 혼합 지시약

약품명	산성쪽 색깔	변색 (pH)	알칼리성쪽 색깔	조제방법
브롬크레졸그린 디메틸 옐로우	빨강	4.2	녹색~파랑	브롬크레졸그린 0.8 g + 디메틸옐로우 0.2 g을 에틸알콜(90%) 500 m*l*에 녹인다.
브롬크레졸그린 메틸 레드	빨강~노랑	5.0 (녹색)	보라	브롬크레졸그린 0.3 g + 메틸레드 0.2 g을 에틸알콜(90%) 400 m*l*에 녹인다.
브롬크레졸그린 클로르 페놀 레드	노란녹색~ 파란녹색~ 파랑	6.1 (엷은 보라)	파란보라	브롬크레졸그린 1.0 g + 클로르페놀 레드 0.1 g을 에틸알콜(90%) 200 m*l*에 녹인다.
브롬티몰블루우 페놀 레드	노랑~ 어두운 녹색	7.4 (엷은 보라)	보라	브롬티몰블루우 0.1 g + 페놀레드 0.1 g을 에틸알콜(90%) 50 m*l*에 녹인 다음 증류수를 넣어 200 m*l*로 만든다.
티몰블루우 페놀프탈레인	노랑	9.0 (빨강)	녹색~보라	티몰블루우 1.0 g + 페놀프탈레인 0.3 g을 에틸알콜(50%) 400 m*l*에 녹인다.

(3) 표준용액

표준용액(standard solution)은 정량분석의 기준 용액으로 사용되며 시료를 정량하기에 앞서 반드시 표준용액의 농도를 알아야 한다. 정량분석에서 사용되는 표준용액은 주로 노르말 농도이며 때로는 착화합물의 적정에 몰(Molecular)농도를 사용한다. 적정에 소비된 표준용액을 적정액(titrant)이라고 하며 뷰렛에 있는 용액을 적정액이라 하지 않는다.

1) 표정(standardization)

표준용액의 농도를 결정하는 것을 표정이라 하며 표정에는 순수한 표준물질로 하는 1차 표정과 알고 있는 농도의 표준용액으로 표정하는 2차 표정이 있다.

2) 표준물질

표준물질에는 1차 표준물질과 2차 표준물질이 있다. 순수하며 일정한 조성을 갖고 있는 물질을 표준물질(standard substance)또는 1차 표준(primary standard)이라 한다. 표준물질의 조건은 다음과 같다.

① 순수한 상태로 얻을 수 있거나 정제가 쉽고 일정한 조성을 가져야 한다.

② 가열 및 건조에 의하여 일정한 중량이 되어야 한다(결정수는 가급적 없어야 한다).

③ 흡습성 및 조해성이 없으며 평량하기 쉽고 공기 중의 산소, 이산화탄소 및 햇빛에 의해서 변하지 않고 보존하여 사용할 수 있어야 한다.

④ 수용액에 안정하고 저장 중에 변하지 않아야 한다. 즉 불가역적인 가수분해를 일으키지 않아야 한다.

⑤ 물에 대하여 용해도가 높고 가열하지 않아도 잘 용해되어야 한다.

⑥ 당량이 커서 평량할 때 상대오차(相對誤差)가 적어야 한다.

⑦ 반응이 정량적으로 일어나야 한다.

이상에서와 같이 1차 표준에 사용되는 시약을 표준시약이라고 한다.

2차 표준물질에 해당하는 표준용액은 정확한 농도를 갖는 용액을 말한다. 용량분석과 그밖에 정량적으로 취급하려고 하는 것의 기준으로 하기 때문에 표준용액을 정확히 만들려면 물질의 순도와 조성이 분명해야 할 것은 물론 분동과 측용기는 각각 무게와 부피가 보정되고 검정된 것을 사용해야 한다. 그리고 표준용액을 조제하려 할 때 사용하는 시약이 표준시약이라 할지라도 정확히 평량되지 못하면 자기가 원하는 노르말 농도가 안 된다. 이때 자기가 원했던 노르말 농도로 나누어준 값을 조제된 노르말 용액의 농도계수(濃度係數, factor)라 한다.

$$\text{농도계수(F 또는 f)} = \frac{\text{이론소비량(mL 수)}}{\text{실험소비량(mL 수)}}$$

이상의 식에서 농도계수가 1보다 크게 나타났다면 노르말 농도보다 진하다는 뜻이고 1보다 적다는 것은 노르말 농도보다 묽게 표준용액이 만들어졌다는 것이다. 예를 들어, N-HCl(f=1.025)인 HCl의 노르말 용액이 있다면 이것은 정확히 N-HCl을 뜻하는 것이 아니라 노르말 용액에 농도계수를 곱하여 1×1.025 즉 1.025 N-HCl 이라는 것이 실제의 노르말 농도이므로 그대로 사용하거나 또는 이것을 f=1이 되게 하여 사용한다.

3) 표준용액의 보존법

표준용액의 보존은 용액에 대하여 저항력이 강한 양호한 용기를 사용한다. 보존하는 용기의 표면에는 다음과 같은 내용의 라벨(label)을 붙이고 외부의 영향을 방지하기 위하여 용액에 마개를 해야 한다. 많은 양의 표준용액을 만들어 외부의 영향을 방지하려면 그림 22-10과 같은 뷰렛장치를 사용한다. 공기 산화에 대하여 불안정한 티나늄염(Ti^{3+}) 표준용액 또는 철(Fe^{2+})염 표준용액 등을 보존하는 경우 병 안의 공간과 통할 수 있는 T로부터 H_2 가스를 충만시킨다. 또한 탄산가스에 대하여 민감한 수산화알칼리 표준용액은 D에

표준용액의 농도 및 이름
표정에 사용된 약품명
조제할 때의 온도
조제일자

0.1N-HCl f=0.9986(3회 평균) 지시약: M · O 온도: 18℃ 20○○년 ○월 ○일

그림 22-9 라벨

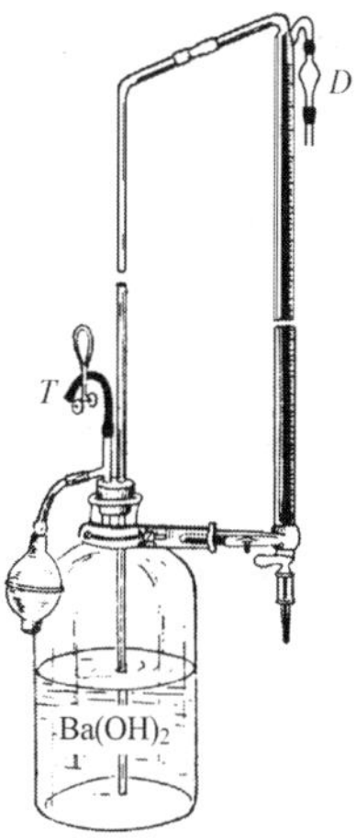

그림 22-10 자동 뷰렛

나트륨 라인(line) 관(管)을 연결하여 외부로부터 들어오는 CO_2를 흡착시켜 버리게 함으로써 안전하게 보존된다. 그 밖에 $AgNO_3$, $KMnO_4$ 등과 같은 감광성(感光性) 용액의 보존에는 갈색 또는 흑색 용기를 사용한다.

4) 당량 및 종말법

정량분석에서 화학반응에 관여하는 물질의 양은 서로 일정한 관계가 있어야 하며 정량적으로 반응하는 물질의 양을 서로 당량(equivalent)이라 한다. 그리고 당량을 그램단위로 표시한 것을 그램당량(gram equivalent)이라 한다.

목적 성분 a를 정량하려고 할 때 알고 있는 농도용액으로 꼭 당량이 되도록 b [ml]를 첨가하였을 때의 지점을 당량점(equivalence point)이라 부르며 당량점을 정하는 데는 지시약이나 전기화학적 및 광학적 방법에 의한다. 그러나 반응의 종류 및 당량점의 판별법과 같은 것들에 의하여 약간의 차질이 생겨 당량점과 일치하지 않고 실험상 관찰한 점이나 지시약과 반응한 종말점을 관측하게 된다.

이와 같은 점을 종말점(end point)이라 하며 이론적으로는 당량점과 구별하여 사용한다. 종말점이 당량점에 근접하였다면 그 적정법은 정확하다고 한다. 그러므로 양쪽이 일치하게끔 조건을 주어야 한다. 각 적정법에서의 당량

$$\text{중화법: 1그램당량} = \frac{1\ \text{mol}}{\text{산 또는 염기 1분자 중의 } H^+ \text{ 또는 } OH^- \text{의 수}}$$

$$\text{산화환원법: 1그램당량} = \frac{1\,\text{mol}}{\text{1분자중의 원자가상태(산화수)의 변화된 수}}$$

침전법, 착염색성법은 반응의 종류에 따라 다르다.

5) milligram 당량(약자 e)

당량 중량의 $\frac{1}{1000}$을 milligram equivalent라 하며 mg당량은 당량 중량을 mg단위로 표시한 것이다. 1 mg 당량은 노르말 용액 1 ml 중에 포함된 물질의 양을 g으로 표시한 수와 같다. 당량이라는 기호로 ≡을 사용하며 다음과 같은 관계가 있음을 한 예로 들겠다.

$\frac{1}{10}$N-HCl 1,000 ml ≡ 4,0005 g NaOH($\frac{1}{10}$g 당량)

$\frac{1}{10}$N-HCl 1 ml ≡ 0.004 g NaOH($\frac{1}{1000}$g 당량) ≡ 4.005 mg NaOH

도금용 시약 조제

- MX지시약: Murexide(MX) 0.2~0.4 g을 시약 1급 이상인 염화나트륨 100 g과 모탈(motar)에서 잘 혼합시켜 분말로서 사용한다.
- 10% Kl: Kl 10 g을 증류수에 용해시켜 전체 용량이 100 ml 되게 한다.
- 0.1% PAN지시약: PAN지시약 0.1 g을 에틸알콜에 용해시켜 전체 용량이 100 ml 되게 한다.
- 0.2%메틸오렌지: 메틸오렌지 0.2 g을 뜨거운 증류수에 용해시킨 후 완전히 냉각한 후 증류수를 가해서 전체 용량이 100 ml 되게 한다.
- 1% 티몰프타레인용액: 1 g의 티몰프타레인 용액을 에틸알콜에 용해시킨 후 증류수를 넣어 전체 용량이 100 ml 되게 한다.
- 10% 질산은 용액: 질산은 10 g을 증류수에 용해시킨 후 전체용량이 100 ml 되게 한다.
- 20% 질산은 용액: 질산은 20 g을 증류수에 용해시킨 후 전체용량이 100 ml 되게 한다.
- 10% 염화바륨 용액: 염화바륨 10 g을 증류수에 용해시켜 전체 용량이 100 ml 되게 한 후 12시간 이상 방치시킨 후 여과한 여액을 사용한다.
- 30% 수산화나트륨 용액: 순도 95% 수산화나트륨 31.6 g을 증류수에 용해시켜 전체 용량이 100 ml 되게 한다.
- 20% 시안화칼륨 용액: 시안화칼륨 20 g을 증류수에 용해시켜 전체 용량이 100 ml 되게 한다.
- 5% 크롬산칼륨 용액: 크롬산칼륨 5 g을 증류수에 용해시켜 전체 용량이 100 ml 되게 한다.
- 1% 페놀프탈레인 용액: 페놀프탈레인 1 g을 95% 에틸알콜 60 ml에 용해시킨 후 증

류수를 넣어 전체 용량이 100 m*l* 되게 한다.

- 4% 포르말린 용액: 포르말린 40 m*l*를 증류수에 용해시키고 전체 용량을 100 m*l* 되게 한다.
- 5% 황산제2철암모늄 용액: 5 g의 황산제2철암모늄을 증류수에 용해시켜 전체 용량이 100 m*l* 되게 한다.
- 10% 질산바륨 용액: 10 g의 질산바륨을 증류수 용해시켜 전체 용량이 100 m*l* 되게 한다.
- 0.2M 빙초산아연: 44 g의 빙초산아연을 증류수에 용해시킨 후 황산으로 pH 3.8～4.0으로 하고 다시 증류수를 가하여 전체 용액이 1 L 되게 한다.

표 22-5 상비시약(常備試藥)

약품명	화학명	농도	비중	비고
진한 염산	conc. HCl	12N	1.18	시중에서 판매되는 진한 염산을 그대로 사용한다.
묽은 염산	dil, HCl	6N	1.10	진한 염산용액에 증류수를 첨가하여 2배의 용적으로 만들어 사용한다.
진한 질산	conc. HNO_3	16N	1.42	시중에서 판매되는 진한 질산을 그대로 사용한다.
묽은 질산	dil. HNO_3	6N	1.20	conc. HNO_3 380 m*l*와 증류수 620 m*l*를 섞어 전체 용액을 1 L가 되게 하여 사용한다.
진한 황산	conc. H_2SO_4	36N	1.84	시중에서 판매되는 진한 황산을 그대로 사용한다.
묽은 황산	dil. H_2SO_4	6N	1.18	진한 H_2SO_4 1에 대하여 물 5의 비율로 혼합하여 사용한다.
빙초산	CH_3COOH	6N	1.04	시중에서 판매되는 99.5% 이상의 빙초산 350 m*l*에 증류수 650 m*l*를 혼합하여 사용한다.
수산화나트륨	NaOH	6N	0.22	NaOH 240 g을 증류수에 용해시켜 전체 용액을 1 L 되게 하여 사용한다.
묽은 암모니아수	dil. NH_4OH	6N	0.96	진한 NH_4OH 400 m*l*와 증류수 600 m*l*를 혼합시켜 전체 용액을 1 L 되게 하여 사용한다.
염화암모늄	NH_4Cl	3N		NH_4Cl 160 g을 증류수에 용해시켜 전체 용액을 1 L로 하여 사용한다.
탄산나트륨	$Na_2CO_3 \cdot 10H_2O$	3N		Na_2CO_3 430 g을 증류수에 용해시켜 전체 용액을 1 L로 하여 사용한다.
염화바륨	$BaCl_2 \cdot 2H_2O$	2N		$BaCl_2$ 240 g을 증류수에 용해시켜 전체 용액을 1 L로 하여 사용한다.
과산화수소	H_2O_2	30%		시중에서 판매하는 것을 그대로 사용한다.

1N-염산 용액 조제방법

$HCl = 36.46$　　35～38% HCl

만약 100% 염산이 있다고 가정하면 1N-HCl 1,000 ml를 조제하는데 36.46g(HCl의 g당량)이 필요하다. 그러나 실제로는 가장 진한 염산이 약 36%이므로 이와 같이 계산하여서는 안 된다. 예를 들어 36%염산을 사용하여 1N-염산 1 L를 만들려면 다음과 같이 계산하여야 한다.

$$36.46 \times \frac{100}{36} \fallingdotseq 100\text{g}$$ ……… 염산의 무게

여기서 36% HCl 100 g을 증류수에 첨가하여 전체 용량을 1 L로 하면 1N-HCl이 된다.

그러나 염산은 액체이기 때문에 중량(重量)을 부피로 환산하여야 한다. 즉

$$V = \frac{W}{D}$$

여기서 V: 부피, W: 중량, D: 비중이다.

또 36%염산의 비중은 1.18이다.

$$\therefore\ V = \frac{100}{1.18} \fallingdotseq 83\,\text{m}l$$

즉 36%염산 83 ml를 증류수에 용해시켜 전체 용량을 1,000 ml로 만들면 1N-HCl이 된다.

▶ 표정방법

① 0.1N-Na_2CO_3에 의한 표정

$NaCO_3 = 105.99$

$NaCO_3$의 시약순도는 99.97% 이상이어야 한다.

▶ 참고사항

1차 표준물질로서 탄산나트륨은 약간 흡습성이며 공기 중의 CO_2를 흡수하여 일부 $NaHCO_3$를 만들기 때문에 항온건조기(dry oven) 중에서 약 270℃ 온도로 1시간 유지시킨 후 데시케이터에서 충분히 냉각시킨 후 사용하면 된다.

0.1N-Na_2CO_3를 만들기 위해서는 Na_2CO_3 10.6 g을 화학천칭에 의해서 정확히 평량한 후 증류수를 첨가하여 전체 용량이 1 L 되게 한다. 이와 같이 만든 0.1N-Na_2CO_3 표준용액 30 ml를 삼각플라스크에 넣은 후 0.02% 메틸오렌지 용액 3～5 방울을 넣는다. 이어서 0.1N-HCl용액으로 적정한다. 이때 0.1N-Na_2CO_3의 종말점은 노란색을 띤 용액의 색깔이 오렌지색으로 변화했을 때가 종말점이 된다.

계산방법은 다음과 같다.

0.1N-Na_2CO_3 표준용액 30 ml를 적정하는데 염산이 28.5 ml 소비되었다면 $NV=nv$의 공식에 의해서 다음과 같이 계산한다.

$$
\begin{aligned}
&\text{HCl} \qquad \text{Na}_2\text{CO}_3\\
&NV=nv\\
&N\times 28.5=0.1\times 30\\
&N=\frac{0.1\times 30}{28.5}=\frac{3.0}{28.5}\fallingdotseq 0.1053
\end{aligned}
$$

즉 0.1N-HCl의 농도는 0.1053이다.

염산의 농도는 0.1053은 0.1×1.053으로 나타낸다. 이때 1.053을 보정계수(correction factor) 또는 노르말계수(normality factor)라 하며 f=1.053 또는 F=1.053으로 나타낸다. 그러나 일반적으로는 이것을 간단히 0.1 N에 대한 역가(Factor)라고 한다.

▶ 참고: **0.1N-HCl 용액의 조제**

앞에서 1N-HCl의 조제는 염산 83 ml에 증류수를 넣어 전체 용량이 1 L 되게 만들어 사용하므로 0.1N-HCl은 8.3 ml의 염산을 증류수에 넣어 1 L 되게 하여 사용하면 된다. 표정은 0.1N-HCl용액과 같이 하면 된다.

0.1N-NaOH용액 조제

NaOH=40

화학천칭에 의해 약 4.5 g의 NaOH를 평량한 후 증류수 1 L에 용해시킨다. 이때 증류수는 미리 끓여 CO_2를 제거하는 것이 좋다.

▶ 표정방법

① 0.1N-HCl에 의한 표정

NaOH용액 25 ml를 0.1-HCl용액으로서 3회 반복하여 적정하고 그 평균치가 25.36 ml였다면 NaOH용액의 역가(Fator)는 다음과 같이 계산한다.

$$
\begin{aligned}
&\text{NaOH} \quad \text{HCl}\\
&NV=nv
\end{aligned}
$$

여기서, N: 0.1N-NaOH의 규정농도

V: 0.1N-NaOH의 체적

n: 0.1N-HCl의 규정농도

v: 0.1N-HCl의 체적

계산방법은 $NV = nv$에 의한다.

$$N.25 = 0.1 \times 25.36$$

$$N = \frac{2.536}{25} = 0.1014$$

즉 0.1N-NaOH의 정확한 규정농도는 0.1014이다.

0.1N-NaOH의 규정농도 0.1014는 0.1×1.014로 나타내므로 0.1N-NaOH의 역가(Factor)는 1.014이다.

0.2N-NaOH용액 조제 방법

NaOH=40

NaOH의 분자량 $40 \times \frac{2}{10} = 8$(여기서 $\frac{2}{10} = 0.2\text{N} - \text{NaOH}$) 화학천칭에 의해서 정확히 8 g의 NaOH를 정확히 평량한 후 증류수 1 L에 용해시킨다. 이때 증류수는 미리 끓여 CO_2를 제거하여 사용하는 것이 좋다.

▶ 표정방법

① HCl에 의한 표정

$NV = nv$ 공식에 의한다.

NaOH용액 20 ml를 0.1N-HCl으로서 3회 반복하여 적정한 후 3회 평균치가 22 ml였다면 NaOH용액의 역가는 다음과 같다.

$$N \cdot 20 = 0.1 \times 22$$

$$N = \frac{2.2}{20} = 0.11$$

그러므로 0.2N-NaOH의 역가는 0.1×1.1로 나타내므로 역가(F)=1.1이 된다.

IN-H_2SO_4 용액 조제 방법

H_2SO_4=98.08

황산은 100 ml 중 49.04 g을 함유하는 용액이다.

시중에서 판매되고 있는 진한 황산은 보통 농도가 96%, 비중 1.84로서 되어있다. 이와 같은 것을 IN-H_2SO_4로 만들려면

$$49.04 \times \frac{100}{96} \fallingdotseq 51.08\,\mathrm{g}$$ …황산의 무게

황산의 무게를 부피로 계산하면 다음과 같다.

$$V = \frac{W}{D} = \frac{51.08}{1.84} \fallingdotseq 27.76\,\mathrm{m}l$$

즉 황산의 농도 96%, 비중 1.84의 것 약 28 ml를 증류수에 희석시켜 전체용액을 1 L로 만들면 1N-H_2SO_4용액이 된다.

▶ 표정방법

① 0.1N-Na_2CO_3에 의한 표정

0.1N-Na_2CO_3 표준용액 25 ml를 삼각플라스크에 넣은 후 지시약으로서 메틸오렌지 2~3방울을 넣는다. 표정하려는 1N-H_2SO_4 표준용액을 뷰렛에 넣고 0.1N-Na_2CO_3 표준용액으로 적정한다. 종말점이 가까우면 황산표준용액을 1방울 떨어뜨렸을 때마다 탄산나트륨용액을 잘 흔들어 주면서 색깔의 변화를 관찰해야 한다. 이때 오렌지색을 나타낸 용액이 적색(赤色)으로 변화할 때가 종말점이 된다. 계산방법은 적정에 소비된 황산 용액이 23.5 ml라 하면 $NV = nv$에 의해서 계산된다.

$$N \times 23.5 = 0.1 \times 25$$

$$N = \frac{2.5}{23.5} \fallingdotseq 0.1074$$

즉 0.1N-H_2SO_4의 농도는 0.1074N이고 이때의 F=1.074이다.

▶ 참고: **0.1N-H_2SO_4 용액 조제**

앞에서 설명한 바와 같이 1N-H_2SO_4의 용액 조제는 황산 28 ml에 증류수를 넣어 1 L 되게 사용하므로 0.1N-H_2SO_4 용액은 황산 2.8 ml에 증류수를 넣어 전체 용량이 1 L 되게 하면 된다.

0.1N-$AgNO_3$ 용액 조제 방법

$AgNO_3$=169.87

질산은 16.9 g을 증류수 1 L에 용해시키고 질산은 용액은 반드시 갈색 시약병에 넣어 사용한다.

▶ 표정방법

① 무어(Mohr)법

0.1N-NaCl 25 ml 정확히 피펫으로 채취하고 증류수 50 ml와 지시약 K_2CrO_4 1 ml를 첨가한 후 뷰렛에 넣은 질산은 용액을 서서히 떨어뜨려 적갈색으로 나타나면 천천히 한두 방울 더 첨가하여 15초 동안 충분히 흔들어 주어도 색깔이 변화하지 않는점이 종말점(end point)이 된다.

② 하잔스(Fajans)법

0.1N-NaCl 25 ml를 정확히 피펫으로 채취하고 증류수 50 ml와 2% 덱스트린 용액 5 ml와 지시약 풀루오레세인(Fluorescein)용액 3 ml 또는 0.1% 우라닌 용액 5~10 방울을 첨가한 후 뷰렛으로부터 질산은 용액을 가하여 마지막 한 방울에 의해서 침전이 황색으로부터 붉은색으로 될 때가 바로 종말점이 된다.

③ 볼하드(Volhard)법

0.1N-NaCl 25 ml를 정확시 피펫으로 취하고 표정하려는 0.1N-$AgNO_3$ 용액 50 ml 및 질산 2 ml와 지시약으로서 황산제2철암모늄 용액 2 ml를 첨가한 후 알고 있는 농도의 표준용액인 NH_4SCN을 뷰렛에 넣고 적정하여 용액이 적갈색으로 나타나면 종말점이 된다.

▶ 참고사항

1. 보통 용량분석에서의 지시약에 의한 반응의 완결은 반응액을 잘 흔들어서 15초 동안 색상이 변화되지 않아야 한다.
2. 무어법에서 지시약(K_2CrO_4)에 의한 반응은 다음과 같다.

$$K_2CrO_4 + 2AgNO_3 = Ag_2CrO_4 + 2KNO_3$$

3. 덱스트린(dextrin)용액은 보호콜로이드로서 첨가하며 반드시 첨가해야 하는 것은 아니다. 만약 사용한다면 2%수용액을 사용한다.
4. 볼하드법에서 NH_4SCN 대신 KSCN, NaSCN을 사용하여도 좋지만 K, Na 염에 Cl^-이 혼입될 염려가 있어서 일반적으로 NH_4SCN을 사용한다.
5. 순수한 질산은을 사용하여 만든 용액은 제1차 표준용액으로 사용할 수 있으므로 다른 표준물질로 다시 표정할 필요가 없다.

0.1N-$KMnO_4$ 용액 조제 방법

시약 $KMnO_4$ 3.2 g을 정확히 평량한 후 증류수 1 L에 용해시킨다. 용액을 1시간 정도 끓인 후 냉각시킨 다음 미리 묽은 염산으로 세척한 그라스휠터로 여과하여 사용한다.

▶ 표정방법

① $Na_2C_2O_4$(옥실산나트륨)에 의한 방법

$$Na_2C_2O_4 = 134$$

무수물의 $Na_2C_2O_4$는 공기 중의 수분을 약간이나마 흡수하므로 130℃에서 1시간 건조시키고 평량병에 넣어 데시케이터 중에 보관하여 사용한다. 표정방법은 $Na_2C_2O_4$ 0.2 g을 정확히 평량하여 500 ml의 비커에 넣고 200 ml의 증류수를 첨가하여 0.2 g의 $Na_2C_2O_4$를 용해시키고 묽은 H_2SO_4(1 : 1) 10 ml를 첨가한다. 이 용액을 물중탕(water bath) 남비에서 70~80℃의 온도로 가온한 후 0.1N-$KNnO_4$ 표준용액으로 적정한다. 이때 옥실산나트륨 용액의 색은 백색(또는 무색)에서 0.1N-$KMnO_4$ 표준용액을 첨가하면 종말점 부근에서 연분홍색으로 나타나며 이 연분홍색이 약 30초 이상 지속될 때까지가 종말점이 된다. 역가(Factor)를 구하는 방법은 다음과 같다.

$$F = \frac{Na_2C_2O_4\text{의 채취량(g)}}{\text{적정에 소비된 } 0.1N-KMnO_4\text{의 소비량(mL)} \times 0.0067}$$

▶ 참고사항

① 적정이 끝날 때까지 옥실산나트륨의 용액 온도는 60℃ 이하가 되지 않아야 한다. 만일 용액의 온도가 낮아지던지 황산의 첨가량이 부족하면 갈색 침전이 생성되어 결과가 부정확하게 된다.

② $KMnO_4$ 표준용액은 1주일에 1회 정도 표정해야 한다.

③ $KMnO_4$ 표준용액의 보존은 갈색 유리병에 넣어야 한다.

④ 0.1N-$KMnO_4$의 당량 계산은 다음 3가지가 있다.

- 산화환원반응의 당량중량(當量重量)은 중화반응에서와 같이 반응하는 수소 1g 원자 또는 산소 1/2 g 원자를 함유하고 있거나 또는 이것과 화합하는 양으로 정의하고 있다. 즉 물질의 1분자량을 반응에 첨가하는 수소 원자의 수로 나누거나 산소 원자수의 절반으로 나누면 당량 중량을 얻는다.

  예를 들면 $KMnO_4$의 산성용액에서의 산화반응은 다음 이론식에 나타난 바와 같이 생성하는 산소 원자로부터 구하게 된다.

$$2KMnO_4 = K_2O + 2MnO + 5O(\equiv 10H)$$

즉 5원자의 산소는 10원자의 수소와 같은 당량임을 나타낸다. 그러므로 $KMnO_4$ 2분자로부터 생기는 산소 원자는 수소의 10개 원자를 산화하여 물로 만들기 때문에 $KMnO_4$ 1분자는 5원자의 수소를 산화하는 것이 된다. 따라서 1분자량의 1/5이 1당량 중량 즉 1/5 mol이 1 g 당량이다. 예를 들어 $KMnO_4$의 1/10N용액 1,000 m*l*는 1/50 mol을 포함하여 만들면 된다.

$$\frac{1}{10}N-KMnO_4\ 1{,}000\ mL \equiv \frac{KMnO_4}{5\times 10} = \frac{158.04}{50} = 3.1608\ g \fallingdotseq 3.2\ g$$

- 산화환원 반응에 있어서 물질의 1 g 당량은 1개의 전자(電子)를 주고받는 양으로서 이 반응에 관계되는 전자의 수로 gram 식량을 나눈 값이다. 예를 들면 Fe 이온의 당량은 다음 식에서와 같이 음전자(陰電子) 1개와 관계하므로 1 g 이온이 1 g 당량이다.

$$Fe^{3+} + e \rightleftarrows Fe^{2+}$$

$KMnO_4$의 산성 용액에서의 산화반응은 다음 식과 같이 전자반응식으로 나타낸다.

$$MnO_4^- + 8H^+ + 5e \rightleftarrows Mn^{2+} + 4H_2O$$

여기서 MnO_4^- 1개는 음전자 5개를 얻으므로 $KMnO_4$ 1분자량을 5로 나누면 1당량 중량을 얻는다.

$$\frac{KMnO_4}{5} = 31.608\ g$$

즉 1 g 당량은 31.608이므로 1/10N용액은 1,000 m*l* 중 31.608 g의 $KMnO_4$를 함유하고 있다.

- 원자가의 변화로 부터의 변화: 산화환원 반응에 의해서 분자 중에 주원자가 원자가를 달리하였을 때 그 변화된 수로 분자량을 나누면 당량 중량을 얻는다. 예를 들면 $KMnO_4$는 산성 산화반응에서 7가로부터 2가로 변하여 5가만큼의 변화가 있으므로 $KMnO_4$ 1분자량을 5로 나누면 1당량 중량을 얻는다.

즉, $\frac{KMnO_4}{5} = 31.608$이다.

$K^{1+}Mn^{7+}O_4^{8-}$ 중의 Mn은 +7가이며, $Mn^{2+}O^{2-}$ 또는 $Mn^{2+}SO_4^{2-}$ 중의 Mn은 +2가이다.
따라서 $Mn^{7+} \rightarrow Mn^{2+}$(5가의 변화가 있다.)

0.1N-$Na_2S_2O_3$ 용액 조제 방법

$Na_2S_2O_3$=158.11
$Na_2S_2O_3 \cdot 5H_2O$=248.18

티오황산나트륨 약 25 g(정확히 24.8 g)과 무수탄산나트륨 0.2 g을 섞어 증류수 100 m*l*에 넣고 약간 끓여 용해시킨 후 증류수를 더 넣어 전체 용량을 1 L로 만들면 된다.

▶ 표정방법

① 0.1N-$KMnO_4$ 용액에 의한 방법: 0.1N-$KMnO_4$ 용액을 피펫으로 25 m*l*를 채취하여 삼각플라스크에 넣고 묽은 H_2SO_4(1 : 1) 약 5 m*l*를 첨가하여 용액을 산성으로 만든 다음 요드칼륨(KI) 2 g을 넣은 후 0.1-$Na_2S_2O_3$ 용액으로 0.1N-$KMnO_4$ 용액을 표정한다(이때의 지시약은 전분을 사용한다). 역가를 구하는 방법은 $NV=nv$(또는 $FNV=fnv$)에 의한다.

답 0.1N-$KMnO_4$ 표준용액의 농도가 0.1021 N이고 이 용액의 채취량을 25 m*l*, 0.1N-$Na_2S_2O_3$ 용액의 소비적정량을 24.5 m*l*라고 할 때의 0.1N-$Na_2S_2O_3$ 용액의 규정농도(Normal)는 얼마인가? 또 이때의 역가(Factor)는 얼마인가?
$NV=nv$ 공식에 의한다.

$$N \cdot 24.5 = 0.1021 \times 21$$

$$N = \frac{0.1021 \times 21}{24.5} = 0.1042 \ \cdots\cdots\cdots \ \text{규정농도}$$

이때의 역가(F)=1.042이다.

② 순수한 Cu에 의한 표정: 순수한 전기동(電氣銅, 순도 99.9% 이상) 1 g을 정확히 평량한 후 묽은 H_2SO_4(1 : 1)으로 용해시킨 후 물중탕(water bath) 냄비에서 용액을 증발건조시킨 후 이 용액을 충분히 냉각시킨 후 증류수를 첨가하여 용액의 Na_2CO_3로 중화시키고 다시 빙초산을 넣어 용액을 약산성으로 만든 후 500 m*l*의 메스플라스크의 표선까지 증류수를 채워 넣는다. 여기서 50 m*l* 용액을 피펫으로 채취하여 KI 2 g을 첨가한 후 0.1N-$Na_2S_2O_3$ 표준용액으로 적정하여 종말점이 나타나기 직전 전

분 용액을 지시약으로 사용하여 0.1N-$Na_2S_2O_3$ 용액의 역가를 구한다.

$$0.1N\text{-}Na_2S_2O_3\text{의 역가}(F) = \frac{\frac{1}{0.006355}}{b\frac{50}{500}}$$

b: 0.1N-$Na_2S_2O_3$의 적정 소비량(ml)

▶ 참고사항

1. $2CuSO_4 + 4KI = Cu_2I_2 + 2K_2SO_4 + I_2$

   0.1N-$Na_2S_2O_3$ 1 ml ≡ 0.006355g Cu

0.01M-EDTA 용액 조제 방법

$Na_2H_2C_{10}H_{12}O_8N_2 \cdot 2H_2O = 372.24$

0.01M-EDTA 1 L를 조제하려면 상기 분자량으로부터 3.723 g을 정확히 화학천칭에 의해서 평량한 후 증류수에 용해시켜 1,000 ml로 하며 보존 방법은 파이렉스(PYREX) 유리병이나 폴리에틸렌(polyethylene)병에 넣어 둔다. 보통 유리는 서서히 Ca가 용출(溶出)되며 용액의 농도가 희박하게 되어 역가(Factor)가 감소되기 때문이다.

▶ 표정방법

① 탄산칼슘($CaCO_3$)에 의한 방법: 특급 시약 $CaCO_3$(분자량=100.69)를 약 1 g 화학천칭에 의해서 정확히 평량하여 소량의 순수한 묽은 염산(1 : 1) 10 ml에 용해시키고 CO_2 가스의 발생이 그치면 용액을 가온(加溫)시켜 완전히 용해시킨 후 냉각시키고 증류수를 다시 첨가하여 정확히 1,000 ml로 만든 것을 Ca 표준용액으로 한다. 여기서 만든 Ca 표준용액에서 25 ml를 피펫으로 채취한 후 증류수를 가하여 50 ml로 하여 암모니아-염화암모늄 완충액(pH 10의 NH_3-NH_4Cl용액) 1 ml와 지시약인 Erio・T (Erio chrom black T) 2~3방울을 첨가하여 0.01M-EDTA 표준용액으로 적정하여 적색에서 청색으로 될 때가 바로 종말점이 된다. 0.01M-EDTA의 역가(factor)를 구하는 방법은 다음과 같다. 0.01M-EDTA의 역가는 다음과 같다.

$$\text{역가(F)} = \frac{CaCO_3\text{의 채취량(g)}}{0.401 \times \text{적정에 소비된 0.01M-EDTA의 적정소비량(mL)}}$$

▶ 참고사항

1. 완충액 암모니아-염화암모늄 pH 10의 조제 방법
   염화암모늄(NH_4Cl) 70 g과 암모니아수(NH_4OH) 570 ml를 증류수에 용해시킨 후 전체 용량을 1,000 ml로 만든다.
2. 0.01M-EDTA 용액의 다른 조제 방법
   시판되는 EDTA · $2H_2O$(분자량=372.24) 약 3.8 g을 증류수 1,000 ml에 용해시킨 후 역가를 표정하여 사용한다. 지시약으로 EBT(Erichrom black T)를 사용하여 칼슘이온(Ca^{2+})을 적정하는 경우에는 용액의 색깔 변화가 약간 확실하지 못하므로 이때에는 미리 EDTA 표준용액속에 마그네슘이온(Mg^{2+})을 미리 넣어 두면 색깔의 변화를 판정하는 데 도움이 된다. 이와 같은 경우에는 시판되는 EDTA 약 4 g과 염화마그네슘($MgCl_2$ · $6H_2O$) 0.1 g을 증류수 1 L에 용해시킨 후 표정하여 사용한다.

0.1N-NH_4SCN 용액 조제 방법

NH_4SCN=76.11

시판되는 특급 시약 NH_4SCN 약 8 g(정확히 7.6 g)을 취하여 증류수 1,000 ml에 용해한다.

▶ 표정방법

0.1N-$AgNO_3$ 용액 10 ml를 채취하여 증류수를 넣어 전체를 100 ml로 만든 후 25% 질산 1 ml와 철명반 용액 0.5 ml를 가하고 0.1N-NH_4SCN 용액으로 0.1N-$AgNO_3$ 용액을 적정하여 용액의 색깔이 붉은색으로 될 때가 종말점이다.

0.1N-NH_4SCN의 역가를 구하는 방법은 다음과 같다.

$$NH_4SCN\text{의 역가(F)} = \frac{0.1N-AgNO_3\text{의 역가(factor)}\times 10}{0.1N-NH_4SCN\text{의 적정소비량(mL)}}$$

22.7 도금액 분석

(1) 시안화구리 도금액 중 구리 분석

1) 준비약품

0.1N-질산은 용액

0.001M-EDTA 용액

완충액(염화암모늄 54 g을 증류수에 용해시킨 후 25% 암모니아수 350 ml를 첨가한 후 다시 증류수를 첨가하여 전체 용액이 1 L되게 한다. 이때 완충용액의 pH는 11이 되어야 한다.)

MX 지시약

2) 분석방법

① 정확히 시안화구리 도금액 5 ml를 삼각플라스크에 넣고 증류수 250 ml를 넣은다.

② ①의 용액 5 ml를 피펫으로 분취하여 비커에 넣고 여기에 증류수 50 ml를 넣어 전체 용액을 희석시킨다.

③ 0.1N 질산은 3 ml를 가한다. 이때 침전이 생길 때까지 충분히 교반한다.

④ 완충용액 2 ml를 가한다. 이때 흑회색으로 된 침전물이 엷은 청색으로 될 때까지 교반을 한다.

⑤ MX지시약 0.2～0.5 g을 첨가하여 약간 가온시키면 황색으로 변화한다.

⑥ 0.01M-EDTA로 적정하면 황색에서 적자색으로 되는 점이 종말점(end point)이 된다.

3) 계산방법

구리(Cu)[g/L] $= 6.354 \times ml \times F$

ml: 0.01M-EDTA의 적정 소비량

F: 0.01M-EDTA의 역가(factor)

시안화구리[$Cu(CN)_2$] [g/L]=CuCN의 분자량은 89.56이다.

Cu : CuCN=63.5 : 89.56

63.5 : 89.56=Cu[g/L] : x

$$x = \frac{89.56}{63.5} \times \text{Cu[g/L]} = 1.41 \times \text{Cu[g/L]}$$

∴ 시안화구리[g/L]=1.41×Cu의 양[g/L]

(2) 시안화구리 도금액 중 유리시안화나트륨 및 시안화칼륨 분석

1) 준비약품

0.1N-질산은 용액

10% 요드 칼륨(KI)

2) 분석방법

① 정확히 시안화구리 도금액이 보메(Bé) 20 이하일 때는 시료를 5 ml, 보메(Bé) 20 이상일 때는 시료를 2 ml 채취한다.

② 시료를 정확히 채취하여 상온까지 냉각시킨 후 증류수 50 ml를 첨가시켜 충분히 희석시킨다.

③ 0.1N-질산은으로 적정한다. 이때 용액을 교반시켜서 백색의 혼탁한 상태가 없어지지 않을 때는 용액을 2~3분간 방치하면 백색의 혼탁한 상태가 없어진다. 이 상태가 종말점이다.

3) 계산방법

$$\text{유리시안화나트륨(NaCN)[g/L]} = 0.0098 \times ml \times \frac{1000}{10} \times F = 0.98 \times ml \times F$$

ml: 0.1N-$AgNO_3$의 적정소비량

F: 0.1N-$AgNO_3$의 역가(factor)

$$\text{유리시안화칼륨(KCN)[g/L]} = 0.013 \times ml \times \frac{1000}{10} \times F = 1.3 \times ml \times F$$

ml: 0.1N-$AgNO_3$의 적정소비량

F: 0.1N-$AgNO_3$의 역가(factor)

(3) 시안화구리 도금액 중 수산화나트륨 분석

1) 준비약품

10% 질산바륨 용액	20% 질산은 용액
1% 페놀프탈레인(P · P) 용액	1N-황산

2) 분석방법

① 시안화구리 도금액의 시료 25 ml를 피펫으로 정확하게 채취한 후 비커에 넣는다.

② 10% $Ba(NO_3)_2$ 25 ml를 첨가한다. 이때 백색 침전이 생긴다. 20% $AgNO_3$를 3 ml 첨가하면서 교반해 준다. 처음에는 흑색 침전이 생기지만 교반하면 회백색으로 된다.

③ 1% 페놀프탈레인(P · P)용액 4~5방울을 첨가한다. 이때 용액의 색깔은 붉은색으로 된다.

④ 1N-H_2SO_4으로 적정하면 용액의 색깔은 백색으로 변화한다. 백색으로 된 후 30초 정도 놔두고 적색의 색깔로 변화되지 않을 때가 종말점이다.

3) 계산방법

수산화나트륨(NaOH)[g/L]=1.6×ml×F

ml: 1N-H_2SO_4 적정소비량

F: 1N-H_2SO_4의 역가(factor)

(4) 황산구리 도금액 중 구리 분석

1) 준비약품

진한 황산	암모니아수
0.5M E・D・T・A	0.1% PAN 지시약

2) 분석방법

① 황산구리 도금액 1 ml를 정확히 300 ml 비커에 넣고 증류수 50 ml를 첨가한다.

② 진한 황산 3.5 ml를 가한 후 용액을 끓인다. 이유는 용액 중의 Fe^{2+}를 Fe^{3+}로 산화시키기 위해서이다.

③ 용액을 냉각시킨 후 암모니아수 약 10 ml를 가하면 진한 청색 침전이 나타난다. 암모니아수가 적게 첨가되면 담청색의 수산화구리의 침전이 생기게 된다.

④ 용액을 여과지로 여과시킨 후 증류수를 세척하여 용량이 100 ml되게 한다. 이와 같은 과정은 철을 분리시키기 위해서이다.

⑤ 여액을 약 5분간 끓인다. 여기서 여액을 끓이는 이유는 용액 중의 암모니아수가 많으면 종말점이 분명하게 나타나지 않기 때문에 용액을 끓여서 암모니아수를 날려 보내기 위해서이다.

⑥ 용액을 냉각시킨 후 0.1% PAN 지시약 몇 방울을 첨가한다. 이때는 황록색이 된다.

⑦ 0.05M-EDTA로 적정한다. 적자색으로 변화될 때가 종말점이 된다.

3) 계산방법

황산구리($CuSO_4$・$5H_2O$)[g/L]=12.5×ml×F

ml: 0.05-EDTA 적정소비량

F: 0.05M-EDTA의 역가(factor)

(5) 황산구리 도금액 중 황산 분석

1) 준비약품

0.2% 메틸오렌지	0.2N-수산화나트륨

2) 분석방법

① 황산구리 도금액 2 m*l*를 정확히 채취하여 증류수 200 m*l*와 희석한다.

② 0.2% 메틸 오렌지(M・O)를 몇 방울 첨가하고 0.2N-NaOH 용액으로 종말점을 구한다. 이때는 적색에서 황색으로 용액이 변화하는 지점이 종말점이 된다.
화학반응식은 다음과 같다.

$$H_2SO_4 + 2NaOH = Na_2SO_4 + 2H_2O$$

3) 계산방법

황산(H_2SO_4)[g/L] = 4.9 × m*l* × F

m*l*: 0.2N-NaOH의 적정소비량

F: 0.2-NaOH의 역가(factor)

(6) 니켈도금액 중 니켈 분석

1) 준비약품

암모니아수(2배로 희석하여 사용한다)

MX 지시약

0.05M-EDTA

2) 분석방법

(1) 니켈도금액을 정확히 2 m*l*를 코니컬 비커에 넣고 증류수 100 m*l*를 첨가한다.

(2) 암모니아수 10~20 m*l*를 첨가한다.

(3) MX 지시약 0.2 g을 넣고 0.05M-EDTA로 적정. 종말점은 갈색에서 청자색으로 변화.

3) 계산방법

황산니켈($NiSO_4 \cdot 6H_2O$)[g/*l*] = {1.4673 × m*l* × F − 염화니켈의 양(g/L) × 0.25} × 4.48

금속니켈(Ni^{2+})(g/L) = 5.869 × m*l* × F

F: 0.05-EDTA의 역가

m*l*: 0.05M-EDTA의 적정소비량

(7) 니켈도금액 중 염화물

1) 준비약품

0.1N-질산은　　　　5%크롬산칼륨(K_2CrO_4)

2) 분석방법

① 니켈도금액 2 ml를 300 ml 코니컬 비커에 넣고 증류수 100 ml를 첨가한다.

② 5%크롬산칼륨(K_2CrO_4)을 2~3 ml 가하면 황녹색으로 변화한다.

③ 0.1N-$AgNO_3$ 용액으로 적정. 백색 침전에서 적색침전으로 되는 지점이 종말점이 된다.

3) 계산방법

염화니켈($NiCl_2 \cdot 6H_2O$)[g/L]＝5.95×ml×F

염화암모늄(NH_4Cl)[g/L]＝2.675×ml×F

염소(Cl)[g/L]＝0.71×ml×F

ml: 0.1N-$AgNO_3$ 용액의 적정소비량

F: 0.1N-$AgNO_3$ 용액의 역가

(8) 니켈도금액 중 붕산 분석

1) 준비약품

포화황혈염(황혈염 450 g을 증류수 1 L에 용해시킨 것)

만닛톨($C_6H_{14}O_6$)

1% 페놀프탈레인 용액

2) 분석약품

① 니켈도금액 2 ml를 정확히 채취한 후 증류수 20 ml를 가한다.

② 포화황혈염 8 ml를 넣고 만닛톨 4 g을 넣는다. 황혈염이 첨가되면 아교상의 침전물이 만들어진다.

③ 1% 페놀프탈렌인 지시약을 사용하여 0.1N-NaOH 용액으로 적정한다. 이때의 종말점은 청색→녹색→홍색으로 변하는 지점이다.

3) 계산방법

붕산(H_3BO_3)[g/L]＝3.092×ml×F

ml: 0.1N-NaOH 적정소비량

F: 0.1N-NaOH의 역가

(9) 흑니켈도금액 중 니켈분석

1) 준비약품

암모니아수(진한 암모니아수를 2배로 희석시킨다.)

MX 지시약

0.2M-EDTA

2) 분석방법

① 흑니켈도금액 2 m*l*를 300 m*l* 코니컬 비커에 넣고 증류수 100 m*l*를 첨가한다.

② 암모니아수 20 m*l*를 첨가한다.

③ MX지시약 0.3 g을 첨가한다.

④ 0.2M-EDTA로 적정한다. 종말점은 갈색에서 청자색으로 될 때이다.

3) 계산방법

니켈(Ni)[g/L]＝5.869×m*l*×F

황산니켈암모늄($NiSO_4(NH_4)_2SO_4 \cdot 6H_2O$)＝금속니켈의 양(g/L)×6.7

m*l*: 0.2M-EDTA 적정소비량

F: 0.2M-EDTA의 역가

(10) 흑니켈도금액 중 아연분석

1) 준비약품

암모니아수

20% 시안화칼륨

4% 포르말린

1M-염화암모늄 용액

BT 지시약(Elio Chrom black T)

0.01M-EDTA

2) 분석방법

① 흑니켈도금액 10 m*l*를 100 m*l* 메스플라스크에 넣고 NH_4OH를 첨가하여 용액을 중성에서 알칼리성으로 나타나게 한다.

② 20%KCN 용액을 10～20 m*l* 가한 후 증류수를 넣어 혼합시킨 후 전체 용액이 100 m*l* 되게 희석시킨다.

③ 이중 10 ml를 피펫으로 채취하고 코니컬 비커에 넣고 증류수 100 ml를 첨가한다.

④ 20%KCN 용액을 0.5 ml를 첨가하고 BT 지시약을 소량 가한다. 용액이 적색으로 되면 0.01M-EDTA로서 용액이 청색으로 변화될 때까지 적정한다.

⑤ 4%포르말린을 5 ml 가하고 1M-NH_4Cl을 첨가하여 pH를 8~9까지로 만든다.

⑥ 0.01M-EDTA로서 적정한다. 이때의 종말점은 청색으로 될 때이다.

3) 계산방법

아연(Zn)[g/L]＝0.6538×ml×F

황산아연($ZnSO_4 \cdot 7H_2O$)[g/L]＝금속아연(g/L)×4.4

ml: 0.01M-EDTA 적정소비량

F: 0.01M-EDTA의 역가

(11) 흑니켈도금액 중 로당칼륨의 분석

1) 준비약품

3N-황산

5% 황산제2철암모늄

0.1N-질산은

2) 분석방법

① 흑니켈도금액 10 ml를 300 ml 코니컬 비커에 넣고 증류수 100 ml를 첨가한다.

② 3N-H_2SO_4을 첨가하여 용액을 산성으로 만든다.

③ 5% 황산제2철암모늄 5 ml를 첨가한다.

④ 0.1N-$AgNO_3$으로서 적정한다. 종말점은 붉은색이 없어질 때이다.

3) 계산방법

로당칼륨(g/L)＝0.99×ml×F

ml: 0.01N-$AgNO_3$의 적정량

F: 0.1N-$AgNO_3$의 역가

(12) 크롬도금액 중 크롬산 분석

1) 준비약품

산성불화암모늄(NH_4FHF) 요드칼륨

6N-황산 0.1N-티오황산나트륨

2%전분용액

2) 분석방법

① 크롬도금액을 4 m*l* 채취하여 증류수 100 m*l*와 혼합 희석시킨다.

② 상기 용액에서 5 m*l*를 채취하여 코니컬 비커에 넣고 증류수 50 m*l*한다.

③ 산성불화암모늄 2 g을 가한 후 KI 2 g을 첨가하고 충분히 교반한다.

④ 6N-H_2SO_4 15 m*l*를 가하여 전분용액을 지시약으로서 사용하고 0.1N-티오황산나트륨 용액으로서 적정한다. 이때의 종말점은 녹색으로 나타난다.

3) 계산방법

크롬산(g/L) = 16.7×m*l*×F

ml: 0.1-티오황산나트륨 용액의 적정소비량

F: 0.1-티오황산나트륨 용액의 역가

(13) 크롬도금액 중 3가 크롬 분석(용량분석법)

1) 준비약품

과산화나트륨 6N-황산

산성불화암모늄(NH_4HF) 0.1N 티오황산나트륨

요드칼륨 2%전분용액

2) 분석방법

① 크롬도금액 2 m*l*를 메스플라스크에 넣고 증류수를 넣어 전체 용량이 100 m*l*되게 한다.

② 이 용액에서 정확히 10 m*l* 채취하여 증류수 50 m*l*를 가하여 과산화나트륨(Na_2O) 약 2 g을 첨가한다.

③ 10분 이상 가열하고 산성불화암모늄(NH_4HF) 2 g을 첨가한 후 냉각시킨다.

④ KI 2 g을 첨가하여 용해시킨 후 6N-H_2SO_4 15 m*l*를 첨가한다. 이때 KI 첨가를 한 후에는 재빨리 적정하여야 한다.

⑤ 지시약은 0.2%전분 용액을 사용한다. 0.1N-티오황산나트륨 용액으로 적정하여 소비 m*l*수를 구한다. 이때 암갈색에서 투명한 색으로 될 때가 종말점이 된다.

3) 계산방법

3가크롬(g/L)＝8.67×(소비 m*l*−6가크롬에 필요한 적정소비 m*l*)×F

적정 m*l*: 0.1N−티오황산나트륨의 적정소비량

F: 0.1N−티오황산나트륨의 역가

(14) 크롬도금액 중 황산 분석(중량법)

1) 준비약품

진한 염산

빙초산(CH_3COOH)

1N−에틸알콜

1N−염화바륨

2) 분석방법

① 크롬도금액 20 m*l*를 300 m*l* 코니컬 비커에 넣는다.

② 진한 염산 8 m*l*, 초산 25 ml, 1N−에틸알콜 20 m*l*를 첨가한 후 용액을 덥게 만든다. 이때 용액의 색이 녹색으로 된다.

③ 증류수 150 m*l*를 첨가한 후 다시 용액을 덥게 하고 1N−$BaCl_2$ 용액 10～15 m*l*를 가하여 1시간 동안 가열한다. 이때 백색 침전이 생기게 된다.

$$H_2SO_4 + BaCl_2 \rightarrow \underset{\text{백색침전}}{\underline{BaSO_4}} \downarrow + 2HCl$$

④ 용액의 침전이 완전히 침전될 때까지 가만히 놔둔 후 여과지 정량용(바륨용을 사용)을 사용하여 여과하고 난후 뜨거운 물로 세척한 후 침전물을 건조시킨 후 여과지와 침전물을 노(furnace)에서 완전히 태운 후 화학천칭으로 평량한다. 단 여과지의 무게는 계산상 무시해도 된다.

3) 계산방법

황산(H_2SO_4)[g/L]＝황산바륨의 중량(g)×21.01

(15) 크롬도금액 중의 철 불순물 분석

1) 준비약품

과산화나트륨

6N−염산

0.1N−티오황산나트륨

10%요드칼륨

2%전분용액

2) 분석방법

① 크롬도금액 1 ml를 정확히 300 ml 코니컬 비커에 넣은 후 증류수 50 ml를 첨가한다.

② 과산화나트륨 2 g을 첨가하고 가열시킨다.

③ 충분히 냉각시킨 후 여과하고 증류수로 세척해준다.

④ 여과지위의 침전물을 소량의 6N-HCl으로서 용해시킨 용액에 10% KI 용액 5 ml를 첨가한다.

⑤ 이때 전분용액을 지시약으로 사용한 후 0.1N-티오황산나트륨 용액으로서 적정한다.

3) 계산방법

철(Fe)[g/L]=5.58×ml×F

ml: 0.1N-티오황산나트륨의 적정소비량

F: 0.1N-티오황산나트륨의 역가

(16) 시안화아연 도금액 중 아연 분석

1) 준비약품

3N-황산
BT 지시약
0.01M-EDTA 용액
완충액(pH11)
4% 포르말린 용액

2) 분석방법

① 시안화아연 도금액을 정확히 5 ml 채취한 것에 증류수 100 ml로서 희석시킨 후 300 ml 코니컬 비커에 넣는다.

② 상기 용액에서 10 ml를 정확히 피펫으로 채취한 후 완충액 20 ml와 증류수 20 ml를 첨가시킨 후 4% 포르말린 용액 5 ml를 첨가한다.

③ 종말점에 이르면 4% 포르말린 용액 3~4 ml를 가하고 이때 용액의 색이 붉은색으로 되면 0.01M-EDTA 용액으로 적정한다. 종말점은 적자색에서 청색으로 될 때이다.

3) 계산방법

금속 아연(Zn)[g/L]=1.3×ml×F

① 시안화아연 도금액을 정확히 5 ml 채취한 것에 증류수 100 ml로서 희석시킨 후 300 ml 코니컬 비커에 넣는다.

② 상기 용액에서 10 ml를 정확히 피펫으로 채취한 후 완충액 20 ml와 증류수 20 ml를 첨가시킨 후 4% 포르말린 용액 5 ml를 첨가한다.

③ 종말점에 이르면 4% 포르말린 용액 3~4 ml를 가하고 이때 용액의 색이 적색으로 되면 0.01M-EDTA 용액으로 적정한다. 종말점은 적자색에서 청색으로 될 때이다.

4) 계산방법

금속아연(Zn)[g/L]＝1.3×ml×F

시안화아연[$Zn(CN)_2$][g/L]＝금속아연의 양(g/l)×1.8

ml: 0.2M-EDTA의 적정소비량

F: 0.2M-EDTA의 역가

(17) 시안화아연 도금액 중 시안화나트륨

1) 준비약품

10% 수산화나트륨 용액

10% 요오드칼륨 용액

0.1M-질산은

2) 분석방법

① 시안화아연 도금액 10 ml를 정확히 코니컬 비커에 넣는다.

주의: 시안농도에 따라 다음과 같이 샘플(sample)양을 변화시킨다. 시안화아연 도금액이 보메(Bé) 20 이하일 때는 샘플(sample)양이 5 ml, 시안화아연 도금액이 보메(Bé) 20 이상일 때는 샘플(sample) 도금액 양을 2 ml로 채취한다.

② 증류수 100 ml와 10% NaOH 용액 5 ml를 첨가한 후 충분히 교반하고 10% KI 용액 5 ml를 첨가한다.

③ 0.1N-$AgNO_3$으로서 적정한다. 종말점은 백색 침전이 없어질 때이다.

3) 계산방법

전(全) 시안화나트륨(NaCN)[g/L]＝0.98×ml×F

샘플 양이 5 ml일 때는×2

샘플 양이 2 ml일 때는×5

ml: 0.1N-$AgNO_3$의 적정소비량

F: 0.1N-$AgNO_3$의 역가

$$\text{M비} = \frac{\text{전수산화나트륨(NaCN)}}{\text{금속아연(Zn)}}$$

(18) 시안화아연 도금액 중 전알칼리·수산화나트륨·탄산나트륨의 분석

1) 준비약품

1N-NCl

10% 황혈염

10% 질산은

1% 페놀프탈레인

인지코칼루민

2) 분석방법

A. 전(全)알칼리 분석

① 시안화아연 도금액 10 m*l*를 채취한 후 증류수 50 m*l*, 10% 황혈염 5 m*l*와 10% $AgNO_3$ 약 5 m*l*를 첨가하면 침전이 생성된다.

② 페놀프탈레인 지시약을 사용하여 1N-HCl으로서 적정한다. 이때의 종말점은 적색에서 무색으로 변화한다.

B. 수산화나트륨 및 탄산나트륨의 분석

① 시안화아연 도금액 10 m*l*를 채취한 후 증류수 50 m*l*를 첨가한다.

② 인지코칼루민을 지시약으로 사용하고 1N-HCl으로 적정한다. 이때의 종말점은 갈색에서 청색으로 변화한다.

3) 계산방법

전(全)알칼리[g/L]=A의 적정 m*l*×4×F

수산화나트륨(NaOH)[g/L]=B의 적성 m*l*×4×F

탄산나트륨($NaCO_3$)[g/L]=(A의 적정 m*l*－B의 적정 m*l*)×10.6×F

A의 적정 m*l*: 1N-HCl의 적정 소비량

B의 적정 m*l*: 1N-HCl의 적정 소비량

F: 1N-HCl의 역가

(19) 산성 주석 도금액 중 주석 분석

1) 준비약품

25% 염산

0.1N-뇨소 용액

2% 전분 용액

2) 분석방법

① 산성 주석 도금액 5 ml를 300 ml의 코니컬 비커에 넣는다.

② 25% HCl 20 ml와 증류수 50 ml를 첨가한다.

③ 2% 전분 용액을 지시약으로 하여 0.1N-뇨소 용액으로서 적정한다. 이때의 종말점은 무색에서 붉은색으로 변화한다.

3) 계산방법

금속 주석(Sn)[g/L]=1.187×ml×F

황산 주석($SnSO_4$)[g/L]=1.81×금속 주석의 양(g/L)

ml: 0.1N-뇨소 용액의 적정소비량

F: 0.1N-뇨소 용액의 역가

(20) 산성 주석 도금액 중 황산 분석

1) 준비약품

0.2N-수산화나트륨 용액

메틸 오렌지

2) 분석방법

① 산성 주석 도금액을 2 ml 채취하여 500 ml의 코니컬 비커에 넣는다.

② 증류수 200 ml를 첨가한다.

③ 메틸오렌지를 지시약으로 사용한 후 0.2N-NaOH 용액으로서 적정한다. 이때의 종말점은 적색에서 황색으로 변화할 때이다.

3) 계산방법

황산(H_2SO_4)[g/L]=4.9×ml×F

ml: 0.2N-NaOH 용액의 적정소비량

F: 0.2N-NaOH 용액의 역가

(21) 알칼리 주석 도금액 중 주석 분석

1) 준비약품

진한 염산 　　　　　　　　철분

탄산칼슘 　　　　　　　　0.2N-뇨소 용액

2% 전분 용액(지시약)

2) 분석방법

① 알칼리 주석 도금액 5 ml를 피펫으로 채취하여 코니컬 비커에 넣는다.
② 증류수 100 ml를 넣어 용액을 희석시킨 후 진한 염산 50 ml를 첨가한다.
③ 철분 2~3g을 넣고 용액이 끓을 정도로 가열시킨다.
④ 충분히 냉각시킨 후 탄산칼슘 1g을 첨가한다.
⑤ 0.1-뇨소 용액으로 적정하면서 전분을 지시약으로 사용한다. 종말점은 무색에서 자색으로 변화될 때이다.

3) 계산방법

금속 주석(Sn)[g/L]=1.187×ml

주석산나트륨($Na_2SnO_3 \cdot 3H_2O$)[g/L]=2.241×금속 주석의 양(g/L)

ml: 0.1N-뇨소 용액의 적정소비량

(22) 알칼리 주석 도금액 중 유리알칼리의 분석

1) 준비약품

10% 염화바륨

1% 티몰 후탈렌 알콜 용액

0.1N-염산

2) 분석방법

① 알칼리 주석 도금액 10 ml를 피펫으로 채취하여 코니컬 비커에 넣는다.
② 25 ml의 증류수와 10% 염화바륨 50 ml를 첨가한 후 충분히 교반시키고 15분 정도 가만히 놔둔다.
③ 1% 티몰후탈렌알콜 몇 방울을 가한 후 0.1N-염산으로 적정한다. 이때의 종말점은 청색에서 무색으로 변한다.

3) 계산방법

유리 수산화나트륨(NaOH)[g/L]=0.4×ml×F

유리 수산화칼륨(KOH)[g/L]=0.56×ml×F

ml: 0.1N-HCl의 적정소비량

F: 0.1N-HCl의 역가

(23) 황동 도금액 중 구리 분석

1) 준비약품

진한 염산

과산화수소

요오드칼륨

진한 질산

0.1N-티오 황산나트륨

2) 분석방법

① 황동 도금액 2 m*l*를 코니컬 비커에 넣은 후 진한 염산 5 m*l*를 첨가한다.

② 과산화수소 5 m*l*를 가하고 충분히 용액을 가열시킨 후 증발 건고시킨다.

③ 증발 건고시킨 상태에서 충분히 냉각시킨 후 증류수 100 m*l*를 첨가한다.

④ 0.1N-티오황산나트륨으로 적정시킨다. 이때 지시약은 전분 용액을 사용한다. 종말점은 암황색(暗黃色)에서 유백색(乳白色)으로 된다.

3) 계산방법

$$구리(Cu)[g/L]=\frac{6.354}{2}\times ml\times F$$

시안화구리(CuCN)[g/L]=1.41×구리의 양(g/L)

m*l*: 0.1N-티오황산나트륨의 적정소비량

F: 0.1N-티오황산나트륨의 역가

(24) 황동 도금액 중 아연분석

1) 준비약품

3N-황산

완충액(염화암모늄 54 g을 증류수에 용해시킨 후 진한 암모니아수 350 m*l*를 가하여 전체 요액의 양을 1,000 m*l*로 만든다.)

BT 지시약

4% 포르말린

0.01M-EDTA

2) 분석방법

① 황동 도금액 5 m*l*를 증류수 100 m*l*로 희석시켜 코니컬 비커에 넣는다.

② 완충액 25 m*l*와 증류수 20 m*l*를 첨가한다.

③ BT 지시약은 약 5 mg 첨가한다.

④ 4% 포르말린 5mg을 첨가한다.

⑤ 0.01M-EDTA로 적정한다. 종말점은 적색에서 청색으로 나타나는 지점이다. 종말점에 이르면 4% 포르말린 용액 5 m*l*를 가하고 다시 적색으로 용액이 되면 0.01M-EDTA 용액으로 다시 적정한다.

3) 계산방법

금속 아연[g/L]=1.3×m*l*×F

시안화 아연[g/L]=1.8×금속 아연의 양(g/L)

m*l*: 0.01M-EDTA 적정소비량

F: 0.01M-EDTA의 역가

(25) 황동 도금액 중 유리시안화나트륨 분석

1) 준비약품

10% 질산바륨　　　10% 요오드칼륨

0.1N-질산은 용액

2) 분석방법

① 황동 도금액 10 m*l*를 300 m*l* 코니컬 비커에 넣고 증류수 100 m*l*로 희석시킨다.

② 용액을 가열한 후 교반시키면서 10% 질산 바륨을 첨가한 후 충분한 침전이 되기 위하여 가만히 놔둔다.

③ 침전이 생성된 용액을 여과시키고 여과지 위의 침전물은 온수로 세척해 준다. 여기서 생긴 침전물은 탄산나트륨의 분석에 사용한다.

④ ③의 과정에서 생긴 여액에 10% 요드칼륨 용액 5 m*l*를 가하고 0.1N-$AgNO_3$ 용액으로 적정한다.

3) 계산방법

유리시안화나트륨(NaCN)[g/L]=0.98×m*l*×F

m*l*: 0.1N-$AgNO_3$의 적정소비량

F: 0.1N-$AgNO_3$의 역가

(26) 은도금액 중 은 분석

1) 준비약품

0.1N-티오시안화나트륨암모늄 용액　　　진한 황산

진한질산　　　　　　5% 황산제2철암모늄 용액

2) 분석방법

① 은 도금액 5 ml를 코니컬 비커에 정확히 넣고 진한 황산 20 ml와 진한 질산 5 ml를 가하는데 이때 용액의 증가가 백연(白煙)이 생길 때까지 가열하면 착염을 완전히 파괴할 수 있다. 용액은 유독가스가 생성되기 때문에 반드시 흄 후드장치에서 해야 한다.

② 용액을 충분히 냉각시킨 후 증류수 100 ml와 5% 황산제2철암모늄 용액을 지시약으로서 2~3 ml가한 후 0.1N-티오시안화암모늄 용액으로서 복숭아색으로 나타날 때까지 적정한다.

3) 계산방법

금속은(Ag)[g/L]$=1.079\times ml\times 2$

시안화은(AgCN)[g/L]$=1.24\times$금속은의 양(g/L)

시안화은 칼륨$=1.8\times$금속은의 양(g/L)

ml: 0.1N-티오시안화암모늄의 적정소비량

F: 0.1N-티오시안화암모늄의 역가

(27) 은도금액 중 유리시안화나트륨의 분석

1) 준비약품

0.1N-질산은

10% 요드 칼륨

2) 분석방법

① 은 도금액을 정확히 1 ml 채취하여 코니컬 비커에 넣고 증류수 50 ml를 첨가한다.

② 10% Kl 용액 50 ml를 첨가한다.

③ 0.1N-$AgNO_3$로서 적정한다. 이때의 종말점은 백색 침전으로 될 때이다.

3) 계산방법

유리시안화나트륨(NaCN)[g/L]$=0.98\times 10\times ml\times F$

유리시안화칼륨(KCN)[g/L]$=1.3\times 10\times ml\times F$

ml: 0.1N-$AgNO_3$의 적정소비량

F: 0.1M-$AgNO_3$의 역가

(28) 로듐 도금액 중 로듐 분석

1) 준비약품

아연(亞鉛粒)　　　　　　　　6N-황산

2) 분석방법

① 100 ml의 삼각플라스크에 로듐 도금액 25 ml를 정확히 채취해 넣는다.

② 아연입 약 1 g을 넣고 5~6시간 반응시킨다.

③ 거품이 나타나면 6N-황산 약 10 ml를 가한다.

④ 흑색의 침전물이 생기면 잠시 놔두면 상등액이 무색 투명해진다. 이때 용액의 색깔이 변화되면 다시 아연입을 소량 첨가해야 한다.

⑤ 하룻밤 방치한 후 그라스 휠터로 여과한다.

⑥ 그라스휠터 위의 침전물은 증류수로서 잘 세척해준 후 건조기에서 완전히 건조해 준다.

⑦ 건조기에서 건조한 침전물을 데시케이터에서 완전히 방냉시킨 후 평량한다.

3) 계산방법

로듐(g/L)=침전물의 중량(g)×40

(29) 로듐 도금액 중 황산 분석

1) 준비약품

0.2N-수산화나트륨　　　　　　　　0.2% 메틸 오렌지

2) 분석방법

① 로듐 도금액을 정확히 2 ml 채취한 후 증류수 200 ml을 첨가한다.

② 0.2% 메틸오렌지를 넣고 0.2N-NaOH 용액으로서 적정한다. 이때의 종말점은 붉은색에서 황색으로 변화할 때이다.

3) 계산방법

황산(H_2SO_4)[g/L]=4.9×ml×F

ml: 0.2N-NaOH의 적정소비량

F: 0.2N-NaOH의 역가

(30) 금도금액 중 금 분석

1) 준비약품

진한 염산 　　　　　　　　진한 질산

염화칼륨 　　　　　　　　금 표준액

2) 분석방법

① 금도금액을 정확히 10 m*l* 채취하여 삼각플라스크에 넣는다.

② 염산 15 m*l* 질산 5 m*l* 염화칼륨을 2～3 m*l* 정도 아주 소량을 첨가한다.

③ 가스가 생성할 때까지 흄 후드에서 용액을 끓인다. 끓이는 도중에 증발 건고되지 않는 상태로 되면 염산을 몇 방울 첨가한다.

④ 용액을 완전히 냉각시킨 후 증류수 100 m*l*를 넣어 희석시킨 후 원자 흡광 분석(표준 첨가법)에 따라 측정한다.

(31) 금도금액 중 유리시안화나트륨 분석

1) 준비약품

0.1N-질산은 　　　　　　　　10% 요오드 칼륨

2) 분석방법

① 금도금액 10 m*l*를 정확히 300 m*l* 코니컬 비커에 채취한다.

② 증류수 50 m*l*를 첨가한다.

③ 10% 요오드칼륨 용액 5 m*l*를 첨가한다.

④ 0.1N-$AgNO_3$ 용액으로서 적정한다. 이때의 종말점은 용액을 교반하면서 백색 침전이 없어지는 지점이다.

3) 계산방법

유리시안화나트륨(NaCN)[g/L]＝0.98×m*l*×F

유리시안화칼륨(KCN)[g/L]＝1.33×m*l*

m*l*: 0.1N-$AgNO_3$의 적정소비량

F: 0.1N-$AgNO_3$의 역가

22.8 도금 시험 방법

도금을 한 후 도금제품의 품질을 주기적으로(매일, 격일, 매주 등) 검사하며 품질관리 및 공정관리를 통해 도금 제품의 규격화 및 원가 절감의 효과를 얻을 수 있다. 도금제품의 품질시험 방법은 한국공업규격(KS규격)에 나타나 있으므로 모든 도금제품은 한국공업규격에 명시된 수준 이상의 품질을 갖는 도금 제품을 만들도록 해야 한다. 도금 종류에 따른 시험 항목은 표 22-6과 같으며 주요 항목에 대한 시험방법은 표 22-7과 같다.

표 22-6 도금 종류에 따른 시험 항목

항목 \ 도금 종류	전기도금	무전해도금	용융도금
경도	0	-	0
유공도	0	0	0
도금두께	0	0	0
부착량	0	-	0
균일성	0	-	0
밀착성	0	0	0
내마모성	0	0	0
내열성	0	-	0
순도	0	-	-
내식성	0	0	0
외관	0	0	0

표 22-7 도금에 대한 시험 방법

1. 도금두께 시험
   파괴시험
   ① 현미경 측정법
   ② 화학적 측정법: 분사시험법(Jet test), 적하시험법(Dropping test), 전해식법(Coulometric test)
   비파괴시험: 자력법(Magnetic method), 와전류법(Eddy current method), β선법(β-ray backscattering method), 중량법
2. 내식성시험
   옥외폭로시험
   염수분무시험: 중성염수분무시험, 빙초산 산성 염수분무시험, 구리 촉진 염수분무시험
   코로드코오트시험
   아황산가스시험
   EC시험
   유공도시험: 페록실시험

3. 밀착성시험
굴곡시험
염마시험
가열시험
급냉시험
함마시험

4. 경도시험
마이크로 비커즈 경도 시험
록크웰 경도 시험
브리넬 경도 시험
쇼오 경도 시험
모어 경도 시험

5. 외관시험

(1) 도금두께 시험

1) 현미경 측정법

현미경 측정에 의한 방법은 시료를 절단·연마한 후 금속현미경에 의해서 도금 두께를 측정한다. 이 방법은 가장 정확하다고 볼 수 있다. 측정하고자 하는 시료의 절단면을 만들어 연마한 후 각각의 도금층의 부식액에 의해서 부식시켜 접안렌즈(금속현미경에 부착)에 의해서 도금 두께를 측정한다. 이때 도금 두께는 0.1μ까지 측정이 가능해야 한다. 금속현미경의 배율은 400~600배가 적당하다. 표 22-8 및 22-9는 금속현미경에 의한 도금두께 측정방법과 여러 가지 부식액이다.

표 22-8 도금두께 측정방법

시험 방법 / 소지	도금 종류	파괴시험법				비파괴시험법			
		물리적 방법	화학적 방법			물리적 방법			
		현미경법	분사법	적하법	전해식	중량법	와전류법	자기식	마이크로미터
Fe	Ni, Cr	○	○		○				
Cu 합금	Ni, Cr	○	○		○				
Zn 합금	Cu, Ni, Cr	○			○				
Fe	Zn	○		○	○		○	○	
Fe	Cu	○		○	○		○	○	
공업용 Cr(경질 Cr)		○			○		○	○	○
Al 양극산화		○					○		
용융, 용사						○			

표 22-9 현미경 측정용 부식액

시험편		부식액조제방법	처리법
부식대상	측정대상		
Fe	Ni, Cr Cu 공업용 Cr (경질 Cr)	① 질산(비중 1.42) 5 ml+에틸알콜 100 ml ② 피크린산 4 g+에틸알콜 100 ml	수초침적
Cu Cu 합금	Ni Ni 공업용 Cr (경질 Cr)	암모니아수(28%) 1+과산화수소(30%)	탈지면에 부식액을 적셔 바른다.
Zn 합금 · Cd		무수크롬산 200 g/L+황산나트륨 15 g/L	수초침적
Fe	Zn · Cd	진한 염산 5 ml+증류수 95 ml	수초침적

2) 분사 시험법(jet test)

이 방법은 주로 Cu, Ni 도금두께 측정에 이용된다. 시험액(부식액)을 일정한 거리(250 mm)에서 일정한 압력으로 도금면에 분사시켜 도금면이 부식되는 시간(초)을 측정하고 측정 당시의 온도와 맞추어 도금 두께를 측정하는 방법이다. 이때 도금면을 45° 기울여 놓은 상태에서 분사시켜야 한다.

① 구리, 니켈, 니켈-코발트, 코발트, 청동도금일 때: 염화제2철($FeCl_3 \cdot 6H_2O$) 300 g/L와 황산구리($CuSO_4 \cdot 5H_2O$) 100 g/L을 혼합하여 사용한다. 염화제2철은 도금층을 용해하고 황산구리가 도금층을 용해하고 황산구리가 소재에 석출해서 적색 또는 적갈색이 된다. 구리도금의 도금 두께를 측정할 때는 색의 구별이 쉽지 않으므로 염산(1 : 1)과 1% 산화안티몬(Sb_2O_2)을 혼합한 용액을 측정 장소에 피펫으로 떨어뜨리면 최종적으로는 흑색으로 변화하게 된다.

② 카드뮴도금일 때: 황산암모늄 17.5 g/L와 1N-염산 17.5 ml/L

③ 아연도금일 때: 질산암모늄 70 g/L와 1N-염산 70 ml/L

④ 은도금일 때: 요오드칼륨(KI) 250 g/L와 요오드(I_2) 7.44 g/L, 여기서 1/10N-티오황산나트륨용액으로 분석해서 요오드의 양을 정확히 7.44 g/L가 되도록 해야 한다.

3) 적하 시험법(dropping test)

적하시험의 원리는 분사시험과 같으며 아연 및 카드뮴도금 두께 측정에 사용된다.

시험액: 무수크롬산(CrO_3) 200 g과 황산(H_2SO_4) (비중 1.84) 27 ml를 증류수 1 L에 혼합 시킨다. 더욱 자세한 것은 KSD 8304를 참고.

4) 전해식 두께 측정법

패러데이법칙에 따라 전기도금과는 반대되게 도금층을 양극으로 하고 측정기의 Cell을 음극으로 하여 도금 종류에 따른 전해액을 Cell 내에 넣고 전기를 통해주면 도금층이 전해되어 다른 도금층이나 소재가 노출되면 측정하고자 하는 도금 두께를 미크론(μ) 단위로 읽을 수 있다. 전기도금의 원리를 그대로 역 이용한 것이기 때문에 전기도금된 것은 거의 모두 측정할 수 있으나 합금도금에 있어서는 정확한 성분비의 표준판을 얻기 어려워 적용하기 곤란하다.

5) 자기식 두께 측정법

영구자석을 표면에 접촉시켜서 이것을 떼어 올리는데 필요한 힘을 측정함으로서 도금 두께를 측정한다. 철강 소재상의 비자성 피막인 구리, 아연, 크롬, 카드뮴, 납, 황동 또는 비금속 피막(유기피막 도는 법랑 등)두께의 측정에 이용된다.

6) 와전류에 의한 두께측정법

접촉코일(probe-coil) 위에 생기는 유도와 전류의 코일에 교류가 흘렀을 때 생기는 저항을 이용한 것이다. 비파괴 시험법의 하나로 소재층과 도금층 사이에 전도도의 차이가 큰 도금 제품에 이용된다. 철강 위의 구리, 아연, 카드뮴도금과 구리위의 크롬, 납 도금층의 두께를 측정하는데 좋다.

7) β선에 의한 두께 측정법

방사선 동위원소로부터 방사된 β선의 투과 또는 산란된 β선의 양으로부터 도금 피막 두께를 측정한다. 도금층이 얇으면 β선의 투과량이 많고 도금 두께가 두꺼우면 β선의 투과량이 적어진다. β방사원으로서는 탈리움(Thallium) 204 또는 스트론튬(strontium) 90이 사용된다. 구리 또는 니켈상의 귀금속도금 두께 측정에 많이 사용된다.

8) 중량법에 의한 두께 측정

도금 전후의 중량차(W)를 화학천칭으로 칭량한 무게를 표면적(A)와 도금층이 비중(d)로 나누어 평균 도금 두께를 구한다.

즉, $$두께(t) = \frac{W}{d \cdot s}$$

일반적으로 정확히 계산하면 1%까지 정확성을 얻을 수 있으나 대개는 표면적이 측정한 것보다 커서 $t = W/d \cdot s$의 식으로 계산한 두께는 항상 약간 커진다.

(2) 내식성 시험

도금제품의 내식성을 평가하는 방법으로는 사용 상태와 동일한 환경에 노출하는 것이 이상적이지만 시험기간이 길고 계절 등 환경 변동의 원인이 커서 시험에 따른 재현성(在現性)이 어려운 단점이 있다. 그러나 이러한 단점을 개선하는 점에서 부식 촉진 시험이 개발되었다.

1) 옥외폭로시험

일명 대기폭로시험이라고도 하며 알루미늄에 적용되는 방법이지만 전기 도금의 표면처리 제품에서 이 방법이 참고적으로 시험되고 있다. 시험편을 수평으로부터 30° 경사지게 부착시킨다. 이때 금속으로 된 지지물은 사용하지 않는다. 만약 금속 지지물을 사용하면 국부전지를 형성하게 되거나 금속 치구의 부식물이 흘러내려 부식상태가 달라지기 때문이다. 시험평가에 있어서는 광택의 열화, 핏트의 크기와 수, 부식 생성물의 형태 등을 기록한다. 평가에 있어서는 개인차가 크므로 KSD 8316에 있는 레이팅 넘버 표준도표를 참고하여 시험한다.

2) 염수분무시험(salt spray test)

중성 염수분무시험은 대부분 전기 도금의 내식성 시험으로 채용되고 있다(KSD 9502 참조). 이 시험은 동일한 도금 두께를 가지는 시험편에 대하여 동일한 시간 동안 염수를 분무한 결과는 서로 틀리는 경우가 많은데 이와 같은 경우는 크롬도금과 같은 다층 도금에 더욱 뚜렷이 나타난다. 그 이유는 중성 염화나트륨의 부식력이 약한 도금층을 관통하여 소재를 부식시키는 것이 아니라 핏트와 같은 결함을 통하여 소재의 결함이 나타나기 때문이다. 이러한 결함을 개선한 것 중의 하나가 빙초산 산성 염수분무시험(Acetic Acid Salt Spray Test)이다. 이 시험은 염화나트륨 용액 중에 빙초산을 첨가하여 시험을 한 결과 비교적 공업적 분위기를 가지는 옥외폭로시험과 비슷한 시험결과를 얻게 된다. 또한 빙초산을 첨가하여 분무액의 pH가 산성이기 때문에 부식 생성물의 용해가 빠르고 부식이 촉진된다. 이 시험방법을 다시 개량한 것이 CASS(Copper Accelerated Acid-salt Test. 구리 촉진 염수분무시험)시험이다.

이 시험의 특징은 빙초산산성 염수분무시험 용액에 산회제로서 구리 이온을 첨가하여 도금피막의 부식을 촉진하는 것이다. 좀 더 자세한 것은 KSD 9504에 규정되어 있으며 염수분무시험의 일반적인 주의사항은 다음과 같다.

① 분무 압력이 크면 이상한 부식이 나타나므로 압력 변동이 적어야 한다.

② 노즐 끝은 염에 의해서 막히는 경우가 많으므로 공급되는 용액을 여과하거나 분무 중에 점검을 할 필요가 있다.

③ 연속 분무를 하거나 분무를 중단한 후 다시 분무를 반복하는 분무시험을 할 경우 부식이 다르게 나타나므로 이와 같은 시험을 함께 할 때는 이것의 상관성을 확인해야 한다.

④ CASS 시험과 중성 염수분무시험을 함께 하는 것은 피하도록 해야 한다.

표 22-10 염수분무시험 조건

조건	염수분무시험 KSD 9502	빙초산산성염수분무시험 ASTMB-287-57T	CASS 시험 ASTMB-368-61T
염화나트륨농도	5±1%	5±1%	5%±염화제2구리결정0.26 g/L
염화나트륨의 pH	6.5～7.2	3.1～3.3	3.0～3.2
공급공기압력	0.7～1.8 kg/cm^2	10～25psi	15±1 psi
분무집적속도	0.5～3.0 ml/80 cm^2/hr	0.75～2.0 ml/80 cm^2/hr	1.5±0.5 ml/80 cm^2/hr
시험기내온도	35±2℃	35±1.5℃	50±1℃
분무시간	실분무8 hr, 중지16 hr	연속분무(24 hr)	연속분무(8～16 hr)

주: ASTM은 미국공업규격임.

3) 코로드 코오트 시험(Corrod Kote Test)

이 시험은 염에 의한 부식 방법으로서 금속 소재상의 장식용 니켈, 크롬도금의 내식성 시험에 적용되는 시험 방법이다. 시험 방법은 다음과 같다.

① 시험편의 표면을 아세톤, 벤젠 등의 유기 용매로 닦는다.

② 부식염을 함유한 slurry를 균일하게 도포한다.

③ 부식된 slurry는 질산구리[$Cu(NO_3)_2 \cdot 2H_2O$) 5 g/L 용액 7 m*l*, 염화제2철($FeCl_3 \cdot 6H_2O$) 5 g/L 용액 33 m*l*, 염화암모늄(NH_4Cl) 100 g/L 용액 100 m*l*를 300 m*l*, 비커에 넣고 카오린 30 g을 첨가한 후 유리봉으로 균일하게 혼합하여 카오린이 완전히 포화되도록 한 후 2분간 방치하였다가 사용한다.

④ 부식 slurry를 도포한 후 상대 습도 80～99℃, 온도 38℃ 되는 응결수가 없는 장치 내에 20시간 방치한다. 이것을 1 cycle로 하고 매 사이클마다 시편을 꺼내어 녹의 발생 상태를 조사한다.

이 시험에서 주의할 점은 다음과 같다.

① 습도가 부족하면 건식부식 현상이 일어나 일반적인 부식과 다르게 된다.

② 염화제이철 용액은 가수분해 하기 쉬우므로 사용할 때마다 만드는 것이 좋다.

4) 아황산가스시험(Sulfur Deoxide Test)

이 시험방법은 영국에서 개발되어 독일과 일본에서 규격화 되었다. 공기 중 또는 공업지대의 아황산가스가 많이 함유된 장소 등에서의 부식 촉진작용을 시험하는 것이다. 구리, 니켈, 크롬도금, 니켈-크롬도금 및 이중 니켈도금에 많이 이용된다.

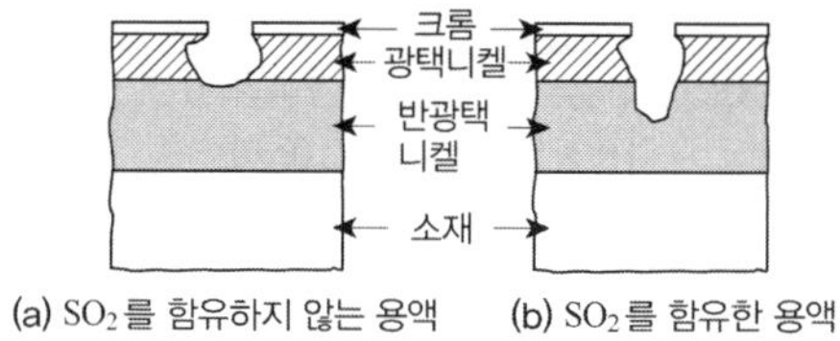

그림 22-11 2중 니켈의 접촉 부식의 차이

표 22-11 아황산가스 시험조건

규격 \ 조건	아황산가스 농도	온도	습도
DIN	공기 300 L에 아황산가스 0.21 L	40±3℃	100% RH
BS	공기중 0.5~2%(용적비)	25±2℃	95~100% RH
JIS	공기중 0.5~2%(용적비)	40±2℃	95% RH 이상

5) EC 시험

EC(Electrolytic Corrosion Test) 시험은 초촉진 부식시험으로서 2분 동안의 전해부식은 미국 디트로이트 시(市)의 1년간 대기폭로시험에 해당한다고 한다. 시료를 전해액 중에 넣고 외부에서 전류를 통하면 도금 표면에 양극반응이 진행되어 부식이 진행된다. 판정방법으로서는 부식공의 상황을 현미경으로 관찰하는 방법과 전해액 중에 소재 금속이온으로 발색하는 발색제를 넣음으로서 발색점이 2개 이상 나타날 때까지 시간(분)을 측정하는 방법이다. EC시험용 전해액과 발색액 조성은 표 22-12와 같다.

표 22-12 EC 시험용 전해액과 발색액 조성

철소재용 전해발색액	아연소재용 전해액	아연소재용 발색액
$NaNO_3$ 10 g/L NaCl 1 g/L 진한 HNO_3 5 ml/L 염산-오토페난트로닌 1 g/L	$NaNO_3$ 10 g/L NaCl 1.3 g/L 진한 HNO_3 5 ml/L	Conc. HNO_3 5 ml/L 헥사메틸렌테트라민 20 g/L 티오뇨소 10 g/L 발색약 25 ml/L

6) 페록실 시험

페록실 시험은 유공도 시험의 일종으로서 도금면에서 소재에까지 이르는 작은 구멍(pin hole)의 존재여부를 조사하는 내식성 시험의 한 종류이다. 시료 표면을 깨끗이 닦은 후 정성용 여과지에 시험액에 적셔서 도금 표면에 5분 동안 부착시킨 후 여과지를 떼어 내어 물로 씻은 후 건조한 다음 시험지상에 나타난 청색 반점의 수를 조사한다.

표 22-13 페록실시험액 조제

종류 / 약품명	온도금	석도금	Ni+Cr도금 (Fe 상에)	Ni+Cr도금 (청동소재)	아연 합금 소재
페로시안화칼륨	10 g/L	10 g/L	10 g/L	10 g/L	80 g/L
페리시안화칼륨	10 g/L	10 g/L	10 g/L	10 g/L	
염화나트륨	60 g/L	60 g/L	60 g/L	60 g/L	
암모니아수(28%)	5~10 g/L			5~10 g/L	
염화암모늄					80 g/L
온도	25℃	25℃	25℃	25℃	25℃
시험시간	5분	5분	5분	5분	5분
시험면적	10 cm^2 이상	10 cm^2 이상	10 cm^2 이상	10 cm^2 이상	10 cm^2 이상

* 아연 합금 소재용의 경우에는 시험 후 수세해서 염화제이철 결정 10 g/L 용액 중에 침점하여 현상을 나타낸 후 반점을 조사한다.

표 22-14 계산법과 판정법

반점의 크기	반점의 환산율	계산방식
① 1 mm 미만	1점	반점수는 1 cm^2 당의 수로 계산한다. 예: 10 cm^2의 면적상에 반점이 19점일 때 1 cm^2당의 반점 수는 19/10 cm^2=1.9이다.
② 직경 1 mm 이상 3 mm 미만	3점	
③ 직경 3 mm 이상 5 mm 미만	10점	
④ 5 mm 이상	불합격	

답 시험지의 면적이 10 cm^2일 때

반점의 지름 1mm 미만의 것 4개,

반점의 지름 1mm 이상 3mm 미만의 것 3개,

반점의 지름 3mm 이상 5mm 미만의 것 1개라고 하면

1 cm^2당 반점수는 $\frac{(1\times4)+(3\times3)+(10\times1)}{10}=2.3$이 된다.

(3) 밀착성 시험

1) 도금의 밀착은 소재 금속 원자와 도금 금속 원자와의 결합이다.

밀착불량 때문에 일어나는 것이 도금의 박리(벗겨짐) 현상으로서 원인은 탈지 불량, 소재표면의 산화물이나 무기질, 도금의 내부응력, 녹이나 먼지 때문이다.

2) 굴곡시험

시료를 그의 두께와 거의 동일한 곡률의 굴곡 반경으로 180° 구부려 그 바깥쪽을 배율 4배의 확대경으로 관찰하여 박리의 유무를 검사한다.

3) 연마시험

시험면을 일정한 압력으로 밀어서 그곳의 자국을 검사하는 방법이다.

4) 가열시험

일정한 온도(금도금: 400~500℃, 은도금: 200~350℃)로 가열된 전기로에서 5분 동안 유지한 후 꺼내어 식힌 다음 육안이나 확대경으로 부풀음의 유무 변색 정도를 검사한다.

5) 급냉시험

시험편을 일정한 온도(금도금: 150℃)에서 10분 동안 가열해서 수중에서 급냉할 때 생기는 부풀음 및 박리의 유무를 관찰한다.

6) 함마시험

용융도금에서의 Al · Zn · Sn · Pb 도금의 밀착성을 검사하는 방법이다. 함마시험은 다음과 같은 함마로 두들겼을 때 도금층이 떨어져서는 안 된다.

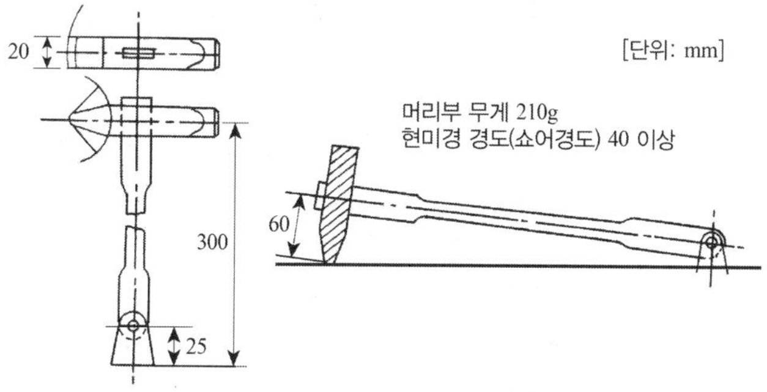

그림 22-12 함마시험

7) 부착량 시험

부착량 시험에는 주석·아연·알루미늄 도금 등의 용융도금에 있어서 도금 금속의 부착량을 검사하는 방법이다. 부착량 시험방법은 직접법과 간접법이 있으며 각종 도금 종류에 따라 각각 다르다.

① 직접법

중량법이라고도 한다. 제조 공정중의 원래의 재료를 그대로 시험편으로 하든가 원래 재료가 너무 크거나 무거울 때 또는 표면적을 구하기 어려울 때는 원재료 가운데 일부를 채취하든가 원래 재료와 비슷하게 만들어 시험편으로 사용한다. 시험편은 전처리를 깨끗이 하고 실제 작업 조건과 같이 도금을 한다. 부착량 계산은 다음과 같이 한다.

$$\text{부착량}(g/m^2) = \frac{W_2 - W_1}{S}$$

W_1: 원래의 시험편(g)

W_2: 도금된 시험편(g)

S: 표면적(m^2)

② 간접법

간접법은 도금 종류에 따라서 여러 가지가 있다. 도금 부착된 시험은 다음 표에 따라 관련규격을 참고하기 바란다.

표 22-15 도금 종류에 따른 부착량 시험방법

종류	시험방법	관련규격
용융아연도금	중량법 염화안티몬법	KSD 0201
용융알루미늄도금	중량법 수산화나트륨법 수산화나트륨-염화안티몬법	KSD 0229
주석도금	전해법 신속전해법 요오드법	KSD 0211
알루미늄용사도금	중량법 수산화나트륨법	KSD 8321
아연용사도금		KSD 8322
납용사도금	중량법	KSD 8328

CHAPTER

23 도금설비 및 걸이의 설계

23.1 도금공장 설비

(1) 도금공장의 입지 조건

1) 전반적인 문제

① 통풍이 양호한 장소를 선택

② 동력용 전원의 확보 여부

③ 공장 용수가 충분한가의 여부

④ 폐수 및 배수처리의 문제 여부 및 처리비용을 확인

2) 지대의 선택

① 공장지대를 선택하여야 한다. 주택지대, 상업지대를 피해야 한다.

② 농어업지대에서는 폐수 및 배수처리에 충분한 대책을 세워야 한다.

③ 공장 건물은 도금 설비의 배치가 능률적인 건물 형태이어야 한다.

3) 공장 설계상의 주의

① 도금실과 연마실은 완전히 구분되어야 한다.

② 공장 내부의 채광 및 조명이 충분하여야 한다.

③ 공장 내부의 환기가 충분하도록 설계되어야 한다.

④ 연마실의 제진 설비가 완전해야 한다.

⑤ 공장 배수 및 폐수시설을 충분히 해야 한다.

⑥ 공장 내 구조물이 약품 및 도금액의 부식에 충분히 견디어야 한다.

답 바닥: 내산 부분: 아스팔트, 내산기와, F·R·P, 방부용 목재

내알칼리 부분: 아스팔트, 콘크리트, F·R·P, 방부용 목재

(2) 도금 공장의 명도

1) 도금 공장에 있어서 색채의 일반적 효과

색채 조절의 목적은 안전유지, 품질향상, 가격인하, 작업환경의 개선 등을 들수 있다. 이와 같은 것을 좀더 구분하면 다음과 같다.

① 작업하기가 쉽고 도금 색깔을 안정하게 알아 볼 수 있다.

② 청결, 정리 정돈의 의식화를 향상시킨다.

③ 피로감의 감소, 안정감을 유지할 수 있다.

④ 공정 및 안전관리에 도움이 될 수 있다.

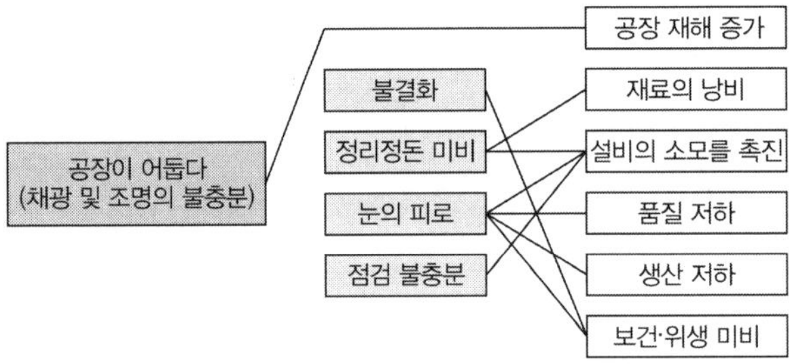

그림 23-1 공장이 어두울 때의 어려운 점

표 23-1 각 분야에 필요한 명도

분야	필요한 명도(룩스)	바닥면적 1 m^2당 소요전력(watt)
연마	100~200	18~30
도금	50~100	10~18
검사	100~200	18~30
시험·분석	100~200	18~30
사무	50~100	10~18
변소·수세	25~50	5~10

2) 색채의 일반적 원칙

① 가장 알맞은 작업분위기를 만들어야 한다.
② 안정된 느낌을 조성하여야 한다. 지나치게 화려한 색채나 자극 있는 색은 좋지 않다.
③ 공장 내부에 적당한 밝음과 일광이 들어와야 한다.
④ 더운 곳은 서늘하게, 추운 장소는 따뜻한 느낌을 주도록 하여야 한다.
⑤ 좁은 장소는 널찍한 느낌을 주도록 해야 한다.

3) 공장 보안을 위한 각종 색

인간이 색에 대해서 갖는 심리적인 영향은 모두가 절대적인 것은 아니지만 대체로 공통성이 있는 것이다. 공장 내부의 기계 배치 가운데 가장 중요한 것은 보안을 위해 어떤 색을 지정해야 할 것이다. 다음은 일반적인 색상을 설명한 것이다.

① 황색: 밝고 눈에 잘 띄므로 명시 또는 위험을 표시하는데 많이 이용된다. 검은색과 함께 사용하면 더욱 효과적이므로 황색과 흑색의 줄기를 조합한 것은 세계적인 표식이다.
② 복숭아색: 황색 다음으로 눈에 잘 띄므로 주의・경계 또는 명시색으로 널리 사용된다. 부상의 위험이 있는 곳, 기계의 안전 뚜껑, 스위치 상자의 내부에 표시된다.
③ 녹색: 안전을 나타내는 데 사용된다. 구급에 관계있는 것 또는 그 장소를 나타내며 구호색이라고도 한다.
④ 적색: 소화, 방화라든가 정지를 의미하며 표시 허가나 표시할 장소에 사용된다.
⑤ 백색: 통로, 방향 표시, 정리 정돈에 대한 장소에 사용된다.
⑥ 흑색: 문자를 쓰는 데 사용된다. 색 관계로 흑색이 눈에 띄지 않으면 백색을 사용해도 좋다.

23.2 연마설비

도금을 하기 전 연마를 하는 것은 대부분 버프연마와 바렐연마이다. 버프연마일 때는 먼지가 많이 생기므로 제진과 배기에 신경을 쓰고 공장 바닥은 방부용 나무를 사용하는 것이 이상적이다. 바렐연마에서는 물을 사용하게 되므로 배수에 유의하여야 하며 바닥은 내알칼리성 또는 방부용 목재를 사용하여야 한다.

(1) 버프 연마기

버프 연마의 방식에는 벨트 걸이, 모터 직결, 모터 내 장식의 3가지가 있으나 장단점은 표 23-2와 같다.

표 23-2 버프 연마기의 장점(○)과 단점(×)

구분 \ 버프 연마	벨트 걸이	모터 직결	모터 내 장식
동력	○ 1대당 모터의 마력이 적게 된다.	× 1대당 모터의 마력이 커진다.	× 1대당 모터의 마력이 커진다.
설치	× 연마기의 설치에 시간이 걸린다.	△ 연마기에 볼트로 교정하면 된다.	○ 어디에서나 사용할 수 있다.
필요한 바닥면적	× 넓은 면적이 필요	○ 적은 면적도 가능	○ 적은 면적도 가능
연마기 축의 높이	○ 설치할 때 자유롭게 정한다.	× 일정하다.	× 일정하다.
운전	× 어미모터, 메인샤후트 등의 고장은 모든 작동을 중지시킨다.	○ 한 대씩 각각 작동이 가능하다.	○ 한 대씩 각각 작동이 가능하다.
이동성	× 고정되어 이동이 곤란하다.	△ 약간 곤란하다.	○ 무겁지만 이동이 자유롭다.
작업	벨트에 의한 위험에 주의해야 한다.	샤후트 중앙에 모터가 있어 물품에 의한 작업 방해가 된다.	버프연마기 아래 모터가 있어 모터에 먼지가 들어갈 염려가 있다.
주의	벨트, 샤후트 등의 파손에 주의해야 한다.	연마기에 모터가 달려 있으므로 누전에 주의해야 한다.	V 벨트가 늦춰진 것을 알지 못 할 때가 있다.

(2) 바렐 연마기

바렐 연마기의 구분은 다음과 같다.

① 무늬 연마: 수평형, 경사형이 있다.

② 바렐 마무리 연마: 측판 경사형, 보통 수평형, 침적형이 있다.

③ 바렐의 재질: 일반적으로 목재 또는 철제가 사용되지만 바렐 마무리에서는 철제, 고무제품을 사용한다.

④ 바렐 회전수: 일반적 무늬 바렐에서는 30~50 rpm으로 사용하며 많이 사용되는 바렐의 크기는 다음과 같다.

- 직경 30~50 cm
- 길이 90~200 cm(긴 것은 칸막이를 한다.)
- 바닥 면적을 유효 적절하게 하기 위해서 2단, 3단으로 설치하기도 한다.

23.3 도금조에 관계된 설비

(1) 도금조의 재질

내산, 내식성 및 80~90℃까지의 온도에 견디는 F·R·P 재질이 사용된다.

(2) 도금조의 형태

도금조는 반자동 또는 전자동의 도금조를 별도로 생각하면 대부분 장방형의 것이 사용된다. 도금조의 형태를 정하는 데는 도금 제품의 형태와 크기를 고려하여서 음극으로부터 전류분포가 균일하게 될 수 있는 최소 한도의 형태로 하는 것이 원칙이지만 다음과 같은 점도 참고로 하여야 한다.

① 도금조 제작상의 문제
② 취급 제품의 예정 및 공장 부지내의 다른 시설과의 관계
③ 배기장치와 배기량과의 관계
④ 직류 전원, 공기 교반기, 여과기 등의 부대 설비와의 관계

(3) 도금조의 가열, 냉각, 보온

표 23-3은 온도 범위를 나타낸 것이다.

표 23-3 도금액의 온도 범위

도금액	온도(℃)
시한화구리 도금	40~60
광택 니켈도금	40~55
크롬도금	40~60
금 도금	40~50
백금도금	80~90
황동 도금	30~40

도금액 이외에 알칼리탈지액, 에멀존 세정액, 탕세 등도 가열하여 사용한다. 알칼리탈지액, 에멀존 세정액은 60~80℃ 정도로 하여 사용하고 탕세는 40~60℃ 정도로 하여 사용한다. 가열 방법은 석영 히터, 보일러에 의한 수증기, 순환 간접가열 등이 이용된다. 수증기 보일러에 의한 방법은 규모가 큰 도금 공장이나 폐열을 이용하기도 한다.

(4) 격막 및 양극보자기

현재의 도금 방법은 도금액을 많이 교반함에 따라서 여과기를 사용하므로 도금액 중의 불순물이 도금액 전체에 부유하게 된다. 이러한 것을 방지하기 위해서 격막이나 양극보자기를 사용하면 도금액이 더러워지는 것을 효과적으로 방지할 수 있다.

1) 격막

격막의 형태를 구분하면 그림 23-2와 같다.

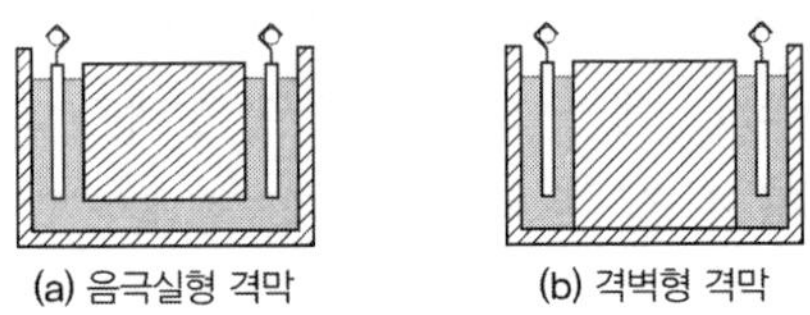

그림 23-2 여러 가지 격막 형태

일반적으로 (a), (b) 2가지의 형식 중 어느 것을 사용해도 되지만 주물이나 파이프 종류의 도금일 경우는 음극액이 오염되기 쉬우므로(b)의 형식을 선택하고 음극액의 여과에 중점을 두어야 한다.

〈격막 사용상의 주의〉

① 격막을 도금조에 설치할 때는 미리 도금조의 폭에 여유를 두어야 하고 격막을 설치한 후에는 작업에 지장이 없도록 해야 한다.

② 격막에 사용되는 재료는 도금액의 성질에 알맞아야 한다.

산성 도금액: 면포, 사란, 아크릴계섬유

시안화 도금액: 면포, 나일론, 아크릴계섬유

면포는 사용 전에 열탕 세정, 플라스틱 섬유는 10% 수산화나트륨 용액 중에서 충분히 세정하여 사용 한다.

③ 격막 속에 양극판을 넣고 꺼낼 때에는 격막이 손상되지 않도록 하여야 한다.

④ 격막이 수산화물 등으로 눈이 막혔을 때에는 격막을 세탁하여 준다. 광택 니켈도금액인 경우 격막의 눈이 막힌 것은 10% 수산 용액으로 씻어주면 깨끗해진다.

⑤ 격막을 지지해 주는 틀은 부식이 되지 않는 것으로 하여야 한다.

2) 양극보자기

양극보자기는 도금조의 폭이 좁아서 격막을 사용할 수 없을 때 사용한다. 양극보자기는 격막에 사용되는 재료와 같다. 양극보자기 속에 도금액이 많을수록 양극 용해가 좋으며 양극보자기가 양극판에 달라붙지 않는 것이 도금의 거칠음 방지에 좋다. 격막이나 양극보자기를 모두 사용하는 이유는 양극판 중의 불순금속 부유물(철, 납, 알루미늄 등)이 도금액 중에 들어가지 않도록 하는 것이다. 이와 같이 하면 양극보자기를 사용하는 것보다 격막을 설치하는 것이 작업에 편리하다.

23.4 제진장치

버프연마 작업에서는 에머리, 금속분, 버프천, 금강사 등의 분진이 버프연마실의 실내 및 공기를 대단히 더럽히므로 반드시 제진설비를 갖추어야 한다. 제진장치는 버프 1개마다 집진기를 설치하여 배풍기에 의해서 싸이크론에 집약시키게 된다. 집진장치의 흡진능력은 버프연마기마다 매초 0.2 m^3 정도를 필요로 하며 배풍기는 터보 팬(fan)이 좋다.

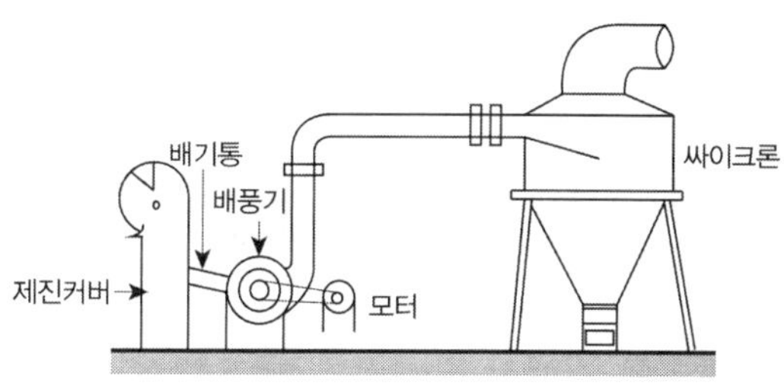

그림 23-3 제진장치

싸이크론은 일반적으로 철제이지만 에머리를 다량 함유하는 먼지가 집진되어 반년~1년 정도 사용하면 싸이크론 측벽에 구멍이 생기므로 싸이크론 앞에 에머리통을 설치하는 것이 좋다.

23.5 배기설비

도금 공장에서는 공장 내부의 공기가 다음과 같은 것에 의해서 오염된다.

1) 유해 증기

트리크롤에틸렌(탈지제의 일종)과 같은 유해물이 증기가 되어 공기 중에 확산된다.

2) 유독가스

도금 약품이 분해되거나 화합하여 시안가스・과산화질소와 같은 유독가스가 발생한다.

3) 유독 분무

발생하는 가스는 산소나 수소처럼 인체에 즉각 해로운 것은 아니라도 이들 가스가 도금액 표면으로부터 공기 중으로 확산될 때 처리액의 유해 성분과 혼합되어 유해 분무가 된다. 배기 설비는 환기 및 부분 배기 설비로 구분할 수 있다. 첫째는 환기 설비이며 둘째는 배기 설비이다. 도금 및 도장공장에서는 위의 2가지 설비를 모두 하는 것이 좋다. 다음과 같은 형태로 도금조에 배기장치를 설치하여야 한다.

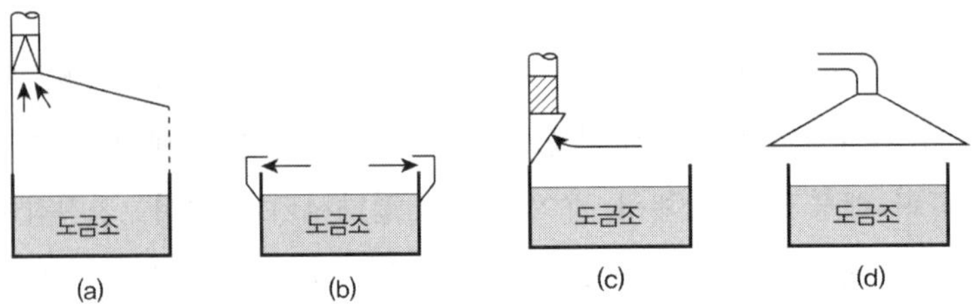

그림 23-4 도금조의 배기장치

23.6 | 건조설비

도금을 끝낸 후에는 탈수기에 의해서 수세수를 제거한 후 즉시 건조해야 한다. 완전히 건조를 하지 않으면 물 얼룩이 생긴다.

① 톱밥 건조: 현재 거의 사용하지 않는다.

② 열탕 침적: 도금이 끝난 후 40~60℃ 정도의 끓는 물에 넣고 빼낸 후 물품을 탈수시킨다. 특히 황동도금, 아연도금의 크로메이트 처리에서 많이 이용된다.

③ 전열 건조기: 전열기에 의해서 건조기(Dry Oven)로 건조시킨다. 부분적으로 물건의 표면이 균일하지 못한 경우가 생긴다.

④ 적외선 건조기: 열풍건조, 적외선을 이용한다. 물건의 표면이 균일하다.

⑤ 가스 건조: 가스를 이용하기 때문에 비용이 많이 들지만 대량 생산에 이용되며 폭발의 위험성이 있다.

⑥ 열풍 건조: 뜨거운 바람을 넣어 건조시킨다. 유독가스의 발생이 적고 전기를 사용하므로 전기료가 많이 들기 때문에 열풍을 순환시켜야 한다.

⑦ 증기 건조: 보일러의 증기를 이용하여 건조시킨다. 규모가 큰 공장에서는 자체 보일러를 이용하여 건조시킨다. 증기속의 수증기는 완전히 건조시켜야 한다.

도금의 후처리 공정은 일반적으로 다음과 같다.

도금 완성 → 수세(열탕 40~60℃) → 원심분리(탈수기) → 건조 → 도장 → 검사 → 포장

건조 장치는 어느 방법을 이용하더라도 다음과 같은 조건을 구비하여야 한다.

① 건조기 내부의 온도가 균일해야 한다.
② 온도 조절이 쉬워야 한다.
③ 조작이 쉽고 취급이 간단하여야 한다.
④ 열효율이 좋고 건조 시간이 빨라야 한다.
⑤ 화재 및 안전 위험이 없어야 한다.

특히 직접가열인 경우에는 상·하의 온도가 균일하여야 한다. 그렇지 못할 때에는 황동 도금과 같은 경우 변색될 염려가 있다.

23.7 | 전기설비

전기 도금에서는 주로 직류를 사용하므로 직류 전원이 필요하지만 전류의 파형이 반드시 완전한 직류는 아니기 때문에 될 수 있는 한 평활한 파형을 사용하는 것이 좋다. 도금 공장에 사용되는 전류는 실리콘 정류기, 셀렌 정류기, 발전기, S, C, R 정류기 등이 있다. 최근에는 IGBT 정류기가 현대적으로 만들어져 정류기의 무게도 가벼워졌으며 성능도 우수하다. 그림 23-5는 도금에 사용되는 전류의 파형과 정류 방식을 나타낸 것이다.

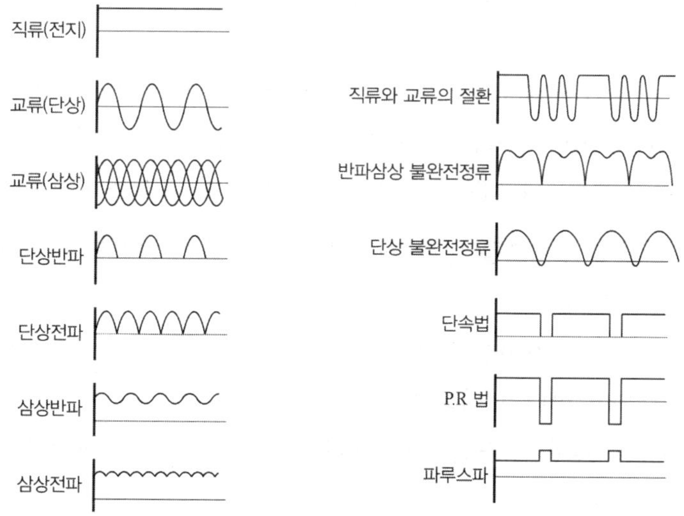

(a) 도금에 사용되는 파형

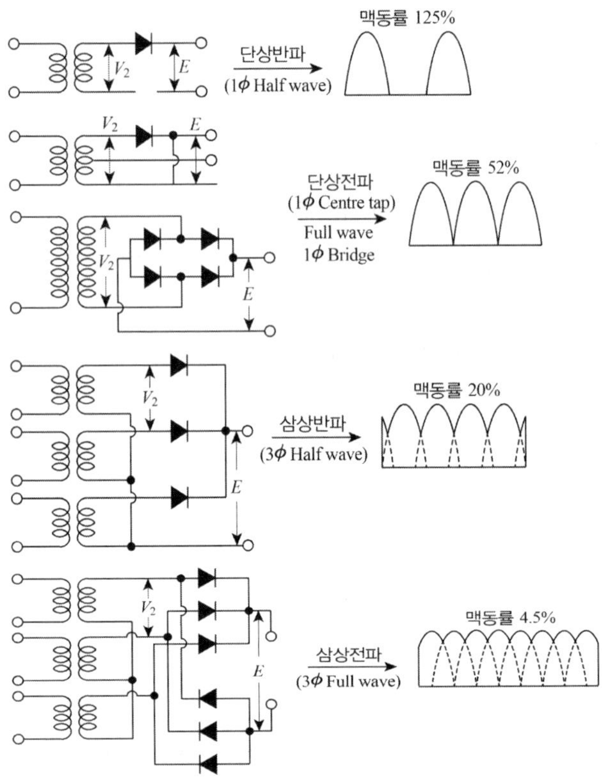

(b) 정류방식과 정류파형

그림 23-5 정류의 파형과 정류 방식

23.8 | 수세조

도금 공정에서 수세가 불충분하면 도금액의 오염, 도금의 불량이 나타난다. 양호한 도금을 하기 위해서는 충분한 수세를 해야 하는데 이때 수세물의 낭비를 막기 위한 효과적인 수세조가 있어야 한다. 다음은 수세에 대한 일반적인 요점을 나타낸 것이다.

① 직렬 또는 병렬로 수세조를 여러 개 만들어 수세물이 치환될 수 있도록 하면 물의 양이 적게 소모된다.

② 수세에 있어서 교반 장치를 부착시켜 교반을 하면 수세 효과가 양호해진다. 공기 교반을 하면 수세 상태가 더욱 양호해진다.

③ 수세수의 온도는 상온 정도인 것이 좋다. 너무 온도가 낮으면 도금액 부착 능력이 저하되기 때문이다.

④ 계면활성제를 사용하면 수세 효과가 증가한다.

⑤ 수세할 물건의 표면적, 교반 속도 등에 따라서 적당한 수세 시간을 주어야 한다.

⑥ 수세조의 크기는 예상한 최대 크기의 물품을 불편 없이 침적시킬 수 있도록 해야 한다.

⑦ 수세 시간을 단축하고 양호한 수세를 하기 위해서는 샤워식 수세 방식을 최종 수세조로서 이용하는 것이 좋다.

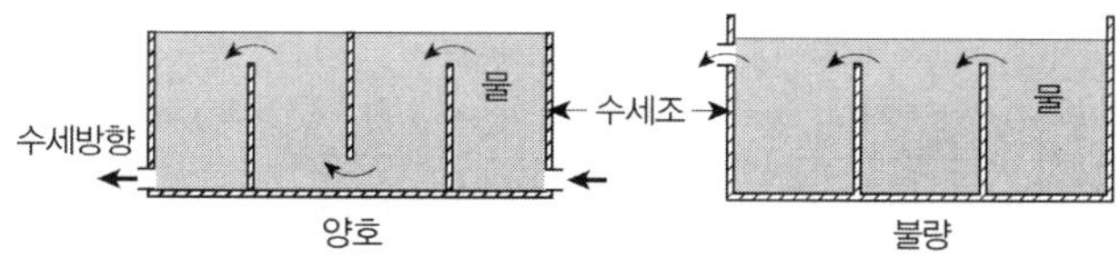

그림 23-6 이상적인 수세조

23.9 폐수처리

도금 공장에서 나오는 폐수 중에는 시안화물과 크롬산의 폐수는 대단히 유독하므로 반드시 폐수처리 시설에 의해서 환원 제거해야 한다. 그리고 산, 알칼리성 등 여러 종류의 약품도 용해되어 배수되기 때문에 이것들도 슬럿지로 만들어 제거해야 한다.

(1) 시안화물 폐수처리

시안화물 폐수를 pH 10 이상으로 조절해서 Cl_2 가스, 차아염소산나트륨, 표백분 등에 의해서 시안화물을 분해한다. Cl_2 가스에 의한 방법은 가스 자체가 유독하므로 사용되지 않으며 치아염소산나트륨에 의한 방법이 많이 이용된다.

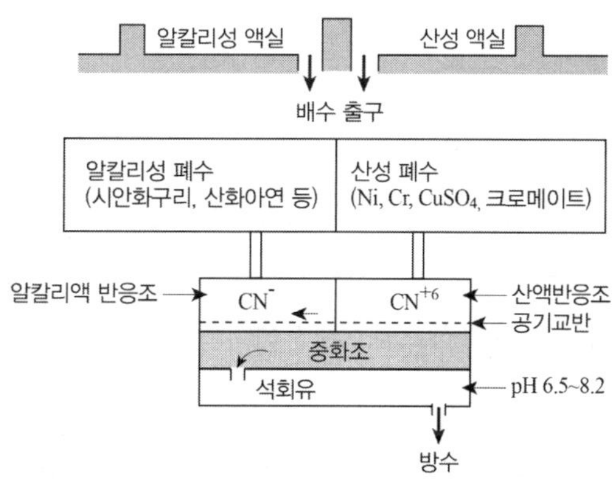

그림 23-7 간단한 배수처리 장치

(2) 크롬 폐수처리

크롬 폐수는 pH를 2~3으로 조절하여 중아황산나트륨($NaHSO_3$) 또는 아황산나트륨(Na_2SO_3)으로서 Cr^{6+}를 Cr^{3+}로 환원시킨 후 수산화물(−OH)로서 침전시키는 방법이다. $FeSO_4$를 사용하면 도금 공장에서는 침전물이 많이 생기기 때문에 잘 사용하지 않는다. 폐수처리 장치는 자동적으로 되어 있어 약품의 투입, pH 조절 등이 ORP 지시계에 의해서 자동처리가 된다.

23.10 걸이의 설계

도금에서의 걸이는 물건을 매다는 도구를 말한다. 때로는 치구라고 하는데 일반적으로 걸이와 치구를 구별하지 않고 대부분 걸이라는 용어로 사용된다. 도금에서 사용되는 걸이의 종류는 물건 형상에 따라 달라지며 도금의 품질과 생산에 미치는 영향은 대단히 크다. 이와 같은 중요성에 비추어 걸이 설계에 대한 인식이 부족하여 좋은 품질의 도금이나 생산성의 향상을 가져오지 못하는 경우가 대단히 많다. 바렐 도금 이외의 전기도금에서는 전부 걸이에 걸어서 도금을 하기 때문에 걸이에 대한 설계는 우선 도금을 하려는 물체의 형상과 밀접한 관계가 있는 것이다.

(1) 걸이를 만들기 위한 기본적인 사항

① 간선과 지선의 굵기는 허용전류를 기초로 하여 결정하여야 한다. 간선은 전기전도성을 위주로 하기 때문에 구리를 많이 사용한다. 이외에 황동, 알루미늄도 사용되기도 한다. 지선은 전기전도성 이외에도 도금하여야 할 물건과 충분히 접촉되어야 하기 때문에 탄력성이 풍부한 피아노선, 인청동 등이 사용되며 간선은 납땜, 리벳, 용접 등으로 완전히 결합시켜야 한다.

② 간선용 재료는 전기 전도도와 전기적으로 완전히 접촉되어야 한다.

③ 음극 부스바와 물건은 전기적으로 완전히 접촉되어야 한다.

④ 걸이에 물건을 부착하든가 떼어내기 쉽도록 설계되어야 한다.

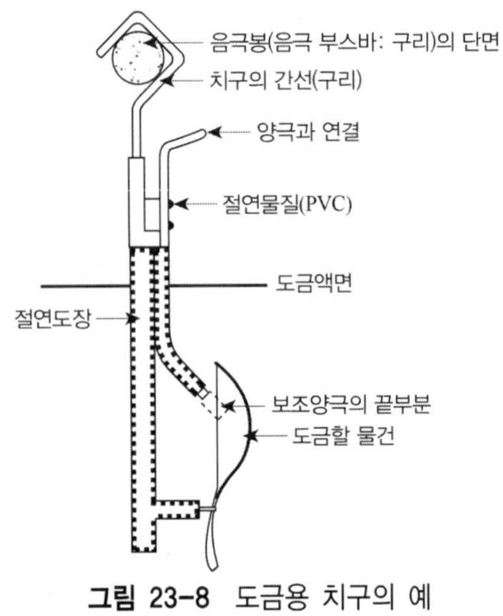

그림 23-8 도금용 치구의 예

표 23-4 치구를 만들 때의 도금액에 따른 전류밀도, 전압

도금액	전류밀도[A/dm²]	전압[V]	온도[℃]
시안화구리	0.5~6	2~5	50~60
피로인산구리	0.5~6	2~5	50~65
황산구리	0.5~22	6~12	상온
붕불화구리	5~40	3~6	상온
니켈	2~10	4~8	40~50
크롬(장식용)	20~30	5~6	45~50
크롬(공업용)	30~40	6~10	50~60
시안화아연	1~7	3~6	상온
황산아연	0.5~5	2~5	상온
시안화카드뮴	0.5~5	2~5	상온
황동	0.5~1.5	2~5	25~35
주석(알칼리)	1~8	4~6	60~80
시안화은	0.5~3	0.5~2	상온

표 23-5 치구에 사용되는 금속의 전도도, 인장강도, 비중

치구에 사용되는 재질	구리 전도도를 100으로 했을 때의 다른 금속의 전도도	구리의 인장 강도를 100으로 했을 때의 다른 금속의 인장강도	비중
구리	100	100	8.96
황동(70:30)	20	170	8.53
황동(65:35)	27	165	8.47
황동(60:40)	28	156	8.39
인청동	13~18	220	8.80~8.86
알루미늄 및 그 합금	30~50	78~180	2.70~2.80
연강	12	140	7.87
스프링강	11	265	7.87
스테인리스강	2.2~3.55	200~280	7.73~7.93
티타늄	3.1	170~210	4.54
납	8.3	38	11.37
니켈	25.2	155	8.85

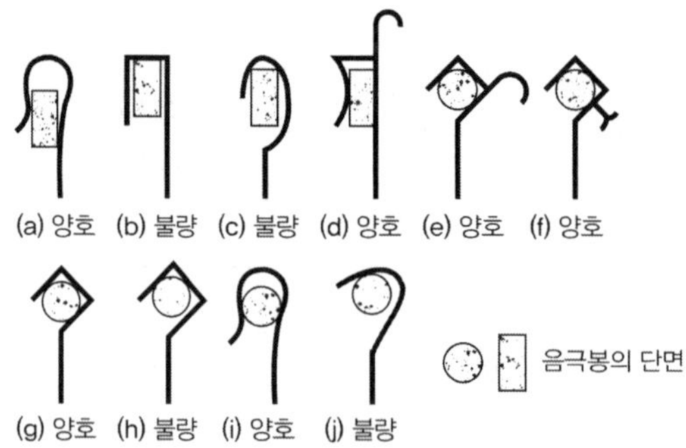

그림 23-9 부스바와 걸이의 간선과의 접촉

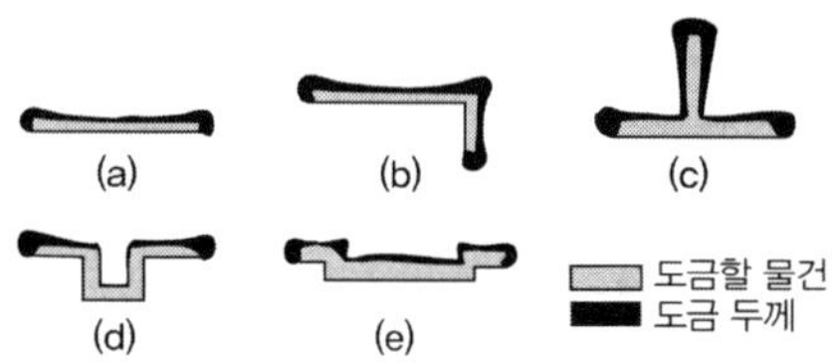

그림 23-10 물건 형상에 따라 도금 두께가 달라지는 예

그림 23-11은 평평한 부분과 움푹 들어간 곳이 있는 물건에 도금할 경우 움푹 들어간 부분에도 전류가 흐르기 어려워서 도금 부착이 나쁜 것을 개선하기 위해서 보조양극을 이용한 방법이다. 그림에서 들어간 곳에 보조양극을 가깝게 두어 내부까지 전류가 잘 흐르도록 한다. 보조양극의 재질은 도금의 양극과 같은 재질을 사용하면 되지만 크롬도금인 경우에는 철을 사용하여도 좋으며 철에 아연도금한 것을 사용하면 도금액에 철이 혼입되는 것이 어느 정도 방지된다. 만일 양극과 같은 재질이 없을 경우에는 불용성 재질(티타늄, 탄소 등)을 사용하든가 철에 그러한 재질을 도금한 것을 사용해도 좋다.

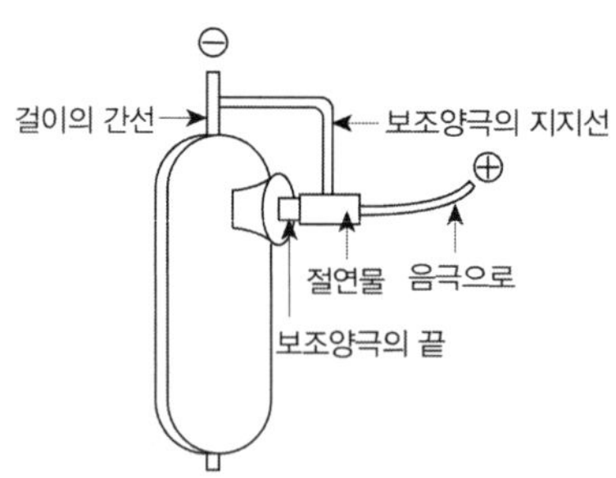

그림 23-11 보조음극을 사용하여 凹부분에도 균일한 두께의 도금

(2) 걸이의 도금 차단

도금이 부착되지 않게 하는 것을 도금 차단(stop-off)이라고 한다. 걸이에 도금이 되지 않

게 하기 위해서는 절연 도료로서 도장을 하거나 플라스틱 테이프를 감거나 PVC분말을 용해시켜 도장하여 사용한다. 다음은 걸이의 도금 차단 방법에 대해서 간단히 설명하였다.

1) 절연 도료의 도장

도료는 도금액에 침식되지 않고 걸이의 간선 및 지선과 밀착하여 내마모성이 있고 온도에 영향을 받지 않고 땜납의 용융점 이하가 되어야 한다. 종전에는 상온에서 건조하기 쉬운 비닐계 도료를 사용하였으나 현재는 플라스틱 도료를 많이 사용한다. 플라스틱졸 도료는 DOP 또는 DOA 가소제에 염화비닐 분말을 첨가하여 175~190℃에서 가열하면 염화비닐은 가소제에 용해하여 액체 상태로 된다. 이것을 걸이에 도장하여 175~190℃에서 5~10분 동안 건조하면 고무와 같은 탄력이 있는 연성의 피막을 얻을 수 있다.

플라스틱졸 도장의 공정은

① 걸이의 탈지 및 탈청

② 플라이머 도장

③ 걸이의 예열(150±10℃)

④ 플라스틱졸 도장

⑤ 도장된 피막의 수정

⑥ 175~190℃에서 5~10분 동안 가열시킨 후 공기 중에서 냉각

2) 플라스틱 테이프를 감는다.

도금을 차단하고자 하는 곳에 비닐 테이프를 감는 방법으로서 플라스틱졸이 많이 사용되고 있다. 테이프를 감는 것은 현장에서 쉽사리 할 수 있는 장점이 있으나 물품의 형태에 따라서 테이프를 감기 어려운 것이 많다.

3) 귀금속으로 도장한다.

백금, 팔라듐, 로듐, 루테늄 등의 귀금속이 활성상태에 있을 경우는 그 표면에 있어서는 수소과전압이 대단히 적다. 크롬은 수소과전압이 적은 부분에는 석출하지 않기 때문에 도금 차단을 하고자 하는 부분에 이러한 귀금속들의 도금을 침적법으로 부착시켜두면 크롬도금을 방지할 수 있다. 철강 제품을 침적함으로써 이들 귀금속도금을 할 때에는 표 23-6을 사용한다. 탈지 및 탈청한 철강을 이 용액에 5~10초 동안 침적시키면 다공질의 귀금속도금이 얻어진다. 그러나 이 방법으로 도금을 차단 할 수 있는 것은 크롬도금 정도이며 실제적으로 사용되는 방법은 아니다.

표 23-6 귀금속 침적도금 용액(크롬도금 차단용)

액 No.	조성	귀금속염농도(g/L)	염산농도(ml/L)
1	염화백금	8	10
2	염화팔라듐	4	10
3	염화로듐	4	10
4	염화루테늄	4	10

주: ① 철강을 이 액에 5~10초간 침적하면 액 중의 금속이 철강과 치환되어 도금이 된다.
② 이 도금층에는 크롬도금이 부착되지 않기 때문에 도금 차단이 가능하다.

4) 거친 주철을 이용한다.

거친 주철 표면은 크롬도금이 되지 않는다. 이것을 이용하여 크롬도금을 차단할 수 있다. 주철의 표면을 거칠게 하기 위해서는 화학 약품에 의한 부식(etching)법을 이용한다.

CHAPTER

24 도금액의 관리

도금액의 조성은 도금 작업의 진행과 더불어 주성분의 부족이 생기며 불순물이 혼입되어 표준 조성과는 달라진다. 표준 조성이 달라지면 광택이 떨어지고 광택 범위가 좁아지며 균일한 도금이 되지 않는다. 도금액의 조성을 관리하여 언제나 표준 조성을 유지하여야 한다. 항상 도금액 관리를 철저히 하여야 하며 불순물의 혼입도 방지하고 양극의 용해를 순조롭게 하여 도금액 조성에 과부족 현상이 일어나지 않도록 하여야 한다.

표 24-1 도금액 관리

화학분석에 의한 관리	도금액의 주성분, 불순물 등을 정량분석을 하여 주성분의 부족분을 보충하고 불순물은 제거하여 표준액 조성으로 한다. 가장 신뢰성 있는 관리방법이다. 그러나 분석에 많은 기기 장치 및 시간이 필요하다.
헐셀에 의한 관리	헐셀로써 도금을 하여 주성분의 과부족이나 불순물의 혼입상황을 파악하여 그 대책을 검토하여 가장 훌륭한 도금 결과를 얻을 수 있는 조건을 찾아낸다. 화학분석보다 신속하며 화학분석에서는 분석이 곤란한 유기광택제 등의 과부족을 알 수 있다.
보메계에 의한 관리	도금액의 보메를 측정하여 관리한다(크롬도금액 중의 크롬산량, 황산구리 도금액 중의 황산구리의 양 등을 파악한다).
pH 측정에 의한 관리	pH에 민감한 광택 니켈도금액 등의 pH를 관리한다.

화학분석에 의한 방법은 가장 확실한 관리 방법이지만 여러 가지 분석기기가 필요하고 분석에 시간을 필요로 하는 단점이 있다. 헐셀에 의한 관리 방법은 화학분석에 의한 관리 방법만큼 정확하지는 않으나 현장에서 손쉽게 이용할 수 있는 장점이 있다. 분석이 어려운 유기광택제의 과부족 등은 헐셀을 이용하여 판단하면 편리하다. 보통 때의 액 관리는 헐셀을 사용해서 하고 가끔 화학분석에 의하여 헐셀 관리의 미비한 점을 보완하는

액 관리 방법도 있다. 보메계 또는 pH 측정에 의한 액관리 방법은 어떠한 공장에서도 실시할 수가 있으나 이것만으로는 불충분하기 때문에 때때로 화학분석을 할 필요가 있다. 액 관리의 확실한 방법은 어디까지나 화학분석이며 헐셀에 의한 방법, 보메계나 pH 측정에 의한 방법 등은 보조 수단임을 알 수 있다.

24.1 | 화학분석에 의한 관리

화학분석도 매일 실시해야 된다는 것은 아니다. 도금 작업량에 따라 액 조성과 혼입된 불순물에 차이가 있기 때문에 분석 정도를 일정하게 할 수는 없다(표 24-2). 이 사례를 보면 도금액의 모든 성분을 분석하는 일은 2주 동안에 1회 정도면 충분하고 주의를 요하는 성분 분석은 중요도에 따라 분석 정도를 결정한다.

표 24-2 도금액 분석 정도

매일 분석, 측정하는 항목	① 니켈도금액의 pH ② 시안화구리 도금액 중의 유리시안화의 정량
2일에 1회 분석, 측정하는 항목	① 시안화물을 사용한 도금액 중의 유리시안기
매주 1회 분석, 측정하는 항목	① 크롬도금액의 보메 측정 ② 크롬도금액 중의 크롬산의 정량 ③ 니켈도금액의 보메 측정 ④ 황산구리 도금액 중의 황산의 정량 ⑤ 황동 도금액 중의 구리, 아연의 정량
2주간에 1회 분석, 측정하는 항목	① 니켈도금액의 모든 성분의 정량 ② 크롬도금액 중의 황산의 정량 ③ 구리, 주석, 아연, 은도금액 중의 금속분의 정량
1개월에 1회 분석, 측정하는 항목	① 시안화물을 사용한 도금액 중의 탄산나트륨 정량 ② 크롬도금액 중의 3가 크롬, 철의 정량 ③ 여러 종류의 도금액 중의 불순물 정량 ④ 황산구리 도금액 중의 구리의 정량

24.2 헐셀에 의한 관리

(1) 헐셀 개요

헐셀은 R. O. Hull씨가 발명한 작은 도금조로서 헐셀이 발표된 것은 1939년이다. 헐셀에는 그림 24-1, 24-2, 24-3에서와 같이 도금액 250 m*l*, 267 m*l*, 320 m*l*, 543 m*l*, 1,000 m*l* 등 5종류가 있다.

가장 널리 사용되고 있는 헐셀은 액량 267 m*l*의 것이며 이 셀은 액량을 증감함으로써 250 m*l*로서 사용할 수 있고 320 m*l*로도 사용할 수 있어서 매우 편리하다. 534 m*l*로서 사용할 수 있고 320 m*l*로도 사용할 수 있어서 매우 편리하다. 534 m*l*나 1,000 m*l*의 헐셀은 도금액이 너무 많이 필요하여 그다지 사용하지 않는다. 시험액의 양은 적은 쪽이 좋기 때문이다. 실제의 도금조에는 거의 다 공기교반 장치가 있으며 헐셀에도 공기교반 파이프를 설치한 것이 있다. 267 m*l* 헐셀에 광택 니켈도금액을 넣고 음극판으로는 광택 연마한 황동판을 양극은 니켈판을 사용하여 도금하면 음극판상에는 그림 24-5와 같이 니켈도금이 된다.

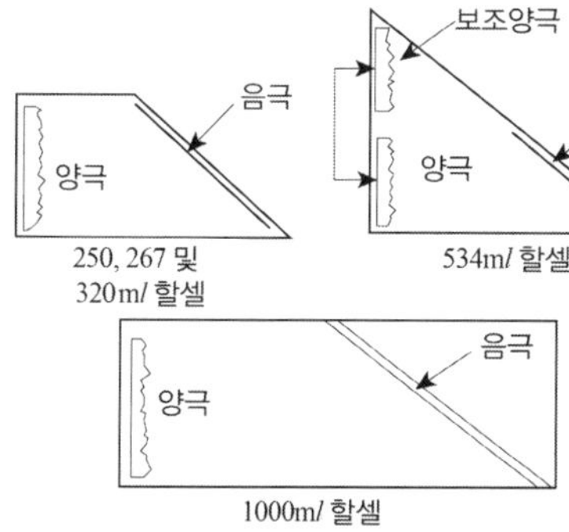

그림 24-1 헐셀의 양극과 음극의 위치

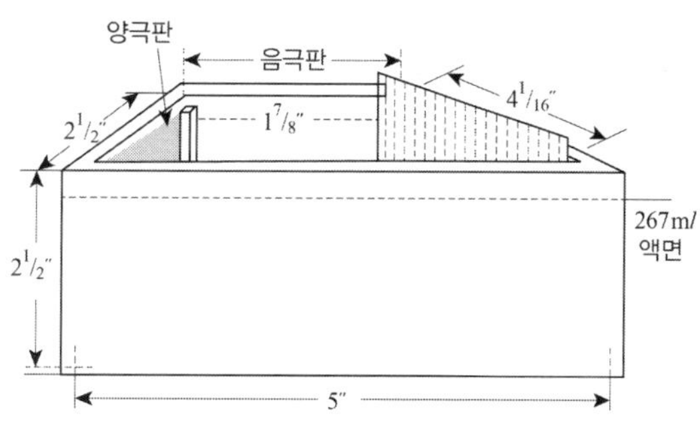

그림 24-2 267 m*l*용 헐셀의 형상과 치수

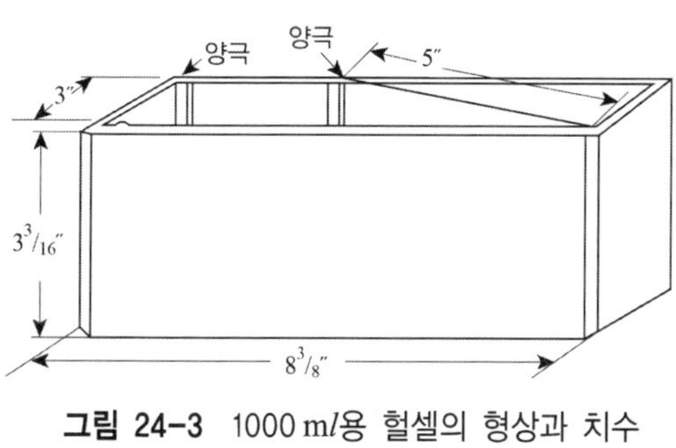

그림 24-3 1000 m*l*용 헐셀의 형상과 치수

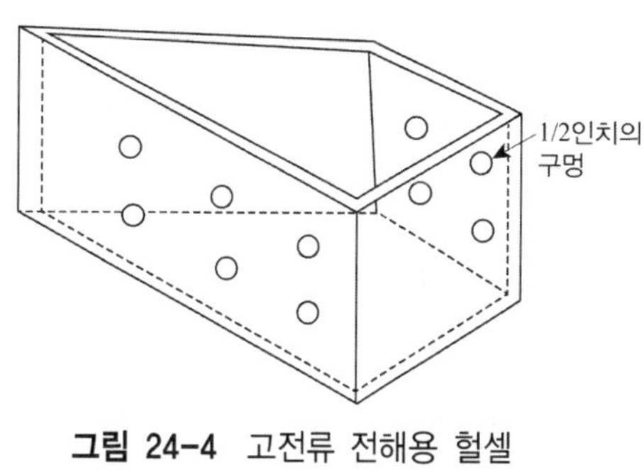

그림 24-4 고전류 전해용 헐셀

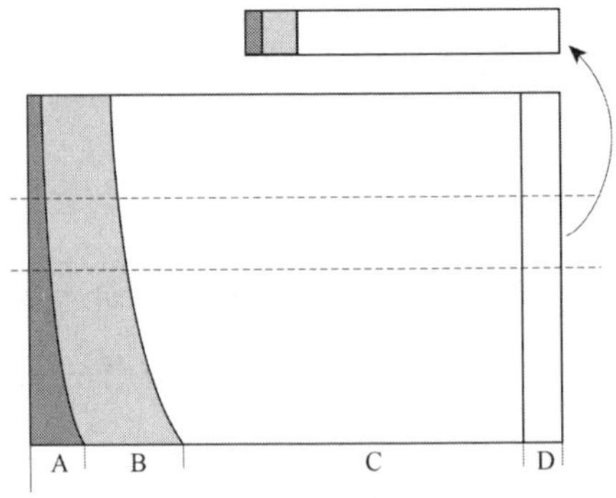

A : 분말상 도금　B : 무광택 도금　C : 완전광택 도금
D : 무도금부분

그림 24-5 헐셀에 의한 광택 니켈도금

그림 24-5에서 A, B의 범위를 나타내는 경계선이 직선이 아니고 곡선으로 되어 있는 것은 양극에서 음극으로 흐르는 전류가 헐셀 저판의 영향을 받아 정상적인 흐름으로 되지 않기 때문이다. 헐셀시험을 한 음극판을 보존해 두면 도금액 관리에 편리하나 음극판 그 자체를 보존 정리해 두는 것보다는 음극판상에 나타난 도금의 상황을 노트에 해두는 것이 좋다. 스케치 할 때는 전광택 부분과 반광택 부분의 표시를 그림 24-6과 같이 하는 것이 편리하다.

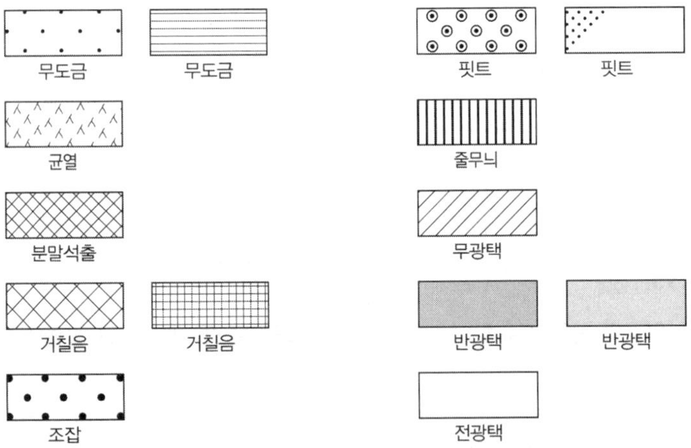

그림 24-6 음극면상의 도금 석출상황 표시방법(좌측의 10종의 기호는 일반적으로 쓰이고 있는 것이고, 우측의 4종의 기호는 독일규격 DIN 50957에 규정되어 있는 기호)

(2) 헐셀의 전류분포

음극과 양극이 평행으로 배치되어 있지 않고 일정한 각도를 가지고 배치되어 있는 것이 헐셀의 특징이라는 것은 이미 설명하였으며, 두 극이 평행으로 배치되어 있다면

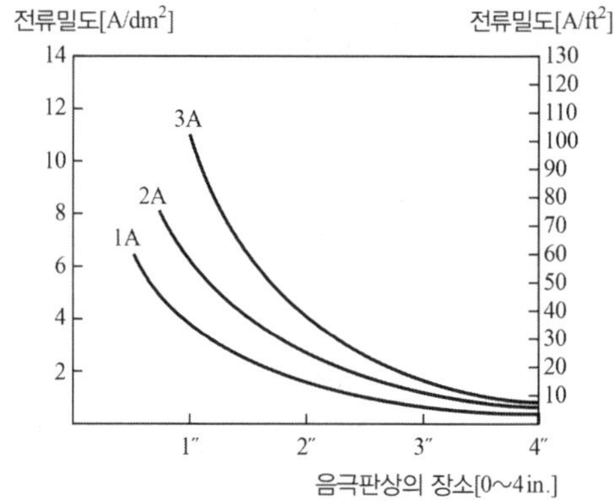

그림 24-7 헐셀의 음극판에 흘린 충전류와 음극판의 각 장소에 있어서의 전류밀도와의 관계

일반도금과 같겠지만 평행배치가 아니기 때문에 도금액을 관리하는 수단으로 이용할 수 있는 것이다.

24.3 pH에 의한 액관리

pH는 도금액의 산, 알칼리의 강약을 나타내는 것이다. pH를 측정하기 위해서는 유리전극 pH미터기를 사용하는 방법, pH 시험지를 사용하는 방법 등이 있다. 도금액의 pH가 도금에 특히 민감하게 영향을 미치는 경우는 광택 니켈도금액이다. 황산구리 도금액이나 크롬도금액의 pH는 도금에 그다지 영향을 미치지 않으므로 측정하지 않아도 된다. 이들 액은 강한 산성을 나타내며 pH의 변동이 거의 없다. pH의 측정과 수정만으로써는 충분한 액관리가 되는 것은 아니다.

24.4 전량계에 의한 광택제의 관리

광택 니켈도금액 중의 광택제에는 분석이 곤란한 것이 많으며 그 부족은 헐셀로써 판단하는 것이 현장적으로 편리하다는 것은 이미 설명하였다. 액 중에 공급되는 광택제의 관리는 전량계에 의해서 관리하면 편리하다.

24.5 적수계에 의한 계면활성제 관리

계면활성제는 탈지액 및 여러 도금액에 사용되고 있다. 계면활성제를 첨가하면 액의 표면장력이 저하한다는 것은 이미 설명하였다. 계면활성제는 액의 표면장력을 저하시키기 위해서 첨가하는 것이기 때문에 그 양을 관리하기 위해서 표면장력계를 사용하면 되겠지만 간단히 측정하기 위해서는 적수계를 사용하는 것이 좋다. 적수계는 측정해야 할 액을 일정량 흡입하고 그 양이 떨어지는데 필요한 방울수를 계산하여 표면장력을 구하는 방식이다. 일정량의 액이 한방울씩 떨어지는 경우 액의 표면장력이 적을수록 방울수가 많아지는 성질을 이용한 것이다.

24.6 도금 두께 계산

도금한 제품에 대체로 녹이 생겼다고 할 경우는 도금의 밀착이 나빴다든가 도금면에 핀홀이 많은 경우이다. 도금의 밀착이 나쁠 때는 그 원인을 제거하면 된다. 소재 금속이 도금에 적합한가, 전처리가 완전하게 되었는가, 도금이 완전한 상태에서 이루어졌는가를 검토하여 정정하면 된다. 핀홀(pin hole)이 많은 경우에는 일반적으로 도금이 얇은 경우이다. 보통 도금 공장에서는 두께가 지정되면 계산에 의하여 도금 소요시간을 구할 수 있으나 미리 계산하여 표로 만들어 두고 이 표를 이용하여 도금 시간과 도금 두께를 참조한다. 도금 두께를 구하는 방법을 순서에 따라 설명하면 다음과 같다.

표면적 1 dm^2의 철판에 1A·H의 전기량으로 시안화구리도금을 했을 때의 두께를 구해보면 도금피막의 체적은 10[cm] × 10[cm] × x[cm]이다(x는 도금층의 두께). 구리의 비중은 8.93이므로 도금작업에서 석출한 구리의 이론석출량은 2.372 gr이다. 따라서

$$\text{체적} = \frac{\text{중량}}{\text{비중}} \text{이므로 } 100 \times (\text{cm}^2) \times x = \frac{2.372\text{gr}}{8.93} \quad \cdots\cdots (1)$$

$$x = \frac{2.372(\text{g})}{8.93 \times 100(\text{cm}^2)} \fallingdotseq 0.002656 = 0.0027\ \text{cm}\ (\fallingdotseq 27\mu)$$

의 도금 두께가 된다. 또 표면적 1 dm^2의 철판에 1A · H의 전기량으로 시안화구리도금을 했을 경우의 도금 두께를 구하면(단, Effc는 80%로 함) Effc 80%는 이론석출량의 80%라는 뜻이기 때문에 앞 식에 대입하면,

$$x = \frac{2.372(\mathrm{g}) \times 0.8(100\%\text{를 1로 함})}{8.93 \times 100(\mathrm{cm}^2)} \fallingdotseq 0.0021\,\mathrm{cm} \quad \cdots\cdots (2)$$

x는 약 21μ(0.0021 cm)의 도금 두께가 된다. 또 표면적 $1\mathrm{dm}^2$의 철판에 2A의 전류를 15분간 흘려 Effc 80%의 시안화구리도금을 했을 때의 도금 두께를 구하면 전기량은 2(A) × 0.25(시간) × 15(분)=0.5A·H이므로 1A·H 때 석출량의 1/2의 석출량이 된다.

$$x = \frac{2(\mathrm{A}) \times 0.25(\text{시간}) \times 2.372(\mathrm{g}) \times 0.8}{8.93 \times 100(\mathrm{cm}^2)} \quad \cdots\cdots (3)$$

x를 계산하면 약 11μ(0.0011cm)의 도금 두께가 된다. 실제로 도금작업을 할 때는 두께를 정해 두고 시간을 계산하는 것이기 때문에 다음의 식이 일반적으로 이용된다.

$$\text{시간} = \frac{\text{도금평균두께}(\mathrm{cm}) \times \text{표면적}(\mathrm{cm}^2) \times \text{비중}}{\text{전류}(\mathrm{A}) \times \text{전기화학당량}(\mathrm{g/A \cdot H}) \times \text{전류효율}} \quad \cdots\cdots (4)$$

식 (4)에 의하여 계산하는 예를 들어보면, 표면적 30 dm^2의 물품에 5 $\mathrm{A/dm}^2$의 비율로 전류를 통하여 15μ 두께의 니켈도금을 하는데 몇 분이 걸리는가?

Effc를 95%로 잡으면 식 (4)에 의하여

$$\text{시간} = \frac{0.0015 \times 3000 \times 8.85}{5 \times 30 \times 1.095 \times 0.95} \fallingdotseq 0.255\text{시간}$$

0.255 × 60=15.3분이 걸린다.

CHAPTER

25 유해환경물질(RoHS) 및 안전관리

25.1 RoHS의 정의

RoHS(the Restriction of the use of certain Hazardous Substances in electrical and electronic equipment) 전기전자제품에 포함된 유해물질 사용에 대한 규제를 말한다. 2002년 10월 10일 유럽의회와 유럽 각료이사회는 RoHS(전자부품 유해물질 지침: Directive 2002/95/EC), WEEE(전자제품 폐기물지침: Directive 2002/96/EC)을 발표하였다. 2006년 7월 1일부로 카드늄(Cd), 납(Pb), 수은(Hg), 6가 크롬(Cr^{6+}), 브롬계 난연제(PBB: Poly-brominated phenyls, PBDE: Polybrominated diphenyl ethers)의 사용을 금지하였다.

〈China RoHS〉

- 중국에서 생산, 판매 및 수입하는 전자 정보 제품에 유해물질 사용을 규제하고 전자 정보제품 폐기 후 유발되는 환경오염 통제 및 감소시키기 위해 만들어진 것으로서 EU의 RoHS를 기초로 하였음.
- 중국 국가 발전 개혁 위원회, 신식산업부 등 7개부서는 2006년 2월 28일 공동으로 근거 법령인 전자 정보제품 오염 통제 관리 방법을 발표하고 2007년 3월 1일 시행.
- 중국 RoHS 제도 이해 및 분석을 통하여 자벨링, 인증서 획득 등 철저한 준비가 필요함.

향후 China RoHS가 시행됨에 따라 중국은 환경오염 유발 가능성이 있는 제품 판매 및 투자를 엄격하게 제한할 것으로 판단되므로 친환경 마케팅 사업 및 제품의 환경 기준에 맞추어 더욱 정확히 적용해야 할 것이다.

25.2 | RoHS의 목적

전기/전자 기기에 사용하는 유해 물질의 사용 제한에 관한 가맹 각국의 법률의 격차를 없애고, 인류의 건강 보호와 WEEE의 환경부하의 삭감(친환경적인 회수), 처분에 기여하기 위함이다.

25.3 | RoHS 기준항목

사용 금지 물질은 클라스 Ⅰ, Ⅱ, Ⅲ 물질이며 46개 유해환경규제물질은 추후 시행될 것으로 추정해야 할 것이다.

① **Class Ⅰ**: EU RoHS Directive에서 규제하는 물질로 제품 내 사용을 금지함.

② **Class Ⅱ**: EU RoHS directive 외 국가법 또는 협약에서 관리하는 물질로 제품 내 사용을 금지함.

③ **Class Ⅲ**: 환경 및 인체에 미치는 영향을 감안하여 자발적으로 저감하고자 하는 물질

(1) 클라스 Ⅰ에 속하는 물질

1) 카드뮴과 그 화합물

① 사용목적: 플라스틱 및 고무 안정제 금속표면 보호 및 광택제 도금을 할 경우 내식성 향상

② 사용분야: 니켈-카드뮴 배터리 플라스틱, 세라믹, 유리의 염료 PVC 안정제, 철과 비철금속의 코팅제 및 특수 합금

③ 인체 유해성: 위경련, 신장 손상, 고혈압, 혈중 철분 감소, 중추 신경 및 뇌 손상 혈중 5~10%로 전이, EU Directive 91/338/EEC에 의해 법적으로 100 ppm이 넘는 제품은 유럽지역으로의 통관이 금지되어 있습니다. 시험방법은 EN 1122 USEPA 3050B, ASTM D 3335 등이 있습니다.

④ 관리근거: EU RoHS Directive
EU Packaging Directive
EU Battery Directive
OSPAR Priority chemicals

⑤ 카드뮴과 그 화합물의 예

Substance(물질)	CAS Number
Cadmium	7440-43-9
Cadmium alloys	-
Cadmium oxide	1306-19-0
Cadmium sulfide	1306-23-6, 8048-07-5
Cadmium carbonate	513-78-0
Cadmium chloride	10108-64-2
Cadmium nitrate	10325-94-7
Cadmium nitrate tetrahydrate	10022-68-1
Cadmium sulfate	10124-36-4
Cadmium stearate	2223-93-0
기타 카드뮴 화합물과 합금	

2) 납과 그 화합물

① 사용목적: 연납땜성 우수: 고밀도, 저융점, 저강도 주물 가공용의 사출물 내식성 향상

② 사용분야: 부품 접함 용접 케이블 피복, 튜브, 사출제품 세라믹, 활자 금속, 베어링, 합금

③ 인체 유해성: 중추 신경 손상, 관절 약화, 고혈압, 뇌 손상 불임 및 유산, 조직 손상에 의한 정자 감소. 미국 California proposal 65에 의해: 납 함량 300 ppm으로 규제하고 있습니다. 시험방법은 ISO 6101-2, USEPA 3050B, USEPA 3052, ASTM 4004 등이 있다.

④ 관리근거: EU RoHS Directive
캘리포니아 Proposition 65
EU Packaging Directive
EU Battery Directive
OSPAR Priority Chemicals

⑤ 납과 그 화합물의 예

Substance(물질)	CAS Number
Lead(Ⅱ) phosphate	7446-27-7
Lead thiocyanate	592-87-0
Lead(Ⅱ)acetate, trihydrate	6080-56-4
Lead(Ⅱ)acetate	301-04-2
Lead(Ⅳ)acetate	546-67-8
Lead oleate	1120-46-3
Lead stearate	7428-48-0
Lead(Ⅱ)metaborate	10214-39-8
Lead metasilicate	11120-22-2, 22569-74-0
Lead antimonite	13510-89-9
Lead arsenate(1:1)	7784-40-9
Lead(Ⅱ) arsenite	10031-13-7
Lead chromate: chrome yellow	1344-37-2
Lead molybdate	10190-55-3
Calcium plumbate	12013-69-3
Tetramethyl lead	75-74-1
Tetraethyl lead	78-00-2
Lead hydrocarbonate	1319-46-6
Lead selenide	12069-00-0
Lead; metal	7439-92-1
Lead/Tin alloy	-
Lead(Ⅱ) oxide	1317-36-8
Lead(Ⅳ) oxide	1309-60-0
Dilead trioxide	-
Lead (Ⅱ, Ⅳ) oxide	1314-41-6
Lead azide	13424-46-9
Lead(Ⅱ) fluoride	7783-46-2
Lead(Ⅱ) chloride	7758-95-4
Lead(Ⅳ) chloride	13463-30-4
Lead(Ⅱ) iodide	10101-63-0
Lead(Ⅱ) sulfide	1314-87-0
Lead(Ⅱ) cyanide	592-05-2
Lead fluoroborate	13814-96-5
Lead fluosilicate	25808-74-6
Lead nitrate	10099-74-8
Lead carbonate	598-63-0
Lead hydroxcarbonate	1344-36-1
Lead perchlorate	13637-76-8
Lead(Ⅱ) sulfate	7446-14-2, 15739-80-7
Lead oxide sulfate	12202-17-4

3) 수은과 그 화합물

① 사용목적: 발광 및 전력 효율 우수 의약용 소독, 살균

② 사용분야: 수은 전지, 램프, 배선 및 스위치 치과용 아말감 및 방부제 Polymer 촉매제, 페인트, 잉크

③ 인체 유해성: 구토, 피부 발진, 눈 경련 신장 및 뇌 손상, 시력 장애, 실명, 기억감퇴. EU Directive 89/677/EEC 및 91/157/EEC에서는 수은 화합물의 사용을 엄격히 제한합니다. 시험방법은 USEPA 302 등에 있다.

④ 관리근거: EU RoHS Directive
EU Packaging Directie
EU Battery Directive
OSPAR Priority Chemicals

⑤ 수은과 그 화합물

Substance(물질)	CAS Number
Mercury	7439-97-6
Mercury alloys ; amalgam	-
Mercury(I) oxide	15829-53-5
Mercury(II) oxide	21908-53-2
Mercury(I) chloride	10112-91-1
Mercury(II) chloride	7487-94-7
Mercury(II) nitrate	10045-94-0
Mercury(I) sulfate	7783-35-9
Mercury(II) fulminate	628-86-4
Mercury(II) acetate	1600-27-7
Methylmercury salts	e. g. 22967-92-6
Ethylmercury salts	-
Propylmercury salts	-
Phenylmercury salts	-
Methoxyethyl-mercury salts	-
Dialkylmercury	-
Diphenylmercury	587-85-9
Other mercury compounds	

4) 6가 크롬과 그 화합물

① 사용목적: 내식성 및 내열성 향상, 전기 저항을 이용한 전열기 도색제 및 안료

② 사용분야: 배터리, 스테인리스 용접, 합금주물, 비철 합금, 도금, 프린터 토너페이트 및 안료, 고무, 시멘트

③ 인체 유해성: 코 흘림, 재채기, 코피, 종기, 경련, 천식폐암 신장 및 간 손상, 급사 2 ppm 이하로 사용을 엄격히 제한합니다. 시험방법은 ISO 3613, DIN 53314, EPA 3060A/7196A hexavalent chromium was previously used for chrome plating, leather tanning, paint/dyestuffs. Test methosd 53314, EPA 3060A/7196A

④ 관리근거: EU RoHS Directive
EU Packaging Directive
OSPAR Priority Chemicals

⑤ 6가 크롬과 그 화합물의 예

Substance(물질)	CAS Number
Chromium trioxide	1333-82-0
Lithium chromate	14307-35-8
Sodium chromate	7775-11-3
Potassium chromate	7789-00-6
Patassium chlorochromate	16037-50-6
Ammonium chromate	7788-98-9
Copper chromate	13548-42-0
Magnesium chromate	13423-61-5
Calcium chromate	13765-19-0
Strontium chromate	7789-06-02
Barium Chromate	10294-40-3
Lead chromate(오렌지색 안료)	1344-38-3
Lead chromate(노란색 안료)	1344-37-2
Zinc chromate	12018-19-8 13530-65-9 14018-95-2
Sodium dichromate	10588-01-9
Potassium dichromate	7788-50-9
Ammonium dichromate	7789-09-05
Calcium dichromate	14307-33-6
Dichromic acid	13530-68-2
Copper chromite	12053-18-8
Strontium chromate	7789-06-02
Zine dichromate	-
other chromium compound	-

5) PBBs(Polybrominated biphenyls)와 그 화합물

① 사용목적: 플라스틱의 열화 및 화재 방지내구성 향상

② 사용분야: 기계 및 전자 제품의 하우징코팅 및 도료의 난연제 각종 Resin, Polymer, 기타 첨가제

③ 인체 유해성: 피부 이상, 탈모, 체중 감소 중추 신경간, 신장, 갑상선, 면역계손상. SGS Korea는 신속하고 경쟁력 있는 가격으로 브롬계 화합물 분석을 할 수 있습니다. 시험방법은 Soxhlet, Ultrasonic를 이용하여 추출하여 Ge/Ms로 측정합니다. Asbestos(석면), Polychlorinated Naphthalene(PCN), Chlorinated Paraffin(CP), Perchlordecone(Mirex), Tetrabromo bisphenol-A-bis(TBBP-A-bis) 등 세계적인 글로벌 기업의 기준 표준에서 규제하는 물질에 대한 실험을 국내에서 유일하게 실험할 수 있습니다.

④ 관리근거: EU RoHS Directive
OSPAR Priority chemicals

⑤ PBBs와 그 화합물의 예

Substance(물질)	CAS Number
Polybrominated biphenyls(PBBs)	67774-32-7

6) PBDEs(Polybrominated diphenyl ethers)와 그 화합물

① 사용목적: PBBs와 같음

② 사용분야: PBBs와 거의 비슷함

③ 인체유해성: PBBs와 거의 비슷함

④ 관리근거: EU RoHS Directive
OSPAR Priority Chemicals

⑤ PBDEs와 그 화합물의 예

Substance(물질)	CAS Number
Polybromodiphenyl ether(PBDE)	
Polybromodiphenyl oxide(PBDO)	
Polybrominated biphenyl ethers(PBBE)	
Decabromodiphenyl ether(DBDPE)	1163-19-5
Decabromodiphenyl oxide(DBDPO)	
Octabromodiphenyl ether	32536-52-0
Octabromodiphenyl oxide	
Hexabromodiphenyl ether	36483-60-0
Hexabromodiphenyl oxide	
Pentabromodiphenyl ether	32534-81-9
Pentabromodiphenyl oxid	

(2) 클라스 II에 속하는 물질

1) PCBs, PCTs, PCNs 화합물의 예

Substance(물질)	CAS Number
Polychlorinated bipheyls(PCB)	1336-36-3
Polychlorinated terpheyls(PCT)	61788-33-8
Polychlorinated naphtalenes(PCN)	-
Trichloronaphthalenes	1321-65-9
Tetrachloronaphthalenes	1335-88-2
Pentachloronaphthalenes	1321-64-8
Octachloronaphthalenes	2234-13-1

① 관리근거: EU Directive 76/769/EEC
OSPAR Priority chemicals

2) 오존층 파괴물질(CFCs, HCFCs, Halons)

Group	Substance(물질)	CAS Number
A-I 냉매 세정제	CFC13 (CFC-11)	75-69-4
	CF2 Cl2 (CFC-12)	75-71-8
	C2 F3 Cl3 (CFC-113)	76-13-1
	C2 F4 Cl2 (CFC-114)	1320-37-2
	C2 F5 Cl (CFC-115)	76-15-3
B-I	CF3 Cl (CFC-13)	76-15-3
	C2 FCl5 (CFC-111)	354-56-3
	C2 F2 Cl4 (CFC-112)	28605-74-5
	C3 FCl7 (CFC-211)	135401-87-5
	C3 F2 Cl6 (CFC-212)	3182-26-1
	C3 F3 Cl5 (CFC-213)	2354-06-5
	C3 F4 Cl4 (CFC-214)	2268-46-4
	C3 F5 Cl3 (CFC-215)	1652-81-9
	C3 F6 Cl2 (CFC-216)	662-97-2
	C3 F7 Cl (CFC-217)	422-86-6
A-II 소화제	CF2 BrCl (halon-1211)	353-59-3
	CF3 Br (halon-1301)	75-63-8
	C2 F4 Br2 (halon-2402)	124-73-2
B-II CFC원료	CCl4 (carbon tetrachloride)	56-23-5
B-III 세정,용제	C2 H3 C13 (2)	71-23-5
E-I 방역	CH3 Br(methyl bromide)	
C-II 할론 대체품	CHFBr 2	1868-53-7
	CHF2 Br	1511-62-2
	CH2 FBr	373-52-4
	C2 HFBr 4	306-80-9
	C2 HF2 Br3	-
	C2 HF3 Br2	354-04-1
	C2 HF4 Br	124-72-1
	C2 H2 FBr3	-
	C2 H2 F2 Br2	75-82-1
	C2 H2 F3 Br	421-06-7
	C2 H3 FBr2	358-87-4
	C2 H3 F2 Br	-
	C2 H4 FBr	762-49-2
	C3 HFBr6	-
	C3 HF2 Br5	-
	C3 HF3 Br4	-
	C3 HF4 Br3	-
	C3 HF5 Br2	431-78-7
	C3 HF6 Br	-
	C3 H2 FBr5	-
	C3 H2 F2 Br4	-
	C3 H2 F3 Br3	-
	C3 H2 F4 Br2	-
	C3 H2 F5 Br	460-88-8
	C3 H2 FBr4	-
	C3 H3 F2 Br3	70192-80-2
	C3 H3 F3 Br2	70192-83-5
	C3 H3 F4 Br	679-84-5

Group	Substance(물질)	CAS Number
C-Ⅱ 할론 대체품	C3 H4 FBr3	75372-14-4
	C3 H4 F2 Br2	460-25-3
	C3 H4 F3 Br	421-46-5
	C3 H5 FBr2	51584-26-0
	C3 H5 F2 Br	-
	C3 H6 FBr 0, 7	352-91-0
C-Ⅰ CFC대체품	CHFC12 (HCFC-21)	75-43-4
	CHF2 C1 (HCFC-22)	75-45-6
	CH2 FC1 (HCFC-31)	593-70-4
	C2 HFC14 (HCFC-121)	354-14-3
	C2 HF2 C13 (HCFC-122)	354-21-2
	C2 HF3 C12 (HCFC-123)	306-83-2
	C2 HF4 C1 (HCFC-124)	2837-89-0
	C2 H2 FC13 (HCFC-131)	134237-34-6
	C2 H2 F2 C12 (HCFC-132)	25915-78-0
	C2 H2 F3 C1 (HCFC-133)	75-88-7
	C2 H3 FC12 (HCFC-141)	25167-88-8
	CH3 CFC12 (HCFC-141b)	1717-00-6
	C2 H3 F2 C1 (HCFC-142)	25497-29-4
	CH3 CF2 C1 (HCFC-142b)	75-68-3
	C2 H4 FC1 (HCFC-151)	1615-75-4
	C3 HFC16 (HCFC-221)	134237-35-7
	C3 HF2 C15 (HCFC-222)	134237-36-8
	C3 HF2 C14 (HCFC-223)	134237-37-9
	C3 HF4 C13 (HCFC-224)	134237-38-0
	C3 HF5 C12 (HCFC-225)	128903-21-9
	CF3 CF2 CHC12 (HCFC-225ca)	422-56-0
	CF2 C1CF2 CHCIF (HCFC-225cb)	507-55-1
	C3 HF6 C1 (HCFC-226)	134308-72-8
	C3 H2 FC15 (HCFC-231)	134190-48-0
	C3 H2 Fe C14 (HCFC-232)	134237-39-1
	C3 H2 F3 C13 (HCFC-233)	134237-40-4
	C3 H2 F4 C12 (HCFC-234)	127564-83-4
	C3 H2 F5 C1 (HCFC-235)	134237-41-5
	C3 H3 FC14 (HCFC-241)	134190-49-1
	C3 H3 F2 C13 (HCFC-242)	134237-42-6
	C3 H3 F3 C12 (HCFC-243)	134237-43-7
	C3 H3 F4 C1 (HCFC-244)	134190-50-4
	C3 H3 FC13 (HCFC-251)	134190-51-5
	C3 H4 F2 C12 (HCFC-252)	134190-52-6
	C3 H4 F3 C1 (HCFC-253)	134237-44-8
	C3 H5 FC12 (HCFC-261)	134237-45-9
	C3 H5 F2 C1 (HCFC-262)	134190-53-7
	C3 H6 FC1 (HCFC-271)	134190-54-8

① 관리근거: Regulation FC 2037/2000
몬트리올협약

3) 석면과 그 화합물의 예

Substance(물질)	CAS Number
actinolite	77536-66-4
amosite	12172-73-5
anthrophyllite	77536-67-5
chrysotile	12001-29-5
crocidolite	12001-28-4
tremolite	77536-68-6

① 관리근거: EU Directive 76/769/EEC

4) 포름알데히드의 예

Substance(물질)	CAS Number
Formaldehyde	50-00-0
Formalin	
Formic aldehyde	
Formol	

① 관리근거: 독일 화학물질법령

5) 단쇄염화파라핀의 예(Alkane 10~13 carbon dhain)

Substance(물질)	CAS Number
Short-chain Chlorintaed paraffins	85535-84-8
$C10^{-13}$ Cl ≥ 50wt %	

① 관리근거: EU Directive 76/769/EEC
OSPAR Priority Chemicals

6) 아조계 화합물의 예

Substance(물질)	CAS Number
4-aminoazobenzene	60-09-3
0-anisidine	90-04-0
2-naphthylamine	91-59-8
3,3-dichlorobenzidine	91-94-1
4-aminodiphenyl	92-67-1
Benzidine	92-87-5
or tho-toluidine	95-53-4
4-chloro-o-toluidine	95-69-2
2,4-toluenediamine	95-80-7
or tho-Aminoazotoluene	97-56-3
5-nitro-o-toluidine	99-55-8
4,4-methylene-bis-(2-chloroaniline)	101-14-4
4,4-diaminodiphenylmethane	101-77-9
4,4-oxydianiline	101-80-4
p-chloraniline	106-47-8
3,3-dimethoxybenzidine	119-90-4
3,3-dimethlbenzidine	119-93-7
p-cresidine	120-71-8
2,4,5-trimethylaniline	137-17-7
4,4-thiodianiline	139-65-1
2,4-diaminoanisole	615-05-4
3,3-dmethyl-4, 4-diaminodiphenylmethane	838-88-0

① 관리근거: EU Directive 76/769/EEC

7) 니켈과 그 화합물의 예

Substance(물질)	CAS Number
Nickel	7440-02-0
Nickel(Ⅱ) oxide	1313-99-1
Nickel sulfate	7786-81-4
Nickel chloride	7718-54-9
other Nickel compounds	-

① 관리근거: EU directive 76/769/EEC

8) 유기주석 화합물의 예

Substance(물질)	CAS Number
Tributyl tin (TBT)	56573-85-4
Triphenyl tin (TPT)	668-34-8
Tributyl tin oxide (TBTO)	56-35-9
Tributyl tin bromide	1461-23-0
Triphenyl tin bromide	56-35-9
Triphenyl tin chloride	639-58-7
Triphenyl tin hydroxide	76-87-9
Triphenyl tin N, N′-dimethyldithiocarbamate	1803-12-9
Triphenyl tin fluoride(fentin fluoride)	379-52-2
Triphenyl tin acetate (fentin acetate)	900-95-8
Tributyl tin methacrylate	18380-71-7
Tributyl tin fumarate	6454-35-9
Tributyl tin fluoride	1983-10-4
Tributyl tin 2,3-dibromosuccinate	31732-71-5
Tributyl tin acetate	56-36-0
Tributyl tin laurate	3090-36-6
Tributyl tin phthalate	4782-29-0
Tributyl tin sulfamate	6517-25-5
Tributyl tin maleate	14275-57-1
Tributyl tin chloride	1461-22-9
Tributyl tin naphthenate	85409-17-2
Tributyl tin rosin salts	26239-64-5
Methyl Methacrylate and tributyl tin methacrylate	

① 관리근거: EU Directive 76/769/EEC
OSPAR Priority Chemicals

9) 비소와 그 화합물(Arsenic compounds and its compounds)

주요 사용 예: 안료, 페인트, 염료, 갈륨비소(GaAs) 반도체, 난연제, 착색유리 제조, 금속접착제, 살균제, 목재방부제	
관리대상	페인트, 잉크, 부식방지제
관리농도	사용금지

① 관리근거: EU Directive 76/769/EEC

10) PFOS(Perfluorooctane Sulfonates) 물질의 예

Substance(물질)	CAS Number
1-Octanesulphonyl fluoride, 1,1,2,2,3,3,4,4,5,5,6,6,7,7,8,8,8-heptadecafluoro	307-35-7
2-Propenoic acid, 2-methyl-, 2-[ethyl[(heptadecafluorooctyl) sulphonyl]amino] ethyl ester	376-14-7
2-Propenoic acid, 2-[butyl[(heptadecafluorooctyl)sulphonyl]amino]ethyl ester	383-07-3
2-Propenoic acid, 2-[ethyl[(heptadecafluouooctyl)sulphonyl]amino]ethyl ester	423-82-5
1-Octanesulphonamide, 1,1,2,2,3,3,4,4,5,5,6,6,7,7,8,8,8-heptadecafluoro-N-2-propenyl-	423-86-9

* PFOS 화학식: $C_8F_{17}SO_2X$ [X=OH, Metal salt(O−M+), 할로겐화물, 아미드 및 폴리머를 포함한 유도체]

① 관리근거: EU Directive 76/769/EEC

(3) 클라스 Ⅲ에 속하는 물질

구분	물질명	적용제품	전폐일정	
			개발단계	양산단계
Class Ⅲ	TBBP-A	모든 신규 개발 제품	-	'08년 1월 1일
	모든 브롬계 난연제	모든 신규 개발 제품	'09년 1월 1일	'10년 1월 1일
		신규 개발휴대전화 내 PWB	-	'07년 7월 1일
	PVC	모든 신규 개발 제품	'10년 1월 1일	'10년12월31일
	산화베릴륨	전 제품	-	사용 안 함
	베릴륨동	전 제품	-	검토 중
	프탈레이트	전 제품	-	검토 중
	염소계 난연제	전 제품	-	검토 중
	안티몬	전 제품	-	검토 중

25.4 도금 공장의 안전

도금 공장에서 생기는 사고는 화학약품에 의한 사고와 기계에 의한 부상이 많다. 이러한 재해를 구별하면 다음과 같다.

① 약품에 의한 피부 및 기타의 상해(傷害)

② 약품, 해로운 가스 및 분무에 의한 중독과 상해

③ 버프연마 등에 있어서의 기계적 상해
④ 감전사고

이러한 사고는 어디까지나 그 예방에 중점을 두어야 한다. 도금 공장 내부의 공기는 끊임없이 오염되므로 환기가 필요하다. 버프연마실에는 대부분 제진장치가 붙어 있으나 이것은 실내의 공기를 옥외에 배출하므로 환기의 효과를 겸하고 있다. 도금 작업장 내부에서는 실내 공기의 배출이 잘되지 않으므로 반드시 환기장치를 설치해야 한다. 일반적으로 실내 공기량의 15~20배 공기가 환기되면 충분하지만 또한 상온에서와 같은 습도의 조절이 필요하다. 작업에 가장 적당한 온도는 다음과 같다.

① 힘을 필요로 하는 수동적 노동: 7~9℃
② 힘을 필요로 하는 기계적 노동: 8~10℃
③ 약간 쉬운 기계작업: 10~12℃
④ 대단히 쉬운 작업: 14~20℃

(1) 도금공장의 색채조절

도금공장에서는 위험물을 많이 취급하고 있으므로 위험물을 색으로 구별하고 산성용액과 알칼리성 용액의 구별, 극약과 보통 약품의 구별을 색으로 알 수 있도록 하는 것이 좋다. 전기 스위치도 on과 off의 색이 다르도록 하는 것이 좋다.

(2) 바닥의 미끄럼 방지

도금공장의 바닥은 알칼리로 젖어서 미끄러지기 쉬우므로 알칼리성 도금액이나 탈지액의 주위에는 바닥에 □자 형태의 얕은 홈을 파거나 미끄럼방지의 용구를 까는 것이 좋다.

(3) 구급용 기구의 설치

여러 가지 구급용 기구를 넣은 구급상자는 눈에 띄기 쉬운 곳에 놓아야 한다.

- 수돗물: 눈이나 입에 위험물이 들어갔을 때 사용한다.
- 구급스위치: 화재나 감전되었을 때 즉시 전기스위치를 젖힐 수 있도록 손이 닿기 쉬운 곳에 지정되어야 한다.
- 소화기구의 준비: 소화 기구는 적어도 반년에 1회 또는 2회 정도는 점검하여야 한다.

(4) 취급 책임자의 결정

법적인 책임자를 포함해서 여러 분야의 책임자를 지정해야 한다.

① 전기 취급 책임자
② 유독물 취급 책임자: 보관 및 출납의 책임을 지고 사용량을 확실히 파악해야 한다. 특히 독극물이 외부로 노출되지 않도록 해야 한다.
③ 화기 취급 책임자
④ 안전 위원: 도금 공장 내의 안전 및 위생에 대해서 안전위원으로서 안전 및 위생에 관한 세부규정을 정하고 위험을 무시한 행동이나 작업을 근절시킨다.

25.5 재해와 안전에 대한 주의

(1) 재해의 시기

4계절을 통하여 여름철이 가장 재해가 많이 발생하는 시기이다. 이때는 기온이 높고 덥기 때문에 땀이 많이 나서 엷은 옷을 입게 되고 식욕이 감퇴되며 수면 부족이 되기 쉬워 피로가 겹치게 된다. 그리하여 체력이 약화되고 주의력이 산만해져서 안전사고가 일어나기 쉽다. 따라서 여름이 시작되는 7월 초순경부터 안전 주간을 설정하고 각 공장에서는 근로자의 안전에 대해서 주의를 환기시켜야한다. 또 매주 휴일 직후의 출근일(예, 월요일 등)에 재해가 많이 발생한다. 이것은 체력 회복을 위한 휴일이 잡다한 일로 말미암아 체력 소모의 휴일이 되어 피로가 다음 날까지 연장되기 때문이다.

(2) 재해 다발자(多發者)

도금 작업에만 관계된 문제는 아니지만 부상을 입은 사람은 계속해서 부상을 당하는 경우가 흔히 있다. 이러한 사람을 잘 관찰해 보면 복장은 다른 작업자와 별관계가 없으나 태도에 문제가 있거나 이해력 또는 주의력이 부족한 경우이다. 이러한 사람들에 대해서는 본인은 물론 재해를 당하지 않도록 주의를 해야 할 것은 당연한 일이지만 공장의 책임자는 재해 다발자들에게는 비교적 위험성이 적은 작업이나 단순한 작업등에 종사시키는 것이 필요하다.

(3) 설비에 대한 안전사항

① 공장 내부의 환기에 대해서는 환기장치를 충분히 해야 한다.
② 공장 내부의 조명은 충분한 밝기로 해야 하며 손 밑에 그림자가 생기지 않도록 조명 설비를 해야 한다.

③ 실내온도는 작업하기에 적당한 온도로 유지되어야 한다.
④ 위험하다고 생각되는 설비에는 안전장치를 설치한다.
⑤ 불완전한 기계 및 기구류는 즉시 수리하여 사용한다.
⑥ 제반 설비의 배치에는 특히 신경을 써서 작업효율을 높여야 한다.
⑦ 전기 설비는 누전, 감전 등의 사고가 일어나지 않도록 주의해야 한다.

(4) 정신적 재해

1) 부주의에 의한 경우

① 기계기구, 약품 등의 취급 방법을 충분히 습득하지 않고 사용하여서는 안 된다.
② 사고를 일으켰을 경우에는 주의력과 판단력이 없어지기 쉽고 난폭해지며 감정의 움직임이 격해진다. 작업 중에는 될 수 있는 대로 감정적으로 되지 않도록 주의하여 작업에만 열중하여야 한다.
③ 공장의 규율을 지키지 않아서 재해를 일으키는 일이 많으므로 반드시 공장의 규율을 지켜야 한다.

2) 미숙련에 의한 경우

기계 기구나 약품 등의 취급 방법은 대체로 습득하였으나 조작이 아직 숙련되지 않아서 사고를 일으키는 경우로서 숙련되도록 노력해야 할 것이다.

(5) 신체적 재해

1) 작업에 적합하지 않은 신체의 경우

① 신체가 약하여 그 작업에 적합하지 않을 경우에는 다른 적합한 분야에 종사하도록 한다.
② 질병이나 부상 등으로 신체를 다쳤을 경우에는 완전히 완치된 후 작업해야 한다.
③ 신체의 상태가 좋지 않거나 피로가 심할 때에는 책임자에게 조치를 요구하여야 한다.
④ 손과 발이 부자유스러워 작업에 적합하지 않을 때에는 사고가 일어나기 쉬우므로 책임자에게 적절한 조치를 하도록 하여야 한다.

2) 기타의 경우

① 작업이 급하고 장시간 동안 노동을 해야 할 때에는 주의력이 가장 중요하다.
② 중노동 작업을 할 때에도 주의력이 무엇보다도 중요하다.

(6) 기타 재해의 원인

① 지진, 벼락, 화재, 물건 낙하 등 천재에 의한 경우
② 정리, 정돈이 불완전 할 때
③ 작업 복장이 나쁠 때
④ 공동 작업자나 다른 작업자의 부주의 또는 연락이 불충분 할 때.
⑤ 책임자가 주의시킨 사항을 준수하지 않을 때

(7) 도금 작업장에서의 안전수칙

① 작업장 내부에서 관계자 이외의 출입금지 구역은 절대로 들어가지 않는다.
② 작업장 내부의 지정된 장소 이외의 곳에서 음식이나 흡연을 해서는 안 된다.
③ 식사를 할 때는 반드시 손이나 세수를 하여야 한다.
④ 손톱은 언제나 짧게 깎는다.
⑤ 독극물을 많이 사용하기 때문에 조그마한 상처도 생기지 않도록 주의하여야 한다.
⑥ 필요한 보호구는 반드시 착용하며 보호구의 보수 관리를 철저히 한다.
⑦ 작업장은 언제나 청결하게 하고 정리 정돈을 철저히 해야 한다.
⑧ 기계기구 및 약품 등은 취급 방법을 잘 파악한 후 작업해야 한다.
⑨ 기계기구의 각 부분 점검 수리 및 주유를 게을리 하지 않아야 한다.
⑩ 기계 운전 도중에는 운동 부분을 청소해서는 안 된다.
⑪ 정전되었을 때에는 동력 스위치를 꺼놓는 것을 잊어서는 안 된다.
⑫ 회전부분에는 안전장치를 반드시 해야 한다.
⑬ 작업장의 통로에 제품이나 공구류를 방치해서는 안 된다.
⑭ 안전작업을 할 수 있도록 조명을 충분하게 해야 한다.
⑮ 환기장치를 충분히 활용하여 공기오염을 방지한다.

(8) 버프연마 작업에 있어서 복장에 대한 안전수칙

① 작업 중에는 작업 모자를 반드시 착용한다.
② 와이어(wire)버프로 작업할 때에는 보호안경을 써야 한다.
③ 작업 중에는 마스크를 착용한다.
④ 작업 중에는 머리에 수건 등을 감아서는 안 된다.
⑤ 단추가 달려 있는 작업복은 모두 잠근다.
⑥ 소매부리가 열려 있는 작업복은 소매 커버를 사용한다.

⑦ 작업복 앞치마의 끈은 짧게 뒤로 돌려서 묶는다.
⑧ 윗저고리의 옷자락이 열려 있는 것은 바지 속으로 집어넣는다.
⑨ 작업복이 찢어진 곳은 반드시 집어 있어야 한다.
⑩ 작업에 따라서는 작업용 장갑이나 손가락 덮개 등을 착용하고 작업한다.

(9) 버프연마 작업에 있어서 안전 수칙

① 벨트식 연마기의 동력 전달용 평벨트의 레이싱 핀 은 벨트의 폭 보다 더 많이 밖으로 튀어나와 있어서는 안 된다.
② 벨트식 연마기의 평 벨트는 회전 도중에 축 고정 풀리나 유동 풀리 사이를 이동하지 않도록 조절한다.
③ 버프연마기의 고정은 축에 진동이 없도록 수평으로 고정시킨다.
④ 버프연마기 지동스위치 커버가 파손되었을 때에는 즉시 교체한다.
⑤ 모터, 전열기 등은 반드시 접지를 해야 한다.
⑥ 버프연마기 사이의 간격은 충분한 거리를 유지해야 한다.
⑦ 버프연마기에는 반드시 안전 커버를 해야 하고 집진설비를 부착해야 한다.
⑧ 버프의 가열 건조 설비는 버프 조각이 날리는 곳에 설치해서는 안 된다.
⑨ 스패너, 버프 등의 공구로서 파손, 변형된 것은 사용하지 말아야 한다.
⑩ 전기배선의 절연은 절연 테이프를 감아서 안전하게 한다.

(10) 화학약품 취급상의 안전관리

1) 무기약품의 안전관리

약품명	인체에 대한 위험성	발화에 대한 위험성	저장방법	소화방법
K와 Na와의 합금	강한 부식작용이 있으므로 피부와 접촉하면 화상을 입는다.	공기 중에서는 급속한 산화로 발열하며, 자연 발화물과 작용하면 물을 분해하여 수소를 발생하며, 이 수소는 반응열에 의해 발화 또는 폭발한다.	드럼통, 깡통 등의 섬유에 담아 밀봉한다.	건조한 흑연이나, 모래를 덮어 소화한다. 물 CCl_4, CO_2 등은 사용하지 않아야 한다. 불이 크게 붙으면 소화하기 매우 곤란하다.
Mg이 많은 합금	합금인 상태에서는 인체에 영향을 미치지 않는다. 화재가 생겼을 때에는 분말가루가 많이 생기기 때문에 눈이나 얼굴을 보호해야 한다.	분말 조각은 가연성이 강하고 분말이 공기 중에서 날면 불꽃이 되어 폭발한다. 물과 작용하여 수소를 발생한다.	분말조각은 금속용기에 넣어 밀봉한다. 물, 습기, 산화제, 산, 알칼리, 할로겐 물질과 접속되도록 하지 말아야 한다.	형상에 따라 다르다. 분말조각은 K, Na과 같다. 큰 덩어리는 직접 물에 냉각시켜도 된다.
Zn, Al, 분말	아연은 고온에서 휘발한다. 금속 증기가 흡입되면 호흡곤란이 생긴다.	Al은 습기나 수분, 할로겐 화합물과의 접촉에 의해서 자연발화한다. 분진 폭발은 소화가 곤란하다.	종이상자에 넣어 건조한 곳에 저장하고 물이나 산을 멀리한다.	모래, 재, 암석가루 등으로 덮어 씌운다. 폭발위험이 있으므로 물을 사용해서는 안 된다.
CaO	눈에 들어가면 눈의 점막을 상하게 한다.	물, 습기, 유기물질과 접촉하면 발열한다.	통이나 가마니에 넣어 습기가 없는 곳에 보관한다.	소량이면 물로, 다량이면 모래 혹은 CO_2가 좋다
Na_2O_2	강한 부식작용이 있다. 작업할 때 마스크로 눈, 코, 입 등을 보호해야 한다.	가연성 물질과의 혼합물은 마찰로 인하여 발휘한다. 물과 심하게 반응 하고 많은 양이면 폭발한다.	금속, 유기그릇, 물 유기물질과 격리시키고 일광을 피해야 한다.	건조한 모래, 무수탄산나트륨, 암석가루 등으로 덮어서 소화한다. 물은 소화할 때 사용해서는 안 된다.
염소산염류 $KClO_3$ $KaClO_3$ $Ba(ClO_3)_2$	먹으면 간장을 해치며, 심하면 죽는다. $Be(ClO_3)_2$는 중추 신경도 상하게 한다.	가연성 물질과 접촉하면 발화 폭발한다.	유리병에 보관하며, 가연성, 물질, 산, 유황 등을 멀리한다.	물이 가장 좋은 소화제이다.
과염소산염류 과염소산칼륨 과염소산나트륨	산에 의하여 유리하는 $HClO_4$는 피부를 상하게 한다.	가연성 물질과 접촉하면 발화하며, 고온 충격을 주거나 산과 접촉하면 폭발한다.	안쪽을 종이로 바른 금속 용기에 넣어 가연성 물질과 격리한다.	
중크롬산칼륨 무수크롬산	먹으면 보통 구토를 일으키며 경련도 발생한다. 산과 반응하여 CrO_3를 생성하여 피부를 부식시킨다.	염은 가연성 물질의 연소를 돕는다. CrO_3는 가연성물질과 함께 가열하면 폭발한다. 유리 기구를 세척할 때 사용한다.		물을 다량으로 하여 사용한다.
과망간산칼륨	수소액은 살균력이 있으며 카멜레온수라 한다.	유기물질과의 혼합물은 가열, 충격 등으로 발화, 폭발한다.	금속 용기에 넣어 일광이나 가연성 물질을 멀리한다.	모래, CO_2, CCl_4 등이 좋다. 물은 대량 사용해야 한다.

약품명	인체에 대한 위험성	발화에 대한 위험성	저장방법	소화방법
시안화수소	매우 유독하며, 많이 흡입하면 죽는다.	공기와 폭발성 혼합기체를 만든다.	고압 기체 용기에 넣어 차고 어두운 곳에 둔다.	
시안화칼륨 시안화나트륨	먹으면 유독산에 의하여 유독한 HCN을 생성하며 미량이라도 먹으면 즉사한다.	산에 의하여 폭발성 HCN을 생성한다.	산과 멀리하여 갈색 유리 용기에 넣는다.	
유황	연소에 의하여 유독한 SO_2가 발생함. 많이 흡입하면 호흡기 질환이 일어난다.	가연성이며 분말이나 증기는 공기와 섞여 폭발성이 되고, 산화제와 접촉하면 발화 폭발함.	충분히 환기가 잘되는 곳에 두며, 산화제와 멀리 한다.	모래를 덮거나 물을 뿌리는 것이 좋다.
황화나트륨 황화안티몸	연소에 의한 유독한 SO_2, 산으로 유독한 H_2S가 발생한다.	산화제와 만나면 폭발하고, 산으로 가연성 H_2S를 발생한다.	드럼통 같은 철제 그릇에 보관하고, 산화제와 멀리한다.	
이황산탄소	먹으면 의식을 잃고 죽는다. 피부는 터지고 연소가스는 유독(SO_2, CO_2)하다.	휘발성이 크고 인화하기 쉬우며, 증기는 충격으로 발화한다. 휘발유 이상으로 주의를 요한다.	용기의 손상을 파하며 일광, 불꽃, 충격 등을 멀리한다, 용기의 주의를 물 또는 묽은 가스로 덮어서 둔다.	모래, CO_2에 의한 소화가 좋다. CCl_4는 잘 안 쓴다. 용기는 물로 냉각하는 것이 좋다.
황인	흰인을 먹으면 죽으며, 피부에 닿으면 화상을 입는다. 어느 것이나 연소증기는 유독하다.	흰인은 공기 중에서 자연 발화한다. 어느 것이나 가연성이 있고, 산화제와 만나면 폭발성이 생긴다.	흰인은 물을 넣은 금속 용기에 담가 물속에 보존하고, 어느 것이나 다른 약품과 멀리한다.	많은 물로 완전히 소화하고 젖은 모래로 덮는다. 무을 튀기지 말아야 한다.
탄화칼슘	피부에 접촉되면 피부막을 손상시킨다.	물과 반응하여 폭발성이 큰 C_2H_2를 발생한다.	철제 용기에 넣어 건조한 곳에 보관한다.	모래, 재로 덮어씌운다, 물은 절대로 안 된다.
할로겐 F_2, Cl_2 Br_2, I_2	플루오르는 피부의 화상과 흡입장해, 염소는 폐에 염증을 일으키며 죽게 한다. 브롬 요오드는 부식성이 크다.	플루오르는 니켈용기, 염소는 고압용기에 넣어 습식부분을 피한다. 브롬, 요오드는 갈색 유리병에 넣어 어두운 곳에 둔다.	플루오르는 내켈용기, 염소는 고압용기에 넣어 습식부분을 피한다. 브롬 요오드는 갈색유리병에 넣어 어두눈 곳에 둔다.	그 자신은 연소하지 않으나 금속유기물을 발화 시키므로 그것에 다라 소화를 한다.
일산화탄소	혈액과 작용하여 산소 공급에 장해를 주며 죽게 한다.	가연성이며 공기와 폭발 한계가 큰 혼합물을 만든다.	고압가스 용기에 넣는다.	기체 예료의 소화는 용기의 마개를 막는다. CO_2의 분무 소화가 좋다.
과산화수소	농도 50% 이상은 부에 화상을 입힌다. 묽은 것은 별 염려가 없다.	농도가 진한 것은 충격으로 폭발하며 금속가루 유기물과 접촉하면 발화한다.	갈색병에 1/3의 공간이 남도록 넣어 어두운 곳에 보관한다.	물에 의한 소화가 효과적이다.
암모늄	질식성 가스이며, 진한 수용액은 피부 점막을 상하게 한다.	잘 연소하지 않으며, 공기와의 폭발 한계는 적으나, 폭발성 혼합물을 만든다.	고압 가스 용기에 넣어서 보관한다. 새는 것은 그 냄새로 알 수 있다.	

2) 유기약품의 안전관리

물질	발화위험성	유해위험성	저장방법	소화방법
아크릴산 $CH_2=CH$ | COOH	인화성 액체, 중합억제제의 첨가 필요, 첨가하지 않으면 중합이 폭발적으로 진행된다.	격렬해서 눈을 아프게 한다. 피부, 호흡기를 자극 한다.	환기가 좋은 내화성 냉소에 저장, 융점 이하에서 보관.	
아크릴로니트릴 $CH_2=CH$ | CN	인화성 액체, 묽은 용액도 위험, 진한 수산화알칼리의 존재에서 격렬 하게 중합한다.	흡입하거나 피부와 접촉하면 대단히 유독하다.	내화성과 환기 양호한 냉소에 보관한다. 알칼리성 물질 및 산화성 물질과 격리시켜야 한다.	분말, 이산화탄소로 소화한다.
아크로레인 $CH_2=CHOCH$	휘발성・인화성액체, 알칼리성 물질과의 접촉으로 격렬히 중합반응을 일으키고 중합방지제 첨가가 필요하다. 산소로 인하여 쉽게 과산화물을 생성한다.	매우 유독하다. 눈, 피부, 기관지를 심하게 자극한다.	용기의 손상 방지, 환기 좋은 냉소에 보관한다. 방폭, 전기기기에 사용한다.	분무수, CO_2 분말
아세틸렌 $H-C\equiv CH$	쉽게 발화하기 쉬운 기체이며, 아세톤에 녹지 않는다, 고압에서 불안정하므로 분해하기 쉽다. 구리, 은 할로겐과 폭발성 물질을 만든다.	무독하나 산소의 부족으로 질식을 일으킨다.	용기의 손상 방지 산화성 기체, 특히 염소와 격리, 환기 좋은 내화성 냉소에 보관해야 한다.	용기 냉각에 물을 사용하고 분말 이산화탄소를 사용한다.
아세트 알데히드 CH_3CHO	휘발성으로 반응성이 풍부한 인화성 액체이다.	눈, 피부, 호흡기를 자극한다. 계속해서 흡입하면 최면 작용을 일으킨다.	내화성 냉소에 저장, 알칼리성 물질 알코올, 케톤, 알데히드 산화성 물질과 격리	물, 분무수, CO_2 분말
아세톤 $(CH_3)_2CO$	인화성 액체	호흡기, 눈, 피부를 자극, 다량 흡입하면 최면작용.	용기의 손방 방지, 산화성 물질과 격리, 방폭 전기 기기 사용.	분무수, CO_2 분말
에틸에텔 $C_2H_5OC_2H_5$	고도휘발성 액체, 오래 방치하거나, 직사일광에서 폭발성의 과산화물을 만든다. 가솔린보다 위험.	마취성	용기의 손상 방지, 열원이나 일광으로부터 떨어진 화기 없는 곳에 저장.	물로 금속 용기를 냉각 CO_2, 모래, 분말 CB할로겐화탄화수소 (CCl_4)
에틸렌 $CH_2=CH_2$	가연성 기체, 염소와의 혼합물은 일광에서 자연폭발, 산화성 물질과 격렬히 반응	마취성	용기의 손상 방지, 내화성 환기가 좋은 곳에 저장, 방폭 적기기기 사용	분무수 CO_2 분말

물질	발화위험성	유해위험성	저장방법	소화방법
염화에틸 C_2H_5Cl	휘발성의 인화성 액체, 상온에서 급격히 증발.	눈, 피부, 호흡기 자극, 흡입하면 최면, 마취작용 4% 이상이면 치명적 빈혈을 일으킨다.	용기의 손상 방지, 내화성 환기 좋은 저장소에 보관 방폭전기기기 사용	분무수, CO_2분말, 분말기포
염화비닐 $CH_2=CHCl$	가연성 기체 공기 일광, 열에 의해 발열하여 중합, 페놀로 중합 억제	마취성, 피부에 접촉해서 동상, 염소에 의해 HCI, 포스겐, CO 등을 발생.	용기의 손상 방지, 내화성 환기 좋은 장소에서 열원과 격리 저장.	CO_2로 소화
과산화벤조일 $(C_6H_5COO)_2$	건조 상태에서는 인화성이 크다. 고온에서 불안정, 산화성 물질, 충격, 마찰, 가열에 의해 폭발	독성은 적으나 분진의 흡입은 피해야 한다.	내화성 환기 좋은 곳에 격리 저장. 안전한 방향으로 폭발 벨트를 설치한다. 전기설비나, 가열설비에 주의.	다량의 물, 소량일때에는 탄산가스 소화 분말, 모래, 생석회, 암분 등을 사용한다.
HCOOH (포름산) 개미산	가연성 물질, 공기와 폭발성 혼합기체를 만드는 증기를 낸다.	피부에 대한 부식성이 있다.	용기의 손상 방지	물, CO_2, 분말 소화제 사용.
빙초산 CH_3COOH	산화성 물질과 접촉하면 위험	고농도 증기의 흡입은 위험.	산화성 물질에서 격리, 응고하여 팽창해져 용기가 파손될 우려가 있으므로 16℃ 이상에서 보관	분무수, 분말 CO_2
빙초산메틸 CH_3COOCH_3 빙초산에틸 $CH_3COOC_2H_5$	휘발성 인화성 액체.	눈, 피부, 호흡기를 자극, 고농도에서 마취 작용.	용기의 손상 방지, 내화성 환기 좋은 곳에 격리 저장.	분무수, CO_2 분말
산화에틸렌 CH_2 O CH_2	인화성 반응성이 큰 액체, 활성 촉매로 격렬히 중합.	흡입하면 유독, 눈피부, 호흡기를 자극, 피부에 묻으면 약상	용기의 손상 방지, 염화물, 산화물, 산 유기염기, 수산화 알칼리, 알칼리 금속, 가연성 물질과 격리.	액체 또는 분말 CO_2로 소화.
디옥시산 $(CH_2)_2$ O O $(CH_2)_2$	인화성 액체, 폭발성 과산화물의 생성에 주의를 해야 한다.	눈, 피부, 호흡기를 자극한다.	용기의 손상 방지를 위해서 냉소에 격리 저장할 방폭전기 기기에 사용된다.	물, 알콜, 분말기포, CO_2 분말을 사용한다.
톨루엔 $C_6H_5CH_2$	인화성 액체, 액체는 물보다 가볍고 증기는 공기 보다 무겁다. 꽤 멀리까지 흘러 착화원에 달하고 역화(逆火)해 버린다.	눈, 호흡기를 자극. 대량 흡입으로 사망할 수도 있다.	용기의 손상 방지. 내화성 환기 좋은 곳에 저장하고 화기엄금을 해야 한다.	분무수, CO_2, 분말기포를 사용한다.

물질	발화위험성	유해위험성	저장방법	소화방법
니트로클로로벤젠 $C_6H_4(NO_2)Cl$	휘발성 고체, 가열하면 인화성 기체를 발생.	피부 접촉, 흡입하면 유독가스에 의해서 호흡기 장해가 나타난다.	용기의 손상 방지, 수분 방지	분무수, CO_2, 분말기포를 사용한다.
나프탈렌 $C_{10}H_8$	가열했을 때 가연성 증기 발생한다.	자극성 증기는 가려움, 아픔, 습진초래.	산화성 물질로부터 격리, 열원으로부터 격리해야 한다.	물의 최량의 소화제이다.
하이드로설페이드 $Na_2S_2O_4 \cdot 2H_2O$	가연성 고체, 황과 함께 서서히 탄다. 수분이나 공기와 접촉하면 발열 한다.	자극성 연소에 의하여 유독한 SO_2 발생한다.	용기의 손상 방지 수분, 가연성 물질과 격리해야 한다.	다량의 물, CO_2 분말, 건조한 모래를 사용한다.
페놀 C_6H_5OH	가열하면 가연성 증기를 낸다.	고온에서 유독가스가 발생한다.	물에 녹는다. 식료품과 함께 저장해서는 안 된다.	할로겐화합물, 소화약제, 이산화탄소, 소화분말, 포 등을 사용한다.
벤젠 C_6H_6	인화성 액체, 액체는 물보다 약간 가볍고 증기는 공기보다 무겁기 때문에 꽤 먼 착화원으로부터 인화된다.	고농도의 증기를 흡입하면 급성 중독으로 사망, 저농도 증기를 흡입하면 치명적 빈형을 일으킨다.	용기의 손상 방지, 환기 좋고 화원이 없는 내화 구조의 저장실에 저장한다.	분무수, CO_2 분말, 기포를 사용한다.
무수빙초산 (acetic anhydrous) $(CH_3CO)_2O$	인화성 액체	눈, 피부, 호흡기를 자극한다.	환기 좋은 냉소에 보관, 열원으로부터 격리 저장한다.	분무수, CO_2 분말, 기포를 사용한다.
장뇌 $C_{10}H_{16}O$	가연성 물질, 가열하면 가연성 증기 발생한다.	휘발된 증기가 공기와 혼합되면 폭발의 위험이 있다.	산화성 물질과 격리, 화기 없고 환기 좋은 곳에 저장한다.	모래, 돌가루 등을 사용한다.

App. 부 록

도금약품의 성질

금속염	분자식	분자량	금속 (%)	색	용해성		
					물	산	알칼리
● 은	Ag	107.88					
염화은	AgCl	143.34	75.3	백	불	불	용 CN
시안화은	AgCN	133.90	80.5	백	불		용 CN
질산은	$AgNO_3$	169.89	63.6	무	용		
시안화은칼륨	$KAg(CN)_2$	199.01	54.2	무	용		
시안화은나트륨	$NaAg(CN)_2$	182.91	58.9	무	용		
● 알루미늄	Al	26.97					
염화알루미늄(무수)	$AlCl_3$	133.34	20.2	무	용		
염화알루미늄	$AlCl_3 \cdot 6H_2O$	241.43	11.1	무	용		
산화알루미늄	Al_2O_3	101.92	52.9	백	불		
황산알루미늄칼륨	$AlK(SO_4)_2$	258.19	10.4	무	용		
황산알루미늄칼륨	$AlK(SO_4)_2 \cdot 12H_2O$	474.38	5.7	무	용		
황산알루미늄칼륨	$AlK(SO_4)_2 \cdot 24H_2O$	690.57	3.5	무	용		
황산알루미늄(무수)	$Al_2(SO_4)_3$	342.12	15.8	백	용		
황산알루미늄	$Al_2(SO_4)_3 \cdot 18H_2O$	666.41	8.1	무	용		
● 금	Au	197.2					
염화제2금수소산	$HAuCl_4 \cdot 4H_2O$	412.10	47.9	황			
염화제2금	$AuCl_3 \cdot 2H_2O$	333.96	65.0	황갈	용		
시안화제1금	AuCN	232.66	84.8	황	불		용 CN
시안화제1금칼륨(무수)	$KAu(CN)_2$	288.33	68.3	백	용		
시안화제1금칼륨	$KAu(CN)_2 \cdot 2H_2O$	324.36	60.7	무	용		
시안화제1금나트륨(무수)	$NaAu(CN)_2$	272.21	72.5	무	용		

금속염	분자식	분자량	금속 (%)	색	용해성		
					물	산	알칼리
●카드뮴	Cd	112.41					
시안화카드뮴	$Cd(CN)_2$	164.43	68.4	백	불		용 CN
붕소플루오르화카드뮴	$Cd(BF_4)_2$	296.05	37.9	일	용		
질산카드뮴	$Cd(NO_3)_2 \cdot 4H_2O$	308.49	36.4	무	용		
산화카드뮴	CdO	128.41	87.5	갈	미	용	용
황산카드뮴	CdO_4	208.47	54.0	무	용		
●코발트	Co	58.94					
황산코발트암모늄	$Co(NH_4)_2(SO_4)_2 \cdot 6H_2O$	395.24	14.9	적홍	용		
탄산코발트	$CoCO_3$	118.95	49.5	담적	불	용	
염화코발트	$CoCl_2 \cdot 6H_2O$	237.95	24.8	적홍	용		
황산코발트	$CoSO_4 \cdot 7H_2O$	281.11	21.0	적	용		
●구리	Cu	63.57					
산화제1구리	Cu_2O	143.1	88.8	적갈	불	용	용
수산화제1구리	$CuOH$	80.58	78.9	황	불	용	용 CN
염화제1구리	$CuCl$	99.03	64.2	백	용	용	용
시안화제1구리	$CuCN$	89.59	70.9	백	불		용
산화제2구리	CuO	79.57	80.0	흑	불	용	용
수산화제2구리	$Cu(OH)_2$	97.59	65.1	청록	불	용	용
염기성탄산구리	$CuCO_3 \cdot Cu(OH)_2$	222.17	67.4	록	불	용	용 CN
아세트산구리	$Cu(CH_3COOH)_2 \cdot H_2O$	299.67	31.8	청록	용		
염화제2구리	$CuCl_2$	135.48	47.3	청록	용		
질산제2구리	$Cu(NO_3)_2 \cdot 3H_2O$	241.63	26.3	청	용		
피로인산구리	$Cu_2P_2O_7 \cdot 3H_2O$	355.15	35.8	일	용		
황산구리	$CuSO_4 \cdot 5H_2O$	249.71	25.4	청록	용		
●철	Fe	55.85					
황산제1철암모늄	$FeSO_4(NH_4)_2SO_4 \cdot 6H_2O$	392.16	14.2	담록	용		
염화제1철	$FeCl_2 \cdot 2H_2O$	144.78	38.6	무	용		
황혈염	$K_4Fe(CN)_6$	422.39	13.4	황	용		
황산제1철	$FeSO_4 \cdot 7H_2O$	278.03	20.1	담록	용		
염화제2철	$FeCl_3$	162.22	34.4	회흑	용		
질산제2철	$Fe(NO_3)_3 \cdot 9H_2O$	404.02	13.8	담자	용		
적혈철	$K_3Fe(CN)_6$	329.25	16.9	적	용	용	
수산화제1철	$Fe(OH)_2$	89.86	62.2	백	불	용	
수산화제2철	$Fe(OH)_3$	106.86	52.3	적리	불	용	
산화제1철	FeO	71.84	77.7	흑	불	미	
산화제2철(산화철)	Fe2O_3	159.68	70.0	적	불		
●수은	Hg	200.61					
염화제1수은	$HgCl$	236.07	84.4	백	용		
질산제1수은	$HgNO_3 \cdot H_2O$	280.63	71.5	백	용		
황산제1수은	hg_2SO_4	497.28	80.5	무	용		
염화제2수은	$HgCl_2$	271.52	47.0	백	용		

금속염	분자식	분자량	금속 (%)	색	용해성		
					물	산	알칼리
시안화제2수은	$Hg(CN)_2$	252.65	79.4	무	용		
질산제2수은	$Hg(NO_3)_2 \cdot H_2O$	342.65	58.6	백	용		
산화제2수은	HgO	216.61	92.7	등적	미	용	
황산제2수은	$HgSO_4$	296.67	67.7	무	용		
●니켈	Ni	58.69					
황산니켈록용암모늄	$NiSO_4(NH_4)_2SO_4 \cdot 6H_2O$	394.99	14.9	록	용		
아세트산니켈	$Ni(CH_3COO)_2 \cdot 4H_2O$	248.84	23.6	록	용		
염기성탄산니켈	$2NiCO_3 \cdot 3Ni(OH)_2 \cdot 4H_2O$	587.58	50.0	록	불	용	용
염화니켈	$NiCl_2 \cdot 6H_2O$	237.70	24.7	록	용		
시안화니켈	$Ni(CN)_2 \cdot 4H_2O$	182.79	32.1	담록	불	불	용
개미산니켈	$Ni(HCOO)_2 \cdot 2H_2O$	184.76	31.8	담록	용		
수산화니켈	$Ni(OH)_2$	92.71	63.3	담록	불	용	용
시안화니켈칼륨	$K_2Ni(CN)_4$	240.98	24.2	담홍	용	용	용
산화니켈	NiO	74.69	78.6	회	불	용	
산화니켈	Ni_2O_3	165.36	71.0	황	불	용	용 CN
산화니켈	Ni_3O_4	240.04	73.4	흑	불	용	
황산니켈	$NiSO_4 \cdot 6H_2O$	262.85	22.3	청록	용		
황산니켈	$NiSO_4 \cdot 7H_2O$	280.87	20.9	록	용		
●납	Pb	207.21		백			
아세트산납	$Pn(CH_3COOH)_2 \cdot 3H_2O$	379.35	54.6	백	용		
염기성탄산납	$PbCO_3 \cdot Pb(OH)_2$	775.67	80.1	갈	불	용초	
이산화납	PbO_2	239.21	86.6	황	불	산	용
산화납	PbO	233.31	92.8	백	불	용	
질산납	$Pb(NO_3)_2$	331.24	62.6	일	용		
슬폰산납	$Pb((SO_3)NH_2)_2$	399.39	51.9	무	용		
규소플루오르화납	$PbSiF_6$	463.27	44.7				
●주석	Sn	118.70		무			
주석산칼륨	$K_2Sn(OH)_6$	298.94	39.7	무	용		
주석산나트륨	$Na_2Sn(OH)_6$	266.74	44.5	무	용		
염화제1주석	$SnCl_2 \cdot 2H_2O$	225.65	52.7	백~	용		
황산제1주석	$SnSO_4$	214.76	55.3	황	용		
산화제1주석	SnO	134.70	88.1	청흑	불	용	
●아연	Zn	65.38					
염화아연암모늄	$ZnCl_2 \cdot 2NH_4Cl$	243.29	26.9		용		
염화아연	$ZnCl_2$	136.29	47.9	백	용		용
시안화아연	$Zn(Cn)_2$	177.39	55.7	백	불		
붕소플루오르화아연	$Zn(BF_4)_2$	239.02	27.4	일	용		
산화아연	ZnO	81.38	80.4	백	난		용
황산아연	$ZnSO_4 \cdot 7H_2O$	287.56	22.8	무	용	용	

금속의 물리·화학적 성질

원소명	원자량	비중	융점 (℃)	팽창계수 $(\times 10^4)$	전도도 (Cu·100)	일반경도 (모-스)	연신율 (%)	인장강도 (kg/mm^{-2})	과전압 수소(V)	과전압 산소(V)	석출량 중량(g)	석출량 두께(μ/cm^{-4})	단극전위 H=O
Al	26.98	2.702	660.1	0.237	63.1	2.9	30~45	8	0.58		0.335		−1.66
Ag	107.88	10.5	960.8		106.1	2.7	55	18	0.59	0.40	4.025	38.3	0.799
Au	196.96	19.3	1063	0.242	74.9	2.5	45	10	0.12	0.52	7.357		
Ba	137.34	3.5	850								2.562		−2.92
Bi	2098.98	9.80	271.3	0.16	1.5	2.5			0.68		2.599	26.5	0.32
Ca	40.08	1.55	850		37.7	1.5					0.748		−2.84
Cd	112.40	8.642	320.9	0.316	22.8		20	6	0.99	0.42	2.097	24.3	−0.402
Co	58.93	8.9	1492	0.126	17.8						Ⅱ 1.099 Ⅲ 0.733	Ⅱ 12.3 Ⅲ 8.2	−0.27
Cu	63.54	8.92	1083	0.165	100	3.0	38~60	22	0.46~0.57	50.25	Ⅰ 2.371 Ⅱ 1.185	Ⅰ 26.6 Ⅱ 13.3	10.52 Ⅲ 0.34
Cr	52.01	7.1	1905	0.084	66.5	9.0			0.42		0.042 (효율13%)	0.6 (효율13%)	−0.71
Hg	200.59	13.55	38.87	1.826	1.8				1.03		Ⅰ 14.84		Ⅰ 0.798
Ir	192.2	22.4	2443	0.066	32.6	6.5							
K	39.10	0.86	63.5	0.830	24.4	0.5					1.459		
Mg	24.31	1.74	650	0.261	40.1	2.0	4~8	12			0.454		−2.38
Mn	54.94	7.2	1247	0.228	34.6	5.0					Ⅰ 1.025 Ⅱ 0.683	Ⅱ 14.2 Ⅲ 9.5	−1.05
Mo	95.94	10.2	2620	0.052	39.4				R13~0.30				−0.2
Na	22.99	0.97	97.5	0.720	36.0	0.4					0.858		−2.713
Ni	58.71	8.90	1455	0.167	14.7	3.8	40~50	45~55	0.32	0.05~0.12	Ⅱ 1.095 Ⅲ 0.730	Ⅱ 12.2 Ⅲ 8.2	−0.23
Os	190.2	22.48	2700	0.066	18.2								
Pb	207.19	11.48	327.43	0.291	8.4	1.5	50	9	0.35	0.30	Ⅱ 3.865	34.1	−0.126
Pd	106.4	1300	1555	0.139	16.0	4.8			0.01~0.09	0.42	Ⅲ 1.82	8.48	0.83
Pt	195.09	21.45	1773.5	0.102	15.7	4.3		15	0.01~0.27		Ⅱ 1.042 Ⅳ 0.695	Ⅱ 13.3 Ⅲ 8.8	1.2
Fe	55.85	7.86	1535	0.14	17.3	4.5	6	25	0.40	0.24	Ⅲ 1.514	Ⅲ 22.7	Ⅱ −0.44
Sb	121.75	6.684	630.5	0.169	4.4	3.0							(SbO_2) −0.67
Si	28.09	2.4	2600	0.076		7.0					Ⅱ 2.214 Ⅲ 1.107	Ⅱ 30.3 Ⅲ 15.2	
Sn	118.69	백7.31 회5.75	231.9	0.223	15.3	1.8	35~40	2					Ⅱ −0.140
Rh	102.91	12.5	1966	0.096	28.8				0.85				0.6
Ta	180.95	16.6	3000	0.067	11.8				0.08				
U	238.03	18.7	1133		6.0			90	0.2				$(UO)^{2+}$ −0.82
Ti	47.9	4.5	1800		2.1								−1.75
Zn	65.37	7.14	419.5	0.639	29.2	2.5	30	15	0.70	0.93	Ⅱ 1.220	17.1	−0.763
W	183.85	19.3	3370	0.044	34.6			110	0.11				(WO_4) −1.1
V	50.95	5.96	1726		6.7								−1.5

금속의 전착에 관한 데이터

원소명	원자가	g 당량	비중	전기화학단량 (mg/coul)	1 A/dm^2 통전석출두께		1A×시간당 석출량		1 dm^2 1 μm 또는 석출소요전기량			1 dm^2 1 μm g 수	이온
					μm/분	μm/시간	g/A·분	g/A·시간	A·분/μm	A·분/μm	A·시/g		
Cu	1	63,546	8.93	0.6586	0.442	26.55	0.0395	2,3709	2.26	0.0377	0.422	0.0893	Cu^{+}
Cu	2	31,773	8.93	0.3293	0.221	13.27	0.0197	1,1854	4.52	0.0754	0.844	0.0893	Cu^{2+}
Ni	2	29,345	8.85	0.3041	0.206	12.37	0.0182	1,0947	4.86	0.0809	0.914	0.0885	Ni^{2+}
Co	2	29,466	8.8	0.3054	0.208	12.49	0.0183	1,0994	4.81	0.0801	0.91	0.088	Co^{2+}
Cr	3	17,332	7.20	0.1796	0.149	8.98	0.0107	0.6465	6.69	0.1114	1.547	0.0720	Cr^{3+}
Cr	6	8,666	7.20	0.0898	0.074	4.49	0.0053	0.3232	13.37	0.2229	3.094	0.0720	Cr^{6+}
Zn	2	32.69	7.12	0.3388	0.285	17.13	0.0203	1,2196	3.51	0.0584	0.82	0.0712	Zn^{2+}
Cd	2	56,205	8.64	0.05825	0.404	24.27	0.0349	2,0966	2.48	0.0412	0.477	0.0864	Cd^{2+}
Sn	2	59.35	7.28	0.6151	0.506	30.41	0.0369	2,2140	1.98	0.0329	0.452	0.0728	Sn^{2+}
Sn	4	29,675	7.28	0.3075	0.253	15.20	0.0184	1,1070	3.95	0.0658	0.904	0.0728	Sn^{4+}
Pb	2	103.6	11.34	1.0737	0.568	34.08	0.0644	3,8653	1.77	0.0294	0.259	0.1134	Pb^{2+}
Pb	4	51.8	11.34	0.5368	0.284	17.04	0.0322	1,9324	3.53	0.0587	0.518	0.1134	Pb^{4+}
Fe	2	27,923	7.86	0.2894	0.220	13.25	0.0173	1,0418	4.53	0.0755	0.96	0.0786	Fe^{2+}
Fe	3	18,615	7.86	0.1929	0.147	8.83	0.0115	0.6944	6.8	0.1133	1.44	0.0786	Fe^{3+}
Mn	2	27,469	7.42	0.2846	0.230	13.81	0.0170	1,0245	4.35	0.0725	0.976	0.0742	Mn^{2+}
Au	1	196,9665	19.3	2.0414	0.634	38.07	0.1224	7,3491	1.58	0.0263	0.137	0.1934	Au^{+}
Au	2	97,4832	19.3	1,0207	0.317	19.03	0.0612	3,6745	3.16	0.0526	0.273	0.1934	Au^{2+}
Au	3	65,6555	19.3	0.6804	0.211	12.69	0.0408	2,4496	4.73	0.0788	0.409	0.193	Au^{3+}
Ag	1	107,868	10.50	1.1179	0.638	38.33	0.670	4,0246	1.57	0.0261	0.249	0.1050	Ag^{+}
Pt	2	97.54	21.37	1.0109	0.283	17.03	0.0606	3,6392	3.53	0.0588	0.275	0.2137	Pt^{2+}
Pt	4	48.77	21.37	0.5054	0.141	8.51	0.0303	1,8194	7.05	0.1175	9.55	0.2137	Pt^{4+}
Rh	2	51,4527	12.44	0.5332	0.257	15.43	0.0319	1,9197	3.89	0.0648	0.521	0.1244	Rh^{2+}
Rh	3	34,3018	12.44	0.3555	0.171	10.28	0.0213	1,2798	5.84	0.0973	0.782	0.124	Rh^{3+}
Rh	4	25,7263	12.44	0.2666	0.128	7.71	0.0159	0.9598	7.78	0.1296	1,042	0.124	Rh^{4+}
In	3	38,273	7.3	0.3966	0.326	19.56	0.0238	1,4280	3.07	0.0512	0.701	0.073	In^{3+}
Pd	2	53.21	12.16	0.5514	0.272	16.32	0.0330	1,9852	3.68	0.0613	0.504	0.1216	Pd^{2+}
Pd	4	26,605	12.16	0.2757	0.136	8.16	0.0165	0.9926	7.36	0.1226	1,008	0.1216	Pd^{3+}
Ru	3	33.69	12.06	0.3491	0.173	10.42	0.0209	1,2567	5.76	0.096	0.795	0.1206	Ru^{3+}
Ru	6	16,845	12.06	0.1745	0.086	5.21	0.0104	0.6284	11.52	0.192	1,592	0.1206	Ru^{5+}
Ir	3	64.07	22.5	0.6640	0.177	10.62	0.0398	2,3904	5.65	0.0942	0.419	0.225	Ir^{3+}
Ir	4	48.05	22.5	0.4980	0.132	7.96	0.0298	1,7928	7.54	0.1256	0.558	0.225	Ir^{4+}
Re	7	26,601	21.2	0.2757	0.078	4.68	0.0165	0.9925	12.82	0.2137	1.008	0.212	Re^{7+}

원소의 주기율표에 따른 결정격자

주기 \ 군	1	2	3	4	5	6	7	8	9	10	11	12	13	14	15	16	17	18
1																	1 H ⊙	2 He ⊙ ?
2	3Li ⊡											4Be ⊙ *	5B ⧄ ?	6C ◫ ⬡	7N ⬡*	8O [?] *	9F ?	10Ne □
3	11Na ⊡											12Mg ⊙	13Ai □	14Si ◫	15P [?] *	16S ⧄ *	17Cl [?]	10A □
4	19K ⊡	20Ca ⊙ □	21Sc □ ⊙	22Ti ⊙ ⊡	23V ⊡	24Cr ⊡ ⊙	25Mn [C] *	26Fe ⊡ □	27Co ⊙ □	28Ni □	29Cu □	30Zn ⊙	31Ga ⧄	32Ge ◫	33As △*	34Se ⬡ *	35Br ⧄	36Kr □
5	37Rb ⊡	38Sr □ *	39Yt ⊙	40Zr ⊙ ⊡	41Nb (Cb) ⊡	40Mo ⊡	43Ma (Tc) ?	44Ru ⊙ *	45Rh □ *	46Pd □	47Ag □	48Cd ⊙	49In ⊡	50Sn ◫ ⊡	51Sb △	52Te ⬡	53I ⧄	54Xe □
6	5Cs ⊡	56Ba ⊡ *	57~71 제1희토류	72Hf ⊙ ⊡	73Ta ⊡	74W ⊡ *	75Re ⊙	73Os ⊙	77 Ir □	78Pt □	79Au □	80Hg △	81Tl ⊙ □	82Pb □	83Bi △	84Po ▯ ?	85At ?	86Rn ?
7	87Fa ?	88Ra ?	89 103 제2희토류	104	105	106	107	108	109	110		제III군			제I군			

제II군 ←

제1희토류	57La ⊙ □	58Ce ⊙ □	59Pr ⊙ *	60Nd ⊙ *	61Il ⊙ □	62Sm ?	63Eu ⊡	64Gd ⊙	65Tb ⊙	66Dy ⊙	67Ho ⊙	68Er ⊙ *	69Tm ⊙	70Yb ⊡	71Lu ⊙
제2희토류	89Ac ?	90Th □	91Pa ?	92U ⧄⊡*	93Np ?	94Pu ?	95Am ?	96Cm ?	97	98	99	100	101	102	103

□: 면심입방격자(12), ○: 체심입방격자(8), ◫: 다이아몬드격자(4), [C]: 복잡한입방격자, [?]: 입방격자(상세불명),
⊙: 조밀육방격자(12), ⬡: 육방격자(2), △: 능면체(삼방)격자(3), ⊡: 체심입방격자(6), ⧄: 사방격장(1), ▯: 단사격자

금속의 결정격자와 상수

원소명	결정격자	격자정수(Å)			원소명	결정적자	격자정수(Å)		
		a	*b*	*c*축각			*a*	*b*	*c*축각
Li	체심입방	3.5090	–	–	Ag	면심입방	4.0856	–	–
Be	조밀육방	1.2936	–	3.5839	Cd	조밀육방	2.9788	–	5.671
B	사방	17.90	8.95	10.15	In	체심정방	4.594	–	4.951
C	육방	2.4614	6.7041	–	Sn	체심정방	5.8312	–	3.1817
Na	체심입방	4.2906	–	–	Sb	능면체	4.5065	–	57°6.5‘
Mg	조밀육방	3.2093	–	5.2098	Te	육방	4.4559	–	5.9268
Al	면심입방	4.0485	–	–	I	사방	4.787	7.266	7.793
Si	다이아몬드	5.4282	–	–	Cs	체심입방	6.06	–	–
P	입방	7.18 (−35℃)	–	–	Ba	체심입방	5.025	–	–
S	면심사방	10.50	12.95	34.60	La	조밀육방	3.762	–	6.075
K	체심입방	5.344	–	–	Ce	면심입방	5.153	–	–
Ca	면심입방	5.57	–	–	Pr	조밀육방	3.669	–	5.915
Sc	면심입방	4.541	–	–	Nd	조밀육방	3.657	–	5.902
Ti	조밀육방	2.959	–	4,739	Il	조밀육방	–	–	–
V	체심입방	3.039	–	–	Eu	체심입방	4.582	–	–
Cr	체심입방	2.8845	–	–	Gd	조밀육방	3.629	–	5.760
Mn	입방(복잡)	8.912	–	–	Tb	조밀육방	3.592	–	5.675
Fe	체심입방	2.8664	–	–	Dy	조밀육방	3.585	–	5.659
Co	조밀육방	2.507	–	–	Er	조밀육방	3.539	–	5.600
Ni	면심입방	3.5238	–	–	Tm	조밀육방	3.530	–	5.575
Cu	면심입방	3.6153	–	–	Yb	면심입방	5.479	–	–
Zn	조밀육방	2.664	–	4.954	Lu	조밀육방	3.516	–	5.570
Ga	사방	4.526	4,520	7.660	Hf	조밀육방	3.206	–	5.087
Ge	다이아몬드	5.658	–	–	Ta	체심입방	3.3026	–	–
As	능면체	4.159	–	53°19′	W	체심입방	3.1649	–	–
Se	육방	4.3640	–	4.9594	Re	조밀육방	2.7609	–	4.4583
Br	사방	4.49	6.68	8.74	Os	조밀육방	2.7353	–	4.3191
Rb	체심입방	5.63 (−173℃)	–	–	Ir	면심입방	3.8389	–	–
Sr	면심입방	6.087	–	–	Pt	면심입방	3.9237	–	–
Yt(Y)	조밀육방	3.670	–	5.826	Au	면심입방	4.0783	–	–
Zr	조밀육방	3.30	–	5.133	Hg	능면체	3.005	–	70°31.7′ (−46℃)
Nb(Cb)	체심입방	3.3008	–	–	Tl	조밀육방	3.457	–	5.525
Mo	체심입방	3.146	–	–	Pb	면심입방	4.9495	–	–
Ru	조밀육방	2.7039	–	4.2816	Bi	능면체	4.7457	–	57°14.2′
Rh	면심입방	3.8034	–	–	Po	단사	–	–	–
Pd	면심입방	3.8902	–	–	Th	면심입방	5.087	–	–
					U	사방	2.858	5.877	49.55

각종 금속 도금용 계수표

원소	영어명	화학 기호	분자량	원자가	1A일 때 석출량 (g)	비중	$1dm^2 \times 1\mu$의 중량 (mg)	1 dm^2당 1μ일 때 전착에 필요한 A·h
아연	Zinc	Zn	65.38	2	1.2195	7.1	71.0	0.058
알루미늄	aluminuum	Al	26.97	3	0.3354	2.7	27.0	0.081
안티몬	antimony	Sb	121.76	5	0.9058	6.68	66.3	0.074
				3	1.5141	6.68	66.3	0.044
이리듐	iridium	Ir	193.1	4	1.8001	22.42	224.2	0.125
				3	2.4012	22.42	224.2	0.094
인듐	indium	In	114.3	3	1.4271	7.31	73.1	0.051
카드뮴	cadmium	Cd	112.4	2	2.097	8.64	78.4	0.041
갈륨	galium	Ga	69.72	3	0.8670	5.9	59.0	0.068
금	gold	Au	197.2	3	2.4522	19.3	193.0	0.079
				2	3.6783	19.3	193.0	0.053
				1	7.3567	19.3	193.0	0.026
은	silver	Ag	107.88	1	4.0245	10.5	105.0	0.026
크롬	chromium	Cr	52.01	6	0.323	7.1	71.0	0.22
				3	7.3567	19.3	193.0	0.026
게르마늄	germanium	Ge	72.60	4	0.6771	5.35	53.5	0.079
				2	1.3542	5.35	53.5	0.039
코발트	cobalt	Co	58.94	2	1.099	8.9	89.0	0.081
주석	tin	Sn	118.7	4	1.1070	7.3	73.0	0.066
				2	2.2141	7.3	73.0	0.033
셀렘	selenim	Se	78.9	4	0.7364	4.81	48.1	0.065
탈륨	thallium	Tl	204.39	1	7.6249	11.85	118.5	0.016
철	iron	Fe	55.84	2	1.042	7.9	79.0	0.067
텔루르	tellurium	Te	127.61	4	1.1901	6.25	62.5	0.053
				2	2.3803	6.25	62.5	0.026
구리	copper	Cu	63.57	2	1.186	8.92	89.2	0.075
				1	2.372	8.92	89.2	0.037
납	lead	Pb	204.2	2	3.865	11.3	113.0	0.029
니켈	nickel	Ni	58.69	2	1.095	8.9	89.0	0.081
백금	platinum	Pt	195.23	4	1.8208	21.4	214.0	0.117
				2	3.6416	21.4	214.0	0.059
팔라듐	palladium	Pd	106.7	4	0.9951	12.0	120.0	0.121
				3	1.3268	12.0	120.0	0.041
				2	1.9903	12.0	120.0	0.061
비소	arsenic	As	74.91	5	0.5598	5.73	57.3	0.102
				3	0.9315	5.73	57.3	0.061
비스무트	bismuth	Bi	209.0	5	1.5594	9.8	98.0	0.063
				3	2.5990	9.8	98.0	0.063
망간	manganese	Mn	54.93	2	1.0246	7.2	72.0	0.070
레늄	rhenium	Re	186.31	7	0.9929	20.53	205.3	0.207
로듐	rhodium	Rh	102.9	4	0.9598	12.5	125.0	0.131
				3	1.2797	12.5	125.0	0.098
				2	1.9196	12.5	125.0	0.065

참고문헌

1. 금속표면화학, 일본금속학회편, 일본금속학회
2. 기초전기화학, 外島 忍 著, 조창서점
3. 계면전기화학, 일본화학회편, 동경대학출판회
4. 전석과 부식, J. M. ウェスト著, 岡本·石川·柴田 譯 산업도서
5. 전기화학 I, 吉沢·渡辺 著, 공립출판
6. 부식과 방식, 일본화학회편
7. 금속의 부식과 방식 서론, G. Wranglen 著, 吉沢·山川·片桐 譯
8. Electroplating, Chemical plating & Engineering Guide
9. Electroplating Technology-Edited by J. I. Puffy
10. Costa I. Courdurvelis and Gary Sutcliffe: plating
11. Advanced surface coatings. D. S. Rickerby & A. Matthews
12. Corrosion and corrosion protection handbook. G. W. Read
13. Electrodeposition of Alloys. Abnes Brennes
14. Mordern Electroplating. A. G. Gray
15. 금속표면처리, 박준규, 교육부
16. 철강열처리, 박준규, 세진사
17. 전기화학 이론 및 응용, 전기화학연구회편

저자 약력

박 준 규

한양대학교 공과대학 금속공학과 졸업
한양대학교 교육대학원 공업교육과 석사
중소기업진흥공단 중소기업연수원
성동·용산·경기기계공업고등학교
한국산업기술센터
현) 벤처기업 쎄론트 합금도금연구소 소장

수상내역
국제기능올림픽 위원장상(1986), 한양대학교 총장상(1993), 통상산업부 장관상(1997)
산업자원부 장관상(1998), 과학부 장관상(1999), 한국도금공업협회 이사장상(2001)

합금도금에 관한 연구
크롬도금을 대체할 수 있는 Sn-Co-W에 관한 연구발표(1997)
Cu-Co-Bi 합금에 관한 연구발표(1998)
코발트합금에 관한 연구발표(1999)

특허
크롬도금을 대체할 수 있는 Sn-Co-W
친환경 Cu-Sn-W 합금도금

저서
도금(1998, 국정교과서), 철강열처리(1982, 세진사), 방식 및 표면처리(1987, 세진사)
방식 및 표면처리-개정증보판(2013, 세진사)

방식 및 표면처리 **값 28,000원**

저 자	박 준 규
발행인	문 형 진

1987년 3월 2일 제1판 제1쇄 발행
1987년 8월 15일 제1판 제2쇄 발행
1988년 3월 17일 제1판 제3쇄 발행
1989년 2월 12일 제1판 제4쇄 발행
1990년 2월 15일 제2판 제1쇄 발행
1994년 1월 21일 제2판 제2쇄 발행
1996년 1월 7일 제2판 제3쇄 발행
1998년 3월 30일 제2판 제4쇄 발행
2000년 1월 5일 제2판 제5쇄 발행
2003년 11월 5일 제2판 제6쇄 발행
2007년 9월 19일 제2판 제7쇄 발행
2010년 9월 27일 제2판 제8쇄 발행
2013년 6월 27일 제3판 제1쇄 발행
2014년 7월 15일 제3판 제2쇄 발행
2016년 10월 12일 제3판 제3쇄 발행
2018년 1월 30일 제3판 제4쇄 발행
2019년 1월 30일 제3판 제5쇄 발행
2022년 12월 21일 제3판 제6쇄 발행

판 권
검 인

발행처 세 진 사
㊄02859 서울특별시 성북구 보문로 38 세진빌딩
TEL : 02)922-6371~3, 923-3422 / FAX : 02)927-2462
Homepage : www.sejinbook.com
〈등록. 1976. 9. 21 / 서울 제307-2009-22호〉